专利审查研究系列丛书

（第八辑）

专利审查研究

北京中心成立十五周年优秀学术成果展示特辑

国家知识产权局专利局专利审查协作北京中心◎组织编写

白光清◎主编

知识产权出版社
全国百佳图书出版单位

图书在版编目（CIP）数据

专利审查研究. 第八辑/白光清主编. —北京：知识产权出版社，2017.9
ISBN 978－7－5130－5167－5

Ⅰ.①专… Ⅱ.①白… Ⅲ.①专利—审查—研究—中国 Ⅳ.①G306.3

中国版本图书馆 CIP 数据核字（2017）第 233918 号

内容提要

本书由国家知识产权局专利局专利审查协作北京中心围绕专利法律适用、专利审查实务、专利审查管理、检索理论与实践、专利分类研究等业务工作，精选近年来各审查部门完成的50篇高学术价值论文汇集而成。本书对专利审查员进一步提高专利审查工作质量、社会公众和申请人了解专利审查工作具有指导作用。

责任编辑：王祝兰　　**责任校对**：潘凤越
装帧设计：麒麟轩设计　　**责任出版**：刘译文

专利审查研究（第八辑）
——北京中心成立十五周年优秀学术成果展示特辑
国家知识产权局专利局专利审查协作北京中心　组织编写
白光清　主　编

出版发行：	知识产权出版社有限责任公司	**网　　址**：	http：//www.ipph.cn
社　　址：	北京市海淀区气象路50号院	**邮　　编**：	100081
责编电话：	010－82000860转8555	**责编邮箱**：	wzl@cnipr.com
发行电话：	010－82000860转8101/8102	**发行传真**：	010－82000893/82005070/82000270
印　　刷：	北京中献拓方科技发展有限公司	**经　　销**：	各大网上书店、新华书店及相关专业书店
开　　本：	720mm×960mm　1/16	**印　　张**：	31.25
版　　次：	2017年9月第1版	**印　　次**：	2017年9月第1次印刷
字　　数：	575千字	**定　　价**：	118.00元

ISBN 978-7-5130-5167-5

《专利审查研究（第八辑）》编委会

《专利审查研究（第八辑）》编写组

组　长　朱晓琳

副组长　刘以成

审　稿　（按姓名拼音排序）

代玲莉　李意平　凌宇飞　刘新民

唐晓君　王大鹏　王　宏　王　靖

姚宏颖　张　璞

编　辑　王秋丽　胡　妮　陈立英　孙　磊

前　　言

专利制度作为知识产权制度的重要组成部分，是国家创新发展的重要保障。随着我国国家创新驱动发展战略、国家知识产权战略的不断深入开展，知识产权强国建设的不断深入落实，我国创新创业环境进一步优化，从而也对专利创造、运用、保护、管理和服务能力提出了更高的要求。

国家知识产权局专利局专利审查协作北京中心（以下简称“北京中心”）从2001年成立之初便立足优质的专利审查开展相关工作，为增强专利审查能力和提升社会服务水平，有效促进专利的创造、运用、保护、管理和服务能力，北京中心在做好知识产权授权确权环节的同时，积极开展各种学术研究工作，重视提升学术研究水平和能力，并取得了可喜成绩，为建设具有中国特色和世界水平的知识产权强国提供了有力的支撑。

为广泛传播北京中心“让创新更具价值”的核心理念，中心业务指导委员会和检索工作组围绕专利法律适用、审查实务、审查管理、专利运用等业务工作，精选近年来特别是进入“十三五”以来，各审查部门结合实际研究解决如何提升专利行政审批效率、如何在专利审查中体现公平正义的高学术价值论文，将其汇集成册作为对北京中心成立十五周年的献礼。这些成果来自专利审查和社会服务实践，是北京中心审查员用科学发展的眼光观察现实，分析问题、解决问题并用科学发展成果检验工作的真实写照，具有较强的实践性、典型性以及针对性。

我们衷心地希望本书能够对助力专利审查机构服务创新主体效能以及推动中国知识产权事业不断向前发展起到积极的作用。由于编者水平有限，书中不当之处，敬请广大读者批评指正。

前言

目　录

法律适用

审查实务

专利检索

法律适用

对新颖性宽限期中“他人”的探析*

曲　燕　刘元霞

摘　要：目前对新颖性宽限期中的“他人”没有一致的认定，本文通过案例分析，并结合国内和国际的一些相关规定和解释，对“他人”进行了深入的思考，旨在得出一个对“他人”的合理解释，以促进审查标准的统一。

关键词：新颖性宽限期　他人　申请人

一、引　言

我国《专利法》第24条第3项规定，申请专利的发明创造在申请日以前6个月内，他人未经申请人同意而泄露其内容的，不丧失新颖性。其中所说的6个月期限，称为宽限期。而该规定情形中的“他人”在我国《专利法》《专利法实施细则》及《专利审查指南2010》中都没有明确的定义。实际案例中对“他人”的界定也没有统一的标准。而国际上对新颖性宽限期中相应公开主体的认定也不尽相同。但是对于“他人”的界定会影响发明创造内容的公开是否属于《专利法》第24条第3项规定的情形，进而影响申请人是否能获得专利权，同时影响社会公众是否有权自由使用该专利技术。因此，为了合理、清楚地确定“他人”的概念，本文对《专利法》中的“他人”进行了分析和思考，旨在对“他人”进行合理的界定。

* 文章来源：《中国发明与专利》2009年第5期。

二、案例分析

【案例1】

该案例涉及国家知识产权局专利复审委员会（以下简称“专利复审委员会”）第1068号无效宣告请求审查决定❶。请求人山西兴达电器联合公司向专利复审委员会提出无效宣告请求。其理由是涉案专利不具备新颖性，根据是由请求人所生产的与该专利完全相同的产品已经销售。而专利权人王某某认为，专利权人曾与请求人当时的总经理签订过一份技术开发合同，技术合同的有效期为1年，合同规定双方对所开发项目的技术秘密和诀窍有保密义务，合同内容中涉及的技术产品即为涉案专利产品。而在合同的有效期内，请求人销售上述产品违背了合同的规定，也违反了专利权人的意愿，且专利权人根本不知道这一公开销售的事实，因此按照《专利法》第24条第3项的规定，这种公开属于不丧失新颖性的公开。

专利复审委员会在该无效宣告请求审查决定中认为，《专利法》第24条第3项规定中的“他人”包括除发明人或者设计人之外通过合法的或者非法的手段得知申请内容的人，例如通过谈判技术转让或技术合作或合作开发得知申请内容的人，或者通过欺骗和间谍的手段得知申请内容的人。故该规定中的“他人”包括请求人及其总经理。但请求人销售上述涉案专利产品的时间在该专利的申请日之前的6个月内，因此上述公开销售事实不导致该专利丧失新颖性。

从案例1可知，该无效宣告请求审查决定中认为，所述“他人”不包括发明人或者设计人。

【案例2】

该案例涉及专利复审委员会第319号无效宣告请求的审查决定❷。第一请求人湖北省天门市五金二厂和第二请求人湖北省洪湖市日用五金厂分别提出了无效宣告请求。其无效的理由之一是认为涉案实用新型专利不具备新颖性，且提交了有关使用公开方面的证据。其中一份证据涉及原专利权人北京博达技术研究所洪湖市实验厂的职工叶某某出具的反映其曾将有关该专利的技术图纸在该专利申请日之前4个月时提供给第二请求人的证明，而后第二请求人根据图纸研制并生产出涉及该专利技术的产品。

---

❶ 国家知识产权局专利复审委员会．专利复审委员会案例诠释：现有技术与新颖性［M］．北京：知识产权出版社，2004：87－89.

❷ 国家知识产权局专利复审委员会．专利复审委员会案例诠释：现有技术与新颖性［M］．北京：知识产权出版社，2004：89－91.

该无效宣告请求审查决定中指出，虽然专利权人与其职工之间未签订任何保密协议，但是按照商业惯例，单位的技术包括的技术图纸、技术资料以及工装设备等是本单位花费人力财力开发研制或通过其他途径购买引进的，是其产品在同行业中能够参与竞争的最基本的保证，是一个单位赖以生存的资本。因此，职工有义务为本单位的技术内容保守秘密，这种保密义务视为默示的保密义务。如果单位未授权给某职工将某产品有关技术告知他人，那么该职工在该产品上市之前将有关专利技术泄露给他人应视作未经专利申请人同意而泄露其内容。该职工泄露单位的技术属于《专利法》第 24 条第 3 项所规定的不丧失新颖性的例外情况。

从案例 2 可知，该无效宣告请求审查决定中认为，“他人”包括申请人单位的职工，其有义务为本单位研制的产品保密，遵守默示的保密义务。而申请人单位的职工知晓本单位研制产品，那么他很可能是发明人或设计人，或是与发明人或设计人密切相关的人如协作者或助手。也就是说，该案中，并没有排除发明人或设计人作为所述“他人”的可能性。

【案例 3】

该案例涉及专利复审委员会第 7442 号复审请求审查决定。申请人因不服审查员作出的关于涉案专利申请权利要求相对于对比文件 1 不具备创造性的驳回决定，提出复审请求。指出申请的第一申请人深圳太太药业有限公司（受让方）同第二申请人药物制剂国家工程研究中心所隶属的上海医药工业研究院及上海现代制药有限公司（转让方）签订了涉及该专利技术产品的技术转让合同，合同中写明了双方对于所有技术秘密、技术资料和设备工艺负有保密责任。而其中所述研究院的工作人员侯某某（合同的签字代表人，也是该专利技术的第一发明人）和贺某（第二发明人）与他人（来自解放军第四一一医院口腔专科中心）一起完成并公开发表了与该专利产品技术内容密切相关的文章即对比文件 1。其中对比文件 1 的公开时间在涉案申请的申请日之前 6 个月内，侯某某和贺某分别是对比文件 1 的第七和第八作者，申请人认为侯某某和贺某未遵守合同约定的保密信约而将涉及发明创造内容的技术秘密泄露的情况属于《专利法》第 24 条第 3 项所列情形，不丧失新颖性，故对比文件 1 不可以作为影响该专利创造性的现有技术。

该复审请求的审查决定中指出，“被公开的发明创造内容必须直接或间接来自申请人，但泄露人不能是申请人本人，而可以是发明人和设计人，也可以是任何第三人”。另外，该决定中认为，对比文件 1 中技术内容的公开是涉案申请发明人侯某某和贺某未遵守合同明示的保密约定，违反申请人之一即第一申请人的意愿，未经其同意而泄露的。对比文件 1 公开的时间在该申请的申请日之前6个月内，并且公开的技术内容来自第一申请人所有的技术内容，而并非对比文件1的其他作者（对比文件1的前6位作者）独立作出的，故对比文件1的公开属于《专利法》第24条第3项规定的情形，对比文件1不应作为涉案发明不具备创造性的对比文件。在该复审决定中撤销了驳回决定。

案例3中实际上认为“他人”可以是申请人之外的未经其同意而泄露发明内容的发明人、设计人或第三人。

由上述三个案例可知，案例1和案例3中对“他人”是否包括发明人或者设计人的认定是截然相反的，案例2则明确申请人单位的职工需要遵守默示保密义务，属于“他人”。也就是说，实际审查中对“他人”的界定没有形成统一的标准。那么如何合理地理解“他人”这个概念呢？笔者对国内外有关“他人”的一些规定进行了进一步分析。

三、对“他人”相关规定或解释的分析

（一）对国内相关规定或解释的分析

对《专利法》第24条中“不丧失新颖性宽限期”作进一步说明的《审查指南2006》第二部分第三章第5节中规定：“宽限期和优先权的效力是不同的。它仅仅是把申请人（包括发明人）的某些公开，或者第三人从申请人或发明人那里以合法手段或者不合法手段得来的发明创造的某些公开，认为是不损害该专利申请新颖性和创造性的公开。”❶ 显然，其中“第三人”在“未经申请人同意而泄露其内容的”的“他人”的范畴之内，但所述“申请人（包括发明人）”以及“第三人从申请人或发明人那里”是否隐含着“申请人”和“发明人”具有某种意义的等同，意味着“发明人”不属于“申请人”之外的“他人”呢？可见《审查指南2006》的相关规定并不能明确“发明人或设计人”是否属于“他人”。

由于《巴黎公约》第11条中对宽限期的规定只提供了较为原则的规定，❷ 其措辞也存在含糊之处，因而各国的实际做法很不统一，产生了很多类型的新颖性宽限期。从宽限期的范围来看，可以划分为两种类型：一种被称为狭义宽限期，另一种被称为广义宽限期。其中对狭义宽限期的解释如下：主要包括申请人于申请日之前在政府主办或者承认的国际展览会上展出，以及第三人未经申请人同意或者违背其意愿而予以公开这两种情形。广义宽限期的解释为：除

---

❶ 中华人民共和国国家知识产权局．审查指南2006［M］．北京：知识产权出版社，2006：157.

❷ 《巴黎公约》第11条实际上并没有明文规定“第三人未经申请人同意或者违背申请人意愿而予以公开”的情形。

了包括狭义宽限期所包含的情形之外，还包括申请人自己在公开出版物上发表其发明或者通过使用公开其发明，以及他人从申请人那里获知其发明的内容予以公开的情形。《专利法》第24条规定的新颖性宽限期属于狭义宽限期的类型。❶ 即如果从狭义宽限期角度看，则我国《专利法》第24条规定中涉及的“他人”仅是指“第三人”，而不包括“发明人或设计人”。由此可知，案例1中对“他人”包括除发明人或者设计人之外通过合法的或者非法的手段得知申请内容的人（也就是第三人）实际上是严格按照狭义宽限期的规定进行处理的。而由广义宽限期的解释可以看出，其中的“他人”涵盖了“发明人”或“设计人”，且不仅“他人”，就连申请人自己任何形式的公开都不影响其享受宽限期。上述案例2和案例3中关于“他人”的解释实际上是借鉴了广义宽限期中的解释。

由此可见，第三人属于“他人”的概念是毋庸置疑的，但是“发明人或设计人”能否归入“他人”的范畴在不同宽限期类型中的规定并不一致。那么，在我国目前的情形下，将“发明人或设计人”归入“他人”的范畴是否合理，是否能够更好地平衡申请人、专利权人和社会公众之间的利益呢？

（二）对国际相关规定或解释的分析

采用上述狭义宽限期规定的国家除了我国之外，还主要包括《欧洲专利公约》的所有成员国。根据1973年签订的《欧洲专利公约》第55条关于新颖性宽限期的相关规定❷可知，进行所述公开的人是除申请人与其合法继承人之外的人。采用广义宽限期的具有代表性的国家主要包括美国，根据《美国专利法》第102条规定❸，其中隐含了这样的含义，即发明人本人或者其他人在申请日之前1年内作出的任何公开有关发明创造的行为均不影响其专利申请的新颖性。由于各国关于新颖性的宽限期的规定五花八门，给申请人在各国申请获得专利和行使其权利带来了不便，因此有必要予以协调统一。

国际保护知识产权协会（AIPPI）早在1982年4月19～24日莫斯科会议的

---

❶ 尹新天．专利权的保护［M］．2版．北京：知识产权出版社，2005：46.

❷ 其中规定：在适用《欧洲专利公约》第54条（新颖性）的规定时，不考虑一份欧洲专利申请的申请日之前6个月内对其发明的下列公开：（a）该公开是明显滥用与申请人或者其合法继承人的关系而导致的。

❸ 其中规定：（a）一个人有权获得专利，除非在专利申请人完成发明以前，该项发明在本国已为他人所获知或使用，或者在本国或外国已经取得专利或在印刷出版物上公开发表。（b）一个人有权获得专利，除非在美国专利申请日1年以前，该发明已在国内外获得专利或在印刷刊物上公开发表，或在国内已经公开使用。严格来说，《美国专利法》第102条（b）的规定并不是其他国家专利法意义下的“宽限期”，而是在规定最先作出发明的人享有申请并获得专利的权利的基本原则下，敦促发明人及时申请专利的一种限定。

“发明人的在先公开和使用发明”的决议中就首次提出支持统一各国关于新颖性宽限期的规定❶，AIPPI主张中公开主体包括了“发明人”。世界知识产权组织（WIPO）在2001年11月举行的专利常设委员会第6次会议上修改的有关新颖性宽限期规定的条文中对“不影响专利性的信息（宽限期）”也有具体规定❷，其中对公开的主体非常明确，就是“发明人”或“第三人，该第三人以直接或者间接的方式从该发明人那里获知其发明的信息”。在2003年5月举行的WIPO专利常设委员会第9次会议上讨论新颖性宽限期问题时，欧盟轮值主席国希腊代表欧盟国家表明了如下立场：（1）如果采用广义宽限期，则应当对新颖性宽限期的长度作出严格的限制，即自优先权日起6个月；（2）新颖性宽限期可以涵盖在申请日之前发生的，会影响专利申请新颖性的所有公开有关信息的行为（实际上相当于同意采用广义宽限期的做法）。

可见，国际上对于宽限期的协调趋势要求公开的主体包含“发明人”。而对公开主体的适当放宽的同时，对新颖性宽限期的长度作出严格的限制，即6个月期限而非12个月期限，以避免专利权人和社会公众之间的利益失衡，从而增加专利制度的确定性。

由于我国目前对于宽限期的时间长度规定正好6个月，因此借鉴广义宽限期中关于公开主体的规定，将“他人”的定义涵盖“发明人或设计人”有其合理性，但是否符合我国的实际情形呢？

四、对“他人”的进一步分析和思考

由上述分析可知，对于“发明人或设计人”自身未经申请人同意而将发明创造予以公开的情形，不论认定“他人”包含“发明人或设计人”还是不包含“发明人或设计人”，都能找到其相应的规定或解释，其处理方式均相对较为容易，处理的结果无非要么对申请人有利，要么对社会公众有利。但是实际情形通常均较为复杂，例如案例3，对比文件1包含8位作者，但是只有后2位作者即第七和第八作者为发明人，这种情形下对于“他人”是否包含“发明

---

❶ 其要点（1）如下：源于或来自发明人的公开虽不应该构成一种优先权，但只要这种公开发生在宽限期内，它就不能当作现有技术被用来破坏发明人或其发明人的合法继任人随后提出的专利申请的新颖性和创造性。

❷ 其中规定：（1）下列本来影响专利申请中要求予以保护的发明的专利性的信息不影响该发明的专利性，其条件是该信息在申请日（有优先权的，为优先权日）之前的12个月内：（i）由发明人公开；（ii）由专利局公开，该信息包括在：该发明人提交的另一份专利申请中；该第三人提交的专利申请中，该第三人以直接或间接的方式从发明人那里获知其发明的信息，并未经发明人的同意的情况下提出其专利申请；或者（iii）由第三人予以公开，该第三人以直接或者间接的方式从该发明人那里获知其发明的信息。

人或设计人”的界定就显得尤为重要。

现在就结合案例3对“他人”作进一步的分析。

首先，对比文件1的前6位作者才是对比文件1的主要作者，但他们不是签订技术转让合同的转让方的工作人员，而是来自与发明人即第七和第八作者所在单位不同的另一家单位，那么必然就不受技术转让合同的制约。因此前6位作者也就不需要遵守合同所约定的保密义务，也不需要经发明人所在单位即上述合同转让方的同意，他们将对比文件1公开发表的行为并不受合同的制约，也不属于违约行为。

其次，依据发表文章作者排序的惯例，作者排序越靠前其对文章所付出的努力越多，一般第一作者才是文章或其中技术成果的主要贡献者。故对比文件1的技术内容完全从该申请的发明人那里获得的可能性不大，且该专利的内容又是发明人所在的单位通过合同的形式转让给第一申请人的，所以对比文件1从第一申请人那里得到的可能性也很小。可见，依据目前的证据还不能认为对比文件1的前6位作者是从申请人或发明人那里以合法手段或者不合法手段得来涉及发明创造的技术内容的。因此，没有证据证明前6位作者属于未经申请人同意而泄露其内容的“第三人”，无法界定前6位作者是否属于“他人”。而依据现有的证据也仅能看出，发明人即第七和第八作者违反了技术转让合同约定的保密义务，公开发表了涉及发明创造内容的文章，属于“未经申请人同意而泄露其内容的”，那么，如果发明人也不属于“他人”，则对比文件1的公开就不属于《专利法》中“他人未经申请人同意而泄露其内容”的情形。而这样，对于不能充分地控制或抑制发明人或设计人泄露技术信息的生产企业或科研机构来说，发明人或设计人在申请日前的公开将使申请人丧失专利，而申请人只能看着辛苦创造的发明从指尖溜走。这对申请人要求太苛刻，简直是一种惩罚，而这种惩罚与发明人或设计人的疏忽或过失是不成比例的。[1]

在我国，发明人或设计人最知晓其专利申请的技术内容，其有时候会在申请前无意识地公开发明。如在大学和学术研究机构，研究论文经常被作为衡量实力的标准，所以研发人员有发表的“压力”，需要尽可能快地公开研究成果。而他们提前发表基础性研究成果对整个社会的知识创新、科学技术的发展有重大意义。所以，此时给予发明人或设计人自己在申请日前公开其发明创造内容，而不影响随后提出的专利申请的新颖性的例外规定，可以为发明人或设计

[1] STRAUS J. Expert Opinion on the Introduction of a Grace Period in the European Patent Law: Submitted upon Request of the European Patent Organization [R]. Munich: Max – Planck – Institute for Foreign and International Patent, Copyright and Competition Law, 2000: E. I. 10.

人作出发明创造提供比较宽松的环境，发明创造的及时发表也可使社会公众能够更快地获知新的技术，然后在不断产生新技术的基础上，促进社会进步，发挥社会价值，从而达到整体利益的均衡。故“他人”涵盖申请人之外的“发明人或设计人”，是符合我国国情和《专利法》的立法宗旨的。

再次，根据我国《专利法》第6条的规定，职务发明创造申请专利的权利属于该单位，非职务发明创造申请专利的权利属于发明人或设计人。由此在我国形成职务发明创造中“申请人”和“发明人或设计人”完全是两个不同概念，“发明人或设计人”申请专利的权利属于“申请人”。而我国申请专利的很大一部分是职务发明创造，即“申请人”是“发明人”或“设计人”所在的单位，故大部分专利申请中“发明人”或“设计人”与“申请人”概念不同。而且根据《审查指南2006》规定的抵触申请中涉及的“他人”概念，其中仅指出“此处所称的他人包括申请人部分相同的情形”，[1] 由于同一措辞应当表示同一概念，除非特别指明，那应当可以理解，只要与申请人不同就属于“他人”，“他人”是指除申请人以外的任何人，还包括与申请人不完全相同的概念。那么理论上“发明人”或“设计人”还是应属于申请人以外的“他人”。

最后，笔者注意到案例3的复审审查决定中确定发明人违反了申请人的意愿而造成的公开；另外强调对比文件1不是前6位作者（第三人）独立作出的，故不考虑其影响。对于“第三人的独立作出”，《审查指南2006》第二部分第三章第5节规定：“所以，从公开之日至提出申请的期间，如果第三人独立地作出了同样的发明创造，而且在申请人提出专利申请以前提出了专利申请，那么根据先申请原则，申请人就不能取得专利权。”从中可见，“第三人”如果是独立地作出了同样发明创造并在本申请的申请日之前予以公开，才会使本申请的专利性受到影响。反之，如果不是第三人独立作出的发明创造，那么不考虑该第三人对申请的专利性影响也是未尝不可的。因为宽限期的基点是给没有经验或有公开需求的发明人提供一个安全网，以弥补他们在新颖性标准遵守上的疏忽，因此，除第三人违背申请人意愿的公开情形外，其他公开形式应该只针对发明人及申请人的公开。进而结合案例3的处理，对比文件1不是其前6位作者独立作出的，所以仅考虑发明人即第七和第八作者作为“他人”的影响，这样便于实际操作，有利于申请人合法获得专利权。从某种意义上说，这也是在鼓励发明创造，保护发明人和申请人。由此可确定，被公开的发明创造内容如果来源于另外独立地作出同样内容的第三人如单位或者个人，那么其不属于“他人”。

---

[1] 中华人民共和国国家知识产权局．审查指南2006［M］．北京：知识产权出版社，2006：146.

另外，还需要补充一点的是，在案例3的处理中，《专利法》第24条规定的是不丧失新颖性的公开，而该案对比文件1是作为评价本申请不具备创造性的现有技术，即其中“他人”未经申请人同意而泄露的不是同样的发明创造，而是与发明创造内容密切相关的影响其创造性的内容。当然，根据《审查指南2006》第二部分第三章第5节中的规定：“实际上，发明创造公开以后已经成为现有技术，只是这种公开在一定期限内对申请人的专利申请来说不视为影响其新颖性和创造性的现有技术，并不是把发明创造的公开日看作是专利申请的申请日”，作为《专利法》第24条规定的三种情形之一的他人曾未经申请人同意而泄露的内容实质上是影响该申请新颖性和创造性的内容，只是如果该内容公开在申请日之前的宽限期内则视为不影响专利申请的现有技术，所以在案例3的处理中，认为对比文件1不能评价其专利申请的创造性。那么，是否可以这样理解，“他人”所公开的内容可以不仅仅是同样的发明创造，还可以是与发明创造密切相关的，足以损害其创造性的内容？

五、对“他人”的理解

综上分析，笔者试图对新颖性宽限期中“他人”进一步进行如下的理解：第一，他人所公开的内容必须直接或间接来自申请人，且所公开的内容与发明创造密切相关，足以损害其新颖性和创造性，且如果所公开的内容来源于另外独立作出影响发明创造的新颖性或创造性的内容的单位或者个人，申请人就不能享有《专利法》第24条规定的宽限期；第二，他人不能是申请人本人，但可以是申请人单位的工作人员，包括发明人和设计人，也可以是任何第三人，包括从申请人或发明人那里以合法手段或者不合法手段得来发明创造进行某些公开的人。对于此观点，也可以得到《新专利法详解》对“他人”的解释[1]的支持。

六、结　语

审查标准的统一，有利于《专利法》在专利权人和社会公众之间实现利益平衡的公平和合理。结合本文内容，笔者建议，《审查指南2006》对《专利法》第24条第3项规定的“他人未经申请人同意而泄露其内容”中的“他人”这个概念应予以明确定义。

---

[1] 国家知识产权局条法司．新专利法详解［M］．北京：知识产权出版社，2001：174．

专利法视阈下的公共安全保护机制研究*

封志强　彭晓琦

摘　要：近年来，我国食品、药品和日用化学品等领域出现的一系列公共安全事件引发了广泛关注，大力加强政府部门对相关领域产品质量的监管已成为社会各界的共识。然而，专利的审查和授予却成为一个被忽视的重要监管环节，包含违禁品的产品被授予专利权的情况时有发生。这不仅违背了我国专利制度的立法初衷，还在客观上对违禁品的使用起到推波助澜的作用。我国《专利法》在制定和实施中的疏漏是导致这一现象的根源。因此，我们应当进一步完善专利立法，构建专利审查过程中的公共安全保护机制，以保障公众的生命健康权。

关键词：专利法　公共安全　专利审查　专利权

一、问题的由来

2011 年 11 月 24 日，最高人民法院公布了 4 起危害食品安全犯罪的典型案例，其中包括河南“瘦肉精”案、上海“染色馒头”案等重要案件。这些严重威胁公众生命健康权的事件并非个别案件，而是在近年来频频发生，涉及食品、医药以及日用化学品等诸多领域。以食品领域为例，据不完全统计，从 2004 年至今，被媒体广泛报道的重大食品安全事件就有几十起。从阜阳的“毒奶粉”、辣椒酱中的“苏丹红Ⅰ号”、三鹿奶粉中的“三聚氰胺”到上文提到的

* 文章来源：国家知识产权局专利局专利审查协作北京中心专项课题“专利法第五条在涉及公共安全的专利申请中的适用研究”（课题编号：XZZX20090102）。本文原文已登载于 2012 年第 1 期《西部法学评论》，本书中相对于原文存在删减。

“瘦肉精”案、“染色馒头”案，一桩桩食品安全事件令人触目惊心。

这些公共安全事件的屡屡出现引发了公众的恐慌和焦虑，严重破坏了正常的社会生活秩序，因此，加强政府部门对相关领域产品生产和销售的监管已成为当务之急。我国相关部门已经在这方面作出了积极的努力，包括出台和完善相关的规章制度、采取更为严格的审查措施以及严厉打击不法生产者和销售者。然而，尽管政府有关部门明确规定了各领域产品的违禁成分，并且不断加强监管力度，但是仍有不少申请者公然以包含违禁成分的技术方案向国家知识产权局递交专利申请，甚至其中一部分危害公共安全的专利申请最终获得了授权。

这些涉及违禁成分的产品或方法被授予专利权，就会被一些人打着“国家专利”的旗号进行违反国家规定的生产和销售活动，从而产生诸多不良的后果。这不仅违背了我国专利制度的立法初衷，还可能对危害公众生命健康权的违禁品的使用起到推波助澜的作用。因此，将专利审查作为一个重要的监管环节，防止包含违禁成分的产品或者方法被授予专利权，是保障公共安全的内在要求。

二、专利审查环节把控不严的成因分析

对使用违禁成分的产品或者方法授予专利权会产生一系列危害。那么，专利审查机构为何在这方面未能进行严格的把控呢？概括而言，在专利审查环节中，对危害公共安全的申请把控不严的根源主要在于以下几个方面。

（一）《专利法》关于公共利益保护的条文难以具体操作

我国在1984年制定《专利法》之际就曾在第5条中作出规定：“对违反国家法律、社会公德或者妨害公共利益的发明创造，不授予专利权。”其后，虽然《专利法》历经3次修订，但这一条文一直沿用至今。从表面来看，这一条文为专利权的授予设定了界限，即不得“违反国家法律、社会公德或者妨害公共利益”，但是，《专利法》并未就如何对可能危害公共安全的专利申请进行审查以及审查的具体标准作出明确规定。因此，在目前的专利审查实践中，审查员更多关注的是对技术方案的新颖性、创造性和实用性等方面的审查，而很少利用《专利法》第5条进行审查。

顾名思义，“专利”原本就是国家依法授予专利权人享有的一种独占权。所以，《专利法》以保护专利权为重点原本是无可厚非的。但是，当前我国社会正处于转型时期，各方面的社会矛盾和利益冲突错综复杂，从而使得为数不少的生产者和销售者在利益驱动下不择手段地谋取暴利，其中包括在产品生产和销售过程中掺杂违禁成分。在这一背景下，专利行政部门应当行动起来，竭

力遏制危害公共安全的技术和行为，将保护公众的生命健康权置于优先考虑的地位，恰当地平衡专利权人与公众之间的权利和利益。

（二）现行立法关于专利授予条件的规定有待完善

就目前而言，发挥专利审查的公共安全保护功能主要依赖《专利法》第5条的适用。然而，正如上文所言，“违反法律、社会公德或者妨害公共利益”的规定过于抽象，缺乏明确的可操作性标准，这是导致实践中这一条文极少被适用的主要原因。

首先，这里的“法律”仅限于狭义的“法律”，而狭义的“法律”极少涉及各类产品的具体技术标准。这一理解并非笔者臆断，主要有两个方面的依据：其一是国家知识产权局在其发布的《专利审查指南2010》中明确规定，“法律，是指由全国人民代表大会或者全国人民代表大会常务委员会依照立法程序制定和颁布的法律。它不包括行政法规和规章。”❶ 其二是该条第2款中将“法律”与“行政法规”并列，显然其中的“法律”应采取狭义解释，而与第2款同属第5条的第1款中的“法律”在含义上自然应当保持前后一致。由于此处的“法律”是作狭义解释，所以，实践中能够以“违反法律”为理由而不授予专利权的情形便很少见了。毕竟由全国人大及其常委会所制定的法律往往针对社会生活中的重大问题，而对于诸如各类产品的违禁成分之类的细节问题不可能作出详尽的规定。这些细化的规定一般都是以行政法规或部委规章的形式作出的，而《专利法》第5条中所谓的“违反法律”并不包括对行政法规和部委规章的违反。这就使得审查员较难以“违反法律”为由排除可能危害公共安全的专利申请。尤其值得一提的是，通说还认为，我国《专利法》中“违反法律”的判断标准通常是一项发明创造的目的本身是否为我国法律明文禁止或者与我国法律相违背。❷ 然而，使用了违禁成分从而危害公共安全的专利申请人不可能在专利申请文件中明确提出是以危害公共安全为目的。恰恰相反，申请人往往会大肆渲染这些可能危害公共安全的产品或方法所可能产生的“有益的效果”。这就进一步压缩了授予专利权的消极条件所适用的范围。

其次，《专利法》第5条中的“违反社会公德”和“妨害公共利益”难以界定，同样导致了适用的困难。从表面来看，专利申请中如果包含违禁成分一般就可以认为其可能“违反社会公德”和“妨害公共利益”，然而，审查员在专利审查工作中必须坚持“证据优先”的原则，即必须有充分的证据来证明该

❶ 中华人民共和国国家知识产权局．专利审查指南2010［M］．北京：知识产权出版社，2010：120.

❷ 国家知识产权局条法司．新专利法详解［M］．北京：知识产权出版社，2001：26.

专利申请“违反社会公德”和“妨害公共利益”。在行政法规和部委规章不能直接作为审查依据的情况下，要求审查员专门收集有关证据是强人所难的。毕竟审查员不可能是“百科全书式”的专家，同时其审查案件的业务量较大，更何况，社会公德和公共利益的含义常会因时期、地区的不同而有所变化。以证据作为审查基础的审查员在没有相关证据的情况下往往难以判断哪些专利申请属于违反社会公德和公共利益，而哪些是可以被允许的。

因此，自我国《专利法》颁布实施以来，虽然《专利法》第5条一直以来都是法定的判断标准，然而实践中却极少见到审查员在进行专利审查时引用该条款。在缺乏足够证据的情况下，审查员很容易使存在公共安全隐患的专利申请获得授权。

（三）专利审查机构与相关部门之间缺乏有机衔接

上文提到，全国人大及其常委会制定的法律不可能对各类产品的违禁成分作出详尽的规定。在实践中，对产品违禁成分的规定责无旁贷地落到了国务院相关部委的头上。这些行业主管部门专门从事某一领域产品的管理，能够随时掌握该领域产品所包含的违禁成分可能导致的危害，自然也就成为相应产品的监管机构。为了应对层出不穷的公共安全事件，国务院和相关部委不断以行政法规和部委规章的形式出台各类产品的生产和销售标准。例如，国务院近年来先后颁布了《农药管理条例》《兽药管理条例》《饲料和饲料添加剂管理条例》等一系列行政法规。卫生部于2007年1月颁布了《化妆品卫生规范》。中国国家标准化管理委员会（SAC）于2007年12月发布了《牙膏用原料规范》。这些行政法规和部委规章中明确规定了各类产品的违禁成分。

尽管上述行政法规和部委规章对违禁成分作出了明确具体的规定，但由于《专利法》规定的不授予专利的情形仅限于违反“法律”的情况，所以，上述规定在专利审查实践中难以被直接适用。这就造成了专利审查机构与相关部门之间的人为隔阂。专利审查员受自身专业背景和知识储备的局限，难以抛开相关行政法规和部委规章另行把握违禁成分的判断标准。同时，审查员在实践中面临着繁重的审查任务，不可能有充分的时间针对违禁成分开展全面的调查研究。

此外，随着科技进步和社会发展，相关的违禁成分的标准也处于不断发展变化之中，这使得审查员对于违禁成分的把握更显得捉襟见肘。因此，专利审查机构与相关部门之间缺乏有机衔接也是导致专利审查领域把控不严的重要原因之一。

三、专利审查领域公共安全保护机制的构建

要杜绝危害公共安全的事件的发生仅靠短期的整治行动是难以奏效的，必须建立起一个长效机制，而长效机制的建立就要从改革制度以及完善立法做起。一个真正好的专利制度能够平衡各方面的利益，其中最重要的就是要平衡申请人或专利权人与社会公众之间的关系。[1] 过分地考虑申请人或专利权人的利益，将会使公众利益受损；然而，过分地考虑公众利益，牺牲申请人或专利权人的利益无疑会大大挫伤申请人或专利权人的积极性，这样做就会阻碍技术进步，与专利制度设立的初衷相违背。

然而，保障人民生命安全是我们进行一切生产活动的前提。为了保护专利权而牺牲公众的生命健康权显然是不妥的。所以，我们必须采取一系列切实可行的措施，以保障人民身体健康为前提，平衡好专利权人和社会公众之间的关系，从而实现科技的进步和社会的发展。因此，笔者提出了以下具体措施。

（一）将行政法规和部委规章明文规定为审查的法律依据

在专利审查过程中考虑行政法规和部委规章是十分必要的。从法理上说，我国的各个法律部门应当是一个有机的整体，不应该出现各种法律相抵触的情形。[2] 即不能一方面国家依照《专利法》认可某技术是先进技术，另一方面国家又依据其他法律认定该技术是非法技术，不允许实施。国务院及其各部委颁布的行政法规和部委规章通常都是以上位法为依据制定的，都体现了对人民群众在公共安全方面的保护，违反这些行政法规和部委规章的行为往往会对公众利益造成损害。因此，在判断专利申请是否违法时应充分考虑行政法规和部委规章，这也是符合广大人民群众利益的。

有学者认为，行政法规和部委规章是对产品进行实施时所作出的规定，而授予专利权和实施专利是两个不同的概念，也就是说一项专利申请被授权并不代表着该技术已经被实施或者可以实施。更确切地说，专利权仅仅是一种排他权，因此，在授予专利权时审查员没有必要考虑该专利是否要实施。[3] 然而，一项专利申请被授予专利权后，即使专利权人当时不实施，该专利还存在转让、质押等其他法律问题。当专利权中存在违反行政法规和部委规章的技术内容时，专利权的价值就会大打折扣，而受让人或质押人可能在不知情的情况下

---

[1] 冯晓青．专利法利益平衡机制之探讨［J］．郑州大学学报（哲学社会科学版），2005（3）：58－62．

[2] 张昭立．财政法制纵论［M］．北京：经济科学出版社，2000：82．

[3] 应振芳．专利违反法律?：对“高硅石英粉生产方法专利无效”的思考［J］．电子知识产权，2005（10）：46－52．

由于相信该专利是国家认可的新技术从而支付大笔费用获得该具有瑕疵的专利权。当该事件发生时，受让人或质押人无疑就成了受害者。另外，专利技术还存在社会引导作用，对其他技术革新者或生产者的影响也是不容小觑的。因此，专利技术即使不实施，也可能会对社会造成危害。而如果在审查时将行政法规和部委规章纳入审查标准来对其进行约束，就会使各种危害在源头上被斩断。因此，引入行政法规和部委规章来作为判断危害公共安全的标准之一进行专利审查是合理的，也是必要的。

因此，审查员在进行专利审查时应参考相关的行政法规和部委规章。由于行政法规和部委规章可能处于不断的变化之中，因此，审查员还应当以最新的行政法规和部委规章提出审查意见。在最终授权前，审查员还应当补充检索相关的行政法规和部委规章，确定是否还存在更新的行政法规和部委规章，以确保授权的专利不违反法律。

（二）完善专利审查的相关配套制度

与《专利法》一样，行政法规和部委规章也是用来协调公众与技术革新者或生产者之间的利益关系的。但与《专利法》不同的是，行政法规和部委规章更多地是从维护公众安全的角度来对生产者和销售者进行约束。如果行政法规和部委规章在专利审查过程中运用得不合理，则可能会对技术革新者造成利益上的损害。因为，按照《专利法》的相关规定，申请人一旦在申请日提交了专利申请文件以后，对技术内容作出的任何修改都不能超出原申请文件记载的范围，而行政法规和部委规章却处于动态更新中。

不断更新的行政法规和部委规章之间可能存在着很大的变化。以食品工业用加工助剂为例，近几年内颁布了两个标准，即 2007 年颁布的 GB2760—2007 和 2011 年颁布的 GB2760—2011，对比之后可以发现，2011 年的新标准中新增了 37 个食品加工助剂，删除了 34 个 2007 年的标准认可的物质。这种变化是现有技术的不断进步以及人们认识水平不断提高的必然结果。

行政法规和部委规章通常是用来规范颁布日之后的生产经营活动的，然而这对于非常讲究“申请日”的专利申请来说并非是好事。前后发生巨大变化的行政法规和部委规章可能对于专利申请人来说有点始料不及。当颁布日在专利申请日之后时，审查员能否以新颁布的规定来对专利申请提出审查意见呢？

在法律事务中，通常采用“从旧原则”，即一般不要求一个以前的行为去遵守未来的法律。专利审查中是否也应该遵循“从旧原则”呢，即专利审查中只考虑申请日之前的行政法规和部委规章？如果采用“从旧原则”，在表面上会给专利审查工作消除很多麻烦，并且可以提高审查效率，然而这种由“从旧原则”带来的专利审查阶段效率的提高可能会导致不良的社会后果。通过我们之前的讨论可知，危害公共安全的专利即使不付诸实施，同样会产生种种弊端。而为弥补由于适用“从旧原则”而授予的专利权所引来的不良后果，通常需要耗费更大的社会资源，如通过国家知识产权局专利复审委员会或法院宣告一个危害公共安全的专利无效并消除它所带来的种种负面效应，通常都是费时费力费金钱的。况且，我们应当对危害公共安全的技术采取“零容忍”的态度，既然能在源头上予以消除，就不必等以后带来危害后再花费大量人力物力去消除。基于以上理由，笔者认为，在专利审查中没有必要遵循从旧的原则，即随时应当以最新的行政法规和部委规章作为审查的依据。

然而，毕竟一些最新的行政法规和部委规章是在申请日之后颁布的，如果我们严格地以现行《专利法》来对其进行审查，导致该申请被驳回，显然对于申请人权益的维护是不利的。因为在申请日时，谁也预料不到日后的行政法规和部委规章将会怎么修改。以含红豆杉的保健品的专利申请为例，大多涉及红豆杉的保健品的专利申请的申请日是在2002年之前，而原卫生部在2002年才将红豆杉列入保健品中禁止添加的成分，因此，申请人将红豆杉加入保健品中时并不具有主观恶意。按照现行的《专利法》第33条的规定，对权利要求和说明书的修改不能超过原权利要求书和说明书记载的范围。删除技术特征或改变技术特征通常会引入新的未记载的技术方案，这在专利审查中是不允许的。对于这种情况，能否给申请人一个恰当的救济途径呢？

这种情况下，我们应当允许申请人通过修改来放弃危害公共安全的技术方案。《专利审查指南2010》可以修改相关规定，承认这种“适应性”的修改所引起的“超范围”符合《专利法》第33条的规定。或者，《专利法》作出相应的修改，就如同《专利法》中针对新颖性所设定的“宽限期”一样，从“法”的高度来允许申请作出这样的修改。

允许这种在现行《专利法》中被认为是“超范围”的修改是否能在法理上站得住脚呢？我们应当从设立“不允许超范围”这一条款的本意来探究。设立“不允许超范围”主要是为了充分地保护其他发明者和公众利益的，因为申请人如果添加了新的技术方案，而这个新方案又可以享有原专利申请的申请日，这就可能使原本比申请人早发明该技术的其他发明人由于出现了在先申请而不能被授予专利权，或者使公众本可以自由使用的技术由于申请人的修改而纳入了他的专利权范围，因而不能再随意使用该技术。然而，本文中所提到的修改是放弃掉“危害公共安全的技术内容”，所放弃的技术内容本来就不应该被公众使用或者被其他申请人申请专利，因此这种修改并不会给其他申请人或社会公众造成利益损害。从这个角度说，这种“修改超范围”是可以接受的。

以行政法规和部委规章作为法律依据来审查还可能引发其他的问题。由前面的讨论可知，行政法规和部委规章是在现有技术的基础上作出的。而专利申请中记载的技术内容往往超越了现有技术，并突破了人们认识的局限性。因此，用一个基于现有技术所得出的理论去约束超越了现有技术的理论可能会阻碍技术进步。[1] 如之前提到的食品工业用加工助剂，谁能在2007年就预料到有37种物质将要在2011年成为可接受的食品工业用加工助剂呢？而在2007年之前，专利申请中如果将这37种物质当作食品工业用加工助剂使用会是什么后果呢？该专利申请如果在2011年之前被审查，显然它是不符合国家标准从而被视为危害公众安全的，因为当时的国家标准里并没有允许这37种物质作为加工助剂。

因此，将行政法规和部委规章纳入专利审查体系时可能会扼杀一些在当时社会公众尚不认可，然而确实突破了现有技术的局限性、属于技术进步的发明。对于该问题，笔者认为，在专利审查中，申请人应当将各种安全性实验数据以及进行安全性实验的方法详细记载在申请日提交的申请文件中，或者允许申请人在申请日后，补交由中国权威鉴定机构出具的安全性证明，而审查员也应当接受其中合理的数据。若申请人拿不出证明安全性的证据，审查员则可以以“违反某行政法规和部委规章”为理由提出审查意见，令其删除。

我们还需要考虑的是已授权的专利可能和日后新颁布的行政法规和部委规章相抵触。这时，大致可分为两种情形来进行讨论。

第一种是该专利权中所包含的所有实施方案都违反了新颁布的行政法规和部委规章，无法通过修改来克服，也即该专利权中实质上已经没有可实施的技术方案。对于此种专利，专利行政部门应当及时宣告其无效，同时应当保证潜在的受让人在接受此种“专利权”的转让或质押前，可以查阅到该“专利权”的法律状态。这样做的合理之处在于专利权可以看作国家与专利权人之间达成的一种契约关系，契约规定了专利权人在该国领土范围内享有一定时间的独占权，国家要给予保护；而作为回报，专利权人公开其发明，并支付每年的维持费用等。[2] 然而，这种契约关系的有效性应该是以符合法律并且保证公众健康为前提的。当所订立的契约关系违反了这个前提，那么这种合同也理应归于无效。

第二种是专利权所涵盖的技术方案可以通过“放弃危害公共安全的技术方案”的方式来修改。这时应当允许申请人通过专利公报等媒介发表声明，表示放弃保护其违反新的行政法规和部委规章的技术方案，以此来挽救该专利权，

---

[1] 李永红．由一无效宣告请求案谈对专利法第五条的理解［J］．知识产权，1992（6）：38－39.

[2] 辜胜阻．高技术产业经济研究［M］．武汉：武汉大学出版社，2003：13.

从而最大化地保护专利权人的利益。然而，这种做法和当前复审工作中的专利无效程序存在矛盾之处。因此，专利复审工作中的相关规定也应当作适应性的修改。

（三）建立专利审查与行业监管的衔接机制

要保证专利审查中能准确及时地利用各种新颁布的部委规章和行政法规，还需要专利行政部门与其他相关部门进行有效沟通和协调。国务院所属的各个相关部门是行政法规和部委规章的主要制定者。颁布这些法规和规章的部门众多，因此当一个法规或规章颁布后，审查员可能不能及时获知。即使能够获知，审查员也未必能很快理解该法规或规章的内涵并准确利用其评价专利申请中的各种复杂的技术方案，因此审查员也就难以知道当遇到和其他部门的新规定相抵触的专利申请时如何处理。这时，审查员只能将该问题留待以后，如通过专利复审程序或诉讼程序来加以解决。这无疑又会增加社会成本。

因此，在将行政法规和部委规章纳入专利审查的法律依据之后，要想将《专利法》第 5 条的执行真正落到实处，仅仅依靠国家知识产权局一个部门，其力量之单薄是显而易见的。如何调动政府各部门的有益力量来使专利行政部门有效运用《专利法》第 5 条进行审查将成为一个新的课题。笔者认为，如果国家知识产权局与多个部门，如卫生、质检、药监等相关部门之间建立协调与沟通机制，形成以国家知识产权局为源头，以其他各部门为节点的工作方式，则可以使国家的专利审查工作能够与执行相关法律法规和政策的相关部门保持政策的协调一致性，并高效地进行专利审查工作。

四、结　语

在我国，危害公共安全的事件层出不穷。在这样的社会背景下，我国的专利审查工作也面临着巨大的挑战。目前，我国的一些专利申请中存在对公共安全构成威胁的技术内容，其中一部分申请甚至已经获得授权，这对我国的生产安全、技术进步以及政府信誉等产生极大的危害。2008 年 6 月，国务院颁布《国家知识产权战略纲要》，其中将完善知识产权制度作为战略重点之一。因此，我国专利领域中完善专利审查制度，防止危害公共安全的专利申请获得授权成为了迫切需要。将行政法规和部委规章纳入专利审查的法律依据是有效的手段。行政法规和部委规章成为法律依据后，还应当充分协调申请人或专利权人与社会公众之间的利益平衡关系，做好相关的法律和行政制度的改革，并且在国务院各个部门之间建立有效的协调和沟通机制。

中国的专利标识与专利标识标注权*

孙方涛　王　侠　杨盈霄　李晓利

摘　要：专利标识标注权是一项有中国特色的权利。本文结合我国实际，从专利标识的含义、专利标识的作用、专利标识是权利还是义务、有权标注专利标识的产品、专利标识标注权与专利实施许可的关系、专利相关的产品与专利标识的关系以及专利申请的标识等多个方面分析和讨论专利标识与专利标识标注权。

关键词：专利标识　专利标识权　许可　专利申请

一、引　言

1984年制定的中国《专利法》第15条规定：专利权人有权在其专利产品或者该产品的包装上标明专利标记和专利号。之后在1992年和2000年修改时《专利法》均未对该条文进行实质性修改，只是为了使表述更加规范，同时与《商标法》中有关"商标标识"的称谓一样，将"专利标记和专利号"修改为"专利标识"；❶ 由于在总则部分的第15条增加了关于共有申请权或者专利权的规定，为了尽量减少条文序号的变化，2008年第三次修改《专利法》将修改前的第15条和第17条合并作为修改后的第17条，将关于专利标识规定放在第17条第2款。❷

2001年修订的《专利法实施细则》第83条中规定，专利权人在其专利产

---

* 文章来源：《中国知识产权》2012年第6期。

❶ 尹新天．中国专利法详解［M］．北京：知识产权出版社，2011：204.

❷ 尹新天．中国专利法详解［M］．北京：知识产权出版社，2011：201.

品或者该产品的包装上标明专利标识的，应当按照国务院专利行政部门规定的方式予以标明。国家知识产权局据此于2003年制定实施了《专利标记和专利号标注方式的规定》。2010年修订的《专利法实施细则》第83条中除了根据《专利法》的修改进行适应性修改外，还增加了第2款："专利标识不符合前款规定的，由管理专利工作的部门责令改正。"国家知识产权局于2012年3月8日公布并于同年5月1日实施了《专利标识标注办法》。

在该办法实施之际，本文拟结合我国的实际，从专利标识的含义、专利标识的作用、标注专利标识是权利还是义务、有权标注专利标识的产品、专利标识标注权与专利实施许可的关系、专利相关的产品与专利标识的关系以及专利申请的标识等多个方面分析和讨论专利标识与专利标识标注权。

二、专利标识的含义

标识，按照《现代汉语词典》的解释，其为"标志"的异形词，发音为"biāo zhì"。其作为名词的含义是"表明特征的记号"，作为动词的含义是"表示某种特征"。❶

专利标识，顾名思义，就是表明专利特征的记号，其对应的英文为 patent marking。《〈中华人民共和国专利法〉释解及实用指南》认为："专利标识是表明该产品是专利产品的标志，通常是标明'专利'或者'中国专利'以及专利号。"❷

《专利标识标注办法》第5条对专利标识的内容作出了规定："标注专利标识的，应当标明下述内容：（一）采用中文标明专利权的类别，例如中国发明专利、中国实用新型专利、中国外观设计专利；（二）国家知识产权局授予专利权的专利号。除上述内容之外，可以附加其他文字、图形标记，但附加的文字、图形标记及其标注方式不得误导公众。"

《美国专利法》第287条（a）中规定，专利权人与为其工作或依其指示于美国境内制造、要约销售或销售获有专利之产品，或将专利产品输入美国境内者，得于其产品附上"patent"或其缩写"pat"之字样与专利号码；如因产品之性质不能附上前述字样时，得将含有该字样之卷标附在产品上，或含有一个

❶ 中国社会科学院语言研究所词典编辑室．现代汉语词典［M］．5版．北京：商务印书馆，2005：88-89.

❷ 全国人大常委会法制工作委员会经济法室．《中华人民共和国专利法》释解及实用指南［M］．北京：中国民主法制出版社，2009：36-38.

或数个产品之包装物上，以告示社会大众。❶ 2011 年通过的《美国发明法案》规定专利标识使用虚拟标记，即专利权人可以通过披露一个无偿向公众公开的互联网网址来满足专利标识的标示的需要，只要公众可以从所披露的互联网网址上查到相关专利的具体信息。❷

三、专利标识的作用

专利标识主要有以下两个作用。

首先，专利标识可以起到警示、通知作用。通过在专利产品、产品的包装或者产品的说明书等材料上标注专利标识，专利权人可以警告潜在的侵权人该产品是受专利权保护的专利产品，未经许可不得实施，从而使可能的竞争者打消仿制同样产品的念头；社会公众可以注意到该产品是受专利权保护的专利产品，从而鼓励他人进行回避设计，减少非故意侵权行为发生的机会。

其次，专利标识可以起到宣传的作用，增加消费者对产品的信赖，增强产品的竞争能力，扩大产品的市场占有率。专利标识标注权具有包括广告利益在内的商业利益。在我国，通常认为获得发明专利权的产品必然是新产品，

---

❶ 35 U. S. C. 287 Limitation on damages and other remedies; marking and notice. (a) Patentees, and persons making, offering for sale, or selling within the United States any patented article for or under them, or importing any patented article into the United States, may give notice to the public that the same is patented, either by fixing thereon the word "patent" or the abbreviation "pat.", together with the number of the patent, or when, from the character of the article, this cannot be done, by fixing to it, or to the package wherein one or more of them is contained, a label containing a like notice. In the event of failure so to mark, no damages shall be recovered by the patentee in any action for infringement, except on proof that the infringer was notified of the infringement and continued to infringe thereafter, in which event damages may be recovered only for infringement occurring after such notice. Filing of an action for infringement shall constitute such notice.

❷ SEC. 16. MARKING.

(a) VIRTUAL MARKING. —

(1) IN GENERAL. —Section 287 (a) of title 35, United States Code, is amended by striking "or when," and inserting "or by fixing thereon the word 'patent' or the abbreviation 'pat.' together with an address of a posting on the Internet, accessible to the public without charge for accessing the address, that associates the patented article with the number of the patent, or when,".

(2) EFFECTIVE DATE. —The amendment made by this subsection shall apply to any case that is pending on, or commenced on or after, the date of the enactment of this Act.

(3) REPORT. —Not later than the date that is 3 years after the date of the enactment of this Act, the Director shall submit a report to Congress that provides— (A) an analysis of the effectiveness of "virtual marking", as provided in the amendment made by paragraph (1) of this subsection, as an alternative to the physical marking of articles; (B) an analysis of whether such virtual marking has limited or improved the ability of the general public to access information about patents; (C) an analysis of the legal issues, if any, that arise from such virtual marking; and (D) an analysis of the deficiencies, if any, of such virtual marking.

具有较高的技术含量，因此，获得发明专利可以增强消费者对该产品的好感，增加产品对消费者的吸引力。技术相对比较成熟、竞争比较激烈的日常产品，是否标注专利标识可能直接影响产品的定价和销量。从宣传作用来看，更强调专利标识标注是一项权利。

由于专利标识具有以上两个作用，基于维护社会公众利益的考量或维护专利权人利益的考量，可将标注专利标识规定为专利权人的义务或者专利权人的权利。

四、标注专利标识是权利还是义务

（一）美国立法例

《美国专利法》第287条（a）规定：专利权人与为其工作或依其指示于美国境内制造、要约销售或销售获有专利之产品，或将专利产品输入美国境内者，得于其产品附上“patent”或其缩写“pat”之字样与专利号码；如因产品之性质不能附上前述字样时，得将含有该字样之卷标附在产品上，或含有一个或数个产品之包装物上，以告示社会大众。如未为上述标示，专利权人不得于侵害诉讼请求损害赔偿，但如能证明侵权者已受侵害之通知，仍未停止其侵害行为，则通知后续行侵害之部分得请求损害赔偿。侵害诉讼之提起，视为侵害通知。从《美国专利法》上述规定可以看出。标注专利标识是专利权人获得损害赔偿的一般原则，在一定程度上可以理解为是专利权人获得损害赔偿所应承担的义务；该义务可以通过侵权者收到侵权通知而消除（也可以看作上述一般原则的例外）。这种侵权通知必须是来自专利权人的实际通知（actual notice）。即使侵权人知道自己的行为侵权，但没有收到专利权人的实际通知，也不能视为侵权者收到侵权通知；这种实际通知必须指明专利权人所主张的侵权产品是什么，而不能只是告诉侵权人有关专利权的存在和归属。[1] 这种侵权通知的证明责任由专利权人承担。如果没有按照规定标示，专利权人只能针对侵权人收到侵权通知后继续进行的侵权行为获得损害赔偿。

（二）日本立法例

《日本专利法》第187条规定：专利权人、独占实施权人或普通实施权人，依经济产业省令规定，须在产品专利发明的该产品上或生产产品的方法专利发明的方法生产的产品上（以下称“与专利有关的产品”）或者该产品的包装

---

[1] ADELMAN M J，RADER R R，KLANCNIK G P. Patent Law in a nutshell［M］. St. Paul，MN：Thomson - West，2008：418 - 419.

上，尽量附以该产品或者方法的专利发明的表示。[1]

目前日本学界与通说均认为上述规定为任意性规定，标注专利标识是专利权人的权利而不是义务，标注专利标识不是获得侵权损害赔偿的要件之一。

（三）中国立法例

我国《专利法》第 17 条第 2 款规定："专利权人有权在其专利产品或者该产品的包装上标明专利标识。"该条款没有使用"专利权人可以在其专利产品或者该产品的包装上标明专利标识"这样的表述，也没有使用"专利权人应当在其专利产品或者该产品的包装上标明专利标识"这样的表述，这表明在专利产品、产品的包装或者产品的说明书等材料上标注专利标识是专利权人独占的权利而不是义务，不同于《美国专利法》第 287 条（a）和《日本专利法》第 187 条。《专利标识标注办法》中将这种权利称为专利标识标注权。

相对应地，为了保护这种专利标识标注权，《专利法实施细则》第 84 条第 1 款中将"未经许可在产品或者产品包装上标注他人的专利号"作为《专利法》第 63 条规定的假冒专利的行为之一。根据《专利法》第 63 条的规定，该行为除依法承担民事责任外，由管理专利工作的部门责令改正并予公告，没收违法所得，可以并处违法所得 4 倍以下的罚款；没有违法所得的，可以处 20 万元以下的罚款；构成犯罪的，依法追究刑事责任。这也是《专利法》中唯一同时涉及民事、行政和刑事责任的条款。

为了规范这种专利标识标注权的行使，《专利法实施细则》第 83 条授权国务院专利行政部门规定标明专利标识的具体方式，并赋予管理专利工作的部门责令改正不符合规定的专利标识。

五、有权标注专利标识的产品

有权标注专利标识的专利产品[2]必须满足两个前提条件：（1）合法的而非侵权的产品；（2）使用了与所标明的专利标识对应的处于有效期内的中国专利[3]。

就第一个条件而言，尽管专利侵权人生产的产品也是"专利产品"，但这种产品是侵权的专利产品。如果侵权人在侵权产品、该产品的包装或者产品的说明书等材料上标注专利标识，通常可以直接认定为故意侵权，因此，

[1] 日本专利法［M］. 2 版. 杜颖，译. 北京：经济科学出版社，2009：187.

[2] 专利产品是指落入产品权利要求保护范围的产品，其不同于依照专利方法直接获得的产品，《专利法》第 11 条第 1 款、第 69 条和《专利法实施细则》第 73 条、第 84 条第 2 款将两者并列。

[3] 处于有效期内的中国专利是指处于有效状态的中国专利，该专利授权后没有被宣告无效、按照规定缴纳年费、专利权人没有以书面声明放弃其专利权、处于专利权期限内等。

一般情况下，侵权人不会将与该“专利产品”对应的专利标识标注在侵权产品、该产品的包装或者产品的说明书等材料上。对于个别侵权人将与该“专利产品”对应的专利标识标注在侵权产品[1]、该产品的包装或者产品的说明书等材料上的行为，笔者认为该标注行为本身违法，构成了假冒专利的行为[2]，可适用我国《专利法实施细则》第84条第1款中的“未经许可在产品或者产品包装上标注他人的专利号”；此时，侵权人构成了侵犯专利权的行为和假冒专利的行为[3]。

就第二个条件而言，如果产品没有使用专利技术，或者使用了专利技术但没有使用与所标明的专利标识对应的专利，则这种标注行为构成了假冒专利的行为，可适用我国《专利法实施细则》第84条第1款中的“在未被授予专利权的产品或者其包装上标注专利标识”。

如此看来，通常情况下，满足上述两个条件、可能在专利产品或者该产品的包装上标明专利标识的，除了专利权人、专利实施许可的被许可人外，还包括实施我国《专利法》第14条的推广应用、第48~51条的强制许可的行为人和第69条规定的不视为侵犯专利权的行为人。笔者认为，鉴于专利标识标注权是一种独占权，因此，除了专利权人、专利标识标注权的被许可人外，其他人未经许可标注专利标识构成了侵犯专利权人的专利标识标注权的行为。

六、专利标识标注权与专利实施许可

专利权人和专利标识标注权的被许可人当然有权在专利产品或者该产品的包装上标明专利标识，但是专利实施许可的被许可人是否当然有权在专利产品或者该产品的包装上标明专利标识？这是一个有争议的问题。2001年8月出版的《新专利法详解》一书中写道：“我们认为，被许可人也可以在其制造或者销售的专利产品或者该产品的包装上标明相应的专利标识和专利号，尤其是在专利实施许可合同中有明确约定的情况下。”但该书中没有给出得出该结论的

[1] 产品侵权，可以推定专利权人没有许可其标注专利标识。如果专利权人许可标注专利标识，通常可以认为其同时默示许可使用相应的专利技术，也就不存在侵权（具体论述参见“六、专利标识标注权与专利实施许可”）。

[2] 《新专利法详解》认为：“如果仿制专利权人的专利产品，并且在仿制的产品上标注该专利权人的专利标记或者专利号，就构成了假冒他人专利的行为。”参见：国家知识产权局条法司．新专利法详解［M］．北京：知识产权出版社，2001：106.

[3] 假冒专利行为人不但在其产品或者其包装上标注他人的专利标识或者在产品说明书等材料上采用他人所获得专利权的专利号，而且也使用了他人的专利技术或者专利设计的，则不但构成侵犯专利权人的专利标识标注权的行为，还构成侵犯他人专利权的行为。参见：尹新天．中国专利法详解［M］．北京：知识产权出版社，2011：725.

理由。在其他权威性著作中也没找到令人信服的理由。由于各国立法例中专利标识标注在专利体系中充当的角色不同，也没有从其他国家或地区中获得有用的经验，因此，被许可人是否当然有权标注专利标识尚没有最终的答案。有文章认为：专利实施许可不同于专利权的转让，不发生专利权主体变更的法律效力。无论是独占实施许可，还是排他实施许可或者普通实施许可，其目的都在于以约定的方式实施专利权。因此认为专利实施许可合同的被许可人并不能当然地享有专利标识权。[1] 笔者同意该文的观点。

不可否认的是，专利标识标注权是可以约定的，在专利实施许可合同中明确约定专利标识标注权是有必要的。对于专利权人来说，如果想保留专利标识标注权，无论是出于“放水养鱼”的想法，还是想获得广告利益，都可以在专利实施许可合同中明确约定保留专利标识标注权；对于被许可人来说，如果想获得专利标识标注权，无论是出于警示潜在的侵权者扩大市场份额，还是想获得广告利益，都可以在专利实施许可合同中明确约定“专利权人同意被许可人享有专利标识标注权，可以在其专利产品、依照专利方法直接获得的产品、该产品的包装或者该产品的说明书等材料上标注专利标识”。

专利权人许可他人标注专利标识，笔者认为专利权人同时也许可其使用相应的专利技术。这是因为标注专利标识的前提条件是“使用了与所标明的专利标识对应的专利”。如果允许专利权人仅许可他人标注专利标识而不许可其使用相应的专利技术，则他人仅使用了专利权人的专利标识而没有使用相应的专利技术，其行为构成了假冒专利的行为，专利权人也要承担假冒专利行为连带的民事、行政和刑事责任。因此，不存在专利权人仅许可他人标注专利标识而不允许其使用相应的专利技术这样的情况。专利权人许可他人标注专利标识，通常可以认为其同时默示许可使用相应的专利技术。[2]

七、专利相关的产品与专利标识标注权

专利相关的产品主要包括依照专利方法直接获得的产品和专门用于制造专利产品的元件或者部件。我国《专利法》中仅规定专利权人有权在其专利产品或者该产品的包装上标明专利标识，并未涉及依照专利方法直接获得的产品和专门用于制造专利产品的元件或者部件。

---

[1] 宋嘉．论专利标识权的行使：兼评现行专利法及其实施细则之不足与完善［D］．上海：华东政法大学，2011.

[2] 专利权人许可已合法使用专利技术的的行为人（例如先用权人）标注专利标识是例外情况。

（一）专利方法直接获得的产品与专利标识

《专利法实施细则》第 84 条第 2 款规定："专利权终止前依法在专利产品、依照专利方法直接获得的产品或者其包装上标注专利标识，在专利权终止后许诺销售、销售该产品的，不属于假冒专利行为。"举重以明轻，根据该规定可以得出，专利权人可以在依照专利方法直接获得的产品或者其包装上标注专利标识，即在依照专利方法直接获得的产品或者其包装上标注专利标识是专利权人的一项权利。

《专利标识标注办法》第 4 条规定："在授予专利权之后的专利权有效期内，专利权人或者经专利权人同意享有专利标识标注权的被许可人可以在其依照专利方法直接获得的产品、该产品的包装或者该产品的说明书等材料上标注专利标识。"由于依照专利方法直接获得的产品不一定是新产品，为了使公众能够通过专利标识区分专利产品和依照专利方法直接获得的产品，该办法第 6 条同时规定："在依照专利方法直接获得的产品、该产品的包装或者该产品的说明书等材料上标注专利标识的，应当采用中文标明该产品系依照专利方法所获得的产品。"

法律没有明文规定专利权人享有在依照专利方法直接获得的产品或者其包装上标注专利标识的独占权。但是，根据《专利法实施细则》第 84 条第 1 款规定，未经许可在产品或者产品包装上标注他人的专利号属于《专利法》第 63 条规定的假冒专利的行为。换言之，标注专利号是专利权人的独占权。再根据《专利标识标注办法》第 5 条的规定，国家知识产权局授予专利权的专利号是专利标识必不可少的组成部分。由此我们可以得到这样一个结论：未经专利权人许可在产品或者产品包装上标注专利号、在依照专利方法直接获得的产品或者其包装上标注专利标识是假冒专利的行为。

综上，在依照专利方法直接获得的产品或者其包装上标注专利标识是专利权人的一项权利，该项权利可以许可；（专利标识中的专利号）未经许可，在依照专利方法直接获得的产品或者其包装上标注专利标识是假冒专利的行为。由此，或许可以认为：在实际操作中，在依照专利方法直接获得的产品或者其包装上标注专利标识事实上成为专利权人的独占权。

此外，《新专利法详解》一书从立法目的的角度出发，认为从立法本意上看，制造方法的专利权人也有权在依照专利方法直接获得产品或者其包装上标注专利标识和专利号[1]。[2]

---

[1] 这里的"专利标识和专利号"对应于《专利法》（2008）中的"专利标识"。

[2] 国家知识产权局条法司．新专利法详解［M］．北京：知识产权出版社，2001：106.

（二）专门用于制造专利产品的元件或者部件与专利标识

在专门用于制造专利产品的元件或者部件或者其包装上标注专利标识的问题在《专利法》《专利法实施细则》和《专利标识标注办法》中均未涉及。

在将标注专利标识作为义务的美国，CAFC 在 Amsted Industries Inc. v. Buckeye Steel Castings Co. 案[1]的判决中认为专利权人在出售用于制造专利产品元件或者部件时，可以通过在元件或者部件上标注专利标识的方式，例如"供美国专利第×号使用"，履行《美国专利法》第 287 条（a）规定的标识义务。

通过上述美国的判例，我们或许可以得到如下结论：用于制造专利产品的元件或者部件与专利标识有着密切的关系，在元件或者部件上标注专利标识相当于在专利产品上标注专利标识。

由于专门用于制造专利产品的元件或者部件与专利产品、专利标识有着非常密切的关系，因此笔者认为，在将标注专利标识作为权利的我国，专利权人可以在专门用于制造专利产品的元件或者部件或者其包装上标注专利标识，但在标注时需要加上额外的明确的说明，例如"供中国发明专利第×号使用"。这种标注可以看作一种与事实状况相符的如实描述。此外，参照上一小节的论述，在实际操作中，在专门用于制造专利产品的元件或者部件或者其包装上标注专利标识事实上成为专利权人的独占权。

八、专利申请的标识

《专利标识标注办法》第 7 条规定："专利权被授予前在产品、该产品的包装或者该产品的说明书等材料上进行标注的，应当采用中文标明中国专利申请的类别、专利申请号，并标明'专利申请，尚未授权'字样"。至此，国家知识产权局以部门规章的形式结束了学界和实务界关于专利申请是否可以标注以及如何标注的问题。[2][3] 1995 年起实施的《广告法》第 11 条规定："广告中涉及专利产品或者专利方法的，应当标明专利号和专利种类。未取得专利权的，不得在广告中谎称取得专利权。禁止使用未授予专利权的专利申请和已经终止、撤销、无效的专利做广告。"在产品、该产品的包装或者该产品的说明书等材料上

[1] 24 F. 3d 178 Fed. Cir. 1994.

[2] 杨喆．小议专利标识权行使的合规性［J］．知识产权，2009，19（4）：43－48.

[3] 宋嘉．也谈专利标识权行使的合规性：兼与杨喆先生商榷［J］．知识产权，2009，19（5）：75－77.

标注专利申请或者专利申请号是否属于广告行为存在不同的观点。[1][2] 但基于对国务院专利行政部门制定的部门规章的信赖利益保护，申请人只要是按照《专利标识标注办法》的规定标注，其标注行为就不应该受到限制，更不应该受到处罚。此外，该办法第 7 条的规定并没有区分专利申请是否公布，换句话说，无论专利申请是否公布，均可以标注。

九、结束语

专利标识标注权是一项有中国特色的权利，权利人可以消极地不行使该权利而不会带来权利灭失或者无法行使的后果；专利权人如果积极行使权利则要受到限制，有义务按照国务院专利行政部门规定的方式予以标明。

---

❶ 经营者在自己销售的商品或包装上标识专利申请或者专利申请号，属于“通过一定媒介和形式直接或者间接”介绍自己商品具有某种竞争优势的行为，符合《广告法》对广告的界定。参见：张韬略，黄洋. 再谈标识专利申请的合法性：中德两国对标识专利申请的不同规制及启示［J］. 电子知识产权，2012（1）：90－94.

❷ 一般仅在产品及其包装上标示“专利申请中”或“本产品获得美国专利授权”等字样的，虽然也具有宣传功效，但不能认定为广告行为，因此并不受《广告法》规范，也不能简单地认定其违法。参见：傅利英，张晓东. 论专利标识及专利标识权［J］. 华东理工大学学报（社会科学版），2011（1）：84－88.

事实认定法条的理解和适用

朱晓琳　崔哲勇　马文霞　于仁涛

摘　要：《专利法》第26条第3款、第4款是审查中涉及事实认定的法律条款。本文从立法本意、法律地位、功能作用等方面阐述了对上述涉及事实认定法律条款的理解和审查适用，给出了审查中事实认定法条与新颖性、创造性和实用性条款存在适用竞合时的处理思路，并结合案例分析了事实认定过程中对权利要求、说明书的关联考虑。

关键词：支持　充分公开　事实认定　审查适用

一、前　言

《专利审查指南2010》第二部分第八章明确了实质审查的目的在于确定发明专利申请是否应当被授予专利权，特别是确定其是否符合《专利法》有关新颖性、创造性和实用性（以下简称“三性”）的规定。发明具有“三性”是获得专利权的重要条件。以“三性”评判为主线的全面审查，是实质审查中始终要坚持的方向。在以“三性”审查为核心的实质审查过程中，如何理解和适用《专利法》第26条第3款和第4款（以下分别简称“A26.3”和“A26.4”）这些涉及事实认定的条款，实践中还存在一些疑惑不清的认识，适用上还存在一定困难。本文从A26.3、A26.4的立法本意、法律地位、功能作用及审查适用等方面，阐述对事实认定法条的理解和适用，并针对审查中事实认定法条与“三性”法条存在适用竞合时如何处理给出了处理思路，结合案例分析了事实认定过程中对权利要求和说明书的关联考虑，以期厘清思路，解除疑惑，为A26.3、A26.4的审查和适用提供帮助。

二、A26.3、A26.4 的立法本意

A26.3 规定："说明书应当对发明或者实用新型作出清楚、完整的说明，以所属技术领域的技术人员能够实现为准；……"

A26.4 规定："权利要求书应当以说明书为依据，清楚、简要地限定要求专利保护的范围。"

A26.3、A26.4 均体现了"以公开换保护"这一专利制度本质。申请人以向社会公众公开其作出的具备"三性"的发明创造，换取国家授予其一定时间期限之内的专利独占权。一方面，申请人的发明创造可以获得法律保护，有利于鼓励其发明创造的积极性；另一方面，发明创造的公开，为公众提供了新的技术信息，能够促进发明创造的实施和推广应用。对具备"三性"的发明提供与公开的发明创造的技术贡献相称的保护，这是实现《专利法》立法宗旨的基本保障。如果发明专利申请的说明书不能为公众提供足够的技术信息，或者申请人请求保护的范围与其在说明书中公开的发明创造的技术贡献不相称，就会破坏申请人和公众之间的利益平衡，导致专利制度不能发挥其应有的作用。而权利范围是否清楚关系到专利权人权利的行使，关系到公众能否合理地确定其保护范围而规范自己实施有关技术的行为，避免侵犯他人专利权。这是专利制度正常运行的基本保障。

因此，A26.3 的立法本意就是要规定申请人如何公开发明，对发明需要说明到什么程度才算公开，以为社会公众提供新的有用技术信息。说明书是申请人公开其发明的文件，A26.3 规定说明书须将发明的技术方案清楚、完整地公开出来，使所属领域的技术人员能够理解并实施该发明。

A26.4 的立法本意就是要规定申请人如何合理、准确地界定请求保护的范围，使得获得保护的权利范围与公开的发明创造的技术贡献相称，且权利范围边界清晰。发明专利权的保护范围以其权利要求的内容为准，A26.4 规定权利要求要依据说明书公开的内容，清楚、简要地限定要求专利保护的范围。

从上述 A26.3、A26.4 的立法本意可知，A26.3、A26.4 既是对申请人提出申请的要求，也是授权前需要审查的条款。申请人提出申请时应当尽到上述条款所规定的义务。审查员对申请是否满足上述条款进行审查，就是要使得授权的权利范围适当、清楚，社会公众能够依据说明书提供的技术信息理解和实施发明，能够在此基础上作进一步改进，专利能够被推广和应用，以保障立法宗旨的实现。

三、A26. 3、A26. 4 的法律地位

A26. 3、A26. 4 同属《专利法》第三章“专利的申请”，是对申请的法定要求。从前述两条款的立法本意可知，它们所规定的不仅是针对撰写申请的要求，也是授权前需要满足的规定。然而，该两条款不属于《专利法》第二章“授予专利权的条件”的内容，不是实质审查中审查申请是否符合授权条件的核心条款，也不是从创新价值的角度判断一件申请是否具有授权前景所考量的条款。

从 A26. 3、A26. 4 的立法本意可知，该两条款首先是对申请文本的规定，是要求申请人在请求获得权利时所应当履行的义务。其次是授权前对授权文本的要求，这是为了让授权文本合理、准确地界定权利范围，所保护的发明在说明书中有清楚、完整的技术信息说明，使得专利的技术方案能够被理解和实施。

同时，《专利法实施细则》（以下简称《细则》）第 53 条规定了发明经实质审查应当驳回的情形，其中包括不符合 A26. 3、A26. 4 规定的情形。作为规定申请文本内容的条款被列入驳回条款，主要是因为：专利文件作为向社会公开的权利文件和技术信息文件，要保证专利信息的有效传播和利用，不仅需要权利范围界定适当、清晰，还要求所保护的发明能够被实施和推广。因此，在发明满足了授予专利权的“三性”等条件时，还需要满足 A26. 3、A26. 4 才能予以授权。

简而言之，A26. 3、A26. 4 虽然不是《专利法》规定的授予专利权的条件所涉及的条款，却是可以据此驳回申请的条款，申请时要遵守，授权时应该满足。

一件申请是否具有授权前景，主要依据《专利法》第二章“授予专利权的条件”进行判断，尤其是要依据“三性”条款进行判断。以“三性”条款为核心的“授予专利权的条件”决定一件申请是否具有授权的价值，是否应当被授权。而 A26. 3、A26. 4 影响到申请最后是否可以被授权。好的申请、好的审查，应该让具有授权价值的发明获得合理、准确的权利，应当被授权的得到授权，而不会因 A26. 3、A26. 4 的适用不当地缩小保护范围，甚至丧失权利。

四、A26. 3、A26. 4 的功能

A26. 3、A26. 4 的立法本意、法律地位决定了其功能，主要是对申请的与权利相关的事实信息进行规定，限定如何公开发明、如何界定保护。所以该两条款本质上是事实认定的条款。对申请人而言，须遵循该条款公开其发明创造，使得所属技术领域的技术人员能够实现，并依照其公开的发明内容，合

理、准确地界定请求保护的权利范围。对审查员而言，通过阅读理解发明过程中的事实认定，明确申请请求保护什么，所请求保护的内容在说明书中是如何公开的，公开是否满足 A26.3 所述的“能够实现”，从而为“三性”评判确定可供评判的事实基础。当通过“三性”评判确定申请具有授权前景时，一般还需要通过 A26.4 规范授权文本，以使授权的权利范围清楚、适当。

简而言之，A26.3、A26.4 的功能在于：申请时规范申请文本，审查中认定评判事实，授权前规范授权文本。通过上述事实认定法条的约束，使得申请时申请人尽到公开发明的义务，合理、准确地界定保护范围；审查中客观认定可供评判的且具有评判意义的事实基础；授权的文本权利范围清晰得当，与权利相关的技术信息被清楚、完整地公开，使社会公众获得有用的技术信息。

五、A26.3、A26.4 的审查适用

从 A26.3、A26.4 的功能可以看出，对审查而言，该两条款是事实认定的条款，涉及对与权利相关的事实信息的认定。主要包括：权利要求请求保护的是什么？说明书公开了什么？这种事实认定是“三性”评判的基础，也是授权前对授权文本的把关。虽然通常情况下对事实认定的过程伴随着对是否符合 A26.3 和 A26.4 的审查过程，但并不意味着审查中一定要适用上述条款。当申请存在不符合事实认定条款的缺陷时，其事实缺陷往往也影响权利要求的“三性”，例如，该事实缺陷使得权利要求不具备创造性。而“三性”是实质审查重点要审查的内容，这时一般应优先审查“三性”，而不直接适用事实认定条款。

对 A26.3 适用的一般情形是说明书缺乏解决技术问题的技术手段，使得所属技术领域的技术人员无法实现发明。当说明书存在的事实缺陷使得无法或不必进行“三性”评判时，可以直接适用 A26.3。

例如，某案权利要求请求保护智能语言产品、智能识别、智能传感器，智能控制器等硬件产品，智能计算、识别、控制、声视频等软件系统产品。说明书中仅提及在“机械设备的操作控制器中，通过对智能基因的输入、输出、连接、组合等方式可让设备控制器具有人的智慧，按照人的设计，根据工艺过程、外部情况等的变化，输出控制信息基因”，但没有给出实现上述设想的具体技术手段。因此，该权利要求请求保护的技术方案没有在说明书中充分公开。由于说明书未公开解决技术问题的关键技术手段，因此对于权利要求技术方案的检索缺乏实质针对性，审查中与现有技术的比对也存在困难。而申请的根本缺陷即在于缺乏解决技术问题的技术手段，这时可以直接适用 A26.3。

对 A26.4 的适用多数情况是在审查“三性”之后，对于具有授权前景的申请，为了使其符合授权的要求，适用事实认定条款解决权利边界清晰、范围适

当的问题。同时，《专利审查指南2010》第二部分第八章第4.7.1节中也指出："对于某些申请，由于存在例如权利要求不清楚等问题，而导致审查员无法先审查该申请权利要求的新颖性和创造性，则应当先就这些问题进行审查。"

六、事实认定条款与"三性"条款的竞合

对发明专利申请进行实质审查目的在于确定发明专利申请是否应当被授予专利权。"三性"条款属于《专利法》第二章"授予专利权的条件"的内容，是审查申请是否符合授权条件的实质审查条款，是判断发明是否具有创新价值而应当被授予专利权的重要条件，也是判断一件申请是否具有授权前景时所考量的条款。因此，对是否符合"三性"条款的审查是发明实质审查的实质内容，是实质审查的主线。

事实认定条款作为规范申请事实信息的条款，应当围绕服务于审查"三性"这一主线展开。这种服务主要体现在为"三性"评判做好事实认定的准备。事实认定与事实认定条款的适用有所不同：事实认定是"三性"判断的基础，先于"三性"评判；事实认定条款的适用一般并不优先于"三性"评判，要看具体案情，依据案情制定合适的审查策略。实质审查是以"三性"评判为主线的全面审查，这是实质审查工作始终要坚持的方向。

基于"三性"评判主线的实质审查理念，以及"三性"条款、事实认定条款各自不同的法律地位和功能，当事实认定条款与"三性"条款在适用上存在竞合时，应当优先适用"三性"条款，以确保实质审查审实质，审查结论客观准确。

具体地，当按照事实认定条款的要求进行事实认定时，需要确认申请保护了什么，其保护的技术方案是否在说明书中公开（技术方案是否清楚、完整、能够实现，技术效果是否得到验证），其保护范围的大小是否与公开的内容相匹配。在这样事实认定的过程中，可能会发现申请存在不符合A26.3、A26.4的缺陷。如果这些缺陷不影响基于目前的事实对"三性"进行评判（例如说明书和权利要求对发明的事实描述存在模糊之处，但不影响对发明本身进行理解的），则应该进入"三性"评判，判断申请是否具有授权前景。当判断申请具有授权前景时，在"三性"评判的同时还应该指出申请存在的不符合事实认定条款的相关缺陷。如果所述缺陷的存在使得无法进行"三性"评判（例如，权利要求撰写得无法清晰地解读要求保护的发明，导致无法进行"三性"评判），或者依据目前所认定的事实无法进行有意义的"三性"评判（例如，权利要求概括的内容与说明书中实际公开的内容完全不同，使得针对权利范围的检索和"三性"评判是不具有意义的），则应当先适用事实认定条款，指出所述缺陷，

待事实缺陷克服后再进行“三性”评判。

例如，某案权利要求请求保护一种中药口服液，由主药方剂和灵芝果蔬酵组成。其中主药方剂的成分和剂量为：麝香1份、黄芪20份、川芎15份、半夏6份、乌梅30份、牛黄6份、当归20份、鹿茸15份、白花蛇30份、茯苓20份、川贝母30份、丹参20份……礞石15份、红信石4份、海浮石15份、代赭石6份；灵芝果蔬酵的成分和剂量为：葡萄干50份、山楂干50份、枣干50份、海棠果干50份、胡萝卜干50份、橄榄菜干50份、油菜干50份、萝卜叶干50份、灵芝10份、糯米粉20份。

说明书中声称该组合物可以治疗胃肠炎、高血脂、高血糖、风湿、皮肤癣、荨麻疹、妇科炎症、支气管哮喘、前列腺疾病和/或湿热诊病等多种疾病，但既未记载该中药口服液的组方依据，也未提供中药口服液具有相应疗效的实验数据，仅简单记载了其针对部分疾病的有效率。

通过对说明书和权利要求的阅读理解不难发现，本案例中药口服液组分众多，包含多种已知中药成分或者食品，组方原理和依据不明，说明书提供的效果数据简单且可信度差。基于此，本领域技术人员难以确信该中药口服液具有治疗胃肠炎、高血脂等诸多疾病的技术效果，因而说明书存在公开不充分的缺陷。同时，由于组方原理和依据不明、效果难以确信，说明书中也未记载中药口服液中多种组分的协同作用，通过检索也可以判断出该案的技术方案本质上属于简单拼凑的组合物，未获得本领域技术人员可以确信的技术效果，因而也不符合《专利法》规定的创造性条件。此时，应该适用《专利法》第22条第3款对权利要求的创造性进行审查。

此外，当申请存在涉及A26.3的缺陷，例如仅仅给出一种任务或设想而未给出任何使所属技术领域的技术人员能够实施的技术手段，使得无法进行有意义的检索和“三性”评判，该缺陷也无法通过符合《专利法》第33条的修改予以克服，这种情况下可以直接适用A26.3直至驳回。

例如，某案发明的实现依赖3种特定的微生物菌株，申请人未在申请日前对该微生物菌株进行保藏并提交保藏证明。该特定的微生物菌株未被保藏，也不属于现有技术，因而本领域技术人员无法实施该技术方案，该申请存在未充分公开发明的缺陷，且该缺陷无法通过符合《专利法》第33条的修改予以克服，应直接适用A26.3。

七、事实认定过程中对权利要求、说明书的关联考虑

1. 权利要求与说明书的关系

权利要求通常由说明书记载的一个或者多个实施方式或实施例概括而成。

根据 A26.4，权利要求书须以说明书为依据说明请求保护的权利范围。根据 A26.3，说明书须对权利要求请求保护的发明创造作出清楚、完整的说明，公开发明的内容，并以此支持权利要求的保护范围。根据《专利审查指南 2010》第二部分第二章第 2.1.2 节，完整的说明书应当包括有关理解、实现发明所需的全部技术内容，尤其，说明书需要对确定发明具有“三性”所需的内容进行描述，包括发明要解决的技术问题、采用的技术方案和获得的有益效果等。在审批程序中，说明书的这些内容能够帮助审查员准确理解权利要求的技术方案，确定检索的范围和审查基础，同时也会直接影响到权利要求是否具备“三性”的审查结论。可见，权利要求书与说明书有着相互影响、相互依存的关系：权利范围需要说明书公开的内容予以支持，权利请求保护的技术方案的具体实施及效果需要说明书予以描述，否则可能影响权利的获得。说明书须以权利要求为导向公开发明的技术内容。只有在说明书中清楚、完整地公开发明的内容，才能支持权利要求的保护范围。因而在事实认定的过程中，须将权利要求、说明书关联起来考虑，不要孤立地审查权利要求或说明书。

例如，某案权利要求请求保护一种浴室取暖器，其中包括技术特征“电机为双轴电机，在电机（4）的双轴上，设置有离心式风轮（3）和轴流式风叶（6）”。从字面上看，“双轴电机”似乎是有两根输出轴的电机。但在发明所属领域中并不存在有两根输出轴的电机。根据说明书的记载，“在取暖器内，设置了双轴电机，其两端分别安装有轴流式风叶和离心式风轮”，“在电机 4 的双轴上，设置有离心式风轮 3 和轴流式风叶 6”以及“离心式风轮 3 与轴流式风叶 6 同轴安装”。依据说明书的这些文字说明并结合说明书附图，可以清楚地看出，权利要求中的“双轴电机”的含义是指电机的一根输出轴两端分别同轴安装有离心式风轮和轴流式风叶。因此，在检索和审查时应结合说明书内容准确理解权利要求的技术手段。

2. 对权利要求的事实认定须结合说明书

权利要求是申请人要求保护的技术方案内容的具体体现，也是审查员检索的依据和审查的重点。因此，事实认定的首要任务是力求准确地认定权利要求的事实，包括正确理解其技术方案、准确确定其保护范围。

对技术方案的理解应该着眼于发明要解决的技术问题、采取的技术方案、获得的技术效果 3 个方面。权利要求是概括的技术方案，通常比较凝练甚至抽象。在认定权利要求事实的过程中，应结合说明书准确理解权利要求的技术方案，考虑说明书所表达的发明要解决的技术问题、技术方案的具体实施方式及达到的技术效果，整体地善意理解发明。不应孤立地解读权利要求的技术特征，作违背其本意的曲解。例如，某申请的权利要求如下：

一种 Low－k 芯片封装结构，包括芯片本体（2－1）、芯片电极（2－2）和芯片表面钝化层（2－3），所述芯片本体外包覆有薄膜层Ⅰ（2－4），其特征在于：所述芯片电极（2－2）经由再布线金属走线（2－6）转移至芯片周边外的薄膜层Ⅰ（2－4）上，金属走线的终端设置有金属柱（2－7），所述金属柱外包覆有薄膜层Ⅱ（2－8），金属柱顶端露出薄膜层Ⅱ，在露出的金属柱顶端设置有金属层（2－9），所述金属层上设置有焊球（2－10）。

图1给出了封装结构示意图。

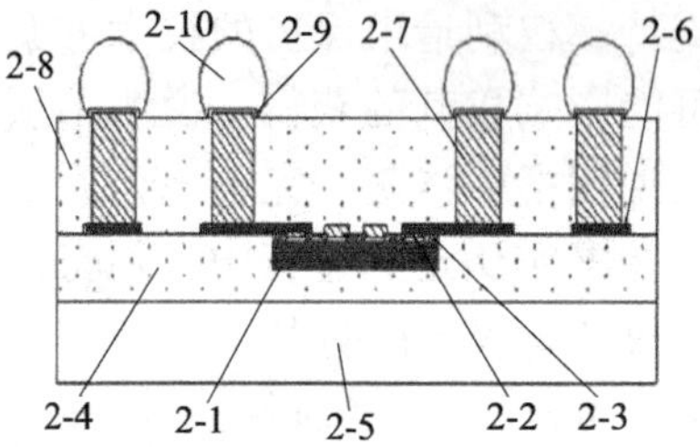

（a）申请的技术方案

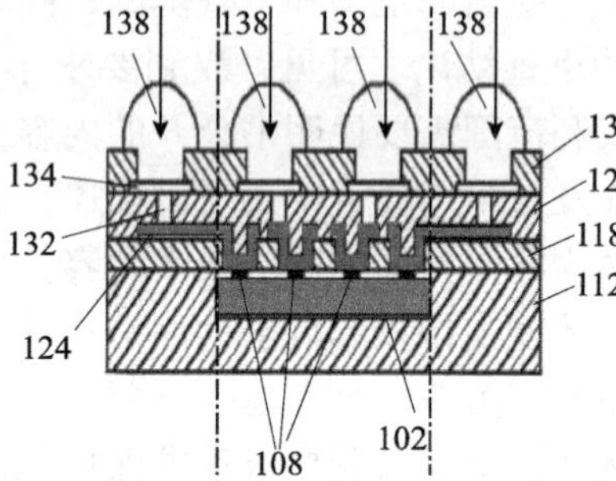

（b）现有技术

图1 封装结构示意图

根据说明书的记载，将所述芯片电极经由再布线金属走线转移至芯片周边外，是为了解决工艺过程应力导致芯片电极处应力集中、Low－k 介电层易碎裂的问题。在理解权利要求中划线部分的技术特征时，应关联考虑说明书中描述的该手段要解决的技术问题，将其理解为所有芯片电极经由金属走线转移到芯片周边以外。正是这样的设置使得在芯片电极的上方没有焊球的焊接点，从而避免了封装工艺过程中来自焊球处的应力在芯片电极处集中。如果将技术手段理解为现有技术中仅仅芯片边缘处的个别芯片电极经由金属走线转移到芯片周边外的情形，则是违背申请人发明目的的对技术方案的曲解。因为现有技术中的这种设置情形下，尽管芯片边缘处的个别芯片电极经由金属走线转移到芯片周边外，但这仅仅是为了扩展芯片表面区域，增加封装密度，其芯片电极上方设置有焊球，芯片电极在封装过程中须承受来自焊点的应力，根本无法解决该申请说明书所述的芯片电极处应力集中的问题。

在认定发明要解决的技术问题的过程中，应考虑说明书中记载的内容，特别是说明书中关于技术方案所具有的有益效果、要解决的技术问题及其与技术方案之间的关系的相关描述。对权利要求的技术方案所获得的技术效果的认定，须根据说明书公开的内容，结合本领域技术人员的认知，合理确定其效果是否可信。化学产品的技术效果通常难以预测，须借助实验数据来说明。如果说明书的描述无法使本领域技术人员确信发明技术效果真实可靠，则不应当认定其技术效果。后续在评判创造性时，也应当基于该事实基础，不能确认的技术效果不能用于支持权利要求的创造性。

在确定权利要求的保护范围时，一方面，应依据权利要求中的技术特征限定认定其保护范围，不应将说明书的内容带入到对范围的确定中；另一方面，当权利要求存在撰写瑕疵时，应结合说明书的实质内容确定出可供检索和审查的方案。

对于有授权前景的申请，在审查权利要求是否清楚时，应要求权利要求尽可能不依赖说明书即能清楚限定权利的范围。

对于权利要求的保护范围是否能够得到说明书的支持，应当考虑说明书的全部内容，并参照与发明相关的现有技术。判断说明书公开的内容是否足够支持权利的范围，重点把握权利的范围应与说明书公开的内容相称。只有在说明书中被清楚、完整地公开的内容，才能用于支持权利要求请求保护的范围。

3. 对说明书的事实认定须围绕权利要求保护的内容

对说明书中公开内容的事实认定，应以权利为导向，围绕权利要求保护的内容展开。在事实认定的过程中，伴随着对说明书的审查，即审查权利要求请求保护的发明是否在说明书中被公开。未在权利要求书中要求保护的内容，不要求在说明书中作符合 A26. 3 的公开。

具体而言，应重点对说明书中能帮助理解权利要求的内容、确定发明具备“三性”所需的内容、用于支持权利范围的内容进行事实认定，包括发明要解决的技术问题、采用的技术方案及具体实施方式以及获得的有益效果等。这种事实认定一方面帮助审查员准确理解权利要求的技术方案、确定保护范围，另一方面确认说明书到底公开了什么、所公开的内容是否满足符合 A26. 3 的要求、所公开的内容是否足够支持权利要求的保护范围。

八、结　语

A26. 3、A26. 4 是实质审查中事实认定过程中必须审查的条款，依据 A26. 3、A26. 4 认定的事实是“三性”审查的基础，也是授权的权利赖以成立的基础。在实质审查过程中，围绕实质审查的目的，坚持以“三性”评判为主线的全面审查，是始终应坚持的方向。A26. 3、A26. 4 的审查既服务于“三性”审查，同时自身也构成授权审查的要件。正确地适用事实认定条款，就是为了使得实质审查所依据的事实准确，评判客观，结论正确；使符合授权条件的申请获得与其贡献相匹配的权利，实现立法宗旨。

浅谈对互联网行业不正当竞争法律规制的考量*

赵　洋** 　黄　菲*** 　段文婷**
杨　栋** 　于　白**

摘　要： 通过对互联网行业不正当竞争独有的共性特征进行归纳，针对网络软件恶意滋扰、网络商业诋毁和网络商业标识恶意混同3种互联网行业不正当竞争的主要类型，分析出我国现行《反不正当竞争法》在法律规制上的不足。借鉴国外先进立法经验，从条款设立、主体保护范围、责任承担和行政执法等方面提出具体建议，以便更好地维护互联网经营者和消费者的合法权益，建立起良性健康有序的互联网市场竞争秩序。

关键词： 互联网　不正当竞争　法律规制　竞争秩序

近年来，随着互联网技术的高速发展，市场竞争愈发激烈，企业间不正当竞争纠纷及引发的诉讼呈现攀升势头，近期更是逐步涉入移动互联网领域。从奇虎与腾讯之间的“3Q大战”、百度与搜狗之间的“BS大战”到360手机卫士拦截APP米洽引发的“3米大战”都引起了社会的广泛关注。

互联网不正当竞争往往与技术密切关联，涉及企业与消费者等多方利益，结合传播迅速、影响范围大、危害后果严重等互联网特有特点，频频震惊互联

---

* 文章来源：《中国发明与专利》2016年第6期。

** 作者单位：国家知识产权局专利局专利审查协作北京中心电学部。

*** 作者单位：国家知识产权局专利局专利审查协作北京中心通信部；作者对本文的贡献与第一作者等同。

网行业，甚至波及消费者群体，折射出监管和法律等层面的失控。建立良性健康的互联网行业竞争秩序不仅需要企业加强自律、勇于承担社会责任，还有赖于《反不正当竞争法》等法律法规的进一步完善，从而减少甚至规避不正当竞争。

一、互联网行业不正当竞争的独有特征

互联网行业不正当竞争既是现实社会中传统不正当竞争在网络环境中的延伸，又具有与传统不正当竞争相区别的自身特征。

（一）技术含量高

互联网的高科技性质决定了该行业的不正当竞争与传统行业不同，诸如搜索引擎、网络安全、即时通信等网络服务都主要是通过网络技术实现的。只有掌握了相关网络技术，才能够实施相应的网络竞争行为，如采用高超的网络技术手段实施劫持经营者网站流量等不正当竞争行为。同时，互联网不正当竞争与传统不正当竞争相比而言，识别或区分的难度增加，需要由专业技术人员进行认定。一般消费者由于不掌握专业技术，在面对诸如软件不兼容引发的软件冲突等纠纷时，即便有侵权行为发生，也难以感知甚至无法意识到自身权益受到侵害。

（二）危害后果严重

在互联网高度发达的今天，信息传播极其迅速，并且不受地域限制。一旦侵权人以网络为工具诋毁竞争对手，即使受害者迅速回应进行解释，有时也难以招架不明实情人士在网络上的诸多不实言论，受害者本身的信誉或商誉都将遭受难以弥补的损失。而这种损失又往往不能通过金钱予以衡量，即使在维权过程中会给予一定经济上的弥补，也远不及所遭受的损失。即便事后查明真相公开说明，也不会完全消除消费者心中的阴影。

二、互联网行业不正当竞争的主要类型

互联网行业不正当竞争在网络空间有了新的表现形式，体现了互联网独有的特点，主要有以下几种类型。

（一）网络软件恶意滋扰

网络软件恶意滋扰是与计算机网络技术的创新和应用密切相关，且最能体现网络不正当竞争与传统不正当竞争区别的行为之一，其主要包括以下几种情形。

1. 软件之间恶意不兼容

软件之间恶意不兼容是互联网领域出现最早且影响较为广泛的干扰类型，

表现为软件经营者在设计、安装、运行软件过程中故意设置障碍妨碍竞争对手软件的安装和运行、主动卸载对方软件等。随着软件的技术愈加复杂、更新不断加快，不同经营者推出的软件出现不兼容的情况有时难以避免，但若主观上存在恶意，故意开发出与竞争对手产品不兼容的软件，或者故意在自身软件的某项或某几项具体服务或功能上与竞争对手产品不兼容，从而逼迫消费者只能在自身或竞争对手之间二选一或者多选一，就属于恶意开发出不兼容的软件，从而符合软件之间恶意不兼容的界定。此类案例有搜狗拼音输入法阻碍 QQ 拼音输入法❶、360 安全卫士强行卸载金山网盾❷等。

2. 修改他人互联网产品或服务

修改他人互联网产品或服务是网络经营者为谋取自身利益而修改他人提供的互联网产品或服务，使他人产品或服务在客户端不能正常呈现，具体包括直接修改和间接修改。比如，由经营者直接通过技术手段使客户端的软件或网页呈现发生变化，属于直接修改；也可由经营者提供修改工具，通过网络用户的自行选择和操作来达到修改目的。若经营者提供修改工具的行为对现有运行模式或产品没有尽到一定避让义务，不正当地夺取他人产品或服务的商业机会，则属于间接修改；如若经营者提供修改工具的行为仅在特定环境下不正当地夺取他人产品或服务的商业机会，则仅在该特定环境下才属于间接修改。前者案例有奇虎未经百度同意擅自将嵌入其网址导航页的百度搜索框的下拉提示词作了修改，引导用户访问奇虎的影视页面❸等。后者案例有 UC 浏览器可将优酷网内不允许下载的视频内容以独立文件形式保存到用户终端设备上，在不连接互联网的方式下播放❹等。

3. 其他恶意滋扰

其他诸如强迫用户下载、安装、运行、升级、卸载软件；或者故意影响其他经营者提供软件的某项或某几项服务的性能或效果；或者欺骗、误导、强迫用户修改其他经营者提供的服务或产品参数，或者主动攻击其他软件或服务，使其性能降低的行为也都属于恶意滋扰。

（二）网络商业诋毁

网络商业诋毁没有脱离传统商业诋毁的本质，只是利用网络这种传播媒介的特性，自己或者组织、指使、雇用人员在信息网络上，捏造、散布虚伪事

❶ 北京市第一中级人民法院（2009）一中民初字第 16849 号民事判决书。

❷ 北京市第一中级人民法院（2010）一中民初字第 10831 号民事判决书。

❸ 北京市高级人民法院（2013）高民终字第 2352 号民事判决书。

❹ 北京市海淀区人民法院（2013）海民初字第 24365 号民事判决书。

实，损害竞争对手的商业信誉、商品声誉，以为自己谋取不正当利益。其一般以借助诸如网络公关公司等第三方实施为主要表现形式；比如网络经营商雇用第三方网络公关公司，片面、单方地在网络上散布其他经营者软件或服务存在诸如安全隐患、泄露隐私等缺陷，误导、诱骗用户卸载该软件，使用自身软件等。此类案件有北京爱康、上海爱康诉江苏爱康、黄某商业诋毁案❶等。

（三）网络商业标识恶意混同

网络商业标识是网络经营者经过长期的投入和积累所产生的信誉载体，是一种无形的财产。网络商业标识不仅包括诸如商标、企业名称、认证标志、地理标识等传统商业标识，还包括诸如网络域名等网络所独有的商业标识。❷ 网络商业标识混同与传统商业标识混同本质上是一致的，二者均是经营者使用与他人商业标识相同或相似的商业标识，引起市场混淆，目的为不当获取他人客户资源，实现自身利益最大化。网络商业标识，尤其是知名企业的网络商业标识，已成为企业的实力象征和无形财富，蕴含巨大商机，由此引发的纠纷层出不穷。比如，在网络领域，网络域名，尤其是知名企业的网络域名被恶意抢注时有发生，由此引发的不正当竞争纠纷也不少见。除了网络域名混同之外，网页抄袭与假冒、链接混淆以及搜索关键词等造成的混淆也都属于网络商业标识混同的范围。此类案件有杜邦公司诉北京国网信息有限公司恶意抢注域名构成不正当竞争案❸等。

三、我国互联网行业不正当竞争的法律规制不足

《反不正当竞争法》自 1993 年颁布施行以来，有效地维护了市场经营者的合法权益，规范了市场竞争秩序，促进了社会主义市场经济的快速发展。然而在市场经济高速发展的同时，各种新事物、新现象不断涌现，这一点在互联网领域尤为突出，《反不正当竞争法》的局限和不足逐渐显现出来。

（一）一般条款不明确

虽然《反不正当竞争法》自颁布至今已逾 20 年，社会环境早已发生了巨大变化，但以孔祥俊为代表的部分法官认为“反不正当竞争法却以其高度的灵活性适应着变化着的市场竞争需求，不断地适用于新的市场竞争行为和市场领域，迄今仍未到非修改不可的地步”❹。即使有些网上的行为不能在现行的法

---

❶ 江苏省南通市中级人民法院（2009）通中知民初字第 0018 号。

❷ 樊雪，闫永廉．新型网络不正当竞争纠纷的法律问题［J］．人民司法，2015（11）：66－67.

❸ 北京市第一中级人民法院（2000）一中知初字第 11 号。

❹ 孔祥俊．反不正当竞争法的创新性适用［M］．北京：中国法制出版社，2014：2.

律法规中找到具体对应的规范，也常常通过解释现行法律的一般规定或者原则规定而找到依据。但随着“互联网+”时代的到来，互联网对各行各业的影响日渐显著，技术革新不断加快，朝夕之间就会出现许多新技术和新的商业模式，电子商务、互联网金融的发展等尤为迅速，这必将带来更多更复杂的网络不正当竞争纠纷。由于缺乏明确的互联网不正当竞争的法律规制条文，我国法院目前在审理互联网不正当竞争案件时多依据《反不正当竞争法》第2条这一原则性规定进行判决。一则这使得法官获取了极大的自由裁量权，且法官队伍庞大，素质水准参差不齐，对同一法律条款的解释难免出现差异，从而在具体案例中，不同主体对同一案件经营者的网络不正当竞争行为的判定不同，造成同案不同判的后果；而这种后果又会反过来损害司法的权威性，在社会上产生不利影响。二则这将对法官个人提出非常高的要求，同时网络上出现的很多新纠纷形式，法官自身也存有一定的疑问，他们也迫切希望能有更为具体的法律规定予以明确。

（二）主体保护范围小

《反不正当竞争法》第1条和第2条规定了经营者即从事商品经营或者营利性服务的法人、其他经济组织和个人，为该法的保护对象。在互联网时代，网络注册程序和登记事项不健全，存在着没有注册登记但也利用互联网从事营利性商业活动的个人或组织。对于这种群体是否也当作经营者而受到《反不正当竞争法》的保护，目前没有明确。此外，对于已经注册登记但在互联网上从事公益性或者非营利性活动的个人或组织，显然不符合上述《反不正当竞争法》第2条规定的经营者范畴。然而对于这些群体，如果其经营管理的互联网产品或服务受到他人利用网络技术进行恶意攻击、恶意混同网络商业标识、网络商业诋毁等，按照现行《反不正当竞争法》第2条的规定，由于该群体不属于经营者，无法利用《反不正当竞争法》保护自己。可见经营者的主体限定范围使得部分群体在遭受不正当竞争时，无法得到《反不正当竞争法》的保护。

此外，互联网不正当竞争常常是“城门失火，殃及池鱼”，使用竞争双方或多方产品或服务的消费者的合法权益也会在互联网不正当竞争中受到损害，而目前《反不正当竞争法》却没有对消费者的利益进行保护。

（三）责任承担方式不完善

在互联网恶性竞争中，出现了个别网络经营者“屡败屡战，越败越强”的怪象，这可能诱发更多网络经营者陷入网络恶性竞争的怪圈。如自2010年10月至今，某网络经营者与百度、腾讯、金山、搜狗等诸多网络服务商出现了不正当竞争纠纷，或者主动起诉对方，或者被对方起诉，索赔标的额惊人。有的案件由于索赔标的额较大，一审即由高级人民法院审理，二审由最高人民法院审理，但最终都遭遇败诉。在败诉后，该网络经营者继续与不同网络服务商进行诉讼，如此循环。令人奇怪的是，在经历一系列败诉后，该网络经营者的销售额不但没有萎缩，反而不断攀升，在商业运营上取得了成功。有专业人士指出，该网络经营者采用了“诉讼式营销”，即以诉讼之名，行营销之实，通过标的额惊人的诉讼吸引到媒体的追踪报道和社会公众的广泛关注，引发轰动效应，且在诉讼过程中高调宣传其诸如技术创新、反垄断、保护用户等经营理念，进而打开知名度，从网络巨头的市场中分得一定份额，获取巨大经济利益。即使经过诉讼被判决赔偿数十万元甚至数百万元的民事赔偿，相比于其所获得的数亿元甚至更多的市场收益而言，就显得微不足道。这种诉讼式营销模式，若不加以规制，必将引发竞相模仿潮，对市场秩序造成严重影响。

（四）行政执法部门及权限不明确

《反不正当竞争法》、最高人民法院的相关答复函以及部分部门规章等法律法规规定了诸如工商行政管理机构、银行业监督管理机构、保险监督管理委员会、工业和信息化部等政府机构应当对不正当竞争进行监督检查。而互联网企业的崛起打破了以往对传统行业的划分，其往往涉及多个行业，形成相互交叉之势。而对互联网企业涉及不正当竞争的行政监管部门却不明确，使得在互联网企业构成不正当竞争时，行政部门在事实上形成了“不作为”。比如在“3Q大战”中，在腾讯与奇虎相互指责的口水仗已经引起社会的广泛关注时，国家工商行政管理总局、工业和信息化部等政府部门都无动于衷，没有从行政监管上予以介入调查并起到平息争议、定纷止争的作用，直到腾讯发布公开信《致QQ用户的一封信》，表示“在360公司停止对QQ进行外挂侵犯和恶意诋毁之前，决定在装有360软件的电脑上将停止运行QQ软件”❶，迫使消费者在腾讯QQ软件与360软件之间二选一的时候，工业和信息化部才出面调停，分别与腾讯和奇虎进行“谈话”，要求两家公司必须立即停止一切损害用户合法权益的行为。在两家公司分别致歉，腾讯恢复QQ软件兼容360软件之后，正式开启了诉讼之路。

诉讼虽然是解决互联网行业不正当竞争纠纷的一种有效手段，可是行政监管部门若能切实起到行政监督检查作用，很多纠纷便会在行政监管阶段化解，也不会在社会上引发如此巨大的争议，更能有效地保护消费者利益。可见当前对互联网行业的不正当竞争行为，我国行政执法部门还不明确，行政处罚措施不完备，行政处罚的权限也不明了，需要进一步完善。

---

❶ 陈兵．反垄断法实施与消费者保护的协同发展［J］．法学，2013（9）：83.

四、完善互联网行业不正当竞争法律规制的建议

为了弥补上述互联网行业不正当竞争法律规制的不足，与新兴互联网商业模式和产业相适应，也为了更好地维护互联网市场秩序，促进互联网市场快速、健康发展，提出如下建议。

（一）采用一般条款和典型列举条款相结合

借鉴德国立法经验，对不正当竞争行为的界定要包括一般条款和并列条款。德国在1909年重新制定《德国反不正当竞争法》时增加了一般条款即第1条，规定："对于在经营过程中为竞争目的而实施违反善良风俗的行为的任何人，允许请求停止行为和承担赔偿责任。"2008年修改后的《德国反不正当竞争法》第3条对不合法的商业行为进行了概括式的归纳。德国设立的一般条款采用了内容宽泛的措施以及善良风俗的标准，不仅包含各种新出现的不正当竞争行为，而且具有较强的灵活性和操作性，有利于克服在司法层面上适用具体不正当竞争行为的局限性和滞后性，提高司法效力。法院在适用一般条款时，坚持有利于消费者的原则。我国《反不正当竞争法》第2条仅仅是一个原则性的规定，不是起到兜底保护作用的一般条款。建议增设一般条款，同时结合当下互联网行业出现的不正当竞争行为，对典型的不正当竞争行为进行补充列举，使得一般条款和典型列举条款能够相互映衬，弥补具体不正当竞争行为规定的灵活性不足所带来的漏洞。

（二）扩大主体保护范围

扩大主体保护范畴，不再局限于经营者这一概念，将《反不正当竞争法》的调整主体扩大到一切从事市场交易活动，实施不正当竞争行为的组织和个人。从法律层面规避由于网络立法不健全导致的对特定群体无法通过《反不正当竞争法》予以保护的窘境。

此外，对于受互联网不正当竞争影响的消费者要予以保护。从国际立法和司法实践来看，把消费者的合法权益纳入反不正当竞争法的保护范围，已经成为一种趋势。英国和法国规定只要合法利益受到损害，任何人（包括单个消费者）均可提起诉讼。德国也赋予了消费者团体以诉讼主体资格，可代表其成员请求损害赔偿。美国规定了利益受到损害的消费者可以推举一个以上作为代表，提起集团诉讼。建议我国《反不正当竞争法》规定受互联网不正当竞争影响而利益受损的消费者可以向引起其利益损害的一方或多方提起诉讼，请求民事赔偿。具体诉讼方式可根据受损害的消费者的人数多少，确定由消费者协会、代表代为诉讼，或者自行提起诉讼。比如，若受损害的消费者众多，可规定采用集体诉讼的方式；若受损害的消费者很少，比如只有一人，可自行提起

诉讼。如此，既保护了受不正当竞争，尤其是受互联网不正当竞争影响而利益受损的消费者，也能对互联网不正当竞争实施者起到震慑作用。一旦其实施了不正当竞争行为造成了消费者利益受损，不仅要承担对其竞争对手的赔偿，还要承担对消费者的赔偿。

（三）加强责任承担

加强责任承担，提高互联网行业不正当竞争的处罚力度，增加惩罚性赔偿，提高法定赔偿额。当前有些网络经营者之所以在实施不正当竞争行为后，还敢于不断挑起诉讼，一个主要原因是与其所获取的市场利润相比，所承担的赔偿责任过低。而这是由于互联网不正当竞争行为的损害赔偿数额往往难以确定，司法实践中经常适用法定赔偿额，而法定赔偿额一般采取绝对值的方式规定了上限，导致法定赔偿额与其所获得的收益相比较低。

首先要提高法定赔偿额。由于相同的不正当竞争行为在不同行业造成的影响和损失可能差异很大，在法定赔偿额的提高方面，可考虑设置不同的行业标准。互联网行业的盈利较高，规模较大，增长迅速，其法定赔偿额应高于一般行业的法定赔偿额。具体方式可考虑结合国家统计局、工业和信息化部等部门发布的统计数据，合理设置法定赔偿额上限。在法定赔偿额的计算上可考虑不再采用绝对值予以封顶，而规定相对值计算方式，比如以企业年利润或者年销售额的一定比例作为法定赔偿额；同样，该一定比例的设定也应考虑到行业的不同，互联网行业的比例应高于一般行业。

其次引入惩罚性赔偿。美国规定了惩罚性损害赔偿，在被告具有特别恶意的情况下，在实际损失以外最高可处以3倍损失的惩罚性损害赔偿。我国可参考美国的立法规定，对于具有特别恶意的网络经营者，在确定其承担实际损失外，也可处以最高3倍的惩罚性赔偿；对于损失无法确定，适用法定赔偿额的情形，可处以最高3倍的法定赔偿额。

那些明显地利用反不正当竞争法规定的赔偿标准较低的空子，通过诉讼博得社会关注，借机推广自己，寄希望于通过不断的诉讼获取市场份额，即开展“诉讼式营销”的网络经营者，其主观恶性更重，其行为严重扰乱市场经济秩序，并且可能引发互联网行业其他企业效仿，进而引发更为严重的经济秩序问题。对于此种行为，可考虑规定对于情节严重的，比如在一定时间范围内实施多次不正当竞争行为，在不断败诉的情况下还针对业内其他企业继续实施不正当竞争行为，并且不断挑起诉讼的情形，通过修改《刑法》规定，将其纳入扰乱市场秩序罪的范畴，追究相关人员的刑事责任。

（四）明确行政执法部门权限

对行政执法力量进行资源整合与重新配置，明确各行政执法部门的权限与责任，避免出现“九龙治水”的现象。对于引发社会关注的涉嫌不正当竞争行为，行政执法部门应当主动开展调查工作，尽早处置，避免引发社会更大范围争议。对于行政执法决定，当事人不服，可以进一步提起行政诉讼，通过司法渠道予以解决。

此外，部分互联网企业在创业初期有时是利用住宅作为经营场所的，在遇到行政执法部门监督检查时，往往以其是住宅需要有相应搜查权才能检查为由阻拦，给行政执法制造障碍。对此情形，可考虑通过法律赋予行政执法部门更多的监督检查权力，比如对行政执法手段、取证手段进行强化。美国、澳大利亚等国在竞争立法上，通过给行政执法机关赋予搜查权来强化执法能力，我国也可对此予以参考。

除了上述列出的建议外，诉前禁令在互联网不正当竞争中有着举足轻重的作用，可以快速有效地制止相关侵权行为。可喜的是，法院也积极利用修订后的《民事诉讼法》第100条第1款的规定，将诉前禁令引入互联网不正当竞争案件当中。比如，2014年北京市海淀区人民法院在百度诉奇虎案中发布禁令，要求奇虎立即删除其在360搜索官方微博上发布的“百度广告吐槽大会”相关内容❶等。

另外，行业自律机制也是减少甚至规避不正当竞争的有效手段。行业协会可积极发挥熟悉技术知识和商业运作背景的优势，通过自律、监督等方式友好协商解决不正当竞争纠纷，从而通过法律以外的手段平息纠纷，创建互相合作彼此促进的良好市场秩序。

五、结　语

互联网行业所具有的技术革新快、商业模式变化以及传播影响迅速的特点，使得互联网行业的不正当竞争技术含量高，隐蔽性强，危害后果严重，且表现形式各异。本文通过对互联网行业不正当竞争独有的共性特征进行归纳，针对网络软件恶意滋扰、网络商业诋毁和网络商业标识恶意混同3种互联网行业不正当竞争的主要类型，分析出我国现行《反不正当竞争法》在法律规制上的不足，借鉴国外先进立法经验，从条款设立、主体保护范围、责任承担和行政执法等方面提出具体建议，以适应互联网经济发展的需要。随着《反不正当竞争法》及其相关法律制度日趋完善，互联网经营者和消费者的合法权益必将得到更好的维护，互联网市场竞争秩序也必将朝着良性健康有序的方向发展。

---

❶ 北京市海淀区人民法院（2014）海民初字第9763号民事判决书。

功能性限定权利要求的审查及侵权判定标准辨析*

范丽 姚云 朱宁

摘　要：以功能性限定权利要求在审查和侵权判定环节中标准不一的问题为切入点，在系统比较我国、欧盟和美国相关做法的基础上，从我国专利法的立法、目前的产业需求以及可操作性角度论述了我国目前专利审查阶段与侵权判定阶段对功能性限定权利要求的规定在本质目标上是一致的，即《专利审查指南2010》及2010年1月1日实施的《最高人民法院关于审理侵犯专利权纠纷案件应用法律若干问题的解释》均是对功能性限定权利要求的合理限制，最终目的都是更好地促进科技的进步与发展。

关键词：功能性限定　审查　侵权判定　合理必要

2010年1月1日施行的《最高人民法院关于审理侵犯专利权纠纷案件应用法律若干问题的解释》（以下简称《解释》）第4条规定："对于权利要求中以功能或者效果表述的技术特征，人民法院应当结合说明书和附图描述的该功能或者效果的具体实施方式及其等同的实施方式，确定该技术特征的内容。"

《专利审查指南2010》规定："通常，对产品权利要求来说，应当尽量避免使用功能或者效果特征来限定发明。只有在某一技术特征无法用结构特征来限定，或者技术特征用结构特征限定不如用功能或者效果特征来限定更为恰当，而且该功能或者效果能通过说明书中规定的实验或者操作或者所属技术领域的惯用手段直接和肯定地验证的情况下，使用功能性或者效果特征来限定发

---

* 文章来源：《中国知识产权》2011年7月（总第53期）。

明才可能是允许的。对于权利要求中所包含的功能性限定的技术特征，应当理解为覆盖了所有能够实现所述功能的实施方式……”

于是，有观点认为，依据《专利审查指南2010》，功能性限定权利要求的保护范围覆盖了所有的实施方式，与《解释》规定的具体实施方式及其等同方式相矛盾；应仿效美国的做法，将“功能性限定”的审查标准与侵权判定标准统一为具体实施方式及其等同方式。也有观点认为，在审查程序中依据覆盖所有实施方式的标准从严掌握，在侵权判定中依据具体实施方式与等同方式的标准进一步压缩保护范围，从而通过不利于专利权人的规则的运用来达到限制功能性限定使用的目的。还有观点认为，《专利审查指南2010》及《解释》的实质是一样的，都是指具体实施方式及本领域技术人员不经创造性劳动就能得到的实施方式。可谓各家之言，见仁见智，众说纷纭，足可说明这一问题具有不同一般的复杂性和敏感性。

就此，笔者的观点是：《专利审查指南2010》与《解释》貌似矛盾，其本质目标却具有一致性，两者之间是彼此呼应的关系。依据我国产业发展状况并比对美国及欧盟的立法情况，我国当前的规则体例是合理的。

一、功能性限定概述

功能性限定就是指以功能或效果来限定权利要求中的技术特征。在特定领域（或情形）中，功能性限定能够比结构或方法更加简洁或恰当地对技术特征进行限定。比如，在电学领域，对于不涉及物理结构改进的发明，使用结构、连接方式或信号传输的方式来撰写权利要求非常困难，而将产品分成具有各自功能的模块，以功能限定的方式来撰写就会很好地解决这一问题。因而，功能性限定的撰写方式更多地出现在电学、通信等领域。

仅从字面意义来看，功能性限定的特征应该覆盖能够实现同样功能或效果的所有实施方式，因而，采用功能性限定撰写的权利要求如果不加以合理限制就会具有不合理宽泛的保护范围。在这一点上，功能性限定与上位概念概括、整类产品概括等撰写方式具有本质区别：后者概念的外延相对是封闭式的，具有稳定性；而功能性限定的概念外延则是开放式的，不仅覆盖申请日前现有技术中存在的实施方式，还能涵盖申请日后由于技术发展所带来的新的实施方式。显然，如不合理限制，功能性限定权利要求一经授权会将许多不应予以保护的内容纳入其保护范围；尤其是，如果功能性限定的对象是创新或新兴技术，将严重阻碍技术的改进与创新。而这恰恰是与专利法的立法精神背道而驰的。

不难看出，功能性限定是因为技术发展和申请撰写的实际需求而出现的，也因为语言表达本身存在的问题（也可说是缺陷）而引发一系列的麻烦，并因而产生各家观点的争鸣。

二、各国功能性限定的规定简介

（一）美国

美国联邦最高法院在20世纪50年代以前并不赞成在权利要求中采用功能性限定，尤其是禁止对组合发明的核心部分运用功能性限定的撰写方式。美国联邦最高法院的上述立场遭到美国专利律师界的激烈反对。1952年，美国国会在制定专利法时采纳美国专利律师界的意见，加入著名的《美国专利法》第112条第6款。该条款规定："组合权利要求中的某项特征可以表述为实现某种特定功能的手段或步骤，而不必描述支持其功能的结构、材料或动作，且该权利要求应当被解释为覆盖了说明书中记载的相应结构、材料或动作及其等同物。"

《美国专利法》生效后，美国专利商标局认为该条款仅适用于功能性限定的侵权判断，不适用于专利的审查与无效程序，因而还应按所有实施方式的标准进行专利审查。这一观点得到原美国海关与专利上诉法院的认可，直到1982年美国联邦巡回上诉法院成立。美国联邦巡回上诉法院认为《美国专利法》第112条第6款同样应该适用于专利审查。

1994年2月14日，美国联邦巡回上诉法院就In re Donaldson一案以该院全体法官参加的大法庭方式作出判决。该判决要求美国专利商标局改变立场，按照"说明书记载的具体实施方式及其等同物"的原则进行功能性限定特征权利要求的审查。同年4月20日，美国专利商标局在公报上发布公告对其审查原则进行了调整，其审查程序手册规定："任何技术特征均可以采用手段或步骤加功能限定的方式进行描述，功能性限定涵盖了说明书中的所有实施方式及其等同方式"，从而结束了长达40多年的争议。

（二）欧盟

欧盟对于功能性限定权利要求审查的原则是按照覆盖所有的实施方式的标准，其审查指南指出："权利要求必须按照'发明的技术特征'形式撰写……没有必要每个特征都以结构限定的方式撰写，可以采用功能性特征，条件是本领域普通技术人员在不花费创造性劳动的情况下，就能想到实现该功能的一些手段。"对于功能性限定权利要求保护范围的解释，欧盟则没有作出特别指引。以欧盟成员国之一德国为例，德国的审查标准及侵权判定标准均为功能性限定特征覆盖了所有实施方式，对于保护范围不合理宽泛的专利将通过无效程序解决。

（三）中国

依据《解释》，功能性限定权利要求的保护范围是说明书记载的实施方式及其等同方式。依据《专利审查指南2010》，功能性限定应尽量避免使用，只有在结构或方法无法描述或使用功能性限定更恰当，且该功能性限定能够得到说明书记载的方式及本领域惯常手段直接验证的情况下，才能使用。功能性限定应理解为覆盖了能够实现同样功能或效果的所有实施方式。

三、对功能性限定权利要求的分析

专利审查阶段与侵权判定阶段对功能性限定的规定在本质目标上是一致的。依据我国产业状况并借鉴各国经验，当前规则体例具有合理性。

第一，两个标准属于不同性质的规范体系。

《专利审查指南2010》是国家知识产权局依据《专利法实施细则》第122条之授权制定的行政规则，其前言部分明确指出该指南制定目的是“为了客观、公正、准确、及时地依法处理有关专利的申请和请求”，而专利保护范围的解释则属于专利侵权判定的范畴，专属于法院职权范围。因而，就像《解释》不能适用于专利审查一样，《专利审查指南2010》应适用于专利审查及无效程序，而不能当然地运用于保护范围的解释。换句话说，不能因为审查标准是全部实施方式就当然地得出保护范围也是全部实施方式的结论。

当某项专利申请通过审查并得到授权，一项专利权随之确立，因而也就有了专利权的保护范围。但是，应该注意的是，此时的专利权保护范围的确立是专利申请得到授权的一个必然结果。尽管专利审查会对专利权的保护范围具有直接的影响，但这与对专利权保护范围所进行的司法解释是完全不同的两回事。经过实质审查获得授权的包括功能性限定的权利要求不应该将其保护范围解释为涵盖了所有的实施方式。

综上所述，“覆盖所有实施方式”的审查标准和“具体实施方式加等同方式”的保护范围解释原则各自属于不同性质的规则体系，二者各司其职，不应仅以其文字描述是否相同来作为二者是否一致的判别标准。因此，二者之间其实并不存在不一致或“二元论”的问题。

第二，二者的本质目标具有一致性。

专利权保护范围解释的原则应该是专利权人与社会公众二者利益的平衡，需要合理界定专利权的保护范围。或者说，专利权人所能获得的专利保护范围应该与其对社会的贡献相适应，即与其向社会公众披露或传播的技术信息及创造性劳动相一致。如前所述，功能性限定权利要求因其自身固有的本质（或者说缺陷），如果不加以合理限定，便将拥有不合理宽泛的保护范围。专利权人将可以仅仅通过选择功能限定特征的撰写方式而不是向社会贡献更多的技术创意获得更大的保护范围。这当然是不合理、不公平的。

因而，《解释》规定功能性限定权利要求的保护范围是说明书记载的实施方式与等同方式（也就是权利人的实际贡献）是对功能性限定权利要求的合理限定，并非是对专利权人的惩罚或者有意不利于专利权人。

《专利审查指南2010》则是通过两个层次来对功能性限定进行规制：①功能性限定应尽量避免，只有满足相关条件才被允许采用；②功能性限定特征应被理解为覆盖了实现相同功能或效果的所有实施方式。尽量避免使用功能性限定具有现实意义，因为，如果专利权人纷纷选择功能性限定以期望更大的保护范围，作一个极端的假设，如果所有的权利要求都采用此种方式，那么，权利要求的保护范围将以说明书而不是权利要求书为准，权利要求书也就失去了存在的意义。所以，明确表明尽量避免采用功能性限定的态度是十分必要的。

从表面上看，相对于美国、欧盟，我国《专利审查指南2010》对于功能性限定的限制是最多的，但因此就认为其他国家限制少则是没有注意到问题的实质。以美国为例，《美国专利法》第112条第6款明确允许功能性限定特征的采用，但实际上，该规定给出功能性限定的保护范围是具体实施例及其等同方式，并且，法院在实际应用的过程中通过对等同方式的解释等措施压缩功能性限定的保护范围，以至于在某些情况下，采用功能性限定的方式所获取的保护范围反倒比采用结构或方法撰写的范围还要小。

将功能性限定特征理解为覆盖了所有的实施方式作为审查标准，与具体实施方式加等同方式的标准相比较而言，其实质区别在于：按照第一种标准，如果审查员检索出实现相同功能或效果的实施例，则可以指出该申请缺乏新颖性/创造性。这样，如果申请人想通过审查的话，就必须将相应的结构或方法特征甚至是实施例限入权利要求书内，也就是说，把现有技术的内容排除于权利要求之外。

这样，虽然专利权人获得授权的过程变得不容易，但不会因此受到实质性的影响。同时，却可以使权利要求书所公示的权利保护范围尽可能地与专利权人应该得到的专利保护范围相适应，从而保证权利要求书的公示作用，并给后续的专利保护带来法律上的确定性。从专利申请文件的发展历程来看，在专利发展的初始阶段，世界各国是以说明书来界定保护范围。因为说明书内容庞杂致使保护范围难以界定，从而产生了权利要求书。于是，以权利要求书为准，说明书及附图可以用于解释权利要求成为很多国家立法的准则。因而，对权利保护范围的公示作用是权利要求书得以存在的基础，而覆盖所有实施方式的审查准则恰好可以使权利要求书的公示作用或者说专利保护的法律确定性得以保持，从而更好、更明了地界定侵权与不侵权的界限，保护社会公众与专利权人的利益。

由以上分析可知，二者虽然具体内容不同，但在本质目标上却是协调一致的。

第三，二者组合具有更强的一致性、可操作性。

如果审查及侵权判定都采用“具体实施方式加等同方式”的标准，一方面，会存在审查程序及司法程序对于同一个权利要求中的本来就难以判定的“等同”的二次判断。何谓“等同”，其含义和判定标准是什么？在美国，这个问题需要经过两道程序，由不同的人来对同一个难以判断的概念进行判断时便存在难以保证一致的问题。另一方面，审查程序及司法程序中进行“等同”判断的时间点是否一致也尚存争议。审查程序中作为判断主体的是“本领域的技术人员”，《专利审查指南2010》对“本领域的技术人员”的定义中确定了其如果需要进行“等同”判断，则其判断的时间点应是申请日；而侵权判定中作为判断主体的是法官，那么其在进行“等同”判断时的时间点应当是什么？目前似乎并未予以明确。就笔者所知，在美国，判断被控侵权技术实现权利要求中所记载功能性限定特征的方式与说明书中披露的实现该功能的具体方式是否等同时，其采用与等同原则相同的判断标准，但是仅限于在授予专利权所属领域中的技术人员能够认识到的等同。也就是说，美国在侵权判断中，认定“等同”的时间点为授权日。而在欧盟各国，也存在不同的倾向。例如，德国倾向于优先权日，英国倾向于公开日，而荷兰和法国则倾向于侵权日。这样一来，两个“等同”的判断就更加难以一致。

于是，这样做的结果是：两个标准尽管在表面上做到了文字描述的相同，却可能带来实质上的不一致，进而造成权利保护范围的不确定。

相反，在审查阶段采用覆盖所有方式的标准，在侵权判定阶段采用说明书中记载的实施方式及其等同方式则可以规避这一问题，结果是表面上的不同带来的是对权利保护范围解释实质上的统一。

前文提到，《专利审查指南2010》对于功能性限定权利要求的规定是：权利要求中尽量避免采用功能性限定，并且以所有实施方式为标准进行审查。就审查实践而言，什么情况下可以采用功能性限定，什么情况下不可以，又是一个难以判定的问题。而采用全部实施方式的审查方式则可以最大限度地促使申请人尽可能地采用功能限定以外的方式（如结构特征）来描述权利要求，从而保证权利要求书的清晰与准确。就此意义而言，采用全部实施方式的审查标准具有更强的可操作性。

同时，以《专利审查指南2010》规定的标准进行审查，还会促使申请人尽可能多并且详细地在说明书中论述具体的实施例。因为按照覆盖所有实施方式的审查标准，要想使权利要求书得到说明书的支持，尤其是对于以功能性限定描述发明点的申请，申请人必然会尽可能多地对具体实施例进行描述，这样就会使其说明书更加翔实、完备与全面，进而更好地促进技术信息的传播以及科技的进步。

以此观之，二者组合可以在实际上具有更强的一致性、可操作性，并有助于说明书内容的充分与翔实。

第四，目前的审查与侵权判定模式具有合理性。

如前所述，欧盟的做法实际表明，功能性限定特征应该按照所有实施方式的标准审查，至于保护范围的解释则没有作出指引。根据《欧洲专利公约》的规定，审理欧洲专利侵权纠纷的是成员国法院，确定欧洲专利保护范围以及保护方式，主要由成员国的法院来确定。尽管其试图通过《欧洲专利公约第69条解释议定书》统一成员国确定专利保护范围的做法，但实际上，由于文化和历史存在差异，因此各国对专利保护范围的解释存在较大差异。换句话说，保护范围的解释可以不限于一种标准，欧盟各国可以根据自身实际情况来确定。

美国专利界对于功能性限定特征审查与保护范围解释标准的争执，虽然以美国专利商标局向美国联邦巡回上诉法院妥协的方式结束，但是，如此漫长而激烈的争议则难以说明《美国专利法》第112条第6款是成功的立法。

值得关注的是，直至美国专利商标局改变立场之时，美国联邦巡回上诉法院也并没有提出压倒性的依据来支持其观点，只是一个利弊权衡的结果。那么，鉴于法院在司法程序中拥有最终发言权的特定地位，美国专利商标局是否“违心”接受联邦法院的观点，我们无须去探求。但是，必须要清楚的一个事实情形是：在美国专利商标局接受美国法院的观点之时，美国已经在电学、通信等领域的技术研发方面取得了无可动摇的领先地位与竞争优势，因而，美国可以选用“具体实施方式加等同物”的标准来审查专利申请，使专利权人容易获得并保有专利权，从而巩固美国在上述领域的领先地位；同时，再利用该原则对保护范围进行压缩性限制来保证功能性限定的采用不至于阻碍技术的创新与发展。

四、结 语

审查标准是专利局行政规范，保护范围解释规则是法院司法依据，二者各司其职，内容相同与否不能作为二者是否一致的判定依据。

究其实质，我国《专利审查指南2010》及《解释》在本质追求上是一致的，均是对功能性限定权利要求的合理限制；而在实际操作的层面上，也具有很好的可操作性。二者实际是彼此呼应、一脉相承的关系。

得到应该与付出相匹配，这也就是公平的实质。不能因为专利权人仅仅是选择了功能性限定的撰写方式就因之而获得不合理宽泛的保护范围。这就是各国审查以及立法对功能性限定保护范围加以限定的原因。对于专利权人的有效保护应建立在公平合理的基础上。也只有在此基础上，才能谈得到有效与否。无论是保护专利权人的利益，还是社会公众的利益，最终目的都应是更好地促进社会科技的进步与发展。

对于功能性限定的规制，应充分借鉴（而不是照搬）他国经验并将自身的产业发展状况作为重要的决策依据，因而，我国现行体例具有合理及必要性。这也就是说，当我国在通信、电学等功能性限定特征广泛应用的领域处于世界领先地位的时候，或许是我们考虑改变相关规则的时候。

参考文献

[1] 尹新天. 专利权的保护 [M]. 2版. 北京：知识产权出版社，2005.

[2] 马晓亚. 功能性限定的解释之争 [J]. 中国发明与专利，2007 (10)：46-47.

[3] 周云川. 功能性限定特征解释之规则探析 [J]. 中国发明与专利，2008 (1)：63-66.

[4] 李凤云. 论产品权利要求中的功能性限定 [D]. 北京：中国政法大学，2008.

[5] 韩龙. 功能性限定权利要求的专利保护范围及侵权判定研究 [D]. 北京：中国政法大学，2009.

[6] 闫文军. 专利权的保护范围：权利要求解释和等同原则适用 [M]. 北京：法律出版社，2007.

[7] 孔祥俊，王永昌，李剑.《最高人民法院关于审理侵犯专利权纠纷案件应用法律若干问题的解释》适用的若干问题 [J]. 电子知识产权，2010 (2)：76-80.

浅析产品用途对外观设计专利权保护范围的影响*

关　健　曾　贞　杜　娜

摘　要：产品用途决定了产品的类别，而产品类别既是限定外观设计专利权保护范围的一个重要因素，又是进行外观设计专利无效判定的前提。本文从无效宣告程序的视角，浅析产品用途对于外观设计专利确权以及稳定性的影响，同时，对产品用途最直接的记载文件简要说明中产品用途撰写的规范性进行探讨。

关键词：产品用途　外观设计专利保护范围　无效宣告程序　用途规范化撰写

一、引　言

目前的专利申请及审批实践中，在前流程阶段，对于产品用途的表达，通常其形式上存在即予以认可，而其对于专利权确权的影响，并没有具体的体现和考量；而在无效宣告请求等后续流程阶段，产品用途的影响则有细化体现，甚至于可以直接引导案情走向。

那么，产品用途在专利确权中处于什么地位？产品类别的变化又会对专利权保护范围及后续程序带来何种影响？实际操作中应如何规范化撰写产品用途？本文将对《专利法》进行深入解析，以无效宣告程序的视角，对上述问题进行逐一分析，以求对外观设计专利权的保护范围有更加客观深入的理解，进而对外观设计专利权向更稳定、更完善发展起到一定推动作用。

---

* 文章来源：《中国发明与专利》2013 年第 11 期。

二、产品用途的地位

（一）相关法条

《专利法》第2条第4款规定："外观设计，是指对产品的形状、图案或者其结合以及色彩与形状、图案的结合所作出的富有美感并适于工业应用的新设计。"因此，只有与产品相结合的外观设计才是我国专利法意义上的外观设计。

《专利法》第59条第2款规定："外观设计专利权的保护范围以表示在图片或者照片中的该产品的外观设计为准，简要说明可以用于解释图片或者照片所表示的该产品的外观设计。"尽管外观设计专利权的保护客体不是产品本身，但却不可忽略外观设计对于其载体"产品"的绝对依赖。本款规定中"以该产品的外观设计为准"，"该产品"三个字清楚地表达了外观设计与产品之间的紧密关系。而类别作为产品的基本属性之一，也无可非议地成为"专利产品"的固有特征。

基于上述分析，我们对外观设计专利权范围作如下界定：一项外观设计专利权的保护范围包括外观特征、类别特征以及其他内容，外观特征是指表达在图片或照片中的产品形状、图案和色彩等外观设计要素，类别特征是指产品所属类别。

在外观设计与现有设计或者现有设计特征组合进行具有明显区别的判断中，首先要对所对比的产品类别进行判断。产品种类不同的，即使其外观设计的三要素相同，也不认为是外观设计相同。在授权程序中，只有相同和近似种类的产品外观设计之间才能进行相同或者实质相同的比较判断。在无效判定中，应当首先审查专利产品与对比文件产品是否属于同类产品。不属于同类产品的，不具有比对基础进而不必进一步审查。具体说来，同类产品包括二者属于相同或相近种类的产品。相同种类产品是指用途完全相同的产品，相近种类的产品是指用途相近的产品。当产品具有多种用途时，其中部分用途相同，其他用途不同，二者也属于相近种类的产品。[1]

因此，无论在授权还是后续无效宣告程序中，用途相同或相近似都是对比的基础，会对案情起到决定性的导向作用。

（二）案例[2]简介

涉案专利名称为"手电筒（MY－8）"（参见图1），分类号是26－02，类

---

[1] 中华人民共和国国家知识产权局．专利审查指南2010［M］．北京：知识产权出版社，2010：400.

[2] 吴建军，雷婧，徐清平．国家知识产权局专利复审委员会第WX12877号无效宣告请求审查决定［EB/OL］．［2009－01－01］．http：//app. sipo－reexam. gov. cn/reexam_out/searchdoc/decidedetail. jsp?jdh＝WX12877&lx＝2009/WX12877.

别是手电筒、手提灯和灯笼，授权时间为2008年1月30日。对比文件是名称为“手摇充电器（SB－3043型）”的外观设计专利（参见图2），分类号是13－02，类别是电力变压器、整流器、电池和蓄电池，授权时间为2006年3月15日。二者授权文本里均没有简要说明对其用途的记载。

请求人针对对比专利的用途作出了进一步说明，虽然其名称为“手摇充电器”，但实际上产品为可手摇充电的手电筒，通过转动其上的手柄可以带动内部的手摇发电装置发电；而涉案专利也为设有手摇充电器的手电筒。二者虽然在分类号上有一定的差别，但实际上二者的用途相同。专利权人则认为从对比文件的视图内容及类别均无法确定其具有照明功能，进而认为二者的产品用途、类别不相同也不相近，不可比对。

合议组认为，虽然涉案专利与对比专利的产品名称和分类号不相同，但在确定是否属于相同或相近类别产品时，应以产品的用途是否相同或相近为准，产品的名称和分类号仅作为参考。关于对比专利，根据该手摇充电器的结构及一般消费者对该类产品的了解可知，该产品可同时具备充电和照明的功能，其中产品上的手柄为用于实现手摇充电功能的构件，而产品上的按钮则为用于开启与关闭照明功能的构件。由此可见，虽然图2中产品的弧面部件并未明确示出其中是否设置照明灯泡，但基于该产品的结构，一般消费者结合产品名称观察图2所示专利的图片时，可以通过其中的按钮及手柄的结构特征推定该产品同时具备照明和充电功能，并根据此类产品常规的结构布置，推定产品顶部的弧面部件即为其照明构件。

基于以上综合考虑，可认定图2所示的专利为具有照明功能的手摇充电器，其与涉案专利均具有照明功能，属于相近类别的产品。

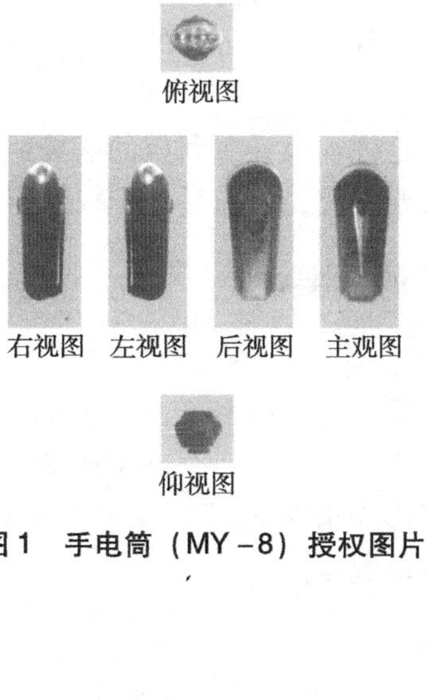

图1　手电筒（MY－8）授权图片

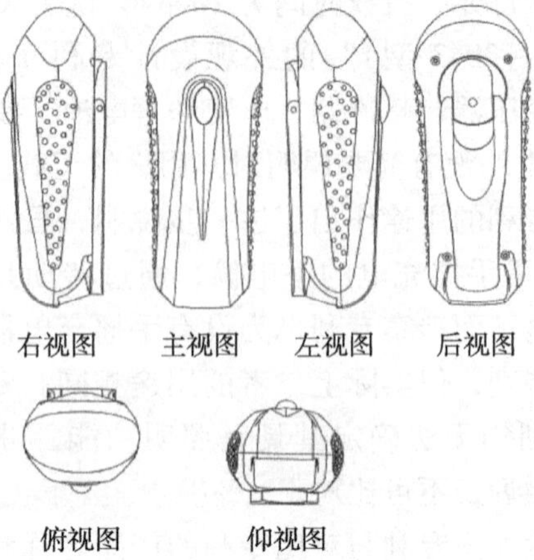

图2　手摇充电器授权图片

（三）案例启示

在该案审理过程中，请求人通过对自身专利图片显示内容的详细解析，补充说明了自身专利产品的用途。合议组经过事实认定采纳请求人意见并得出了最终结论。从审理过程可以看出，如果该用途在图片上的结构显示并非如该案这样显而易见，由于缺少对产品用途的文字说明，该类别认定将变得无比艰难并极具争议，该认定过程会给涉案双方及审查部门带来巨大的困扰。反之，如果对比专利的授权文本中包含对产品用途的描述，明确其为“具有照明功能的手摇充电器”，则对二者产品用途的比较就不会有任何争议，即均包含照明的功能，可直接认定为用途相近的产品，可以进行相同、相近似的比较。由此可看出，在简要说明中对产品用途进行清楚准确的表达，能够明确并巩固专利权的保护范围，为后续程序的判定提供可靠的信息，有效避免后续流程中人为推断认定可能造成的风险。

综上所述，产品用途是外观设计专利权的必要组成部分，是限定外观设计专利权保护范围的一个重要因素，也对后期维权判定起着举足轻重的作用。

三、产品用途稳定的重要性

（一）相关法条

类别特征，作为请求保护的“专利产品”的固有属性和内在要素，应当是明确且稳定的。一项外观设计应当有一个确定的类别，即应用于一个特定的领域。不能将该设计应用于多个领域而请求保护，并且类别特征不能随意改变。下文将试从多个角度解析该观点。

1. 从立法宗旨考虑

保护发明创造专利权虽然是为了维护专利权人的合法权益，促进科技进步，但同时也需要平衡专利权人和公众之间的利益。假定允许一项外观设计应用于多个领域进行申请，申请人难免会通过产品用途的扩大化描述来最大化其专利保护范围。这样的申请被授权，会造成申请人不当得利，同时损害公众利益，不符合专利法的立法宗旨。因此，一项外观设计专利保护的范围应当限于某一领域产品的外观设计。对于能够应用于不同领域产品的外观设计，申请人应当在各领域分别提交专利申请；或者申请人为了防御他人在其他领域冲击伤害到自己的专利权，也可以在基本专利周围编织专利网，采取多方位围堵的办法加以对抗，以此来获得更加全面、稳定的保护。

2. 从法条间相容性考虑

《专利法》第31条第2款中规定：同一产品两项以上的相似外观设计，或者用于同一类别并且成套出售或者使用的产品的两项以上外观设计，可以作为一件申请提出。不管是相似设计里的“同一产品”，还是成套产品里的“同一类别”，均表明合案申请的条件之一是用途相同。而如果允许一项外观设计的用途涉及多领域，相当于一件申请中请求保护多项外观设计，它们的视图内容相同，但是用途各异。这显然与合案申请的基本条件相违背，会导致法条间相互矛盾。

3. 从法条完整理解考虑

《专利法》第33条中规定：申请人可以对其专利申请文件进行修改，但是对外观设计专利申请文件的修改不得超出原图片或者照片表示的范围。[1] 虽然对于外观设计专利申请修改超范围目前更强调图片表示的范围，但却存在这样的案例，如立体产品仅提交一幅正投影视图，申请人会试图通过产品名称和用途变更将其修改为平面产品，虽然视图内容没有发生改变，但是视图中表达的产品的类别属性发生了变化，从而导致图片或照片中表达的外观设计产品发生了本质改变。因此对于用途的修改，同样应当纳入超范围考查的范畴。随着对外观设计专利确权越来越清晰的导向，用途修改导致超出申请日文本原始公开信息的影响会日益得到关注，并最终可能改变未来专利法相关内容的制定。

（二）案例[2]简介

2004年，德国宝马公司就申请号为03359894.0的外观设计专利向国家知

---

[1] 中华人民共和国国家知识产权局．专利审查指南2010［M］．北京：知识产权出版社，2010：547－548.

[2] 王霞军，卞永军，赵嘉祥．国家知识产权局专利复审委员会第WX7203号无效宣告请求审查决定［EB/OL］．［2005－06－01］．http：//app. sipo－reexam. gov. cn/reexam_out/searchdoc/decidedetail. jsp？jdh＝WX7203&lx＝2005/WX7203.

识产权局专利复审委员会提出无效宣告请求，认为申请日为2003年8月4日、名称为“玩具汽车（2）”的专利不符合《专利法》第23条的规定。使用的对比文件是国家知识产权局2000年5月10日授权公告的99312494.1号外观设计专利公报及其专利登记簿副本。

该证据是申请人为宝马公司、分类号为12-08、名称为“轿车”的授权专利，请求人在授权公告后将产品名称变更为“轿车模型”，分类号由“12-08”变更为“21-01”，国家知识产权局于2003年8月6日进行了变更后的公告（见表1）。合议组认为，涉案专利的申请日是2003年8月4日，而国家知识产权局同意请求人著录事项变更的公告是2003年8月6日，即在涉案专利申请日之后，因此，变更的信息不属于《专利法》第23条规定的出版物信息。

表1 99312494.1号外观设计专利与03359894.0号外观设计专利相关信息

申请号	时间	外观设计名称	分类号
99312494.1	1999年8月25日（申请）	轿车	12-08
	2000年5月10日（授权公告）	轿车	12-08
	2003年8月6日（变更）	轿车模型	21-01
03359894.0	2003年8月4日（申请）	玩具汽车（2）	21-01

涉案专利产品名称为“玩具汽车”，分在21-01类，而对比文件产品名称为“轿车”，分在12-08类，二者在用途上存在明显区别，不属于用途相同或相近的情况。玩具汽车与轿车属于非相同或相近种类的产品，因此，按照《专利审查指南2010》的相关规定“对于产品种类不相同也不相近似的外观设计而言，不再进行被比外观设计与在先设计的比较和判断，即可认定被比外观设计与在先设计不相近似”，合议组直接认定请求人使用的对比文件所示外观设计与涉案专利不相同且不相近似，请求人以其证明涉案专利不符合《专利法》第23条规定的主张不能成立。

（三）案例启示

该案中请求人的证据专利发生过著录项目变更，主要体现在名称的变更，进一步改变了产品类别。虽然由于修改时机的问题，变更后的文本不能作为对比文本，即该案中类别的变更未能对该案的最终判决起到实质性作用，但如果该修改出现在涉案专利申请日之前，案情的最终判定将走向何方却不能轻易定论。产品类别的变化必然会导致自身专利权保护范围的改变，可能会使无效宣告程序出现新的争议，也会给第三方的专利权带来影响。故对于外观设计产品类别的修改应当是谨慎且具有较大局限性的。确切地说，通常情况下不能跨领域地将产品用途修改为毫不相关的另一种，如将“壁画”改为“桌布”不能被接受。

综上所述，获得专利保护的外观设计应当明确归属至某一特定领域，并不得随意改变。这既是对立法宗旨的维护，也是保障专利权稳定性的必要措施。

四、产品用途规范化撰写的具体建议

鉴于外观设计专利中产品用途修改的局限性及其可能造成的巨大影响，申请日对产品用途的限定显得格外重要。而作为产品用途最直接的记载文件，简要说明中对产品用途撰写得规范准确，对于一项外观设计专利权的完整稳定所起的作用更是不容小觑。以下是笔者对于简要说明中用途规范化撰写的建议总结。

（一）对于一般产品用途的描述应当唯一、合理且准确

（1）唯一性体现在一项外观设计应当仅应用于唯一领域的产品，不能同时选择多领域的产品进行应用并请求保护。例如一种型材，用途描述为用于灯杆、护栏和家具。由于灯杆、护栏和家具属于不同的领域，对应的分类号也不相同，所以该申请应当选择唯一的应用领域。再如产品名称为“架子”的外观设计，既可用于货物展列，也能用作家具存放物品，由于二者所属领域完全不同，这就需要申请人在简要说明中对产品的用途进行选择并作唯一说明。

（2）合理性体现在对产品用途的描述应当与外观设计图片或照片中表达的产品相符，不能出现明显的矛盾。例如产品名称为“工艺盘”的外观设计，用途描述为“包装”，由于“包装”的用途一般仅适用于包装袋、包装盒等外包装类产品，与“工艺品”分属不同类别，因此该申请的用途描述与产品名称及视图内容表达不符。再如产品名称为“布料”的外观设计，用途描述为“床上用品”，由于布料作为制作床上用品的初始加工材料，与床上用品分属不同类别，因此该申请也存在用途描述与产品名称及视图内容表达不符的缺陷。

（3）准确性体现在对用途的描述尽量贴近产品的实际使用情况，按照产品所属领域、使用场所或者使用方法加以限定。过于上位、模糊、不清楚的描述，均会导致产品用途不清楚。例如产品名称为“茶具”，用途描述为“日用陶瓷”，众所周知，日用陶瓷包括容器、装饰品等众多领域，于本产品而言过于上位，用途不明确。再如产品名称为“帽珠（小鸟）”，用途描述为“帽珠”，字面意思可能为帽子上的顶珠，而该申请中“帽珠”是指一种锅盖上的提手，属于所属领域专有名词或具地区特点的俗称，此种情况下应对产品用途作具体描述，体现出产品的所属领域。

（二）对于特殊产品用途的描述应当遵循的规范

（1）多功能产品，即一个产品同时具备多种功能，其简要说明应当写明所述产品的多种用途。例如产品名称为“带时钟功能的笔筒”的外观设计，该产品即同时具有时钟和笔筒的功能，申请人应当在简要说明中全面表述。

（2）相似设计，是指同一产品两项以上的外观设计，其主要用途必然相同，因此简要说明中应写明合案申请的同一产品的多项外观设计的共同用途，即该项产品的主要用途。例如产品名称为“包装袋”的相似外观设计，虽然各设计分别用于包装苹果干、芒果干、葡萄干，但在简要说明中只需叙述为“本外观设计用于果干外包装”，无须写明各相似设计进一步下位的用途。

（3）组件产品，是多个组件组合成为一件产品，因此简要说明中应记载该整件产品的用途，而非各组件在整体中的具体用途。例如产品名称为“象棋”的外观设计，简要说明中的叙述应为“该产品用于娱乐竞技”，无须具体描述单个棋子在其中起到的作用。

（4）成套产品，其是用于同一类别并且成套出售或者使用的产品的两项以上外观设计，各套件均为独立产品，因此简要说明中除表明整套产品的用途外，还可以说明单个套件的用途。例如产品名称为“床上用品套件”的外观设计，简要说明中可以叙述为“用于床上用品”，还可附带写明“其中套件 1 为被罩、套件 2 为床单、套件 3 为枕套”。

综上所述，产品用途直接决定了外观设计的类别属性，影响着专利权保护范围的划定；无论在授权还是后续无效宣告程序中，用途相同或相近似都是进行外观设计相同、相近似判断的基础；产品用途的稳定性决定了专利权人自身权利的稳定，也会对公众权益产生巨大的影响；产品用途在简要说明中的规范化撰写是专利权完整稳定的必要保障。

随着国民经济的发展，外观设计专利越来越受到关注和重视，其权利的稳定性对公众造成的影响也日益扩大，典型的维权案例进一步凸显了产品用途对外观设计专利权保护范围的影响。我们应当敏锐地观察到这个趋势并深入研究，重新审视产品用途在外观设计专利确权和无效判定中的重要作用，也热切期待产品用途的法律地位早日得到进一步提升。

审查实务

某专利侵权案例剖析及其引发的有关思考*

徐趁肖

摘　要：专利侵权诉讼是专利权人谋求专利保护的一个重要途径，而专利侵权判定是专利侵权诉讼的关键，笔者通过本文对某专利侵权判定案例进行剖析，并从中引发出有关专利工作中若干问题的思考。

关键词：专利　侵权判定　保护范围

一、案例介绍

1. 涉案专利基本信息

涉案专利申请日为1989年3月16日，是专利权人甲于1991年7月24日获得的发明专利。该专利仅具有一项独立权利要求1如下：

1. 一种轧辊小挠度、高刚度轧机是由工作辊2和2′，支撑辊系3和3′组成，上辊系由上轧辊座11支撑，下辊系由下轧辊座11′支撑，支撑辊系3和3′的外层支撑辊是以多点梁的形式支撑在轧辊座11，11′上，下轧辊座11′支撑在垫块13上，上轧辊座11的上部设置有压下装置12，上下轧辊座可分别由压下装置12、垫块13调节进行上下移动，该轧机还包括机架14，其特征在于：垫块13和压下装置12均位于轧辊座上工作辊轴线的中部附近，且压下装置的数量至少为两个。

2. 案件基本事实

专利权人甲和被告方乙发生专利侵权纠纷，专利权人作为原告，向某中级人民法院对被告方提起民事诉讼，请求判定被告方专利侵权。法院受理后对该

---

* 文章来源：《审查业务通讯》2005年第11卷第6期（总第120期）。

案件进行了公开审理。通过对涉案专利权利要求1和被控侵权产品的技术特征对比，甲乙双方对其他技术特征的相同或等同性均无异议，双方的争议焦点集中在技术特征“垫块和压下装置均位于轧辊座上工作辊轴线的中部附近”。

该中级人民法院从权利要求的字面含义出发，对上述争议焦点给出基于“三等分”的认定，将“中部附近”解释为在工作辊轴线方向将工作辊三等分，中间部分为中部，中部附近的最大解释不能超过另两部分的中心间距，并基于该认定得出被告方不侵权的判决结论。

原告方认为该中级人民法院的判决将“中部附近”基于“三等分”的界定缺乏依据，因此向某高级人民法院提出上诉。该高级人民法院在二审中，认为对争议焦点“中部附近”的理解和界定不能仅仅考虑字面意义，而应当根据文义、技术原理和发明目的以及涉案专利授予的条件合理确定。基于该原则，该高级人民法院对“中部附近”进行了解释和界定：①“中部附近”是指在轧辊座上的一个特定区域，而不是指工作辊轴线上的中部附近；否定了将工作辊轴线作为一个线段来找出其“中部附近”的解释方法。②根据涉案发明阐述的发明目的和技术原理对“中部附近”进行了限制和界定，并引入了板宽的限制，认为“中部附近”的范围，沿工作辊轴线方向应限制在轧制最大板宽之内。判决结果仍维持被告不侵权的结论。

原告方对该高级人民法院的判决结论中关于板宽的限制不服，准备向最高人民法院提出申诉。

二、争议焦点分析

鉴于涉案专利侵权判定仍存在较大争议，本文仅以本技术领域普通技术人员的角度，根据专利权保护范围的相关法规和司法解释，对涉案专利的争议焦点“中部附近”进行分析和讨论，并不试图作为最终判定的任何依据。

《最高人民法院关于审理专利纠纷案件适用法律问题的若干规定》和北京市高级人民法院《专利侵权判定若干问题的意见（试行）》关于专利保护范围的相关司法解释是当前专利侵权判定中的重要参考和依据。其中，解释原则是指在解释专利权利要求时，应当以专利权利要求书记载的技术内容为准，而不是以权利要求书的文字或措辞为准的原则。其技术内容应当通过参考和研究说明书及附图，在全面考虑发明或实用新型的技术领域、申请日前的公知技术、技术解决方案、作用和效果的基础上加以确定。

对涉案专利而言，申请日前的公知技术为：轧机的压下装置均位于轧辊的辊颈处，结果必然使轧辊产生较大的弯曲变形（参见图1的受力示意图）。涉案专利的发明目的就是解决轧辊的弯曲变形问题，使工作辊的弯曲变形基本上不受轧制力波动的影响，以获得一种轧辊小挠度、高刚度且压下调整范围大的多辊轧机。涉案专利的技术原理和采用的主要技术手段就是通过改变压下装置的位置，将现有技术中位于轧辊轴颈处的压下装置移到轧辊座上，缩短压下装置之间的作用力臂，从而减小轧辊的弯曲变形（参见图 2 的受力示意图）；当位于轧辊座上的压下装置位于板宽之内时，还可以改变轧辊弯曲变形的形态，使其整体弯曲变形受到分割，轧辊的整体弯曲变形程度进一步减小（参见图 3 的受力示意图）。也就是说，涉案专利对现有技术作出的贡献就在于：将现有技术中位于辊颈的压下装置移到轧辊座上，缩短了压下装置之间的力臂，达到了轧辊弯曲变形大幅度减少的技术效果。上述区别即涉案专利“中部附近”的内涵。

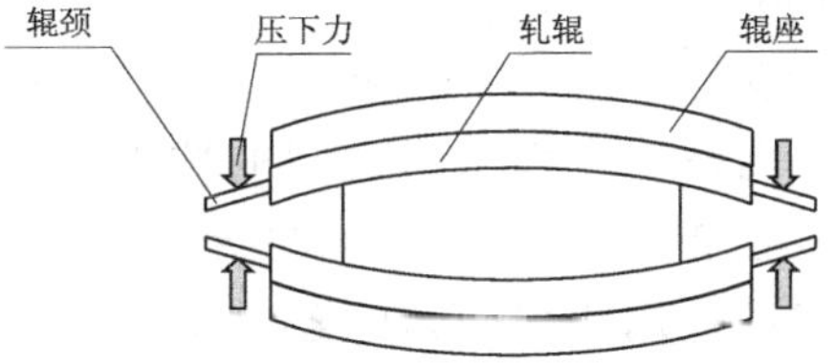

图 1　涉案专利申请日前的公知技术

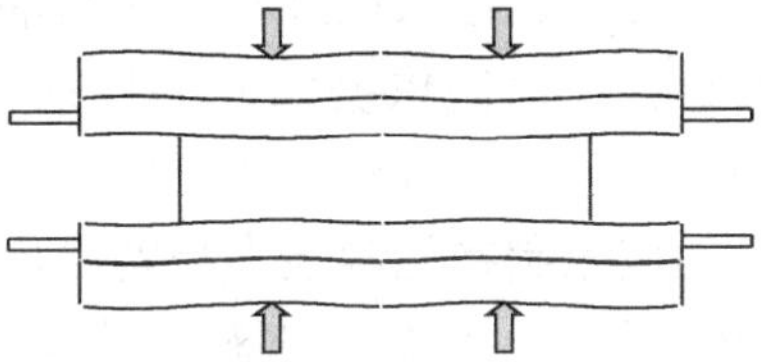

图 2　涉案专利压下装置和垫块位于轧辊座上板宽之外

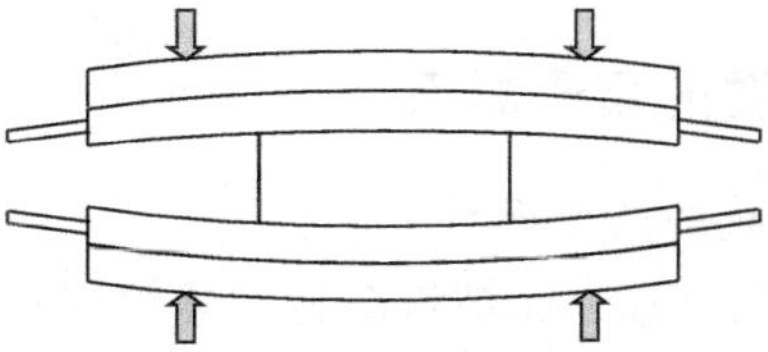

图 3　涉案专利压下装置和垫块位于轧辊座上板宽之内

关于“中部附近”与“板宽”的关系，首先，由于权利要求 1 中并未对“轧制板宽”进行任何限定，且说明书文字部分也没有任何有关轧制板宽的记载，因此，根据申请文件的文义记载无法唯一导出压下装置和垫块位置必须在轧制板宽之内的必然联系。其次，从技术原理的角度分析，一台轧机一旦建成，其所能够轧制的板宽就只有最宽的上限限制，在最大板宽以下尺寸的板材均可，并容易生产；只要压下装置移到了轧辊座上，与现有技术相比，就缩短了压下装置之间的力臂，使得轧辊的整体弯曲变形得以减小，因此符合该发明的发明目的，并与现有技术形成了区别，就应该属于该专利“中部附近”的保护范畴。压下装置位于轧辊座上板宽之内和之外二者的区别，就在于前者（板宽之内）进一步使轧辊的整体弯曲变形发生了分割，改变了弯曲变形的形态，但二者均通过缩短压下装置之间的力臂，使得轧辊的整体弯曲变形得以减小（参见图3），达到该专利的技术目的，均应该属于该专利“中部附近”的保护范围；因此，“中部附近”的保护范围的界定与压下装置是否位于板宽之内无关。也就是说，轧制板宽与该发明的发明目的和技术原理也没有直接联系，轧制板宽并非权利要求1的必要技术特征。

某中级人民法院对涉案专利“中部附近”基于“三等分”的判定，完全依据文字的字面含义，而没有全面考虑发明的技术领域、申请日前的公知技术、专利技术方案、作用和效果等因素，因此给出的判决不符合《最高人民法院关于审理专利纠纷案件适用法律问题的若干规定》和北京市高级人民法院《专利侵权判定若干问题的意见（试行）》关于专利保护范围的相关解释。

某高级人民法院在二审判定中，认为“中部附近”的理解和界定不能仅仅考虑字面意义，而应当根据文义、技术原理和发明目的以及涉案专利授予的条件合理确定。可见，该高级人民法院依据的方法和原则本身均符合《专利法》及相关司法解释的有关规定。但是，其对“中部附近”的界定引入了板宽的限制，认为沿工作辊轴线方向应限制在轧制最大板宽之内。而根据上述“中部附近”与“板宽”的关系分析可知，其给出的板宽限制加入了超出涉案专利权利要求书和说明书范围的技术特征。因此，该高级人民法院对所述专利侵权判定的判决理由和结论仍值得商榷。

三、案例剖析引发的若干思考

1. 二审判决结论导致的法律困惑

通过上面的案例介绍可知，原被告双方的争议焦点是对涉案专利权利要求1中记载的“垫块13和压下装置12均位于轧辊座上工作辊轴线的中部附近”的理解，主要在于对“中部附近”的解释和界定。某高级人民法院在二审判决结论中认为：涉案专利产品（轧机）权利要求的保护范围与其加工对象的尺寸（板宽）有直接关系。但是，该判决结论导致了以下法律困惑，说明该高级人民法院的判决结论仍值得商榷。

（1）产品权利要求的保护范围是否与产品的使用状态有关？产品权利要求

保护范围的客观性如何确定理解？

对涉案专利保护的轧机而言，轧机作为产品是客观存在的，其加工对象的尺寸变化并不能改变轧机本身的客观状态。至于轧机的加工对象的尺寸（板宽），只与轧机的使用状态有关，而与轧机本身的结构构成无关，因而判断一台轧机是否侵权不应考虑加工对象的尺寸。但是，根据该高级人民法院的判决，一台轧机是否侵权与轧制的板材宽度有关：轧制宽板时侵权，而轧制窄板时就不侵权。那么，作为轧机专利，产品权利要求保护范围的客观性该如何确定和理解？

（2）如果产品权利要求的保护范围与其使用状态有关，那么，如何确定该产品的制造和销售是否侵权？

根据《专利法》第11条的规定，发明专利权被授予后，任何单位或者个人未经专利权人许可，不得以生产经营目的制造专利产品。根据该规定，轧机作为产品权利要求而受到保护时，一台轧机一旦覆盖了权利要求的技术特征，无论其制造、销售还是使用，均属于侵权行为。也就是说，一台落入专利保护范围的轧机的制造本身就应该已经属于侵权行为；而该侵权轧机制造出来后，该侵权轧机的销售也属于侵权行为；而对于使用者，当然可以轧制宽度比压下装置间距宽或者窄的板材，这是使用者根据自己需要而进行的选择。如果按照高级人民法院的判决，认为该侵权轧机在轧制宽板时的使用构成侵权，而轧制窄板时的使用就不构成侵权，结论显然存在矛盾：一台相同的轧机，轧制不同尺寸的加工对象（不同板宽）时存在侵权和不侵权的矛盾，那么又如何判定该轧机的制造和销售是否侵权？这同样也导致了法律困惑的产生。

2. 案例引发的相关专利工作的思考

（1）思考之一：专利实质审查的重要性

对于一项发明专利申请，必须通过实质审查过程，目的就是使申请文件符合《专利法》和《专利法实施细则》的有关规定，在“请求原则”的基础上，根据申请人对现有技术的贡献授予合理的专利权，使其在法律上获得相应的保护范围。因此实质审查是合理界定权利要求保护范围的关键环节，只有保护范围的清晰合理才能保证专利权的稳定和利益分配的合理。

为了使授予的专利权的保护范围清楚、合理、稳定，就对审查员提出了严格要求，以尽量避免后续的专利纠纷问题。在本案专利侵权案例中，某高级人民法院二审判决结论导致同一产品在使用过程中随加工对象的尺寸变化出现保护范围发生变化，其根本原因在于涉案专利权利要求中存在“中部附近”这样的含义不确定的词语。这可能是由于我国专利制度起步较晚，该涉案专利属于我国早期专利，一方面当时的专利审查标准还不够完善和细化，另一方面审查员对权利要求中存在的上述词语也没有足够重视，因此最终在实质审查环节中存在的上述缺陷没有得到及时纠正，导致在后续专利侵权纠纷中出现争议。不可否认，正是这样的问题在实质审查过程中没有被及时纠正，给专利权人和社会公众带来了一定的影响。该类案例足以引起审查员的反思。如果审查员在审查过程中指出“中部附近”含义不确定导致权利要求保护范围不清楚，要求申请人进行修改克服缺陷，例如，将“轧辊座上的中部附近”修改为“轧辊座上两端部之间”，则修改后的权利要求在专利侵权纠纷中就会避免不必要的争议。因此，在实质审查工作中，审查员应严格把关，使申请文件真正符合《专利法》和《专利法实施细则》的有关规定，确保授予专利权的确定性和稳定性。

(2) 思考之二：专利申请文件撰写的重要性

申请文件的撰写是一项需要付出创造性劳动的工作。撰写质量不仅直接影响到专利的审批过程，而且影响到专利权的稳固性。撰写不当而被授权的发明专利申请有可能导致无效程序，或者在专利侵权诉讼中成为不利因素导致被动局面，从而不能很好地维护自身权益。另外，由于专利权人在审查过程中的意见陈述即审查历史在授权后的专利纠纷中也予以考虑，专利权人也应当予以重视。本案专利纠纷存在争议的根本原因就在于权利要求中记载了“中部附近”这一含义不确定的词语，而且说明书中也没有关于“中部附近”的明确说明，专利权人在审查过程的意见陈述中也没有对“中部附近”作出清楚的解释，最终导致专利侵权纠纷中对“中部附近”出现争议。可见，申请人撰写申请文件时，一定要注意表述的清晰和明确。首先，权利要求中避免出现含义不确定的词语；其次，如果权利要求中不可避免地记载了含义不确定的词语，说明书中应对该词语进行明确说明；最后，如果审查员对某词语的含义提出质疑，申请人在意见陈述中应给出合理、清楚、明确的阐述。上述撰写措施能够为权利要求保护范围的确定提供依据，避免专利保护中的不利影响。目前，我国企业的专利法律意识增强，逐渐通过法律手段维护自身利益，但是，由于多种原因，我国大部分申请人对专利知识缺乏了解。为解决上述问题，一方面，申请人自身需要不断学习，提高专利意识和水平；另一方面，专利主管机构需要向公众不断宣传和普及专利知识，加强对企业的专利服务。

(3) 思考之三：专利授权后的维权界定

对于已授权的专利纠纷，当涉及权利要求语义不确切词汇的解释和界定时，如果仅从字面意义来判断，就可能难以正确判断专利权人对现有技术作出的实际贡献。例如，本案中某中级人民法院对“中部附近”基于字面“三等分”的判决就在一定程度上抹杀了专利权人的贡献。在实际判定中，有关人员需要站在本技术领域普通技术人员的角度，依据专利法相关规定及有关司法解释中的精神，判断专利权人对现有技术作出的实际贡献，对专利权利要求字面所限定的保护范围作出公平的扩大或者缩小的解释，在公平的基础上最大限度地保护专利权人的利益，不仅避免抄袭和仿制风气，也防止他人利用灰色地带钻边缘性侵权的空子，以调动专利权人技术创新的积极性，鼓励发明创造，促进科技进步。这是专利工作的最终目的。

（4）思考之四：专利侵权判定与专利审查标准的协调性问题

专利权作为一种知识产权，不仅具有一般知识产权的法律特征，在审查、授权、实施等方面还具有自己的独有特征，导致专利侵权判定具有特殊性。在我国目前专利审查与侵权判定标准尚不完全协调的情况下，正是专利实质审查员、专利侵权审判人员对专利特征理解上的差异，导致判断标准不一致，给专利权人和公众之间的利益关系带来影响和困惑。因此，当前亟需专利侵权判定人员和专利审查员之间的知识融合，也需要专利体系不同环节、程序中知识的融合，以及相关司法解释、制度的完善和细化，使专利权人和公众之间的利益得到合理、合法的维护和平衡。

浅析创造性评述中最接近的现有技术的选择*

范玉霞

摘　要：本文从实用新型评价报告的案例出发提出问题，即如何选择创造性评述中的最接近的现有技术。通过对比中国和欧洲的审查指南相关规定，提出了对于最接近的现有技术的选择的倾向性观点，以期对我们的实质审查工作有所帮助，也期望能够引发进一步的讨论。

关键词：创造性　三步法　最接近的现有技术　技术领域

一、引　言

在专利的实质审查中，检索现有技术和“三性”（实用性、新颖性和创造性）判断是审查员的基本功。其中创造性的判断比较难以把握，通常所使用的判断步骤是《审查指南2001》规定的“三步法”：（1）确定最接近的现有技术；（2）确定发明的区别特征和其实际解决的技术问题；（3）判断要求保护的发明对本领域的技术人员来说是否显而易见。本文将结合案例，谈谈自己对上述第（1）步的粗浅认识。

二、问题的提出

笔者在做实用新型专利03232071.X（小型电器双刀开关，以下简称“本专利”）的评价报告时检索到两篇较为相关的现有技术。对比文件1——CN2353033Y（机械式双刀双掷开关装置，以下简称“D1”）公开了本专利权利要求1中较多的技术特征，但是解决的技术问题不同；对比文件2——

* 文章来源：《审查业务通讯》2006年第12卷第2期。

CN85204639U（双通断保安开关，以下简称“D2”）公开了本专利权利要求1中较少的技术特征，但是解决的技术问题相同。将D1和D2结合起来能够否定权利要求1的创造性是毫无疑问的，但是在选择哪篇对比文件作为最接近的现有技术上却让人举棋不定。

三、案例介绍

1. 本专利

本专利解决的技术问题是：提供一种同时控制火线与零线通断即双通双断的双刀（单掷）开关（见图1），用于克服现有技术中单纯控制火线而造成的开关容易错接零线的技术问题。

其权利要求1所限定的技术方案是：一种小型电器双刀开关，它包括底壳、摆盖和动、静触点组成的通断切换装置，静触点固定在底壳的触点脚上，与静触点相对应的动触点固定在跳板的端部，其特征在于：位于摆盖下方的两个对称圆筒形管内分别装有弹簧、钢珠，并分别与以接线片为支点转动的跳板相抵压，使两组动、静触点以及两个触点脚和两个支架脚形成两组通断切换装置。

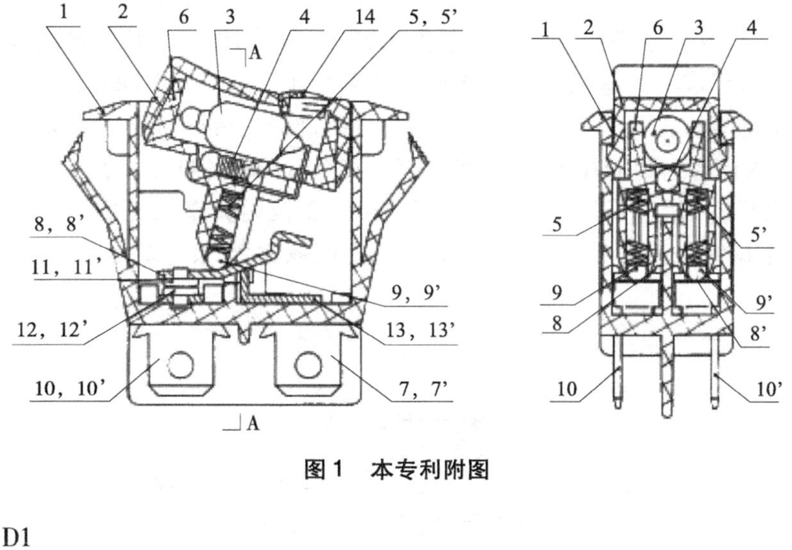

图1　本专利附图

2. D1

D1解决的技术问题是：提供一种机械式双刀双掷开关装置（见图2），用于解决现有技术中还没有用机械式开关来实现多路控制一个用电器而达到每个开关都能任意开关的技术问题。

D1的技术方案是：一种机械式双刀双掷开关装置，它是由掷钮1、开关上盘2、槽3、弹簧4、接触片5、顶珠6、接点7、中点接线柱8、接线柱9、交叉接触片10、开关底座11、固定螺孔12构成，其特征在于：交叉接触片10两端分别连接于接线柱9，在两个接线柱9之间有一个中点接线柱8，弹簧4一端与掷钮1连接，另一端与顶珠6连接，顶珠6与中点接线柱8之间夹有接触片5，弹簧4在槽3内，顶珠6为圆杆形状。

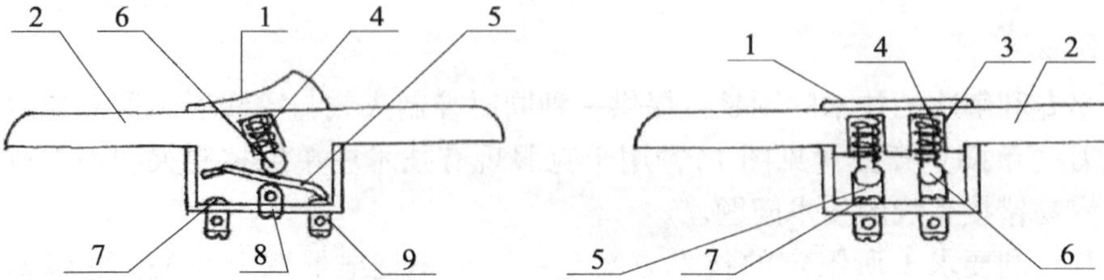

图2　D1附图

3. D2

D2解决的技术问题是：提供一种控制家用电器及照明电路通断的双通断保安开关，用于克服现有技术中单纯控制火线而造成的开关容易错接零线问题。

D2的技术方案是：一种双通断保安开关，由翘板、铜片、接线柱、弹性片及熔丝管组成，其特征是：一块绝缘体翘板1，它有一个翘板面2，其内外侧面的中部有短轴3，左边有突出块4，自中部向右伸长部分，在外侧有外闸铜片5，内侧有内闸铜片6；一块底座7，底座右面有各自连接着接线柱的外闸口9及内闸口11，中部有支承翘板的外夹座12及内夹座13，左面有一根弹性片20；根据安全及大功率需要，闸口中间有间隔物25及空隙26。

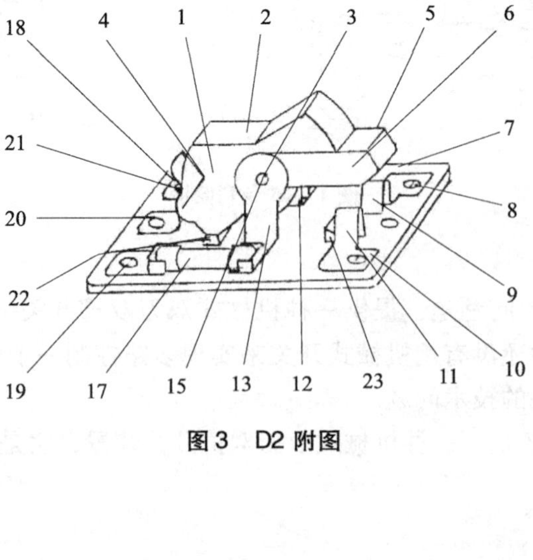

图3　D2附图

4. 小结

从上述案例情况介绍可以得知：D1 和 D2 都与本专利的技术领域相同，都涉及家用开关的结构组成；D1 公开了权利要求 1 中的开关机械结构部分，而机械结构部分占据权利要求 1 技术特征的大部分，即 D1 公开的技术特征比 D2 多，但是 D1 是一个双刀双掷开关（用于实现多路控制一个用电器，达到每个开关都能任意开或关闭），而本专利权利要求 1 是一个双刀单掷开关（用于同时控制火线、零线的通断），即本专利权利要求 1 与 D1 的接线方式不同，形成的线路通断不同，所解决的技术问题不同；D2 公开了本专利权利要求 1 中的接线方式，即本专利权利要求 1 与 D2 都用于实现线路的零线和火线的双通双断，所解决的技术问题相同，但是从各自附图中即可看出，二者用于控制开关掷刀左右摆动从而使动静触点通断的部件的机械结构有较大的差异。

四、最接近的现有技术的选择

1.《审查指南 2001》对最接近的现有技术的解释

《审查指南 2001》第二部分第四章第 3.2.1 节中规定："最接近的现有技术，通常与要求保护的发明技术领域相同，并且所要解决的技术问题、技术效果或者用途最接近和/或公开了发明的技术特征最多，或者虽然与要求保护的技术领域不同，但能够实现发明的功能，并且公开发明的技术特征最多。应当注意的是，在确定最接近的现有技术时，应首先考虑技术领域相同或相近的现有技术。"

结合本案例，由于 D1 和 D2 与本专利的技术领域都相同，对于"虽然与要求保护的技术领域不同，但能够实现发明的功能，并且公开发明的技术特征最多"的规定可以不予考虑，只需分析"所要解决的技术问题、技术效果或者用途最接近和/或公开了发明的技术特征最多"即可。而技术问题、技术效果或用途是相应的，所以上述语句中"所要解决的技术问题、技术效果或者用途最接近"并列于"公开了发明的技术特征最多"，而这两个并列的短语之间的连接词"和/或"说明二者既可以是"与"的关系，也可以是"或"的关系。显然本案例中的任何一篇对比文件都不适用于"与"的关系，那么"或"前后的短语之间有没有先后顺序呢？如果有，则是先考虑解决的技术问题相同，即选择 D2 作为最接近的现有技术；如果没有，则既可以先考虑解决的技术问题相同，也可以先考虑公开发明的技术特征最多，即 D1 和 D2 都适合作为最接近的现有技术。事实上，虽然生活用语中存在着"或"之前的语气强而"或"之后的语气弱的现象，但是按照汉语字典的解释，"或"前后的并列字词或短语之间是选择和并列关系，并没有先后顺序。因此，笔者认为，虽然《审查指南 2001》该段的原始意图不甚清楚，但是作为书面用语，应当将其理解为上述两个短语之间没有先后顺序。也就是说，按照《审查指南2001》的规定，本案例中，D1 和 D2 都适合作为最接近的现有技术。

2. EPO 审查指南对最接近的现有技术的解释

EPO 审查指南 C 部第 IV 章第 9. 8. 1 节“Determination of the closest prior art”规定：“The first consideration is that it should be directed to a similar purpose or effect as the invention or at least belong to the same or a closely related technical field as the claimed invention. In practice, the closed prior art is generally that which corresponds to a similar use and require the minimum of structural and functional modifications to arrive at the claimed invention.”

即 EPO 规定：在选择最接近的现有技术时，首先考虑的是它应该涉及与发明相似的目的或效果，或者至少属于与要求保护发明相同或紧密相关的技术领域。在实践中，最接近的现有技术一般对应于相似用途并在结构和功能上作最小的修改就能够得到要求保护的发明。该规定明确了如何选择最接近的现有技术，确定了选择最接近现有技术的基本方针，在一定程度上解决了选择的盲目性以及不同选择可能带来的不同结果。显然，按照这个规定，本案例应当选择发明目的相同、领域相同的 D2 作为最接近的现有技术。

3. 最接近的现有技术的选择与“三步法”中的第（2）步和第（3）步密切相关

选择最接近的现有技术是我们现行的判断创造性的“三步法”中的第（1）步，其目的是第（2）步和第（3）步。评述创造性时，在认定事实的基础上，判断是否显而易见是说理最重要的部分。那么，通常情况下，哪篇最有利于后继评述就选择哪篇作为最接近的现有技术是不言而喻的。

也就是说，选择最接近的现有技术不仅要考虑技术领域相同或相近，所要解决的技术问题、技术效果或用途最接近，公开的技术特征最多，还须考虑“技术启示”的思维走向。具体地说，如果对比文件 1 与发明的技术领域相同，公开的技术特征较多，就技术启示而言，权利要求 1 相对于对比文件 1 所实际解决的技术问题可以将本领域普通技术人员的思维引向对比文件 2，并且对比文件 2 中具有解决该问题的启示，那么，对比文件 1 适合作为最接近的现有技术。反之，对比文件 1 则不适合作为最接近现有技术。

那么，又如何判断一项权利要求相对于一项现有技术所实际解决的问题是否能够将本领域普通技术人员的思维引向另一项现有技术呢？即如何判断权利要求 1 请求保护的主题是否显而易见。《审查指南 2001》明确指出下列情形属于显而易见：（1）区别技术特征为公知常识或惯用手段；（2）区别技术特征为与最接近现有技术相关的技术手段；（3）区别技术特征被另一项现有技术所披露，且所起作用相同。

就本案例而言，D1 与本专利的技术领域相同，公开了较多技术特征，区别在于本专利权利要求 1 与 D1 的接线方式不同，实际解决的问题是开关零线火线的双通双断问题；而 D2 恰好给出了与本专利权利要求 1 相同的接线方式，并且该方式也是用来控制零线火线的双通双断，即本领域普通技术人员很容易向 D2 寻找技术启示而且能够从 D2 中得到启示。D2 与本专利的技术领域相同，公开的技术特征虽然相对于 D1 比较少，但是也公开了本专利权利要求 1 的大部分特征，区别在于本专利权利要求 1 与 D2 的用于控制开关掷刀左右摆动从而使动、静触点通断的部件的机械结构不同，实际解决的问题是采用了一种新型机械结构；而 D1 恰好给出了相同的机械结构，并且该结构也是用于控制开关掷刀的左右摆动，即本领域普通技术人员很容易向 D1 寻找技术启示而且能够从 D1 中得到启示。也就是说，无论是以 D1 还是以 D2 作为最接近的现有技术，推理所得出的结论都是“显而易见”。

现在，再参考 EPO 的“最小的修改”的判断原则，本专利权利要求 1 相对于 D1 的修改是调整接线的方式，相对于 D2 的修改是更换一种现有的控制开关掷刀左右摆动的部件的机械结构，那么这两种修改相比较而言，哪种是“最小的修改”，笔者猜想，即便是对于本领域的专家来说，恐怕也是“仁者见仁，智者见智”了。

综上，笔者认为，既然发明可由不同方式来完成，那么科学判断只要判断作为事实的结果是否显而易见即可。在确定现有技术范围和内容后，有经验的审查员会快速想到多种评价方案，并从中选择一种最有效方案的最相关文献作为最接近的现有技术，但是在某些情况下最接近的现有技术不一定是特定的或固定的。

五、结束语

虽然笔者认为本案例中的 D1 和 D2 都适合作为最接近的现有技术，但是能否得到同事们的认同尚且不得而知。此外，虽然本案例中 D1 和 D2 都适合作为最接近的现有技术，但是是否类似案例都能够得出该结论也没有明确的答案。仅以此文抛砖引玉。

参考文献

[1] 中华人民共和国国家知识产权局．审查指南2001 [M]．北京：知识产权出版社，2001.

[2] EPO. Guidelines for Examination in the European Patent Office [Z]. EPO, 2001.

[3] JPO. Examination Guidelines for Patent and Utility Model in Japan [Z], 2001.

[4] U. S. Department of Commerce, United States Patent and Trademark Office. Manual of Patent Examining Procedure [Z], 2004.

对“实际解决的技术问题”的思考*

魏巧莲

摘　要：本文通过引入一个简单的案例进行了剖析，得出了确定“实际解决的技术问题”的合理依据以及较为严密的创造性判断步骤。

关键词：创造性　区别技术特征　实际解决的技术问题　技术启示

一、引　言

《审查指南2006》中给出了创造性审查中通常采用的“三步法”：（1）确定最接近的现有技术；（2）确定发明的区别特征和发明实际解决的技术问题；（3）判断要求保护的发明对本领域的技术人员来说是否显而易见。

在如何确定上述第（2）步中有关发明实际解决的技术问题上，《审查指南2006》给出了一个原则性的规定：发明的任何技术效果都可以作为重新确定技术问题的基础，只要本领域的技术人员从该申请说明书中所记载的内容能够得知该技术效果；审查实践中有两个确定的依据：（1）说明书中明确记载的区别技术特征在发明中的作用、发明所要解决的技术问题或发明的技术效果；（2）说明书中未明确记载，但本领域技术人员根据现有技术可以预期或确认的关于区别技术特征在客观上具有的作用或使发明达到的技术效果。

然而，当本发明中明确记载了该区别技术特征所起的作用E1以及与之对应的本发明所解决的技术问题P1，但本领域技术人员根据现有技术能够客观分析得出该区别技术特征在本发明中能够起到另外的作用E2，并由此确定出本发明尚能解决另外的技术问题P2，且P1不同于P2时，将如何确定本发明实际解

---

* 文章来源：《审查业务通讯》2010年第16卷第1期。

决的技术问题？如果仅以根据本发明的记载内容得出的本发明所要解决的技术问题P1作为确定依据，是否能够全面客观地判断该发明的创造性？为了更清楚地展现该问题，本文引入如下案例进行探讨。

二、案例介绍

（一）基本案情

涉案发明涉及一种铺路黏合剂，其权利要求1为“一种铺路黏合剂，其是通过混合包含以下各项的物质而获得的：a）细矿物组分；b）沥青；c）硫；和d）0.5%重量的炭黑。”该发明记载了0.5%重量的炭黑在该发明中起到了分散硫的作用，以及与之对应的该发明所要解决的技术问题是防止硫的聚集。

权利要求1与对比文件1相比，其区别仅在于：权利要求1的铺路黏合剂中还包括0.5%重量的炭黑。

对比文件2公开了包含沥青和细矿物组分以及0.5%重量的炭黑的铺路黏合剂（该铺路黏合剂中不含硫），其中0.5%重量的炭黑能够改善沥青的耐磨性。

（二）不同观点介绍

关于该发明的创造性，存在如下几种不同的观点。

观点1：发明实际解决的技术问题为：根据发明记载的区别技术特征所起的作用E1确定出的该发明所要解决的技术问题P1。

当说明书中记载了区别技术特征对应的技术问题时，一般该技术问题即为发明实际解决的技术问题。因此，该发明实际解决的技术问题是“防止硫的聚集”。

0.5%重量的炭黑在对比文件2中所起的作用是改善沥青的耐磨性，不同于其在涉案发明中所起的作用，而且由于对比文件2中的铺路黏合剂中不包含硫，0.5%重量的炭黑在对比文件2中不可能起到分散硫的作用。本领域技术人员在面临对比文件1中存在“硫的聚集”这一技术问题时，对比文件2并没有给出解决该技术问题的启示，因此，本领域技术人员没有动机将对比文件2与对比文件1结合，权利要求1具备创造性。

观点2：发明实际解决的技术问题为：本领域技术人员根据现有技术客观分析得出该区别技术特征在本发明中能够起到的另外的作用E2，由此确定出的本发明尚能解决的另外的技术问题P2。

关于区别技术特征所解决的技术问题的确定，可以由审查员根据检索到的现有技术重新分析并确定，不必拘泥于根据本发明的记载信息所确定出的本发明要解决的技术问题P1。就该案而言，本领域技术人员根据对比文件2的记载，并通过分析发现0.5%重量的炭黑在涉案发明中也能够起到改善沥青的耐磨性的作用，因此，涉案发明实际解决的技术问题是“改善沥青的耐磨性”。

对本领域技术人员而言，沥青的耐磨性差是在铺路黏合剂中通常面临的技术问题，该技术问题客观存在于对比文件1中且容易被本领域技术人员发现。对比文件2给出了0.5%重量的炭黑加入到对比文件1公开的铺路黏合剂中能够改善沥青耐磨性的启示，因此，对比文件2和对比文件1能够结合并且破坏了权利要求1的创造性。

观点3：发明实际解决的技术问题为：本发明客观上实际解决的任何技术问题，其包括：（1）根据本发明中记载的区别技术特征所起的作用E1确定出的所要解决的技术问题P1；和（2）本领域技术人员根据现有技术能够客观分析得出该区别技术特征在本发明中还起到了另外的作用E2，由此确定出的本发明尚能解决的另外的技术问题P2。

发明实际解决的技术问题的确定属于客观问题，应全面分析，根据该发明和现有技术的记载进行确定。就本案而言，涉案发明实际解决的技术问题既包括观点1所确定的技术问题，也包括观点2所确定的技术问题，即该发明客观上解决了两个技术问题：改善沥青的耐磨性和防止硫的聚集。

对本领域技术人员而言，沥青的耐磨性差是在铺路黏合剂中通常面临的技术问题，该技术问题客观存在于对比文件1中且容易被本领域技术人员发现；对比文件2给出了将0.5%重量的炭黑加入到对比文件1中能够改善沥青的耐磨性的启示，因此，本领域技术人员有动机将对比文件2公开的上述内容应用于对比文件1中以解决沥青耐磨性差的技术问题；而且，对比文件1和对比文件2结合后获得的技术方案既解决了“沥青耐磨性差”的技术问题，又同时客观上解决了涉案发明记载的“硫的聚集”这一技术问题。因此，对比文件2和对比文件1的结合破坏了权利要求1的创造性。

三、日本和美国的相关规定

现在我们看一下日本和美国遇到类似问题的处理方法。为了如实反映日本和美国的思想，笔者将其涉及的案例与分析一并给出。

（一）日本相关规定

在日本审查指南关于创造性的判断中规定：“尽管对比文件与本申请所声称的解决的技术问题不同，但是如果本领域技术人员能够容易地得出这样的一个事实，即能够从不同于本申请的思考方式出发而得到本申请相同的技术方案，则虽然解决的技术问题不同，但仍然能够否定本申请的创造性。”为了阐明该思想，日本审查指南还同时给出了如下的案例和分析：

本发明提供了一种石墨盘式制动器，其表面有槽以排除表面的水汽；对比文件1公开了一种石墨盘式制动器，对比文件2公开了一种金属盘式制动器表面上设置去除灰尘的槽。分析：本案中，根据制动器的基本性能，对比文件1的石墨盘式制动器表面如果存在灰尘也会阻碍制动，因此，对本领域技术人员而言，将对比文件2中给出的其表面设置除灰尘的槽应用于对比文件1的石墨盘式制动器中以解决表面存积灰尘的问题，是容易获得的。由此相应地获得了本申请所给出的相同结构的石墨盘式制动器，因此，本发明不具备创造性。

（二）美国相关规定

在美国MPEP（Manual of Patent Examining Procedure）关于创造性的判断中规定：不必为了获得显而易见的初步结论而要求现有技术必须存在与本申请具有同样或者类似用途的建议或者期待，如果现有技术能够因为它们具有类似的性能而提供作出本发明的动机，就可以作出显而易见性的初步结论。

美国MPEP中也给出了如下例子（Linfer案）和分析过程以解释上述规定：

本发明涉及一种洗衣组合液，其主要包括按一定比例配置的如下物质：分散剂、阳离子纤维软化剂、糖、磷酸盐螯合剂、增亮剂，其中糖是为了使阳离子纤维软化剂和其他清洁剂相溶合。对比文件1公开了一种洗衣组合液，并公开了除糖之外的其他组分。对比文件2公开了一种洗衣组合液，该包含有阳离子纤维软化剂的组合液中还添加了糖作为填充剂和增重剂。法院认为本发明和对比文件2中的糖虽然使用目的不同，但根据对比文件2公开的目的将其应用于对比文件1中是显而易见的。

虽然两国均未针本发明实际解决的技术问题进行论述，但两国都主张这样的一个观点：尽管对比文件与本申请所声称的解决的技术问题不同，但依然可能作出否定创造性的初步结论，而不受本发明提出的解决的技术问题的约束。日本审查还进一步分析了对比文件2所解决的技术问题存在于对比文件1中，以及结合后的技术方案获得了与本发明相同的技术方案，其隐含了“为解决另外的技术问题P2将对比文件1和对比文件2结合后获得的技术方案，不仅解决了该另外的技术问题P2，还同时解决了本发明所声称的技术问题P1”这一论断，由此可见，日本的分析方式与观点3相似。而美国的分析方式则与观点2相似。

四、分　析

关于发明实际解决的技术问题的确定存在的如上3种不同观点，影响到了本发明创造性成立与否以及说理是否充分的关键性审查意见。下文主要分析3种观点的利弊，以引出发明实际解决的技术问题确定的合理依据以及此类案情的创造性分析步骤。

（一）观点1的分析

对于观点1而言，其以根据本发明的记载确定出的本发明所要解决的技术问题作为出发点进行创造性的判断，这种思维模式容易实现审查员与申请人之间的沟通，但也存在审查员被申请人牵着鼻子走的嫌疑。实际上，某一技术特征在一个整体的技术方案中所起的作用不具备唯一性，对应于所解决的技术问题也就不具备唯一性。聪明的申请人也许会绕过现有技术中已记载的某一技术特征能够起到的另外的作用E2，而从另一个角度来诠释这一技术特征在本发明中所起到的作用E1，以此规避现有技术已给出的技术启示。如此一来，便巧妙地把本领域技术人员根据现有技术有明显的其他动机去尝试将两项现有技术相结合而获得的技术方案划为私有领域。当这一现有技术属于公知常识时尤为凸显，例如上述案例中的对比文件2是一本教科书或工具书，该发明若按照观点1的分析被授予专利权就会严重阻碍本领域技术人员为了解决沥青耐磨性差的技术问题将最接近的现有技术进行改进从而获得本发明的技术方案的自由，在一定程度上损害了公众的利益。

（二）观点2的分析

上述观点2是根据现有技术分析出区别技术特征在本发明中也起到了另外的作用E2，由此确定出本发明尚能解决另外的技术问题P2，以该另外的技术问题P2作为出发点进行创造性的判断。虽然观点2避免了观点1的片面性，但观点2刻意回避了本发明所强调的解决的技术问题P1，失去了与本发明声称的所解决的技术问题P1相挂钩的环节，由观点1被申请人引导的境地走向了“走自己的路，不管申请人说什么”的另一境地，难以使申请人心悦诚服。

（三）观点3的分析

与观点2相比，观点3的不同点在于：（1）把本发明实际解决的技术问题客观化；（2）在分析本领域技术人员有动机将对比文件1和对比文件2结合并获得本发明的技术方案后，进一步分析了该技术方案既解决了技术问题P2，同时也客观上解决了技术问题P1。

从表面上看，观点3将本发明实际解决的技术问题客观化，似乎提高了发明创造性的高度，但值得注意的是，观点3中有两个关键性步骤合理地牵制了审查员盲目提高发明创造性的高度。第一个关键性步骤是对比文件1中存在技术问题P2且能够被本领域技术人员发现。该步骤有两层含义。第一层含义是，对比文件1中客观存在技术问题P2，否则本领域技术人员就不会有动机将对比文件2的内容与对比文件1相结合。例如，在对比文件1公开的铺路黏合剂中如果还包括另外的物质d，且对比文件1中记载该物质d能够很好地改善沥青的耐磨性，那么对本领域技术人员而言，对比文件1中就不存在关于沥青耐磨性差的技术问题，本领域技术人员也就没有任何动机将对比文件2的内容与对比文件1相结合。第二层含义是，该对比文件1客观存在的技术问题P2能够被本领域技术人员发现，这点主要是为了排除“技术问题的发现导致非显而易见”的可能性。第二个关键性步骤是本领域技术人员根据现有技术能够分析出该区别技术特征在本发明中起到了另外的作用E2，由此确定出本发明尚能解决另外的技术问题P2。该步骤主要是为了避免审查员在评述创造性时忽略了原始结合的动机是否在结合后的技术方案中得到了实现。例如，在案例1中，如果对比文件2公开的是在含有沥青的铺路黏合剂中加入5%～10%重量的炭黑能够使得沥青的耐磨性获得改善，且申请人通过补交的实验数据反驳本发明的铺路黏合剂中若仅含有0.5%重量的炭黑并不能解决沥青耐磨性差的技术问题，那么本领域技术人员为了改善沥青的耐磨性将炭黑加入铺路黏合剂时，不可能通过常规实验进一步把炭黑限定在0.5%重量的含量，从而无法得到本发明的技术方案。这是因为炭黑的加入在本发明中不一定能够解决技术问题P2。此时，审查员就不应该再坚持本领域技术人员将对比文件2与对比文件1结合后能够通过常规实验将炭黑的含量确定在0.5%重量。另外，观点3还回应了本发明提出的所解决的技术问题P1，使得创造性的评述更加完善。

笔者认为，观点3把区别技术特征在发明中解决的技术问题客观化并采用较为严密的创造性分析步骤，避免了观点1片面、僵化地看待技术问题的方式，防止申请人投机取巧将现有技术占为己有；克服了观点2说理欠缺，回应了申请人提出的解决的技术问题，使得创造性的评述更加全面，由此最大限度地平衡发明人与公众之间的利益，维护专利法的严肃性和权威性，并且能够有效避免审查员在审查过程中产生执法尺度上的明显不一致。

五、小　结

对于发明专利申请而言，笔者根据前文对各种观点的分析以及日本和美国相关审查规定的介绍，总结出具有如图1所示前提条件的创造性判断的分析步骤。分析步骤如图1所示。

综上，创造性中有关发明实际解决的技术问题的确定过程中，应该本着客观的角度全面分析区别技术特征本发明中所起的作用，从而确定发明实际解决的技术问题，其包括：（1）根据本发明中记载的区别技术特征所起的作用E1确定出的所要解决的技术问题P1；（2）本领域技术人员根据现有技术能够客观分析得出该区别技术特征在本发明中还起到了另外的作用E2，由此确定出的本发明尚能解决的另外的技术问题P2。

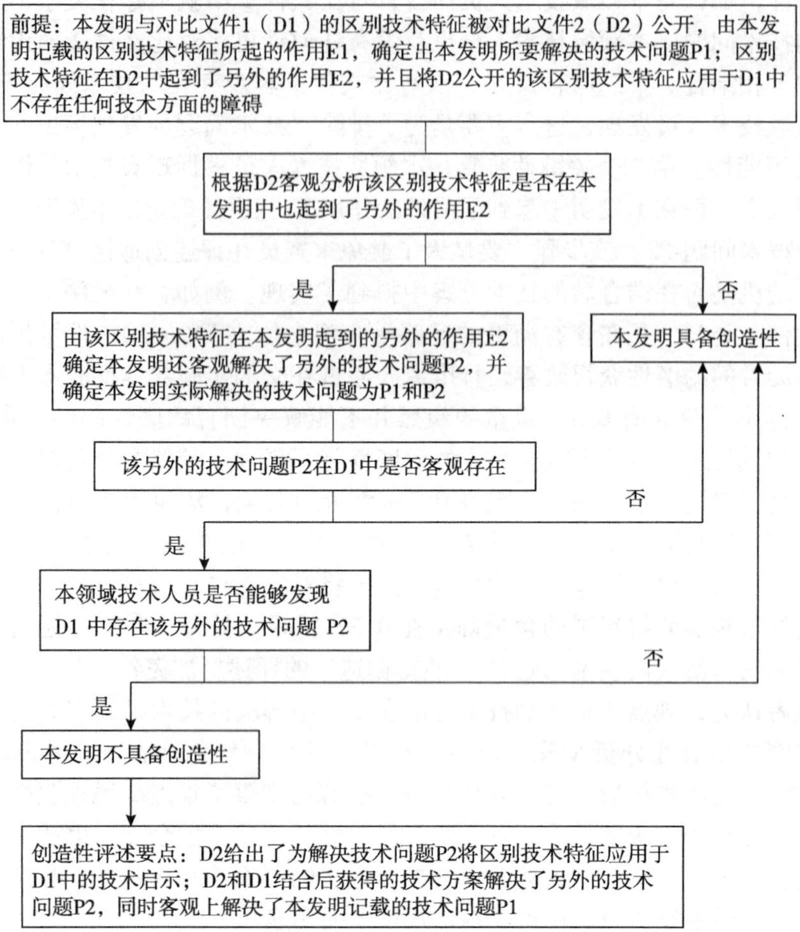

图 1

参考文献

[1] Examination Guidelines for Patent and Utility Model in Japan, PartII Chapter2 novelty and inventive Etep [EB/OL]. http://www.jpo.go.jp.

[2] 侯海薏. 美国专利法及专利审查研究之一：新颖性、优先权、创造性及双重授权 [Z].

[3] Manual of Patent Examining Procedure (MPEP), Eighth Edition, August 2001, LateEt Revision July 2008; 2144. IV [EB/OL]. http://www.uEpto.gov.

[4] 在 1988 年 Wright 一案主张应当从发明人的目的出发，由此判断现有技术是否给出了结合启示，但随后 1990 年 Dillon 一案部分地批判了上述观点，具体可参见 *Chisum on Patent* Chapter 5 "NONOBVIOUENESS"。

组合物权利要求由开放式修改为封闭式是否超范围的探讨*

石继仙　朱　科

摘　要：组合物权利要求包括开放式和封闭式两种表达方式。在发明实质审查过程中经常遇到申请人将开放式权利要求修改为封闭式权利要求的情形，对其修改是否超范围的判断是一个比较棘手且有争议的问题。本文从两个实际案例出发，对该类修改方式是否超范围的问题进行了分析和探讨。

关键词：组合物　开放式　封闭式　修改超范围

一、引　言

组合物权利要求分开放式和封闭式两种表达方式。开放式权利要求通常表达为“含有”“包括”“包含”“基本含有”“本质上含有”“主要由……组成”“主要组成为”“基本上由……组成”“基本组成为”等，表示该组合物中还可以含有权利要求中所未指出的某些组分，即使其在含量上占较大的比例；封闭式权利要求通常表达为“由……组成”“组成为”“余量为”等，表示该组合物由所指出的组分组成，没有别的组分，但可以带有杂质，该杂质只允许以通常的含量存在。

在发明实质审查过程中，申请人通常对上述两种表达方式进行修改，其中将封闭式修改为开放式比较少见，因为该修改一般导致权利要求的保护范围扩大，通常不被允许。比较常见的修改方式是将开放式修改为封闭式，因为该修

---

* 文章来源：《审查业务通讯》2011 年第 17 卷第 11 期。

改一般可缩小权利要求的保护范围，可克服审查员在通知书中指出的新颖性、创造性和不支持等缺陷。对于开放式权利要求修改为封闭式权利要求是否允许，有时比较容易判断，但有时存在诸多困惑和争议。目前对其进行研究的报道甚少，以下结合两个具体案例对此进行分析和探讨。

二、开放式权利要求修改为封闭式权利要求是否超范围的分析和探讨

对于组合物，其含有多种组分，如果采用开放式的表述方法，其含义在于只要含有所列的几种组分就落入本申请的保护范围之内，可含或不含有其他组分；而封闭式则表示含有且仅含有所列的几种组分，除此之外不属于本申请的保护范围。

由此可见，开放式权利要求的保护范围较大，封闭式权利要求的保护范围较小，在所列出组分相同的前提下，前者囊括了后者的范围。将开放式权利要求修改为封闭式权利要求时保护范围变小，其是否超范围有时难于把握，有时甚至存在模棱两可的情况。

以下通过两个实际案例，对开放式权利要求修改为封闭式权利要求是否超范围进行了分析与探讨。

（一）案例1：允许修改

1. 案情介绍

原始权利要求：一种聚氨酯跑道胶，其特征在于：该跑道胶包括有改性聚醚、增加跑道胶黏性的填料和二苯基甲烷二异氰酸酯，重量配比为45～53∶45～53∶5～7。

修改后的权利要求：一种聚氨酯跑道胶，其特征在于：该跑道胶由改性聚醚、增加跑道胶黏性的填料和二苯基甲烷二异氰酸酯组成，重量配比为45～53∶45～53∶5～7。

该申请所要解决的技术问题是：提供一种聚氨酯跑道胶，该跑道胶成分简单，生产工艺简化，缩短了生产周期，施工成本大大降低。说明书的发明内容部分对该聚氨酯跑道胶的描述与原权利要求书中的描述一致，并公开了3个实施例，均包括第四组分颜料。

2. 案例分析

对于上述将开放式权利要求修改为封闭式权利要求，其是否超范围存在以下两种不同的观点。

观点1：上述修改超范围。主要理由为修改后的信息与原有的信息相比发生改变，并且该申请的实施例中均含有第四组分，原申请文件没有记载不包含

其他组分的技术方案。

观点2：上述修改不超范围。主要理由为修改后的技术方案能够实施，也能够解决其所要解决的技术问题，其他组分并非必要组分，修改后的内容能够由原申请文件直接地、毫无疑义地加以确定。

笔者比较赞同观点2。以下从3个方面和角度进行具体分析和探讨。

（1）技术角度分析

根据本领域技术人员的技术常识可知，聚氨酯跑道胶仅含有改性聚醚、填料和二苯基甲烷二异氰酸酯是完全可以实施的，可以不包含其他组分。也就是说，该组合物仅包含上述3种组分即可。具体到本案，聚氨酯跑道胶仅含有改性聚醚、填料和二苯基甲烷二异氰酸酯即可解决涉案申请所要解决的最基本的技术问题——成分简单，生产工艺简化，缩短生产周期，施工成本大大降低。

至于该申请中所公开的3个实施例均含有第四组分颜料，这是在解决该申请所要解决的基本技术问题的基础上作出的进一步改进，属于更优选的技术方案，可在从属权利要求中进行进一步的限定和加以保护。说明书中的实施例描述的是申请人认为实现发明的优选的具体实施方式，是申请人认为可以实现更好的技术效果的技术方案。具体到本案，聚氨酯跑道胶含有第四组分颜料不是必需的，加入颜料只是为了满足实际对产品颜色的特殊需要，属于进一步的改进发明。

（2）技术特征删除判断法

将开放式权利要求修改为封闭式权利要求，从形式上看属于技术特征的改变。为了简化判断过程、规范判断方法和统一判断结果，以下将该修改转化为《专利审查指南2010》中有明确判断方法的修改类型。

在所列出基本组分相同的前提下，由于开放式（图1中大椭圆表示的范围，不仅包含基本组分，还可包含其他组分）包含了封闭式（图1中小椭圆表示的范围，仅包含基本组分）的情形，因而可以将上述修改看作删除了开放式权利要求中的部分技术方案，即删除了除了所述的基本组分外还包含其他组分的技术方案（图1中大椭圆减去小椭圆后表示的范围），亦可以看作删除了开放式权利要求中的技术特征“含有其他组分”。

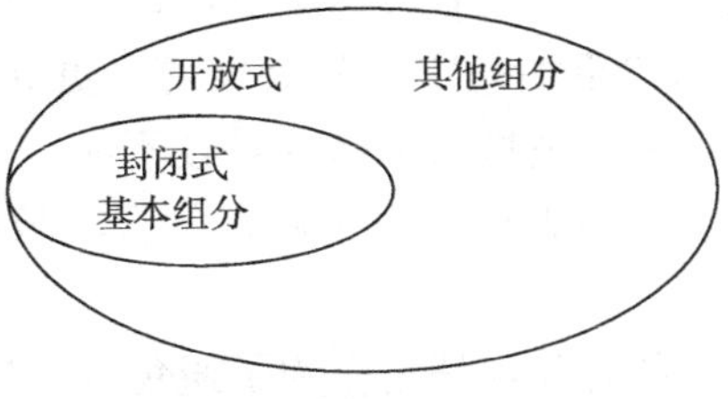

图1

对于删除技术特征是否超范围的判断，首先需要确定技术特征之间的关系是协同关系、叠加关系还是选择关系。具体到本案，由于其他组分颜料与基本组分（改性聚醚、填料和二苯基甲烷二异氰酸酯）之间不具有协同作用，也无相互联系或相互支持，彼此是独立的，仅仅是一种简单的叠加关系。对于技术特征之间属于叠加关系的，还需要进一步判断该技术特征是否为发明的必要技术特征。

根据对非必要技术特征的相关规定，即对于一个技术特征，只有同时满足以下 3 个条件，才能视为非必要技术特征：①原申请中没有明示该技术特征是必要技术特征；②根据发明所要解决的技术问题，该特征并非达到发明效果所必不可少的；③该特征删除后不必改进其他特征进行弥补，以实现未删除该特征时发明获得的技术效果。

针对上述案例，明显可以看出，删除的技术特征“含有其他组分”必然满足条件①和②。对于是否满足条件③，由于未删除该特征时的发明即为开放式权利要求所述的技术方案，该技术方案虽然可包含其他组分，但未明确指出包含的具体组分是什么，因而其达到的技术效果只能由其包含的基本组分来体现，因而与封闭式权利要求的技术方案所达到的技术效果无本质上的区别，因此删除的技术特征也满足条件③。即该特征同时满足上述 3 个条件，因而可视为非必要技术特征。

基于上述分析，对于技术特征的删除中的技术特征之间属于叠加关系的情形，如果删除的特征与其他特征之间没有相互联系，彼此独立，而且根据原申请文件可以明确其他组分不是发明的必要技术特征，因而删除该特征的修改没有超出原说明书和权利要求书记载的范围，是允许的。

（3）立法宗旨分析

《专利法》第 33 条规定，申请人可以对其专利申请文件进行修改，但是，对发明和实用新型专利申请文件的修改不得超出原说明书和权利要求书记载的范围。

《专利法》之所以规定可以对申请文件进行修改，是因为在撰写申请文件过程中，难免存在用词不够严谨或者表达不够准确等缺陷，通过修改可以使得保护范围更加确切，专利权更加稳定，公众也可以更好地利用专利技术信息。在发明实质审查过程中，审查员指出了诸多导致不能授权的缺陷，如果不允许申请人进行修改，将损害申请人可获得专利权的合法权益，有悖于《专利法》鼓励发明创造的立法宗旨。

然而，由于我国采用的是先申请制，为了避免发生申请人抢占申请日而抢先申请不完善的发明并希望通过随后的修改过程对该发明进行完善的情况发生，《专利法》对申请人修改的内容进行了限制，以平衡社会公众的利益。

针对上述案例，从申请人的发明构思和发明过程并具体反映和体现在其申请的说明书中的发明内容可以看出，申请人对现有技术作出的贡献在于为了使得聚氨酯跑道胶成分简单，生产工艺简化，生产周期缩短，施工成本大大降低，从而发明了包含改性聚醚、填料和二苯基甲烷二异氰酸酯3种组分的聚氨酯跑道胶，并在该基本发明构思的基础上作出了进一步的改进发明，即在3种基本组分的基础上进一步添加了其他组分颜料以满足实际应用的需要。由此可见，申请人在申请日已作出了有关封闭式权利要求所请求保护的发明，不存在申请日之后再通过修改来完善发明的情形，申请人通过修改将其发明限制在封闭式权利要求的保护范围内是合情合理的，也符合专利法“公开换保护”的原则，对社会公众也不会造成不良影响，体现了申请人和社会公众的利益均衡。

观点1认为，修改后的信息与原有信息相比发生了变化。诚然，开放式权利要求修改为封闭式权利要求其信息发生了实质性变化，但修改是否超范围的比较对象是原说明书和权利要求书记载的范围，原说明书和权利要求书记载的范围包括原说明书和权利要求书文字记载的内容和根据原说明书和权利要求书文字记载的内容以及说明书附图能直接地、毫无疑义地确定的内容。根据上述分析可以看出，修改后的技术方案是可以由原说明书直接地、毫无疑义地确定的内容。在判断修改是否超范围时，不能一看到信息发生变化就机械地查看原始申请文件有无记载，有记载则不超范围，反之则得出修改超范围的结论，而要从原申请文件记载的内容整体考虑，从技术领域、技术问题、技术效果和立法宗旨等多角度分析，以使得得出的结论合情、合理与合法。

（二）案例2：不允许修改

1. 案情介绍

原始权利要求：一种用于治疗哮喘咳嗽的滴丸制剂，其特征在于含有如下重量份的组分：麻黄300～600、洋金花100～300。

修改后的权利要求：一种用于治疗哮喘咳嗽的滴丸制剂，其特征在于由如下重量份的组分：麻黄300～600、洋金花100～300所组成。

该申请所要解决的技术问题是：提供一种能用于治疗哮喘咳嗽的滴丸制剂。说明书的发明内容部分对该滴丸制剂的描述与原权利要求书中的描述一致，并指出在上述滴丸制剂中优选含有其他药材和/或辅料。说明书中公开了3个实施例，均包含其他药材和辅料。

2. 案例分析

本领域技术人员公知：用于治疗哮喘咳嗽的滴丸制剂不可能仅由麻黄和洋金花组成，虽然该滴丸制剂中起作用的主药为麻黄和洋金花，但仅主药混配不能用作治疗哮喘咳嗽的滴丸，必然还含有其他辅料如聚乙二醇等（至于其他药材，本领域技术人员不能确定必然还含有这些药材）。

基于上述分析，修改后的内容既没有在原说明书和权利要求书中记载，也不能由原说明书和权利要求书直接地、毫无疑义地加以确定，因此上述修改不符合《专利法》第33条的规定，不能被允许。

三、结 语

通过上述两个具体案例的引入和介绍，对开放式权利要求修改为封闭式权利要求是否超范围的问题进行了分析与探讨，可以得出如下结论和启示：

（1）判断修改是否超范围要从原申请文件整体上进行把握，包括技术上实施的可行性、能否解决发明所要解决的技术问题、组合物各组分之间的关系等方面；

（2）从专利法的立法宗旨的角度分析申请人的修改意图，有助于了解原申请文件记载的信息，从而使得修改是否超范围的判断结论合情、合理与合法，并平衡申请人与社会公众的利益；

（3）对于无法直接采用《专利审查指南2010》的某种判断方法进行修改是否超范围判断的情形，可设法将该修改方式合理转化为能够直接判断的某种情形，以简化判断过程、规范判断方法和统一判断结果。

参考文献

[1] 中华人民共和国国家知识产权局．专利审查指南2010［M］．北京：知识产权出版社，2010.

[2] 裴少波．也谈组合物组分含量修改导致的超范围问题［J］．审查业务通讯，2009（10）．

[3] 路传亮．专利法第三十三条的立法目的及其在无效程序中的法律适用探讨［J］．审查业务通讯，2011（2）．

[4] 姜珍．从个案浅谈实审和复审两级在“修改超范围”审查标准把握上的差异［J］．审查业务通讯，2011（3）．

[5] 张忠会．对专利法第33条修改超范围的一点思考［J］．审查业务通讯，2010（12）．

[6] 唐轶．专利法第三十三条若干问题的思考［J］．审查业务通讯，2011（1）．

[7] 乔凌云．复审程序中对专利法第三十三条的审查的把握［J］．审查业务通讯，2010（12）．

[8] 王晶晶．关于修改超范围的思考［J］．审查业务通讯，2011（1）．

[9] 阮文．两个“范围”之间的关系探讨：权利要求书的范围变化与修改超范围之间的关系［J］．审查业务通讯，2006（10）．

关于适当扩大“依职权修改”的范围和操作方式的探讨*

陈正军　邓学欣　张　琛　刘旭兰
刘　渊　吕战竹　李　博

摘　要： 本文通过对 EPO、JPO、USPTO 审查实务和中国专利法规的分析，结合两个具体案例，提出适当扩大依职权修改范围的建议，并从行政角度肯定了这种建议的合法性和合理性。

关键词： 依职权修改　明显错误　合法性　合理性

一、引　言

《中华人民共和国专利法实施细则》（以下简称《细则》）第 51 条第 4 款规定，国务院专利行政部门可以自行修改专利申请文件中文字和符号的明显错误，国务院专利行政部门自行修改的，应当通知申请人。这项规定的初衷在于帮助申请人完善其专利申请文件，使有授权前景的专利申请尽快达到授予专利权的标准，避免不必要的文件来往，从而加快专利审查的审批程序，节约行政资源。而在具体审查实践中，审查员对于判断申请文件中的错误是否属于“明显错误”，从而决定是可以依职权代替申请人进行修改，还是需要继续发出审查意见通知书，存在不同的理解。此外，对于一些微小的不涉及保护范围发生实质性改变的修改，如果再次发出审查意见通知书要求申请人来进行修改，在申请人或专利代理人看来是完全没有必要的工作，因为他们认为这些修改完全

* 本文原文于 2012 年发表于中华全国专利代理人协会编写的《发展知识产权服务业　支撑创新型国家建设：2012 年中华全国专利代理人协会年会第三届知识产权论坛论文选编》。

可以由审查员依职权作出。但是有时这样的修改可能不符合《专利审查指南2010》（以下简称《指南》）中关于依职权修改的范围的规定。

《指南》第二部分第八章第6.2.2节规定，审查员可以依职权修改的范围为：①说明书方面：修改明显不适当的发明名称和/或发明所属技术领域；改正错别字、错误的符号、标记等；修改明显不规范的用语；增补说明书各部分所遗漏的标题；删除附图中不必要的文字说明等。②权利要求书方面：改正错别字、错误的标点符号、错误的附图标记、附图标记增加括号。但是可能引起保护范围变化的修改，不属于依职权修改的范围。③摘要方面：修改摘要中不适当的内容及明显的错误。同时，《指南》第二部分第八章第5.2.2.2（11）节和第5.2.4.2节对依职权修改的原则作出规定：修改由所属技术领域的技术人员能够识别出的明显错误，即语法错误、文字错误和打印错误。对这些错误的修改必须是所属技术领域的技术人员能从说明书的整体及上下文看出的唯一正确答案。

此外，由于目前审查操作中对“国务院专利行政部门自行修改的，应当通知申请人”中通知的方式仅是在授权通知书中的“审查员依职权对申请文件修改如下”一栏中写明进行依职权修改的具体内容，从而以书面方式通知申请人。这种通知方式仅起到一个“告知”的作用。如果申请人对审查员的修改持有异议或审查员修改不当，申请人没有一个合适的方式对该修改发表意见和更正。因此在实际审查过程中，审查员对于依职权修改一般持谨慎态度。虽然这种态度减少了依职权修改不当的几率，但同时也可能造成审查程序上的延长，导致行政资源的浪费。

下面将引用笔者在工作中遇到的两个案例，提出一些关于依职权修改的思考，并参照其他专利局的相关规定提出自己的一些见解和建议。

二、案例简介

【案例1】

权利要求2：如权利要求1所述的用于井底车场的液压支架换装设施，其特征是……，在两边的两组钢架结构（1）的工字钢梁（9）上各设置有一组前尾梁起升机构（3）。

权利要求3：如权利要求1或2所述的井底车场液压支架换装设施，其特征在于前尾梁提升机构（3）……

审查员将权利要求3中的“前尾梁提升机构（3）”依职权修改为“前尾梁起升机构（3）”以使表示同一部件的技术术语保持一致（注：说明书中均使用的是“前尾梁起升机构（3）”）。

对于上述做法，主要有以下两种观点。

（1）这种修改不适当，超出了《指南》中关于依职权修改的范围。按照《指南》第二部分第八章第6.2.2节规定，权利要求书方面依职权修改的范围是：改正错别字、错误的标点符号、错误的附图标记、附图标记增加括号。但是可能引起保护范围变化的修改，不属于依职权修改的范围。对于本案，由于权利要求3中“前尾梁提升机构（3）”并不存在错别字，不属于明显错误；此外，由于附图标记不对权利要求的保护范围产生影响，“前尾梁提升机构（3）”和“前尾梁起升机构（3）”也有可能是两个不同的部件，将“前尾梁提升机构（3）”修改为“前尾梁起升机构（3）”会引起权利要求保护范围的变化。另外，将“前尾梁提升机构（3）”修改为“前尾梁起升机构（3）”也不是所属技术领域的技术人员能从说明书的整体及上下文看出的唯一正确答案，其也可以将所有出现的“前尾梁起升机构（3）”均修改为“前尾梁提升机构（3）”。因此审查员的依职权修改不适当。

（2）尽管在形式上不属于《指南》中列出的几种情形，但对于本领域技术人员来说，从权利要求书的整体来看，可以确定“前尾梁提升机构（3）”和“前尾梁起升机构（3）”为同一部件，将“前尾梁提升机构（3）”修改为“前尾梁起升机构（3）”不会对权利要求保护范围产生实质性变化；另外，即使“前尾梁提升机构（3）”中不存在错别字，但由于全文中仅此处采用与其他地方不同的技术术语，可以判断为“明显错误”，因此审查员可以进行依职权修改。

【案例2】

权利要求1：一种带活动拉延筋加径向推力的固体颗粒凸模成形模具，包括凹模（1）……

权利要求2：根据权利要求1所述的固体颗粒凸模成形模具，其特征在于……

审查员将权利要求2中的主题名称“固体颗粒凸模成形模具”依职权修改为“带活动拉延筋加径向推力的固体颗粒凸模成形模具”。

对于上述做法，主要有以下两种观点。

（1）《指南》第二部分第八章第5.2.2.2（11）节和第5.2.4.2节对依职权修改的原则作出规定：修改由所属技术领域的技术人员能够识别出的明显错误，即语法错误、文字错误和打印错误。由于权利要求2的撰写方式符合《细则》和《指南》的规定，不存在任何错误，因此审查员的上述修改不符合按照《指南》中进行依职权修改的规定，属于依职权修改错误。

（2）虽然上述修改不符合《指南》规定的依职权修改的原则，但是上述修改使得从属权利要求2的主题名称与独立权利要求的主题名称完全一致，未带来保护范围发生变化，且使得权利要求书的撰写在形式上更加符合《细则》和《指南》的规定，显得更加“完美”。

三、争议点

由上述两个案例，可以看出目前审查实践中主要存在以下两个争议点：

（1）对表面上看可能造成权利要求的保护范围发生变化、但实质上不会发生变化且很明显应该作出的“明显错误”的修改，在推定申请人不会提出反对时，审查员是否可以依照职权进行修改？

（2）对于申请文件中存在的不必作出修改的“瑕疵”，为授权文本的“完美”考虑，审查员是否可以依照职权进行修改？

下面我们看看其他国家专利局涉及“依职权修改”的相关规定。

四、国外审查规章中关于“依职权修改”的规定

1. 欧洲专利局（EPO）

在专利申请准备授权之前，EPO的审查员需要填写表2035，将用作授权基础的文件等信息告知申请人，而且在该表中还必须标明审查组对拟授权的文本所作出的所有修改。这种修改类似于中国专利法规中所称的依职权修改。EPO《专利审查指南》中规定，允许EPO审查员作出修改的情形包括：①使说明书中对发明的描述与权利要求书一致；②删除说明书中含糊的概括描述或明显无关的内容；③插入SI单位值；④插入权利要求中参考标记，除非知道申请人反对如此；⑤引入背景技术概述，该背景技术清楚地代表与该发明最接近的现有技术；⑥尽管会改变独立权利要求的含义或范围、但很明显必须作出的修改，因而推定申请人不会反对；⑦语言以及其他次要错误的更正[1]。同时EPO还规定应当发出审查意见通知书而不能由审查员作出修改的几种情形：①显著改变权利要求的含义或范围的修改，如果修改该权利要求有不同方式，那么审查员不能设想申请人会同意哪种可能性；②整个权利要求的删除，除了所谓的“总括权利要求”（即写为“实质上如此处所述的装置”的权利要求，或类似权利要求）；③将权利要求合并以克服新颖性或创造性缺陷。

2. 美国专利商标局（USPTO）

根据37 CFR 1.121（g）［4］和［5］的规定，允许审查员对权利要求书和说明书进行修改。审查员代为修改的内容通常仅限于形式缺陷或者印刷上的

[1] Guidelines for Examination in the European Patent Office, Part C, 2005.

错误，例如拼写错误，名词与其动词不一致，代词的词形变形形式不统一，说明书中使用的参考符号与附图中的不一致，对修正的附图标记进行更正，其他明显的、小的语法错误（例如写错或者遗漏逗号，不适当的括号、引号等）以及在申请文件中明显的非正式用语等；如果审查员代为修改的内容涉及实质性内容，则通常需要得到申请人的认可、授权。在专利申请准备授权之前，USPTO将发出批准通知书，将由审查员代为修改的内容，以及申请人如有异议时与 USPTO 联系的方式等内容告知申请人，并给予申请人3 个月期限，以便对该通知书进行答复。

3. 日本特许厅（JPO）

JPO 在其《发明专利审查基准》中规定了审查员可以对以下内容进行依职权修改：①对申请文件中存在如下所述明显错误类缺陷进行修改，例如将"特计厅"依职权修改成"特许厅"；②对申请文件中存在的表述不一致但从上下文能确定其毫无疑义要表述的内容的缺陷进行修改，例如将发明名称和权利要求末尾处出现的与发明内容实质上没有直接关系的用词进行明确删除，改正申请文件中的错别字，对与权利要求保护范围有明显差异的发明名称进行修改，将作为现有技术文献记载的申请的相应公开号加入到申请中来等。[①] JPO 还强调了审查员可以依职权修改的原则。一项原则是，只有申请文件不存在拒绝理由的情况下才能作出依职权修改；另一项原则是，审查员作出依职权修改之前应当通过电话等方式将拟修改的内容告知申请人以便得到其确认。

4. 其他

韩国专利法关于审查员依职权修改的制度中，也有类似审查员可以依职权修改较小的有缺陷的描述然后通知申请人确定修改事宜的规定。

通过参考 EPO、USPTO、JPO 和韩国知识产权局（KIPO）关于"依职权修改"的相关规定，我们发现 EPO 和 JPO 在授权时允许审查员依职权修改的范围要比中国专利法规中规定得宽泛，如 EPO 允许 EPO 审查员作出修改的情形包括这样一项："尽管会改变独立权利要求的含义或范围但很明显必须作出的修改，因而推定申请人不会反对"，即以明显必须作出修改和推定申请人不会反对为由，即使可能会造成独立权利要求的保护范围的变化，也可以对独立权利要求作出修改；JPO 规定审查员可以对申请文件中存在的表述不一致但从上下文能确定其毫无疑义要表述的内容的缺陷进行修改。但同时我们也发现，EPO、USPTO、JPO 和 KIPO 对于审查员依职权修改的规定都存在一个共同点，即在作出依职权修改之前需要通过书面通知书或电话等方式将要修改的内容告知申请人，以便得到确认。而中国专利审查规章中缺少在授权前就审查员依职权修改的内容和申请人沟通的方式，也缺少申请人如对该修改持有异议的救济程序，因此对依职权修改的内容范围的规定上就要比上述几个国家或地区谨慎得多。

通过以上对其他国家或地区审查规章的分析，回到之前我们讨论的两个案例，笔者认为国家知识产权局可以适当放宽审查员依职权修改的范围，对表面上看可能造成权利要求的保护范围发生变化、但实质上却不会发生变化且很明显应该作出的“明显错误”的修改，如对申请文件中存在的表述不一致但从上下文能确定其毫无疑义要表述的内容的缺陷时，在推定申请人不会提出反对时，审查员可以依职权进行修改；同理，为授权文件的“完美”考虑，对文件中不存在错误的“瑕疵”进行修改，可以推定申请人不会作出反对，审查员也可以依职权进行修改。但为谨慎起见并考虑到目前缺乏相关的与申请人就依职权修改内容进行确认的规定，笔者建议可以采取电话讨论的方式与申请人就该修改进行沟通，并填写电话讨论记录表，这样一方面既避免了不必要的文件来往，有利于加快专利审查的审批程序，节约行政资源，又可以给申请人一个发表意见的机会。

五、行政合法性和合理性的考虑

对于笔者提出的适当放宽审查员依职权修改的方式，作为具体行政机关的这种行政行为是否符合行政合法性和合理性呢？

从行政法原理上说，在依法行政理论下，行政行为中有行政合法性原则、行政合理性原则等具体的原则。❶ 行政行为中“法律必须优先”是行政合法性原则的内涵之一。在我国的法律体系中，全国人大颁布的基本法律和全国人大常委会颁布的一般法律具有优先的地位，行政法规、地方性法规、自治条例和单行条例、部门规章和地方政府规章都不能与法律相抵触。在有法律具体规定的前提下，具体的行政行为也应当依据上述法律来执行。对于合理性原则，其要求是行政行为内容应当客观、适当，符合法律的基本原则及法治的精神。作为行政合理性原则，其通常是在自由裁量权的领域适用。

从合法性角度来看，行政机关必须遵守现行有效的法律并应当依照法律进行授权活动。《细则》比作为部门规章的《指南》具有优先的地位。《细则》中规定国务院专利行政部门可以自行修改专利申请文件中文字和符号的明显错误，国务院专利行政部门自行修改的，应当通知申请人，但并未对何为“专利申请文件中文字和符号的明显错误”作出具体的描述和限定，《指南》作为部门规章对这种“明显错误”作出了如前所述的具体限定，但此处的规定不应该

❶ 张世信，周帆. 行政法学［M］. 2 版. 上海：复旦大学出版社，2006.

理解为穷举的方式。同时，《细则》中也没有对涉及保护范围发生变化的权利要求就不能依职权进行修改作出规定。由此可见，笔者提出的上述适当放宽依职权修改的范围并不违背行政合法性原则。

从合理性角度看，《行政法》规定：行政机关行使裁量权所采取的具体措施必须符合法律目的，所选择的具体措施和手段应当为法律所必需，结果与措施和手段之间存在正当性。为达到这样要求，行政机关应根据法律目的、立法背景、法律的整体精神等因素判断采取的措施是否合乎法律目的，判断采取的措施对达到结果是否有利和必要。《细则》规定审查员可以依职权修改的目的在于帮助申请人完善其专利申请文件，尽快达到授予专利权的标准，避免不必要的文件来往，加快专利审查的审批程序，以节约行政资源。而适当放宽审查员依职权修改的范围，对表面上看可能造成权利要求的保护范围发生变化、但实质上却不会发生变化且很明显应该作出的“明显错误”的修改，和为授权文件的“完美”，考虑允许审查员进行依职权修改，显然是合乎上述法律目的和法律整体精神的，而且采取的适当放宽依职权修改范围这种措施对达到上述结果也是有利和必要的。由此可见，笔者提出的上述适当放宽依职权修改的范围也符合行政合理性原则。

六、总　结

对审查实践中出现的审查员“依职权修改”的范围问题，笔者参考了EPO、USPTO、JPO和KIPO的相关规定，并从行政合法性和合理性考虑，建议可以适当放宽审查员依职权修改的范围，对表面上看可能造成权利要求的保护范围发生变化、但实质上却不会发生变化且很明显应该作出的“明显错误”的修改，和为授权文件的“完美”考虑，可以允许审查员进行依职权修改。为谨慎起见并考虑到目前缺乏相关的与申请人就依职权修改内容进行确认的规定，笔者同时建议可以采取电话讨论的方式与申请人就该修改进行沟通，并填写电话讨论记录表。这样既避免了不必要的文件来往，有利于加快专利审查的审批程序，节约行政资源，又可以给申请人一个发表意见和提出异议的机会。

以上仅是笔者在审查实践过程中关于“依职权修改”的一些理解，难免存在偏颇和不够准确之处，请各位同人批评指正。

利用ZEMAX实现对光学镜头相关发明专利申请的辅助审查*

刘呈权　董春艳

摘　要：在涉及光学镜头的发明专利申请中，经常采用透镜参数对镜头系统进行限定，而对相关透镜参数的评价是审查此类申请的关键。本文介绍了如何利用光学设计软件ZEMAX实现对相关透镜参数的评价，并结合具体的案例说明利用ZEMAX实现对涉及光学镜头相关发明专利申请的辅助审查。

关键词：参数限定　光学设计软件　ZEMAX

一、引　言

光学镜头是摄像、照相系统的重要组成部件，光学镜头往往直接决定了成像系统的性能。随着现代成像系统向数字化的演进以及传感器件的革新，成像系统不断更新换代。这对成像系统中的光学镜头提出了各种不同的要求，例如小型化、大变焦或为了降低成本而进行的透镜集成等。

二、利用ZEMAX实现对比文件中特定参数的认定

【案例1】201010143275.2变焦镜头、信息设备和成像装置

案例1涉及一种变焦镜头，该变焦镜头优选应用在数码相机中，其能够充分校正像差，并具有足够广的场角，即广角端半场角为38°或更大，具有10倍或更大的较高可变光焦度比，并且具有足以用于500万以上到1000万像素的小

* 文章来源：《审查业务通讯》2012年第18卷第2期。

尺寸高清晰度图像获取设备的较高清晰度，参见图 1。

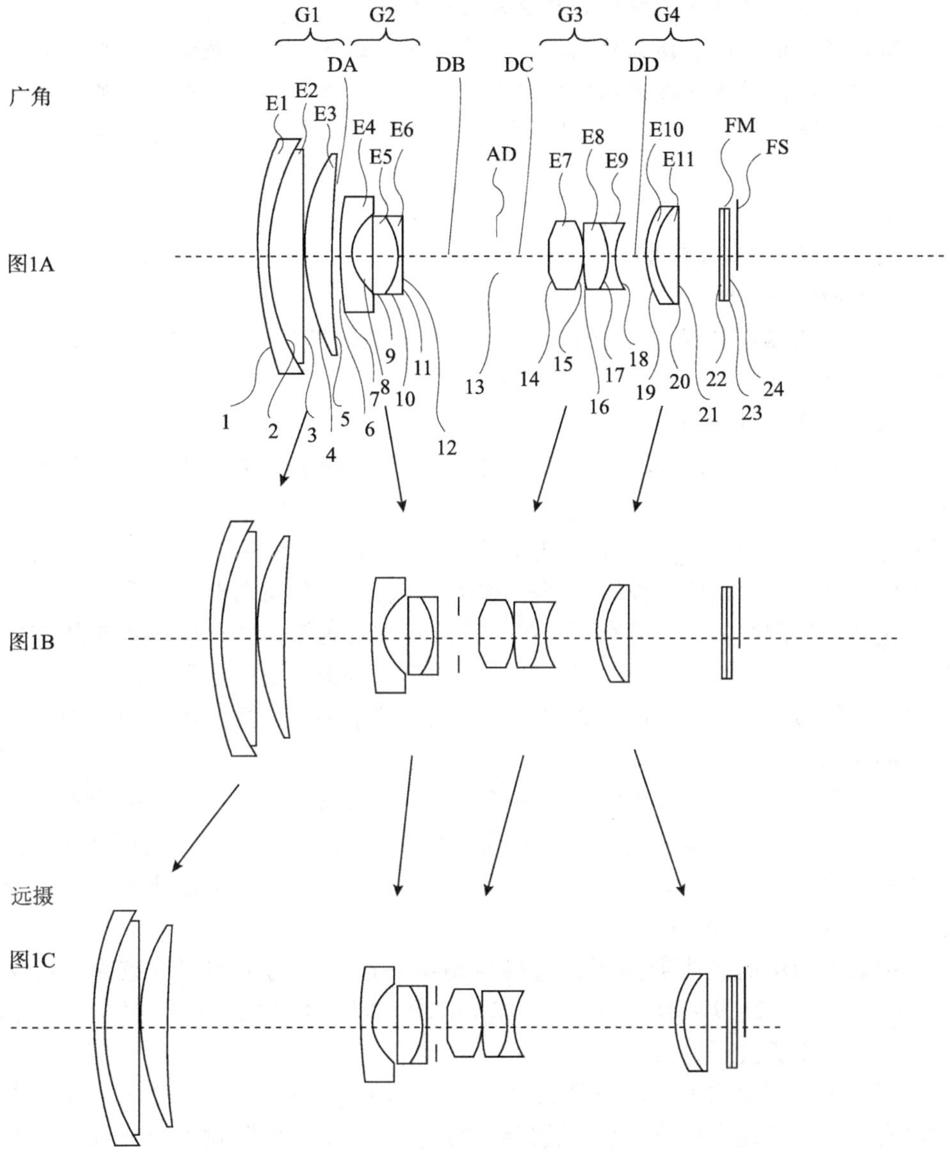

图 1

（1）该申请的独立权利要求 1 如下：

1. 一种变焦镜头，包括：具有正屈光力的第一透镜组、具有负屈光力第二透镜组、具有正屈光力的第三透镜组和具有正屈光力的第四透镜组，所述透镜

组从物侧到像侧依次设置；和

设置在第三透镜组的物侧的孔径光阑；和

所述第二透镜组包括从物侧起依次设置的负透镜、正透镜和负透镜，在所述变焦镜头从广角端向远摄端改变放大率时，第一和第二透镜组之间的间隔增大，第二和第三透镜组之间的间隔减小，而第三和第四透镜组之间的间隔改变；且

满足以下条件式（1）和（2）：

（1）$0.50 < f_1/f_t < 0.80$；

（2）$vd1_{ave} > 47$。

其中 f_1 是第一透镜组的焦距，f_t 是变焦镜头远摄端焦距，而 $vd1_{ave}$ 是第一透镜组的平均 Abbe 数。

（2）相关对比文件

对比文件 1（US20020089762A1）公开了一种变焦镜头，并具体公开了以下内容：具有正屈光力的第一透镜组 L1、具有负屈光力的第二透镜组 L2、正屈光力的第三透镜组 L3、正屈光力的第四透镜组 L4，所述第一至第四透镜组从物侧到像侧依次设置；设置在第三透镜组的物侧的孔径光阑 SP；所述第二透镜组包括从物侧起依次设置有负透镜、正透镜和负透镜，在该变焦镜头从广角端向望远端改变放大倍率时，第一透镜组和第二透镜组之间的距离增大，第二透镜组和第三透镜组之间的距离减小，第三透镜组和第四透镜组之间的距离改变，参见图 2。

由上可见，对比文件 1 已经公开了第一至第四透镜组、孔径光阑位置、第二透镜组组成以及该镜头在从广角端向远摄端变焦时透镜组的间隔变化情况，对于权利要求 1 中的条件式（2），对比文件 1 中还公开了相对应于附图 1 的变焦镜头数据表（见表 1）。

由表 1 所示的镜头数据可以直接得出第一透镜组的平均阿贝数为（$\nu_1 + \nu_2 + \nu_3$）/3 =（23.9 + 70.2 + 49.6）/3 = 47.9，即该条件式（2）$Vd1_{ave} > 47$ 也被对比文件 1 所公开。

而对于权利要求 1 中的条件式（1）“$0.50 < f_1/f_t < 0.80$”，对比文件 1 中并没有直接公开该变焦镜头第一透镜组焦距 f_1 的数值，此时就无法判断 f_1/f_t 的数值范围。若根据透镜数据表计算该第一透镜组焦距的话，由对比文件 1 公开的数据表可知该第一透镜组具有三片透镜，涉及五个镜面曲率半径、四个镜面间隔、三种透镜折射率，采用手动计算其焦距 f_1 相当复杂，此时就需采用 ZEMAX 软件来完成该数值的计算以提高审查的准确度与效率。

首先，打开 ZEMAX 软件，进入图 3 所示的界面。

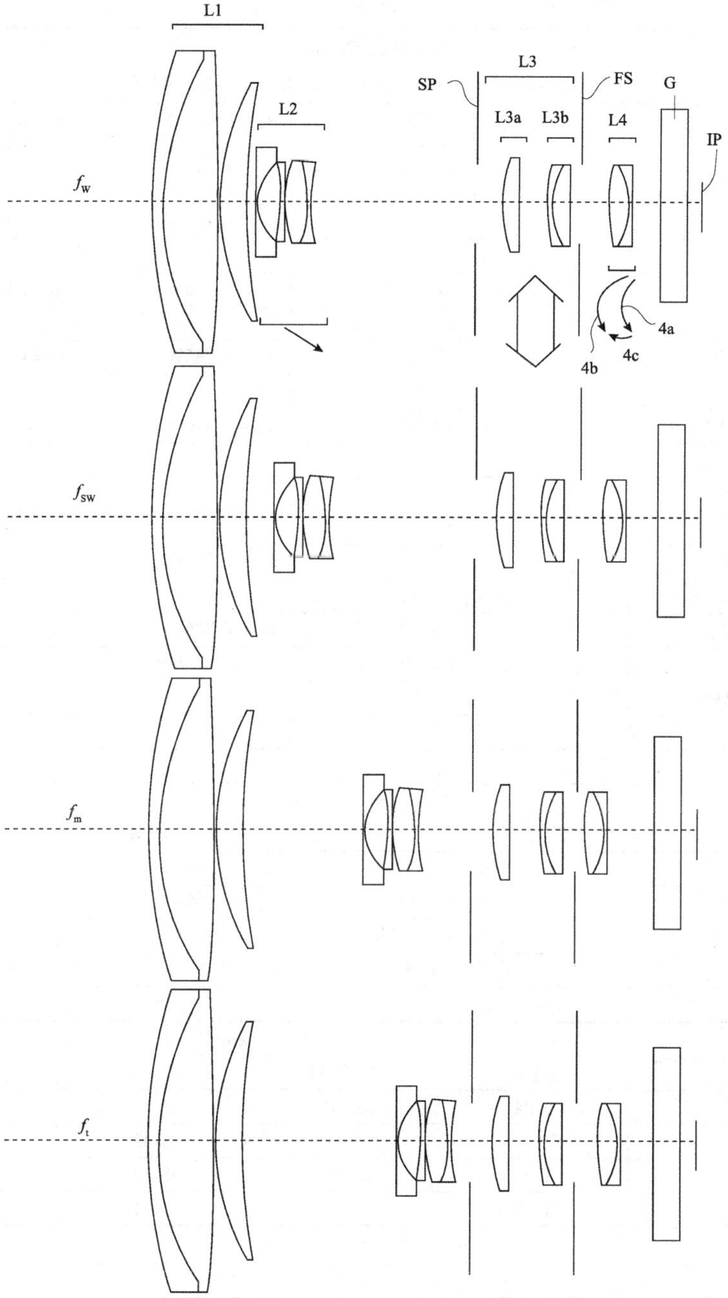

图 2

表 1

Numerical Example 1 $f=4.32\sim42.02$ $FNo=1:1.65\sim2.88$ $2\omega=48.6°\sim6.2°$				
$r_1=45.054$		$d_1=1.40$	$n_1=1.84666$	$v_1=23.9$
$r_2=25.429$		$d_2=6.96$	$n_2=1.48749$	$v_2=70.2$
$r_3=-171.864$		$d_3=0.20$		
$r_4=21.420$		$d_4=3.55$	$n_3=1.77250$	$v_3=49.6$
$r_5=56.119$		$d_5=$ Variable		
$r_6=62.351$		$d_6=0.60$	$n_4=1.84666$	$v_4=23.9$
$r_7=5.298$		$d_7=2.81$		
$r_8=-14.229$		$d_8=0.50$	$n_5=1.78590$	$v_5=44.2$
$r_9=137.803$		$d_9=0.20$		
$r_{10}=11.940$		$d_{10}=2.74$	$n_6=1.84666$	$v_6=23.9$
$r_{11}=-11.940$		$d_{11}=0.50$	$n_7=1.60311$	$v_7=60.6$
$r_{12}=19.515$		$d_{12}=$ Variable		
$r_{13}=$		$d_{13}=3.30$		
$r_{14}=12.798$	(Stop) **	$d_{14}=1.89$	$n_8=1.80610$	$v_8=40.7$
$r_{15}=99.912$		$d_{15}=3.83$		
$r_{16}=22.767$		$d_{16}=0.50$	$n_9=1.84666$	$v_9=23.9$
$r_{17}=7.926$		$d_{17}=2.70$	$n_{10}=1.48749$	$v_{10}=70.2$
$r_{18}=-33.906$		$d_{18}=1.01$		
$r_{19}=0.000$		$d_{19}=$ Variable		
– continued				
Numerical Example 1 $f=4.32\sim42.02$ $FNo=1:1.65\sim2.88$ $2\omega=48.6°\sim6.2°$				
$r_{20}=13.355$		$d_{20}=2.66$	$n_{11}=1.78590$	$v_{11}=44.2$
$r_{21}=-13.355$		$d_{21}=0.50$	$n_{12}=1.84666$	$v_{12}=23.9$
$r_{22}=175.611$		$d_{22}=$ Variable		
$r_{23}=\infty$		$d_{23}=3.60$	$n_{13}=1.51633$	$v_{13}=64.1$
$r_{24}=\infty$				

Variable Separation	Focal Length			
	f_w 4.32	f_{sw} 5.33	f_m 17.78	f_t 42.02
d_5	0.84	3.67	15.02	19.75
d_{12}	20.60	17.76	6.42	1.69
d_{19}	3.44	2.91	1.12	4.12
d_{20}	3.49	4.02	5.81	2.81

Aspherical Surface Coefficients

	K	A	B	C	D	E
14th Surface	-7.0131e-01	0.0000e+00	-1.8642e-05	-2.0047e-07	1.5637e-08	-1.9706e-10

** (Aspherical surface)

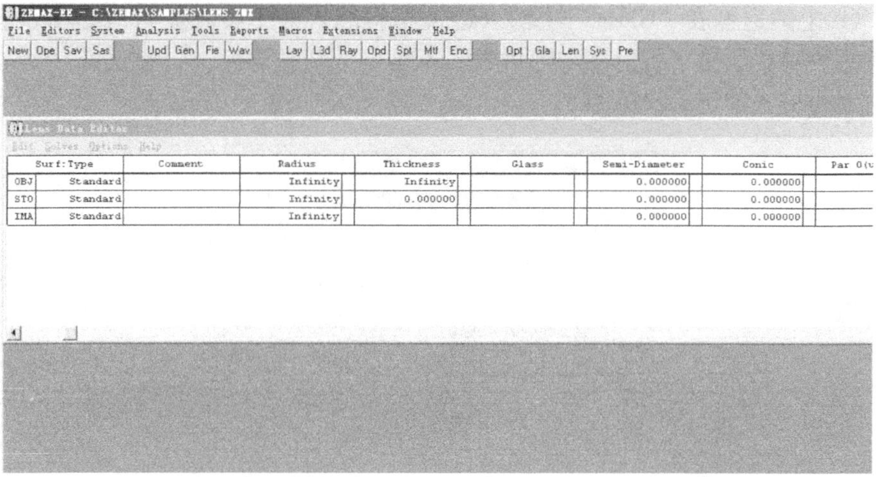

Surf:Type		Comment	Radius	Thickness	Glass	Semi-Diameter	Conic
OBJ	Standard		Infinity	Infinity		0.000000	0.000000
STO	Standard		Infinity	0.000000		0.000000	0.000000
IMA	Standard		Infinity			0.000000	0.000000

图 3

在涉及光学镜头的审查中，主要对权利要求中涉及的透镜参数焦距、像高、总长以及各种像差的大小进行计算、认定。在 ZEMAX 应用时，首先要根据公开的镜头数据表输入透镜组成数据，输入窗口就是上述的“Lens Data Editor”透镜数据编辑器。

基于上述对比文件 1 公开的透镜数据表 1，在上述“Lens Data Editor”中输入第一透镜组相应的曲率半径、间隔、折射率、阿贝数，参见图 4。

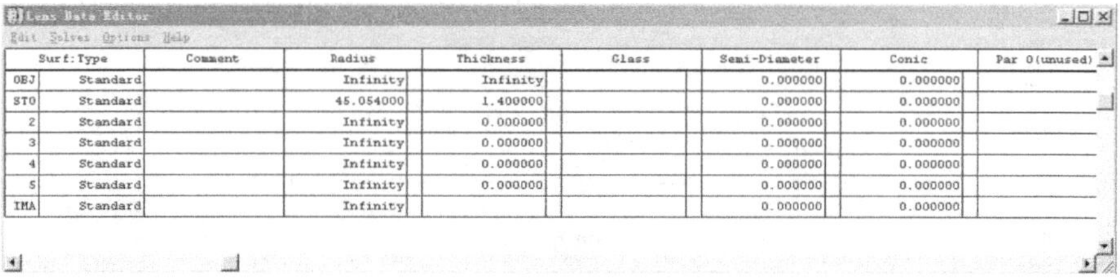

Surf:Type		Comment	Radius	Thickness	Glass	Semi-Diameter	Conic	Par 0(unused)
OBJ	Standard		Infinity	Infinity		0.000000	0.000000	
STO	Standard		45.054000	1.400000		0.000000	0.000000	
2	Standard		Infinity	0.000000		0.000000	0.000000	
3	Standard		Infinity	0.000000		0.000000	0.000000	
4	Standard		Infinity	0.000000		0.000000	0.000000	
5	Standard		Infinity	0.000000		0.000000	0.000000	
IMA	Standard		Infinity			0.000000	0.000000	

图 4

在根据对比文件 1 公开的透镜数据表输入第一透镜组数据时，注意：

① 透镜的曲率半径除了表示其曲率大小，其正负号代表了弯曲方向。

② 若透镜数据表中说明了该表面为非球面，一般只考虑其基本球面即可，非球面系数一般对焦距影响有限。

③ 上述透镜表中第一透镜面和第二透镜面都对应折射率材料，一般表明该两表面是无间隙接触，如胶合面，输入数据时，可以对应着对比文件 1 进行分析核对。

④ 上述透镜表“Glass”项输入透镜材料的折射率与阿贝数时，由于透镜数据表中直接给出了折射率与阿贝数，不需要选择玻璃库，一般选择“Model”项，对应输入即可，参见图5。

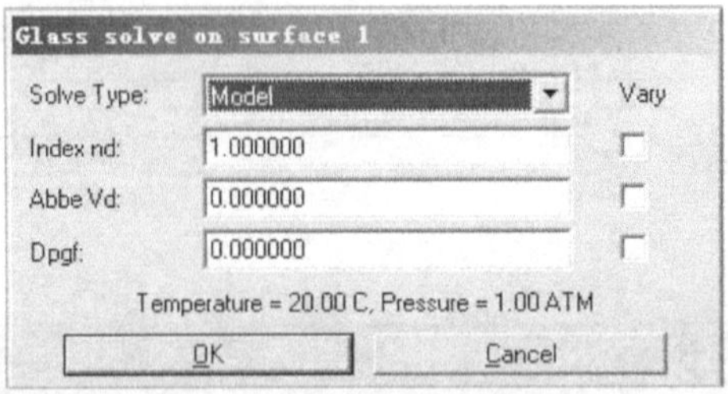

图5

输入完毕然后，设置该透镜的环境参数。先设置追迹波长，点击窗口上快捷钮“Wav”，进行系统波长设定，一般选择d光附近波段。然后进入“System”菜单，选择“General”，或点击窗口上的快捷钮“Gen”，弹出设置框，参见图6。

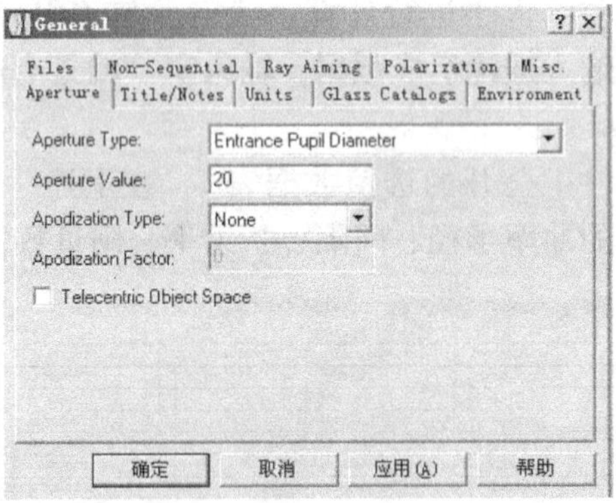

图6

在“Aperture”选项卡中选择入瞳孔径或F/#等设置一个参数，该参数的设置方式和大小并不影响该输入的第一透镜组的焦距，即第一透镜组的结构参数输入“Lens Data Editor”中后，该透镜组的焦距已经确定。例如，设置入瞳孔径为20，此时可以点击窗口上的快捷钮“Lay”来查看刚输入的第一透镜组图形，参见图7。

而对于该第一透镜组相关的参数，则可以到“Report”菜单中选择“System Data”，系统弹出第一透镜组系统参数，参见图8。

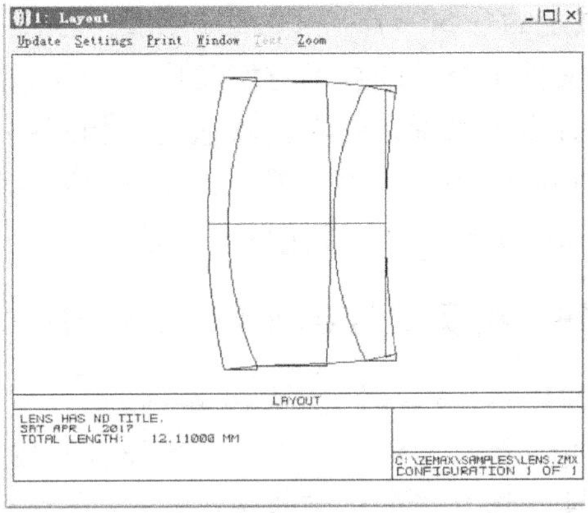

图 7

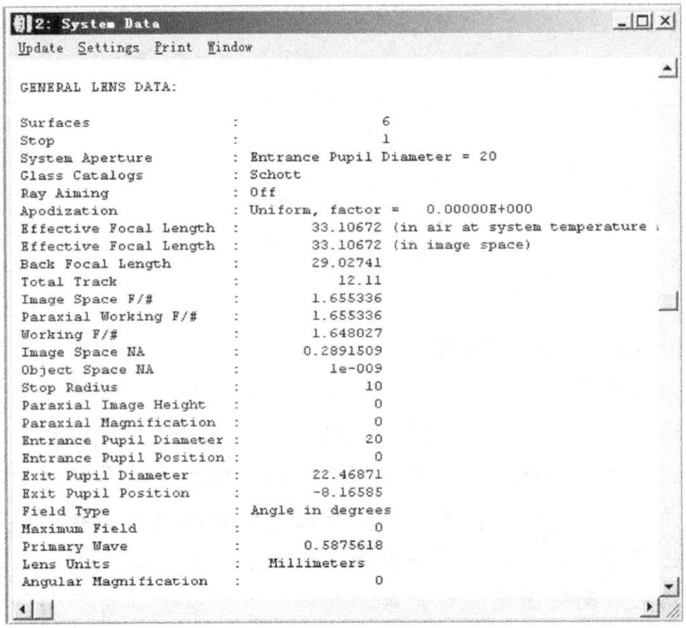
2: System Data
Update Settings Print Window

GENERAL LENS DATA:

Surfaces	:	6
Stop	:	1
System Aperture	:	Entrance Pupil Diameter = 20
Glass Catalogs	:	Schott
Ray Aiming	:	Off
Apodization	:	Uniform, factor = 0.00000E+000
Effective Focal Length	:	33.10672 (in air at system temperature a
Effective Focal Length	:	33.10672 (in image space)
Back Focal Length	:	29.02741
Total Track	:	12.11
Image Space F/#	:	1.655336
Paraxial Working F/#	:	1.655336
Working F/#	:	1.648027
Image Space NA	:	0.2891509
Object Space NA	:	1e-009
Stop Radius	:	10
Paraxial Image Height	:	0
Paraxial Magnification	:	0
Entrance Pupil Diameter	:	20
Entrance Pupil Position	:	0
Exit Pupil Diameter	:	22.46871
Exit Pupil Position	:	-8.16585
Field Type	:	Angle in degrees
Maximum Field	:	0
Primary Wave	:	0.5875618
Lens Units	:	Millimeters
Angular Magnification	:	0

图 8

图 8 中可以看到有“Effective Focal Length”项，其对应的数值 33.10672 即为该第一透镜组的有效焦距，上述的“Effective Focal Length”项也同时显示在整个窗口下侧状态栏的 EFFL 值，可更快捷地了解系统焦距变化；在上述报告中还可以查到第一透镜组的总长“Total Track”项。将上述得到的焦距 f_1 与已经公开的 f_t 相比，$f_1/f_t = 33.10672/42.02 = 0.788 < 0.80$，即满足上述权利要求

1 中条件式（1）所限定的 $0.50 < f_1/f_t < 0.80$。由此可见，该权利要求所请求保护的技术方案与对比文件 1 公开的技术方案实质上相同，所属技术领域的技术人员根据两者的技术方案可以确定两者能够适用于相同的技术领域，解决相同的技术问题，并具有相同的预期效果。因此，该权利要求所要求保护的技术方案不具备《专利法》第 22 条第 2 款规定的新颖性。

三、利用 ZEMAX 实现发明专利申请自身相关光学参数的分析

【案例 2】200810216652.3 一种光学镜头组件

案例 2 涉及一种光学镜头组件，其提供一种能良好校正像差、总长短、体积小且易于加工的镜头，该光学镜头完全采用非球面设计，且镜头组件中单个镜头的面形均采用弧形结构，如图 9 所示。

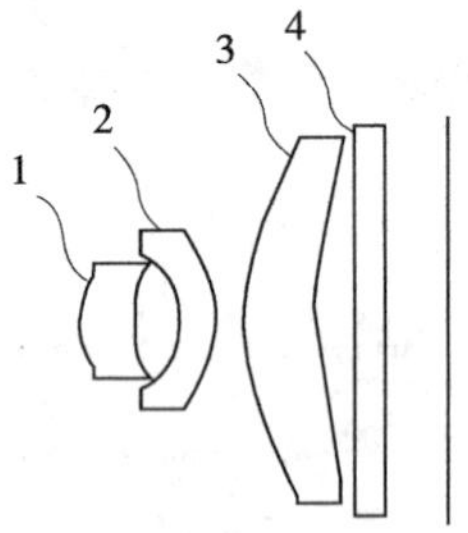

图 9

（1）该申请的独立权利 1 要求如下：

1. 一种光学镜头组件，包括一固定光阑、一透镜组和滤光片，所述透镜组包括同轴且自物方至像方依次排列的塑料第一透镜、第二透镜和第三透镜，所述固定光阑位于第一透镜之前，且与第一透镜之间的边缘厚度大于等于零，所述滤光片位于第三透镜之后；滤光片具有面向物方的前表面和面向像方的后表面，第一透镜具有面向物方的第一表面及面向像方的第二表面，第二透镜具有面向物方的第三表面及面向像方的第四表面，第三透镜具有面向物方的第五表面及面向像方的第六表面；上述六个表面均为非球面，所述第一表面为向物方一侧凸出的弧形，第二表面相对于像方一侧为平滑的弧状凹陷形；所述第三表面相对于物方的一侧为弧状凹陷形，第四表面为向像方一侧凸出的弧形；所述第五表面为向物方一侧凸出的弧形，第六表面相对于像方一侧为弧状凹陷形；所述光学镜头组件满足以下条件：

$1.15 < L/f < 1.3$；

$0.8 < f_1/f < 1.2$；

$f_2<0$ 且 $1.15<|f_2/f|<2.2$；

$1.1<f_3/f<2.2$。

其中，f 为整个光学镜头组件的有效焦距值，L 为光学镜头组件总长，f_1 为第一透镜的有效焦距值，f_2 为第二透镜的有效焦距值，f_3 为第三透镜的有效焦距值。

上述光学镜头组件所满足的条件式限定了该镜头系统总长与有效焦距的比值以及各镜头组有效焦距与系统有效焦距的比值。经检索找到一个相近似的现有技术 1（US2008212205A1），其公开了一种光学镜头组件，并公开了以下特征：包括一固定光阑 10，一个透镜组，一个滤光片 20，所述透镜组包括同轴且自物方至像方依次排列的塑料第一透镜 L1、第二透镜 L2、第三透镜 L3，所述光阑 10 位于第一透镜 L1 之前，且与第一透镜之间的边缘厚度大于零，上述滤光片 20 位于第三透镜 L3 之后；滤光片 20 具有面向物方的前表面和面向像方的后表面，第一透镜 L1 具有面向物方的第一表面和面向像方的第二表面，第二透镜 L2 具有面向物方的第三表面和面向像方的第四表面，第三透镜具有面向物方的第五表面和面向像方的第六表面；上述六个表面均为非球面，所述第一表面为向物方凸出的弧形，第二表面相对于像方一侧为弧状凹陷形；所述第三表面相对于物方的一侧为弧状凹陷形，第四表面为向像方一侧凸出的弧形；所述第五表面为向物方一侧凸出的弧形，第六表面相对于像方一侧为弧状的凹陷形，参见图 10。

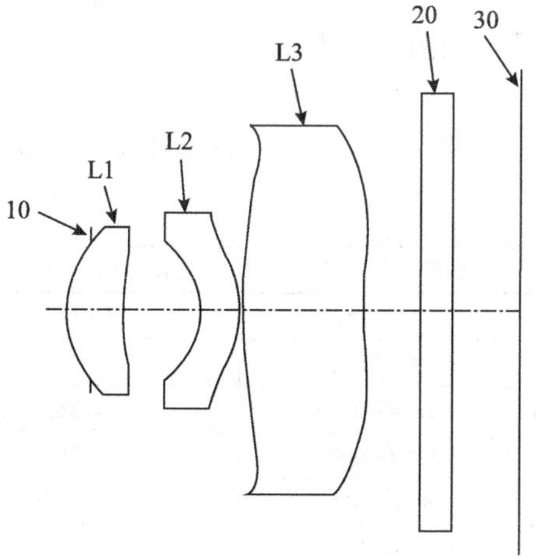

图 10

透镜数据见图 11。

FOCAL LENGTH：f=3.54
F NUMBER：F2.83
FIELD OF VIEW：2ω=67.5°

	r	d	nd	vd
1	1.0486	0.515	1.52996	55.8
2	2.9454	0.712		
3	-0.6323	0.350	1.58340	30.2
4	-0.8727	0.030		
5	3.4831	1.100	1.51357	56.8
6	4.4440	0.511		
7	∞	0.300	1.51680	64.2
8	∞	0.578		

$f_1/f=$ 0.79
$f_2/f=$ -2.39
$d_2/f=$ 0.20
$R_1/R_2=$ 0.36
$R_3/R_4=$ 0.72
$R_5/f=$ 0.98
$f_{12}/f=$ 1.20
$f_2/f_3=$ -0.38

$T/f=$ 1.13
$\alpha=$ 23.2°(MAXIMUM INCIDENT ANGLE)

图 11

经计算分析，上述现有技术 1 公开了权利要求 1 中除了条件式“$1.1<f_3/f<2.2$”以外的全部技术特征。由此可见，该没有被公开的条件式是本案审查的关键。基于上述考虑，审查员对该没有被公开的条件式能否得到说明书的支持进行分析，在该申请公开的各个实施例的透镜数据基础上，利用 ZEMAX 进行了相关条件式的验算。经演算，发现该申请权利要求 1 中的条件式得不到说明书的支持。

（2）对于该申请实施例 2，其公开了透镜数据表（见表 2）。

表 2

类型	曲率半径（R）	二次曲面系数（k）	厚度（dmm）
第一表面	0.725842533	0.219875	0.50
第二表面	1.443133123	8.019236	0.30
第三表面	-1.54341365	-0.013897	0.4
第四表面	-1.84331333	-3.237001	0.10
第五表面	0.453135433	-4.072578	0.55
第六表面	1.053436434	-1.999519	0.36
滤光片前表面			0.3
滤光片后表面			0.5222756
像面			0

上述第一透镜与第三透镜采用相同的材料，$n_1 = n_3 = 1.53$，$v_1 = v_3 = 56$；第二透镜折射率 $n_2 = 1.585$，$v_2 = 29.5$。根据上述表3，利用ZEMAX计算得出该透镜有效焦距 $f = 1.067$mm，并不为说明书记载的2.657mm；该透镜的总长 L 约为3.03mm；第一透镜焦距 $f_1 = 2.21$mm；第二透镜焦距 $f_2 = -31.85$mm；第三透镜焦距 $f_3 = 1.13$mm；由上述计算出的数据计算 $L/f = 3.03/1.067 = 2.84$，不符合 $1.15 < L/f < 1.3$ 条件；$f_1/f_= 2.21/1.067 = 2.07$，不符合 $0.8 < f_1/f_< 1.2$ 条件；$|f_2/f| = 31.85/1.067 = 29.85$，不符合 $1.15 < |f_2/f| < 2.2$ 条件；$f_3/f = 1.13/1.067 = 1.05$，不符合 $1.1 < f_3/f < 2.2$ 条件。

（3）对于该申请实施例3，其公开了透镜数据表（见表3）。

表3

类型	曲率半径（R）	二次曲面系数（k）	厚度（dmm）
第一表面	0.657258324	3.5894565	0.49
第二表面	1.254786389	12.013356	0.58
第三表面	−1.52478968	5.01456912	0.32
第四表面	−1.75423656	−4.5748566	0.12
第五表面	0.578965228	−3.0145355	0.7
第六表面	0.755124528	−0.997392	0.35
滤光片前表面			0.3
滤光片后表面			0.721399
像面			0

上述第一透镜与第三透镜采用相同的材料，$n_1 = n_3 = 1.53$，$v_1 = v_3 = 56$；第二透镜折射率 $n_2 = 1.585$，$v_2 = 29.5$。根据表4，利用ZEMAX计算得出该透镜有效焦距 $f = 1.30$mm，并不为说明书记载的2.86721mm；该透镜的总长 L 约为3.58mm；第一透镜焦距 $f_1 = 2.02$mm；第二透镜焦距 $f_2 = -55.95$mm；第三透镜焦距 $f_3 = 1.96$mm；由上述计算出的数据计算 $L/f = 3.58/1.30 = 2.75$，不符合 $1.15 < L/f < 1.3$ 条件；$f_1/f = 2.02/1.3 = 1.55$，不符合 $0.8 < f_1/f < 1.2$ 条件；$|f_2/f| = 55.95/1.3 = 43$，不符合 $1.15 < |f_2/f| < 2.2$ 条件。

（4）对于该申请实施例4，其公开了透镜数据表（见表4）。

表4

类型	曲率半径（R）	二次曲面系数（k）	厚度（dmm）
第一非球面	0.657258324	0.204142	0.62
第二非球面	1.254786389	-1.654257	0.71
第三非球面	-1.52478968	-130.0451332	0.32
第四非球面	-1.75423656	-6.512463	0.18
第五非球面	0.578965228	-13.210543	0.69
第六非球面	0.755124528	-3.246332	0.366
滤光片前表面			0.3
滤光片后表面			0.949275

上述第一透镜与第三透镜采用相同的材料，$n_1=n_3=1.53$，$v_1=v_3=56$；第二透镜折射率 $n_2=1.585$，$v_2=29.5$。根据表5，利用ZEMAX计算得出该透镜有效焦距 $f=1.43$mm，并不为说明书记载的3.52466mm；该透镜的总长 L 为透镜第一面至最后一面的距离，应约为4.13mm；第一透镜焦距 $f_1=1.91$mm；第二透镜焦距 $f_2=-40.97$mm；第三透镜焦距 $f_3=1.97$mm；由上述计算出的数据计算 $L/f=4.13/1.43=2.89$，不符合 $1.15<L/f<1.3$ 条件；$f_1/f=1.91/1.43=1.335$，不符合 $0.8<f_1/f<1.2$ 条件；$|f_2/f|=40.97/1.43=28.65$，不符合 $1.15<|f_2/f|<2.2$ 条件。

由上述分析可知，上述实施例数据并不能得出该权利要求所限定的表达式，即该权利要求中限定的技术方案对该发明说明书中公开的透镜技术方案进行了不合理的概括，试图体现与现有技术的差异性，以获得不合理的专利保护。该审查意见作出后，该案视撤。而在对该申请的实施例进行演算的过程中，若缺少了光学设计软件，该审查意见的作出几乎是不可能的。

四、小　结

通过上述的案例分析可以看出，对于涉及光学镜头的专利申请，常常会遇到利用光学镜头参数进行限定的情况，而对比文件中往往并不会直接公开相关的参数。这时就需要审查员根据公开的透镜数据进行相关参数的计算，而ZEMAX光学软件可以很好地完成这一难题。

在涉及光学镜头的专利申请中，申请人在进行光学设计时，往往是在已有的、成熟的透镜架构的基础上进行改进，其对现有的镜头参数的情况往往十分清楚，通常采用另外一套参数限定已知的镜头，或者基于一个已知的镜头结构，利用参数式保护一个其并没有实现的镜头。这就对审查员计算和评价镜头相关参数的能力提出了更高的要求，而光学设计软件是提高这一能力的有效方法。

综上所述，本文结合具体的案例对利用 ZEMAX 软件实现光学镜头相关发明专利申请的审查进行了一些浅显的分析。由于笔者水平有限，以上分析难免有不恰当之处，希望能与大家进行进一步的交流和探讨。

参考文献

[1] 中华人民共和国国家知识产权局．专利审查指南 2010 [M]．北京：知识产权出版社，2010：132，160.

[2] 李林．现代光学设计方法 [M]．北京：北京理工大学出版社，2009.

[3] 安连生．应用光学 [M]．北京：北京理工大学出版社，2009.

[4] 光电新产业部．光学设计 ZEMAX [J]．软件资料，2003 (3).

[5] ZEMAX Manual.

分析发明构思，客观评价创造性*

——浅谈创造性审查中的几点体会

李晓莉

摘　要：本文从把握发明实质、避免“事后诸葛亮”、整体看待技术方案三个方面阐述了创造性审查中需要注意的问题，探讨了如何通过体会发明的创新过程，分析其发明构思，把握其发明实质，并与对比文件进行智慧比较，从而得出客观公正的创造性审查结论的问题。

关键词：创造性　发明构思　发明实质　智慧贡献　整体看待

一、引　言

众所周知，一项发明创造能否被授予专利权的基本条件在于该项发明创造是否对现有技术进步作出了智慧贡献，这也是审查员进行实质审查的核心内容。同时，它也是审查实践中审查员与申请人最为关注、争论最激烈的问题之一。因此，客观评价创造性是践行以“三性”评判为主线的全面审查工作的重要环节。

在创造性审查中，要实现客观公正，应注意避免机械地进行特征对比。机械地进行特征对比，容易陷入技术的细枝末节中，不能有效把握发明核心，并且容易出现割裂技术方案、拼凑现有技术的错误，以及容易对发明的创造性估计偏低，从而犯“事后诸葛亮”的错误。

客观评价创造性，应认真体会发明的创新过程，分析其发明构思，把握其发明实质，然后判断现有技术是否给出了这样的发明构思，即判断现有技术是

---

* 文章来源：《审查业务通讯》2013 年第 19 卷专刊（二）。

否会引导本领域技术人员想要解决一个技术问题，并为解决该技术问题指明一个思考和改进的方向。一般来说，与一项发明的发明构思完全不同的现有技术通常不会引导本领域技术人员去作出与该发明相同或类似的改进，而发明构思相同的现有技术才会提供引导本领域技术人员沿着与该发明相同或类似的方向进行改进的基础。

本文旨在从体会发明的创新过程、分析发明构思的角度来阐述创造性审查中的几点体会。

二、分析发明构思，把握发明实质

（一）拨开云雾看实质，准确理解发明构思

【案例1】

该案涉及一种基于第三代移动通信网络的汽车防盗系统。在背景技术中存在以下描述：目前基于移动通信网络的汽车防盗系统都是基于第二代（以下简称“2G”）移动通信网络，由于2G通信时延大，实时性差，所以这种防盗系统的缺点是速度慢，不能实时控制，定位精度低，可靠性差。随着通信技术的发展，移动通信进入了3G时代，3G系统相比2G而言，具有频带宽、数据传输速率高等优点。

为了解决背景技术中的上述问题，该案提供了一种基于第三代移动通信网络的汽车防盗系统，其技术方案如图1所示。

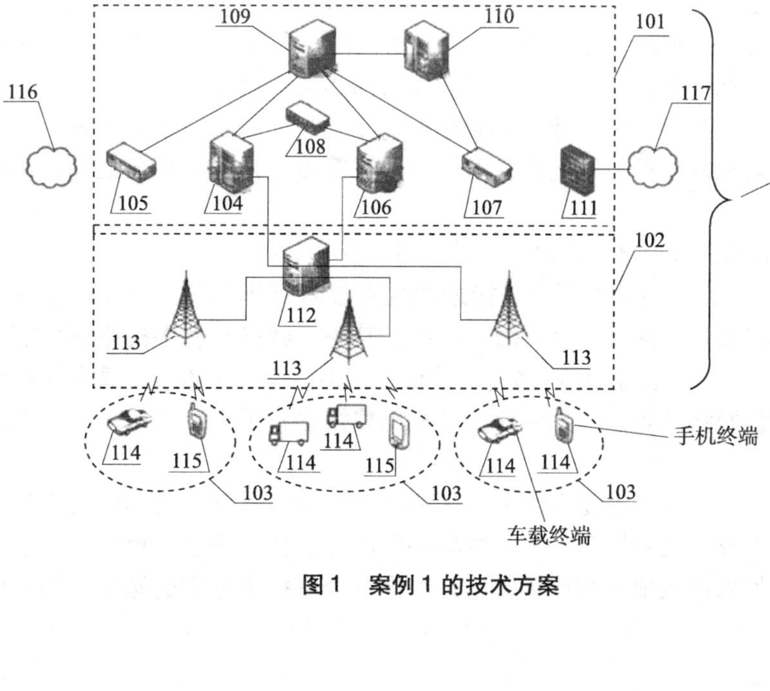

图1　案例1的技术方案

该案权利要求 1 的技术方案为：

1. 基于第三代移动通信网络的汽车防盗系统，其特征在于它是由 3G 移动通信运营网络和用户单元（103）组成，其中 3G 移动通信运营网络由核心网（101）和无线接入网（102）两部分组成，用户单元（103）由车载终端（114）和手机终端（115）组成；核心网（101）包括……（此处为 3G 核心网的常规组成细节）；无线接入网（102）包括……（此处为 3G 接入网的常规组成细节）；车载终端（114）由应用软件（201）、操作系统（202）和硬件平台（203）三部分组成，其中硬件平台（203）包括 3G 通信模块（207）……（此处为车载终端的常规硬件部件）；手机终端（115）由应用软件（301）、中间件（302）、操作系统（303）和硬件平台（304）四部分组成，其中硬件平台（304）包括 3G 通信模块（308）、……（此处为手机终端的常规硬件部件）。

从以上描述可以看出，该案权利要求 1 的特征非常多，似乎技术方案很复杂，但通过体会发明的创新过程不难发现，该案的发明构思在于如何利用现有通信技术使得汽车防盗系统更快速、更可靠地进行控制，其技术方案的实质是在车载终端和手机终端上分别安装 3G 通信模块，并使用该 3G 通信模块通过 3G 网络进行通信（权利要求 1 中其余众多特征均是对 3G 网络、车载终端和手机终端的常规内部结构进行的具体限定）。由于 3G 网络具有更快速、可靠的通信性能，所以该案请求保护的汽车防盗系统能够更快速、实时地进行控制，并且其定位精度高、可靠性好。

经过上述分析后，看似很复杂的技术方案变得相对简单得多。由此可见，在理解发明时不要被技术方案的表面现象所迷惑，要注意培养“拨开云雾看实质”的能力，在纷扰的技术细节中把握发明的实质。这不仅有利于提高后续检索和“三性”评判环节的效率，而且也有利于通过更深层次地体会发明的创新过程找出为实现发明目的对现有技术作出的智慧贡献，得出更加准确、客观的审查结论。

（二）抓住构思看启示，避免机械地特征对比

对于案例 1，经检索得到的最接近的现有技术（即对比文件 1）涉及一种基于第三代移动通信网络的汽车防盗系统，其中车载终端和手机终端分别安装有 3G 通信模块，并通过 3G 网络进行通信。但对比文件 1 没有记载所使用的第三代移动通信网络的具体内部结构，以及车载终端和手机终端的一些内部结构的细节。

权利要求 1 相对于对比文件 1 的区别在于：权利要求 1 中 3G 网络具体的内部结构，以及车载终端和手机终端的一些内部结构的细节。可见，上述区别特征众多，如果机械地进行特征对比，则难以理清技术方案的脉络，创造性评

述也不能详略得当，而且申请人和审查员往往存在诸多争议，例如申请人经常会针对区别特征中的技术细节是否被现有技术公开提出异议，或认为审查员引用多项现有技术来评述区别特征有拼凑现有技术的嫌疑，从而对创造性审查结论难以认同。

如果从发明构思的角度出发，则更容易把握发明实质，且能够更加客观地评价其创造性。具体判断过程如下：该案的发明构思在于如何利用现有通信技术使得汽车防盗系统更快速、更可靠地进行控制，对比文件 1 同样给出了这样的构思。沿着上述发明构思，该案和对比文件 1 都作出了这样的改进：将 3G 通信技术应用于车载终端和手机终端之间的通信，即在车载终端和手机终端中分别安装 3G 通信模块，以通过 3G 网络进行通信。因此对比文件 1 给出了沿着该案的创新过程对现有技术进行改进的启示。至于权利要求 1 中限定的 3G 网络的具体内部结构，在该案的申请日之前，3G 技术是已经商用的非常成熟的通信技术，3G 网络由核心网和无线接入网组成是本领域中的公知常识，另外，权利要求 1 中限定的核心网的具体组成结构和无线接入网的具体组成结构均为 3G 网络中核心网和接入网的常见组成结构；权利要求 1 中限定的车载终端和手机终端的一些内部结构的细节，例如控制单元、蓝牙模块等，均为车载终端和手机终端的常规部件。因此，在对比文件 1 的基础上结合公知常识从而得到该案权利要求 1 的技术方案是显而易见的。

通过案例 1 我们可以看到，对于特征众多、篇幅很长的技术方案，通过体会发明的创新过程，分析其发明构思，在纷扰的技术细节中把握住发明的实质，并与对比文件进行智慧比较，从而判断现有技术整体上是否存在技术启示，能够避免陷入对技术细节的争论，从而快速、准确、客观地评价一项发明的创造性。

三、分析发明构思，避免“事后诸葛亮”

（一）分析发明构思，确定智慧贡献

【案例 2】

该案涉及一种具有多个操作模式的手持便携电子设备。在背景技术中存在以下描述：当前的手持便携电子设备常具有多个功能模式，例如通信模式和相机模式，由于便携电话常常具有高度大于宽度的显示器，而相机显示器常常是宽度大于高度，所以适合于在通信模式下使用的用户接口（例如键盘）可能不那么适合在相机模式下使用。用以解决这一问题的先前提议包括具有如下显示器的便携电话，该显示器相对于小键盘可旋转，使得用户能够改变显示器相对于小键盘的取向。

为了解决背景技术中的上述问题，该案提供了一种具有两个输入装置（例如键盘）的手持便携电子设备。该电子设备的盖体 3 可相对于本体 5 向下或向上滑动，当向上滑动时露出设置在本体一端的第一输入装置，当向下滑动时露出设置在本体另一端的第二输入装置。这两个输入装置设置的方向不同（例如键盘上按键的方向不同），其中第一输入装置用于通信模式（通信模式时该电子设备竖向使用，相应地，第一输入装置的方向适用于该电子设备竖向使用），第二输入装置用于其他应用模式，例如照相模式（其他应用模式时该电子设备横向使用，相应地，第二输入装置的方向适用于该电子设备横向使用）。该案的技术方案如图 2 所示。

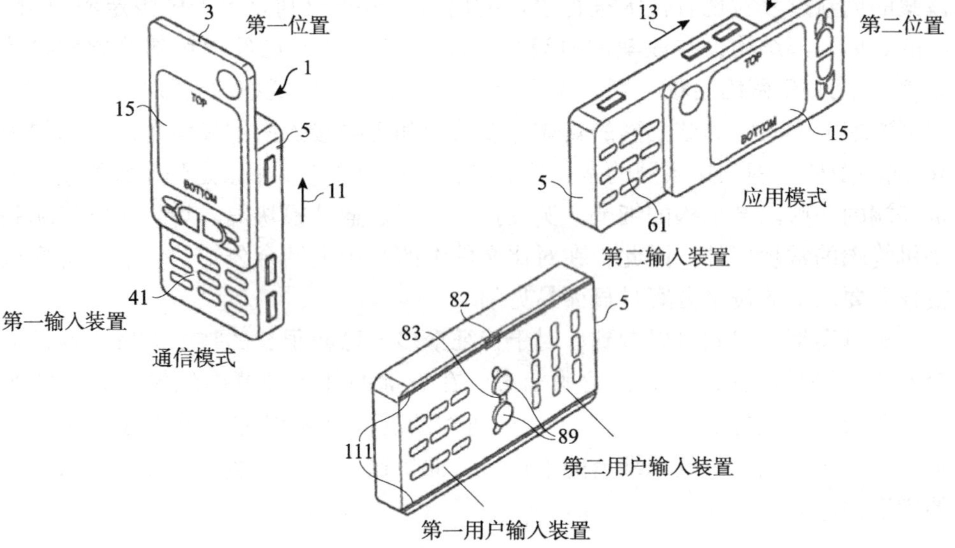

图 2　案例 2 的技术方案

该案权利要求 1 的技术方案为：

1. 一种手持便携电子设备，具有包括通信模式和应用模式的多个操作模式，并且具有用户输入部分和包括显示器的显示器部分，其中所述用户输入部分可在第一位置与第二位置之间相对于所述显示器部分移动，在所述第一位置，所述用户输入部分中包括第一用户输入装置的第一部分可供使用，所述用户输入部分中包括第二用户输入装置的第二部分由于它位于所述显示器部分后面而不可使用，并且在所述第二位置，所述用户输入部分中包括所述第二用户输入装置的所述第二部分可供使用，所述用户输入部分中包括所述第一用户输入装置的所述第一部分由于它位于所述显示器部分后面而不可使用，以及所述用户输入部分到所述第一位置的移动使所述设备在所述通信模式下操作，所述用户输入部分到所述第二位置的移动使所述设备在所述应用模式下操作；

其中所述第一用户输入装置包括第一小键盘而所述第二用户输入装置包括不同的第二小键盘；

其中所述第二用户输入装置被配置用于控制在所述应用模式下的所述设备。

对于该案，通过体会发明的创新过程，分析得到其发明构思是在具有多种操作模式的手持便携电子设备的显示器相对于小键盘不能旋转的情况下，如何使得该设备在其他应用模式下更方便地使用输入装置。其对现有技术作出的智慧贡献在于意识到需要提供、并且提供了另外一种便于其他应用模式下进行输入操作的设计，其技术方案的实质是设置两个输入装置，在通信模式下显示和使用第一输入装置，在其他应用模式下显示和使用第二输入装置。

（二）比较发明构思，避免“事后诸葛亮”

对于案例2，经检索得到的最接近的现有技术（即对比文件1）涉及一种双向滑动型便携式终端。该终端的盖体也可相对于本体向下或向上滑动，当向上滑动时露出设置在本体一端的小键盘，用于通信模式；当向下滑动时露出设置在本体另一端的照相机镜头，用于照相模式。对比文件1的技术方案如图3所示。

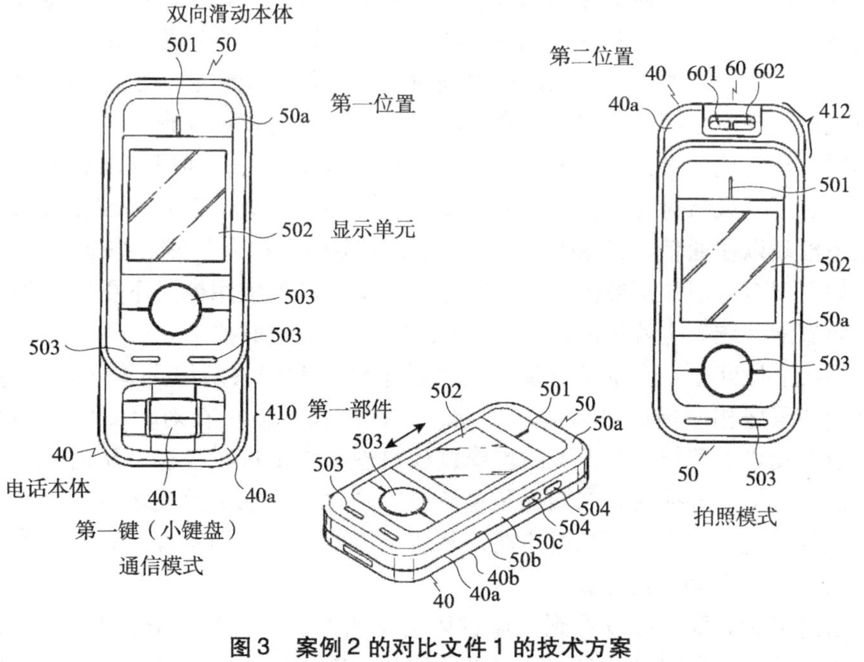

图3　案例2的对比文件1的技术方案

案例2的权利要求1相对于对比文件1的区别在于：权利要求1中用户输入部分包括与第一小键盘不同的第二小键盘，第二小键盘被配置用于控制在应用模式下的所述设备，且当用户输入部分相对于显示器移动到第一位置时，第二小键盘位于显示器部分后面而不可使用，当用户输入部分相对于显示器移动到第二位置时，第二小键盘可供使用；而对比文件1中当盖体相对于本体向下滑动时露出设置在本体另一端的照相机镜头。

那么权利要求1的技术方案相对于对比文件1是否具备创造性呢？目前存在这样一种观点：根据需要将照相机镜头替换为第二用户输入装置以便用户还能够通过第二用户输入装置进行输入，这实际上是将手持便携电子设备上常用的一个功能模块替换为另一个常用的功能模块以便实现相应的功能；而将常用的一个功能模块替换为另一个常用的功能模块属于本领域中惯用的技术手段，因而将照相机镜头替换为第二用户输入装置是很容易想到和实现的。因此，在对比文件1的基础上结合公知常识从而得到权利要求1的技术方案是显而易见的。

对于上述观点，笔者不能认同。理由如下：通过体会发明的创新过程，分析得到权利要求1请求保护的技术方案的发明构思是在具有多种操作模式的手持便携电子设备的显示器相对于小键盘不能旋转的情况下，如何使得该设备在其他应用模式下更方便地使用输入装置，其对现有技术作出的智慧贡献在于意识到需要提供、并且提供了另外一种便于其他应用模式下进行输入操作的设计。而对比文件1的发明构思是使得同时具备通信功能和照相功能的便携式终端方便地实现通信模式和照相模式之间的转换，其与权利要求1的发明构思完全不同。相应地，对比文件1也没有对现有技术作出与权利要求1相同或类似的智慧贡献。虽然对比文件1也涉及便携式终端具有通信模式和照相模式、盖体上下滑动以在通信模式和照相模式之间切换等与权利要求1相同的技术特征，但其没有考虑如何使得手持便携电子设备在其他应用模式下更方便地使用输入装置的问题。也就是说，面对对比文件1，本领域技术人员不会意识到需要去解决上述问题。在本领域技术人员根本没有意识去解决上述问题的时候，当然不会采取相应措施去解决。因此，本领域技术人员在对比文件1的基础上，没有动机沿着权利要求1的创新过程对现有技术进行改进，从而也不会想到将照相机镜头替换成第二输入装置从而得到权利要求1的技术方案。上述认为将照相机镜头替换为第二用户输入装置是很容易想到和实现的观点，其实是犯了“事后诸葛亮”的错误。

通过案例2我们可以看到，通过体会发明的创新过程，分析其发明构思，有利于准确找出发明对现有技术作出的智慧贡献，从而有利于实现审查结果的客观公正，有效避免“事后诸葛亮”的行为。

四、分析发明构思，整体看待技术方案

（一）分析发明构思，定位发明核心

【案例 3】

该案涉及一种通信网络中分配和改变链路级地址的系统。在背景技术中存在以下描述：当通过通信网络传送数据时，一些有用的通信辅助信息（例如与发送给网络中的特定实体的通信类型、定时、数量、频率相关的信息）可给出帮助黑客突破网络安全性的线索，即使通信数据被加密，监听节点也能够检测到可能有价值的辅助信息，于是，需要通过使监听者更难以获得和网络使用有关的辅助数据来改进网络的安全性。

为了解决背景技术中的上述问题，该案采取的技术方案是不时地改变分配给每个通信节点的地址。该案中通信系统的结构如图 4 所示。

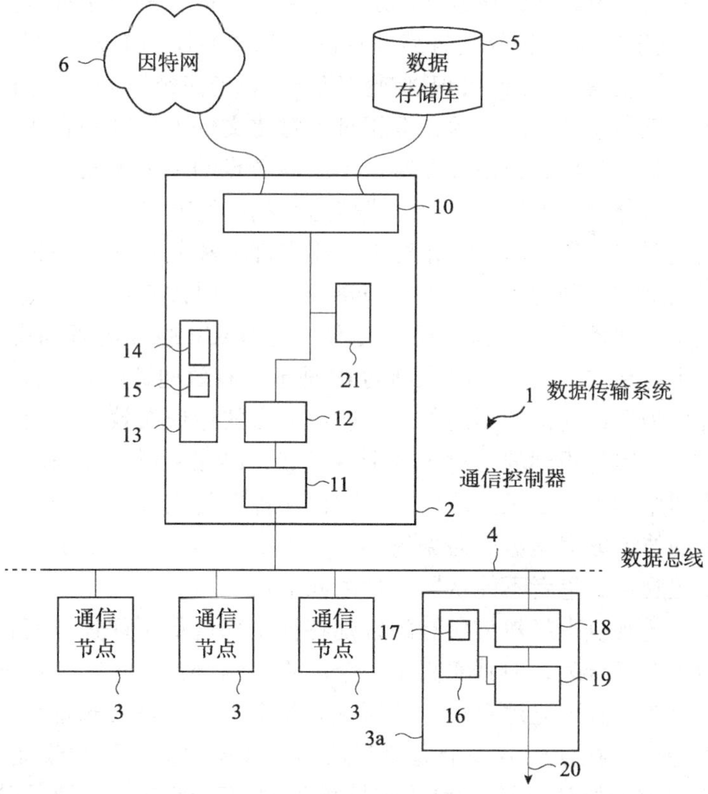

图 4　案例 3 的技术方案

该案权利要求 1 的技术方案如下：

1. 一种通信系统，包括：

由数据链路连接的多个通信节点；

向通信节点分配链路级地址的通信控制器，由此可针对链路上的通信来识别节点；

通信控制器被配置为在分配给每个通信节点的地址失效前，不时改变所述地址，并把新分配的地址以加密形式传送给相应的节点。

对于该案，通过体会发明的创新过程，分析得到其发明构思是如何使得监听者更难以获得和网络使用有关的辅助数据，在提出上述发明构思的基础上对技术方案作了相应改进，其核心改进之处在于“通信控制器被配置为在分配给每个通信节点的地址失效前，不时改变所述地址”。

（二）比较发明构思，避免割裂技术方案

对于案例 3，经检索得到的最接近的现有技术（即对比文件 1）涉及一种通信系统，其包括由数据链路连接的多个链路级设备（相当于权利要求 1 中的通信节点）、向链路级设备分配链路地址的动态交换控制单元（相当于权利要求 1 中的通信控制器），由此可识别链路级设备以通过链路进行通信。

案例 3 的权利要求 1 的技术方案相对于对比文件 1 的区别在于：①权利要求 1 中通信控制器被配置为在分配给每个通信节点的地址失效前，不时改变所述地址；②将新分配的地址以加密形式传送给相应的节点。

那么权利要求 1 的技术方案相对于对比文件 1 和公知常识是否具备创造性呢？目前存在这样一种观点：对于区别特征①，不时改变通信节点的地址，这是本领域惯用的技术手段，例如现有技术中的 DHCP 服务器可动态分配地址，该服务器给主机指定一个有时间限制的 IP 地址，有效期结束后可被其他的主机使用；另外，为保证通信的不间断，在通信节点的地址失效前改变其地址也是本领域技术人员容易想到的。对于区别特征②，以加密形式传送所分配的地址是本领域中惯用的技术手段。因此，在对比文件 1 的基础上结合公知常识从而得到案例 3 的技术方案是显而易见的。

对于上述观点，笔者不能认同。理由如下：

首先，上述观点中虽然将所有的区别特征全部进行了评述，而且每段评述单独来看似乎合情合理，但其实犯了一个严重的错误：其将区别特征割裂成多个部分，将每个部分孤立地对待，从而认为每个部分都是公知常识，即上述观点中将区别特征“在分配给每个通信节点的地址失效前，不时改变所述地址”割裂成“不时改变所述地址”和“在地址失效前改变地址”两部分，并分别认为它们是公知常识或容易想到的。这种做法没有将技术方案作为一个有机的整体对待，其仅仅是机械地进行特征评述，因而没有准确地理解申请的本意，或者说故意忽视申请人提出创新的本意，所以得出的结论必然有失客观公正。

其次，通过体会发明的创新过程，分析得到权利要求 1 的技术方案的发明构思是如何使得监听者更难以获得和网络使用有关的辅助数据，在提出上述发明构思的基础上对技术方案作了相应改进，其核心改进之处在于“通信控制器被配置为在分配给每个通信节点的地址失效前，不时改变所述地址”。而对比文件 1 的创新过程中没有涉及与此相关的内容，对比文件 1 与权利要求 1 的发明构思完全不同。同时上述观点中所提到的 DHCP 服务器动态分配地址的例子，其是为了解决 IP 地址资源不足和便于网管员配置网络的问题，而不是为了使监听者更难以获得和网络使用有关的辅助数据。因此对比文件 1 和公知常识都不会引导本领域技术人员沿着权利要求 1 的创新过程对现有技术进行改进，从而也不会想到“通信控制器被配置为在分配给每个通信节点的地址失效前，不时改变所述地址”这一核心改进之处。因此，案例 3 的权利要求 1 的技术方案相对于对比文件 1 和公知常识的结合是非显而易见的。

通过案例 3 我们可以看到，通过体会发明的创新过程，分析其发明构思，有利于整体看待技术方案，避免孤立地评价技术特征，从而有利于得出客观公正的审查结论。

五、总　结

本文结合 3 个案例分别从把握发明实质、避免“事后诸葛亮”、整体看待技术方案 3 个方面阐述了创造性审查中的几点体会。总结本文，对于创造性审查如何得出客观公正的审查结论，笔者有如下几点建议。

首先，对于特征众多、篇幅很长的技术方案，由于相对于最接近的现有技术往往存在较多区别特征，因此申请人和审查员对于创造性审查结论往往存在诸多争议。对于这类技术方案，首先应通过体会发明的创新过程，分析其发明构思，在纷扰的技术细节中把握住发明的实质，然后再与对比文件进行智慧比较，从而快速、客观地判断出其是否具备创造性。

其次，如果请求保护的技术方案相对于最接近的现有技术存在区别特征，则不应以孤立的区别特征为判断对象，而应首先结合申请人的创新过程，确定申请人为何要提出该发明，其想要解决什么问题，然后再判断面对现有技术，本领域技术人员是否有动机想到解决该发明所想要解决的问题。如果没有动机想到解决这样的问题，则该技术方案相对现有技术是非显而易见的；如果本领域技术人员有动机想到解决这样的问题，则应进一步判断区别特征是否属于解决该问题的公知常识。通过这样的分析过程，能够有效地避免“事后诸葛亮”

的错误。

最后，要整体看待技术方案，不应将区别特征任意地割裂，将割裂出来的每个部分孤立地对待，从而认为每个部分都是公知常识；而应将区别特征放入技术方案中作为一个整体看待，通过分析整体技术方案的发明构思，判断现有技术是否会引导本领域技术人员作出与该技术方案相同或类似的改进，从而得出客观公正的审查结论。

参考文献

中华人民共和国国家知识产权局．专利审查指南 2010［M］．北京：知识产权出版社，2010.

专利审查中公知常识的认定和举证*

孙瑞丰　曲淑君　范　丽

摘　要：通过梳理我国以及美日欧关于公知常识的相关概念，分析我国公知常识的认定和举证责任的分配方式，对现行的公知常识举证的主要观点以及其操作难度进行讨论，兼顾行政效率和公平，从发明实质出发，提出了更具可操作性的公知常识举证责任的分配方式，并就此扩展公知常识的证据形式，有条件地将专利文献和非专利文献纳入公知常识的范畴。

关键词：公知常识　举证　效率　公平

专利审查工作的实质是从法律的角度、从现有技术的水平去评判专利申请的贡献。创造性的评判是发明专利实质审查中的难点，其中，公知常识的认定一直以来是一个争议极大并备受关注的问题。因此，有必要对公知常识的认定和举证责任的分配进行相关的探讨。

一、公知常识相关概念及其解释

（一）我国对公知常识相关概念的规定

对于公知常识的概念，我国《专利法》及《专利法实施细则》都没有进行规定，《专利审查指南 2010》（以下简称《指南》）也仅仅进行了示例性的解释。《指南》第二部分第四章第 3.2.1.1 节规定：所述区别特征为公知常识，例如，本领域中解决该重新确定的技术问题的惯用手段，或教科书或者工具书等中披露的解决该重新确定的技术问题的技术手段。《指南》第四部分第二章

---

* 文章来源：《知识产权》2014 年第 9 期。本文有部分修改。

第 3.3 节规定：对驳回决定和前置审查意见中主张的公知常识补充相应的技术词典、技术手册、教科书等所属技术领域中的公知常识性证据。从《指南》示例性的解释可以看出，公知常识应该具有普遍知晓的性质。

此外，在发明专利审查实践中还经常使用“惯用手段”“普通技术知识”和“常规实验”等概念，需要明确这些概念与公知常识之间的关联。

《指南》第二部分第四章第 2.4 节规定：所属技术领域的技术人员，也可称为本领域的技术人员，是指一种假设的“人”，假定他知晓申请日或者优先权日之前发明所属技术领域所有的普通技术知识，能够获知该领域中所有的现有技术，并且具有应用该日期之前常规实验手段的能力，但他不具有创造能力。如果所要解决的技术问题能够促使本领域的技术人员在其他技术领域寻找技术手段，他也应具有从该其他技术领域中获知该申请日或优先权日之前的相关现有技术、普通技术知识和常规实验手段的能力。

从该“本领域的技术人员”的定义以及公知常识的示例性解释可以看出，公知常识包含惯用手段和普通技术知识，也就是说，惯用手段和普通技术知识是公知常识的一种具体形式；而常规实验可以看作本领域技术人员的一种能力。进一步而言，公知常识是一种结果，常规实验是一个过程，常规实验的结果是一种公知常识。

除此之外，《最高人民法院关于行政诉讼证据若干问题的规定》中还提到了“众所周知的事实”的概念。虽然现有法律法规没有对“众所周知的事实”进行解释，但一般认为众所周知的事实是社会上一般成员和法官都知晓的，并且由于其本身固有的显著性和客观性，因此是免证事实。由此可见，公知常识不属于众所周知的事实，但众所周知的事实属于公知常识。这是因为，公知常识是本领域技术人员知晓的，而众所周知的事实是社会上一般成员知晓的，因此其具有更大的普遍性。

（二）美日欧对公知常识相关概念的规定

美国专利商标局对公知常识没有明确进行定义。美国《专利审查程序手册》[1] 规定，仅在审查员认为他断言是本领域公知常识的事实能够立刻被毫无疑问地证实的情况下，才适合基于这种没有证据支持的公知常识作出通知书。美国规定可以用作公知常识的包括以下两个方面内容：①能够立刻被毫无疑问地证实为众所周知（well - known）的事实，或者是容易证明的且没有与之相矛盾的记录的事实；②用于证明公知常识的文献证据、宣誓书或者宣言。可见，在美国专利审查过程中，公知常识是能够立刻被毫无疑问地证实为众所周知的

[1] USPTO. Manual of Patent Examining Procedure（MPEP）［Z］. Ninth Edition, March 2014.

事实，或者是容易证明的且没有与之相矛盾的记录的事实。

日本采用的是周知、惯用技术的概念。在日本《特许实用新型审查基准》❶“新颖性、创造性”中规定：“周知技术”是指在本技术领域普遍知道的技术。

欧洲专利局（以下简称“欧专局”）审查指南❷中规定：“公知常识”是指在基本的手册、专著和教科书中关于所述主题的信息。当发明的所属领域很新以致相关的技术知识在教科书中还未出现时，这些“公知常识”也可以是专利说明书或科学出版物中的信息。

二、公知常识的举证责任

（一）公知常识举证的现行做法

在审查实践中，公知常识及其相关概念（“惯用手段”“普通技术知识”和“常规实验”）的使用是相当普遍的。这除了与审查员主观因素有关，也与实际案情相关。例如在“一种竹扫帚”的实用新型专利无效行政纠纷案中，涉案权利要求技术特征众多，与对比文件的区别特征也众多，但是这些区别特征在日常生活中经常使用。此时，如果采用公知常识进行评述，则可以极大地提高行政效率。事实上，该案中，法院不仅将上述区别特征直接认定为“公知常识”，更是认定为“众所周知的事实”而没有提供证据。

对于申请人来说，公知常识的确认关系到专利申请能否获得授权，因此，申请人希望审查员给出明确的证据。《指南》第二部分第八章第4.10.2.2节规定：审查员在审查意见通知书中引用的公知常识应当是确凿的，如果申请人对审查员引用的公知常识提出异议，审查员应当能够说明理由或提供相应的证据予以证明。由此可见，《指南》对于公知常识的认定，并没有要求必须提供文献证据，可以通过说明理由来证明。因此，在审查实践中采用说理的方式来证明公知常识是非常常见的。与中国不同，欧专局在其审查指南中规定公知常识在遭到质疑时需要通过文献证据进行支持。但实际上，欧专局在审查实践中也有相当比例是采用说理的方式来证明公知常识。

（二）公知常识举证责任分析

由于我国没有统一的行政程序法，因此，行政程序中的举证责任没有明确的法律规定，一般遵循行政诉讼法中举证的基本规则。❸

---

❶ 日本特许厅．特许实用新型审查基准［Z］．7版．发明协会，2013．

❷ EPO. Guidelines for Examination in the European Patent Office［Z］. Revised edition, September 2013.

❸ 李芸．我国行政诉讼举证责任探究［D］．兰州：兰州大学，2009．

有观点认为，考虑到行政效率等因素，可以采用自由心证的方式对公知常识进行认定，从而不用进行举证。[1] 也有观点认为，在专利授权案件中，专利审查部门应当对其认定的公知常识负举证责任，专利授权确权案件是行政案件，应当遵循行政诉讼的一般原则，即“谁主张，谁举证”的原则，以保证申请人的合法利益。[2]

结合专利审查工作的实践，上述第一种观点过于强调行政效率，弱化了审查机关向申请人提供公知常识性证据的要求，更多地采用说理的方式。我国目前只是专利大国而非专利强国，申请人的创新能力以及专利代理人的撰写和检索水平还有待提高，片面强调行政效率等因素而不对公知常识的认定进行举证，对于提高专利水平和激发创新主动性都是不利的，与专利法“为了保护专利权人的合法权益，鼓励发明创造，推动发明创造的应用，提高创新能力，促进科学技术进步和经济社会发展”的立法宗旨也不相适应。上述第二种观点过于强调公平原则，要求审查机关向申请人提供认定为公知常识的所有文献证据，这在某些情况下会大大降低行政效率。我国目前发明专利的申请数量庞大并且增长迅速，申请人对于审批周期要求也很高，因此行政效率是一个必须考量的重要因素。

因此，为了同时提高专利质量和行政效率，有必要对于公知常识及其相关概念（“惯用手段”“普通技术知识”和“常规实验”）的举证责任重新进行考量和分配。

（三）创造性审查中的公知常识举证

在创造性评价时一般采用“三步法”，第一步是确定最接近的现有技术，第二步是确定发明的区别特征和发明实际解决的技术问题，第三步是判断要求保护的发明对本领域的技术人员来说是否显而易见。涉及第三步的判断时才会应用公知常识及其相关概念。因此，我们可以对第二步的判断结果进行分类，从而讨论公知常识的举证责任。

创造性评判应从把握发明构思入手，抓住技术实质判断发明贡献，从而实现立法宗旨。对于区别特征，在申请中要么明确记载了效果或作用，要么没有记载效果或作用。通常认为，在申请中明确其效果或作用的技术特征，都属于申请人认为的发明点。针对上述区别特征，即使审查员认定为公知常识，也应对其进行举证，并且为了让申请人信服，举证应该以文献证据为主。相反，如果在申请中并没有记载区别特征的效果或作用，可以认为该区别特征不是申请

[1] 李晓明．在专利审查中的公知常识举证问题浅析［J］．电子知识产权，2015（10）：59－61，67.

[2] 张冬梅．专利授权确权案件中公知常识的证明［J］．知识产权，2012（10）：31－34.

人认为的发明点，即不是直接体现发明构思的特征，没有体现发明的智慧贡献。此时，如果审查员有理由认定该区别特征属于公知常识，则应该由申请人对其进行举证，即举证责任倒置。

例如：发明请求保护一种工艺，申请人认为采用了一种新催化剂从而提高了产率，并具体限定了催化剂的用量是一个小范围。对比文件公开了采用这种催化剂的生产工艺，只公开了催化剂用量的一个大范围。此时可以分两种情况讨论。

（1）说明书具体实施例中证明了这个小范围具有更高的产率，比大范围产率高3%。申请人认为的发明点有两个，一个是新催化剂，另一个是催化剂用量。但根据审查员检索到的现有技术，该催化剂已经被公开了，相对于最接近的现有技术该发明的发明点仅是催化剂用量。如果审查员认为催化剂的用量属于“常规实验”可以确定的，那么审查员应该提供证据，例如可以提供对于这种生产工艺产率提高5%是很容易做到的。相反，如果审查员找不到这种证据，甚至找到了这种生产工艺提高0.5%就会带来巨大利益的证据，那么就不应将该用量的选择认定为常规实验，也就不应该对其创造性提出质疑。

（2）说明书没有记载任何关于催化剂用量效果的说明或者其技术效果与对比文件公开的大范围相当。此时，申请人认为的发明点在于新催化剂，而不在于催化剂的用量。根据审查员检索到的最接近的现有技术，该催化剂已经被现有技术公开了，但现有技术没有具体公开催化剂的用量，那么，审查员可以认为这种参数的调整属于“常规实验”可以确定的。此时，如果申请人认为该用量无法通过“常规实验”获得，其应该提供证据以证明该区别特征并非通过“常规实验”获得，此时的举证责任实际已经转移给了申请人。例如，可以提供催化剂用量选择需要考虑很多因素，并且这些因素具有极大的不确定性等。

根据申请日提交的说明书中具体记载的技术效果与发明点的分析来决定公知常识的举证责任分配方式，一方面可以减轻审查员对公知常识举证的压力，提高行政效率，另一方面也对申请人的利益进行保护，同时对申请人申请专利进行了引导，既体现了效率与公平的行政审批原则，也对提高专利申请质量起到了正面的导向作用。要求申请人准确地界定其技术内容和技术实质，将发明对社会的智慧贡献记载在说明书中，这对全面提升我国专利申请文件的撰写质量和专利授权质量无疑都是有利的。审查员可以根据说明书的记载准确把握要求保护的技术方案，这对高效高质地完成审查工作也是很有裨益的。因此，上述举证责任的分配方式，兼顾了行政效率与公平的原则，具有很强的可操作性。

而且，采用举证责任倒置的处理方式也符合我国民事诉讼和刑事诉讼程序中的“举证责任倒置”的原则。专利审查行为属于依申请的行政行为，这类行为起因于申请人希望获得某种权利即专利权，因此，由申请人对自己提出的申请的主张承担举证责任也是合理的。因为，申请人作为其发明创造所属技术领域的专业技术人员，更了解技术的核心和发明的创新点所在，完全具备就公知常识进行举证的能力，那么，为了获得具有排他性的专利权，其承担公知常识的举证责任就更具可行性了。[1]

三、公知常识的证据形式

（一）公知常识的举证难度

在《指南》中只列举了教科书或工具书（技术词典、技术手册等）可以用于证明公知常识，同时，由于审查实践中涉及的现有技术包括所有的技术，不具有公知常识所特有的普遍知晓程度，因此采用一两篇专利文献或非专利文献来证明公知常识也显不足。

在对公知常识进行举证的过程中，往往会遇到如下两种情形：一是某技术手段过于简单和通用，很难在教科书或工具书中体现（例如：手机形状为圆角的方形）；二是某技术手段过新，还没有在教科书或工具书上体现（例如：生物技术中的某些特征）。这就给审查员的举证带来了很大的困难。

（二）公知常识的适当扩展及其分析

欧专局的审查指南对公知常识证据进行了扩展，便于举证。在我国也可以参考欧专局的相关规定对公知常识的证据进行一些扩展，适当地扩展到专利文献和非专利文献，但同时要考虑到公知常识需要一个普遍知晓的程度，因此对专利文献和非专利文献也要进行具体的限制。

第一，对多篇专利文献，如果申请人或专利权人不同，或者申请人或专利权人中涵盖了本领域主要设备制造商、服务供应商或研发机构，则该多篇专利文献可以作为公知常识的证据使用；对于单篇专利文献，如果引用频率非常高，则该篇专利文献可以作为公知常识的证据使用。

第二，对多篇非专利文献，其作者不同并且发表在不同的学术刊物上，则该多篇非专利文献可以作为公知常识的证据使用；对单篇非专利文献，如果其是本领域领军科学家所著、引用频率非常高、在本领域顶级杂志发表的研究文章或者在本领域比较有名的杂志上发表的综述性文章，则该篇非专利文献可以作为公知常识的证据使用。

基于公知常识所具有的普遍知晓性，可以从本领域技术人员内心确认度的

[1] 陈力. 试论专利行政审批中的举证责任的分配原则［J］. 法制与社会，2011（2）：76－77.

角度来具体分析对其进行适当扩展的合理性与可行性，即将本领域技术人员内心确认度高的内容定义为公知常识的范畴。

专利文献通常仅仅是申请人为了获得专利保护而撰写的文件，其目的不在于获得本领域的普遍认可。对于仅仅有一篇专利文献公开，或者虽然有多篇专利文献公开，但是这些专利文献申请人或专利权人相同或者有某种联系，此时被本领域技术人员普遍获知的可能性较小。如果有多篇专利文献都记载了同样的技术内容，这些专利文献的申请人或专利权人不同并且没有联系；或者这些申请人或专利权人覆盖所属技术领域主要设备供应商、服务提供方或研发机构，那么其被该领域技术人员普遍获知的概然性较大，此时，将在专利文献中公开的内容认定为属于公知常识，可以形成较高的内心确认。

非专利文献通常仅仅是作者对自己研究成果的一种发表，其目的在于获得本领域的认可。对于该领域领军科学家发表的研究文章、在该领域顶级杂志发表的研究文章、在该领域比较有名的杂志上发表的综述性文章或者引用频率非常高的文章，即使只有一篇，其内容被该领域技术人员阅读的可能性仍然很大，其被该领域技术人员普遍获知的概然性较大。如果多篇非专利文献都公开了相同技术内容且作者不同，则被该领域人员普遍获知的概然性较大，此时，将在单篇或多篇非专利文献中公开的内容认定为公知常识，可以形成较高的内心确认。

采用如上方式对专利文献和非专利文献进行限制后，一方面扩展了公知常识的举证形式，减少了举证难度，提高了行政效率；另一方面由于对专利文献和非专利文献的普遍知晓程度进行了规定，也满足了公知常识的基本含义，不会损害申请人的利益。

四、结　语

通过分析可以得出，在审查实践中经常使用的“公知常识”“惯用手段”“普通技术知识”与“常规实验”等概念都是相关的，是本领域技术人员掌握的知识或能力。对区别特征及其效果或作用进行分类，可确定公知常识的举证责任。对说明书中明确记载了具有效果或作用的区别特征，如果要认定其为公知常识，审查员应该提供公知常识的证据，并且通常为文献证据；相反，对说明书中未记载效果或作用的区别特征，如果要认定其为公知常识，审查员可以不必提供文献证据，申请人应该承担该举证责任。借鉴欧专局的现行规定，对我国公知常识及其相关概念的证据形式进行适当扩展，并对专利文献和非专利文献的知晓程度进行规定，既有利于提高行政审批的效率，也有利于提高专利审批的质量，并不损害申请人的利益。

办理PCT申请进入中国国家阶段手续应注意的特殊问题*

周学平　张　妍

摘　要：随着我国申请人提交PCT申请数量的不断增长，其申请进入国家阶段的数量也日益增多。但我国申请人对PCT体系的了解程度有限，办理进入中国国家阶段手续时的失误较多，造成很多不必要的损失。本文结合审查实践梳理了申请人办理PCT申请进入中国国家阶段手续时应注意的特殊问题，主要涉及在中国效力的判断、最低手续、援引加入保留、重要期限、关注对国际公布文本信息更正及国际阶段通知书、关注《专利合作条约》及其实施细则的修改等。

关键词：PCT申请　专利合作条约　国家阶段手续

我国于1993年9月15日向世界知识产权组织递交加入书，1994年1月1日正式成为《专利合作条约》（PCT）成员国。经过20年的不懈努力，2013年，我国PCT国际专利申请量达到2.15万件，跃居世界前三。由于PCT体系只是专利申请体系，不是专利授权体系，授予专利的决定完全由进入其国家或地区阶段的国家局、地区局作出，这一工作由《专利合作条约》认定的各指定局根据各国或地区的专利制度规定完成。要在相关国家或地区获得有效且稳定的专利，PCT申请必须办理进入国家阶段手续。

我国PCT申请的主体主要集中在大型企业、大学、科研机构等。随着我国中小企业对专利战略的重视及其国际化发展战略的需要，中小企业提交PCT申请的数量在不断增长，其申请进入国家阶段的数量也日益增多。但目前我国大

* 文章来源：《中国发明与专利》2014年第9期（总第129期）。

部分申请主体和代理机构对PCT体系的了解程度有限，在办理PCT申请进入国家阶段手续时经常由于自身对PCT制度的不了解而导致申请人专利权益受损，尤其是涉及申请人关键的核心专利时，有时会给申请人造成无法挽回的重大损失。中小企业及个人受资金、地域等条件所限，往往自行办理相关手续，由其自身失误所导致的不必要的损失问题更为突出。

本文结合PCT申请的审查实践，梳理了申请人办理PCT申请进入中国国家阶段手续时应注意的一些特殊问题，尤其是一些办理失误后无法补救的手续问题，希望能对我国申请人有所帮助。

一、对在中国效力的判断

一件PCT申请在办理进入国家阶段手续前，首先应判断该申请在中国是否具有效力。如果没有效力，则不能办理进入国家阶段手续，无法在中国获得专利授权。在进行国际申请的申请权转让前，应核实该PCT申请在中国是否有效力，以避免不必要的损失。对效力的判断主要分为以下两个方面。

（1）应确认国际公布文本扉页或经确认的国际申请副本请求书中有指定中国的记载

如果没有指定针对中国的记载，则该申请在中国不具有效力。如果这种记载的缺失属于申请人提出国际申请时疏漏所造成的，申请人应及时联系WIPO国际局（以下简称“国际局”）对国际公布文本扉页作出更正，待国际局公布最新的经更正的公布文本后，再办理进入中国国家阶段的手续。但如果已经接近办理进入手续的届满日期，申请人可以在规定期限内（自优先权日起30个月）先办理进入手续，同时向国际局提出更正请求，并向国家知识产权局说明情况，以免错过办理进入手续的最后期限。

（2）应确认要办理进入手续的PCT申请在国际阶段未被撤回或者视为撤回，或者对中国的指定未被撤回

提醒申请人注意，如果申请人在国际阶段主动撤回了该PCT申请，或者由于该PCT申请在国际阶段有不可弥补的缺陷被视为撤回，或者出于专利战略调整的需要撤回针对中国的指定，申请人应确认其PCT申请是否在国际阶段发出过国际申请被视为撤回通知书（PCT/RO/117表）、撤回通知书（PCT/RO/136表）、撤回国际申请或撤回针对中国的指定通知书（PCT/IB/307表）中的任何一种通知书。如果出现上述情况，则该PCT申请在中国不具有效力，不能进入中国国家阶段。

二、办理进入国家阶段手续的最低手续

根据我国《专利法实施细则》第103～105条的规定，国际申请的申请人应当在《专利合作条约》第2条所称的优先权日起30个月内，向国务院专利行政部门办理进入中国国家阶段的手续；申请人未在该期限内办理该手续的，在缴纳宽限费后，可以在自优先权日起32个月内办理进入中国国家阶段的手续。办理进入国家阶段手续时，应当符合下列要求：①以中文提交进入中国国家阶段的书面声明，写明国际申请号和要求获得的专利权类型；②缴纳专利申请费900元，发明专利文印费50元，申请人在优先权日起30个月至32个月的期限内办理该手续的，应缴纳宽限费1000元；③国际申请以外文提出的，提交原始国际申请的说明书、权利要求书的译文。

对于国际局尚未向国务院专利行政部门传送国际申请的，申请人应当提交经确认的国际申请副本，该副本是经受理局确认的“受理本”副本，或经国际局确认的“登记本”副本。申请人也可以要求国际局按照《专利合作条约实施细则》47.4的规定传送国际申请副本，或者向国务院专利行政部门提出请求，由国务院专利行政部门要求国际局传送国际申请副本。

申请人应注意，以上提及的期限、费用、文件，缺一不可，如果申请人未在自优先权日起32个月内按照上述规定办理进入中国国家阶段的手续或在该期限内办理的手续仍不符合上述规定，则该国际申请在中国的效力终止，无法再进入中国国家阶段，无法获得在中国的专利授权。

三、中国国家知识产权局作为指定局对《专利合作条约》及其实施细则条款的保留

（一）对援引国际申请中遗漏项目或部分的保留

根据《专利合作条约实施细则》第20条的规定，如果申请人在递交国际申请时遗漏了某些项目或部分，可以通过援引在先申请中相应部分的方式将其加入并保留原国际申请日。“项目”是指全部说明书或全部权利要求，“部分”是指部分说明书、部分权利要求、全部或部分附图。中国国家知识产权局对该条款作出了保留，即在国际阶段利用这一条款的PCT申请进入中国国家阶段时，对于通过援引优先权文件的方式加入的项目或部分，中国国家知识产权局不予认可。目前，除中国外，欧洲专利组织、德国、西班牙、日本、韩国等申请量较大的指定局大多对此条款进行了保留，因此申请人在提交国际申请时应慎重利用该条款，申请文件应尽可能完整、准确，避免出现遗漏。

申请人在办理进入中国国家阶段手续时，可以在提交的中文译文中删除援引加入项目或部分，并作出“提交的中文译文中未包含援引加入项目或部分”的声明，可以保留原国际申请日；申请人也可以在提交的中文译文中包含援引加入项目或部分，指明援引加入部分在译文中的位置及国际阶段提交援引加入的时间，并作出“提交的中文译文中包含援引加入项目或部分”的声明，同时请求修改相对于中国的申请日。对于后一种情况，国务院专利行政部门将根据国际局传送的“确认援引项目或部分决定的通知书”（PCT/RO/114 表）的记载，以受理局收到援引项目或部分之日为该申请在中国的申请日。应当注意的是，如果重新确定的申请日超出了所要求优先权的在先申请日起 12 个月，根据《专利法》第 29 条的规定，则该在先申请不能再作为该申请的优先权，国家知识产权局将发出视为未要求优先权通知书。

（二）对超出优先权期限的优先权恢复的保留

根据《专利合作条约实施细则》第 49 条的规定，允许申请人在 12 个月的优先权期限届满之后递交国际申请时仍有要求以该在先申请为优先权的权利。中国国家知识产权局作为指定局对该条款予以保留，即在国际阶段利用该条款的 PCT 申请进入中国国家阶段时，受理局所作出的优先权恢复的决定不在中国发生效力，中国国家知识产权局不认可其在国际阶段恢复的优先权，将发出视为未要求优先权通知书，但办理进入国家阶段手续的期限仍按照原最早优先权日起算。申请人应注意，除中国外，欧洲专利组织、美国、日本、韩国、德国等国家或地区也对此条款进行了保留，申请人应尽可能在 12 个月的优先权期限内递交国际申请，避免出现进入国家阶段时无法享受该优先权而导致权利无法得到保护的情况。

四、关注国际公布文本的信息更正

国际公布文本是指国际局公布的国际申请文本，其内容主要包括：记载著录项目信息和摘要及摘要附图（如果有）的扉页、说明书、权利要求书、附图、按《专利合作条约》第 19 条的修改、声明、关于微生物保藏的说明（PCT/RO/134 表）、确认援引项目或部分决定的通知书（PCT/RO/114 表）、电子形式公布的核苷酸/氨基酸序列表等。

申请人在办理进入国家阶段手续时，应确认国际公布文本信息是否完整、准确。申请人如果发现国际局公布的国际公布文本中的信息错误，应及时向国际局提出更正请求。如果该错误是因国际局失误造成，国际局在核实后会及时发布更正信息；如果该错误是由申请人造成，则该更正请求一般不会被接受。申请人如果已向国际局提出更正或修改请求，应密切关注其请求是否已被国际局接受，其结果以国际局发布的更正公布文本为准。

比如，申请人发现某国际申请的国际公布文本中遗漏某几项权利要求，如其原因为由于自身失误在提交国际申请时遗漏所致，则申请人在办理进入国家阶段手续时，不应再提交遗漏权利要求的译文；否则，国家知识产权局将发出补正通知书要求申请人改正译文错误，同时需缴纳1200元译文改正费。如其原因为国际局失误所致，则申请人应尽快向国际局提出更正错误请求，如在办理进入国家阶段手续时国际局尚未更正，则应提交意见陈述，说明已请求更正的情况，以使国家阶段的审查员知晓该消息，作出合理的处理，避免造成损失。

国际公布文本首次公布以代码A1、A2公布，根据《专利合作条约》第21条（2）的规定，国际申请的国际公布应在自该申请的优先权日起满18个月后迅速办理。如果国际检索报告在国际局公布的技术准备完成前已经作出，则国际公布文本以A1方式公布，其文本中包括国际申请和国际检索报告；如果国际检索报告在国际局公布的技术准备完成前尚未作出，或者国际检索单位由于该国际申请涉及的内容按《专利合作条约实施细则》的规定不要求国际检索单位检索，或者因说明书、权利要求书和附图不符合要求而不能进行有意义的检索而不作出国际检索报告，则国际公布文本以A2方式公布，其文本中只有国际申请本身。

以上公布完成后，如有需要更正或补充的信息将重新公布。涉及国际公布文本信息更正或补充的国际公布种类主要有以下几种：

A3：表示随后公布的国际检索报告及经更正的扉页；

A4：表示随后公布的按照《专利合作条约》第19条修改的权利要求和/或声明以及经更正的扉页；

A8：表示对国际申请扉页中的著录项目信息的更正；

A9：表示对国际申请或国际检索报告的更正、变更或补充文件。

其中A4、A8、A9为自2009年1月1日起新增的代码。

五、关注国际阶段通知书

申请人在办理进入国家阶段手续时及之后，仍应密切关注国际局发出的通知书，尤其是如果申请人仅是通过转让获得的该国际申请在中国的申请权，未获得该国际申请全部的权利，则该转让一般不会在国际局备案，该申请的申请权和其他权利仍有可能发生变动，比如原申请人撤回该国际申请，或因为未答复国际阶段通知书被视为撤回、撤回优先权、优先权被视为撤回等，因此申请人应实时关注国际局网站发布的通知书，及时了解相关信息，办理进入国家阶段手续时及时调整相关策略及文件，尽量避免造成损失。

国际阶段的通知书根据涉及的相关单位主要有4种：受理局发出的通知书、国际局发出的通知书、国际检索单位发出的通知书、国际初步审查单位发出的通知书，其形式分别为PCT/RO/×××表、PCT/IB/×××表、PCT/ISA（或SISA）/×××表、PCT/IPEA/×××表，其中×××为数字，代表相应通知书编码。

受理局发出的对申请人权益影响较大的通知书主要有以下几种：关于缴纳规定费用的通知（PCT/RO/102表）、国际申请号和国际申请日通知书（PCT/RO/105表）、通知改正国际申请中的缺陷（PCT/RO/106表）、有关国际申请中某些部分遗漏或者看来遗漏的通知（PCT/RO/107表）、通知提出更正请求（PCT/RO/108表）、关于更正请求的决定的通知书（PCT/RO/109表）、改正优先权要求和/或请求恢复优先权要求的通知书（PCT/RO/110表）、关于优先权要求的通知书（PCT/RO/111表）、记录变更的请求（PCT/RO/113表）、确认援引项目或部分决定的通知书（PCT/RO/114表）、国际申请被视为撤回通知书（PCT/RO/117表）、送交文件的通知书（PCT/RO/118表）、收到据称的国际申请的通知书（PCT/RO/125表）、关于后交纸页或附图的通知书（PCT/RO/126表）、无其他可适用表格时的通知书（PCT/RO/132表）、通知缴纳规定费用及其滞纳金（PCT/RO/133表）、撤回通知书（PCT/RO/136表）、改正请求书中依据《专利合作条约实施细则》4.17所作声明的通知（PCT/RO/156表）、拒绝恢复优先权请求和/或提交声明或其他证据的通知（PCT/RO/158表）、关于恢复优先权请求决定的通知（PCT/RO/159表）。

国际局发出的对申请人权益影响较大的通知书主要有以下几种：收到登记本的通知书（PCT/IB/301表）、涉及优先权文件提交或传送的通知书（PCT/IB/304表）、记录变更通知书（PCT/IB/306表）、撤回国际申请或指定通知书（PCT/IB/307表）、关于可获得国际公布文本的通知书（PCT/IB/311表）、撤回优先权要求通知书（PCT/IB/317表）、优先权要求被认为未提出通知书（PCT/IB/318表）、国际申请被认为撤回通知书（PCT/IB/325表）、选定通知书（PCT/IB/331表）、撤回要求书或选定通知书（PCT/IB/339表）、无其他可适用表格时的重要通知书（PCT/IB/345表）、要求书被认为未提交或者未作出通知书（PCT/IB/350表）。

国际检索单位发出的重要通知书主要为国际检索报告（PCT/ISA/210表）和国际检索单位作出的不予检索的决定（PCT/ISA/203表）。

国际初步审查单位发出的重要通知书主要为专利性国际初步报告（《专利合作条约》第二章）（PCT/IPEA/409表），是由国际初步审查单位对请求保护的发明是否具有新颖性、创造性、工业实用性给出的初步的、无约束力的意见。

六、严格把握期限

专利审批过程中涉及的期限分为法定期限和指定期限。法定期限是指《专利法》及其实施细则规定的各种期限。法定期限不可延长，不可恢复。一旦未在法定期限内办理相关手续，将丧失相关权利。申请人应严格把握。

（一）法定期限

办理进入国家阶段手续的法定期限主要有以下几种。

1. 办理进入国家阶段手续的期限

根据《专利法实施细则》第103条的规定，国际申请的申请人应在优先权日起30个月内向国务院专利行政部门办理进入国家阶段的手续；申请人未在该期限内办理该手续的，在缴纳宽限费后，可以在自优先权日起32个月内办理进入中国国家阶段的手续。

2. 提交按照《专利合作条约》第19条和第34条修改的译文的期限

根据《专利法实施细则》第106条的规定，国际申请在国际阶段作过修改，申请人要求以经修改的申请文件为基础进行审查的，应当自进入日起2个月内提交修改部分的中文译文。因此，对于国际阶段已经公布按照《专利合作条约》第19条和第34条修改文件的国际申请，申请人应当在办理进入国家阶段手续时，最迟应当自进入日起2个月内提交按照《专利合作条约》第19条和第34条修改的译文，并声明作为审查基础。

3. 办理实质审查请求期限

根据《专利法》第35条第1款的规定及《专利法实施细则》第101条的规定，进入国家阶段的国际申请，应自优先权日起3年内提出实质审查请求，并缴纳实质审查费。

4. 办理登记手续的期限

根据《专利法实施细则》第54条第1款的规定，国务院专利行政部门发出授予专利权通知书后，申请人应自收到通知之日起2个月内办理登记手续。期满未办理登记手续的，视为放弃取得专利权的权利。

（二）特殊期限

由于PCT申请的特殊性，办理进入国家阶段手续时，除以上法定期限不能延长和恢复外，以下特殊期限也是不可延长和恢复的，申请人务必严格控制相关手续的办理时机和相关期限。

1. 提交按照《专利合作条约》第28条或第41条作出的修改文件的期限

申请人仅可以在办理PCT申请进入国家阶段的同时，提交按照《专利合作条约》第28条或第41条作出的修改文件，并声明作为审查基础。

2. 改正优先权要求期限

申请人在国际阶段提出的优先权书面声明中某一事项有书写错误，应在办理进入国家阶段手续的同时或自进入日起2个月内提出改正优先权请求。如错过该时机，不再允许申请人改正优先权。

3. 国际阶段被视为未提出的优先权要求的恢复期限

国际申请在国际阶段发生过《专利合作条约》第26条之二.2的情形，由国际局或受理局宣布过优先权要求视为未提出的，且被视为未提出的优先权要求的有关信息连同国际申请一起公布过，则申请人在办理进入国家阶段手续的同时可以提出恢复优先权的要求，并缴纳恢复费。进入国家阶段之后提出的恢复请求不予考虑。

4. 通过修改相对于中国的申请日的方式保留援引加入项目或部分的期限

对于申请文件中含有援引加入项目或部分的，如果申请人在办理进入国家阶段手续时未予以指明或者要求修改相对于中国的申请日，则不允许申请文件中保留援引加入项目或部分。申请人在后续程序中不能再通过请求修改相对于中国的申请日的方式保留援引加入项目或部分。

5. 提出复查请求的期限

根据《专利合作条约》的规定，当受理局拒绝给予国际申请日或宣布国际申请被视为撤回，或者国际局由于在规定的期限内没有收到国际申请的登记本而宣布该申请被视为撤回时，允许申请人向作为指定局或选定局的专利局提出复查请求。复查请求应当自收到上述处理决定的通知之日起2个月内提出。

七、关注《专利合作条约》及其实施细则的最新变化

《专利合作条约》是继《保护工业产权巴黎公约》之后专利领域的最重要的国际条约，是国际专利制度史上的一个里程碑。世界知识产权组织为平衡各成员国利益，更好地发挥《专利合作条约》的作用，不断对《专利合作条约》及其实施细则进行修订。《专利合作条约》于1970年6月19日由35个国家在华盛顿签订，自1978年6月1日开始实施，截至目前，共经历3次修订，分别是1979年9月28日、1984年2月3日、2001年10月3日。《专利合作条约实施细则》的修改更为频繁，其于1970年6月19日签订，先后经过38次修改，其中20世纪70年代经过3次修改、80年代经过8次修改、90年代经过8次修改，进入21世纪共经过19次修改，最近一次修改于2016年10月1日通过，于2017年7月1日生效。

由上可见《专利合作条约》及其实施细则的修改之频繁，每一次修改对申

请人利益都可能会造成一定程度的影响，例如2007年7月1日生效的实施细则修订了援引加入、优先权恢复、改正程序等内容，2010年7月1日生效的实施细则对国际申请费、检索费、手续费、缴费期限、补充国际检索等内容进行了修订，2014年7月1日生效的实施细则对国际初步审查单位的程序、专利性国际初步报告的基础等内容进行了修订。因此，申请人应密切关注《专利合作条约》及其实施细则的变化，及时评估其变化对PCT申请进入中国国家阶段可能造成的影响，并制定相应应对策略，避免造成不必要的损失。

八、结束语

PCT申请进入中国国家阶段的申请不但受我国《专利法》约束，同时也受《专利合作条约》框架下相关法规的约束，其办理手续较为复杂。申请人办理PCT申请进入中国国家阶段手续时应加强对相关规定的了解，尽量避免因操作失误导致的权利损失。

本文对办理PCT申请进入中国国家阶段手续时应当注意的特殊问题进行了介绍。希望通过介绍，能够引起申请人对相关问题的重视和警惕，也希望对申请人办理相关手续有所帮助。

参考文献

[1] 中华人民共和国国家知识产权局．专利审查指南2010［M］．北京：知识产权出版社，2010.

[2] 国家知识产权局．PCT法律文件汇编（2009）［M］．北京：知识产权出版社，2010.

发明初审阶段中敏感问题的审查标准研究*

曲 燕 朱 骥

摘　要：为保障专利申请文件的出版公布质量，针对发明初审阶段中遇到的妨害公共利益或侵犯他人合法权益等不宜公布的敏感信息，深入解读相关法条及法条背后的立法目的、不同法条之间的关系与差异，梳理法条的适用规则，提出符合立法目的的法律适用规则；为贯彻法律精神，增强立法的有效性以真正实现依法行政，提出相关法规修改及出版公布方式的建议。

关键词：发明初审　公布质量　敏感问题　审查标准　立法目的　修法建议

国家知识产权战略实施以来，我国专利申请量保持持续快速增长态势。然而在申请量快速增长的背后，随着时代的发展也出现一些问题，比如在专利申请文件的撰写内容中涉及一些敏感问题，具体体现在：①违反法律、行政法规或国家规定禁止的、可能妨害公共利益或违反公共道德的内容，如扰乱公共秩序、影响国家形象、妨害人身健康及安全的内容等；②涉嫌侵犯他人合法权益，如肖像权、名誉权及隐私权等。这些问题虽然体现的是少数和局部现象，但一旦在社会上公布后，会使公众对相关专利的合法性产生怀疑，影响专利的严肃性和权威性，削弱专利制度的公信力，并可能会造成不良的社会影响。因此，专利申请文件出版公布的审核责任重大。

发明专利申请的初步审查（以下简称“发明初审”或“初审”）是发明专

---

* 文章来源：《知识产权》2015 年第 3 期。

利申请受理之后、公布之前的一个必要程序。[1] 在初审阶段，有必要加强对敏感问题的筛查及处理，以提高申请文件出版公布质量，为后流程的实质审查工作打下良好的审查基础。

结合敏感案件中存在的焦点及难点问题，本文拟通过对相关法律条款的深入解读，深入探讨不同情形下实现立法本意的法律适用规则及修法建议，以完善相关法规，实现审查标准执行一致。

一、问题的提出

（一）典型案例

1. 申请涉及违反法律、妨害公共利益的技术方案的内容

案例 1 涉及利用钱币的性能对产品进行标识的方法。其主要内容是将纸币如人民币放置在该产品的包装内。在说明书附图中出现发明所使用的 10 元人民币的图像。

根据《中国人民银行法》及《人民币管理条例》的相关规定[2]，案例 1 实质上涉及一种非法买卖流通人民币的行为，属于人民币的变相滥用，会扰乱正常的金融秩序，妨害公共利益。因此，案例 1 中涉及人民币的技术方案违反相关法律、妨害公共利益。

2. 申请涉及违反法律、妨害公共利益，但不属于技术方案的内容

案例 2 涉及一种扫描图像的装置及方法。在说明书具体实施方式中涉及用该装置扫描国徽图像，并在说明书附图中展示了用该发明装置和现有装置分别扫描国徽的清晰度对比示意图。相比于现有装置的示意图，用该装置扫描的国徽图像更为清晰。

国徽是国家权力的标志，代表国家的最高尊严，是公共利益中国家利益的体现。根据《国徽法》的相关规定[3]，使用国徽图案有严格的限制，需要遵守

---

[1] 中华人民共和国国家知识产权局．专利审查指南 2010［M］．北京：知识产权出版社，2010：11.

[2] 《中华人民共和国中国人民银行法》第 19 条规定，禁止在宣传品、出版物或者其他商品上非法使用人民币图样。《中华人民共和国人民币管理条例》第 25 条规定，禁止非法买卖流通人民币；第 26 条规定，经营流通人民币，应当经中国人民银行批准。

[3] 《中华人民共和国国徽法》第 7 条规定：“下列文书、出版物等应当印有国徽图案：（一）全国人民代表大会常务委员会、中华人民共和国主席和国务院颁发的荣誉证书、任命书、外交文书；（二）中华人民共和国主席、全国人民代表大会常务委员会委员长、国务院总理、中央军事委员会主席、最高人民法院院长和最高人民检察院检察长以职务名义对外使用的信封、信笺、请柬等；（三）全国人民代表大会常务委员会公报、国务院公报、最高人民法院公报和最高人民检察院公报的封面；（四）国家出版的法律、法规正式版本的封面。”第 9 条规定：“在本法规定的范围以外需要悬挂国徽或者使用国徽图案的，由全国人民代表大会常务委员会办公厅或者国务院办公厅会同有关主管部门规定。”

有关主管部门的规定。一般只有在政府颁发的证书、文书及公报中加印国徽，其他出版物中不能随意加以使用。可见，该申请涉及影响国家利益的信息。然而，案例2中，国徽不是该发明装置的组成结构，也不是该发明方法产生的效果，而仅仅是利用其图像对比，帮助本领域技术人员更直观、更形象地理解发明技术方案带来的效果。

3. 申请包含涉嫌侵犯他人合法权益、但不属于技术方案的内容

案例3涉及一种文字及图片标引的方法。说明书附图中展示如何实施该发明，其中一幅图为使用该发明的方法标引的图片，其来源于某网站的网页截图，其中含有诋毁某明星的文字描述及被歪曲的个人照片。根据《民法通则》第100条、第101条的规定，所述图片涉嫌侵犯该明星的肖像权❶及名誉权❷。不过，同样地，所述图片不是该发明方法的技术特征，而是实施该发明的载体，换言之，用来帮助理解如何实施本发明的方法。

（二）问题分析

案例1~3均包括不符合国家相关法律规定的附图，但彼此之间还是有区别的。案例1属于发明创造明显违反相关法律、妨害公共利益的情形，而案例2和案例3虽然分别明显妨害公共利益及侵犯他人合法权益，但其附图仅为了帮助理解发明，说明发明创造如何实施。

在发明初审阶段，明显侵犯他人合法权益的内容、明显妨害公共利益的标识信息及其他不适宜公开的敏感信息大多出现在说明书尤其是说明书附图中。由于图片一目了然，能够在最短时间内展示技术效果，且获取信息时费力较小，因此，在浏览专利申请文件时，公众很容易最先注意说明书附图。此时，敏感信息最容易被关注，也容易造成不良影响。

然而，虽然这些敏感信息不适宜公布，但在很多案例情形下不属于技术方案本身的内容，也不属于发明直接产生的结果，而仅是作为辅助信息，用来帮助理解发明的技术方案。那么，此类情形下是否属于《专利法》第5条第1款规定的“违反法律、社会公德和妨害公共利益的发明创造”，目前争议较大，相关法律依据并不明确。

为维护专利审查工作的公信力，审查员有必要对专利申请文件中的敏感信息进行严格的审查。因此，应加强对相关审查规则的法理研究，统一审查标准。

---

❶《中华人民共和国民法通则》第100条规定：“公民享有肖像权，未经本人同意，不得以营利为目的使用公民的肖像。”

❷《中华人民共和国民法通则》第101条规定：“公民、法人享有名誉权，公民的人格尊严受法律保护，禁止用侮辱、诽谤等方式损害公民、法人的名誉。”

二、相关法律法规研究

（一）《专利法》第5条及《专利法实施细则》第10条解读

根据《专利法》第5条第1款及《专利审查指南2010》（以下简称《指南》）第二部分第一章第3.1节的相关规定，《专利法》第5条第1款强调的是，发明创造本身或者发明创造的使用、制造不能违反法律、社会公德或者妨害公共利益。

根据《专利法实施细则》第10条的规定，《专利法》第5条所称违反法律的发明创造，不包括仅其实施为法律所禁止的发明创造。

可见，《专利法》第5条中“违反法律”的立法本意是排除“发明创造的直接目的或其本质上为我国法律明文禁止或者与我国法律相违背”的专利申请，仅其实施为法律所禁止的发明创造不包含在内。也就是说，判断一项发明创造是否违反法律、社会公德，或妨害公共利益，前提是从发明创造本身（包括发明目的、技术方案及技术效果）及直接带来的结果出发。

（二）《专利法实施细则》第17条解读

不适宜公开的敏感信息大多出现在说明书尤其是说明书附图中。与说明书撰写问题相关的法律条款仅涉及《专利法实施细则》第17条第3款。但是该条款只规定说明书应当用词规范、语句清楚。

对于规范，《辞海》的解释是“标准、法式；合乎标准的”，对标准的解释为“衡量事物的准则，引申为榜样、规范”。[1] 规范，是人们从事某种活动时所形成并被长期的实践证明是合理的和必要的规则和标准，也可以理解为“约定俗成或明文规定的标准”。[2]

按照《指南》的相关规定[3]，“说明书应当用词规范”可以理解为以下3个方面：①技术规范：说明书应当包含技术内容，不得使用与技术内容无关的词句；②法律规范：说明书的用词应当符合法律法规的要求，不得使用贬低或者诽谤他人或者他人产品的词句；③语言规范：语言文字表述应当规范，符合语法和修辞规范，不应出现文字和标点符号等语言表述错误。

说明书的内容是否清楚规范是发明初审的重要组成部分之一。根据《专利

---

❶ 夏征农，陈至立．辞海：第六版缩印本［M］．上海：上海辞书出版社，2010：123，651.

❷ 张积玉．编辑规范综论［J］．四川大学学报（哲学社会科学版），2003（5）：121.

❸ 根据《专利审查指南2010》第一部分第一章第7.7节的解释，《专利法实施细则》第17条的审查是指，在说明书中，不得使用与技术无关的词句，也不得使用商业性宣传用语以及贬低或者诽谤他人或者他人产品的词句。此外，根据《专利审查指南2010》第一部分第一章第8节，审查员可以改正明显的文字错误和标点符号错误，删除明显多余的信息。

法实施细则第二次修改导读》❶，从立法本意上讲，在《专利法实施细则》中增加该条款的内容，是为初审提供必要的法律依据，以保障公布的申请文件的质量。

三、现阶段法律适用标准

（一）对《专利法实施细则》第17条作扩展理解

专利申请文件的公布、授权或无效宣告等重要信息是通过《专利公报》作为刊物媒介对公众公开发布的。《专利公报》属于国家知识产权局发行的全国范围内的公开出版物，社会影响力是非常大的，那么也应当满足一般公开出版物的出版要求。

根据《宪法》第51条的规定，公民在行使自由和权利的时候，不得损害国家的、社会的、集体的利益和其他公民的合法的自由和权利。

根据《出版管理条例》（2011年修订，国务院令第594号），出版活动应当将社会效益放在首位，其中第25条规定，任何出版物不得含有法律、行政法规和国家规定禁止的内容。❷

由此，扩展理解，为满足出版公布的要求，对于《专利法实施细则》第17条第3款规定的说明书“用词规范”中的法律规范，其应当满足《出版管理条例》第25条的规定，即用词应当符合法律法规和政策文件的要求，比如申请文件中不应当记载有违反国家法律、社会公德或妨害公共利益的内容，不应当存在侮辱或者诽谤他人、侵害他人合法权益等违反《民法通则》规定的民事权利的问题等。

（二）《专利法》第5条与《专利法实施细则》第17条的适用规则

第一，当发明创造本身或者其使用、制造违反法律、社会公德或者妨害公

❶ 《专利法实施细则第二次修改导读》中规定：“是否符合《专利法》第二十六条第三款的规定属于实质审查的范围，在对发明专利的初步审查过程中不能引用该款规定，这导致在初步审查过程中无法要求申请人改正说明书中存在的诸如不清楚之类的缺陷，不能有效地确保十八个月后公布的发明专利申请说明书的质量。为了解决上述问题，在本条第三款中增加规定，‘发明或者实用新型说明书应当用词规范，语句清楚……’。结合对专利法实施细则第四十四条的修改，不符合上述规定是初步审查过程中驳回发明专利申请的理由之一。”

❷ 《出版管理条例》（2011年修订，国务院令第594号）第25条规定：“任何出版物不得含有以下内容：（一）反对宪法确定的基本原则的；（二）危害国家统一、主权和领土完整的；（三）泄露国家秘密、危害国家安全或者损害国家荣誉和利益的；（四）煽动民族仇恨、民族歧视，破坏民族团结，或者侵害民族风俗、习惯的；（五）宣扬邪教、迷信的；（六）扰乱社会秩序，破坏社会稳定的；（七）宣扬淫秽、赌博、暴力或者教唆犯罪的；（八）侮辱或者诽谤他人，侵害他人合法权益的；（九）危害社会公德或者民族优秀文化传统的；（十）有法律、行政法规和国家规定禁止的其他内容的。”

共利益时，适用《专利法》第5条。

根据如上对《专利法》第5条第1款的分析，判断一项发明创造是否违反国家法律、社会公德，或妨害公共利益的前提从发明创造本身出发。由此，针对案例1，当说明书附图中出现人民币的图样，且发明创造本身涉及滥用人民币时，由于其发明创造本身明显违反相关法律，妨害公共利益，因此可以适用《专利法》第5条第1款。

第二，当申请涉及违反法律、妨害公共利益或侵犯他人合法权益的敏感信息时，适用《专利法实施细则》第17条。

在发明初审中，根据如上所述的《出版管理条例》，为满足出版公布的要求，说明书用词“法律规范”的解释应包括，为保证公布质量，说明书中不应当含有法律、行政法规和国家规定禁止的内容，如违反法律、社会公德和妨害公共利益的表述，不得含有侮辱或者诽谤他人、侵害他人合法权益的内容等。

此外，根据《指南》第二部分第八章第5.2.1节的规定，原说明书和权利要求书记载的范围包括原说明书和权利要求书文字记载的内容和根据原说明书和权利要求书文字记载的内容以及说明书附图能直接地、毫无疑义地确定的内容。由此可见，说明书附图在某种意义上可以理解为说明书的一部分。

因此，针对如上案例2和案例3，当附图仅是展示技术效果所用的载体或媒介，而不是技术方案的特征，但又涉及明显违反法律、妨害公共利益或侵犯他人合法权益时，可以认为属于国家相关规定所禁止的不适宜公布的附图，属于说明书内容不规范的情形，可以适用《专利法实施细则》第17条第3款发出审查意见，要求申请人修改。

四、明确标准的法规修改建议

在实际审查中，审查员在指出涉及敏感的、不宜公布的附图时，虽然可以引用《专利法实施细则》第17条第3款，但该条款毕竟主要针对的是说明书文字内容的规范性问题。事实上，与说明书附图撰写直接相关的条款是《专利法实施细则》第18条第3款，但其中仅规定，附图中除必需的词语外，不应当含有其他注释。实际上在审查中，针对含敏感信息的附图并没有明确的、直接可依据的法条。因此，需要确定更为适合的法律依据。

（一）欧洲专利局相关规定

《欧洲专利公约》第53条（a）规定，对发明的公布和利用违反“公共秩序”或道德的，假如发明的利用并不仅仅因为某些缔约国的法律或法规禁止使用，而被认为违反公共秩序或道德的话，不授予欧洲专利。该条款相当于我国《专利法》第5条第1款。

相应地，《欧洲专利公约实施细则》第48条（1）（a）规定：“（1）欧洲专利申请不包括下列事项：a）违反公共秩序和良好习俗的内容和附图。”

根据该细则第48条（1）（a），受理部门（the Receiving Section）可以检查说明书、权利要求书和附图，以确保申请不包含如下述禁止的主题：煽动暴力或违反公共秩序、种族、宗教的或类似的歧视性宣传，或犯罪行为和非常淫秽内容的行为的语句。这些内容在出版公布时可以被删除（omitted）。当然，公开的专利申请应当指明被删除的文字或附图的位置和数目，同时通知申请人被删除的内容。

可见，欧洲专利局的做法是，当在初审阶段发现不适宜公开的内容时，不是援引与专利法保护客体相关的《欧洲专利公约》第53条（a）的规定，而是根据《欧洲专利公约实施细则》第48条（1）（a）的规定，在专利申请公布时将相关内容删除。这样既可以防止这些内容的公开，同时也可以将这种修改是否超范围的判断留待后续审查解决。

（二）法规修改建议

结合我国《专利法》《专利法实施细则》，以及《指南》相关规定，笔者认为，有3种解决方案：一是参照欧洲专利局的做法，修改《专利法实施细则》相关规定；二是为了保持法律稳定性，细化《指南》中的相关解释；三是修改出版公布方式，保证前后审查的协调性。

1.《专利法实施细则》修改建议

修改《专利法实施细则》相关规定，可以进一步明确相关法律依据。修改方案可以包括以下两种。

方案1：①将《专利法实施细则》第17条第3款所述“发明或者实用新型说明书应当用词规范……也不得使用商业性宣传用语”修改为“发明或者实用新型说明书应当用词规范……也不得使用商业性宣传用语，以及不应当含有明显妨害公共利益或侵犯他人合法权益的词句”；②将《专利法实施细则》第18条第3款所述“附图中除必需的词语外，不应当含有其他注释”修改为“附图中除必需的词语外，不应当含有其他注释，及明显妨害公共利益或侵犯他人合法权益的附图”。

方案2：在《专利法实施细则》第16条和第17条之间增加1条内容：“专利申请不应当包含明显妨害公共利益或侵犯他人合法权益的词句或附图。”

两个方案相比，方案1修改相关条款，改动相对较小；方案2增加相关条款，改动相对简明。此外，其中仅提到妨害公共利益，而未涉及违反法律或社会公德的缘由是为了使法条表述更为简要。根据《中国专利法详解》一书的观点，制定所有法律的最终目的都在于维护公众的正当权益，约束各种行为符合公众普遍接受的社会公德。对违反法律、社会公德或者妨害公共利益的发明创造不授予专利权，其出发点是维护国家和人民的根本利益。可见，违反法律、社会公德或者妨害公共利益都可以归结为妨害公共利益。❶

2.《指南》修改建议

修改《指南》的目的在于，对《专利法实施细则》第17条第3款所述的“用词规范”作进一步明确的解释说明。比如，针对《指南》第一部分第一章第7.7节的内容“在说明书中，不得使用与技术无关的词句，也不得使用商业性宣传用语以及贬低或者诽谤他人或者他人产品的词句，但客观地指出背景技术所存在的技术问题不应当认为是贬低行为”，将其修改为“在说明书（包括附图）中，不得使用与技术无关的词句如明显妨害公共利益或侵犯他人合法权益的内容，也不得使用商业性宣传用语。其中，侵犯他人合法权益的内容包括贬低或者诽谤他人或者他人产品的词句或附图，但客观地指出背景技术所存在的技术问题不应当认为是贬低行为”。进一步地，可以对“他人合法权益”解释为“他人肖像权、名誉权、隐私权等”。

由于说明书附图在某种意义上也可以理解为说明书的一部分，说明书要求“用词规范”，那么说明书附图也应当引用规范，不应局限于其字面意思“词语、词句”，亦应包含同样属于说明书内容的“图片”，因此，在上述修改中将说明书附图一并包含在说明书中。这样的修改既符合法理，也避免了《指南》中过多的修改。

3. 出版公布方式建议

当专利申请文件中涉及明显妨害公共利益或侵犯他人合法权益的敏感信息与技术内容紧密相连时，若审查员要求申请人删除相关内容，则不好把握修改是否超范围，那么此时可以参照欧洲专利局的做法，审查员可以在审查系统内保留一份原始申请文件，仅在专利申请公布时将相关敏感信息删除，同时通知申请人被删除的文字或附图以及具体位置。这样既可以防止这些内容的公开造成不良社会影响，也可以将修改超范围的判断留待实审解决。

五、小　结

国家知识产权局对专利申请文件的初审是专利法赋予的法律责任，审查员有责任和义务对专利申请文件进行审慎的审查。为避免申请文件中存在的敏感问题造成不良社会影响，专利申请的初审阶段应加强对敏感案件的排查力度，将明显不符合《专利法》第5条第1款规定的专利申请拦截在初审阶段，这样

❶ 尹新天. 中国专利法详解［M］. 北京：知识产权出版社，2011：48，52.

既便于申请人提交符合专利法规定的新申请，也可以节省实审资源；如果发明目的或发明直接带来的结果并无妨害公共利益的可能性，仅是申请文件记载有妨害公共利益或侵犯他人合法权益的敏感信息时，从立法本意的角度，现阶段应当以内容“不规范”为由提出审查意见，要求申请人修改，以尽快符合出版公布的要求，体现专利法鼓励发明创造的宗旨。但从根本上解决问题的角度，笔者认为，应修改《专利法实施细则》或《指南》相关规定，进一步明确审查依据，增强立法的有效性。

公知常识性证据存在分歧时如何认定的思考*

赵　楠　乐文清　易　方　范培伟

摘　要： 在实审过程中，尤其是创造性审查过程中，常涉及公知常识的举证。本文主要讨论了其中一种较为复杂的情况，即在审查单位举证某一定义的公知常识证据之后，申请人随后提交了对于该定义的另一个公知常识证据，而二者之间存在分歧。笔者对该情况的发生进行了具体的实例分析，并给出了建议的解决方式，同时引申讨论了该方法在其他程序中的适应性，以及对申请人撰写的建议。

关键词： 公知常识　创造性　证据　举证

一、前　言

"公知常识"是一个专利从业者们耳熟能详的名词。公知常识，是专利审查和专利审判中的重要概念。然而，我国法律和行政法规对公知常识还没有明确的界定。在专利审查和专利审判中，对公知常识的理解经常发生争议。❶ 但在《专利审查指南2010》第二部分第四章"创造性"第3.2.1.1节中提及，在判断发明对本领域的技术人员来说是否显而易见时，认为现有技术中存在技术启示的一种情况为："所述区别特征为公知常识，例如，本领域中解决该重新确定的技术问题的惯用手段，或教科书或者工具书等中披露的解决该重新确定的技术问题的技术手段。"有关公知常识的认定、适用等相关研究，也基本

---

* 文章来源：《中国发明与专利》2016年第4期（总第148期）。

❶ 石必胜. 专利创造性判断研究［M］. 北京：知识产权出版社，2012：228－229.

是以该定义作为基础的。[1]

现阶段，提高专利授权质量是我国专利制度建设的重点目标之一。其中，在专利审查阶段，充分考量专利申请，尤其是发明专利申请的“三性”，是提高授权质量的重要程序和手段。在创造性的审查过程中，审查单位所给出的审查意见，经常会出现“对比文件结合公知常识”或者“对比文件结合常规技术手段”的措辞。对此，申请人或代理人在答复过程中，公知常识举证是常见的。

（一）对于公知常识的举证责任

专利法相关规定中，对于公知常识的举证责任，主要在如下部分有具体的规定和指导。

（1）在审查中对公知常识的举证责任的承担

《专利审查指南2010》第二部分第八章第4.10.2.2节中规定：“审查员在审查意见通知书中引用的公知常识应当是确凿的，如果申请人对审查员引用的公知常识提出异议，审查员应当能够说明理由或提供相应的证据予以证明。”

（2）无效程序中对公知常识的举证责任的承担

《专利审查指南2010》第四部分第八章第4.3.3节规定：“主张某技术手段是本领域公知常识的当事人，对其主张承担举证责任。该当事人未能举证证明或者未能充分说明该技术手段是本领域公知常识，并且对方当事人不予认可的，合议组对该技术手段是本领域公知常识的主张不予支持。当事人可以通过教科书或者技术词典、技术手册等工具书记载的技术内容来证明某项技术手段是本领域的公知常识。”

因此，对于提出某项技术手段是公知常识的一方而言，当接收该意见的一方提出异议或疑议时，前者应提供公知常识性证据进行举证。对于“审查员应当能够说明理由”一项，现在仍然是争论的焦点，部分专利工作从业者认为该项规定并不十分符合公平原则，并进行质疑。对于该争议点，由于本文中主要讨论的是在公知常识举证过程中出现的问题，因此并不涉及。

（二）公知常识概念的涵盖范围

如前所述，我国法律和行政法规对公知常识还没有明确的界定。《专利审查指南2010》第四部分第八章第4.3.3节中规定：“当事人可以通过教科书或者技术词典、技术手册等工具书记载的技术内容来证明某项技术手段是本领域的公知常识。”

---

[1] 中华全国专利代理人协会.《专利法》第22条——创造性理论与实践：2011年专利审查与专利代理高端学术研讨会论文选编［M］. 北京：知识产权出版社，2012：590.

除此之外，从我国和他国相关规定中，也可以找到公知常识或与其概念相近的内容的具体定义。《最高人民法院关于行政诉讼证据若干问题的规定》第68条第1款规定："下列事实法庭可以直接认定：（一）众所周知的事实；（二）自然规律及定理；（三）按照法律规定推定的事实；（四）已经依法证明的事实；（五）根据日常生活经验法则推定的事实。"在日本的专利法规中，未采用公知常识的概念，而是采用"周知技术""惯用技术"的概念。日本特许厅的审查、审判中将文献作为证据认定周知技术时，在其为教科书等文献时，有1件即可认定为周知技术。《欧洲专利局审查指南》第三部分第4.1节中，对本领域技术人员与公知常识之间的关系作了简要论述："为了此目的而说的本领域技术人员被认为是本技术领域的普通技术人员，他不仅能够注意到在申请日之前的对比文件的教导和应用，还能够注意到公知常识。"作为例外，如果本发明研究领域非常新，在教科书中没有相关的技术知识，则公知常识还可以是包含在专利说明书或科学出版物中的信息。[1]

综上所述，对于公知常识概念的理解，大多数国家和地区总体上还是有一定的共通点，即在本领域具有相当权威的书籍，如通常被提到的教科书、工具书、手册等。因此，以下的讨论中，就以此为公知常识的定义涵盖范围进行讨论。

二、公知常识存在分歧时的情况

（一）问题的产生

在实质审查程序中，审查员在通知书中可能会发出"所述区别特征为公知常识"的意见。当申请人不服此意见时，一般会要求审查员进行举证。根据善意审查、证据优先的原则，审查员最有效、最尽责的方式，就是提供有说服力的相关证据，如记载相关内容的教科书、工具书、参考书等，在下一次的通知书中将其提供给申请人作参考。此后的过程，常见的是，申请人针对该证据进行说理性的意见答复，或者在接受该公知常识的意见后进行修改等操作。

除此之外，另一种可能出现的情况是，申请人对于该争议点，在提出了自身的观点的同时，也提交了支持自身观点的书面证据，特别是也属于公知常识性的证据。这种情况的出现将使得专利审查过程变得复杂。而此时，如何平衡各方的利益关系，是具有重要意义的。

笔者认为，这样的情况主要是由以下情况的出现而产生的，包括"知识水

---

[1] 李小童，裴少平，李蔚慰，等．专利文献和科技期刊佐证公知常识的合理性探析［M］//中华全国专利代理人协会．发展知识产权服务业 支撑创新型国家建设：2012年中华全国专利代理人协会年会第三届知识产权论坛论文选编．北京：知识产权出版社，2012：714.

平的变迁”“不同领域的认定”等情况。一般而言，所谓的“公知常识”，无论是前面所述的“惯用手段”，还是“众所周知的事实、自然规律及定理”等，都应该有明确的界定。对于概念性的定义，更应该是具有唯一确定性。但是，专利的申请，很大概率将会涉及前沿领域或者是相对不常见的技术领域，在这样的前沿领域、“冷门领域”中，其中的技术概念和定义有可能会随着时间的推移、技术的进步而发生改变。举一个公认的例子，化学领域所知晓的“酸碱”概念，就在科学发展的历史上，经历了多次的变迁。最早的阿伦尼乌斯酸碱理论，认为水中能分别电离出 H^+ 和 OH^- 离子的物质就是酸和碱，但该定义过于局限，被后来的酸碱质子理论所代替。再比如在前沿领域中，一直以来的认知是金刚石是强度最高的碳材料，而当碳纳米管、石墨烯等新材料相继问世之后，该长久以来的概念被改写。因此，公知常识性的概念、定义被重新认识，并被记载在不同的书籍中，是有可能出现的。另外，对于不同领域而言，由于技术上和实际操作中的差别，出于领域的约定俗成、相对封闭的知识传递与交换，有可能出现对于相同的物质存在不同定义的情况，这种情况不仅包括“俗名”“常用名”，正式命名中也有可能出现。

（二）问题的出现

下面，本文就借助1个具体的专利申请案例，对该问题进行讨论。

案例基本情况：

申请人请求保护一种复合介孔材料。由于案情前后审查过程较长，涉及问题较多，为了便于讨论，在这里就简化其中的步骤，只列举与本文相关的问题以及双方的意见进行说明。

该案在审查过程中，申请人为克服各种缺陷，中间将独立权利要求修改为：

“一种复合介孔材料，其特征在于：所述复合介孔材料由介孔材料与纤维按重量比10:90～90:10复合而成；或者由介孔材料与黏合剂、纤维三者按重量比1:0.1～3:0.1～9复合而成；所述复合介孔材料所用介孔材料的孔隙率为40%～90%。”

审查方发现一篇对比文件5，其公开了一种气凝胶绝热复合材料，其构成包括二氧化硅气凝胶、红外遮光剂二氧化钛、增强纤维，三者的重量比为1:0.1～0.7:0.7～3；所述增强纤维为不与溶胶反应，同时能承受超临界流体干燥条件的纤维。并且，气凝胶材料即是一种公知的介孔材料。审查单位同时提供了一篇书证（书证6）作为公知常识的证据。该书证公开了：“气凝胶材料是含有微纳米孔隙的一种介孔材料，是对微纳米微粒体系概念的一种拓展”，并且其已用作包括“高效隔热材料”等，其作用也是保温隔热。审查方在此之上评述了全部权利要求的创造性。

而对于“气凝胶材料即是一种公知的介孔材料”的论点，申请人不认可，并同时提供了多篇证据，除去其中无法确定公开日期及准确性的网络证据等，其中可以作为书证的包括：

（1）英文书证a：“气凝胶是由无序纳米粒子构成的网络结构，相互连接的孔结构范围跨度是从微孔（<2nm）到介孔（2~50nm）再到大孔（>50nm）。相比之下，气凝胶不具有有序的孔结构和窄分布的孔尺寸。气凝胶的无序结构，孔径延伸到介孔范围较大的一端，进入到大孔范围，分子扩散变得容易。”“根据IUPAC定义，多孔固体可以分为三类：微孔材料（<2nm）、介孔材料（2~50nm）、大孔材料（>50nm）。介孔结构与各种孔隙网络连通性大量的各种可能，孔径分布窄，可以精确地控制水解－聚沉反应，增强热稳定性和多种多样的方法可用于功能化。”（此为申请人的译文，经对照原文翻译无误）

（2）书证b对介孔材料的结构介绍如下：“有序介孔材料已经成为最常见的介孔材料。它们是以表面活性剂形成的超分子结构为模板，利用溶胶－凝胶工艺，通过有机物和无机物之间的界面定向导引作用组装成一类孔径在约1.5nm至约30nm之间、孔径分布窄且有规则孔道结构的无机多孔材料。”

值得注意的是，上述两篇书证公开日期均在该申请申请日之后，但是本文为了便于讨论，仍将其视为可比较的书证进行讨论。申请人的主要观点，就是上述书证明确指出了在结构上，气凝胶与介孔材料是在诸如孔径大小、孔径分布等具有区别的不同材料。

案例分析：

对于该问题，笔者分析认为：

（1）本领域中对气凝胶与介孔材料的关系描述有多种，而本领域中对介孔材料的定义也并不统一。例如另一篇所引用的书证中提及：“介孔固体的概念是1992年在葡萄牙里斯本会议上首次正式提出的，……对纳米多孔材料的定义以前只涉及孔尺寸大小，并且也不统一，有人认为孔径在2~50nm的多孔固体为介孔固体，也有人认为2~10nm的多孔固体为介孔固体”。即使申请人所提供的两篇书证，其孔径定义也不相同（第一本记载“介孔材料（2~50nm）”，第二本记载“孔径在约1.5nm至约30nm之间”），因而从一方提供的证据以及现有技术中的上述证据均无法明确界定介孔材料所定义的独一无二的、具有排他性的孔径范围。因此，不宜用一部分书证提出的观点，去完全否认另一部分书证提出的结论。

（2）审查单位引用的书证6为正规出版的书籍，其中明确公开了“气凝胶是一种介孔材料”。在介孔材料定义存在多种理解、涉案申请中也未对技术术语“介孔材料”进行明确定义的情况下，本领域技术人员不能将该申请中的“介孔材料”与现有技术中明确公开的介孔材料相区别。

三、讨　论

笔者认为，对于公知常识的认定，应是本领域技术人员，站在其所属领域，在所属的一个相适应的时代背景下，进行的一个公平、广义的定义。在判断创造性是否成立时，对于作为证据使用的公知常识的认定，其角度不应仅局限于申请人或者审查单位，而是应站在专利法所定义的本领域技术人员的角度，考查其是否可以被合理获得，并且被无障碍地参考和使用。

具体到本文中所讨论的问题，当双方提供的公知常识出现分歧时，笔者认为，一般而言，双方的公知常识应都在审查过程中被认可为正确的现有技术，不应存在一方证伪另一方的结论。因为，无论是“不同领域的认定”还是“知识水平的变迁”所引起的公知常识的不同，在笔者接触到的以及可以预期的知识范围内，都不存在“非此即彼”的对某一知识的定义。存在分歧的双方公知常识，或者具有重叠性（如本文案例中“介孔材料”的孔径范围的不同定义），或者具有包含性（如背景内容中介绍的两种酸碱定义），又或者具有相似性。因此，当本领域技术人员面对需要寻求现有技术中对该定义的指导时，由于他知晓申请日或者优先权日之前发明所属技术领域所有的普通技术知识，能够获知该领域中所有的现有技术，因此他必然能够阅读到定义内容不同的公知常识。根据合理的推断，公知常识定义之间涵盖范围的区别，首先不会严重到造成本领域技术人员放弃使用它们全部；其次，既然同为公知常识，二者作为证据的法律地位应是等价的，没有任何标准去指导本领域技术人员放弃其中任何一项。因此，最为合理的方式，就是对于有限的、不同的书证所提供的定义，本领域技术人员都能够作为技术启示而应用。换而言之，对于存在不同定义的公知常识，在专利审查和审判的过程中，在没有明显相互证伪的前提下，将其均认定为是存在的、合理的、有效的公知常识性现有技术的证据。当然，这是在排除了明显不合理的（例如，书籍中明显的书写错误造成的），或者已被公众否定的过时的定义（例如，“燃素”“以太”等概念）之外的情况下。

其合理性在于：

（1）这样的认定方式符合专利法及相关规定中对于“所属技术领域技术人员”以及“现有技术”的定义。

（2）有助于法律流程的高效。笔者需要指出的是，虽然前文中所列举的两个实例，均发生在发明专利申请的实质审查阶段，并且是针对创造性判断而出现的，但是，在专利审批以及授权后等阶段，同样可能出现以该问题为焦点的争端。例如，审查过程中，有关于《专利法》第26条第3款和第4款，即公开是否充分以及权利要求是否清楚的问题上，也可能存在需要申请人对于公知常识举证的情况；专利权授权后维持，也可能出现第三方要求宣告无效并举出公知常识证据的情况。这些情况中，都可能出现两方持不同观点的人分别先后出具具有不同定义涵盖范围的公知常识的情形。本文中所提出的判断方法，实质上对任何一个法律程序中的双方，均是等价的，因此更有利于法律流程的效率。

（3）有利于维护社会不同群体的利益。对于具有不同定义涵盖范围的公知常识，其根本上可以认为是在学术认定方面存在的差异。这样的差异，可能存在于同一研究领域的不同研究团体中，例如不同研究团体的学者分别在其著作中提出了不同的定义；也可能存在于理论研究者和工程操作者之间，例如某领域的知名教授所著理论研究书籍和相关领域操作者的操作手册之间出现不同的定义。如此，虽然公知常识的差别已产生，但是，不能因拥护者的数量，或者著作者的知识水平，或者类似的主观标准而强行认定哪一种公知常识的定义更为“正确”。作为客观的本领域技术人员，其最为合理的做法，就是均作为可接受的现有技术，认定为具有法律效力的证据使用。

四、对于申请人的建议

在我国专利法不断完善、专利申请水平不断提高的大背景下，申请人群体也应适应社会发展潮流，逐步提高。对于本文中所讨论的问题，笔者的建议是：

（1）希望申请人可以更加充实自身的知识水平，对于相关领域的现有技术，尤其是基础性的公知常识有更为详细的了解。这一点应是相关申请知识内容的基础。

（2）在撰写申请文件时，对于公开的内容应撰写得更加充实，尤其涉及发明点的技术内容应更加准确、详细。每一项专利申请都至少有一个最为关键的技术手段，其精髓应是申请人最为了解的。因此，对于该精髓的发明内容，申请人有责任做到充分公开、清楚说明；更具体地，就是对于技术方案中每一项技术特征都能够撰写得定义明确。对于定义有可能不唯一的特征，尤其是前沿领域、高新技术领域的新名词，务必做到能明确记载的尽量明确记载，至少应体现在说明书中。试想，前面讨论的案例，如果申请人在申请文件中明确记载了其使用的介孔材料参数，则其申请的审查过程不仅能够大大节约，而且还可能改变其走向。

《专利法》第33条审查实践研究

袁海宾　刘桂明

摘　要： 专利申请文件的修改在行政审批程序以及后续的司法审判程序中均会发生。本文对《专利法》第33条的立法目的及其意义进行了初步探讨，并结合国内外司法判定案例，对审查实践标准进行了较为深入的分析。本文将刑法中适用的“排除合理怀疑”标准引入了《专利法》第33条的审查当中，并分析了适用该标准的合理性。

关键词： 修改　超范围　排除合理怀疑

一、引　言

我国《专利法》第33条规定：申请人可以对其专利申请文件进行修改，但是，对发明和实用新型专利申请文件的修改不得超出原说明书和权利要求书记载的范围，对外观设计专利申请文件的修改不得超出原图片或者照片表示的范围。由此可见，我国《专利法》从立法的角度赋予了申请人修改其专利的权利，但同时又对其修改作了原则性的限定。《专利审查指南（2010）》进一步明确了上述原则，即：“不论申请人对申请文件的修改属于主动修改还是针对通知书指出的缺陷进行的修改，都不得超出原说明书和权利要求书记载的范围。原说明书和权利要求书记载的范围包括原说明书和权利要求书文字记载的内容和根据原说明书和权利要求书文字记载的内容以及说明书附图能直接地、毫无疑义地确定的内容。”[1]

---

[1] 中华人民共和国国家知识产权局．专利审查指南2010［M］．北京：知识产权出版社，2010：243．

尽管从法律层面以及部门规章角度分别对《专利法》第 33 条进行了具体规定，但其目前仍然是争议及研究的焦点之一。比如，在实质审查（以下简称“实审”）环节，《专利法》第 33 条的使用相对较多，然而申请人与审查员就其作出的修改是否超范围的判断往往不能达成一致；在研讨会、调研以及技术实践过程中，经常能够听到申请人、发明人以及专利代理人的反馈意见，他们往往认为审查员的判断标准过于严格。在外部网络平台中也能听到类似的声音。针对目前审查实践中存在的上述问题，笔者拟从《专利法》第 33 条的立法目的及其意义，并结合国内外的司法判定实践，对我国审查实践标准进行探讨。

二、立法目的及其意义探讨

1. 申请制度介绍

根据《专利法》第 9 条第 2 款的规定可知，两个以上的申请人分别就同样的发明创造申请专利的，专利权授予最先申请的人。也就是说，我国目前实行的是先申请制。先申请原则旨在保护最先提出专利申请的人，具有敦促申请人一旦完成发明创造就尽早提出专利申请的作用，有利于发明创造的尽早公开，能够避免重复研究。采用先申请原则，当事人无须证明其作出发明创造的时间先后，只需证明提出专利申请的时间先后，即专利局给出的受理日期，亦即申请日。[1] 由此可见，申请日在先申请制中具有重要的意义。因此，在实行先申请制的国家中，申请人往往会更加关注申请日的获得，容易产生一些其他问题，如发明创造在尚未完成之时就提出专利申请，或者虽然发明创造已经完成，但为了尽早获得申请日而导致撰写的专利申请文件中存在诸多缺陷。

2. 修订历史回顾

为更好地理解《专利法》第 33 条的条文本义，笔者认为有必要对其修改历史作一简单回顾。在 1984 年制定的《专利法》中，第 33 条规定：申请人可以对其专利申请文件进行修改，但是不得超出原说明书记载的范围。在 1992 年修改《专利法》时对其进行了修改，修改后的内容与现行《专利法》的内容一致，即自 1992 年始至今未对《专利法》第 33 条的内容进行过修改。

首先，从《专利法》第 33 条的具体内容可以看出，该条款应当包含两层含义：第一，允许申请人对其申请文件进行修改；第二，如果进行修改，则应当遵循一定的原则要求。

其次，从条文修改的内容可以看出，判断修改是否超范围的比较对象由原说明书修改成了原说明书和权利要求书。将原说明书和权利要求书作为整体进

[1] 尹新天. 中国专利法详解［M］. 北京：知识产权出版社，2011：98.

行比较，能够更加全面、准确地反映出申请人的发明内容。由此可见，《专利法》第 33 条的设置在一定程度上更加有利于申请人合理利益的保护。

3. 法条分析

由以上内容可以看出，《专利法》第 33 条的设置，一方面应当是为了弥补专利申请制度存在的一些缺陷，另一方面是为了更加合理地保护申请人应当获得的权益。原因如下。

（1）存在修改的需求

为了获得较早的申请日，申请人往往希望尽可能地缩短从完成一项发明到提交专利申请的时间。由此，申请人在撰写过程中难免会存在一些错误的撰写形式，比如将“体积百分比”写成了“体机百分比”等。而这些错误通常情况下并非申请人有意而为之的。此外，由于语言表达的局限性，在短时间内申请人未必能够将他们的发明构思准确地用语言表达出来。如果申请人意识到了这些缺陷，并且有进行修改的意愿，在没有侵害他人合法权益的前提下，应当给予申请人进行修改的机会。

此外，在审查过程中，应审查员的要求，申请人也有对其申请文件进行修改的需求。比如，在实审阶段，如果审查员指出了专利申请不具有新颖性和/或创造性的缺陷，为了克服这些缺陷，通常需要申请人对其请求保护的技术方案进行修改，否则，必然会导致其发明创造无法获得专利权的保护。

再者，专利权的特殊性也使得专利申请文件具有进行修改的必要性。由于专利权是一种对世权，因此专利权人与公众之间必然会存在一定的利益冲突。而专利权人与公众之间权利的划分通常是以权利要求的保护范围为依据的。因此，如果发现权利要求中存在导致专利权不稳定的缺陷时，为了使得专利权更加稳定，专利权的保护边界更加清晰，也有必要对权利要求进行修改，以平衡专利权人与公众的利益。

（2）限制的必要性

虽然允许申请人对其申请文件进行修改能够满足申请人的需求以及弥补专利申请制度的缺陷，但还必须对其修改进行限制。如果不加限制的话，申请人就可能会通过修改的方式将申请日之后的内容加入到申请文件当中，即将本不属于申请人的发明创造纳入其保护范围之内，扩大其保护范围。这样既给予了申请人不当的专利保护，又损害了他人对发明创造作出改进的权利。

此外，从申请人的角度来看，如果对其进行修改不加限制的话，申请人关注的可能仅仅是申请日的获取，而不再重视发明创造的完善，因为对发明创造的改进完全可以通过申请日之后的修改进行。由此难以达到鼓励发明创造、提高创新能力、促进科学技术进步的目的。

（3）审查标准把握的合理性

允许修改与限制修改并非对立的两个方面，二者相辅相成。允许修改是申请人依法应当获得的权利，而限制修改的目的则是为了保证允许修改的合理性。也就是说，《专利法》第33条的设置，其目的并非是限制申请人进行修改，而是为了给申请人进行修改的机会，限制仅是用以保证修改的合理性。如果过于严格地执行《专利法》第33条的审查，要求修改的内容必须在原说明书和权利要求书中存在一致性的文字记载，那么很多时候就没有进行修改的必要性了，《专利法》第33条也就没有存在的必要性了。

三、国内外司法判定实践分析

司法判定虽然并非审查阶段的指导标准，但其判定思路及结论往往更加有利于从立法层面理解法条的设置目的。因此，笔者以下拟结合国内外的相关司法判定案例，对修改超范围的判断作进一步的分析。

1. 中国司法实践

【案例1】最高人民法院（2011）知行字第54号行政裁决❶

（1）案情介绍

该案涉及申请号为CN00113917.7的发明专利申请（以下简称“涉案专利申请”），其涉及一种既可外用又可内服的矿物类中药。涉案专利申请在实质审查阶段被以修改不符合《专利法》第33条的规定为由予以驳回，随后申请人向国家知识产权局专利复审委员会（以下简称“专利复审委员会”）提出复审请求。专利复审委员会经审查作出第20574号复审请求审查决定（以下简称“第20574号决定”），维持了国家知识产权局驳回涉案专利申请的决定。随后在诉讼阶段北京市第一中级人民法院（以下简称“北京一中院”）作出的（2010）一中知行初字第1329号行政判决、北京市高级人民法院（以下简称“北京高院”）作出的（2010）高行终字第1117号行政判决中均维持了专利复审委员会的驳回决定，但最高人民法院（以下简称“最高院”）作出的（2011）知行字第54号行政裁定书中裁定北京高院再审，并未支持之前的判决。

在该案中，专利复审委员会、北京一中院、北京高院认为超范围的主要观点：① 申请人将配方中的水银、明矾、牙硝、硼砂分别由八两、八两、十两、五分修改为240克、240克、300～330克、1.5克，由于目前“两”与“克”的换算关系为一两合50克，而我国旧制也有一两合31.25克的换算关系，但涉案专利申请原说明书中并没有明确表示所述的“两”采用的是新制还是旧制的

❶ ［EB/OL］. http：//www.pkulaw.cn//fulltext_form.aspx？Db = pfnl&Gid = 11861460/&keyword =%E6%9B%E5%85%B3%E7%97%9F&EncodingName = &Search_Mode = accurate.

“两”。② 即使能够确定采用的是旧制的“两”，由于一两等于 31.25 克，换算时尾数可以舍去，也可以不舍去，旧制的一两也不必然等于 30 克。

涉案专利申请的申请人认为不超范围的理由主要有：① 该案涉及特殊的中医药领域，该领域中计量单位有其特殊性，采用“十六两为一斤”的旧制的“一钱”等于 3 克，尾数不计，并提供了相应证据。② 古方三仙丹、红升丹均采用一两等于 30 克的换算关系，涉案专利申请是基于古方的改进，并提供了相应证据。

最高院在（2011）知行字第 54 号行政裁定书中指出，在审查专利申请人对专利申请文件的修改是否超出原始说明书和权利要求书记载的范围时，应当充分考虑专利申请所属技术领域的特点，不能脱离本领域技术人员的知识水平。虽然“两”与“克”的换算关系确实存在新、旧制的不同，但在传统中药配方尤其是古方技术领域中，“两”与“克”的换算均遵循“一斤 = 十六两”的旧制。根据涉案专利申请说明书记载的有关内容，涉案专利申请系在古方三仙丹的配方的基础上改进而成，因此，虽然说明书中没有明确记载“两”与“克”的换算是采用何种换算关系，但本领域技术人员结合涉案专利申请的背景技术、发明内容以及本领域的常识，均能够确定在涉案专利申请中的“两”与“克”的换算应当采用旧制，不应当采用“一斤 = 十两”的新制。在以旧制进行换算时尾数省略方式的不唯一性是由于中药配方领域的技术特点所决定的。不同的省略方式之间仅有细微区别，采用不同的省略方式并不会导致技术方案发生实质性的改变。

（2）案例分析

该案的审理明确提出了在判断修改是否超范围时，应当充分考虑专利申请所属技术领域的特点，不能脱离本领域技术人员的知识水平。如果不考虑领域的特点，由于现行一般换算关系均为新制，那么其判断结果明显不同于最高院的裁定结果。同时，还应当从技术方案本身进行分析，判断其是否发生了实质性的改变。

2. 美国司法实践

【案例 2】In re Oda（443F. 2d 1200）[1]

（1）案情介绍

该案涉及一种苯酞类化合物及其制备方法。申请人在提交专利申请后发现

---

[1] [EB/OL]. http://international.westlaw.com/result/default.wl?ss = CNT&mt = 287&docsample = True&tc = 1&tf = 507&n = 1&spa = StateIPO - 1000&cnt = KCH&rlt = CLID_FQRLT9877212371512&scxt = WL&service = KeyCite&rp = %2fKeyCite%2fdefault.wl&vr = 2.0&cxt = RL&rlti = 1&sv = Split&fn = _top&cite = 443F.2d + 1200&rs = WLIN13.10.

将“nitric acid”（硝酸，笔者注）错误地翻译成了“nitrous acid”（亚硝酸，笔者注），于是提出了主动修改。但审查员并没有接受上述修改，其理由为硝酸和亚硝酸都被认为能影响硝化反应的进行，该错误不能被认为对本领域的技术人员来说是显而易见的。此外，审查员还指出了“nitrous acid”在原始文本中出现了6次，而“nitric acid”仅出现了1次。

美国海关与专利上诉法院（United States Court of Customs and Paten Appeals）并没有认同审查员的观点，法官最终采纳了申请人的观点，即：① 说明书中记载了“nitrous acid (specific gravity 1.45)”，亚硝酸的比重不可能为1.45；② 硝酸是本领域中在与硫酸一同使用进行硝化反应的常用酸；③ 亚硝酸通常不会用于如涉案申请的胺的硝化反应；④ 亚硝酸在水性溶液中不稳定，不符合涉案申请的反应要求。法院认为，该案应当属于翻译错误，司法需要保证专利权人和公众两方面的利益，对于翻译错误需要设置一个补救的途径；术语出现的次数也不能作为判断的依据。

（2）案例分析

该案的审判对于判断修改是否超范围具有重要的影响作用，而且被直接写入了美国《专利审查程序手册》[1] 中。从该案的审判可以看出，美国专利法允许申请人进行修改的目的也是给申请人提供一种救济途径，来保证专利权人与公众之间的利益的平衡。在具体判断时，不能仅仅局限于原始文件文字记载的内容，应当允许以本领域的技术人员的身份对原始文件记载的内容进行合理的解释说明。同时，当相关术语出现前后矛盾时，不能以出现次数的多少作为修改的依据。

3. 欧洲司法实践

【案例3】T383/88 案例[2]

（1）案情介绍

该案涉及一种化合物的制备方法，该化合物的结构如式 I 所示。经审查，审查员驳回了涉案申请，其中驳回理由之一是对权利要求1的修改不符合《欧洲专利公约》第123条（2）的规定，即修改超出了原说明书和权利要求书记载的范围。

[1] [EB/OL]. http://www.uspto.gov/web/offices/pac/mpep/s2163.html#d0e215099.

[2] [EB/OL]. http://www.epo.org/law-practice/case-law-appeals/recent/t880383eu1.html#q=.

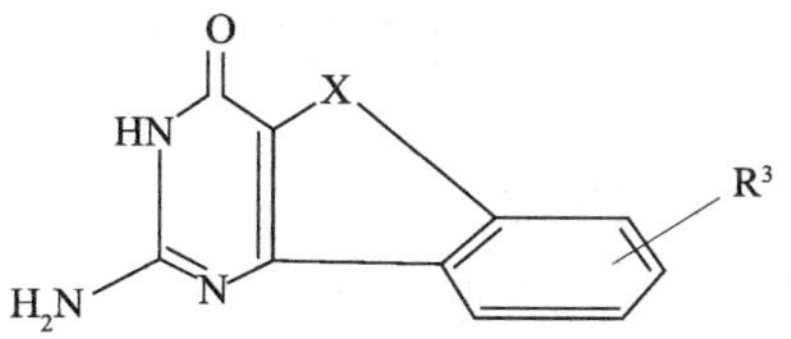

式 I

申请人不服上述决定，向欧洲专利局上诉委员会（以下简称“上诉委员会”）提出了上诉请求。申请人（即上诉请求人）向上诉委员会提交的文本中将权利要求 1 请求保护的化合物的制备方法修改为“在惰性溶剂中使 α 酮酸酯（alpha - ketoester）与胍盐（guanidine salt）进行反应，并回收产品”。申请人同时陈述了上述修改不超范围的理由，主要如下：

（1）修改依据为原说明书中记载的如下内容：为了制备目标化合物，需要将 α 酮酸酯与碳酸胍的甲苯溶液混合物回流一夜，并通过过滤、提纯产物得到。此外，所有的制备例中也均采用了同样的制备条件。

（2）提供了专家证人的宣誓书以及相关教科书，用来说明将碳酸胍修改为胍盐不超范围。

（3）结合相关现有技术说明该案中 α 酮酸酯与碳酸胍的反应过程使用的甲苯并不参与化学反应，其仅是作为反应的溶剂使用的，任何只要是不干扰反应进行的溶剂（即惰性溶剂）均可用于涉案发明。同样地，本领域的技术人员采用涉案发明的方法时，为了获得希望的产率，其也明了合适的反应时间以及反应温度等，只要确保该发明的方法能够进行即可。

可见，该案的焦点在于：① 将碳酸胍修改为胍盐是否超范围；②将甲苯修改为惰性溶剂、删除了反应温度和反应时间等特征是否导致修改超范围。

上诉委员会经过审理认为：

（1）在审查修改是否超范围时，不能使用民事诉讼程序中使用的一般证明标准，即“盖然性”标准，而应当采用更为严格的“排除合理怀疑”标准。

（2）对于上述焦点①，首先，专家的资质过高，并非本领域的普通技术人员，并且一个人出具的证言也不能证明为公知常识；其次，提供的教科书等证据中并没有描述酮酸酯与胍盐、碳酸胍进行反应的关系，申请人没有严格履行证明责任。

（3）对于上述焦点②，该发明所述反应中溶剂、反应温度和时间的选择以及回收的方法均为本领域普通技术人员的基本知识，反应的进行并不取决于特定溶剂、温度和时间及回收方式的选择，只要确保反应的进行即可，本领域的技术人员结合公知常识能立即明白修改前后的内容是一致的，并无新的主题。

（2）案例启示

本案例在欧洲专利制度中对于修改是否超范围的判断具有里程碑式的意义。其明确了在判断修改是否超范围时适用的原则，即“排除合理怀疑”原则。此外，本案中还论述了举证责任的问题。在申请人没有履行严格的举证责任的时候，应当承担不利后果。由此可见，在本案例中，不仅从审查的角度明确了判断标准，而且还对申请人提出了相应要求，更加规范了《欧洲专利公约》第132条（2）的合理应用。

4. 日本司法实践

【案例4】平成21年（行ケ）第10303号复审决定撤销行政诉讼案❶

（1）案情介绍

本案涉及一种移动电话终端。在审查阶段申请人对权利要求1进行了如下修改（下划线为修改部分）：

“一种移动电话终端，其具有通信功能，以及包括该通信功能之外的计时功能、电话簿功能、将麦克风的声音转换为电信号的功能、将扬声器的电信号转换为声音的功能的多个功能……”

日本特许厅在驳回及复审决定中认为，说明书中仅公开有计时功能、电话簿功能，将麦克风的声音转换为电信号的功能、将扬声器的电信号转换为声音的功能未记载和公开，因此修改超出了原说明书、权利要求书的范围及附图所记载的事项范围而不能被接受。

法院在判决书中则认为，涉案发明的实施例记载有“麦克风8”和“扬声器9”，根据公知的手机技术，“麦克风8”可认为是“将声音转换为电信号的部分”，“扬声器9”可认为是“将声音的电信号转换为声音的部分”。虽然说明书中没有明确记载“功能”的字样，但结合字典《广辞苑》的解释可以理解为，“将声音转换为电信号”是“麦克风8”的功能，“将声音的电信号转换为声音的部分”是“扬声器9”的功能，因此可以认定为，具有“麦克风8”和“扬声器9”的手机，即具有“将声音转换为电信号的功能”和“将声音的电信号转换为声音的功能”。而且，“麦克风”和“扬声器”的功能独立于其他功能为本领域的公知常识，应当被认定为属于“通信功能之外的功能”。上述修改应当在原始提交的说明书、权利要求的范围及附图所记载的事项范围内。

（2）案例启示

本案修改是否超范围的主要焦点在于“将麦克风的声音转换为电信号的功

❶ ［EB/OL］. http：//www. courts. go. jp/hanrei/pdf/20100623150930. pdf.

能、将扬声器的电信号转换为声音的功能”的修改是否超范围。由审理过程可以看出，法院的审判不同于日本特许厅的驳回及复审决定。前者相对于后者对原说明书和权利要求书记载的技术内容作了一定程度的推导，即以一个本领域的技术人员的身份，结合公知常识性证据对原说明书和权利要求书所记载的内容进行了一定程度的解释。需要注意的是，法院的审判虽然借助了公知常识，但是其所引用的公知常识与涉案申请原说明书和权利要求书所记载的内容之间具有一定的联系。本领域的技术人员由涉案申请原说明书和权利要求书所记载的内容能够明确“将声音转换为电信号的功能”和“将声音的电信号转换为声音的功能”是麦克风和扬声器的固有属性，而且涉案申请正是利用了该固有属性。

四、审查实践标准思考

1. 审查实践标准的定位

正如前文所述，《专利法》第 33 条的设置，其目的并非是限制申请人进行修改，而是为了给申请人进行修改的机会，限制仅是用以保证修改的合理性。从美、欧、日的司法审查实践同样可以看出，其限制申请人进行修改的目的同样是保证申请人应得的合法利益，同时防止侵害公众的利益。在具体的判断方法上，虽然各国或地区稍有不同，但都是以本领域的技术人员的身份进行分析，必要时允许结合相关的公知常识等技术知识进行判断。

笔者认为，在对修改内容进行审查时，应将平衡专利权人与公众的利益作为一个基本原则，保证审查工作的公正性、公平性。审查员要不断提升自身的职业道德素养，加强自身的法律素养，培养自己运用法律思维方式去审查发明创造，兼顾法律与技术。在具体判断时，不能拘泥于法条的文字表面含义，不能过于机械地理解条文含义，应当保证专利法赋予申请人进行修改的权利得以有效实施。如果原说明书、权利要求书及附图中有明确的倾向性，应当允许申请人结合所属技术领域的特点、公知常识等进行相应的解释和/或修改，保证修改的合理性。

2. 审查方式探讨

在实际审查过程中，根据具体情况不同，申请人进行修改的方式往往多种多样。这本身就给判定修改是否超范围增加了难度。为便于审查，笔者认为在审查修改是否符合《专利法》第 33 条的规定时可以按照图 1 方式进行。

按照图 1 的审查方式，如果进行了修改，则首先判断申请人所作的修改是否在原始说明书和权利要求书中有明确的记载。如果有，则可直接得出不超范围的结论；如果没有明确记载，则需要判断所作的修改能否直接地、毫无疑义

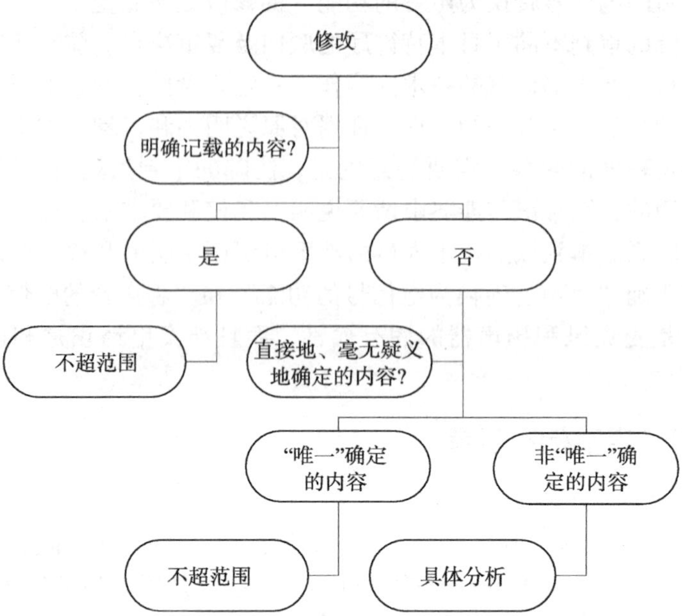

图 1

地确定。在判断是否为直接地、毫无疑义地确定的内容时，可进一步首先判断修改后的内容是否为“唯一”确定的内容。如果是“唯一”确定的内容，则修改必然不超范围。比如申请人将“H_2O”修改为“水”，由于修改后的内容为修改前的内容的唯一解释，申请人所作的修改必然不超范围。如果修改后的内容并非“唯一”确定的内容，则此时需要根据具体情况进行判断。对于非“唯一”确定的内容的情形，在判断时需要注意以下 3 个方面的因素。

（1）判断的主体。在判断修改是否符合相关规定时，进行判断的主体必须是所属技术领域的技术人员。虽然这一概念在《专利审查指南 2010》第二部分第四章“创造性”部分出现，但笔者认为这一规定贯穿于整个审查阶段，包括实质审查以及后续审查。在对修改的内容进行判断时，只有从所属技术领域的技术人员的角度进行分析，才能准确地理解申请文件中文字的真实含义，才能保证从技术的角度去理解发明，避免局限于文字表面的含义，为正确判断提供基本保障。

（2）相关技术知识的考虑。判断的主体适用正确仅是为得出正确的结论提供了基本保障，在具体判断时还需要结合所属领域的公知常识、背景技术，从待解决的技术问题的角度进行分析，重点考虑申请人作出的智慧贡献。以本文中的案例 1 为例，在判断“两”与“克”的换算关系时，首先需要考虑该案的领域性特点，要充分注意中药领域计量单位的特殊性。如果套用通用领域的换算习惯，必然会导致作出错误的结论。其次，虽然在换算时尾数的舍去存在多种可能性，但是要充分注意到该申请技术方案的特点。该案专利申请系在古方三仙丹的配方的基础上改进而成，相关公知常识能够证明古方三仙丹均是采用“一两 =30 克”的换算关系。在实践中，本领域技术人员根据具体的情况和要求进行配方的组合时，一旦选择了特定的省略方式，即会在一项中药配方中予以统一适用，不会也不应该出现在同一配方中出现不同的省略形式。而且，不同的省略方式之间仅有细微区别，采用不同的省略方式并不会导致技术方案发生实质性的改变，解决的技术问题并没有发生改变，并没有超出申请人的智慧贡献。

（3）分析技术方案整体上是否引入了新的内容。综合考虑了上述两个方面的因素之后，再从整体上分析技术方案的改变是否引入了新的内容，申请人贡献的智慧是否发生了变化。具体审查时可从以下 3 个方面进行判断。

① 修改的内容是否能够明确地导出，而且本领域的技术人员不会存在明显的怀疑。比如，原始申请文件中仅记载了“弹性体”，申请人为了克服审查员指出的缺陷，欲将“弹性体”修改为“橡胶”。公知的是弹性体包括橡胶和弹簧。此时如果申请文件中没有明确的倾向性表示，本领域的技术人员必然会对这种修改产生怀疑。但是，如果原说明书中已经有明确的表示，比如弹性体用于轮胎等中，对于本领域的技术人员来说，申请人所作的修改就是合理的，其不会产生明显的怀疑。

② 判断修改是否符合法律要求时仅需排除合理怀疑的内容。也就是说，修改可能会存在多种可能性，但是我们不需要将所有的可能性排除掉之后才允许申请人进行修改，不能过度怀疑。我们需要排除的怀疑必须有理有据，而不是随意想象出的一种假设情形。不要求必须达到绝对确定的程度，不要求排除所有可能的怀疑。比如本文中的案例 1，对于“两”与“克”的换算关系，存在新制和旧制两种换算，如果不考虑领域性，在换算时两种换算关系均可适用，这就是合理怀疑。但是如果考虑了该案的领域性特点，那么新制的换算关系就可排除掉，这就是排除合理怀疑。

③ 是否存在合理的证据用于佐证其观点。对于合理怀疑的指出，如果申请人能够提出反驳理由，而且存在合理的证据用于佐证其观点，此时就应当重新审视判断结果的正确性。比较双方观点的可信度，最终采用说服力更强的一方的观点。只有这样，才能最大可能地保护申请人作出的贡献，提高发明人进行科学创造的积极性，促进科学技术的进步。

3. “排除合理怀疑”原则的适用

“排除合理怀疑”这一标准是英美法系法官在审判实践中逐步形成的。在19世纪80年代，美国联邦最高法院通过判例确认该标准是刑事诉讼的一项基本要求。20世纪上半叶，英国也认可了这一制度的合法性。[1]我国在2012年3月14日也审议通过了《关于修改〈中华人民共和国刑事诉讼法〉的决定》，将“排除合理怀疑”写入了修改后的《刑事诉讼法》第53条第2款当中。可见，在刑法领域，“排除合理怀疑”原则逐渐为各国所接受。专利法虽然不属于刑法范畴，但是笔者认为，在审查修改内容是否符合《专利法》第33条的规定时应当适用“排除合理怀疑”标准，而且有其必要性。

首先，现行审查实践中缺少统一标准要求。对于修改内容的审查，《专利法》第33条有明确的规定，《专利审查指南2010》中也有相应的解释，但是二者均没有给出一个明确的标准。《专利审查指南2010》中仅是解释了原说明书和权利要求书记载的范围，但是对于其中的“直接地、毫无疑义地确定的内容”并没有作出进一步的解释。笔者认为，这仅是给出了一种结论，即“直接地、毫无疑义地确定的内容”，但对于这一结论是如何得出的，或者说具体的判断过程是什么，并没有给出解释。

其次，现行审查实践一般过于严格，与法条本义不吻合。在实际审查过程中，往往只有修改后的内容是修改前的内容唯一确定的内容才被允许。换言之，只要存在任何的可能性，这种修改一般不会被许可。这种操作要求明显与设置《专利法》第33条的本义不吻合，没有真正发挥这一条款的作用。

再次，“排除合理怀疑”具有合理性。排除合理怀疑不要求达到绝对确定的程度，不要求排除所有的可能性。这一要求符合人们的一般认知规律。修改通常是针对原始说明书和权利要求书没有记载的内容进行的。如果没有记载，那么申请人很难甚至无法采用原始说明书和权利要求中记载的文字进行描述，只能是基于申请人的认知水平运用相应的文字尽可能地将其本义表达出来。在描述过程中难免会出现一些可能的含义，甚至有时会出现无法避免的一些含义。而“排除合理怀疑”恰好能够给修改提供合理的空间，既能够解决客观存在的甚至无法避免的缺陷，又能够赋予申请人进行修改的权利，能够更好地保护申请人的利益。

最后，“排除合理怀疑”标准有利于纠正审查实践中存在的问题。基于“排除合理怀疑”的合理性，如果能够将这一标准应用到修改内容的判断上，

[1] 王青. 排除合理怀疑的内涵及其合理性研究 [J]. 广西警官高等专科学校学报，2011（4）：51.

必然能够纠正目前审查实践中存在的一些问题。因为，一方面，有了较为明确的判断标准，有章可循，可以规范审查方式；另一方面，通过“排除合理怀疑”的适用，能够有效地避免吹毛求疵的怀疑，保证应当授权的专利申请获得专利权。

五、总　结

修改在整个专利申请过程，甚至后续的司法过程中均会存在。申请人或者专利权人也确实存在进行修改的需要，从法律的角度需要给申请人提供补正缺陷的机会。但是对于这种修改又必须限定在一定的范围内，以保证申请人或者专利权人修改的合理性，平衡其与公众的利益，防止违反先申请制原则。同时，修改内容的审查又是一项实践性较强的工作，在审查时需要提供一些较为明确的判断标准，以保证审查标准的一致性。审查工作并不是简单的比对工作，需要运用法律思维进行判断。正如在审查修改的内容是否符合《专利法》第 33 条的规定时，就可运用刑法中适用的“排除合理怀疑”标准，以保证判断结果的合理性，并经得起历史的考验。

浅议说明文的说明方法在审查意见说理中的应用

解　茜　魏　静

摘　要： 审查意见通知书必须有理有据，客观公正，这是由审查意见通知书的法律文书地位决定的。而运用科学的说理方法，显然会使审查意见更容易被理解和接受。说明文是一种说明事物的特征、本质和规律的文章体裁，具有内容科学、条理清楚、语言准确的特点，并且说明文在对象、主体和内容方面都和审查意见近似。本文围绕说明文常用的说明方法，通过具体案例的形式对其在审查意见说理中的应用进行了分析探讨。

关键词： 审查意见　说理　说明文　说明方法

一、概　述

《专利法》第37条规定："国务院专利行政部门对发明专利申请进行实质审查后，认为不符合本法规定的，应当通知申请人，要求其在指定的期限内陈述意见，或者对其申请进行修改；无正当理由逾期不答复的，该申请即被视为撤回。"申请人提出实质审查请求后，审查员会依法提出审查意见，指出申请文件中存在的缺陷，包括形式的缺陷和实质的缺陷。作为国家知识产权局的行政审批文件，审查意见通知书实质上是一种法律文书，具有法律文书的规范、严谨和简要的特点。审查意见要有理有据，客观公正，不能无据可循，主观推测。

在涉及创造性的审查意见中，对技术方案不具备创造性的说理是一个十分重要的环节。审查意见需要反复推敲斟酌。只有运用科学的分析方法，才能让审查意见易于被理解和接受，从而提高国家知识产权局审查工作的水平，维护国家知识产权局行政执法的公信力。因此，有必要寻找一种更为扎实有效的科学的说理方法来撰写审查意见。

二、说明文的特点

说明文是一种以说明为主要表达方式来解说事物、阐述事理而给人知识的文章体裁，它通过揭示概念来说明事物的特征、本质和规律。说明文的中心鲜明突出，其具有内容科学、条理清楚、语言准确的特点。在现实生活中，说明文是一种运用范围极为广泛的文体，与人们的生产、生活和工作关系密切。常见的说明文包括说明书、提示、规则、章程、解说词等。

说明文和审查意见通知书在对象、主体和内容方面都是近似的。首先，说明文的对象是具体事物，审查意见通知书评述的对象是对产品、方法所提出的新的技术方案；其次，说明文的作者和读者通常都是技术人员，审查意见通知书的交流主体也是技术人员；最后，说明文的内容是解说事物、阐述事理，审查意见通知书的内容是评述技术方案。因此，借鉴常见的说明方法，可以使审查意见通知书的说理更加充分、科学、有条理，令人信服。

三、说明方法在审查意见中的应用

本文旨在探讨如何将说明文的说明方法应用到审查意见中，尤其是涉及创造性的审查意见中，从而使审查意见更加科学、准确、有条理。常见的说明方法有画图表、列数字、下定义、举例子、分类别和作诠释等。以下分别就这些说明方法在审查意见说理中的应用进行分析。

1. 画图表

画图表是通过图画和表格来说明事物特征、事理，使说明更加直观，从而达到轻松解决问题的目的，例如图1❶。在审查意见中，为了把复杂的事物说清楚，对某些事物解说更加直接、具体、完善，可以采用画图表的方法，来弥补单用文字表达的欠缺。

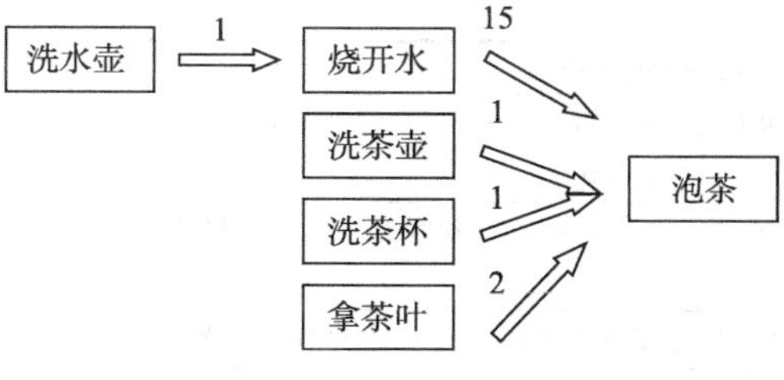

图1　泡茶程序

【案例1】高尔夫球

发明申请涉及一种高尔夫球，其独立权利要求中具体限定了高尔夫球的球

❶ 华罗庚. 统筹方法［M］//语文：六年级第二学期. 上海：上海教育出版社，2015.

芯到表面的硬度变化，包含球芯中心点、距离球芯中心点5毫米处的点、距离球芯中心点12.5毫米处的点、球芯表面的JIS－C硬度等参数。对比文件中以5毫米为跨度限定高尔夫球的硬度，因此12.5毫米处的数据缺失。

针对这一情况，利用EXCEL软件对对比文件公开的5个点进行四阶多项式拟合，得到硬度分布曲线（见图2），继而得到距离球芯中心点12.5毫米处的硬度。具体评述如下：以与球芯中心点的距离为横坐标，以JIS－C硬度为纵坐标作图，可得到5个点，其坐标分别为（0，71.05）、（5，78.95）、（10，80.26）、（15，86.84）和（19.45，93.42），由于球芯为一体形成，其内部硬度连续，因此通过EXCEL软件对这五个点进行四阶多项式拟合，得到硬度分布曲线，其多项式为 $y = -0.0011x^4 + 0.0495x^3 - 0.6778x^2 + 3.8701x + 71.053$，$R^2 = 1$（$R$ 为相关系数，其值越接近1则拟合效果越好，若 R^2 等于1则为优级，即线性函数关系）。当 x 取值为12.5时，其 y 值为83.35。

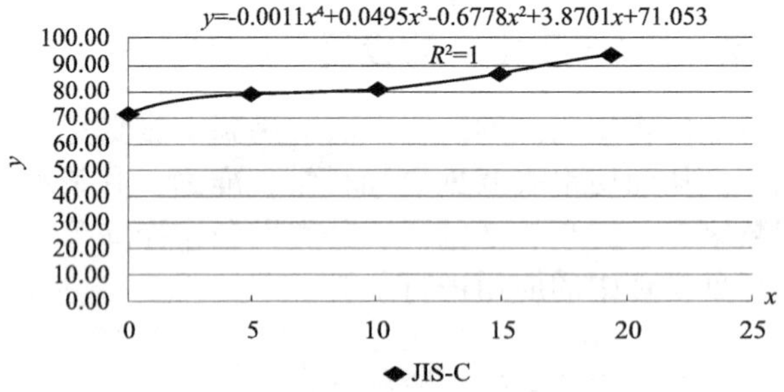

图2　高尔夫球球芯到表面硬度变化

涉案申请权利要求与对比文件技术特征对比见表1。

表1　权利要求特征对比

技术特征	对比文件
高尔夫球包含球芯和位于球芯外侧的外罩	√
距离球芯的中心点5毫米处的点的JIS－C硬度 H（5.0）与球芯的中心点的JIS－C硬度 H_o 之间的差大于等于6.0	√（7.9）
距离球芯的中心点12.5毫米处的点的JIS－C硬度 H（12.5）与硬度 H（5.0）之间的差小于等于4.0	×（4.4）
球芯的表面的JIS－C硬度 H_s 与硬度 H（12.5）之间的差大于等于10.0	√（10.07）
硬度 H_s 与硬度 H_o 之间的差大于等于22.0	√（22.37）
不存在硬度从中心点朝所述表面下降的区域	√

在审查过程中，经常会遇到类似的缺少对应数据的问题。目前常见做法是推测数据或将其认定为区别技术特征。如果推测方法缺乏数理依据，那么新颖性或创造性评述就是缺少说服力的。在这种情况下，通过数学工具绘制图表，

一方面可以为结论提供理论支撑，使说理令人信服；另一方面有助于申请人更加深入地理解对比文件的发明构思，能够更合理地预期申请的未来走向。

2. 列数字

列数字是从数量上说明事物特征或事理，使语句更准确，更科学，更具体，更有说服力。例如："鳕鱼一次产卵可达千万粒，真正变成幼鱼的卵还不到1%。"❶ 在审查意见中，为了使所要说明的事物准确化，可以采用列数字的方法。

【案例2】石灰回转窑液压控制系统和石灰回转窑

发明申请涉及一种石灰回转窑液压控制系统，主要发明点在于在常规液压系统中用高精度的微量节流阀替换普通节流阀，实现精确输送压力油，最终实现将石灰回转窑的升降速度控制在2～3mm/h的范围内。最接近的现有技术为一种常规液压控制系统，其公开了权利要求中的大部分技术特征。针对高精度的微量计量泵这一区别技术特征，检索到一种高精度机床的液压控制系统作为对比文件2，结合评述权利要求的创造性。

申请人认为微量计量泵仅在小型高精密设备上使用，未出现过将微量计量泵应用于大型设备的实例。审查员再次评述时进行如下说理：通常情况下大型设备液压控制系统不会采用微量节流阀，因为前者是工业生产级别，后者是实验室或精密加工级别。按常理推断，长60m的石灰回转窑窑体，其上升和下降幅度至少约10m，如果将升降速度控制为3mm/h，则要完成一次上升和下降动作需要278天，这在实际生产中是很难想象的。如确实要求2～3mm/h的上升和下滑速度，现有的普通节流阀无法达到这一精度，那么在面对这一极其严苛的条件时，本领域技术人员有理由和动机采用精确控制液压的微量节流阀替换最接近现有技术中的普通节流阀，不存在技术障碍。

在说理过程中，如果审查员使用列数字这一方法，则说理会更加客观、准确，令人信服。需要注意的是，引用的数字一定要准确无误，即使是估计的数字，也要有可靠的根据，力求准确严谨。

3. 下定义

下定义是用简明的语言对事物的本质特征作规定，从而更科学、更本质、更概括地揭示事物的特征和事理。例如："统筹方法，是一种安排工作的教学方法。"❷ 在审查意见中，为了准确揭示事物的本质，可以采用下定义的方法。

【案例3】牙纹弹跳下水头

发明申请涉及一种牙纹弹跳下水头，其独立权利要求中限定"弹跳面板的

❶ 金玲．海洋是未来的粮仓［J］．少儿科技，2002（2）．

❷ 华罗庚．统筹方法［M］语文：六年级第二学期．上海：上海教育出版社，2015．

外圈上镶套一密封圈，密封圈具有软性翼片，翼片的直径大于下水管上端口的直径”。审查意见中认定对比文件1公开了上述特征。

申请人不认同审查意见，认为对比文件1并未公开“软性翼片的直径大于下水管上端口的直径”。针对这一争论，审查意见如下：密封圈通常是由弹性材料制成，如橡胶等，正是通过弹性材料发生弹性形变，在密封接触面上造成接触压力，使接触压力大于被密封介质的内压从而避免发生泄漏，实现密封。因此对本领域技术人员而言，密封圈的软性翼片的直径必然大于下水管上端口的直径。只有这样，密封圈在进入壳体时才能发生形变，从而产生接触压力，实现密封效果。反言之，如果密封圈的软性翼片的直径小于或等于下水管上端口的直径，密封圈在进入壳体时根本不会发生形变，也就不会产生接触压力和密封效果，那么密封圈就无法称之为“密封”圈了。由上述分析可知，密封圈的软性翼片的直径必然大于下水管上端口的直径。

在说理过程中，如果使用下定义这一方法，则可以全面、准确地揭示事物的本质，特别适用于事物的定性分析。需要注意的是，分析时逻辑要严谨，必要时可以使用反证法配合分析。

4. 举例子

举例子是通过列举有代表性的、恰当的事例来说明事物特征的说明方法。例如：“红树林的生物资源非常丰富，以广西山口红树林区为例。”❶ 在审查意见中，为了使比较抽象、复杂的事物变得通俗易懂，令人信服，可以采用举例子的方法。

【案例4】出水喷管

发明申请涉及一种出水喷管，权利要求1与最接近的现有技术相比，区别在于出水喷管的射流调节器装置包括射流分流器和/或均化装置。可对上述区别技术特征举例说理：现实生活中，公共绿地上通常设置自动浇灌装置，自动浇灌装置的出水喷管上设置有射流分流器，射流分流器用于将浇灌水分流为沿相反方向喷出的两股或沿相互间隔120°方向喷出的三股。自动浇灌装置的出水喷管上还设置有均化装置，均化装置用于使自动浇灌装置覆盖以自动浇灌装置为圆心、以射程为半径的整个圆形浇灌区域。由此可见，射流分流器和均化装置均属于常见的射流调节器元件。本领域技术人员为了使喷管喷出均匀的呈珠状软化的射流，并满足不同用户的使用需求，在喷管的容纳空腔中设置射流分流器和/或均化装置属于常用的技术手段。

实际审查过程中，对于用公知常识评述区别技术特征的技术方案，申请人有时会阐述区别技术特征即为其申请的发明点，能够带来预料不到的技术效果。这种情况下，如果审查员在评述时可以列举有事实依据、令人信服的例

❶ 钟晗. 红树林的生态价值［J］. 科学大观园，2002（12）.

子，则申请人更容易接受。

5. 分类别

分类别是将被说明的对象，有序地照一定的标准划分成不同的类别，一类一类加以说明。例如："鲸的种类很多，总的来说可以分为两大类：一类是须鲸，没有牙齿；一类是齿鲸，有锋利的牙齿。"❶ 在审查意见中，为了帮助申请人掌握特征，理清头绪，可以采用分类别的方法。

【案例5】烟气余热利用系统

发明申请涉及一种烟气余热利用系统，其独立权利要求中限定"除尘器设置在烟气换热器下游"，而最接近现有技术中的除尘器设置在烟气换热器上游。针对这一区别，申请人指出：该发明在除尘器进口设置烟气换热器，进入除尘器的烟气温度下降，可以明显降低比电阻，提高除尘器效率，同时降低除尘器能耗，因此该发明具有降低烟尘排放和降低除尘器能耗的环保作用，具有创造性。针对这一争论，审查意见如下：除尘是烟气排放之前的必要工序，除尘器和烟气换热器必须串连设置，因此仅有两种设置方式，第一种方式是除尘器设置在烟气换热器下游，第二种方式是烟气换热器设置在除尘器下游。选择第一种方式的优点是提高除尘器效率，降低除尘器的能耗，缺点是含有大量烟尘的气体在烟气换热器内壁上沉积结垢，造成对烟气换热器内壁的腐蚀，导致烟气换热器寿命降低，并且影响换热效率。选择第二种方式的优点是保护烟气换热器，延长其使用寿命并提高换热效率，缺点是除尘器效率较低，能耗偏高。本领域技术人员熟知上述两种设置方式各自的优缺点，针对不同工况下对设备的使用要求，并且考虑不同用户的自身选择，本领域技术人员能够从上述两种设置方式中选择在除尘器进口设置烟气换热器，其效果是可以预料的。

对于涉及常规设置的公知说理，大部分情况下，这种常规设置并非大海捞针，而仅仅是在有限的设置方式中任意选取。在这种情况下，可以将设置方式分类别一一说明并分析，阐述选择其中一种所能带来的效果和问题，分析其可预期性，从而使审查意见条理清楚。

6. 作诠释

作诠释是对事物的性质和特征进行解释，可以具体形象地说明事物的特点，便于读者理解。例如："激光是一种颜色最为单纯的光。"❷ 在审查意见中，如果需要从一个侧面就事物的某一个特点作出解释，可以采用作诠释的方法。

【案例6】具有嵌套的座椅栏杆的座椅安装的控制机构的工作机械车辆

发明申请涉及一种工作机械车辆的座椅，独立权利要求中涉及特征"扭矩

---

❶ 海明威. 鲸［M］. 课程教材研究所小学语文课程教材研究开发中心. 语文：五年级上册. 北京：人民教育出版社，2005.

❷ 王树铎. 激光［J］. 人民教育，1978（7）：58.

抑制机构，连接至第一和第二可调整扶手组件的每一个，每一个扭矩抑制机构允许连接的扶手组件沿向前和向后方向进行调整，但是抑制扶手组件相对于向前和向后方向的向上和向下或侧向的扭矩运动”。申请人与审查员的意见争论点在于“扭矩抑制机构”这一特征的认定。申请人认为对比文件中的“滑动机构”不能相当于“扭矩抑制机构”，因为没有任何表述说明“滑动机构”能够抑制扶手组件相对于向前和向后方向的向上和向下或侧向的扭矩运动。

针对这一争论，审查意见如下：扭矩为使物体发生转动的力矩，扭矩抑制机构是指在扭矩作用下不随之发生扭转的机构。对于一般刚性部件而言，其自由度有限，除非安装铰结点、转向轴等枢转元件，其余均可抑制扭矩。具体由对比文件说明书和附图可知，滑动机构包括固定托架、滑动支座和枢转装置，固定托架和滑动支座扣合在一起，固定托架上有一排槽，枢转装置枢接于滑动支座上，枢转装置上有数个齿，齿置于排槽内；枢转装置旋转时，齿卡在排槽内，枢转轴带动滑动支座沿固定托架滑动。这样的结构和工作原理使得滑动机构必然可以抑制扶手组件相对于向前和向后方向的向上和向下或侧向的扭矩运动，因此“滑动机构”相当于“扭矩抑制机构”。

在说理过程中，如果使用作诠释这一方法，则说理会更加便于理解。需要注意的是，作诠释的语言虽不像下定义那样要求严格，但也必须简明、准确、通俗易懂。

四、小　结

画图表、列数字、下定义、举例子、分类别和作诠释等都是常见的说明文说明方法，将这些说明方法应用到审查意见通知书中可以使审查意见说理更加充分、科学，帮助申请人更好地理解现有技术，更好地把握专利申请的前景，从而实现“准确、快捷、高效”的交流，进而提高国家知识产权局审查工作的水平，维护国家知识产权局行政执法的公信力。希望本文能为专利审查员撰写审查意见提供可操作的参考做法，也能为专利申请人答复审查意见提供可借鉴的思考方式。

参考文献

［1］中华人民共和国国家知识产权局．专利审查指南 2010［M］．北京：知识产权出版社，2010.

［2］耿萍．专利申请意见陈述中的常见问题和逻辑说理［J］．中国发明与专利，2014（6）.

［3］刘时雄，黄彬，王青伟，等．浅谈三性审查意见的说理要求［J］．电视技术，2012，36（S2）.

亚组合式权利化相关问题初探
——兼论权利要求的演变进化与因应

王大鹏[*]

摘　要：本文从并列独立权利要求的一种常见形式——组合体权利要求及其亚组合权利要求的概念解析入手，详细分析了亚组合发明或亚组合权利要求的表现形式、领域分布、类型差别、实质特点及产生原因，探索了其可能引发的专利保护中的各种问题。提出亚组合式权利化是传统领域专利权进化和扩张的基本模式，对亚组合发明保护所可能引发的各种问题需要理性考量并积极应对。

关键词：亚组合权利要求　组合体权利要求　权利要求解释　专利审查　专利保护

一、引　言

专利制度自诞生以来就一直在为适应新技术的发展而不断进行自我调整。比如在生物技术领域，工程微生物、人类基因、嵌合体动物先后在国外成为可专利保护的主题；在计算机及信息技术领域，计算机程序、商业方法相继突破“技术”藩篱成为可授权主题。这些授权主题的拓展均伴随相应的里程碑式的标志性事件，并被认为是专利制度发展史上的巨大跨越。

在传统领域，如机械、电学、化学领域，授权主题一直以来似乎鲜有明显变化。但真正的事实是，在传统领域，授权主题变化与权利扩张运动也一直存

* 作者简介：王大鹏，国家知识产权局专利局专利审查协作北京中心生物医药部生物工程三室主任，专利审查研究员。

在。与任何新兴技术一样，也在发生着与时俱进式的权利扩张。只不过传统领域的发展变化往往是缓慢的、渐进的，以至于有时很难察觉到它的存在。国际专利分类（IPC）、统一专利分类体系（CHC）、联合专利分类体系（CPC）等分类表的不断发展、衍变、细化，实际上就是专利权扩张的最好证明——某种程度上，分类表的修订史实际上同时也是专利权的进化史。亚组合发明或亚组合权利要求即为其典型进化方式。

相对而言，亚组合发明或亚组合权利要求目前还很少被国内学者在国内相关审查标准、行政及司法裁判案例等中明确提及。但其反映出来的审查及审判问题确实有其独特性和复杂性，值得进行研究与探讨。

下面笔者即从亚组合发明/亚组合权利要求的概念解析入手，探究其形式、特点及产生原因，并尝试分析其可能引发的各种问题。

二、亚组合权利要求及其形式与特点

亚组合权利要求这一概念并非新生事物，早在 1939 ~ 1944 年即已经使用。[1] 对于多数人而言，亚组合权利要求可能是一种经常接触但却无特别意识的权利要求类型。其在美国《专利审查程序手册》（MPEP－0800）、日本审查基准（第一部分第一章）、《欧洲专利局审查指南》（B 部第Ⅲ章第 3.9 节）、《专利合作条约行政规程》附件 B 以及《PCT 检索及初步审查指南》（第十章“单一性”）中或多或少、或隐或显地均有涉及。

1. 亚组合权利要求的定义

与常见的权利要求类型往往基于权利要求本身的特点进行划分不同的是，组合体权利要求（combination claim）及与其对应的亚组合权利要求（subcombination claim）尽管与权利要求本身的限定内容或其表征形式也具有关联，但不同在于，其更侧重的是表述两个以上权利要求之间，尤其是两个以上并列独立权利要求之间的关系。因此其系依据权利要求之间的关系而定义的一种权利要求类型。

“组合体”与“亚组合”的用语（我国台湾地区称之为“次组合”或“子组合”）在美国和日本的审查指南中均有明确定义。美国审查指南中的定义言简意赅：组合体是由单独的亚组合或单独的单元构成的整体，而亚组合则为组

[1] LANGSAM H. Subcombination Claims [J]. J. Pat. Off. Soc'y, 1939, 21: 921. LEDMAN H B. The Rejection of Subcombination Claims as Being Broader Than the Invention [J]. J. Pat. Off. Soc'y, 1994, 26 (12): 793.

合体的一个单独的部分。[1] 日本审查基准中的定义则是：与组合了两个以上单元的整体装置发明或者组合了两种以上工艺的整体制造方法发明（相应权利要求被称为组合体权利要求）相对应，亚组合权利要求是仅表述了被用于以上组合体中的各个单元或各个单一工艺的发明主题。[2]

通过例举的方式可以进一步增加对组合体权利要求与亚组合权利要求的直观了解。例如：

权利要求1：一种具有特定外螺纹结构的螺栓。

权利要求2：一种与权利要求1的螺栓结合、具有特定内螺纹结构的螺母。

权利要求3：一种连接装置，其包括权利要求1的螺栓与权利要求2的螺母。

其中，上述权利要求1和权利要求2即属于典型的亚组合权利要求，其要求保护的发明仅是连接装置中的一个组成单元；权利要求3则为典型的组合体权利要求，其要求保护的是由两个组成单元组成的整体连接装置。其他类似的例子还可以举出锁与钥、客户端与服务器、皮带与齿轮、接收器与发射器等。

通过以上定义及典型示例，可以获得有关组合体/亚组合权利要求的一些初步认识。比如组合体权利要求与其亚组合权利要求主题之间是整体与局部或单元与系统的关系，其既包括产品权利要求，也包括方法权利要求。但也似乎很容易让人产生这样的认识：组合体权利要求与亚组合权利要求仅仅是在表述一种元件、单元与系统的关系，似乎并无必要另外如此界别，无非新瓶装旧酒而已。

原因可能在于，这种定义或示例中仅仅着重于组合体与亚组合的基本关系，并没有特别突出如此界别以后的亚组合之间的关系，尤其是亚组合之间的相互限定关系，当然更未涉及亚组合发明的其他特殊之处，而这些才是亚组合权利要求相关问题相对复杂的根源所在。因此，需要更多了解亚组合发明或亚组合权利要求具有哪些表现形式及相应特点。

---

[1] 参见MPEP 802.01、802.02、804.01、806.04和806.05。特别是806.05（a）、（c）、（d）、（j），808.01等。原文为："A combination is an organization of which a subcombination or element is a part. A subcombination is a part of a combination"。在美国，组合体发明及其亚组合发明属于关联发明（related inventions）。

[2] 参见审查基准第一部分第一章"明細書及び特許請求の範囲の記載要件"第2.2.4.2节"請求項の記載形式—独立形式と引用形式—"中关于权利要求表现形式的备注："サブコンビネーションとは、二以上の装置を組み合わせてなる全体装置の発明や、二以上の工程を組み合わせてなる製造方法の発明等（以上をコンビネーションという。）に対し、組み合わされる各装置の発明、各工程の発明等をいう"。

2. 亚组合权利要求的表现形式

在专利审查与审判工作中，通常很少直接见到“亚组合”这一称谓。我国《专利审查指南2010》中也并无亚组合权利要求类型，[1] 由此使得亚组合权利要求及该权利要求所对应的发明（简称“亚组合发明”）具有一定的隐蔽性。但实务中亚组合权利要求的普遍性远超我们的预期。比如光盘领域通过介质再生装置限定的记录装置权利要求，电学通信领域通过服务器端限定客户端装置的权利要求、云机与服务器相关的权利要求、智能手机权利要求，材料领域的复合金属权利要求等均可能属于亚组合权利要求。在我国司法实践中，近年引发众多关注的“墨盒”案中的墨盒权利要求、“后换挡器支架”案中的后换挡器支架权利要求也均属此列。

在日常生活领域，亚组合权利要求主题也很常见。例如专利CN1255064C，发明人设计了一种鞋垫与袜子勾连在一起的鞋垫袜子组合，以增强脚部安全防护。该专利不仅保护这一鞋垫袜子组合，也保护单独的鞋垫与单独的袜子这两个亚组合。[2] 再如跳绳专利JP3763528，为了避免跳绳者在查看跳绳把手上的显示器所显示的跳跃次数时停止跳跃动作，发明人设计了一种在跳跃过程中不需停止动作即可实时获知自己跳跃次数、并可计数及发音的跳绳。该专利既保护“跳绳＋把手”的这一整体跳绳，也保护跳绳的把手这一亚组合发明。其他诸如拖把挤干器与拖把桶、自动铅笔及其储铅芯管结构等类似产品也均属此列。

甚至在化学、医药、生物技术领域，亚组合权利要求也广泛存在。比如化合物消旋体及其旋光异构体；医药领域中涉及的一些以药物之间特定联用关系为其发明点的发明，由此在联用药物这一组合体权利要求以外，出现了诸如“一种以与B同时使用为前提、包含A的抗癌药物”或者“一种以与B同时使用为前提、利用A进行抗癌治疗的用途”类型的权利要求。生物技术领域涉及双组分或多组分体系、蛋白质－基因调控与互作、分子模件、分子信号传导系统等主题的发明，也会很容易将保护主题撰写为亚组合权利要求的形式。[3]

综上可见，在专利审查实践中，亚组合权利要求在各领域均普遍存在，且表现形式繁复多变。

---

[1] 据简单检索中外专利数据库，仅有非常少的专利申请或专利在发明名称中直接出现了“亚组合”字样，例如专利CN2600830Y、CN2516985Y、US7228796B2等。需要注意的是，这些语境下的“亚组合”与本文中所指的亚组合含义可能一致或近似，也可能纯属巧合，其实质含义有很大差别。

[2] 参见该专利的三个独立权利要求1、11、16。

[3] 其多变的形式及其单一性判断可参见：BURKE J Restriction Practice for Combinations and Subcombinations［EB/OL］. http：//www. slideserve. com/giona/restriction – practice – for – combinations – and – subcombinations.

3. 亚组合权利要求的类型和特点

通过将亚组合权利要求予以模式化，可以进一步分析亚组合权利要求的特点。以下有关“A + B”的组合体发明示出了一种典型的组合体/亚组合权利要求：

权利要求 1：一种产品 A，其具有某特定的 X 结构。

权利要求 1′：一种产品 B，其具有某特定的 Y 结构。

权利要求 2：一种产品 A，其特征在于 X 结构，其中所述 X 结构与产品 B 的 Y 结构互相配合。

权利要求 2′：一种配合权利要求 1 的产品 A 使用的产品 B，其特征在于具有 Y 结构，所述 Y 结构与产品 A 的 X 结构配合。

权利要求 3：一种装置，其特征在于，包括产品 A 和产品 B。

其中，权利要求 1 与权利要求 1′属于亚组合权利要求，权利要求 3 为典型的组合体权利要求。介于两者之间的权利要求 2 或权利要求 2′，也为典型的亚组合权利要求，其权利要求的主题明显也为组合体中的一个单体，但由于该单体 A、B 之间存在一定的配合、联动、互作等关系，权利要求 2 或权利要求 2′中采用另一方单体（组合或亚组合）对其加以限定或表述（其中单体 A、B 之间可以是一种并列对等关系，也可以是一种主体与局部、系统与组成部分的主从关系、包含关系）。

本文中，将权利要求 1 与权利要求 1′这种亚组合权利要求称为 I 型亚组合，也称为裸权利要求（naked claims）。其典型特点在于在限定时谨守分际而不假外求。将权利要求 2 或权利要求 2′这种亚组合权利要求称为 II 型亚组合。其典型特点在于不独采用自身特征进行表述，还采用另一方的亚组合对其进行限定。

进一步对比 II 型亚组合中的权利要求 2 和权利要求 2′也可以看出，亚组合权利要求并不因权利要求的撰写形式而改变。也即，无论是采取引用在先独立权利要求的形式，还是不采用引用撰写方式，在直接限定产品本身技术特征的同时再限定另一方亚组合产品的相关技术特征，都不改变二者均为亚组合权利要求的本质。

可以明显看出，如此甄别之后，II 型亚组合权利要求与常见的裸权利要求即 I 型亚组合相比，其并非完全借由自身特征来自由、自主地限定自身，而是还需要借助外物来加持、映射、观照——除了采用其自身特征进行“自定义”以外，还需要通过对应的亚组合这一或多个外物作为参照系或参照物，来对所限定的产品进行“他定义”。正可谓“名可名，非常名”。此时的亚组合权利要求与限定其的外物之间是互相限定、交相为用而并行不悖的一种关系。该外物并非该亚组合发明的组成部分。

因此，就其实质而言，II 型亚组合权利要求是一类脱离“樊笼”而仍有待于外、有假于外的权利类型，独立而不自由，独立而不孤立。但其“不自由”“不孤立”并不影响其独立。归根结底，亚组合仅为组合中的其中一方，亚组合既不近似于，更不等同于组合体。亚组合权利要求的这种特点既是其本质所在，也是造成其在专利行政以及司法实践中产生较多问题的根源。实践中比较引人注目的代表性案例均涉及此类 II 型亚组合。

三、亚组合权利要求产生的原因及其存在的合理性

在“元件—单元—系统”的多层次保护体系之下，亚组合权利要求一般多出现在“元件”和“单元”两个层级。必须指出的是，亚组合权利要求的出现并非撰写缺陷。相反，本应撰写为“元件”或“单元”层级的亚组合权利要求如果撰写为“系统”层级（组合体权利要求），才可能真正存在缺陷。在我国台湾和近邻日本，其专利代理界比较注重有关次组合或亚组合权利要求的撰写技巧，有明确的手册或指引，并成为专利代理人招徕客户、吸引眼球的一种手段。[1][2] 在说明书中往往特别指出“本申请的保护范围也包括发明的各种亚组合形式”或者“本发明也可以以任何合适的子组合的方式提供”等类似用语。[3]

亚组合权利要求源自对权利的表达。常见的情况是，在从申请人手里诞生之初，初始权利要求本身就是一种亚组合权利要求；在另外一些情况下，亚组合权利要求也可能是在审查修改过程中由裸权利要求逐渐“增容”而来，或者是经组合体权利要求逐渐“瘦身”而来。对于亚组合权利要求产生的原因及存在的合理性，初步分析有以下几点。

1. 科技发展及技术表达的现实需要

亚组合权利要求的出现有其在技术发展上的必然性。首先，由于技术和产业不断发展，专利与产品之间的对应关系不断复杂化。从整体走向分割或独立是各领域最为常见的一种技术发展趋势。传统上不能分割、不能单独出售或不

---

[1] 日本例可参见：葛西泰二．特許出願のクレーム作成マニュアル［M］．オーム社，2013：89－95，161－166.

[2] 台湾例可参见台湾道法法律事务所“本所尽量将次组合与组合皆单独列为独立项之申请标的”的相关网络宣传。

[3] 更多的情况是，在说明书中，申请人往往泛泛指出“本发明不仅涉及保护如上所述的发明，也应涵盖其各种亚组合”等诸如此类（例如：“なお上記の発明の概要は、本発明の必要な特徴の全てを列挙したものではなく、これらの特徴群のサブコンビネーションも又発明となりうる。”）。

能单独使用的产品，可能演变为在空间上、时间上、条件上等可以分割，并可以单独制造、单独销售。即产品的可分割性、非均匀性、可组合性是随技术发展而不断发展变化的。总会有一些产品或工艺通过拆分、裂变等而独立单飞或另起炉灶，最终得以脱离其主体，单独发展为一个技术主题，甚至一个产业领域。

其次，随着技术的复杂化，表达发明创造的主题也会呈现出多样性和复杂性。单独生产、制造、销售仅仅是某一产品在实体意义上的独立，并不完全等同于在发明创造的抽象物或无体物即权利要求的意义上获得独立。究其原因，专利权需要借助于语言文字进行表达和界定。而表达一种主题，既关系到该主题本身的属性和特点，例如其是否可以采用语言文字来表达（例如微生物菌株或生物细胞无法采用语言文字进行准确表述）以及采用何种方式才能表达周全，也关系到语言文字本身的局限性。这是所有通过权利要求的方式来“给需要保护的发明下定义”时，所均需面对的从有体物到无体物转变必须经历的蜕变。

比如对于一个产品而言，为了清楚地定义该产品，需要明确限定其结构与组成。而结构既包括《专利审查指南 2010》中指出的“相对位置关系、连接关系和必要的机械配合关系”,❶ 也包括空间关系、拓扑关系、耦合关系、方向关系、距离关系等。此外可能还包括静态动态作用关系等各种关系存在。所以在其表述中，很多产品都需要依赖对处于关系中的另一方的表达才能限定清楚。通俗地说，需要通过“以物状物”的方式实现表达。这实质上属于一种“间接限定”。❷

因此，正如采用一种方法限定一种产品（Product - By - Process）或者采用一个独立权利要求限定另一独立权利要求相同，采用某一亚组合来限定另一亚组合（Subcombination - By - Subcombination），从逻辑上不存在任何问题。

2. 单一性制度的相适调整

亚组合发明/亚组合权利要求出现以后，首先需要面对的就是既有的专利制度是否允许其存在与发展的问题。其中，单一性制度从早期的“一申请一发明”调整为“一件申请一个总的发明构思”背后的深层次原因就是如何对待组合体/亚组合权利要求单一性的问题。

---

❶ 根据《专利审查指南 2010》第一部分第二章第 6. 2. 2 节可知：产品的构造是指产品的各个组成部分的安排、组织和相互关系。产品的构造可以是机械构造，也可以是线路构造。机械构造是指构成产品的零部件的相对位置关系、连接关系和必要的机械配合关系等；线路构造是指构成产品的元器件之间的确定的连接关系。

❷ 石必胜．产品权利要求的结构特征是否可以间接限定［J］．中国知识产权，2013（6）．

日本著名学者竹田和彦在其经典著作中对此有非常详尽的分析。[1] 也就是说，如果严格遵循“一申请一发明”原则，则首先拦截住的权利要求即是组合体/亚组合权利要求，从而留下一个在专利保护上并不周全的空隙存在。以发射器、接收器及包括该发射器和接收器的通信系统的发明为例，如果仅仅通信系统获得授权，则单独销售发射器或接收器并不侵权，或者其中一个终端在国外也不构成侵权；而如果仅仅发射器授权，则提供接收器也不侵权，反之亦然。而且，这样的发明勉强分案为 3 件专利申请也并不总是能够得到认可。[2] 最终发明不能得到完全保护。并且，在捐献原则下，未在权利要求中请求保护则视为向社会捐献。因此，存在相当多的担心则是，如果对部分组合体/亚组合权利要求未要求保护，则可能视为捐献给了社会而放弃对其保护。而这一点并非申请人或专利权人本意。日本在 1987 年的专利法修改中引入了改良多项制以后，才解决了组合体及其亚组合能够包含于同一申请的问题。[3]

因此，单一性制度的发展，尤其是 PCT 下单一性制度的发展，最终使得亚组合发明可以统合于同一发明构思之下，在同一申请文件中得以体现。可以说，单一性制度是支撑亚组合发明或亚组合权利要求存在和发展的制度基础。由此，亚组合彰显其独立价值的“独立运动”方能实现。

3. 专利审查中的配合修改

在亚组合产生的诸多原因中，除有意为之的因素以外，也有一些似乎无心插柳的因素，比如审查过程的促成。

也就是说，在专利审查中，可能由原本并非亚组合权利要求逐渐修改转化为亚组合权利要求。其中一个主要原因即为配合修改。比如，申请人意识到单纯依靠意见陈述完全推翻审查意见比较困难，但申请人本意又不打算真正作出退让，为了给审查员一种作出让步的印象，申请人会针对权利要求作出进一步的修改限定，该修改或者属于增加一些并无实质限定作用的内容，或者是申请人以退为进、步步为营的策略。其中部分情形下，这种修改即会导致权利要求由非亚权利要求转变为亚组合权利要求，或者由Ⅰ型亚组合权利要求转变为Ⅱ型亚组合权利要求。

需要指出的是，这种由审查修改形成的亚组合权利要求可能会给后续程序增加更多的复杂性。包括：修改增加的技术特征对专利保护范围是否必然具有

---

[1] 竹田和彦．专利知识：理论与实际［M］．8 版．钻石社，2006：218 -231.

[2] 在日本特许厅，曾有一段时期，这样的权利要求如果存在于一件专利申请中，则认为不满足单一性要求；如果进行分案申请，则被认为分案与母案实质相同，不允许分案。由此导致申请人进退失据，动弹不得。

[3] 吉藤幸朔．特许法概说［M］．10 版．有斐阁，1994：253 -254.

实质性影响以及是否可以由此克服新颖性/创造性缺陷；后续增加的特征是否限制了专利权利要求的保护范围等。对此需要具体案件具体分析，不可一概而论。在最高人民法院审结的“后换挡器支架”案中，诉讼中即涉及审查中增加的修改对专利保护范围是否必然具有实质性影响的争议。

4. 强化创新保护的根本需要

无论是技术发展的原因、单一性制度的保障，还是审查实践中误打误撞或有意为之的修改演变，都仅是一些外在因素。强化专利保护才是亚组合权利要求出现以及存在的内在根本动因。最终，利益是隐藏在权利背后最根本的导因。

在专利权获权以后，为避免他人通过简单规避设计或不完全使用导致专利权形同虚设，在专利保护中引入了两大利器——等同原则和间接侵权。但是，等同原则以不违背“全部技术特征”原则为前提；而间接侵权则存在相当的不确定性，司法实践中对其适用比较慎重。因此，依靠等同原则和间接侵权获得对组合体专利权的周全保护，或者依靠它们延伸和加强保护，明显不如直接给予亚组合保护更让申请者放心。缺少亚组合发明保护的专利制度并不能为专利权人提供充分的保护，也会极大地限制专利权人行使权利的方式。正如美国联邦最高法院在1961年Aro案[1]中指出的：“构成一个组合专利中的任何一个要素，若非单独受到专利保护，都不能成为专利垄断权的保护对象。无论它是不是专利保护的组合的关键部分，也无论其价值大小或更换的难易程度。”

日本学者都築英寿也认为，组合体专利权与亚组合专利权对于权利人而言到底孰优孰劣，不能一概而论。为避免组合体专利权形同虚设，需要在确权阶段就给予亚组合以权利保护。很多情况下，亚组合专利权更加方便专利权利用，至少为权利人行使权利增添了一种选择可能。[2] 在美国，申请人也往往采取层层保护的方式，并认为多个独立权利要求并存是将反诉机会减少到最低的一种方法。

必须指出的是，实践中有相当一部分申请自始至终均未要求保护组合体权利要求，而是仅仅要求保护亚组合权利要求。这种选择取向实际上已经将组合体/亚组合的地位完全颠倒，也说明了申请人或专利权人更加看重亚组合的态度。

还需看到，一些亚组合发明并非通过自身就能独立地解决现有技术所存在

[1] Aro Mfg. Co. v. Convertible Top Co. , 365 US 336 (1961).

[2] 都築英寿，中辻七朗. 平成22年（行ケ）第10056号事件とサブコンビネーション発明の進歩性（容易想到性）について［J］. パテント，2011，64（7）：32－39.

的技术问题，而是需要与另一方共同解决技术问题，此时单独采用亚组合发明自身特征进行限定就显得很困难。并且，如果仅仅使用亚组合发明自身特征进行限定，也容易造成其结构与组成太过具体、下位，不能反映发明构思的本质，很难提供周全的保护。归根结底，亚组合权利要求与最大限度权利化以及强化权利行使的追逐有关。可以预期，未来亚组合权利要求会愈加普遍。并且，凡是涉及体系或系统的地方，就有亚组合权利要求生存的土壤。

四、亚组合发明权利化引发的相关问题

亚组合权利要求发展背后那只看不见的推手仍然是利益，而有利益之处就必然会产生利益冲突。

在开放式创新时代，对亚组合发明予以保护可以使亚组合发明获得更加独立的地位，增强技术流动性，给市场分工、产业链条等都会带来一些新的变化，并会促进创新技术在其他领域的合理流动。但也需看到，亚组合发明大量权利化会相应引发一些以前我们未曾充分注意的新的问题。

1. 亚组合权利化可能加剧权利博弈中原本即存在的不公平现象

亚组合小而独立的特性，使得亚组合专利实际上成为发明中核心的核心，强化了专利权排他性垄断能力。由于独立因而强力：组合体与亚组合恰如子母弹，其进攻性、攻击力、灵活性以及穿透力均得到增强，最终体现为市场支配力以及控制与反控制能力增强，不仅为专利权人控制一级市场，同时也为其控制二级市场打开方便之门。亚组合权利化会给市场带来更强的选择压力，权利优势更加集中，加剧了权利博弈中原本即存在的不公平现象。当专利权为一件组合产品的一小部分时，针对此发出的禁令影响力尤其大。对于销售多部分组合产品的企业而言，即便是禁令仅仅涉及产品的某一个很小的部分，也可能会失去——至少一段时间内失去销售整件产品的资格。正如马克·莱姆利等的研究显示的那样，以削弱整件商品为目标的禁令所带来的威胁将使专利权人在使用费谈判中获得的数额远远超过该专利应有的经济价值。❶ 无论是以大压小的以势屈人，还是以小搏大的“四两拨千斤”，都会进一步加剧其中的不公平。

2. 亚组合权利化或可加重“专利丛林”现象并加剧许可费堆积危机

亚组合以其小而灵活、小而独立的特性使其容易获取或拥有一种病毒般的变异、衍变能力，从而拓展了申请人的专利布局能力，适应和造就了专利组合（patent portfolios）的发展。与此相应的一种担心则是，亚组合权利要求会助

---

❶ 伯克，莱姆利．专利危机与应对之道［M］．马宁，余俊，译．北京：中国政法大学出版社，2013.

长、推动已经愈演愈烈的“专利丛林”现象。从我国“墨盒”案中，可以看到“墨盒”类亚组合权利要求的巨大的繁衍能力，依托一件国际申请，即支撑起一个多达200余件同族专利的完美的专利布局，达到一种“独木成林”的效果。与此相应的问题则是获权以后的许可费堆积（累积）问题（royalty stacking），所涉及的专利越多，问题越严峻。另外，这也可能加剧专利许可协议中的捆绑、搭售等现象。

3. 亚组合式权利化策略进一步强化了专利权的集团作战能力

与美国利用其连续申请制度繁殖出大量的连续专利（CP）、分案专利（DP）、部分连续专利（CIP）的直系、纵向的专利衍生模式不同，日本企业更多利用单一性制度，以母案申请的巨大蓄水缓冲能力以及不断衍生的分案亚组合权利要求，意图围堵住一切可能，不给对手留一丝喘息空间。这种能力更多源自于原申请文件的包孕潜能所产生的专利衍生能力，母案分案虽有母子代际差别，实际上则是基于一种横向或周向的衍生能力。最终也达到了向前线不断输送亚组合专利武器，从而母子专利前仆后继、轮番战斗的功能。其中典型的代表案例即为日本精工爱普生公司“墨盒”系列侵权案。

4. 亚组合式权利化赋予权利人以侵权应激反应能力

亚组合式权利化延伸了权利人的布局能力与市场应对能力。具体包括了初始申请时策略性进行专利申请的能力和审查过程中连续亚组合分案能力，由此使得捐献原则形同虚设并赋予了权利人更多的侵权应激反应能力。初始申请策略包括需要使母案申请具备巨大的蓄水缓冲能力，然后在最初母案的专利权授权以后，申请人通过观察市场各方反应以及涉嫌侵权物回避设计的实态，通过不断分案，针对相应涉嫌侵权物或回避设计量身定做相应的亚组合发明的“子专利权”或“孙专利权”。然后一边“养肥”对手，一边伺机出手。虽然没有确凿证据，但理论上亚组合权利化使得权利人应激性设权成为可能。

这样做当然有利有弊：只要申请人愿意，他可以在相当长的时间内使专利申请保持不确定的态势，威慑竞争对手的进入，权利人由此获得了巨大的回旋空间。而且其完全可以根据市场反应“定制”权利，可以并不需要密集如草般盲目设置“专利丛林”。其缺点则是，尽管多数情况下，由于母案专利所蕴含的巨大体量，多数分案也能顺利获权，但也相当程度上引发了一个问题，即为了兼顾回避设计、威慑效应及增加胜诉可能性，权利人分案时主动修改的幅度往往较大，由此大量亚组合权利要求相关的分案均与修改超范围扯上了关联。近年“墨盒”案、“后换挡器支架”案均在修改中引入原始申请并不存在的上位化特征即可说明此点。

5. 亚组合式专利权相关权利用尽及侵权判定问题越发复杂化

在充满了专利权谋与智慧的世界，专利的复杂性不断增长。亚组合是专利和专利重重相套的典型形式，势必引发并加剧权利用尽问题的复杂性。如果组合体权利要求与亚组合权利要求均被授权，则在销售组合体权利要求的专利产品的时候，亚组合权利要求的专利权是否也同时权利用尽？反之又如何？对于这一问题，美国存在 Quanta v. LG 公司案❶，日本对于系统发明专利权的权利用尽问题也有部分相关专门研究。❷ 总体而言，这一问题相对复杂，如果再加上组合体权利要求与亚组合权利要求分属不同权利主体的因素，又可能引发“A + B”是否侵犯“A OR B”权利的新问题。❸ 未来对这一问题的回答可能充满变数。

五、结束语

技术上的分合在各个技术领域普遍存在，而合久必分，亦属必然。在强化专利保护的趋势之下，顺应于技术发展，通过亚组合的方式，权利人实现了将专利权从整体不断向局部扩张，从宏观不断向微观扩张，从表观不断向实质扩张。对亚组合发明给予适当保护能够有效维护创新机制，实现创新驱动发展。并且，在对其的保护过程之中，技术、权利与专利制度一起实现了共同进化。

同时也要看到，在亚组合发明/亚组合权利要求逐渐发展演进的过程中，势必形成越来越复杂的权利体系，不同特点和属性的权利交相共存，权利嵌套现象越加严重，由此势必存在利益分歧或观点冲突。因此，对于亚组合发明、亚组合权利要求相关问题，需要具有全局性、系统性思维，多角度、全方位、深层次地分析研判，理性考量并积极应对。处理好亚组合发明保护所可能产生的种种复杂关系，兴其利而除其弊，更好地服务于创新型社会发展。

---

❶ 美国联邦最高法院 Quanta v. LG Electronics, Inc. , 128 SCt. 2109, 86 USPQ 2d 1673（2008）.

❷ 高林龍，三村量一，竹中俊子．知的財産法の実務的発展：現代知的財産法講座 II［M］．日本評論社，2012：116.

❸ 已有的“A + B”是否侵权，“A OR B”的模式例如参见：Raymond Millien, The function of conjunctions in patent claims：“A and B” may not infringe “A or B”, The Patent Journal, 2002, No. 9, P9 - 13. 相关案例涉及：Kustom Signals Inc. v. Applied Concepts, Inc. , 264 F. 3d 1326（Fed. Cir. 2001）.

以复审案例审视创造性判断中的对比实验数据审查

彭晓琦　姚　云　王莉敏　郑　君

摘　要：本文深入剖析了专利复审委员会年度十大案件之“丙肝抑制剂化合物”复审案件的创造性判断过程，分享了合议组对该案对比实验数据证明力的审理思路和考量因素，并以该案为视角分析和探讨了药物化合物发明专利申请的创造性审查中对于用于对比的补充实验数据的审查标准，以期为该领域在创造性条款的专利审查工作提供借鉴和思考。

关键词：丙肝抑制剂　对比实验数据　药物化合物发明　补充实验数据　创造性

一、引　言

化学是一门实验性科学，具有可预测性低、实验依赖性强的特点。涉及药物发明专利申请的申请人常常会主动或被动地在审查过程中提交与现有技术的对比实验数据，以证明要求保护的发明相对于现有技术具有更好的技术效果，进而证明要求保护的技术方案具备创造性。因此，对比实验数据在药物发明创造性的审查过程中具有重要的地位。对于对比实验数据证明力的审查是判断药物发明专利申请是否具备创造性的关键。然而，对比实验数据具有形式多样、内容复杂的特点，不同药物发明专利申请的案情和待证事实往往也各不相同，导致关于对比实验数据的审查成为药物发明创造性审查的难点以及申请人和审查员之间最容易产生争议的问题之一。

绝大多数情况下，上述的对比实验数据并非完整地记载于原始申请文件中，而是以补充实验数据的形式提交给审查员以供参考。从我国专利审查指南对于补充实验数据相关规定的演变来看，《审查指南1993》规定“后补交的实施例只能供审查员审查专利性时参考”，《审查指南2001》规定“后补交的实施例只能供审查员审查新颖性、创造性和实用性时参考”，《审查指南2006》和《专利审查指南2010》中删除上述规定，《审查指南修订导读（2006）》同时指出“参考与否，情况比较复杂，需要审查员进行具体分析，不宜简单地作出规定”。专利审查指南相关规定的变化一方面说明指南制定者在多年的审查实践之后对于该问题的思考更加严密，另一方面也说明了通过补充实验数据来评判发明的专利性是一个非常复杂和难以统一尺度的问题。

下文以国家知识产权局专利复审委员会（以下简称“专利复审委员会”）年度十大案件之“丙肝抑制剂化合物”复审案件[1]的审查过程为例，剖析合议组在该案创造性判断过程中的审理思路和对于对比实验数据的考量因素，分析合议组未认可该案中对比实验数据证明力的理由，并以该案为视角，探讨药物化合物领域发明专利申请创造性审查现状和个人观点，以期为完善该领域对于创造性的审查操作标准提供更多参考思路。

二、基本案情

2004年5月，该案的申请人贝林格尔·英格海姆公司（以下简称“贝林格尔公司”）向世界知识产权组织国际局提出名称为“丙型肝炎抑制剂化合物”的PCT发明专利申请。2005年11月21日该申请进入中国国家阶段，申请号为200480013783.1。该案原始申请文件包含56项权利要求，分别请求保护通式化合物、具体化合物、药物组合物和药物用途。原始申请文件声称，该发明涉及一种可用于治疗丙型肝炎病毒感染，且可以克服干扰素和利巴韦林合用导致的副作用的抗病毒剂。

独立权利要求1如下：

1. 式（Ⅰ）化合物或其可药用盐：

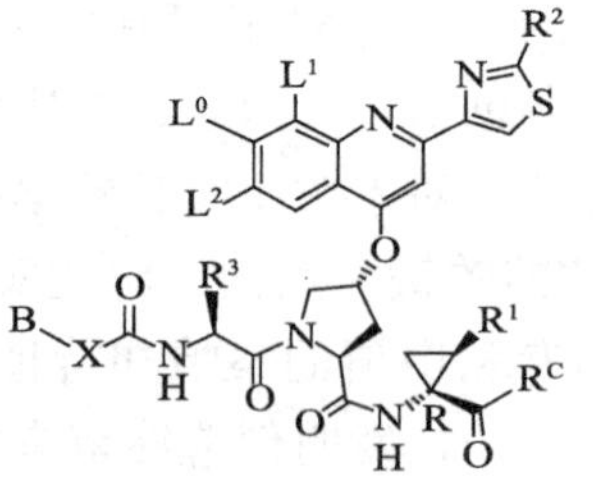

I

（基团定义略）。

[1] 参见国家知识产权局专利复审委员会第48444号复审请求审查决定（2012年12月18日）。

在中国国家阶段，实质审查部门以权利要求 1 不具备创造性为由驳回该专利申请。贝林格尔公司不服该驳回决定，向专利复审委员会提交复审请求，并对权利要求书作出修改，同时提交对比实验数据，并以该案申请已经在欧洲专利局被授权为由请求撤销驳回决定。在复审审查阶段，贝林格尔公司再次修改权利要求书，最终修改后的权利要求书请求保护 4 种具体化合物、包含它们的药物组合物和这些化合物的制药用途。

修改后的权利要求 1 如下：

1. 下式化合物或其可药用盐：

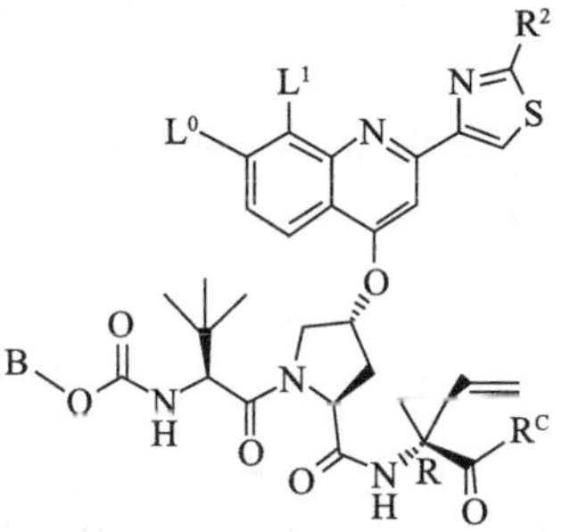

其中 B、L^0、L^1及 R^2如下表中定义。

化合物	B	L^0	L^1	R^2
1007	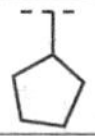	MeO-	Me-	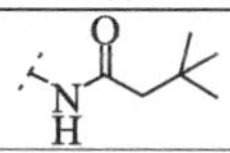
1008	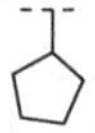	MeO-	Me-	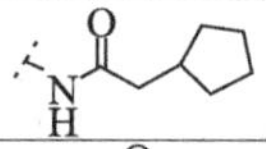
1055	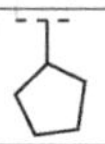	MeO-	Br	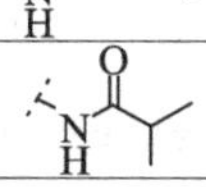
1111	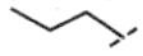	MeO-	Br	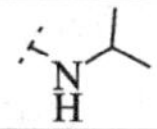

专利复审委员会经过合议审查，认为该案是否具备创造性的判断需要明确两个焦点问题：① 关于选择发明创造性的高度如何把握；②关于对比实验数据证明力的审查应当包括哪些考量因素。最终，合议组在该案案件材料的基础上，综合考虑了医药领域的发明特点、市场现状、专利法的立法宗旨、先申请制的立法本意等因素，并在审慎分析之后，认为该案修改后的权利要求均是本领域技术人员在最接近的现有技术范围内的常规选择，且复审请求人所提交的用于证明预料不到的技术效果的对比实验数据证明力不足以使得修改后的权利

要求具备创造性，最终作出维持驳回决定的复审决定。复审请求人并未就该案决定提起诉讼，该案复审决定生效。

三、审理思路

根据以上两个焦点问题，合议组对该案的审理思路和考量因素如下。

1. 发明所属领域的技术发展和市场现状

该案涉及一种治疗丙肝的药物。丙肝，即丙型病毒性肝炎，是一种由丙型肝炎病毒（HCV）感染引起的病毒性肝炎，可导致肝脏慢性炎症坏死和纤维化，部分患者可发展为肝硬化甚至肝癌。❶ 临床治疗中，丙肝的治愈率远低于甲肝和乙肝，全球每年有超过 30 万例患者可能死于丙肝导致的肝癌，居所有传染病致死率的前 10 位。迄今为止，尚没有针对丙型肝炎的有效疫苗。❷ 因此，丙肝的治疗已经成为一个日趋严重的公共卫生问题。新型丙肝治疗药物成为国内外医药企业抢占市场的机遇和挑战。

据全球制药与医疗保健问题研究咨询巨头决策资源公司的早期分析，丙肝治疗市场将在 2007 年至 2017 年间增长近 5 倍，即从约 20 亿美元增至 100 亿美元以上。❸ 为了在这个日渐膨胀的市场中“分一杯羹”，全球各大医药集团争相开发丙肝治疗药物，并加速专利申请步伐。位于德国的医药集团贝林格尔公司便是其中之一。贝林格尔公司 1999 年就开始在丙肝治疗药物领域进行专利布局。

目前在世界范围内，丙肝的标准治疗方案是干扰素与利巴韦林联合治疗。❹ 干扰素是一种广谱抗病毒剂，并不直接杀伤或抑制病毒，而主要是通过细胞表面受体作用使细胞产生抗病毒蛋白，从而提高患者免疫系统功能；而利巴韦林则可以抑制病毒的复制。但是，由于干扰素治疗会引起严重的副作用，例如视网膜病、甲状腺炎、急性胰腺炎、抑郁症等，降低被治疗患者的生活品质。❺ 因此，该领域亟待开发能够治疗丙型肝炎且可克服干扰素副作用的新型抗病毒剂。该案中，贝林格尔公司声称，其发明即涉及一种可用于治疗丙肝病毒感染，且可以克服干扰素和利巴韦林合用导致的副作用的抗病毒剂。

由此可见，丙肝治疗药物的开发是药物市场的一块大蛋糕，其国际国内市

---

❶ 张晶. 抗病毒：丙肝的“治本”之举 [J]. 肝博士，2009 (4)：21－22.

❷ 科学家首次解析丙肝感染蛋白结构 [J]. 生物学通报，2013，48 (7)：5.

❸ 丙肝新闻：丙肝新药成并购目标 [J]. 国外医药（抗生素分册），2012，33 (2)：49.

❹ 王振坤. 肝病治疗舍我其谁：聚乙二醇干扰素的自我推荐 [J]. 肝博士，2013 (5)：37－40.

❺ 史文芳，冯悦，魏大巧，等. 丙型肝炎病毒靶向药物及抗病毒物筛选 [J]. 中国生物工程杂志，2011，31 (11)：95－101.

场潜力巨大，新型丙肝治疗药物的合成对制药行业具有重大的影响，对于丙肝治疗新药的开发也是众多国际医药集团的追逐热点。这些因素也使得合议组敏锐地意识到在该案的创造性判断中，重点在于技术启示的把握和技术效果的审查。

2. 选择发明的技术问题与技术效果的关联关系

该案复审审查阶段，合议组用于评价创造性的最接近的现有技术，即对比文件1（WO0009543A2，公开日为2000年2月24日），是该案复审请求人本人早先提交的专利申请文件，涉案申请修改后的4种化合物均落入对比文件1的通式范围内，因而可以确定的是，涉案申请是在对比文件1基础上提出的选择发明。

根据我国《专利审查指南2010》的相关规定，对于选择发明是否具备创造性的判断，选择所带来的预料不到的技术效果是创造性的主要考虑因素。而在创造性的判断过程中，技术效果与发明实际解决的技术问题紧密关联，同时影响技术启示的强弱。因此，复审请求人如果提供补交实验数据以图证明涉案申请的技术方案相对于现有技术取得了预料不到的技术效果，该技术效果应当记载于原始申请文件中，且与涉案发明实际解决的技术问题紧密相关，不能是与该发明实际解决的技术问题无关的实验数据，也不能是相对该申请实际解决的技术问题而言证明力不足的实验数据。例如，该申请原始申请文件仅记载所述化合物具有治疗丙肝的效果，申请人如提供该申请化合物与对比文件化合物降血糖的对比实验数据，这样的对比实验数据显然不会被认可。或者，该申请原始申请文件记载所述化合物是从现有技术的抗丙肝药物中选择得到的，其杀灭乙型丙肝病毒的效果意想不到地优于现有技术，但是其提供的对比实验证据仅体现出该药物杀灭丁型丙肝病毒的效果优于现有技术，但杀灭乙型丙肝病毒的效果却和现有技术的化合物基本相当，那么这样的对比实验数据对于创造性的举证而言显然证明力不足。

3. 预料不到的技术效果应当在原始申请文件中得到确认

考虑到医药发明的特点，即便专利申请文件中以文字方式记载了发明能够达到的技术效果，如果不能根据现有技术确认该技术效果事实上是否属于专利申请原始公开的技术内容，则必然需要依赖记载于原始申请文件中的实验证据予以验证。即该技术效果应当是本领域技术人员根据原始申请文件记载的信息就能够确认已经实现的技术效果。例如：一份专利申请文件中仅文字记载了请求保护的化合物能够用于治疗丙肝，但并未提供任何相关的实验证据，本领域技术人员基于现有技术也无法确认该化合物必然具有治疗丙肝的技术效果时，即便申请人在申请日以后提供对比实验证据证明该化合物治疗丙肝的效果优于现有技术，这样的对比实验数据也不应被认可。

进一步而言，即便是原始申请文件中记载了实验数据，对于技术效果是否得到确认的审查也不应就此终止，更不能以此为由对于申请人补交的对比实验证据一律予以接受和认可，还应继续审查对比实验数据中用于对比的具体技术方案是否被原始记载。即还需要审查该技术方案是否在申请日以前已经实际获得，且其技术效果已经从原始申请文件中得到确认。那些仅仅是申请人在申请日之后才发现、提出、验证，以及用来作为与现有技术进行对比的技术方案和实验数据，即便予以考虑，其对于创造性的证明力也不应得到认可。否则，一方面有悖先申请制的基本原则，另一方面也不合理地限制了社会公众在现有技术基础上进行选择发明的空间，有悖专利法鼓励发明创造的立法宗旨。设想，在同时存在多个竞争对手的情况下，某发明人仅合成得到化合物，根据其结构预期其可能具有的活性，于是在申请文件中通过表格或者例举的方式提出了很多基于该化合物的衍生物，并基于药物领域的技术常识，辅以一些仅达到作为药物基本条件的宽泛的药效数据范围，便抢先提出了专利申请；之后，一边等待专利申请的审批，一边继续其实验，并不断补充提交一些在后期实验中筛选得到的效果较好的技术方案和实验数据以克服审查部门的质疑。该发明人在申请日之时并未实际完成发明的情况下就因为提前申请而有可能获得专利授权。而那些真正完成了相关实验才提交专利申请的发明人却会因专利申请提交的时间晚于上述发明人而不可能获得专利授权。虽然现实中这样的情况并不是普遍现象，然而裁判者运用法律时应当考虑到更全面的情况，即便认为提出专利申请的时机非常关键，这样的结果显然也并不应被专利法所鼓励。先申请制的立法本意在于专利应当用于奖励那些真正完成发明再提交专利申请的发明人，而非那些并未实际完成发明却通过恶意抢先提交专利申请的发明人。专利审查应当通过审查标准的合理制定来引导善意的专利申请行为，鼓励真正的发明创造者。

4. 对比实验数据的审查

该案中，复审请求人在复审阶段提交了最终请求保护的 4 种具体化合物与最接近的现有技术之间的对比实验数据，包括最大血药浓度（C_{max}）和药时曲线下面积（AUC）的实验数据。但审查该申请原始说明书记载的技术内容，其中仅记载了较为宽泛的最大血药浓度（C_{max}）、半抑制浓度（IC_{50}）和半致死浓度（EC_{50}）的数据，即“已发现本发明的一些化合物，在口服给药后的 1 小时与 2 小时的时间点，血浆中的血浆（血药）含量高达 1.5μM”以及“根据本发明的化合物通常显示低于约 200nM 的 IC_{50} 值，与低于约 300nM 的 EC_{50} 值”，而并未记载任何具体化合物的效果实验数据。也即，复审请求人提交的对比实验数据中仅有最大血药浓度（C_{max}）的实验数据在原始申请文件中有相关记载。

复审请求人提交的对比实验数据显示，请求保护的4种化合物中，3种化合物的C_{max}在2.0μM以上，1种化合物的C_{max}为0.58μM。无论如何理解原始申请文件中记载的“血浆中的血浆（血药）含量高达1.5μM”所代表的含义，复审请求人所提交的4种化合物的C_{max}并未全部包括在原始申请文件记载的范围内。可见，并无证据显示原始说明书中的实验证据是基于哪些化合物的实验结果进行的概括，当然更无法确定是以复审请求人所提交的4种化合物的实验结果作为数据基础。因此，并无证据显示该申请在申请日之时即已实际完成对比实验中所涉及的4种化合物的发明创造的效果实验测试，该案复审阶段提交的对比实验数据并非对于原始申请文件所记载的技术效果的补强性证据，而应被认定为用于证明新的技术效果的实验证据。由于该申请是在现有技术的通式化合物基础上所作的关于具体化合物的选择发明，权利要求是否具备创造性的判断依赖于对预料不到的技术效果的认定，对照申请人提交的对比实验证据和原始申请文件记载的技术内容，本领域技术人员难以确信请求保护的4种具体化合物的技术效果在申请日时已经得到验证，即同时实现了制备、表征和效果确认。

对于具体的药物化合物而言，由授权专利所赋予的附加价值不菲，索非布韦便是其中的一例。作为首个无须联合干扰素即能安全有效地治疗丙肝的特效药，索非布韦在美国一个疗程8.4万美元、一片药剂约1000美元的天价使得专利权人吉利德公司获得了丰厚的回报，仅2014年一年该公司就获得了102.5亿美元的销售额。因此，专利申请中请求保护具体化合物时，应当对原始记载的实验数据作出更加严格的要求。否则，真正的发明人得不到专利给予的奖励，而恶意抢先的发明人却获得不合理的丰厚回报，既有损专利制度的社会公信力，同时也降低了授权专利的含金量。

基于以上理由，合议组最终未认可复审请求人提交的对比实验数据，作出了维持驳回决定的复审结论。

四、对当前审查实践的思考

医药发明创造性的审查过程中，对于对比的补充实验证据所证明的技术效果需要在原始申请文件中明确记载，这一点已经得到了普遍共识。然而，对于“明确记载”的解读，目前还存在多种观点[1]，概括如下：

[1] 李越，等．实验证据与创造性判断［R］．国家知识产权局专利复审委员会，2014：91－94.

（1）较为宽松的观点认为，只要在原始申请文件中声称/提及了某方面的技术效果，就应当接纳申请人补充的涉及此类效果的实验结论。

（2）进一步的观点认为，只有原始申请文件重点强调的、结论性的技术效果才属于明确记载，这样能够防止申请人在申请阶段以泛泛提及的方式将所有可能的技术效果全部罗列在申请文件中，然后获取不应获取之利益。

（3）最为严苛的观点认为，只有在原始申请文件中明确记载并给出相应实验数据的技术效果才是明确记载的技术效果；如果没有原始申请文件中实验数据的验证，即使说明书对该技术效果给出了结论性或断言性的描述，也不应当接受申请人在申请日后或答复审查意见时提供的实验数据或效果实施例以证明上述技术效果。

关于补充实验数据的审查标准，很多国家和地区的专利审批部门已经积累了丰富的经验，也在审查指南中作出了不同程度的规定。[1]

《欧洲专利局审查指南》（2013 版）G 部分第 VII 章第 10 节和第 11 节规定：审查员评述创造性时考虑的相关争辩和证据可以来自原始提交的申请或申请人在后续程序提交的证据。然而必须注意，用于支持创造性的证据涉及任何新的效果时，则仅在下列情况时才被考虑：如果所述效果在原申请中隐含或至少与原申请中要解决的技术问题相关。同时，《欧洲专利局判例法》（2013 版）第 I 部分 D 第 10. 9 节关于对比实验规定：如果基于改进的效果选择对比实验来证明创造性，与最接近现有技术进行对比时，所述效果必须是令人信服地来源于发明的区别技术特征。在判断发明要解决的技术问题时，不考虑声称的但缺乏相应支持的有益效果。

美国专利商标局《专利审查程序手册》（MPEP）第 716. 01（a）条规定：审查员在认定权利要求的显而易见性时，对于及时提交的含有以下证据的宣誓证词或声明必须给予考虑：关键性证据，或涉及以下内容的证据：出人意料的结果、商业成功、长期感觉到但是未能解决的需求、他人的失败、专家的怀疑态度等。对证据的考虑根据证据与创造性问题的关联程度以及证据的数量和性质而定。

日本特许厅《审查基准》第二部分第二章第 2. 5 节规定：在判断本申请权利要求的创造性时，在说明书中记载了与引用的文件相比具有有利的技术效果时，以及虽然未明确地记载有利的效果，但从说明书或附图的记载中，本领域技术人员可推定与引用的文件相比具有该有利的效果时，应考虑在意见陈述书中所主张或立证的效果。但如果在说明书中未记载，而且从说明书或附图的记

[1] 李越，等．实验证据与创造性判断［R］．国家知识产权局专利复审委员会，2014：24－28.

载中，本领域技术人员也不能推定意见陈述书中所主张或立证的效果，则不应予以考虑。

以上欧洲专利局、美国专利商标局和日本特许厅的规定中，虽然对创造性的审查过程中是否考虑补充实验数据的原则确定了基本的接受条件，即要求补充实验数据所要证明的技术效果必须在原始申请文件中有记载，或者是本领域技术人员能够推定的技术效果（即原始申请文件中隐含的技术效果）。但各局均未有对补充实验数据所要证明的技术效果在原始申请文件中应当被记载到何种程度的明确标准，审查实践中也是通过具体的案例诠释不同的情况。

笔者认为，基于药物领域的发明特点、先申请制的立法本意，没有在原始申请文件中记载的技术方案和技术效果一般情况下不应作为评价发明是否具备创造性的依据，而基于药物的作用机理的复杂性和隐秘性，即便申请人主张对比实验数据予以证明的技术效果与原始申请文件中记载的技术效果之间存在关联关系时也应当慎重考虑，从申请人意图证明的技术效果的可信度、不同技术效果之间关联关系的紧密性、原始申请文件中记载的技术效果的实验依赖性等多方面进行综合判断，不宜轻易作出判断。即便是有文字记载的技术效果，本领域技术人员根据原始申请文件记载的内容，考虑现有技术以后对于该技术效果在申请日之前是否已经得到确认也存疑的情况下，同样应当对是否接纳该对比实验数据采取审慎的审查态度。在科技飞速发展的现代社会，一项发明创造的产生绝大多数情况下都属于对现有技术的改进。而各技术领域的发展并不均衡，对于那些技术发展较慢、市场份额较小的技术领域，关注的竞争者较少，技术密集度较低，发明人可以参考的现有技术较少，取得技术创新的难度相对较大，较小的技术进步都可能会对该领域技术的发展产生较大影响；对于那些技术发展较热、市场份额较大的技术领域，由于竞争者众多，技术密集度较高，发明人可以参考的现有技术较多，取得技术创新相对更容易一些。审查员应当从公平和促进科技创新的原则出发，对不同技术领域的发明创造采用不同的审查思路。

由于个案有不同的复杂情况，因此，对于用于进行对比的补充实验数据的审查采取一刀切的做法早已在各局的审查实践中被摒弃。然而，需要考虑哪些因素，以及如何把握各种因素的权重，并无统一的规则。各国的审查指南中都把“本领域的技术人员”作为判断一项发明创造是否具备专利性的拟制判断主体，但该主体并非一个仅具有拼凑能力的机器。作为某技术领域的技术人员，其所具有的技术背景和所掌握的技术知识应当是全面的，他不仅应知晓该领域的所有普通技术知识，掌握该领域所有的常规实验手段，能够获知该领域中所有的现有技术，他也应了解该领域的技术发展现状和特点，具有根据该领域的所有现有技术和普通技术知识，对于技术方案和技术效果的可预期性、不同技术效果之间的关联性作出合理判断的能力。在创造性和补充实验数据的审查过程中，通过全面了解案情和发明所属技术领域的技术背景，充分考量各种因素，作出相对合理的裁决结果，才是符合专利法的立法宗旨的审查思路。

五、结 语

医药领域属于强技术依赖型领域，新型丙肝治疗药物的合成是制药行业的热点，因此，该案复审合议组对创造性的审查思路和权衡过程综合考虑了医药领域的发明特点、市场现状、专利法的立法宗旨、先申请制的立法本意等多项因素。希望该案的审查思路能够作为医药领域创造性审查工作的一例样本，为完善对比实验数据的审理标准提供参考。

关于建筑类申请的实用新型保护客体研究*

郑泊芝

摘　要：本文通过对建筑类专利申请相关规定的历史沿革的梳理，以及对技术问题、技术手段、自然规律的分析，提出了一种关于建筑类是否是实用新型保护客体的判断方法，并结合建筑类申请的特点将建筑类申请分为3种类型以便于更直观地判断，同时进行了案例分析。

关键词：建筑　布局　实用新型　保护客体　技术方案

一、建筑类申请相关规定的历史沿革

近年来，建筑类专利申请的数量越来越多，而这类申请是否属于实用新型的保护客体往往见仁见智。现在我们就梳理一下专利法上相关规定的历史发展。

1989年发布的中国专利局第27号公告规定：不可移动的建筑物不能被授予专利权。当时这样规定主要是因为认为作为不动产的建筑物不属于实用新型保护的“产品”范畴。❶ 但是，随着建筑物的产品化趋势越来越明显，国外实用新型专利中也有了关于建筑物被批准的案例。2001年国家知识产权局发布第77号公告，废止了第27号公告，将关于建筑物的申请纳入了实用新型专利保护范围，承认了建筑物属于专利法意义上的产品。

但之后《审查指南2001》直至《审查指南2006》仍以列举的方式将“建筑平面设计图”排除在实用新型专利的保护客体之外，认为其“没有解决技术

---

* 文章来源：《中国发明与专利》2016年第8期（总第152期）。本文在原文基础上对案例3作了修改。

❶ 陈勇，等．建筑类实用新型专利申请保护客体研究［R］．国家知识产权局学术委员会，2008.

问题”，不是技术方案。直到《专利审查指南2010》该部分才删除了“建筑平面设计图”的举例。此时认为并非所有以“建筑平面设计图”作为附图的申请都不属于技术方案。

可见，建筑类申请经历了从排除在专利法保护范围之外到纳入专利法保护范围内的过程。国家知识产权局第77号公告承认了建筑物的产品属性，将建筑平面设计图作为说明书附图得到了《专利审查指南2010》默许。现在建筑类申请是否属于实用新型的保护客体的关键就看该申请要求保护的方案是否是技术方案。

二、对技术方案的分析判断

《专利审查指南2010》规定：技术方案是对要解决的技术问题所采取的利用了自然规律的技术手段的集合。[1] 可见，技术方案与技术问题、自然规律和技术手段都有着密不可分的关系。下面我们逐一进行分析。

1. 技术问题

一项发明创造的作出是要解决现有技术中存在的问题，而解决问题的关键是技术手段。由于问题和手段的技术性在逻辑上的辩证统一性，[2] 技术手段的实施必然会解决一定的技术问题，带来一定的技术效果。因此，判断一个方案是否是技术方案，关键是判断解决问题对应的手段是否是利用了自然规律的技术手段。若是，则解决的问题必然是技术问题。

2. 技术手段

技术是根据自然科学原理对自然进行改造和创新的各种手段和方法。[3] 它是基于对客观世界的客观规律的认识和利用作出的。客观世界存在于人的意识活动之外，具有直接现实性，它不同于人的主观世界。主观世界，指人的意识、观念世界。主观世界存在于人脑之内，是一种非直接现实性的存在，具有起于心意之内的“由己性”。这种“由己性”使人们可以在心意之内随意组合、建构客体。专利法意义上的技术手段，是根据自然科学原理采取的对自然进行改造和创新的技术手段，它的直接现实性在实用新型申请中表现为现实实体。而建筑类申请中经常出现的对布局的规划往往是一种人为的指定，具有非直接现实性。

---

[1] 中华人民共和国国家知识产权局．专利审查指南2010［M］．北京：知识产权出版社，2010：54，56－57．

[2] 石贤敏，等．实用新型专利保护客体的审查实践研究［R］．国家知识产权局专利局专利审查协作北京中心，2014：80－81．

[3] 陈善学．浅析智力活动的规则和方法［J］．审查业务通讯，2010，16（4）．

3. 自然规律

据《现代汉语词典》的解释，“自然规律”是指“存在于自然界的客观事物内部的规律”。自然规律是客观世界中事物本身固有的规律，它具有不以人的意志为转移的客观属性。专利法中保护的利用了自然规律的技术手段，体现为解决技术问题是依靠技术手段中的现实实体本身固有的特性。其特点是：问题和手段之间的联系具有必然性，不会随人的意志而改变。

4. 判断方法

基于上述对技术方案的分析，我们可知，技术方案中的技术手段应当是一种现实实体，在解决问题时，利用了该现实实体本身固有的特性，该现实实体与所要解决的问题间存在必然的联系。

由此可以得出技术方案的判断方法，如图 1 所示：第一，根据要解决的问题找出采用的手段。第二，找出手段中的现实实体。第三，判断解决问题是否是利用了现实实体本身固有的特性（即自然规律），两者间的联系是否是必然的。如果该现实实体即手段的实施必然导致问题的解决，两者间的联系是必然的，则是采用了利用自然规律的技术手段，该方案是技术方案，属于实用新型的保护客体。如果问题和手段之间没有必然的联系，手段中的现实实体的实施并不必然导致问题的解决，则未采用利用自然规律的技术手段，该方案不是技术方案，不属于实用新型的保护客体。

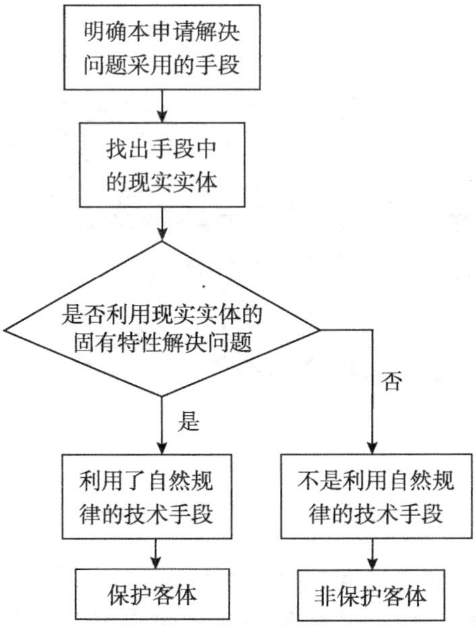

图 1　技术方案的判断方法

具体到实际案例中，建筑类申请或是对建筑实体结构的改进，或是对平面或空间的功能划分，或是对建筑实体单元位置和连接的布局规定。为了更直观和形象地利用上述判断方法进行判断，建筑类申请可分为以下 3 类。①实体结构类。这类申请依靠对建筑实体结构的创新和改进来解决问题，结构的改进必然导致问题的解决，这类申请属于实用新型保护客体，如下述案例分析中的案例 1。②功能划分类。这类申请主要是靠对建筑平面或空间的功能用途的人为限定解决问题，去除人为限定后不能解决问题，如案例 2。③积木拼接类。这类申请主要是依靠人主观意愿对建筑实体各单元的位置和连接进行的限定，具有主观性，建筑实体结构与问题间没有必然的联系，如案例 3。上述第二类和第三类申请不属于实用新型的保护客体。

三、案例分析

【案例 1】东西朝向的建筑的新型户型（参见图 2）

权利要求的内容：一种东西朝向的建筑的新型户型，其特征在于：楼呈东西朝向坐落，楼内中间呈连通走廊，走廊东、西向两侧分别布置小户型房间，东西两侧房间的朝向分别向南旋转 25°～45°，房间呈相错排列，各户入户门与房间朝向同方向旋转相同角度，与房间朝向保持垂直，户与户之间的采光面呈锯齿状排列，每户阳台的南侧为一段实墙面。

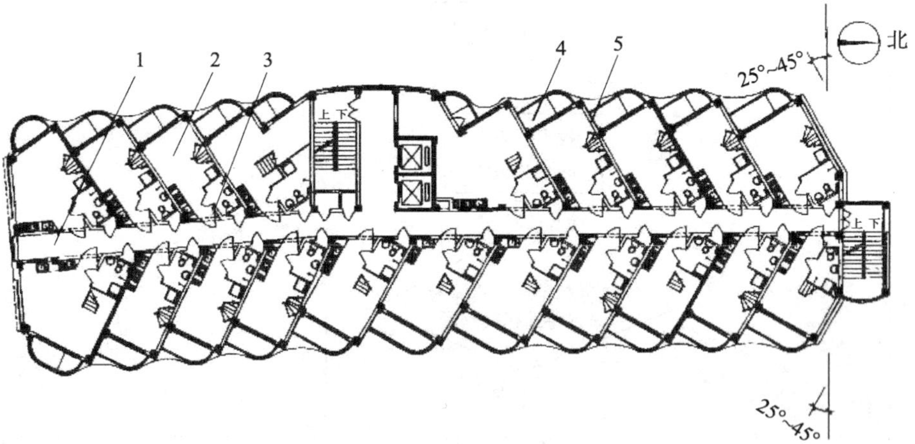

图 2　案例 1 的说明书附图

案例分析：该案例解决的问题是使东西向建筑住宅户型能得到半天日照并避免西向曝晒。采用的手段是“楼呈东西朝向坐落，楼内走廊东西两侧房间的朝向分别向南旋转 25°～45°，户与户之间的采光面呈锯齿状排列”。手段中的现实实体为房间向南旋转和户与户之间相错呈锯齿状排列的结构。这种结构的实施必然会增加采光面和避免西向曝晒，问题和手段之间存在必然的联系，因此，该手段是利用自然规律的技术手段，权利要求要求保护的方案是技术方案，属于《专利法》第2条第3款所规定的实用新型保护客体。

【案例2】一种中户型舒适住宅房（参见图3）

权利要求的内容：一种中户型舒适住宅房，是由若干矩形功能空间组合而成的三室两厅两卫住房，所述住宅房的入户门（1）内设计有玄关过道（16），其特征在于：所述玄关过道（16）的内侧并列设计有厨房（15），所述玄关过道（16）和厨房（15）的前方依次设计有餐厅（2）、客厅（4）和主卧室（6），所述餐厅（2）和客厅（4）在空间上无隔断地连为一体，所述餐厅（2）、客厅（4）和主卧室（6）外设置有连体外挑主阳台（5）；所述主卧室（6）、客厅（4）和餐厅（2）的内侧依次设计有主卧卫生间（7）、次卧室（8）、公共卫生间（11）和多功能房（13），所述公共卫生间（11）和多功能房（13）的入口处设计有公共走道（12），所述多功能房（13）的端墙与厨房（15）的入口门平齐。

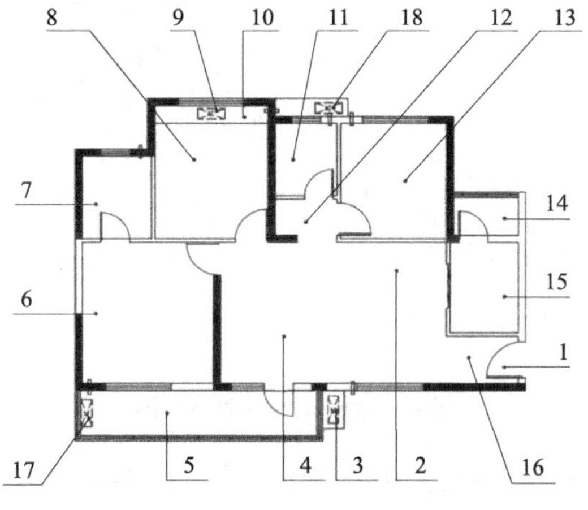

图3　案例2的说明书附图

案例分析：该案例解决的问题是提供一种功能空间布局合理齐全、住宅舒适度好的中户型舒适住宅房。采用的手段是设置若干矩形功能空间，规定各功能空间分别为卧室、厨房、多功能房等。可以看出，手段中包括两部分，各个矩形空间结构为现实实体部分，另一部分则是对各个功能空间的功能用途的人为划分，仅仅是现实实体的实施并不能解决问题，问题的解决依赖于对各功能空间的功能用途的人为划分。因此，该手段不是利用自然规律的技术手段，权利要求要求保护的方案不是技术方案，不属于《专利法》第2条第3款所规定的实用新型保护客体。

【案例3】楼盘新型布局结构（参见图4）

权利要求的内容：楼盘新型布局结构，其特征在于：楼盘中央分两排设置多幢住宅楼、多幢商业楼（2），商业楼（2）的前侧为河流（8），各幢住宅楼（1）的1至3层设为商业区（4），相邻各幢商业楼（2）之间、相邻各幢住宅楼的商业区（4）之间以及相邻商业楼与相邻住宅楼的商业区（4）之间都通过人行天桥相连通，所述各幢商业楼（2）和各幢住宅楼的商业区（4）分别安装有户外电梯（5）与室内相通，相邻的商业楼与住宅楼之间设为步行街区（6），相邻的商业楼与住宅楼相对两外侧为人行道区（7），各幢商业楼和各幢住宅楼的底部为相通的架空层，该架空层为停车场区，该停车场区的入口位于住宅楼的后侧。

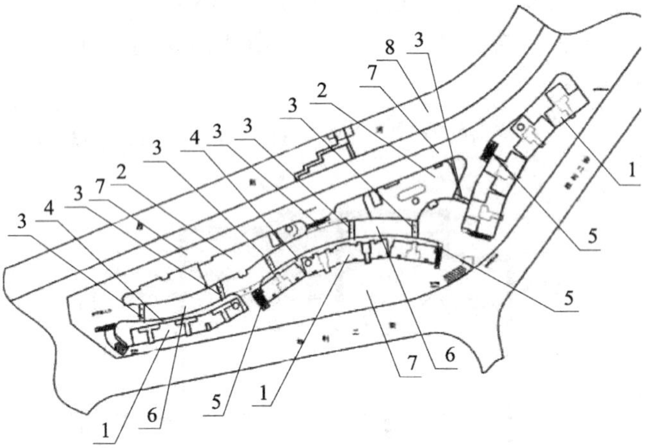

图4　案例3的说明书附图

案例分析：该申请要解决的技术问题是提供一种布局更合理、整体楼盘更具艺术感、生活更便捷的楼盘新型布局结构。采用的手段是：设置住宅楼、商业楼、河流，相邻住宅楼的商业区之间、商业楼之间以及住宅楼商业区和商业楼之间通过人行天桥连接，还在特定位置设有步行街、电梯和停车场等。该手段中的现实实体为住宅楼、商业楼、河流、人行天桥、步行街、电梯等，就如同每一个的积木块，而各住宅楼、商业楼、河流、人行天桥等的位置和连接是依靠人主观意愿进行的积木拼接，是一种主观上的人为规划。因此，该手段不是利用自然规律的技术手段，不属于《专利法》第2条第3款所规定的实用新型保护客体。

四、小　结

建筑类申请经历了从不受专利法保护到纳入专利法保护范围的过程，现在判断一项建筑类申请是否属于实用新型保护客体，就是判断该方案是否是技术方案。而判断是否是技术方案的关键就是判断所要解决的问题与采用的手段之间的联系是否是客观的、必然的。如图5所示，一项方案中，如果解决问题是利用手段中的现实实体本身的固有特性，问题和手段之间的联系是客观的、必然的，那么该手段是利用了自然规律的技术手段，该方案属于技术方案，请求保护该方案的申请属于实用新型的保护客体；在建筑类申请中多表现为实体结构类的申请。如果所要解决的问题和手段中的现实实体之间没有必然的联系，解决问题时加入了主观意愿的规划或判断，那么该手段不是利用了自然规律的技术手段，该方案不是技术方案，请求保护该方案的申请不属于实用新型的保护客体；在建筑类申请中具体表现为功能划分类的申请和积木拼接类的申请。

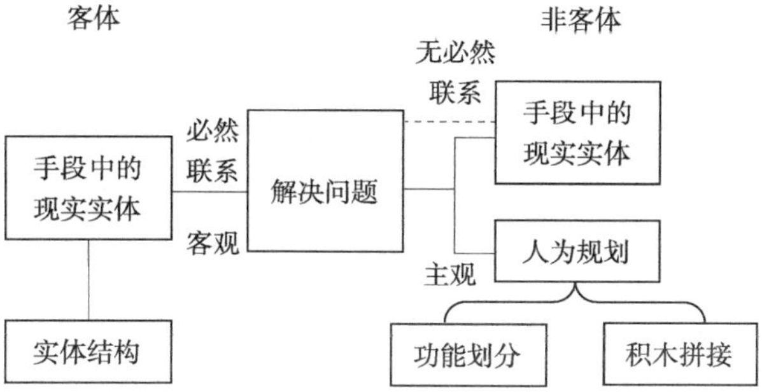

图5　建筑类申请中问题和手段的关系

专利检索

提高检索质量和效率*

高天柱

摘　要：检索是专利实质审查中的关键环节，查全率与查准率具有一定“互逆性”，为了在保证检索质量的同时提高检索效率，合理地确定检索策略是关键。本文结合多个案例，就如何确定检索策略给出了一些建议。

关键词：专利实质审查　检索策略　检索词　效率

一、引　言

无论是先申请原则还是先发明原则，专利法均强调发明在时间上的占优，而检索则是实现这一原则的手段。检索的目的是找出与申请主题密切相关的现有技术，其结果被用来判断申请的主题是否符合专利法规定的新颖性和创造性，以及是否为重复授权的情形。所以，检索是发明专利申请实质审查程序中的一个关键步骤。检索的质量决定了能否给予每件发明专利申请以公正的待遇，决定了我们审查工作的质量，决定了国家专利行政部门的信誉。

二、检索的要求

基于检索的目的，审查员的检索工作既要满足查全，又要做到查准，只有这样才能既保证检索质量又具有一定的检索效率。而查全率与查准率是一对“互逆”的关系，在提高查全率时必然会降低查准率，所花时间也将增加。所以，为了在保证检索质量的同时提高检索效率，正确地确定检索策略是关键。

---

* 文章来源：《审查业务通讯》2003年第9卷第9期（总第99期）。

好的检索策略应该具有逻辑性、可重复性和可控制性。[1] 检索的逻辑性是前提，检索不应该是随意的检索，更不应该是凭运气。这样即使检索到了相关文献，过后也很难再想起来当时是如何检索到的，也就是说没有可重复性。

三、检索策略

（一）检索主题

理解发明是检索的基础，因为检索策略必定是针对检索主题来确定的，检索主题来源于发明本身。检索主题主要是权利要求所限定的技术方案，但这不是检索的最终主题，还需要对整个发明内容进行检索。如果检索到影响整个发明内容的对比文件，则申请就根本不可能被授权。

需要强调的是，检索主要以权利要求为主题。这时如果检索到能影响权利要求新颖性或创造性的技术方案，就可以让申请人缩小其要求保护的范围，该对比文件应作为 X 或 Y 类文件。而不应该从说明书给出的技术方案出发，以自己构建的权利要求为主题进行检索，而遗漏了这样的相关文件。

（二）检索策略

检索策略是由检索词按一定的逻辑关系组成的检索步骤。检索策略不是唯一的，针对相同的主题，不同的人确定的检索策略可能是不相同的。这里说的检索词是指构成检索式的那些单元，描述文献外部特征的检索词如发明名称、申请人、发明人、专利公开号、公开时间等，描述文献内容特征的检索词如分类号以及关键词等。

检索式要能够表达发明，这是检索的关键。审查员不仅要能看懂发明，还要能表达、归纳出发明。发明是一种技术思想，其中有着丰富的技术内涵。正因为如此，不可能有一个检索词可以十分准确、完整地表达出整个发明内容的技术思想，可能有很多检索词与发明相关，这些检索词之间就存在一定的逻辑关系。因此，要想正确地确定检索策略，就需要确定能够最准确、最全面地反映发明技术思想的检索词，并用恰当的逻辑关系将这些检索词联系起来。

根据发明所涉及的某个技术特征，确定一系列检索词，这些反映该技术特征的检索词的集合就构成了一个有关这一技术特征的检索范围，好比是一个集合，或是一个“上位概念”，欧洲专利局称其为“Superset”[2]。将几个与发明紧密相关的技术特征的检索词集合进行“与”运算，得到的交集就是我们需要的检索结果。

在构造检索式时用到的逻辑算符有 AND、OR、NOT，此外还包括邻近算符

---

[1][2] 卢素华，尹新天. EPO 考察报告［J］. 审查业务通讯，1996，2（10）.

W、nW、D、nD 等。集合之间的逻辑关系为“或”与“非”的逻辑关系。“或”关系常常被用来将反映相同技术特征的检索词联合起来，得到一个更大的或者说更上位的集合；“与”关系则被用来将反映不同技术特征或是从不同角度反映同一技术特征的检索词集合求并集，得到我们所要的结果，所以常常被用来进一步限定范围。

可以用图 1 来形象地说明如何提高检索质量与检索效率。首先为了能得到需要的检索结果，至少有一个集合中包含需要的结果“（+）”，如果通过交集得到结果“（+）”，要求每一个集合中都包含所需要的结果“（+）”。为了能提高检索的效率，减少检索所费时间，确定的集合之间的交叉范围要尽量小，这可以通过多一些集合相交或使每个集合尽量小来得到。

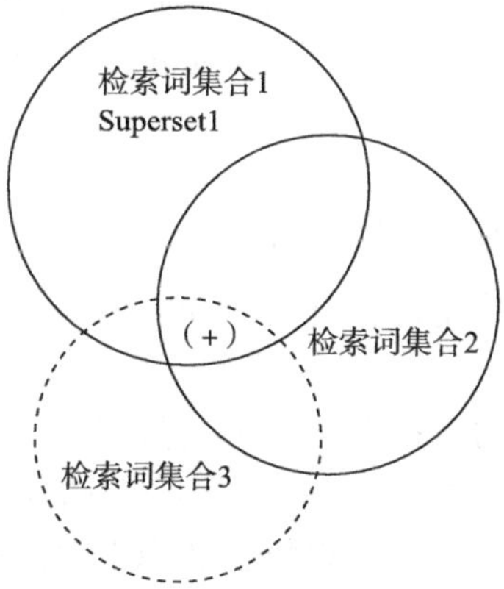

图 1

由上述分析可知，对检索词集合的选择要求准确，每个检索词都要准确地反映发明的某个技术特征；检索词集合要尽量“上位”，选择的检索词要全面。而为了能有较高的检索效率，要有尽量多的检索词集合作并集，或者每个检索词集合要尽量地小。

1. 检索词的选择

（1）关键词

关键词是直接从文献的篇名、摘要和正文中抽出的具有实际意义的词语，一般没有经过优选。在中国专利文献检索系统中关键词包括主题、权利要求、摘要中的内容。在 EPOQUE 中 BI 项也包括标题、摘要和权利要求项中的词。

关键词可以从结构或组成上选择，也可以从功能或效果上选择。适当地扩展关键词范围，以提高检索的全面性，是非常必要的。可以使用同义词、相关词来扩展范围。

【例1】某发明专利申请，申请号为00125368.9，其权利要求1要求保护一种镍金属氢化物电池负极用贮氢合金。

按照它的用途可以选择如下的关键词：镍氢充电电池、镍氢化物蓄电池、镍氢电池、镍氢蓄电池，还可以选择储氢电极、贮氢电极。如果以贮氢合金自身的结构特征来选择关键词，可以使用如下的关键词：RE（混合稀土）、Co、B等组成合金的元素。同时贮氢合金本身也有许多表述方法：贮氢合金、储氢合金、贮氢材料、金属氢化物。

在逻辑上，贮氢电池与贮氢电极是整体与部分的关系，同时贮氢电极也用于其他领域，两者的范围不是包含的关系，而是相互有交叉的，这两个关键词都从用途上表达了发明内容。而反映结构的检索词，即具体的合金元素，可以用来进一步限定检索的范围，由此可以确定如下的检索式：{（I［贮氢电池］）or（I［贮氢电极］）or（I［贮氢合金］）} and（I［RE，Cu，Co，Ti］）。

关键词之间配合使用，有时可以快速、准确地找到相关文献。

【例2】某发明专利申请，申请号为00117177.1，权利要求1要求保护一种锂离子二次电池过充电保护方法，其特征在于选择氧化还原电对咪唑钠或二甲基溴代苯作为电池的过充电保护剂，添加进电池的电解液中，直至达到氧化还原电对的饱和浓度。

根据该方法的主题，可以确定关键词为过充电（overcharge）、过充电保护（overcharge protection）。该方法本身使用了咪唑钠或二甲基溴代苯作为电池的过充电保护剂，这两种保护剂都是以氧化还原电对的形式加入电解液中的，但是只以两者的化学名称来检索，得到的检索结果漏检严重。由此进一步确定两种物质的上位概念氧化还原（redox）、氧化还原电对（redox couple）为关键词。在WPI库中的检索式如下：

```
?    ..fi wpi
Selected file：WPI
Search statement   1
?    overcharge and redox
 **  SS 1：Results 19
```

得到了可以破坏权利要求1创造性的对比文件US5709968。

此外，关键词的选择要求准确，并最能反映发明的技术内容。

【例3】某发明专利申请，申请号为00106170.4，其权利要求1要求保护一种质子交换膜燃料电池用铂/碳电极催化剂的制备方法。

确定关键词，从用途上选择质子交换膜燃料电池（PEMFC）、催化剂为关键词；从结构上选择氯铂酸盐、铂为关键词。结合分类号，确定的检索方式及检索到的文献数量如下：

①（H01M-4/86，H01M-4/88，H01M-4/90，H01M-4/92，B01J-23/38，B01J-23/40，H01J-23/42，C01G-55/00）and（PEMFC，polymer electrolyte membrane fuel cells），得到了 8 篇文献；

②（H01M-4/86，H01M-4/88，H01M-4/90，H01M-4/92，B01J-23/38，B01J-23/40，H01J-23/42，C01G-55/00）and（Platinum w Catalyst），得到了 244 篇文献。

得到的结果不能满足要求，第一检索式得到结果的相关性很差，漏检严重，第二检索式得到的范围过宽。重新理解发明，以及参考背景技术，该制备催化剂的方法关键是利用了络合法，在制备步骤中生成了浆状的络合物。由此重新从方法角度确定关键词络合（complex，sol，colloidal）。在 WPI 库中进行检索，检索式如下：

? ..fi wpi

Search statement 1

? /ic（or H01M4/86，H01M4/88，H01M4/90，H01M4/92，B01J23/38，B01J23/40，B01J23/42，C01G55/00）

** SS 1：Results 9.126

Search statement 2

? 1 and (Platinum w catalyst?) and（Complex or sol or colloidal）

** SS 2：Results 16

得到了能破坏权利要求 1 创造性的对比文件 US4082699A。利用该关键词集合（complex，sol，colloidal）进一步限定范围，大大缩小了需要阅读文献的数量，提高了检索的命中率。可见准确选择最能反映发明技术方案的关键词十分重要。

（2）分类号

分类号属于一种分类检索语言，国际专利分类表（IPC）有自己的体系，为专利文献提供了一种共同的分类，它是在检索专利文献时的重要工具。审查员要熟悉分类的原则，IPC 总的分类原则是功能优先于使用和应用分类。在确定检索领域（分类号）进行检索时，也要遵循同样的原则。首先检索功能分类领域，检索应用分类位置，然后检索功能类似的分类位置。分类号之间也存在一定的逻辑关系，比如可以利用发明的功能分类号与发明的应用分类号相“与”而得到与发明密切相关的文献。分类号常常用来确定检索范围，与关键词结合起来使用。

【例 4】某发明专利申请，申请号为 99109737.8，其权利要求 1 要求保护一种箱式圆柱形镍氢动力电池组，该电池组被固定在电动自行车上，作为电动自行车的动力源。该电池组由单个的镍氢电池单体组成。

该申请被分到了 H01M 10/00、H01M 10/30、H01M 10/42、H01M 2/02 位置上，这些是功能分类位置，涉及碱性镍二次电池、具有有机电解液的碱性二次电池以及使用或维护二次电池的方法及装置。

从功能上划分，发明涉及的是一种镍氢电池组，由此可以确定关键词为电池组；该电池组是用作动力电源的，因此还可以确定关键词为动力电池、动力电池组。从应用上划分，发明涉及的电池组使用在电动自行车上作为动力源，由此确定关键词为电动车、电动自行车、电动助力车、助力车。得到的检索词如下：

① 功能性划分

（a）H01M 10/00、H01M 10/30、H01M 10/42、H01M 2/02；

（b）电池组、动力电池、动力电池组。

② 应用性划分

电动车、电动自行车、电动助力车、助力车。

将得到的检索词进逻辑运算，在中国专利文献检索系统中检索式如下：

Login

(001)　F IC H01M01000 + H01M01030 + H01M01042 + H01M00202 <hits: 711>

(002)　F KW 电池组 + 动力电池 + 动力电池组 <hits: 1978>

(003)　F KW 电动车 + 电动自行车 + 电动助力车 + 助力车 <hits: 1648>

(004)　J 1 * 3 <hits: 15>

(005)　J (1 + 2) * 3 <hits: 98>

(006)　J 1 * 2 <hits: 125>

在（004）、（005）、（006）三种检索方式下都得到了相关的对比文件 CN2273051A。但从上面的检索结果可以看出，使用分类号与应用类关键词相“与”运算得到的检索结果最少，只有15篇，效率是最高的。这说明在提高检索效率时，可以先从较小的检索词集合进行相“与”运算，如果没有符合要求的对比文件，此时再进行扩展。将（001）与（002）相“或”，再与（003）相“与”，此时得到了98篇对比文件。

同时注意到分类号与功能性关键词相“与”虽然也得到了所要的文献，但是得到的文献总数最多，查准率最低，费时最多。这是由于两个检索词集合是性质相近的，都只反映发明技术内容本身结构方面的特征即电池、电池组，而没有反映发明应用方面的特征。

2. 检索词之间的逻辑关系

由于检索词从不同的方面、角度、层次反映发明的技术内容，它们之间必然存在一定的逻辑关系。理顺它们之间的逻辑关系，对提高查准率、查全率以及提高检索效率有相当重要的作用。

反映相同技术特征或者从相同、相似的角度反映发明内容的检索词之间可以是整体和部分的关系、属种的关系、同一的关系、交叉的关系、对立的关系等。如例1中镍氢电池、贮氢电极、贮氢合金之间的关系。

不同的检索词集合所代表的技术特征必定都在发明的技术方案中起到某种作用，一起构成整体的技术方案，所以这些检索词集合之间也存在一定的逻辑关系。比如涉及结构的关系，如技术特征空间上的关系、时序上的关系等。再比如涉及技术特征在整体技术方案中所处地位的关系，如某一技术特征是发明的关键所在，是必然存在于检索信息中的。这种情形多见于组合物的成分、合金的组成元素等，更具体的例子如手动充电装置中的发电机等。此时，反映这些技术特征的检索词常常就是在检索中用来进一步限定范围的关键性检索词。

【例5】某实用新型专利申请的权利要求1要求保护一种具有按摩装置的气垫床，包括一床垫，床垫至少由一气囊所组成，其特征在于设置一能被掣动产生震动效果的按摩装置，该装置设置丁气囊上表面。

该专利申请被分到了 A61H 23/02、A61G 7/00、A47C 27/08 位置上，都为专用的分类位置，涉及专用于床的流体床垫、专用于护理的床、用电或磁驱动的叩打或振动按摩的装置。

从结构上划分，可以确定关键词为床、气垫床、病床、浴床、保健床、按摩床、床垫；分类号 A47C 27/00、A47C 27/08、A47C 27/10、A61G 7/00、A61G 7/057，这些从专门用途上分类的位置主要从结构上反映了该申请主题为某种专用床的属性。

从功能上划分，可以确定关键词为按摩、振动、震动、按摩装置、按摩器、电动按摩、振动器、电子震颤器；根据该申请涉及的床所具有的按摩功能属性，确定相关分类号主要为 A61H 9/00、A61H 23/00、A61H 23/02。

同时，该申请中的具有按摩功能的气垫床与其他具有按摩功能的床的不同之处还在于具有至少一个气垫，气垫是组成发明必不可少的、与其他按摩床区分开来的技术特征，由此确定关键词为气囊、气垫、气胎。根据上述分析，可以在中国专利文献检索系统中确定如下的检索式：

（001）　F KW 按摩 + 振动 + 震动 + 按摩装置 + 按摩器 + 电动按摩 + 振动器 + 电子震颤器　<hits：22371>

（002）　F　IC　A61H00900 + A61H02300 + A61H02302　<hits：1829>

（003）　J 1 + 2　<hits：22598>

（004）　F KW 床 + 床垫 + 气垫床 + 病床 + 浴床 + 保健床 + 按摩床　<hits：26846>

（005）　F　IC　A47C02700 + A47C02708 + A47C02710 + A61G00700 + A61G007057　<hits：1893>

（006）　J 4 + 5　<hits：27389>

（007）　F KW 气囊 + 气垫 + 气胎　<hits：5291>

（008）　J 3 * 6 * 7　<hits：58>

得到了能破坏权利要求 1 新颖性的对比文件 CN2066319U。由此可见，发明方案中往往存在“关键”特征，它们使这一发明方案与其他相似的方案区分开来。反映这样技术特征的检索词可以用来进一步限定检索的范围，提高检索的命中率，节省检索时间。

四、检索的其他方式

如上所述，检索词包括很多种，不仅仅是关键词与分类号，还可以通过申请人、发明人、同族专利信息、引用文献信息来检索到需要的对比文件。在阅读相关的对比文件时，一方面可以加深理解发明，另一方面这些相关的对比文件可能提供了大量的检索线索，有的背景技术中甚至直接给出了可以破坏权利要求新颖性和创造性的对比文件。

【例 6】某发明专利申请，申请号为 00117348.0，要求保护一种锂离子电池负极碳材料，其特征在于由天然石墨粉表面包覆一层环氧树脂热解碳构成。

在检索到的一篇相关文献 CN1305236A 中，在背景技术里提到了一件美国专利，专利号为 US5908715A，该专利公开了一种在石墨的表面包覆上一层环氧树脂炭、聚对苯撑炭的方法。查到该对比文件后，经比较分析，发现其可以破坏该申请权利要求 1 的创造性。

五、结束语

检索策略的确定和实施还要依赖于对数据库的了解、对检索语言的熟练掌握，这些方面已有很多文章讲述。加强检索的逻辑性，针对检索的不同要求，例如是要求查全还是要求查准，从而合理地确定检索词，构建检索式，一定可以提高检索的质量和效率。

检索是一种技巧性很强的工作，需要不断地积累经验。此外，一些辅助手段如 Preparation、分类号的细分等都对检索有很重要的作用。以上是笔者对检索工作的一点体会，愿能对大家有所帮助，希望能起到抛砖引玉的作用，以发挥大家的智慧，提高我们的检索质量和效率。

由一案例看“点—面—点”检索策略的实际运用*

刘　莹

摘　要：本文介绍了一种名为“点—面—点”的检索策略。首先，用来源于申请本身的关键词、分类号等基本检索要素进行初次“点”检索；然后，利用中间文件的表达方式，在其相关领域对检索逐步扩充、积累，采用更加丰富的表达和领域集合进行比较全面的“地毯式”初次“面”检索；之后，对中间文件进行追踪，实现“补漏式”的再次“点”检索。并且，多次按不同思路、以不同程度执行多个“点—面—点”环节单元，动态地调整每次的检索策略，以便检索到的结果从不同角度逼近该申请的技术方案，最终达到充分检索的目的：即使检索不到合适的对比文件，由于检索过程遵循了“由已知到未知”“由特殊到一般”的规律，审查员也可以放心地适时终止检索步骤。

关键词：检索　点—面—点　点面点　动态调整　策略

一、案例简介

申请号：200480019141.2

国际公布号：WO2005/004126A1

国际检索单位：欧洲专利局

国际检索报告所列对比文件：D1：JP 特开平 7 - 006370（A）；D2：

* 文章来源：《审查业务通讯》2007 年第 10 期。本文在原文基础上有所修改。

US6163416A；D3：DE4224824A（3 篇对比文件 D1 ~ D3 相关程度均为 X，涉及权利要求 1、6 ~ 8、10、11）

同族专利公布号：US2006187559A1、EP1647015A1、KR20060030508A

背景技术引用专利：US20010030815A1

技术要点：涉及支承物镜保持器的悬线，在悬线和所固定的主体之间增加长度可变的促动器（记忆金属或压电件），控制悬线的长度，使得悬挂系统的刚性改变，从而在改变系统固有频率的同时并不改变物镜的位置。

权利要求：一种控制光学镜头位置和/或方向的装置，所述装置包括：第一主体；第二主体，支承或包括光学镜头；弹性悬挂系统，从第一主体悬挂第二主体，所述悬挂系统的一部分连接到第一主体，另一部分连接到第二主体，悬挂系统具有在所述两个部分之间延伸的工作长度；驱动单元，用于相对第一主体驱动第二主体；和调节单元，用于调节悬挂系统的工作长度。

结合说明书分析：

第一主体：静止主体 13；第二主体：包含物镜 17 的移动主体 13；悬挂系统：包含具有弹簧 19a、21a 的杆状件 19、21；驱动单元：包含聚焦线圈 29 的线圈部分、磁轭 33；调节单元：调节单元 120，包含促动器 122（参见图 1）。

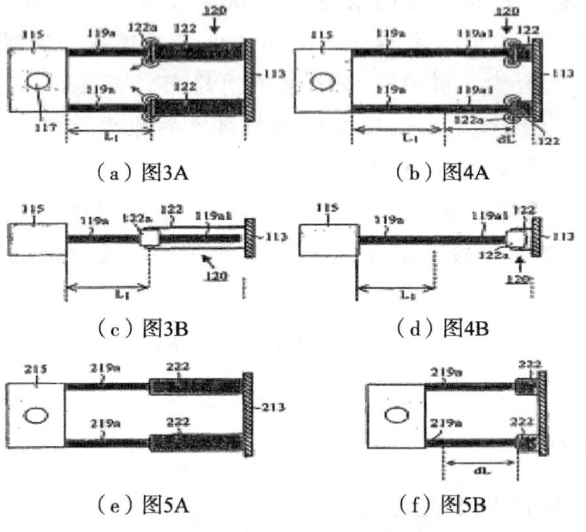

（a）图3A　（b）图4A

（c）图3B　（d）图4B

（e）图5A　（f）图5B

图 1　WO2005/004126A1 附图

比较对比文件：

D1：物镜位置由于页簧 15、16 的形变而在相对于光盘或远或近的位置上移动，导致与该发明方案在实质上不同。

D2：通过预先设定弹性支撑部件左右方向的弯曲程度，在可移动部件沿聚焦向移动时，同时降低切向的倾斜，从而改善对高频共振的减振效果。由于并未明确调节工作长度以及解决技术方案与该发明有距离，无法作为X类文件。

D3：线性弹性支持件用于防止翻滚，未公开长度受控而变的发明点特征而无法作为X类文件。

综上，对比文件D1～D3均无法破坏权利要求的新颖性，进一步进行判断也并不能破坏权利要求的创造性。因此，需要进行进一步检索，即检索是否存在可单独破坏权利要求新颖性的X类文件或能与D1～D3中的文件或其他文件结合破坏权利要求创造性的Y类文件。首先参考同族专利申请的审查过程，未发现可用的对比文件。结束了上述两个PCT申请审查所必经的过程，进入“点—面—点”检索策略的准备环节——检索要素和基本检索要素的提取阶段。

二、检索要素和基本检索要素的提取

“点—面—点”检索策略和其他的任何一种检索策略一样，都离不开对发明技术内容、权利要求保护范围的准确把握，检索要素的提取很大程度上依赖于上述内容的正确认识。《审查指南2006》中并未给出检索要素的定义，个人理解检索要素应该是可以用于检索的、体现发明要点的元素。

检索要素的提取需要注意以下几点：

（1）可被检索系统识别以便在检索式中起作用，例如，冠词等词汇不能在EPOQUE系统中作为有效的检索词汇。

（2）检索要素在体现发明点的重要性方面有基本检索要素和非基本检索要素之分，基本检索要素在检索时具有特殊地位和附加的特殊权重。

（3）检索要素的确定应在一定程度上排除现有技术的共有特征。具体地说，有时我们遇到一些技术特征非常繁杂的权利要求，而其限定的特征有一部分是现有技术公知常识的特征，将这些特征列入检索要素甚至基本检索要素，不但增加劳动量，而且很有可能将检索侧重点偏移到针对那些次要的已有特征进行改进的发明上去，将失去实际有用的信息，引入不必要的噪声；或者，由于这些特征对于想要检索到的文件有可能不重要而不被写入摘要，而我们检索主要针对的是文摘数据库，将共有特征引入检索式将使得最终检索结果极有可能命中0篇，徒劳无功。

权利要求撰写特点：

采用功能性限定方式，以长度的改变以及调节单元这一上位概念代替“促动器”这一核心结构特征，在检索时应注意基本检索要素不同表达方式的选择。

检索要素的提取：

对象特征——“弹性悬挂元件”：支承 + 支撑 + 支持 + 悬挂、弹性 + 柔性 + 挠性；

结构特征——促动器、记忆金属/记忆合金、压电；

功能特征——“几何尺寸改变”：伸长 + 缩短 + 伸缩 + 长度 + 拉伸 + 延长 + 减短 + 变形；

效果特征——“频率”：频率、固有、刚性、刚度；

反效果特征——“共振”：共振。

其中，对象特征自成一类，与其他要素间相互区分，因为它体现了主题名称；其余要素共同的特点都是对调节单元的不同角度描述，或是其结构，或是其特性（功能、效果 & 反效果），因而并入一类。

基本检索要素的提取：

《审查指南2006》第二部分第七章第 5.4.2 节指出：基本检索要素是体现技术方案的基本构思的可检索的要素。

针对本发明，对象特征（体现发明所针对的对象的特征）要素体现技术领域，功能特征要素和结构特征要素体现技术手段，效果特征要素和反效果特征要素体现技术效果和技术问题。

对象特征代表了主题名称，作为体现发明解决技术问题所必不可少的元素，被定为基本检索要素。初步确定为适合于从分类号的角度进行检索范围的划定，这在一定程度上是因为对象特征的表述过于分散，不利于很快找到比较全面的关键词。另外，因为在分类表中有专门指向该发明所针对对象的分类号，在有分类号的前提下，应用分类号优先原则。综上，将对象特征确定为基本检索要素，其表达方式首先确定为分类号。

调节单元作为另一基本检索要素，分别从结构、功能、效果 & 反效果三个方面表示，并以关键词、分类号等方式作出具体的表达。

因此，在以分类号表达的对象特征所划分的范围内进行检索，同时所检索到的技术相关文件应包含该上述调节单元的特征，将选择出的上述基本检索要素用于最初的“点”化检索。

三、“点—面—点”检索策略

“点—面—点”检索策略是指：从现有的权利要求出发，遵从效率优先的原则，首先对表述相对单一的检索要素组合进行初次“点”化检索；随后，在阅读文件过程中，不断充实、丰富检索要素的表述，完善初次“点”化检索、使之系统化，成为相比“点”化更全面的“面”化检索；在运用表述丰富的检索要素进行检索时，如发现技术内容密切相关的中间文件，通过追踪该中间文件实现有针对性的、再次的“点”化检索。检索一般分为以下三个步骤。

1. 初次“点”化检索

仅利用权利要求中出现的词汇进行高准确性“点”化检索，相对于检索获得破坏新颖性、创造性的对比文件，更多的是为了尝试，起到“抛砖引玉”“投石问路”的作用。初次“点”化检索的目的在于：①了解领域技术表述特点、分类习惯，进行同义词、近义词、反义词以及相关词汇的收集，为“面”化检索做足准备；②命中高相关性的对比文件/中间文件，进而引出可作为另一再次“点”化检索的对象，逐步逼近检索目标。

2. “面”化检索

对初次“点”化检索所用同义词、近义词、反义词以及相关词汇的扩充后的要素进行检索，实现“面”化检索。

3. 再次“点”化检索

对“面”化检索过程中得到的中间文件进行追踪，通过查看中间文件的引用和被引用文件，对其中请人、发明人等进行追踪，寻求比中间文件更接近或者内容同样相关但可以作为现有技术或抵触申请的文件；或者从中间文件得到启示，从一个新的检索要素的角度在另一方面进行“面”化检索。

4. 解析“点—面—点”检索策略

贯穿于“点”化检索和“面”化检索的全过程的核心是寻找与权利要求相关度高的对比文件或者中间文件。所谓中间文件，通常是指无法作为X/E/R类文件的相关文件，其可以为披露了发明点等核心技术但公开日/公布日不满足现有技术或抵触申请要求的文件，或是仅披露了发明的部分技术内容，但相关度较高，揭示了该领域发展现状、申请人、发明人等情报的现有技术。当然并不排除这些现有技术将和其他文件一起破坏权利要求的创造性而作为Y类文件的可能。中间文件可能直接来自检索结果本身，还有可能来自检索结果的背景技术（字段“RF”所标引的引用文件等）、引用和被引用文件（字段“CT”所标引的引证文件等），以及将检索结果的申请人/发明人作为检索入口追踪后得到的文件。

“点—面—点”检索策略是一个动态、理想上振荡收敛的过程。在一定程度上，这一检索策略依据不同的所获中间文件给出的多方面情报提示而不断作出新的、不同角度的检索要素选取，而后获得更多的中间文件，这些中间文件从不同方向、以不同程度逼近基本检索要素所构成的权利要求的方案。理论上，如果没有发现合适的对比文件，审查员可以一直按这一策略做下去，直到审查员认为可以依据《审查指南2006》的规定终止检索为止。

“点—面—点”检索策略不一定完整地存在于每个个案的实际检索过程中，可能是仅仅部分存在于该过程中，其某一步骤的发生与否要视检索结果的情况而定。审查员对权利要求保护范围的认定，对发明技术方案的理解，决定了检索要素选取的准确程度，而这直接决定了初次“点”化检索后是否需要进行“面”化检索。

“点—面—点”既是在 CPRS 中文检索系统、EPOQUE 西文检索系统内部的动态调整过程，也是在上述二者之间的动态调整过程。这一点值得我们注意，由于上述特点，不应仅囿于先中文后西文或者先西文后中文的检索顺序，而是应当不断利用新发现的信息尽可能地修正我们以往的检索策略，无论曾经的检索策略是出现于正在检索的 EPOQUE 系统中还是已经检索过的 CPRS 系统中。

深入领会“点—面—点”的动态、收敛特性并用之指导检索工作对于进一步理解发明的技术内容也非常有益。这一特点符合“由已知到未知”的认知规律。从已有的权利要求出发，扩大到与权利要求实质上相同的方案的探求，使与实质审查密不可分的检索这一特定步骤反映出《审查指南2006》第二部分第七章第 5.4.2 节中所列举的等同特征的实质。所谓等同特征，是指与所记载的技术特征相比，以基本相同的手段，实现基本相同的功能，达到基本相同的效果，并且所属领域的技术人员能够联想到的特征。依据所出现的在技术内容上不断逼近发明的新中间文件所揭示的技术信息，审查员能够进一步对技术内容深化理解，避免在技术问题认定上出现偏差。

四、“点—面—点”检索策略在本文案例中的运用

1. 发明所属领域特点

G11B-7/09 的主分类准确，而 G02B-7/02 的副分类并不是很相关。根据效率优先的原则，应优先在分类最为准确的范围进行最小范围检索。

2. CPRS 中文检索系统

采用分类号（G11B-7/09 以及上位的一点组、大组、小类）“与”调节单元的功能特征（伸长 + 缩短 + 伸缩 + 长度 + 拉伸 + 延长 + 减短）、（频率 + 固有 + 刚性 + 刚度 + 共振）的形式进行检索，未发现能使检索终止的相关文件。

3. EPOQUE 西文检索系统

在 EPODOC 数据库中选择 EC 和 FI/FT 进行检索，是利用了分类号针对对象互补的特点。EC 分类号是欧洲专利局对以“欧美系”国家为主的专利进行的细分，其中并不包含中国、日本、韩国等国专利，而 FI/FT 是日本特许厅对日本本国的专利（优先权为日本的日本专利）进行的检索。利用二者进行互

补，在发明与分类号匹配度较高的情况下，优先检索分类号，有利于高相关度对比文件/中间文件的检出。从这个意义上说，EPODOC 数据库更类似于分类号入口的数据库。值得注意的是，如果分类表中没有与发明很对应的分类号，例如，出现了 EC 与 IC 几乎相同、没有进行进一步细分的情况，则可以跳过这一步直接进入 WPI、PAJ“关键词”文摘数据库中进行检索。

EC：G11B7/09D4 . . . . Details of sprung supports

FT：5D118/FA00 Support mechanisms

FA11. Elastic support

FA32. . Use of expandable material

FA33. . . Use of expandable material for one direction

FB00 Details of the support configuration

FB01. Adjustment of the elasticity or vibration characteristics

FB03. . Use of the structure of the elastic material

FB04. . Vibration – absorbing material

FB06. . . Insertion between movable and fixed members

EPODOC 数据库中分别用上述 EC 和 FT 进行检索，由于篇数较多（每个分类号的检索结果一般都在 100 多篇、200 多篇），需要进行进一步限定，选择基本检索要素——调节单元中的结构特征（memory，piezoelectric +，actuat +）、功能特征（length）、效果 & 反效果特征（inherent 1w frequency，resona +，rigid +）与分类号进行结合，实现初次“点”化检索。

经过初次“点”化检索后，未发现相关文件，再利用扩展后的结构特征（memory，piezoelectric +，actuat +，metal，alloy）、功能特征（expan +，contract +，length +，elongat +，exten +，prolong +）、效果 & 反效果特征（frequency，resona +，inhere +，rigid +）进行“面”化检索。

之后放弃 EPODOC 数据库，转入 WPI 和 PAJ 数据库，进行关键词检索。之所以不再在 EPODOC 数据库中利用其他检索要素进行检索，是因为在“分类号”数据库 EPODOC 中的基本检索要素组合检索已经基本结束，此后出现的可能检索组合，将会是其他的非基本检索要素。相对于“分类号”数据库，“关键词”数据库采用基本检索要素命中可能性更高，应予以优先。将检索对象转化为关键词（elastic +，flexibl +，suspen +，spring?，wire?，support +），在划定的 G11B-7/09 的范围内结合功能特征进行检索。为了实现“点”化检索，先将尽可能多的检索要素列入，然后检索范围由小到大，逐步去掉非基本检索要素，检索结果数量由少至多，最终上位到仅包含基本检索要素，甚至再上位到一点组、大组的检索式组合。检索涵盖的标准最严格、范围最小到标准逐渐变宽松、范围逐步扩大，从另一个角度说，这是另一种情形的“点”—“面”转化。同理，在 CPRS 系统中同样进行其他非基本检索要素的检索。由于并未发现破坏新颖性/创造性的对比文件，此时基本可以判定，在支承物镜的悬线领域并不存在采用压电或记忆金属使弹簧长度变化从而改变共振频率的方案，检索到破坏新颖性的对比文件的可能性很小。将 G11B-7 大组的范围去掉，在主分类号所在的 G11B 和副分类号所在的 G02B 的小类范围内进行检索，继续从小到大、限定由严格到宽松的过程。通过下述检索式，检索到一篇领域相近（光拾取器的偏转器 G02B-26/08）、功能相同的对比文件 US6297898B1：

Databases ：PAJ，WPI

SS　Results

1　1069187　G11B/IC OR G02B/IC

2　1069187　.. LIM　1

3　154619　OR ELASTIC +，FLEXIBL +，SUSPEN +，SPRING?，WIRE?，SUPPORT +

4　128361　OR EXPAN +，CONTRACT +，LENGTH +，ELONGAT +，EXTEN +，PROLONG +

5　9894　OR RESONA +，INHERENT

6　6225　OR（MEMORY 2D（METAL OR ALLOY）），PIEZO-ELECTRIC +

7　30　AND　3，4，5，6

上述对比文件公开了利用压电元件改变弹簧的长度进而改变共振频率，而所持对象位置不变的方案。将该对比文件与检索报告中所列 D3 结合评述全部权利要求的创造性。

最后，对于本案的检索过程，有一点需要说明，虽然最终检索到的文件并不存在于分类号 G11B-7 和 G02B-7 的两个大组中，但如果没有之前的检索过程，审查员不会放心地决定放弃这两个大组而大胆向上扩展。“点—面—点”的检索策略的作用在于较为系统地进行检索，尽可能地避免漏检。沿袭这一检索策略之后的结果如果还不能达到目的，可以适时地终止某一范围或者全部的检索工作。这就是推广“点—面—点”检索策略的现实意义。该案的检索工作总体耗时 1.5 个工作日，基本上可以达到完成审查任务的要求。

基于数据“存在-关联”的二维检索方法

韩　冰

摘　要： 本文从常规的块检索特点入手，分析了造成块检索法查准率有限、检索效率不高的原因在于其检索思路的本质是以技术方案为出发点，仅利用数据存在性这一维的信息进行检索。针对块检索法存在的这种缺陷，本文提出了一种摒弃技术方案作为出发点，而是从信息表达的角度出发、利用数据的存在性与数据关联度这二维的信息去进行检索的方法。同时结合实际案例对该方法的两种实施方式——信息扩展表达法和信息浓缩表达法进行了详细介绍，并且分析了该方法与块检索法相比，在检索效率和查准率方面的优势。

关键词： 数据关联度　数据存在性　块检索　信息扩展表达　信息浓缩表达

一、引　言

Harman D将信息检索的性能评价标准分为两大类：检索效果和检索效率。[1] 而对于检索效果又可以用查全率、查准率来衡量。查准率表示检索出的相关文献与检索出的文献总量的比率，是衡量检索准确度的尺度；查全率表示检索出的相关文献与整个数据库中的所有相关文献总量的比率，是衡量检索全面性的尺度。

在目前的文献检索中，最常用的方法是块检索。这种检索方法最本质的思

---

[1] HARMAN D. Evaluation Issues in Information Retrival [J]. Information Processing & Management, 1992 (4): 439-440.

路是以技术方案为基础，将技术方案拆分成多个技术特征，然后按各个技术特征去匹配数据库中的文献。如果在一篇文献中包括上述每个技术特征，那么其很可能就包含了整个技术方案。这种检索方法思路清晰，符合人对事物进行认知的过程，因此容易掌握，适用于几乎所有领域文献的检索。最重要的是，在理论上这种方法的检索结果应当包括所有与待检索文件密切相关的文献，查全率非常高。

然而，使得块检索法具有上述优点的基础也恰恰是导致其不完美的重要因素之一。首先，由于块检索法是基于对技术的分解，而在分解过程中不可避免地丢失了数据（技术特征）之间的关联信息，使得检索过程仅仅是依靠数据存在性这一维的信息，并未充分利用数据关联度这一维的信息。其次，块检索法直接检索的目标是某个技术方案，这使得检索人员产生了这样一种思维定式：检索是为了得到最相关的技术方案。事实上，检索工作的最直接对象并不应该是某个技术方案，而应该是表达相关技术方案的文字。也就是说，我们实际检索的对象以及最终得到的结果均是包含众多文字表达的文献，充分考虑文字的表达才是得到对比文件最直接的方式。正是由于具有上述局限性，块检索虽然在理论上可以具有较高的查全率，但查准率并不能保证，检索效率较低。

基于以上考虑，笔者探索了一种以信息表达为出发点、基于数据存在性和关联度的二维检索方法。

二、基于数据存在性和关联度的二维检索方法

二维检索方法就是同时考虑数据的存在性和关联度这两个维度的信息，以期在有限的检索式内表达更为全面的信息。本文中“数据”指代为了表征某个技术特征而在专利或论文中出现的词语、文字等，以下相同，不再赘述。

（一）数据存在性的定义

数据存在性即在一篇文献中该数据是否存在。常规块检索方法正是利用了技术特征在文献中的存在性进行对比文件查找和筛选的。由于其是常规检索方法中均会涉及的，因此这里不再赘述，下文主要介绍数据关联度。

（二）数据关联度的定义

数据关联度就是数据之间相互关联的程度。在一篇文献中，特别是专利文献中，词与词之间的关联程度是不同的。例如，一个透镜，材料为玻璃，折射率是1.8，具有高会聚的技术效果。该透镜可用于相机镜头、望远镜镜头、显微镜镜头中。在这个简单的技术方案中，显然“折射率是1.8”和“高会聚”两个数据为因果关系，关联度非常高。而由于镜头中的透镜自然具有一定的折射率，因此“相机镜头”“望远镜镜头”“显微镜镜头”与“折射率”虽然具

有一定的关联度，但关联程度要弱很多。可见，数据关联度是衡量专利文献中词语之间关系紧密的重要指标。

（三）数据关联原则

1. 共同出现的频率

如果两个数据频繁地在一篇文献中出现，说明两者关联度很高。当然，这里的数据应当是排除了语言表达中常用的介词、副词等与信息检索无关的词语。正是基于这种考虑，Salton G 等人提出了向量空间模型（VSM）[1]，即通过将每篇文献中包含的词语以及它们出现的频率排列成矩阵向量，再对两个向量求内积，内积越小说明两个矩阵相似度越高，据此判断两篇文献的相似度。目前大多数语义检索工具均是按照这种共同词频的方式进行工作的。

2. 技术上关联度

专利文献不同于其他文献，其词语内容代表了技术方案的某个部分。那么这些数据所代表的技术特征之间的关联程度决定了数据之间关联度的大小。例如上面举的那个例子，“折射率是 1.8” 和 “高会聚” 两个数据正是因为在技术上是因果关系，因此两者密切相关。

3. 空间上的距离

根据通常的文字表达习惯，关系紧密的词语会位于同一句子、段落中，也就是说它们之间空间距离较短。如果两个词语在文字排布上空间间隔较长，例如完全不在同一段落中，那么两者关系紧密的概率非常低。专利文献虽然主要内容为专利技术，但其本质只是众多文字（数据）进行各种排列组合的一种形式。有一些数据所代表的技术特征虽然相互之间关系较为紧密，但由于文字表达的习惯，通常并不会紧密地联系起来。比如上述例子中的 “玻璃” 与 “镜头” 在技术上关系紧密，但在上述表达中两者并未出现在同一句中，使得两者关联度大幅降低。

4. 表意的相似性

虽然作为专业文献，专利、论文均要求表达清楚、简要，但由于文字表述的特点，不可避免地使得某些文字/词语（数据）共同包含了相同的信息。那么从表达信息的角度来看，这些数据具有一定的相似性，从而导致这些数据之间关联度较高。例如，“水平托板左右两侧分别设有左水准气泡和右水准气泡，水平托板与三脚支架杆件连接，三脚支架杆件上设有托架调节系统，用于调节三角支架杆件的长度，并使水平托板保持水平”，从这段描述可以看出：“水准

---

[1] SALTON G, MCGILL M J. Introduction to Modern Information Retrieval [M]. New York: McGraw – Hill, 1983: 14 – 169.

气泡”是用来检测托板是否水平，“调节系统”是用来根据检测结果将托板调整到水平，两者是为了一个目的设置，无论哪一个均包含了“托板水平”这一含义。因此，“水准气泡”“调节系统”和“托板水平”这三个数据表意具有较大的相似性，三者关联度非常高。相反，“水准气泡”和“三角支架”表意几乎不具有任何相似性，从表意相似性的角度来看两者关联度非常低。

（四）检索步骤

1. 确定检索点

检索点是对待检索的文献（例如专利申请）进行分析，与这篇文献相似的文献（例如对比文件）中必然包括与这篇文献不相似的文献中不包括或较少包括的内容。检索点并不完全等同于发明点。发明点是技术方案的独特之处，而检索点是待检索文献文字数据的独特之处。在利用块检索方法进行专利文献检索时，是从技术角度出发，寻找整篇专利文献的发明点，将其作为检索要素。而利用本文所述关联度检索方法进行专利文献检索时，是从数据（文字、词语）之间的关联度出发，充分考虑某些数据在文献中的重要性、相互之间技术上的关联程度、共同出现的频率以及相互之间的空间距离，寻找最能体现整篇文献信息的数据，将它们作为检索点。当然，确定检索点时，发明点是需要重点考虑的因素之一。

2. 确定与检索点相关的词语

在确定了检索点后，需要寻找与检索点密切相关的词语作为检索词。这些词语应当是能够充分体现检索点内容的词语。为了提高检索的效率，这些词语应首先从专利申请的权利要求中提取，必要时再进行扩展。

3. 根据关联度筛选检索词

在确定了众多与检索点相关联的检索词后，应当根据上述关联度的影响因素充分考量检索词之间的关联度，将与其他检索词关联度较低的词语删除，避免出现检索词过多遗漏对比文件的问题。紧密联系的词语之间不仅在技术上要有密切的技术逻辑关系，从文字表达角度也应该具有较高的同时出现频率和较短的空间距离。对待检索文献进行阅读时，可大致判断出检索词共同出现的频率以及它们之间的空间距离，这是它们具有高关联度所必需的。同时还应当从技术角度判断两者的逻辑关联度。

4. 构建检索式

不同于块检索法仅仅表达“包含这些数据”，本方法还应充分考虑“这些数据之间的联系”，即需要从二维的角度去构建检索式。也就是说，检索式中应当明确表达二维信息：其一是包含那些数据，其二是这些数据之间的联系。

三、基于数据存在性和关联度的二维检索方法与常规块检索方法的比较

从图 1、图 2 中可以直观看出数据存在性和关联度的二维检索方法与常规块检索方法的本质区别。

常规块检索是从文献的技术方案角度出发，将技术方案分解为技术特征 a～e。但这种分解仅考虑了技术特征的存在性，而直接破坏了技术特征 a～e 之间的关联。图 1 中用直线表示技术特征 a～e，各条直线之间没有关联。因此只要一篇文献包括了技术特征 a～e，即只要包含每条直线上任意一个点，将均被视为与待检索文献密切相关。显然，这样会有很多种符合上述要求的文献，而大多数均属于噪声。

基于数据存在性和关联度的二维检索方法是以数据（在专利文献中为词语）为出发点，不进行技术方案的机械拆分，而是将检索对比文件看成寻找相似语言表达（数据集合）的过程。这样在寻找相似语言表达时，很自然不仅要考虑词语的存在性，而且要考虑词语之间的关联度，只有这样才能准确判断两句话或两篇文章是否相似。这也符合一般的语言表达规律。图 2 是这种方法的原理性说明。从图中可以看出这种方法将待检索文献分成不同的数据，不同数据之间具有不同的关联度。例如，数据 A、C、D 之间关联度较大（图中以大圆圈表示），它们与数据 E 之间的关联度较小（图中以小圆圈表示），而数据 B 和数据 D 没有关联（图中以无圆圈表示）。理论上如果出现一篇文献圆圈分布如图 2 所示，那么它是待检索文献的相似文献的概率将非常大。即使只考虑关联度较大的，如果一篇文献包含图 2 中 6 个大圆圈，且位置分布与图 2 相同，那么由于在两个方向上限定了大圆圈的位置，该文献是相似文献的概率也非常大，远大于仅在一个方向（垂直方向）上有所限定的块检索方法获得相似文献的概率。

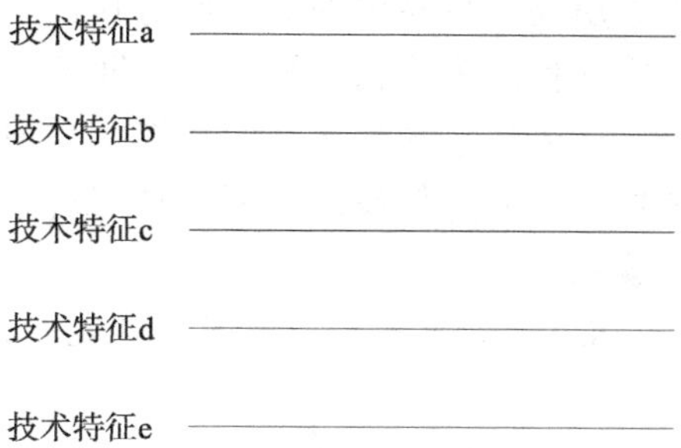

图 1

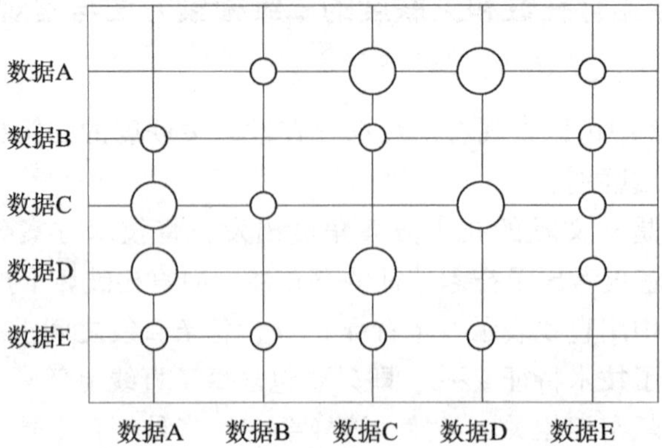

图2

由上面的分析可知，在检索的查准率方面，二维检索法远远高于常规块检索。在查全率方面，虽然从理论上来说二维检索方法要低于块检索。但由于块检索查准率低，检索效率低，通常每次检索结果非常多，因此检索人员需要浏览大量的文献，很容易造成疲劳和懈怠，从而在实际效果上反而容易造成浏览时对比文献的遗漏。因此块检索在实际检索工作中的查全率并不理想，经常会发生漏检现象。而二维检索法由于查准率高，需浏览的文献量较小，因此恰恰可以避免此问题。

四、基于数据“存在－关联”的两种检索方法

在充分考虑数据的存在性和关联度的基础上构建检索式时，最终目的都是在有限的检索式内表达更多的信息，这些信息不仅包括数据是否存在，还应该包括数据之间的关系。因此在实际检索时，有时需要构建更长的检索表达式，覆盖更多数据及关系，以期望表达更为全面的发明点信息，本文称之为信息扩展表达，这种方式是大家所能够容易想到的。但与其相反的一种检索方式恰恰是检索中容易忽视的，本文称之为信息浓缩表达，即考虑数据关联度中的表意相似性，将众多数据所表达的信息浓缩于某一数据，实现将发明点的信息更多地浓缩在较短的检索式中，从而降低噪声。下面利用实际案例分别对实际检索中用到的两种方式进行说明。

（一）基于数据存在性和关联度的信息扩展表达检索方法

1. 案情介绍

【案例1】一种光连接器，权利要求如下：

“1. Optical connector for connecting at least one light source and/or light receiver to at least one optical component, said optical connector comprising:

A connector body comprising at least one first light path;

An alignment element for facilitating the alignment of said connector with respect to said light source and/or light receiver;

Wherein said alignment element comprises at least one second light path for imaging a fiducial which is correlated to a position of said light source and/or light receiver."

"2. Optical connector according to claim 1, wherein said at least one second light path comprises an alignment lens for focusing an image of said fiducial on an outer observation surface of the connector body which is different from the surface opposing said light source and/or light receiver."

"3. Optical connector according to claim 1, wherein said at least one first light path comprises a first lens arranged for collimating the light emitted by said light source into said at least one first light path."[1]

案情分析：该申请是一种连接器，发明点在于具有两个光路，其中一路用于传输待连接的光信号，另外一路用于传输对准标记的图像，实现连接器与包含光源/探测器的电路板对准安装。

2. 基于数据存在性和关联度的信息扩展表达

首先，寻找检索点。虽然该申请技术方案具有两个光路，但是作为光连接器而言其本质作用就是传输光信号，因此信号光路并无独特之处，可不作为检索点。另外，光连接器与包含光源/探测器的电路板对准安装是该申请要达到的技术效果，因此对准光路是该技术方案中重要的部分。同时，考虑如果存在对比文件，那么从文字表达的角度，对于对准光路结构的具体描述是不可或缺的。因此，将其作为该申请的检索点。

其次，确定与检索点相关的词语。与对准光路相关的词语在权利要求中有：light、path、alignment、lens、focusing、image、fiducial、surface、connector body、surface、opposing、light source、light receiver。

再次，根据关联度筛选检索词。从文字表达的角度来看，如果存在包括准直光路的文献，其表达准直光路时，应至少具有准直元件、被准直对象，因此alignment、path、lens、light source、light receiver 应该是表达准直光路所必不可少的。在该申请中，上述词语同时出现的频率较高，且经常同时出现在同一句子中，空间距离较小。surface、opposing、connector body 等词语，虽然在该申

[1] 该案例是2013年北京中心高级检索测试光电组题目，因此其与申请本身案情可能略有区别。

请中与上述检索词空间距离较小，但它们与准直的技术关联度不高。同时，如果存在包括准直光路的文献，其表达准直光路时并不一定用到上述词语。也就是说，上述词语只是该申请的一种特定表达，它们在其他文献中与上述检索词的关联度较高的概率不大。

最后，构建如下检索式：

编号	结果	检索式
1	347699	(optical or light) s connect +
2	202	align + s path s ((light w source) or LED or LD or laser or detector or sensor or receiver) s len?
3	10	1 and 2

浏览 10 篇文献，即可得到影响权利要求 1～3 新颖性的对比文件 1（US20120027345A1）。用该方法，查准率为 1/10。

事实上，选择具有高关联度检索词还有很多其他方式，例如可以从准直标记的角度去选择 alignment、image、fiducial 等具有较高关联度的检索词，构建如下检索式：

编号	结果	检索式
1	347699	(optical or light) s connect +
2	110635	/ec/ic G02B6/32 or G02B6/42 or G02B6/00
3	2970	imag + s (fiducial or feature or mark) s align +
4	3	1 and 2 and 3

浏览 3 篇文献，即可得到影响权利要求 1～3 新颖性的对比文件 1（US20120027345A1）和对比文件 2（US2012/0027346A1）。用该方法，查准率为 2/3。

3. 常规检索方法

如果按照块检索的方法，该申请的技术方案可以分解成至少两大部分：信号光路及相关部件；对准光路及相关部件。构建检索式如下：

编号	结果	检索式
1	347699	(optical or light) s connect +
2	788789	align +
3	3768597	((light w source) or LED or LD or laser or detector or sensor or receiver)
4	95379	light s path
5	400	1 and 2 and 3 and 4

在这 400 篇结果中才出现对比文件 1，也就是说采用块检索方法的查准率

为1/400，远远低于采用基于数据关联度的二维检索方法的查准率。而浏览这400篇文献是一个很大的工作量，将极大地降低检索的效率，同时增加遗漏的风险。而如果将检索式4中的 light s path 改成 light w path，最后可得到123篇文献，但将直接遗漏对比文件1和对比文件2，使得查准率为0。如果将检索式4中的 light s path 改成 path，最终结果将得到726篇文献，虽然包括了两篇对比文件，但查准率只有2/726。

4. 两种方法的比较

将上述结果汇总得到表1，通过该表可以直观地看出本文方法的查准率远高于常规块检索方法的查准率。

表1　权利要求特征对比　　单位：篇

	本文方法		常规块检索方法		
	(1)	(2)	(1)	(2)	(3)
需浏览文献数量/篇	10	3	400	123	726
包含对比文件数量/篇	1	2	1	0	2
查准率	0.1	0.67	0.0025	0	0.0028

可见，基于数据关联度的二维检索方法相对块检索方法能够有效提高检索效率，提升查准率。本案例是2013年北京中心高级检索测试光电组题目，测试时间是3个小时，笔者在测试中正是利用上述检索式在测试开始后30分钟之内便检索到了两篇影响新颖性的X文献。

5. 小结

该案例充分扩展表达发明点可能涉及的数据，以及数据之间的关联度，利用检索式对发明点进行了信息扩展表达，取得了较好的检索效果。由于信息扩展表达通常会导致检索结果急剧减少，因此通常用于全文数据库中。而在表达各个数据之间的关系时，S、P等同在算符是非常有效的手段。

（二）基于数据存在性和关联度的信息浓缩表达检索方法

1. 案情介绍

【案例2】

申请号：CN201080039304

申请人：皇家飞利浦电子股份有限公司

优先权：EP09169317.6，2009-09-03

权利要求1：一种LED灯，至少包含：安排在外壳（3）中的发光二极管LED（2）以及隔离监测设备（4），其被配置成确定外壳（3）的缺陷以及在检测到所述缺陷的情况下将所述至少一个LED（2）与电源断开。

权利要求6：按照权利要求1所述的LED灯，其中所述监测设备（4）包含压力传感器，用于确定所述外壳（3）内的介质的压力，并且所述监测设备（4）适用于在所确定压力不对应于预定阈值的情况下将所述LED（2）与电源断开。

案情分析：该案是LED灯的专利申请，发明点在于如果压力传感器检测到灯的外壳破损就断开电源电路，避免用户不小心触电。

2. 常规检索方法

块检索的思路：该案发明点在于检测破损后断电，因此检索要素应当包括“破损”“断电”；同时该案领域为LED灯，因此其也可以作为检索要素之一。也就是说，构建的检索式应当包括检索要素“破损”“断电”“灯”。根据上述检索思路，检索结果如下：

编号	数据库	结果	检索式
30	CNABS	245823	破裂 or 缺陷 or 裂缝 or 裂隙
31	CNABS	187993	断开 or 断路
32	CNABS	966693	灯 or LED
33	CNABS	3819256	pd < 20090903
34	CNABS	139	30 and 31 and 32 and 33

在这139个检索结果中并未发现相关对比文件。后续审查员又更换了多次检索要素及检索词，例如外壳、缺陷、破坏、破损、电源、安全、危险，以及对应的英文词语，在中英文库中进行检索均未得到对比文件，查准率为0。而且“灯”技术领域的文献量非常大，且附图相似程度非常大，难以利用海量浏览获得对比文件。

下面利用本文的方法对该案进行分析。

3. 基于数据存在性和关联度的信息浓缩表达

常规能够想到的检索要素包括：“缺陷”“断电”“灯”“外壳”和“电源”。是不是扩展的检索要素还不够，信息表达不够准确呢？恰恰相反，利用这些数据去构建检索式产生了巨大的信息冗余浪费，导致有效文献被排除在外。

该案发明点在于“如果压力传感器检测到灯的外壳破损就断开电源电路”，仔细分析可知，“压力传感器”与其他数据之间关联度非常大。

首先，无论该“缺陷”是“破裂”还是“破损”或是其他表达方法，其都是由“压力传感器”检测得到的，且灯中很少配置压力传感器，这使得其功能指向性非常明确，就是为了检测外壳缺陷而存在的。因此，“压力传感器”与“缺陷”的表意相似性非常大，关联度极高。而“缺陷”是外壳的缺陷，因此“压力传感器”与“外壳”的表意相似性也比较大，关联度较高。

其次，电路断开的方式均是由“压力传感器”检测到缺陷所引起的，因此，“压力传感器”与“断开”的表意相似性非常大，关联度极高。而“电源”是“断开”的目标物，因此“压力传感器”与“电源”的表意相似性也比较大，关联度较高。

从上述分析可以看出，“压力传感器”与常规的几个检索要素关联度非常高。同时，“缺陷”的要素表达方式非常多，不易表达全面，因此使用该要素非常容易遗漏有效文献；“断开”的要素在灯的控制中是常见的控制方式，使用该要素会带来大量无关技术方案。如果考虑到数据之间的关联度，利用“压力传感器”与上述要素表意的相似性，则可以将目标信息浓缩表达，即一个“压力传感器”数据即可表达整个发明点。根据该思路检索结果如下：

编号	数据库	结果	检索式
35	CNABS	2511	压力传感器 s 灯
36	CNABS	204175	/ic F21
37	CNABS	3819256	pd < 20090903
38	CNABS	8	35 and 36 and 37

只需浏览 8 个检索结果，即可得到 X 文献 CN101451693A，查准率为 12.5%。该 X 文献的权利要求即记载了该发明点。

4. 小结

该案例在考虑到数据之间的关联度后，反其道而行之，利用检索式对发明点进行了信息浓缩表达，克服了该领域噪声较大的问题，提高了检索效果。由于信息浓缩表达通常会导致检索结果急剧增加，因此通常用于摘要数据库中，且检索式中实际使用的词语相对比较下位，才能获得较好的检索结果。

五、总　结

本文介绍的基于数据存在性和关联度的二维检索方法，摒弃了块检索中仅仅从本申请技术方案角度进行检索的思维定式，而是从文字信息表达的角度进行考量，选择数据存在性与数据关联度两个维度进行检索式表达和检索，检索效率和查准率比块检索方法明显提高。同时，在实际检索过程中，根据不同的案情、不同的数据库特点，应适当选择采用信息扩展表达或信息浓缩表达。但无论采用哪种表达方式，其最终目的均是在有限的检索式内表达更多的发明点信息。

当然，每种检索方法都有一定的适用范围，都需要在实际检索工作中不断地完善和验证。以上检索方法仅仅是笔者在实际检索工作中的一点体会，由于经验和水平有限，难免出现纰漏，请各位同人不吝指正。

CPC 组合分类方式的使用*

王　璟

摘　要：在联合专利分类体系中，组合分类方式的使用是极有特色的部分。其可以通过特殊的分类语言形式对于技术方案的整体进行解读，对快速理解和精确筛选专利文献十分有益。本文对组合分类方式的查询路径、组成特点和分类规则等进行了概述和示例分析，为促进科技研发和专利文献管理从业人员了解和掌握相关的分类方法，提升专利文献阅读效率，准确把握发明构思奠定了一定的基础。

关键词：CPC　组合分类方式　组合码　Combination Sets　C – Sets

一、引　言

组合分类方式，也称组合码（Combination Sets，C – Sets）是联合专利分类体系（Cooperative Patent Classification，CPC）特殊的分类/检索工具，其允许将代表不同技术主题的多个分类号"联合"或"组合在一起"，以一组或多组分类号的形式体现技术方案的整体。专利文献以组合分类方式体现的分类信息可在 Espacenet 和 DocDB 中查询，但现阶段，检索只能在 EPODOC 数据库中进行。

1. 组合分类方式覆盖的领域范围

在 CPC 体系中，组合分类方式目前开发和使用的领域主要覆盖化学和部分机械和电学领域，在相应的 CPC 分类表和/或分类定义中有明确的标注。根据 CPC 官方的统计，截至 2014 年 6 月 3 日，C – Sets 的使用包括如表 1 所列领域。

---

* 文章来源：《中国发明与专利》2014 年第 12 期。

表 1　C－Sets 使用领域汇总

Section A	Section B	Section C	Section C	Section C	Section D
A01N	B01D-23	C04B-41	C08F-251	C08K-5	D01B-1
A23L-1	B22F-1	C05B-1	C08F-8	C08L-23	G02B
A61K-31	B28B-7	C07C	C08G-18	C08L-25	H01L-27
A61K-33	B29C-37	C07K-16	C08G-59	C10B-1	
A61K-35	B65H-1	C08B-1	C08G-63	C10M-1	
A61K-38		C08C-1	C08G-69	C12N-1511	
A61K-6		C08F-10	C08G-77	C12Q-1	
A61L		C08F-16	C08K-3		

数据来源：www. cooperativepatentclassification. org.

2. 组合码在 Espacenet（http：//worldwide. espacenet. com）中的显示

以 CN102469813A 为例，在 Espacenet 上进行检索，选中检索结果，从展开的检索结果界面中可见 CPC 分类号（Cooperative Patent Classification），如图 1 所示。

图 1

点击“more”，获得的 C－Sets 组合码，如图 2 所示。

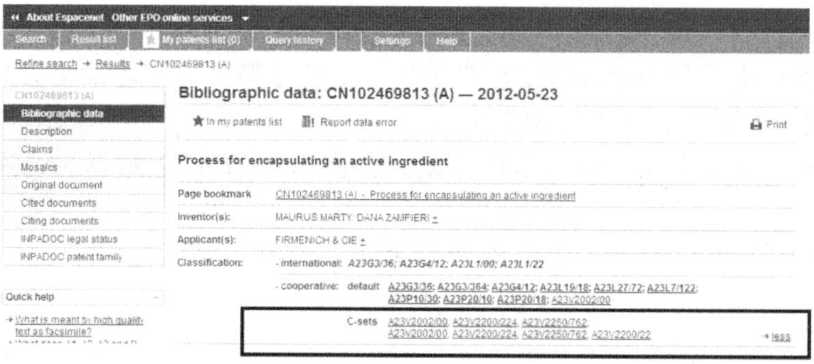

图 2

3. 组合码在 EPODOC 数据库中的显示

在 EPODOC 数据库中，C－Sets 以 CLC（“CPC Linked symbols，Confirmed”的缩写，即经确认的 CPC 组合分类号）字段显示（参见图 3）。

© EPODOC / EPO

PN - CN102469813 A 20120523
TI - Process for encapsulating an active ingredient
AB - The present invention relates to the field of encapsulation. More particularly, it relates to a process for encapsulating an active ingredient such as preferably flavouring ingredients in or on an edible composition, the encapsulating material comprising empty yeast cells. Furthermore a food product containing said encapsulated active ingredient which is preferably in the form of a chewing-gum, a fried, baked or extruded product.
CCI - A23L1/22016; A23G3/36; A23G3/364; A23G4/12; A23L1/0029; A23L1/0047; A23L1/0061; A23L1/1641; A23L1/217
CLC - A23V2002/00, A23V2200/224, A23V2250/762, ADD
- A23V2002/00, A23V2200/224, A23V2250/762, A23V2200/22, ADD
CCA - A23V2002/00
EC - A23L1/22B2; A23G3/36; A23G3/36M; A23G4/12; A23L1/00P4; A23L1/00P8B; A23L1/00P8B14; A23L1/164B; A23L1/217
ECL - K23V2/00, K23V200/224, K23V250/762
- K23V2/00, K23V200/224, K23V250/762, K23V200/220
ICO - K23V2/00
PA - FIRMENICH & CIE
IN - MAURUS MARTY; DANA ZAMPIERI
AP - CN2010829281 20100615
PR - WO2010IB52682 20100615; EP20090164167 20090630
DT - I

图 3

二、C－sets 的组成特点

每篇文献的 C－Sets 至多可以由 99 个组（sets）组成。每个组（set）分别设置一个段落，以“－”开始，每个段落至多可以有 99 个分类号。

每个 C－Set 中的第一个分类号称为基本分类号（base symbol），它可以是 CCI 或 CCA，基本分类号决定 C－Set 整体上是发明信息组（invention information set）或附件信息组（additional information set）。

C－Sets 中的分类号以特定排序出现，分类号顺序一致才能称为一样，分类号相同，但顺序不同则是不同的。

单个 C－Set 中允许分类号的重复；多次出现的分类号，频次标记为% n（n＞1）。

分类号在每个 C－Set 中的出现频次和出现位置可以使用% n 和 . m 进行检索。[1]

[1] Combination Sets [EB/OL]. http://cooperativepatentclassification.org/publication.html.

三、C－Sets 对于产品技术方案的表征

C－Sets 的使用在组合物/混合物的分类中最为典型，其中，农药（A01N）、聚合物混合物（C08L）和水泥（C04B）领域尤其体现其特色。这种分类号联合使用的组合形式，不仅能够表示组合物/混合物中的各种组分，并且分类号的顺序和在组合中的位置也体现不同的技术方案。

1. C－Sets 表示组合物/混合物中的各种组分

【例 1】一种水基涂料，含有波特兰水泥、二氧化钛、石灰石、高岭土、消泡剂和色素。

CLC：－C04B-28/04，C04B-14/305，C04B-14/28，C04B-14/106，C04B-2103/50，C04B-2103/54❶

以上示例显示了一种简单的组合分类方式的表现形式，对于该技术方案所述的涂料组合物，每种组分都被用分类号忠实地反映在 CLC 字段中，通过如“(C04B28/04 S C04B14/305 S C04B14/28 S C04B14/106 S C04B2103/50 S C04B2103/54) /CLC”的检索式，可以精准地检索到包括全部如上组分的组合物。

2. 特殊组分分类号在 C－Sets 中的位置

【例 2】一种地毯除菌剂，包含含氟聚合物、吡硫锌、含有银的杀菌成分和发泡剂。根据说明书的记载，该发明所使用的氟聚合物、焦磷酸锌、含有银的杀菌成分均为常见的除菌成分，关键在于该除菌剂中添加了发泡剂，形成了一种新型的产品。

CLC：－A01N-25/30，A01N-25/10，A01N-43/40，A01N-59/16

虽然对于上述例 2 除菌剂的技术方案，在 C－Sets 中也表述了全部的组分，但在顺序上是将出现在技术方案最后的发泡剂列在C－Sets 的第一位置。在 C－Sets 中，第一位置上的分类号即 base symbol（基本分类号），其体现的是组分中最重要的/主要的部分。对于例 2 而言，可以看出，剂型的改变是该技术方案区别于现有技术的发明点，而剂型的改变是由组合物中发泡剂所带来的，因而发泡剂是该技术方案中最重要的组成部分，在组合分类方式中列于第一位置。

3. 组合分类方式中分类号的顺序

【例 3】一种复合树脂组合物，其包括 50%～70% 的工程塑料树脂聚酰胺，30%～40% 的通用塑料树脂聚丙烯，以及 5%～30% 的玻璃纤维。

❶ CPC 分类表可从 www.cooperativepatentclassification.org 查询获得。

CLC： - C08L-77/00，C08L-23/12，C08K-7/14

C - Sets 中分类号的顺序具有特定的含义，尤其在高分子领域 C08L/C08G 有明显的体现。从例 3 所记载的含量可见，该复合树脂组合物中，主要成分为聚酰胺，次要成分为聚丙烯，玻璃纤维含量最低。因而，在组合分类方式中，主要成分聚酰胺对应的分类号 C08L 77/00 被列在第一位置，即作为基本分类号。对于其他组分则根据含量高低顺次排列，任选的添加物一般位于最末位。

相应地，在 CPC 体系中，设置了针对 C - Sets 中分类号顺序和位置的检索命令。基本分类号使用% 命令，其他分类号出现的位置使用 . m 命令（m 为大于 1 的整数）。例如，可使用“(C08L77/00% S C08L23/12 S C08K7/14) / CLC”检索聚酰胺为主要成分、含有聚丙烯和玻璃纤维的组合物技术方案，而“(C08L77/00% S C08L23/12.2 S C08K7/14) /CLC”则用于检索以聚酰胺为主要成分、聚丙烯作为含量最大的次要成分，并且含有玻璃纤维的组合物技术方案。使用% n 或 . m 的检索式，可以对于组合物中具有特定意义或特定含量的成分进行准确的定位，有效减少检索噪声的存在，降低对专利文献后续筛选以及人工标引的负担。相比之下，不使用这些命令时，例如（C08L77/00 S C08L23/12 S C08K7/14）/CLC，则会导致检索到虽然同时含有聚酰胺、聚丙烯、玻璃纤维组分，但是主要成分为聚丙烯甚至玻璃纤维的技术方案。

【例 4】一种 50 wt% 聚酰胺、50 wt% 聚丙烯构成的组合物。

CLC： - C08L-77/00，C08L-23/12

- C08L-23/12，C08L-77/00

对于含量相同的组分，如例 4 所示的组合物，可以认为聚酰胺为主要成分，也可以认为聚丙烯为主要成分，则根据 C08L 领域分类定义，给出两组 C - Sets，基本分类号分别表示聚酰胺和聚丙烯。

4. 同类组分多次出现的表示形式

【例 5】一种水泥组合物，其含有 3 种金属（Cu，Al，Ni）。

CLC： - C04B-28/02，C04B-14/34，C04B-14/34%2，C04B-14/34%3

在一种组合物中出现多种同类型组分或者同一组分时，也能够使用组合分类方式进行相应的表述，如上所示，在 EPODOC 数据库显示的 CLC 字段结果中，%n表示某一分类号出现的频次。例如，“C04B14/34%3”表示 C04B 14/34 分类号出现 3 次，即该组 C - Sets 对应的组合物技术方案中含有 3 种金属成分。

需要注意的是，在遵从通用规则的同时，C - Sets 在不同的技术领域各有特殊的分类规则（special rules）。例如前文所述及的，在高分子领域规定以主要成分作为 C - Sets 的基本分类号等。又如，并非所有同类成分的重复出现都用% n 表示（见例 6）。这些特殊规则的设定使得 CPC 组合分类方式能够更好地适应不同领域技术方案的特性，但也要求分类过程以及检索和阅读过程中要特别注意分类定义（definition）中相关的标注。

【例6】一种多层涂覆的陶瓷部件，第一、第二、第三层均为稀土氧化物层。

CLC：- C04B-41/52，C04B-41/5045（第一层）

- C04B-41/52，C04B-41/5045，C04B-41/524（第二层）

- C04B-41/52，C04B-41/5045，C04B-41/524%2（第三层）

对于例6所述的陶瓷部件，其由多组C－Sets，每一组以C04B 41/52多层涂覆或浸渍作为基本分类号表示该陶器是多层涂覆的，其中，每组从上至下依次代表对应的涂层。例如，第2组表示多层涂覆中的第二层。

与例5不同的是，虽然此处同类的稀土氧化物层（对应分类号C04B 41/5045）多次出现，但并未以“C04B-41/5045%3”表示，而是通过分类表中新增加的条目C04B-41/524（包含相同材料的一个涂层作为预先涂层的多次涂覆）来表示涂层的重复。例如，通过“C04B-41/524%2”来体现涂层的第二次重复（第三次出现）。可以理解的是，如果没有C04B-41/524分类条目的设置，而当某一组中显示“C04B-41/504%3”时，容易使人混淆该分类号的含义是指第三层是稀土氧化物层，还是如同例5所展示的那样，代表某一涂层是3种稀土氧化物的混合物。

实际上，EPODOC数据库中显示的“C04B-41/5045%3”的结果是键入3次“C04B-41/5045”分类号后由系统自动生成的，而并不能直接键入“%”。也就是说，当进行分类操作时，如果输入3次“C04B-41/5045”，系统会显示出“C04B-41/5045、C04B-41/5045%2、C04B-41/5045%3”的结果（见图4左），并不会出现只有“C04B-41/5045%3”的结果（见图4右）。

CLC: –C04B-41/52，C04B-41/5045 –C04B-41/52，C04B-41/5045，C04B-41/5045%2 –C04B-41/52，C04B-41/5045，C04B-41/5045%2，C04B-41/5045%3	CLC: –C04B-41/52，C04B-41/5045 –C04B-41/52，C04B-41/5045%2 –C04B-41/52，C04B-41/5045%3

图4

可见，通过C04B 41/5045出现的频次只能表示某一层中的成分是一种或多种稀土氧化物，并不能明确表示同类稀土氧化物层再次出现的情况，而C04B 41/524分类号在C－Sets中出现的位置和频次则可以清晰地指示其是否与之前涂层相同，以及该类涂层出现的次数。

正如前文所述，为适应技术上的多样性，除了遵循通用的分类原则和规则之外，C－Sets在不同领域的运用还各有特别之处。因而，在进行分类、检索和阅读相关专利文献时，除了关注分类表外，也特别需要了解和掌握CPC分类定义（definition）中释义的各种特殊规则。

四、C－Sets对于方法技术方案的表征

对于C07C领域中的方法技术方案而言，所有的实施例都要求单独地给出C－Sets，每组中包括一个方法的分类号，随之给出根据该方法获得的产品的分类号。

【例7】一种（甲基）丙烯酸羟烷基酯的蒸馏纯化方法。

↓ ↓

C07C 69/54 C07C 67/54

CLC：－ C07C-67/54，C07C-69/54

对于多步骤的方法技术方案，例如包括多个反应、纯化、合成步骤的工业方法，则遵循以下的规则：

最后一步的反应步骤通常给出组合分类号；

如果最后一步是纯化/分离步骤，最后一步反应通常进行分类；

如果最后一步是纯化/分离/回收步骤，当认为该步骤是有意义的，则也进行分类，对于常规的纯化/分离/回收步骤，如“步骤f）产物的回收”不进行分类；

中间步骤通常也给出分类号，尤其是对发明重要的步骤，除非是无意义的或对检索无用的。而在实际分类过程中，一般都对中间步骤进行分类。❶

【例8】用于合成丙烯酸酯的方法，其特征在于在第一步中，使丙三醇$CH_2OH-CHOH-CH_2OH$经受脱水反应以获得式$CH_2=CH-CHO$的丙烯醛，在第二步中，通过催化氧化使如此形成的丙烯醛转化为丙烯酸$CH_2=CH-COOH$，在第三步中，借助于醇ROH使由第二步产生的酸经受酯化反应生成丙烯酸酯。

CLC：－ C07C-45/52（两个羟基脱水重排制备醛的方法），C07C-47/22（丙烯醛、甲基丙烯醛）

－ C07C-51/252（丙烯酸、丁烯酸等的制备），C07C-57/04（丙烯酸、甲基丙烯酸）

－ C07C-67/08（羧酸与有机物羟基或氧－金属基反应生成羧酸酯的方法），C07C-69/54（丙烯酸酯、甲基丙烯酸酯）

---

❶ 国家知识产权局．国际专利分类表（第8版）使用指南［M］．北京：知识产权出版社，2011．

结合分类定义中给出的对于多步骤方法进行分类所应遵循的特殊规则，通过对分类号 CLC 字段的解读，技术人员可以获知例 8 的 C－Sets 表征了一个包括 3 个步骤的制备终产物（甲基）丙烯酸酯的技术方案，包括 2 个羟基脱水重排制备丙烯醛或甲基丙烯醛的步骤，（以丙烯醛或甲基丙烯醛）制备丙烯酸或甲基丙烯酸的步骤，（以丙烯酸或甲基丙烯酸）与有机物羟基或氧－金属基反应生成丙烯酸酯或甲基丙烯酸酯的步骤。这与例 8 实际述及的技术方案是十分吻合的。而相比该案例所给出的 IPC 分类号 C07C 51/235、C07C 57/055、C07C 45/52、C07C 47/22。❶

可以看出，虽然 IPC 分类号 C07C 51/235 表征了含醛基或伯醇基氧化制备羧酸或其盐、卤化物或酐的方法，C07C 57/055 表征了用（甲基）丙烯醛制备丙烯酸的方法，C07C 45/52 表征了一个分子中两个羟基脱水重排制备含有醛基的化合物或化合物的螯合物的制备方法，以及 C07C 47/22 表征了化合物（甲基）丙烯醛，但本领域技术人员难以确定上述分类号是分别表征不同的技术方案，还是针对同一个技术方案的不同步骤及其次序。

相比 IPC，CPC 体系不仅具有细分条目多、检索精确的特性，其推出的 C－Sets通过分类号相互关联，以组合的方式对于技术方案进行整体的表述，更体现出作为一种新的分类语言形式在专利文献的利用方面的较大优势和独到作用，使得技术人员可以仅通过阅览分类号即对整个技术方案有所理解，便于快速浏览大量的专利文献，也有利于确定非母语专利文献的技术内容。

五、小　结

随着全球技术信息的迅猛发展和专利文献量的快速增长，现有的几大专利分类体系无不面临着专利文献管理和使用的巨大挑战。为适应专利文献的发展，满足专利审查相关业务和工作共享的需要，国家知识产权局专利局与欧洲专利局于2013 年6 月正式签署了关于加强分类合作的谅解备忘录，分阶段引入 CPC 分类体系，2016 年 1 月起对全领域新受理的发明专利申请进行 CPC 分类。❷

对于各种分类体系而言，无论是逐渐停止使用的 EC、UC，还是仍然坚持的 FI/F－TERM，甚至包括修订程序相对复杂缓慢的 IPC，都有不断趋向细化和从尽可能多的角度表征信息的态势，CPC 分类体系中更是已包括 25 万余条

❶ CPC 分类定义［EB/OL］. http：//www. cooperative patentclassification. org/cpcSchemeAndDefinitions/table. html.

❷ 朱雅琛，黄非 . CPC 分类体系：开创专利分类体系新纪元［J］. 中国发明与专利，2013（2）.

条目。随着技术的发展和文献信息量的进一步激增，要求分类号更加细化、表征信息更加全面的呼声仍在持续。但这种态势一旦过度发展不仅可能带来过多甚至不必要的多重分类以至分类信息的冗余，更可能由于分类号的过于细化，因不可避免的分类偏差导致检索信息的缺失。作为 CPC 体系中特殊工具的 C－Sets，由于其明确提出允许多个关联的分类号，包括主干分类号和 2000 系列附加信息分类号以“联合”或“组合”的方式出现，在某种意义上扩展了分类号对技术方案的表征，使得通过更少的分类号表征更多的信息成为可能，也在一定程度上缓解了技术发展和文献量急剧增加导致的对于多重分类和分类表细化的迫切需求。

C－Sets 作为 CPC 体系中新增的组合分类方式，与其相关的使用方法和规则设置还在不断地探索和修订。除了目前主要应用的部分化学领域外，C－Sets 已逐步出现在机械和电学领域中，相信在之后将会覆盖越来越多的技术领域。这种特殊的分类方式，以及其所体现出的“关联”的、“组合”的分类思想也必将对专利文献的管理、检索和阅读运用带来深远的影响。

JPTXT/JPABS 数据库在农药领域检索中的应用*

吴　斌　苗彦妮　金　武

摘　要： 日本公司是农药领域专利申请中重要的申请人。通过分析DWPI 中的农药专利数据，发现存在大量无中英文同族的日本专利文献。此类文献给审查员的检索工作带来了困难。本文分析了农药专利中日文关键词的构成特点，介绍了通过互联网资源和 JPTXT 获取日文关键词的途径，提出了基于 S 系统高效浏览日文专利文献的方法，并结合具体案例对日文关键词获取、文献阅读、检索策略使用提供了具体的示范。

关键词： 日文专利　检索　农药　S 系统　JPTXTJPABS

一、引　言

作为一个农业大国，中国的农药市场历来都备受各大农药公司的青睐，与此相伴的是众多知名公司纷纷在我国申请农药专利。目前共有 8 家日本农药公司进入 2007 年全球排名前 20 强，❶ 日本企业在农药领域专利中占有重要地位。作为重要的专利数据库，DWPI 广泛收集了各国专利申请的著录项目信息以及摘要信息，并采用同族专利的方式对专利文献进行排布。利用 DWPI 数据库按照同族专利排布专利文献的特点，笔者在 DWPI 数据库中以农药领域分类号 A01N 作为统计入口，分析了 2015 年之前在俄罗斯、日本、韩国、德国（下文

* 文章来源：《专利文献研究》2015 年第 6 期（总第 99 期）。

❶ 2007 年世界领先 20 位农药公司［J］. 农药，2008（11）：857.

分别以“RU”“JP”“KR”“DE”表示）四国本国进行了专利申请而无中英文同族的专利申请数据（参见表1）。分析表明RU、JP、KR、DE四国均存在一定数量的仅在本国申请而无中英同族的专利申请。其中，JP专利文献数量明显高于DE、KR和RU三国，接近日本农药专利申请总数量的50%，并且此类日文专利文献主要集中在2010年以前。

表1 DWPI中存在四国申请且无中英文同族专利的分布情况 单位：项

	各国农药专利申请总量	各国无中英文同族专利申请总量	不同时间段无中英文同族的各国专利申请数量				
			1979年前	1980~1989年	1990~1999年	2000~2009年	2010~2014年
DE	28638	5458	2295	1133	699	463	144
JP	73840	36431	5962	8349	10250	7808	2017
KR	15798	2674	0	73	289	1132	1180
RU	10584	4931	898	794	1117	1393	470

因此使用中文和英文进行农药专利检索时，针对2010年之前公开且无中英文同族的日文专利文献容易出现漏检的情况。综上所述，了解农药领域的日文检索方法就很有必要。

二、农药领域专利申请的特点

随着知识产权保护意识的提升以及保护策略的进步，近年来知名的农药厂商，如拜耳、先正达等公司通过专利组合进行知识产权保护的行为屡见不鲜。原研化合物专利除了核心的化合物专利外，通常还会包括化合物的制备方法、化合物的复配等相关专利。由于结构近似的农药化合物种类众多，并且复配技术效果往往存在不可预期性，因此化合物复配的专利申请数量较多。存在二元复配或三元复配、相同或不同作用机理化合物之间进行复配的情况。正如表1的数据反映的那样，并非所有农药专利申请都会通过PCT或《巴黎公约》途径进入中国或其他英语语系国家。由于检索语言的差异，容易出现对非中英文专利文献的漏检。而公开时间较早且广泛使用的化合物大量存在于专利申请文件中，在检索时体现出较高的检索噪声。无论是缺少中文同族文献，还是检索噪声过高，都会给案例的实际检索带来一定困难。

三、农药领域日文关键词特点

日文可以说是世界上记载方式最为复杂的语言之一，有汉字、平假名、片假名、英文、罗马拼音等多种记载形式。从语源上来看，日文关键词主要可以分为日文固有成分的和语、外来成分的汉语、外来成分的外来语、混合语源的复合词等四种。❶ 和语是日文的固有词汇，是在日文还没有书面化的时代就已经产生和发展的，其读音和拼写与汉语和其他外来语无关联，是日文独有的特色语言要素。现代日语中大量引入外来词语，其中以英语引进的词语数量最多。❷ 化学是近现代发展起来的学科，因此在日语农药词汇中存在大量英语发音对应的片假名词汇，这就为英语水平较好的审查员使用日语进行检索提供了可能。从农药领域权利要求的技术特征来看，大致可分为化合物、制剂、制备方法和防治用途四大类。

针对化合物，日文词语中存在大量英语借入的片假名。例如，吡虫啉英语表达为 Imidacloprid，其对应的英语读音的片假名为“イミダクロプリド”；四氟醚唑的英语表达为 Tetraconazole，其对应的英语读音的片假名为“テトラコナゾール”。在专利文献的说明书中存在日文、英文，或日文和英文同时使用的情况。

在制剂类词语中，针对制剂种类和功能性限定的辅料，专利文献中使用了大量和制汉语，例如殺虫剤、水和剤、顆粒状水和剤、乳剤、粉剤、増粘剤、凍結防止剤等。而针对较为新颖的剂型和具体种类的辅料，专利文献中多采用英文片假名表述，如微乳剂 microcapule 对应的英语读音的片假名为“マイクロカプセル剤”，乙醇 ethanol 对应的英语读音的片假名为“エタノール”。

制备方法中往往含有大量的动词特征，例如超声、结晶等。动词在文献中以动词原形出现的情形较少，常常出现省略词尾，或词尾变化为动词连用。在实际检索时，合理选择词根进行截词检索能够规避形态变化的影响，例如直接使用反応、希釈、攪拌等动词词根进行检索，而省略“る/り/った/って/した”形态变化。

防治用途信息多涉及施用对象。针对较为上位的施用对象，文献中存在数量不多的汉语来源的词语，例如鱗翅目害虫、隠翅目害虫等；在涉及较为具体的种属时，文献中多采用英文片假名来表示，如蓟马 thrips 对应的英语读音的片假名为“アザミウマ”、飞虱 hopper 对应的英语读音的片假名为“ホッパー”。

综上，针对化合物、制剂、制备方法和防治用途四类常见的农药词汇，日本专利文献中大量使用英语来源的片假名进行表示，此种特点是 DE、KR、RU 三国专利申请所不具备的。相对于 DETXT、KRTXT、RUTXT 数据库，JPABS 或 JPTXT 数据库更容易被熟悉英文检索的审查员学习和使用。在大致了解农药领域关键词的表达特点后，即使没有扎实日语基础的审查员也能够使用 JPABS

❶ 孙勐．S 系统日文关键词检索扩展浅析［J］．审查业务通讯，2012（光电部专刊）：78－82.

❷ 曲伟，李力．浅谈日语中英语外来语的转换规律［J］．日语学习与研究，2000（1）：66.

和 JPTXT 进行日文专利检索。

四、日文关键词表达方法的获取

在了解农药领域的日语文献表述特点的基础上，要使用 JPABS 或 JPTXT 数据库进行检索，就必须知道如何获得关键词的日文表述。一般常用的日文词汇可以通过金山词霸进行查找。但是对于专业性较强的科技术语，金山词霸的扩展效果不佳，推荐使用互联网资源或 JPTXT 直接获取。

1. 互联网资源

百度文库中的《农药中英日文对照表》一文提供了 447 种类常规种类的农药化合物通用名的中英日文对照。[1] 下载对应的 Excel 文件后可以通过查询、复制/粘贴的方式进行使用，从而避免日语文字的手动输入困难。

CNKI 中《日英汉对照农药专业名词选译》的系列文献公开了施药方法、实验操作等大量农药领域的通用术语，但是该系列文献并不涉及具体种类的活性化合物或具体的制剂辅料。针对用途权利要求检索时，可以通过该系列文献方便地获得关键词的日文表述。

J－GLOBAL 是由日本科学技术振兴机构（JST）提供，可以在非专利、专利、研究课题、科技用语库、化学物质名称库等资源中对日文关键词进行查询和扩展，也支持英文关键词扩展日文关键词。[2] 该网页的使用类似于我国 CNKI 数据库中翻译助手的功能。利用该网站不仅能够获得科技术语的日文表述，也能够实现对关键词的扩展。例如，通过除草剂氰草津的英文 cyanazine，在 J－GLOBAL获得 3 个关键词，3 个关键词都以“シアナジン”为词根，使用截词扩展的思路从而获得“シアナジン”的检索词。

Google 翻译是使用最为广泛的在线翻译工具，能够通过中文或英文表达快速地获取日文关键词。例如，通过 Google 翻译借助氰草津的英语表述 cyanazine 获得对应的其日文关键词“シアナジン”。此外，Google 翻译可以与 J－GLOBAL 相互配合使用，用于确认检索词表述的准确性。

2. 通过 JPTXT 直接获取日文关键词

通过分析农药领域日文文献表述特点可知，日语中存在大量的英语片假名并存在日文和英文同时使用的特点。因此获得具体化合物和作用对象的日文表述最为快速的方式是在 JPTXT 数据库界面检索条件下检索对应英文词，通过聚

---

[1] 农药中英日文对照表［EB/OL］. https：//www. wenku. baidu. com/view/fb7449e9856a561252d36551. html.

[2] J－GLOBAL 科学技术用语词库［EB/OL］. http：//jglobal. jst. go. jp.

焦浏览伴随英语出现的日文表述，就能快速准确获取相应的日文关键词。以获取四氟醚唑的日语表达为例：

JPTXT? Tetraconazole

JPTXT? . . fo

通过文献的聚焦浏览，快速获得“テトラコナゾール”（tetraconazole）的相关内容。上述方法不仅适用于农药领域日文关键词的获取，同样适用于其他日文科技术语的获取，例如：

JPTXT? parkinsonism

JPTXT? . . fo

通过文献的聚焦浏览快速获得“パーキンソニズム”“パーキンソン病”“パーキンソン症候群”等帕金森病对应的日文表达。分析上述词语共有的词根，获得“パーキンソ”的检索关键词。

对日文关键词扩展进行时，需要注意针对同一关键词尽可能采用不同的表达方式，如平假名、片假名、中文字和英语表述，此外针对词根进行适当的截词检索，都能够实现对检索要素的充分扩展。

五、日文文献的阅读技巧

在缺乏日语知识的情况下，审查员大多通过日文的中英文同族专利申请、英文摘要或者 IPDL 的英文翻译获知日文专利文献公开的内容。虽然在 DWPI、SIPOABS数据库中存在一定量的摘要信息，但是其公开的内容有限；在 IPDL 中可以获得日文文献的英文翻译，但是针对一定数量检索结果在 IPDL 进行逐一阅读必然导致阅读效率下降；加之审查员的日文阅读能力较差，基于畏惧心理往往会放弃对日文专利文献说明书部分的阅读。而 S 系统的全文浏览模式能够同时提供 DWPI 的摘要信息和 JPTXT 的全文代码化文件，结合高亮显示 + 高密显示的浏览工具，就能够实现对日文专利文献的全文阅读（参见图 1）。

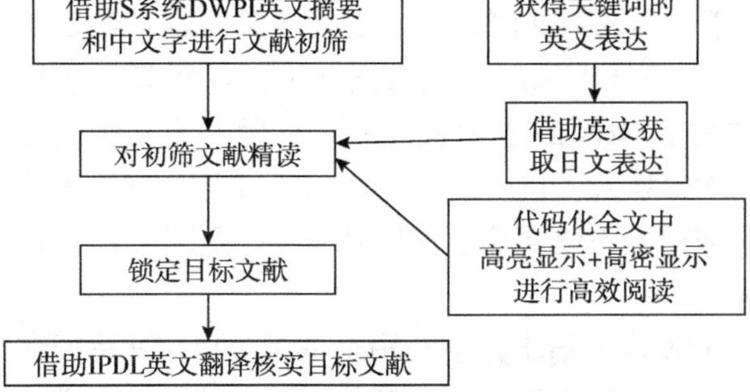

图 1　S 系统中日语文献阅读技巧流程

六、农药领域检索案例

【案例 1】该案涉及 Imicyafos 与代森锰锌复配的农药组合物。在 S 系统检索中进行了如下检索：对 CA 号进行检索，对关键词剂型扩展，将两种化合物进行逻辑“与”检索。通过上述检索未能发现有效文献，但是通过阅读相关文献获知 Imicyafos 是日本申请人 AGRO KANESH 在 20 世纪 90 年代初开发的杀菌剂化合物，判断可能存在较早的日文专利文献。因此需要在日文全文数据库中进行检索。由于 JPTXT 没有申请人检索入口，同时在 JPABS 中存在输入 AGRO KANESH 日文表述的难题，因此通过在 DWPI 中检索申请人后转到 JPTXT 数据库进行后续的检索。检索思路如图 2 所示。

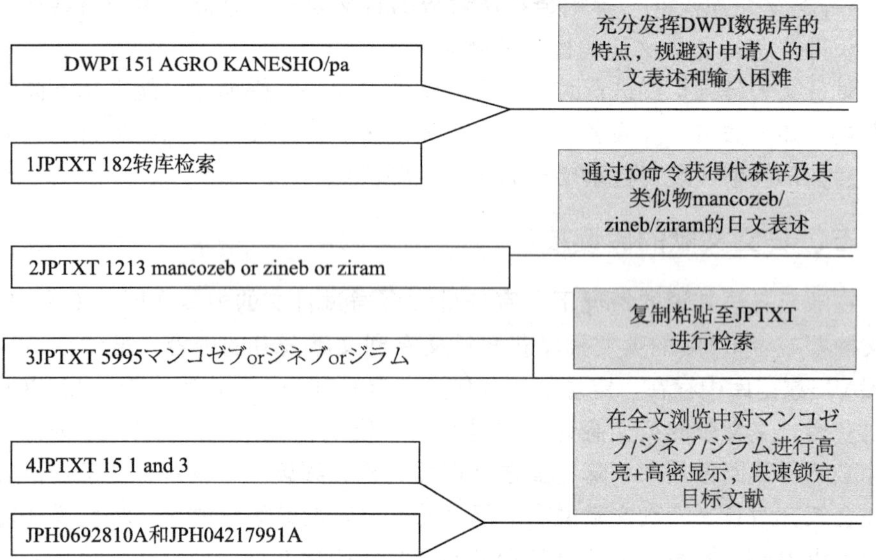

图 2 Imicyafos 与代森锰锌复配农药组合物日语专利文献 S 系统检索流程

通过阅读检索到的两篇文献，发现上述两篇文献在最初的 CA 数据库检索时已经获得，但是由于 CA 未对全文数据加工，并且审查员不具备对日文文献进行全文阅读的能力，因此未及时发现相关文献。该案例利用了 DWPI 转库方法克服了 JPTXT 无申请人入口的缺陷，使用了 JPTXT 直接获得关键词的日文表述并在 JPTXT 中进行了关键词检索，最后借助 S 系统强大的浏览工具实现对比文件的快速获取。

【案例 2】权利要求 1 请求保护一种杀虫组合物，其特征在于该组合物的活性成分由 flometoquin 和新烟碱类杀虫剂组成，所述新烟碱类杀虫剂为吡虫啉、啶虫脒、噻虫嗪、噻虫啉、烯啶虫胺、噻虫胺、呋虫胺、哌虫啶、环氧虫啶或环氧虫啉中之一；flometoquin 与新烟碱类杀虫剂的质量比为 80:1 ~ 1:80。

在 CA on Web 数据库中使用 flometoquin 的 CAS 登记号 875775 - 74 - 9 进行检索，检索结果的摘要信息中没有公开有效信息，但是发现最早公开的文献的作者或发明人多为日本国籍，预期可能在日文全文库中检索到有效的对比文件，因此将公开时间较早的日本专利文献 WO2006013896A1、WO2007088978A1、WO2010007964A1、JP2010053129A 和 WO2011105349A1 推送至 S 系统进行 JPTXT 数据库的全文详览。

通过吡虫啉、啶虫脒、噻虫嗪、噻虫啉、烯啶虫胺、噻虫胺、呋虫胺、哌虫啶、环氧虫啶、环氧虫啉的英文名 imidacloprid、nitenpyram、clothianidin、acetamiprid、dinotefuran、thiacloprid、thiamethoxam 在 JPTXT 中获得其对应的日语表达分别为：イミダクロプリド、ニテンピラム、クロチアニジン、アセタミプリド、ジノテフラン、チアクロプリド、チアメトキサム，并在 J - GLOBAL 网站对上述表述的正确性加以确认。在全文浏览中对日文全文进行高亮显示 + 高密显示方式进行浏览，快速锁定能够评述权利要求新颖性和创造性的文献 JP2010053129A。图 3 为文献的高亮浏览 + 高密浏览的部分截图。

图 3　日文目标文献的高亮浏览 + 高密浏览示意

为了核实对比文件内容的正确性，再进入 IPDL 获得 JP2010053129A 的英文翻译，确认 JP2010053129A 公开了 flometoquin 与吡虫啉（imidacloprid）、啶虫脒（acetamiprid）、呋虫胺（dinotefuran）、噻虫啉（thiacloprid）、噻虫嗪（thiamethoxam）复配的信息。

该案首先利用了CA数据库检索化合物优势，在获得初步检索结果的基础上，结合S系统JPTXT代码化文件的浏览技巧，进行目标文献相关内容的精确定位，实现对日文文献的高效阅读。

七、结　语

本文通过分析农药领域日文关键词表述的特点，基于JPTXT全文代码化，提供了S系统中在JPABS和JPTXT数据库进行检索的方法。该思路简单易行，为日语能力欠缺的审查员提供了有效检索的可能性。

S系统是国家知识产权局重要的检索系统，除了提供CNBAS、CNTXT、DWPI、WOTXT等重要中文、英文专利数据库之外，还集成了JPTXT、DETXT、KRTXT和RUTXT四个非中英文语系的全文代码化数据库，实现了在S系统中使用日文、德文、韩文、俄文四国语言的专利检索。由于语言来源和表述习惯的差异，本文提供的类似策略在DETXT、KRTXT和RUTXT对关键词的实际检索效果并不理想。此外，本文提供的JPABS/JPTXT的检索思路，除了适用于农药领域的专利检索之外，也同样适用于其他广泛使用科技术语的相关领域，如冶金、高分子、电子、生物等领域，在具体应用时需要结合各领域关键词的表述特点加以调整。

基于专利申请的技术本质确定 3GPP 检索工作组的方法*

刘寒艳　行朝霞　杨盈霄

摘　要： 基于工作组检索是3GPP检索的一种重要方式，该方式的重点在于如何确定检索工作组。本文首先列举了常用的3GPP检索方式及其适用场景、常用的确定检索工作组的方式，然后基于现有确定检索工作组方式的缺陷，给出了基于专利申请的技术本质确定3GPP检索工作组的具体途径，对3GPP标准和协议相关专利申请的检索起到了一定的参考和借鉴作用。

关键词： 3GPP　工作组　检索

一、引　言

随着3G、4G技术的迅猛发展，通信领域中基于3GPP协议的协议改进型专利申请不断增加，对此类专利申请进行检索的重点在于对3GPP数据库❶的检索。

二、常用的3GPP检索方式及其适用场景分析

目前，常用的3GPP检索方式有如下四种，利用Google进行检索、利用3GPP自带的搜索工具进行检索、基于工作项目Work Item进行检索以及基于工

* 文章来源：《专利文献研究》2015年第4期（总第97期）。

❶ 3GPP. 3GPP Working Procedures [DB/OL], 2012: 1－35. http://www.3gpp.org/ftp/Information/Working_Procedures/3GPP_WP.pdf.

作组进行检索，基于对上述各种方式优缺点的分析可知上述四种方式都有其最佳的应用场景。由于 Google 不能检索压缩文件，而 3GPP 文档多以压缩文件的形式进行存储，因此，利用 Google 检索 3GPP 文档具有很大的局限性，其一般适用于检索已知编号的协议或提案，或者限定 3GPP 检索域后利用关键词进行试探性检索，Google 不适于进行 3GPP 深度检索。3GPP 自带的搜索工具可以用来检索 3GPP FTP 上存储的所有压缩和非压缩文档，适合利用关键词来进行 3GPP 深度检索。但该检索方式有检索关键词的字数限制，如果输入关键词太多，即使有包括所有检索关键词的文档，也检不到任何检索结果。而且 3GPP 网站经常要进行系统维护，有时甚至会持续好几个月的时间，维护期间，3GPP 自带的搜索工具不能使用，这就严重制约了 3GPP 自带的搜索工具的应用。基于 Work Item 的检索方式，首先需要确定与专利申请相关的 Work Item，然后才能利用 3GPP Work Plan 给出的 Excel 表格得知该 Work Item 的起止时间、负责的工作组以及相关的协议等信息，并在起止时间限定的时段内检索负责的工作组的会议相关提案以及受影响的协议来获取相关文献。该方式能够较为准确和全面地检索相关 3GPP 文件，但前提是必须准确地确定申请相关的 Work Item；而 Work Item 是根据技术方向人为命名的，要准确地确定 Work Item 的名称实属不易。对于基于工作组的检索来说，由于 3GPP 最终由工作组负责进行协议的修订，故理论上说，基于工作组的检索能够检索到与该工作组相关的所有会议提案，是一种较为可靠和完备的检索方式。尽管该方式的耗时（比如在不能确定工作组时）可能比 Google 或 3GPP 自带的搜索工具的关键词检索以及基于 Work Item 的检索耗时长，但该方式不受系统维护的影响，在系统维护期间仍能正常使用，并且工作组是由 3GPP 组织统一命名的，对各个工作组负责的技术内容也作了规范管理，因此，确定工作组要比确定 Work Item 容易得多。基于工作组的检索在某些情况下具有其他检索方式无法比拟的优势，此外，若能精确地确定工作组，那么基于工作组的检索方式也将是一种高效的检索方式。

三、常用的确定检索工作组的方式

从上面的分析可知，掌握基于工作组的检索对于 3GPP 检索来说至关重要。基于工作组的检索重点在于工作组的确定，快速而准确地确定工作组对接下来的检索能够起到事半功倍的效果。目前，常用的确定工作组的方式主要有以下几种：①根据获取的与专利申请最相关的协议号确定工作组，通过 Google 检索协议号或者进入 3GPP 的 Specification Numbering 或 3GPP Specification Release Version Matrix 页面检索协议号，进入协议详情页面，即可找到负责该协议的工作组；②通过辅助检索确定工作组，如利用 Google 等检索关键词，某些情况下浏览检索结果就能发现与专利申请最相关的工作组；③已知工作项目时，可利用工作项目通过筛选 3GPP Work Plan 来确定工作组。然而上述方式的共性是，都要借助其他工具或检索方式才能确定工作组，当其他方式不能用或者不好用时，如无法明确相关的协议号、辅助检索不能确定工作组并且没法确定工作项目时，就需要一种无须借助其他工具或检索方式就能确定工作组的方式。这就是后文要重点叙述的基于专利申请的技术本质确定 3GPP 检索工作组的方式。

四、基于专利申请的技术本质确定 3GPP 检索工作组

要基于专利申请的技术本质确定 3GPP 检索工作组[1]，首先要了解 3GPP 的工作组架构以及各个工作组负责研究的领域。图 1 所示为 3GPP 的工作组架构。

Project Co-ordination Group(PCG)			
TSG GERAN GSM EDGE Radio Access Network	**TSG RAN** Radio Access Network	**TSG SA** Service & Systems Aspects	**TSG CT** Core Network & Terminals
GERAN WG1 Radio Aspects	**RAN WG1** Radio Layer 1 spec	**SA WG1** Services	**CT WG1** MM/CC/SM(lu)
GERAN WG2 Protocol Aspects	**RAN WG2** Radio Layer 2 spec Radio Layer 3 RR spec	**SA WG2** Architecture	**CT WG3** Interworking with external networks
GERAN WG3 Terminal Testing	**RAN WG3** lub spec,lur spec,lu spec UTRAN O&M requirements	**SA WG3** Security	**CT WG4** MAP/GTP/BCH/SS
	RAN WG4 Radio Performance Protocol aspects	**SA WG4** Codec	**CT WG6** Smart Card Application Aspect
	RAN WG5 Mobile Terminal Conformance Testing	**SA WG5** Telecorm Management	

图 1　3GPP 的工作组架构

从图 1 可以看出，3GPP 包括 4 个技术规范组（TSG），分别为 TSG GERAN、RAN、SA 和 CT，每个 TSG 又包括数个工作组（WG）；其中，TSG GERAN 负责维护与 GSM EDGE 无线接入网相关的规范，侧重于从 GSM 到 3G

[1] 3GPP. Specifications Groups Home [DB/OL]. http://www.3gpp.org/specifications-groups/specifications-groups.

的过渡技术，俗称2.75G，其包括GERAN WG1、GERAN WG2和GERAN WG3三个工作组，分别负责无线、协议和终端测试方面的技术工作；TSG RAN、SA和CT都是面向3G以后的技术，TSG RAN负责维护与无线接入网相关的规范，包括RAN WG1、RAN WG2、RAN WG3、RAN WG4和RAN WG5五个工作组，分别负责无线层1的规范（即物理层规范）、无线层2的规范和无线层3无线资源管理的规范，Iub、Iur和Iu接口规范和UTRAN操作维护管理需求规范，无线性能和协议方面的规范，以及移动终端一致性测试规范；TSG SA负责维护服务和系统方面的规范，包括SA WG1、SA WG2、SA WG3、SA WG4和SA WG5五个工作组，分别负责服务、架构、安全、编解码和电信管理方面的技术工作；TSG CT负责维护与核心网和终端相关的规范，包括CT WG1、CT WG3、CT WG4、CT WG6四个工作组，分别负责MM/CC/SM（即层3移动性管理/呼叫控制/会话管理）、与外部网络的交互、MAP/GTP/BCH/SS（即移动应用部分/GPRS隧道协议/基本呼叫处理/补充业务）、智能卡应用方面的技术工作。

明确3GPP工作组的划分以及各个工作组的工作内容之后，接下来的工作重点在于如何将专利申请的技术适配到合适的工作组，从而到相应的工作组下检索申请日/优先权日前最近几次会议的会议报告文件（report）或临时文档列表（Tdoclist），进而得到目标对比文件。然而，要想匹配到合适的工作组，就要对专利申请的技术方案进行详细的分析，基于专利申请的技术本质确定3GPP检索工作组，明确申请涉及的到底是接入网技术、核心网技术、业务和系统还是终端技术。接入网技术的特征是涉及基站和移动站之间的空口交互技术，如果是GSM到3G过渡阶段的接入网技术则依据所侧重的接入技术方面适配到TSG GERAN下的相应工作组，如果是3G及以上的接入网技术则依据所侧重的接入技术方面适配到TSG RAN下的相应工作组；核心网技术的特征是涉及诸多核心网器件、协议或术语，如PSTN、SGSN、MME、CSFB、EPS、SIP等，依据所侧重的核心网技术方面适配到TSG CT WG1、CT WG3或CT WG4工作组；业务和系统涉及的多是各种业务以及系统架构，如计费业务、IP多媒体业务/子系统IMS、业务框架、业务能力、安全架构，以及音视频多媒体编解码业务等，依据所侧重的业务和系统方面适配到TSG SA下的相应工作组；终端技术最典型的一个例子是智能卡应用技术，如SIM、USIM、ISIM技术，如果一项申请涉及智能卡应用技术，则适配到TSG CT WG6工作组。

需要说明的是，如上只是给出了一种基于专利申请的技术本质确定3GPP检索工作组的一般性原则，并不是必然性原则。同一技术侧重点不同可能会适配到不同的技术规范组或不同的工作组。比如，如果一项技术涉及无线接入网中ACK/NACK的报告方法，则认定为消息交互过程，属于无线层2技术（即

MAC、RLC、PDCP 层技术，本领域常见的无线层 2 技术有测量报告、CQI/PMI/RI/ACK/NACK/MDT 报告、inter－eNodeB/inter－RAT 切换、小区选择和重选等)，故应适配到 RAN WG2 工作组；如果一项技术涉及的是载波聚合中 ACK/NACK 的传输和映射方法，则认定为流映射过程，属于无线层 1 技术（即物理层技术，本领域常见的无线层 1 技术有调制解调、传输信道编译码、HARQ 软合并、干扰协调 ICIC、载波聚合 CA、MIMO 天线处理、多点协作 Comp、传输分级、资源管理等)，故应适配到 RAN WG1 工作组。因此，一定要把握技术的本质来寻找合适的工作组，而不应生搬硬套；同时，平时要注重积累，适时总结。下面从具体实例的角度来说明如何基于专利申请的技术本质确定 3GPP 检索工作组。

五、检索实例

【案例 1】一种物理下行控制信道 PDCCH 的控制方法，包括基站设备配置用于跨成员载波间调度的成员载波集合；所述基站设备将所述成员载波集合通知用户设备，使所述用户设备根据所述成员载波集合进行 PDCCH 盲检。从上述技术方案可以看出，该案主要涉及载波聚合过程中通过基站通知用户设备跨成员载波调度的成员载波集合来减少 PDCCH 盲检的方法。首先，根据该案涉及的是基站和用户设备间的载波聚合技术，确定该案属于 3G 无线接入网技术，故应适配到 TSG RAN；其次，由于涉及的是载波聚合和 PDCCH 盲检，属于底层的物理层技术，故根据 TSG RAN 下各个工作组负责的技术内容，不难确定该案应适配到 TSG RAN WG1 工作组；随后进入 RAN WG1 工作组检索申请日前后最近几次召开的会议的报告文件（report）或临时文档列表（Tdoclist）即可获得文件 R1－093531、R1－092377、R1－092755（检索申请日前后最近几次召开的会议主要是出于 3GPP 工作组对某个技术热点的研究通常都集中在一段时间内进行的考虑。其中，检索申请日后召开的会议主要是为了核实有没有申请人本人的提案；如果有，可关注其参考文献。检索申请日后召开的会议主要是为了检索有没有申请人本人以及他人提交的能够作为现有技术的提案)。其中，R1－093531 是申请人电信科学研究院（CATT）本人在申请日后的相应提案。R1－092377 和 R1－092755 是申请日前分别由华为（Huawei）和富士通（Fujitsu）提交的提案。R1－092377 公开了 eNB 配置用于跨成员载波间调度的成员载波集合，并将所述成员载波集合通知 UE 的技术方案；而 R1－092755 则公开了使用跨载波分配的好处是 UE 被配置为在 PDSCH 活跃成员载波子集上监控 PDCCHs（相当于用户设备根据成员载波集合进行 PDCCH 盲检)。可见，R1－092377和 R1－092755 两者可破坏权利要求的创造性。

【案例2】一种时分双工模式下调整频率带宽的方法，包括：用户终端成功接收调整信号；以及在具有与所需调整的频率带宽相反类型时隙方向的连续子帧组处，对所述频率带宽进行调整，并发送响应。该案主要涉及调整频率带宽的方法。根据该案说明书的记载可知，该案主要是为了解决现有技术中载波聚合 UE 调整频率的过程会影响到同一个频率上工作的其他载波的数据传输、引起数据包传输丢失或传输中断的问题，也就是说涉及无线性能提高问题，故应适配到 TSG RAN WG4 工作组。需要说明的是，案例 2 虽然与案例 1 一样，都涉及载波聚合，但与案例 1 不同的是，案例 2 主要涉及的是载波聚合 UE 的性能提高过程，即频率带宽的调整过程，而不是载波聚合本身，故应分入 RAN WG4 工作组，而不是 RAN WG1 工作组。随后进入 RAN WG4 工作组检索即可获得文件 R4 – 102477，其可破坏权利要求的创造性。

【案例3】一种激活/去激活空闲状态信令优化 ISR 的方法，包括：在 UE 的区域更新过程中，第一网络实体接收第二网络实体发送的上下文请求消息，根据对应所述 UE 的移动可达定时器和/或隐式去附着定时器的运行状态，确定激活或去激活 ISR；所述第一网络实体将确定结果发送给第二网络实体，由所述第二网络实体根据接收的确定结果确定指示 UE 激活或去激活 ISR。从上述技术方案可以看出，该案主要涉及区域更新过程中，核心网实体对终端的 ISR 的激活/去激活管理。首先，根据该案涉及的是核心网和终端，确定该案属于 TSG CT；其次，根据该案涉及的是区域更新过程对 ISR 的激活/去激活管理，属于会话管理（即 SS）过程，则很容易得出该案应适配到 TSG CT WG1 工作组；随后进入 CT WG1 工作组检索申请日前后最近几次召开会议的报告文件（report）或临时文档列表（Tdoclist）即可获得文件 C1 – 102537、C1 – 101519、C1 – 101518，其中前者是申请人在申请日后的相应提案，后两者任意之一结合非 3GPP 对比文件可破坏权利要求的创造性。

六、总　结

本文首先分析了基于工作组检索的重要性，然后基于现有确定工作组方式的不足，结合 3GPP 工作组架构及各个工作组负责的技术内容，提出了基于专利申请的技术本质确定 3GPP 检索工作组的方式。通过本文的介绍，能够快速定位到检索工作组，从而为准确而高效的检索奠定基础。

基于S系统关键词程式化扩展模型的建立及其评价

赵　良　张芙婧　胡敬东　刘以成

摘　要： 全面且准确地扩展关键词是文献检索的重要起点。本文提出基于S系统数据信息的关联性并通过统计分析模型实现关键词程式化扩展的方法，系统阐述了多种数据库模式下扩展中文、英文及多其他地域语言关键词的优势和特点，对比评价了方法的普适性、全面性、准确性及联想性，并对降噪声处理和扩展时机进行了讨论。在统计分析关联数据信息的基础上，检索人员只需根据扩展的预期挑选关键词即可，这大大降低了对专业背景和外文能力的要求，为全面、准确地表达关键词提供了一条可靠的途径。

关键词： S系统　关键词检索　程式化扩展　统计分析

一、引　言

使用关键词进行检索是检索工作者最基本的检索手段，其在专利文献全文数据库、期刊文献数据库、网络搜索引擎等的检索中则更为常用。在确定基本检索要素后，关键词全面而准确的表达是决定检索效能的重要环节。这涉及正确地扩展到同义词、近义词表达方式，有时还需要考虑相关的上位、下位概念以及其他相关概念，扩展形式上则常常涉及中文、英文以及多种其他地域语言的关键词。在实际工作中，检索人员一般是采取浏览文献、借助词典或工具书等来扩展关键词，但这种“传统化”选取关键词的方式难以兼顾选词的全面性、准确性、技术领域普适性，对检索人员自身的能力要求较高，也就难以适应网络信息时代下对检索智能化的要求。

理想的关键词扩展应该能够进行人机互动，程序化、智能化地选取关键词，从而减少检索人员扩展关键词时对专业背景知识、外语能力及检索经验的依赖。这种智能化的扩展需要对关键词进行标引，建立起同义词、近义词和相关词等的关联词库，实时地维护和更新，然后通过后台的算法或抓取方法等才能实现，这是一项庞大而复杂的系统工程。截至目前，在线词典、翻译工具或化学领域的STN词典工具等通常只是利用了其后台“点对点”标引的词库，满足关键词不同语言之间的翻译需求，而且“点对点”的翻译本身就不具有联想关键词的属性。

S系统是国家知识产权局开发的专利检索与服务系统，是当前每个专利审查员主要使用的计算机检索和分析系统，其集成了世界主要国家的专利文献及中文期刊文献的信息，包含文献标题、摘要、关键词等标引信息，且是定期更新和维护的。可以认为，S系统的各个子数据库构成了一个庞大的关键词库。尽管各种标引信息在S系统中是离散分布的，但诸多文献数据库内部或数据库之间在数据信息上存在潜在的关联性。本文拟利用运算命令，将存在潜在关联性的信息予以关联，针对特定的关键词或关键词的组合进行统计分析，并按照频率排序，以实现关键词的智能化扩展。这一过程，我们称为“关键词程式化扩展”。具体地，本文系统研究CJFD、SIPOABS/CNABS、DWP/SIPOABS三种不同数据库模式下对规范化的、非规范化的及英文式思维的关键词的扩展，以及经SIPOABS应用于其他地域语言的扩展，并用本领域常用的多种关键词扩展手段作为对比，评价了方法的优势和不足。

二、关键词程式化扩展的应用基础

1. S系统的关联信息

众所周知，因语言环境、思维习惯、技术发展等多种因素的影响，同一技术术语会以多种形式存在于不同的文献中，这给检索带来了困难。这些不同表现形式通常会体现在所在文献的标题、关键词、摘要信息中，也就恰恰被S系统的子数据库所收录，并形成一个庞大的技术信息的集合。S系统很多数据库内部或数据库之间存在技术信息的关联，例如，对于某一特定技术术语而言，中国期刊全文数据库（CJFD）的期刊文献标引的中英文关键词字段KWCN和KWEN的信息是相同的；世界专利文摘数据库（SIPOABS）同族专利文献的不同语言形式呈现的关键词含义是相同的；德温特专利文摘数据库（DWPI）改写后的文摘信息的含义实质上与原申请文件是紧密相关的。如果通过编写命令的方式将这些含义相同或实质相同的技术术语进行归集、统计分析并予以对应，则可用于关键词的扩展。

2. 关联数据库的选择

在数据库的选择上，应考虑数据库关联信息的紧密性、语言表达的准确度、操作的简便性、噪声的大小、普适性等要求。例如，中国专利文摘数据库（CNABS）中存在中英文的TI、KW和AB字段，理论上输入中文或英文关键词后，就能用MEMS进行统计分析，从而通过浏览的方式扩展得到中英文关键词。然而，实际操作会发现统计结果中不相关或不规范的词汇、中文式英语（Chinglish）等噪声词汇很多，降低了扩展的可靠性。笔者在前期反复实践的基础上，认为如图1所示的CJFD、SIPOABS/CNABS、DWPI/SIPOABS 3种不同数据库模式下中英文关键词的扩展，以及经SIPOABS应用于其他地域语言的扩展是可靠的，并各有其自身的优势和特点。

3. 关键词程式化扩展模型

如图1所示，CJFD因兼有中英文关键词标引，无须转库操作；SIPOABS/CNABS和DWPI/SIPOABS利用两两数据库各自的优势，需要进行转库。3种模式均是基于S系统的界面检索运行，根据检索的预期进行使用，并存在相互补充的关系。扩展过程是可逆和循环的，实现中文—英文、英文—中文的互译，以及中文—英文—中文（或英文—中文—英文）的关键词扩展。而且，在转化和统计的过程中，一些包含重要信息的其他词汇也会被统计分析。此外，在准确获得英文关键词后，经SIPOABS进入其他地域语言的数据库如日本专利文摘数据库（JPABS）、台湾地区专利文摘数据库（TWABS）扩展相应的关键词，最终得到关键词扩展的集合。

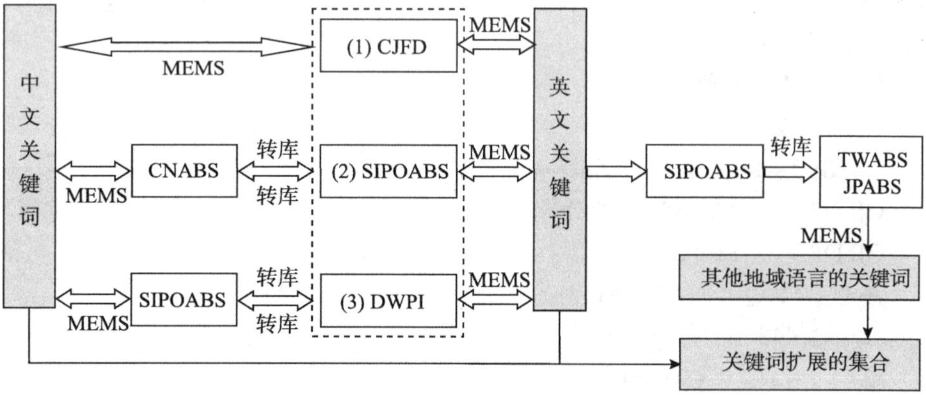

图1　基于S系统关键词程式化扩展的模型

4. 扩展基本命令与结果浏览

如图1所示，CJFD模式下是对数据库内部关联文摘信息的统计分析，用

MEMS 统计命令和..LI M2 显示统计排序结果即可。而在其他模式下，还需要辅助使用 MEM 转库命令以及某些限制性或排除性命令如“AND CN/PN”“NOT CN/PR”等。结果的浏览是按照被统计的关键词的 FRQ 频率及其序号呈降序排列的，使用频次越高的词汇（即准确的关键词）越靠前。对显示结果的浏览，中文关键词浏览至前 100 个词是比较容易的；英文关键词转换为小写形式后（S 系统英文关键词默认为大写），建议根据扩展的预期浏览前 50～100 个词。对于重点关键词，可以酌情放宽浏览数量。

三、关键词程式化扩展的应用模式

1. CJFD 模式下扩展规范化表达的中英文关键词

CJFD 数据库收集了我国境内的主要学术文献（不包括硕士、博士论文），其文摘信息包括中文和英文。文献的作者主要是大专院校、科研机构等的科技人员，具备较高的文献撰写水平，文摘信息标引的规范、准确、精练程度等优于专利文献的标引，因此适合用于扩展相对规范表达的中英文关键词。关键词标引每篇文献通常只有 3～5 个，适合于作大批量文献的统计分析。应用方式多种多样，下面介绍四种 CJFD 模式下的应用方式。

（1）循环扩展中英文关键词

在 CJFD 中，输入中文关键词，然后使用 MEMS 命令统计 KWEN 字段，浏览并挑选得到英文关键词；将得到的英文关键词输入后，反过来统计 KWCN 字段，即可得到扩展后的中文关键词。这一过程也可以从英文关键词作为起点进行循环扩展。对于那些经历了长期发展或逐渐演变并走向成熟的规范化技术术语的扩展尤其适用。

【案例 1】“酸奶”

CJFD? 酸奶

** SS 1: RESULTS 5783

CJFD? ..MEMS /KWEN

CJFD? ..LI M2

序号	FRQ	TREM
1	448	yoghurt
2	427	yogurt
10	84	yoghourt

得到上述英文关键词后，按照以下命令运行：

CJFD? yoghurt? or yogurt? or yoghourt?

** SS 2: RESULTS 2163

CJFD？ ..MEMS /KWCN

CJFD？ ..LI M2

序号	FRQ	TREM
1	738	酸奶
4	152	酸乳
26	27	酸豆奶
30	25	酸牛奶
34	22	发酵乳
35	22	酸牛乳

由上述扩展过程可知，依据 MEMS 命令统计的使用频率，中文关键词“酸奶”可在 CJFD 中扩展到 3 个词频很高的英文关键词“yoghurt”“yogurt”“yoghourt”（均位于前 10 位置），进一步则扩展其他中文关键词“酸奶”“酸乳”“酸豆奶”“酸牛奶”“发酵乳”“酸牛乳”。在统计结果中（未列出）还能提示诸如“发酵”（fermentation、fermented）、“乳酸菌”（lactobacillus）等相关术语。

（2）扩展并列概念的中文关键词

在 CJFD 中，输入中文关键词，然后使用 MEMS 命令统计 KWCN 字段，也可得到扩展后的中文关键词。这种情形无须经过英文关键词的转换，通常适合于那种近似、相关或等同概念较多的技术术语。

【案例 2】“反硝化细菌”

CJFD？反硝化细菌

** SS 1：RESULTS 796

CJFD？ ..MEMS /KWCN

CJFD？ ..LI M2

序号	FRQ	TREM
1	111	反硝化细菌
5	43	生物脱氮
14	19	硝化细菌
23	13	氨化细菌
39	8	亚硝化细菌
61	6	反硝化菌

由上述扩展过程可知，扩展后的概念包括反硝化细菌、硝化细菌、氨化细菌、亚硝化细菌、反硝化菌等常见中文关键词，也包括它的作用机理生物脱氮。这些词均是在检索“反硝化细菌”主题时应当考虑的等同、近似或相关

概念。

（3）扩展下位概念的中文关键词

在 CJFD 中，可以利用全文字段 TXT 检索待扩展的中文关键词，然后使用 MEMS 命令统计关键词字段（KWCN 或 KWEN），浏览并挑选得到扩展后的中文关键词。在配合使用其他检索要素的情况下，扩展重要技术领域或相关文献报道比较多的上位关键词。

【案例 3】“载体”“抗肿瘤或抗纤维化治疗剂”

权利要求 1：靶向治疗缀合物，包含：A. 载体为选自非阳离子聚合物、脂质体、纳米材料、生物材料、胶束、树枝状载体；B. 靶向剂为可操作地连接载体的类视黄醇；和 C. 治疗剂为可操作地连接载体的抗肿瘤或抗纤维化治疗剂。

显然，权利要求 1 的缀合物包含三个基本检索要素，分别是载体、类视黄醇和抗肿瘤或抗纤维化治疗剂。其中类视黄醇可对应其具体化合物视黄醇，相对而言容易表达；但“载体”和“治疗剂”的含义过于宽泛，属于那种需要扩展下位概念但又难于表达的情形。

CJFD?／TXT 载体 P 视黄醇 P（纤维化 OR 肿瘤）

** SS 1：RESULTS 484

CJFD? ..MEMS /KWCN

CJFD? ..LI M2

序号	FRQ	TREM
1	17	肝纤维化（liver fibrosis）
2	12	肿瘤
3	11	肝星状细胞（stellate cell）
13	6	脂质体（liposome）
14	6	视黄醇结合蛋白（rentiol）

通过 CJFD 的 TXT 字段并用同段算符 P 检索后，发现有 484 篇文献在同一段中出现这三个要素。统计这些文献的关键词字段信息，结合本领域的常识便可将“载体”和“治疗剂”的下位概念予以对应（英文关键词信息通过 KWEN 或词典翻译即可获得）。即载体的下位概念是脂质体（liposome），“抗肿瘤或抗纤维化治疗剂”的下位概念是肝纤维化（liver fibrosis），靶向作用的部位是肝星状细胞（stellate cell）。该案评判权利要求 1 新颖性的文献中出现的就是上述经统计且频率很高的英文关键词。

（4）对模糊概念中文关键词的准确表达

出于检索全面的考虑，有时需要从技术原理、功能、技术效果等多个角度去扩展关键词，但这类词经常并不好表达，呈现出“模糊性”的概念。此时可以在 CJFD 模式下让其具体化、准确化。

【案例 4】“纳米流体”

权利要求 1：一种氨水吸收器的吸收液，包含：氨 5% ~20%、纳米金属 0.05% ~0.2%，以及余量为水。

该权利要求的三个基本检索要素分别是吸收液、氨和纳米金属。说明书记载，纳米金属作为添加剂，可以增加液体的界面湍动，提高传热传质效果，使传质效应显著增强，使得吸收液比不加添加剂的吸收率提高了 190% ~385%。针对该作用机理，在上述基本检索要素的框架下，就有必要从所述“纳米材料提高传热传质效果”的角度进行关键词的扩展。

CJFD？纳米 AND（传质 OR 传热）

* * SS 1：RESULTS 417

CJFD？ ..MEMS /KWCN

CJFD？ ..LI M2

序号	FRQ	TREM
1	107	纳米流体（nanofluid）
2	40	强化传热

由该扩展过程可知，统计结果中，排序第一位的关键词是纳米流体（nanofluid），使用频率 FRQ 远远超过了“纳米”“传热”“传质”本身的频率。结合本领域的常识可知，“纳米流体”该词实质上准确地界定了该申请的技术领域，且它本身能够涵盖该案 3 个基本检索要素中的“吸收液”和“纳米金属”。将“nanofluid”与另一个检索要素“氨”（ammonia）在 Google Scholar 中进行检索，第一条记录就是与权利要求 1 构思相同的新颖性文献。

2. SIPOABS/CNABS 模式下扩展非规范表达的中英文关键词

专利文献保留了各国、地区语言上的多样性和丰富性，为此我们建立了 SIPOABS/CNABS 模式以扩展非规范表达的中英文关键词。如图 2 所示，其利用 CNABS 在中文标引上的优势与 SIPOABS 在英文标引上的优势，通过转库并使用 MEMS 命令实现中英文的相互转化，适合于一词多译等非规范化表达的关键词的扩展。CNABS 和 SIPOABS 收录的文献中，那些有国外优先权（PCT 或《巴黎公约》途径的申请）且进入中国的文献，它们的文摘主要信息是相同的。把这样的文献圈定起来，进行特定关键词的统计分析就可以找到各种符合中英文表达习惯的关键词。

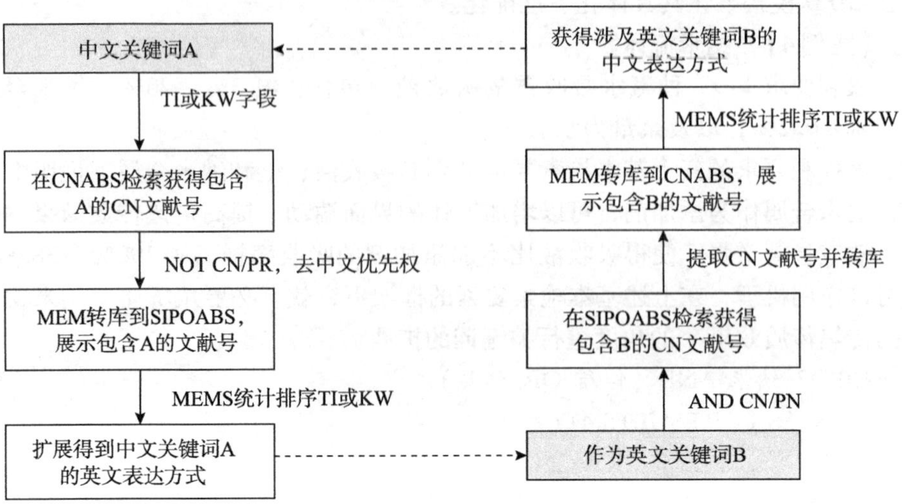

图 2　SIPOABS/CNABS 模式下扩展中英文关键词

【案例 5】“错流（过滤）”

在 CNABS 中，输入“错流/AB NOT CN/PR”，用 MEM 命令存取公开号至 M1 位置，转库至 SIPOABS 释放 M1 位置存储的公开号，输入“.. MEMS /AB”命令统计摘要信息，再用“.. LI M2”显示后浏览的方式筛选关键词如下：

序号	FRQ	TREM
22	56	flow
23	50	cross – flow
73	17	cross
138	10	crossflow

获得上述英文关键词后，在 SIPOABS 中输入“（cross – flow OR cross flow OR crossflow）/TI AND CN/PN”，按照上述相反的过程进入 CNABS 中用“.. MEMS /KWCN”统计中文关键词，浏览后得到如下结果：

序号	FRQ	TREM
1	292	贯流
2	153	错流
6	107	横流
63	30	交叉流

由上述扩展过程可知，依据 MEMS 命令统计的使用频率，中文关键词“错流”可扩展到 3 个英文关键词 cross – flow、cross flow、crossflow，进一步扩展的

中文关键词的频率顺序是贯流、错流、横流、交叉流等。

3. DWPI/SIPOABS 模式下扩展预期有英文式思维的英文关键词

DWPI 通常收录的是其认为重要的专利文献，并对每件专利申请的主要信息进行了深加工标引和改写，并体现在文摘的 TI、KW 等字段中。如果把原关键词的信息和 DWPI 改写的关键词信息关联起来，就可以成为关键词扩展的一种重要途径，适合扩展描述功能或技术效果的英文式思维的关键词，按照中文的习惯表达则不易得到。具体通过 DWPI/SIPOABS 的转库统计方式来实现，其基本命令同前述 CNABS/SIPOABS，但过程更为简单。

【案例 6】"脱除内毒素"

在 SIPOABS 中，输入"(remov??? S (endotoxin? OR lipopolysaccharide?)) NOT CN/PR"，提取公开号存取到 M1 位置，进入 DWPI 显示公开号，然后采用 MEMS 命令统计其 KW 字段，结果如下：

序号	FRQ	TREM
1	182	endotoxin
2	154	remove
69	13	factor
70	13	free
71	13	pharmaceutical

因为有扩展英文式思维词汇的预期，故不难发现第 70 位的"free"在词性及含义上明显不同于其他的排序的词。用"free"按照如下方式对显示的公开号取交集检索，并用..FO 高亮显示可知，"脱除内毒素"被表达为 endotoxin – free、free of endotoxin 等形式。换言之，这两个扩展的关键词切合了英文表达"脱除内毒素"的思维，是利用其他方法难以想到的。这对于后续全文检索英文文献时，预期检索的准确度将很高。

DWPI?　1 and free

** SS 2：Results 69

DWPI?　..FO

..LI M2

Endotoxin – free bovine lactoferrin is……

Method for removing endotoxin bound to protein used for *endotoxin – free* protein product for healing acute……

4. 其他地域语言的关键词扩展

SIPOABS 数据库也收录了日文（JPABS）、韩文（KRABS）、德文（DE-ABS）和中国台湾地区（TWABS）等诸多地域语言专利文献的英文文摘信息。

那么，利用SIPOABS与这些其他地域语言的文摘关联信息，针对特定的关键词也能实现扩展。以SIPOABS/TWABS扩展上述“酸奶”为例，先在SIPOABS检索包含yoghurt、yogurt或yoghourt的中国台湾地区文献，然后转库进入TWABS中统计其如何表达“酸奶”这个关键词。

序号	FRQ	TREM
4	2	一種可抑制胃幽門螺旋桿菌之優酪乳配方
5	2	發酵乳類及其製造方法
40	1	優格（YOGURT）製備專用電源線
53	1	酸酪乳配料

由上述扩展过程可知，英文关键词“酸奶”可扩展到台湾地区的常用语“發酵乳”“優酪乳”“優格”和“酸酪乳”等词。不足的是，目前TWABS、JPABS等语言文摘数据库缺少KW字段，且TI、AB字段的词语也不予以拆分，而是以整条记录出现，降低了结果浏览的方便性。

5. 不同程式化扩展模式的相互比较

比较上述程式化模型扩展关键词的原理和运算方式可知，3种中英文扩展方法均因所使用数据的特点而具有各自优势，三者可相互补充。其中，CJFD的中英文的文摘信息用语规范、精练，统计时无须转库，扩展操作简便且支持大批量文献数据的统计，故适合于作为基础性的扩展步骤，并用于扩展规范化表达的中英文关键词。SIPOABS/CNABS的文摘信息一般是由申请人撰写的，用词会因申请人的不同而不一致。该模式下保留了关键词语义表达上的多样性和丰富性，对存在“一词多译”或多种变形的非规范化表达的关键词扩展效果好。DWPI的文摘信息由Derwent文献工作人员重新改写过，因用词趋于规范和一致化，使其在扩展的多样性和全面性上有所不足。但其能统计分析到重新加工的信息，这些信息对于关键词的联想式扩展是非常重要的，这一优势是其他两种模式无法比拟的。其他地域语言扩展模式因数据库标引存在不足，相比之下的优势不如中英文扩展明显。综合来看，结合领域的特点及扩词的预期，建议使用的优先级别是：CJFD、SIPOABS/CNABS、DWPI/CNABS和其他地域语言模式，与之相对应扩展的效果分别是规范化表达的词、非规范表达的词、英文思维的词及其他地域语言的词，从而通过程式化命令的方式实现全面而准确的扩展。

四、程式化扩展与其他常用扩展途径的对比评价

为了评价程式化扩展关键词的准确性和全面性，本文选取了5个不同技术领域的代表性关键词进行评估，如表1所示。评价的步骤为：先用本文方法扩展中英文关键词，取扩展的英文关键词进一步扩展其他地域语言关键词，合并

表 1　关键词程式化扩展与其他常规扩展方法的比较

关键词	扩展方法	中文	英文	其他地域语言	联想或提示词
(1) 酸奶食品领域	本文方法	酸奶、酸乳、酸豆奶、酸牛奶、发酵乳、酸牛乳	yoghurt、yogurt、yoghourt、acidophilus milk	日文：ヨーグルト、発酵乳 中国台湾地区：發酵乳、優酪乳、乳酪、優格、酸酪乳	乳酸菌，Lactobacillus、ferment +
	百度	酸奶	yogurt	N/A	N/A
	读秀	酸奶、优格、优酪乳	acidophilus milk、sour milk		
	通用网络词典	N/A	yogurt、yoghurt、yoghourt、acidophilus milk、leben	N/A	
	CNKI 翻译助手		yoghurt、yogurt、sour milk		
	Wiki 百科		yogurt、yoghurt、yoghourt		
	STN		yogurt、yoghurt、yoghourt、yogourt、yougourt、leben		
	MeSH 词表		yogurt、yoghurt		
(2) 银杏内酯中药领域	本文方法	银杏内酯、银杏、内酯、萜内酯、萜类内酯、银杏萜内酯、白果内酯、银杏苦内酯	ginkgolide?、ginkolide?、ginkgo、gingko、biloba、terpene、lactone?、bilobalide	日文：ギンクゴライド、ギンコライド、ビロバリデ 中国台湾地区：銀杏内酯、銀杏苦内酯	舒血宁、银杏叶提取物
	百度	银杏内酯、倍半萜内酯、二萜内酯、白果内酯	ginkgolide?、bilobalide	N/A	
	读秀	银杏内酯、银杏黄酮、白果内酯	bilobalide	N/A	银杏叶提取物

续表

<table>
<tr><th>关键词</th><th>扩展方法</th><th>中文</th><th>英文</th><th>其他地域语言</th><th>联想或提示词</th></tr>
<tr><td rowspan="5">（2）
银杏
内酯
中药
领域</td><td>通用
网络词典</td><td rowspan="5">N/A</td><td>ginkgolide、lactone、ginkgo</td><td rowspan="5" colspan="2">N/A</td></tr>
<tr><td>CNKI 翻译助手</td><td>ginkgolide?</td></tr>
<tr><td>Wiki 百科</td><td>ginkgolide、terpenic lactone、bilobalide</td></tr>
<tr><td>STN</td><td rowspan="2">ginkgolide?</td></tr>
<tr><td>MeSH 词表</td></tr>
<tr><td rowspan="7">（3）
化疗
敏感性
西药
领域</td><td>本文方法</td><td>化疗敏感性、化学敏感性、药物敏感性</td><td>chemosensitivity、chemo - sensitivity、chemotherap +、sensitivity、sensibility、sensitizer、susceptibility、resistan +</td><td>日文：薬剤感受性、化薬感受性、化学療法感受性、耐化学剤性、増感、ストレス
中国台湾地区：敏感性、感受性</td><td>紫杉醇 paclitaxel</td></tr>
<tr><td>百度</td><td>化疗敏感性、化疗敏感度</td><td rowspan="2" colspan="3">N/A</td></tr>
<tr><td>读秀</td><td>化疗敏感性、耐药</td></tr>
<tr><td>通用
网络词典</td><td rowspan="2">N/A</td><td>chemotherap + w (sensitivity or response)、chemosensitivity</td><td rowspan="2" colspan="2">N/A</td></tr>
<tr><td>CNKI
翻译助手</td><td>chemosensitivity、chemotherap + w sensitivity</td></tr>
<tr><td>Wiki 百科</td><td colspan="4">N/A</td></tr>
<tr><td>STN</td><td>N/A</td><td>chemotherapy sensitivity、chemosensitizer</td><td>N/A</td><td></td></tr>
<tr><td></td><td>MeSH 词表</td><td colspan="4">N/A</td></tr>
</table>

续表

<table>
<tr><th>关键词</th><th>扩展方法</th><th>中文</th><th>英文</th><th>其他地域语言</th><th>联想或提示词</th></tr>
<tr><td rowspan="8">(4)
脱除
内毒素
生物
领域</td><td>本文方法</td><td>脱除、去除、除去内毒素、脂多糖</td><td>remov +、endotoxin、lps、lipopolysaccharide?</td><td>日文：エンドトキシンフリー、エンドトキシン5w 除去
中国台湾地区：去除 4d 内毒素</td><td>endotoxin free、free of endotoxin</td></tr>
<tr><td>百度</td><td>脱除内毒素、去除、控制、清除</td><td colspan="3" rowspan="2">N/A</td></tr>
<tr><td>读秀</td><td>脱除内毒素</td></tr>
<tr><td>通用网络词典</td><td rowspan="3">N/A</td><td>remov + 2d endotoxin</td><td colspan="2" rowspan="3">N/A</td></tr>
<tr><td>CNKI 翻译助手</td><td>remov +、endotoxin、lps、lipopolysaccharide?</td></tr>
<tr><td>Wiki 百科</td><td>absorb + 2d endotoxin?</td></tr>
<tr><td>STN</td><td colspan="4" rowspan="2">N/A</td></tr>
<tr><td>MeSH 词表</td></tr>
<tr><td rowspan="8">(5)
错流
过滤
分离
领域</td><td>本文方法</td><td>贯流、错流、横流、交叉流、叉流过滤、微滤、纳滤、超滤</td><td>cross - flow、cross flow、crossflow + filtration</td><td>日文：クロスフロー濾過、クロスフロー、横流、貫流、横断流、濾過
中国台湾地区：交叉流、錯流、横流、交錯流、過濾</td><td>membrane、concentrate +</td></tr>
<tr><td>百度</td><td>错流过滤</td><td rowspan="5">cross flow filtration</td><td colspan="2" rowspan="5">N/A</td></tr>
<tr><td>读秀</td><td>错流过滤、动态过滤</td></tr>
<tr><td>通用网络词典</td><td rowspan="3">N/A</td></tr>
<tr><td>CNKI 翻译助手</td></tr>
<tr><td>Wiki 百科</td></tr>
<tr><td>STN</td><td colspan="4" rowspan="2">N/A</td></tr>
<tr><td>MeSH 词表</td></tr>
</table>

关键词；然后用本领域常用的百度、读秀、通用网络词典（有道、金山词霸和百度翻译）、CNKI 翻译助手、Wiki 百科、STN 和 MeSH 词表等进行扩展，随后进行对比评价。为了省略篇幅，程式化扩展方法得到的单复数、动名词、形容词等容易想到的简单变形，采用 S 系统的截词符表示。

1. 技术领域的普适性

本文方法是基于各数据库已有的专利文献或期刊文献进行提取、运算和统计分析，因此只要待扩展的词在 S 系统存在一定数量的相关专利文献或期刊文献，则可以预期该词可使用本文的方法进行扩展。正是因为这样的特点，理论上任何关键词都能扩展得到更多的词，不会受到技术领域的限制，具有普适性。相应地，如表 1 所示，STN 对化学词汇的扩展很充分，但只适合于其收录的化学词汇，对于其他技术领域以及未收录的化学词汇，不具有扩展能力。

2. 扩展全面性评价

本文方法的全面性表现在不受到语言种类的限制，特别是目前并无扩展中文关键词的有效方法，这一点尤为重要。例如，“酸奶”中的酸豆奶、酸牛奶、发酵乳和酸牛乳，“内毒素”的脂多糖，“错流过滤”的贯流、横流、交叉流和叉流等，这些词是其他常规方式扩展不到的中文关键词。很多术语从国外传入我国后，我国的中文术语尚未标准化，从而出现同一西文术语对应多种中文表达方式的现象。

另外，对于英文关键词和其他地域语言的扩展也是比较全面的。本文方法的扩展结果基本上实现了对常规扩展方式的全覆盖，甚至于在某些化学词汇上与 STN 相媲美。对于非 STN 收录的化学词汇或其他词汇，本文方法在扩词全面性上就显示出超出常规词典工具扩展方式的能力。此外，多地域语言词汇的扩展在检索工作中越来越显示出重要性，尤其是针对那些技术领先的国家或地区的检索，例如日本的电子、医药技术。本文方法在获得准确的英文关键词后，经 SIPOABS 途径进入其他地域语言专利文摘库统计其关键词。虽然当前 S 系统在数据库 KW 字段标引上存在不足，但通过集中浏览标题或摘要可以扩展关键词。例如，“酸奶”，同属汉语体系的中国台湾地区术语为“優格”，这并非通过网络词典简单翻译或转换容易得到。

3. 扩展准确性评价

准确的关键词具有缩检的功能，能减少文献浏览量，提高检索效能。在非专利数据库及互联网检索时，通常是先用最准确的关键词，再考虑其他表达方式。本文方法通过统计排序的方式实现关键词扩展的准确性，表现在如下两个方面。①准确选取：对于存在主题词的技术术语，现有方法一般通过 MeSH 词表来确定。但不存在主题词的技术术语以及其他可扩展的关键词的准确性次序，现有方法就很难进行确定，也就谈不上后续的缩检和提高检索效能。本文的方法可以很好地解决关键词选取准确性的问题，因为所有扩展得到的关键词是通过使用频率排序的，使用时根据频率次序使用即可。②不规范表达的剔除：频率次序很大程度上可以排除中文式英语等不规范的表达，减少无关关键词的干扰。例如，将“酸奶”翻译为“sour milk”，在本文方法扩展结果中该表达的频次非常靠后，属于不规范的表达。相应地，其他翻译工具通常没有优先级排序的功能。

4. 扩展联想性评价

词典工具实现的是“点对点”的翻译，通常不具有联想的功能。实际工作中，某些案例的检索需要进行关键词的联想式扩展，这似乎只能依赖于审查员的检索经验或通过大量文献的浏览来完成。本文方法弥补了这一缺陷。一种情况是，我们大致能明了要表达什么，但无法准确构建检索词。例如，针对“纳米流体”的扩展，就是在 CJFD 中统计说明书提示的“纳米材料提高传热传质效果”作用机理而得到的。另一种情况是，我们能够预期可能存在某种特定表达的关键词，但无法用英文语言习惯表达出来。以“脱除内毒素”为例，这样的一个组合词对于表 2 列举的多种常规扩展方式而言，是将其翻译为 remove 和 endotoxin。利用本文的方法，统计结果中会出现较高频率的“free”一词。注意到该词后，进行缩检并用“..FO”命令高亮显示，即可得到“endotoxin - free”等词，这就很符合英文表达“脱除内毒素”的含义了。此外，在统计过程中，还会出现很多频率较高的相关词，能够起到提示检索或理解发明的作用，例如，“酸奶”生产的“乳酸菌”，“银杏内酯”的商品名“舒血宁”，“错流过滤”涉及的关键部件“膜”、效果词“浓缩”等均被扩展得到。

综上，从 5 种关键词的比较来看，本文方法不受到技术领域的限制，扩词结果比较全面，词频排序功能确保了准确性，且具有联想式扩展效果。扩展方法通过 MEMS 或辅助其他命令予以实现，具有智能化扩展词汇的属性。如此在统计分析关联信息后，审查员只需根据检索的预期挑选关键词即可，这就降低了对检索人员专业知识及检索经验的依赖。

五、结　语

本文程式化扩展关键词的方法存在优势，也存在一些不足。统计分析关联信息主要是以文摘信息为基础的，不在文摘信息中出现的词则不易被扩展得到，例如商品代号。此时，可根据实际情况额外扩展，通过常规方法查询即可。以下讨论扩展过程伴随产生的噪声和降噪问题，以及扩展时机的选择。

1. 噪声的产生与降噪

噪声产生的原因较多，除扩展的目标关键词外，不乏有很多无关的高频词在统计结果中的排名靠前并成为噪声；其次是专利数据库中部分关键词的标引不规范，降低了扩展准确性的同时产生了噪声。一些“看似”组合词的术语有时在专利文献库中会作无序拆分，例如，不宜拆分的“硝化细菌”“银杏苦内酯”会分别标引成“硝化”“细菌”和“银杏”“苦内酯”，也就成为统计分析时的噪声。

针对这些噪声情况，笔者建议优先使用 CJFD 模式，其关键词标引信息规范、准确、数量也少，故而本身具有去噪声属性。从实践角度看，CJFD 扩展的有效关键词一般都排名在前 50 位，甚至前 20 位。另外，在 SIPOABS、DWPI 数据库的模式下，根据文献数量而优先使用 TI、KW 字段，然后再考虑 AB 字段，即根据字段的优先级别来降低噪声。此外，在扩展之前，也要合理考量待扩展关键词的准确性，避免对无效技术术语引入噪声。

2. 扩展时机的选择

本文探讨的扩展方法中，CJFD 模式对中英文关键词相互转换是最为快捷和简便的，还可以使得“模糊”概念具体化，扩展并列概念、下位概念等。因此，CJFD 模式可以作为基础性的扩展方法，在检索的各个阶段进行应用。SIPOABS/CNABS模式扩词更加多样化、丰富化，SIPOABS/DWPI 模式能扩展联想性词汇，但二者操作步骤相对复杂，噪声也更大。这种情况下应根据案情的实际情况或扩展的预期择时采用。即对于预期待检索的技术主题可能存在难以表达的关联词，或者大致能够明白要检索的内容但无法准确表达时，建议采用该方法以帮助确定关键词。在字段的选择上，除了应注意 TI、KW 和 AB 的优先级别外，也要兼顾待统计文献的数量。只有达到足量的文献（例如，大于 30 篇），关键词统计分析的结果才变得更可靠。此外，还应注意某些数据库，例如 SIPOABS、TWABS、JPABS 等是没有 KW 字段的，此时只能使用 TI 或 AB 字段。

具体到待检索专利申请权利要求的类型，简短权利要求、检索要素少的权利要求，或者存在重要关键词、检索全面性要求高的案件检索（例如 PCT 检索、国外申请进入中国阶段的补充检索），以及其他方法检索未能有效检索的情形，建议使用本文方法全面扩展关键词。就检索人员的专业背景而言，对于不太熟悉的技术领域、前沿技术领域、跨领域的检索以及外文文献检索为主的专利检索，本文的方法能在检索过程中较好地起到提示关键词的作用。

结合 Patentics 和 S 系统提升日韩文献检出率

刘　昶

摘　要： S 系统没有日韩文献的中文或英文的全文翻译，虽然在线语言翻译系统都能够辅助翻译，但是不适合批量文献处理，不能胜任审查员高效浏览文献的需要。目前 Patentics 检索系统发展迅速，具有日韩专利的英文全文翻译，不过单独使用它对日韩文献的检出率仍不够高。经研究发现利用 S 系统中标引准确的 DWPI 摘要和 FI/F－TERM 分类号特点，结合 Patentics 智能排序功能，可以有效地提高日韩文献的检出率。

关键词： 日本文献　韩国文献　检出率　Patentics　F－TERM

一、日韩文献检索现状

中国专利审查工作经历了 30 年左右的发展，最早的检索工作是通过一个抽屉一个抽屉地翻阅纸质摘要来完成，到后来出现了能够检索电子文件的 CPRS，而如今强大的 S 系统和智能语义检索系统让检索工作更加高效和方便。

但是现在的检索技术还存在一些改进的空间。比如说，目前审查员对日韩文献引用率偏低的现象就反映出现在的检索系统对日韩文献检索支持不足的问题。下面通过 SIPOABS 中的一组数据予以说明。

通过统计发现（统计数据来自 SIPOABS 统计数据截至 2016 年 9 月 29 日）：图像通信领域（H04N）从产业上看，涉及打印机、照相机、电视等方面。众所周知，日本的索尼、佳能、尼康、夏普、惠普，韩国的三星和 LG 都是该产业的巨头，日本和韩国企业在这个领域具有雄厚的技术和产业基础。并且从专利申请量来看，图像通信领域的全球专利申请共2494330件，其中，日本专利申请达到972865件，韩国专利申请达到161822件，图像通信领域日韩专利文献全球占比分别达39.0%和6.5%。尽管日本和韩国在图像通信领域中拥有雄厚的产业基础，专利文献占比很高，但是我们在审查时对日韩文献的检出率却远远低于预期。通过对图像通信领域的专利文献引用率进行统计发现，该领域中有32489件中国专利申请具有引证数据，其中只有2574篇引证了X或Y类的日本文献（X类的日本文献有876件，Y类日本文献有1698件），相对于所有有引证数据的中国申请而言，引用日本文献的中国申请仅占7.9%。而32489件具有引证数据的中国申请中，只有143件韩国文献被引证为X或Y文献（X类的韩国文献有64件，Y类的韩国文献有79件），引用韩国文献的中国申请仅占0.4%。

相比于日韩雄厚的产业基础和技术水平，以及日韩专利文献的全球高占比，我们在审查时对日韩专利文献的引用率远远低于应有的水平。因此，深入研究日韩文献的检索方法，提高日韩文献在审查中的引用率是非常有意义的。

二、使用S系统或Patentics对日韩文献进行检索的优点及存在的问题

无须多言，语言问题是造成我们对日韩文献引用率偏低的主因，然而这并不是一个容易克服的问题。S系统没有日韩文献的中文或者英文的全文翻译，虽然日本和韩国官方网站或者在线语言翻译系统都能提供日语和韩语的翻译，但是不适合进行批量文献翻译和阅读，不能胜任审查员高效浏览文献的需要。

现如今，Patentics检索系统发展迅速，其对日韩文献进行了英文的全文翻译，并且支持语义排序功能，但是笔者也发现Patentics检索中日韩文献的检出率也并不是很高。

本节将对S系统和Patentics检索日本和韩国文献的优缺点进行分析，以便找到更好的检索方式，提升日韩文献的检出率。

（一）S系统或Patentics在检索日韩文献时的优缺点

1. S系统在检索日韩文献时的优点

（1）DWPI摘要是经过深加工的，对技术内容的标引全面，用词规范。

DWPI摘要中不仅有技术内容的描述，还有对技术领域、技术问题、技术效果等方面的说明，大大提高了文献的检出率和检出的准确度。

（2）S系统经过长期发展，拥有更丰富的检索字段和索引。

相对于 Patentics，S 系统标引了更多字段，在字段索引方面具有一定优势，比如 S 系统的 SIPOABS 数据库中就有针对日本文献的检索非常有用的 FI/F - TERM 分类。

（3）检索方便快捷。

S 系统支持全文检索，还能够使用同句、同在、临近等算符，而且检索式的输入方便快捷。

2. S 系统在检索日韩文献时的缺点

（1）S 系统的日韩文献虽然有英文摘要，但只有日文或韩文的全文，没有英文全文，不方便阅读，如果不懂日语或韩语，很难进行全文检索。

（2）S 系统检索虽然功能强大，但是浏览文献不支持检索结果智能排序，文献过多时浏览效率低。

3. Patentics 在检索日韩文献时的优点

（1）能够对检索结果进行智能语义排序。

Patentics 的一大特色就是能够根据对比文件与申请文件的语义相近程度进行文献排序。当检索结果中的文献比较多时，智能语义排序能够大大提高文献浏览的效率。

（2）支持日文和韩文文献的英文全文翻译。

相比之下，S 系统只有日文和韩文文献的全文，没有英文全文，这给日韩文献的深入阅读带来了困难。

4. Patentics 在检索日韩文献时的缺点

（1）Patentics 中的摘要是未进行后期加工的原始英文摘要，与 S 系统中的 SIPOABS 摘要相同，大多情况下是申请人撰写申请文件时形成的，存在术语表达不够规范、对技术内容的表述不够全面的问题。

（2）Patentics 虽然具有日韩文献的英文全文翻译，但是英文翻译的用词不规范。

（二）使用 S 系统或 Patentics 对日韩文献进行检索的实证研究

下面通过一个案例来说明针对日韩文献，单独使用 S 系统和 Patentics 进行检索时存在的问题。

【案例 1】（申请号为 2012103781507）

发明名称：摄像装置、图像生成系统、服务器以及电子装置（参见图 1）

国际分类号：H04N 5/225、H04N 7/26、H04N 9/04

申请人：索尼

申请日：2012-10-08

优先权日：2011-10-14

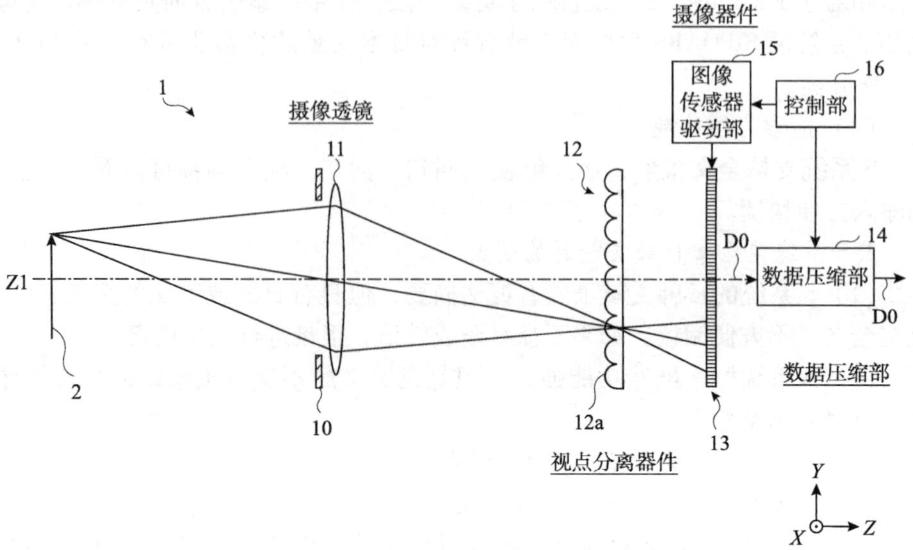

图 1　案例 1 的附图

权利要求 1：

一种摄像装置，包括：

摄像透镜；

视点分离器件，将穿过所述摄像透镜的光束分离为来自多个彼此不同的视点的光束；

摄像器件，包括多个像素并在所述像素中接收穿过所述视点分离器件的光束，从而基于所接收的光量输出多视点摄像数据；以及

数据压缩部，对所述摄像数据执行可逆压缩。

S 系统的检索过程：

案例 1 的技术方案保护的是一种摄像装置，如图 1 所示，其包括摄像透镜、视点分离器件、摄像器件和数据压缩部。其中权利要求 1 所记载的方案中视点分离器件是关键特征，根据说明书，其采用“分光”技术进行视点的分离，因此该案的检索要素确定为“摄像装置”和“分光”，尝试使用以下检索式进行限定：

1　　DWPI　　1098　　（divid + 6d light）AND camera

可以看出上面检索式中的结果文献太多，还须进一步限定，但是进一步限定很可能排除掉有效的对比文件。

Patentics 的检索过程：

下面尝试在 Patentics 中对案例一进行检索，检索式是：

R/CN2012103781507 AND DI/CN2012103781507

检索结果参见图 2。

公开号	国际分类	相关度
CN103051832	H04N	100%
JP2006340300	H04N	90%
JP6233198	H04N	90%
JP2006197074	H04N	90%
JP2006203833	H04N	90%
EP2088787	H04N	90%
6,208,754	G06T	90%
EP1530377	H04N	90%
CN102547356	H04N	90%
JP11168745	H04N	90%
JP2008182692	H04N	90%
2010/0201825	H04N	90%
JP2008294524	H04N	90%
CN1738351	H04N	90%
JP2012142827	H04N	90%
2011/0279693	H04N	90%
EP2063388	H04N	90%
JP2003125209	H04N	90%
2007/0206207	G06F	90%
2006/0012830	G06K	90%
WO201114876(	G06T	90%

首页 | 上一页 | [13] [14] [15] [16] [17]

图 2　Patentics 对案例 1 进行智能排序的结果

其中可用的对比文件——JP2008182692A 出现在第 251 篇。可见有效对比文件在 Patentics 中的排序并不理想。要想获得这篇对比文件，需要浏览很多相关但是无效的专利文献。

下面尝试在 Patentics 中使用关键词干扰智能排序结果。选择之前确定的检索要素“分光”进行检索。

首先在摘要中进行关键词检索来干扰智能排序结果，使用如下检索式：

R/CN2012103781507 AND DI/CN2012103781507 AND ABST/light AND

ABST/divid *

但是发现无法检索到对比文件 JP2008182692A。通过研究该对比文件的英文摘要发现，该对比文件虽然采用了分光技术进行视点分离，但是摘要却没有记载这个关键特征。

在 Patentics 中使用全文检索来干扰智能排序结果，使用如下检索式：

R/CN2012103781507 AND DI/CN2012103781507 AND B/light AND B/divid *

但是对比文件 JP2008182692A 并没有出现在靠前的位置（前 400 篇）。为什么会出现这种情况？我们可以看图 3。

	在标题中	在摘要中	在权利要求中	在说明中
⊠ light	0	2	22	78
⊠ divides	0	0	1	4
⊠ divide	0	0	0	0
⊠ dividing	0	0	1	2

图 3 Patentics 全文翻译中的关键词统计信息

从图 3 中可以看出“divide”这个词在全文中出现的不多。通过查看 Patentics 英文全文，发现与分光有关的表述是“**dividing** the aforementioned **beam - of - light**”和“It **divides** into two or more two - dimensional Brock in whom the information on the angle of the aforementioned beam of **light**”，其中第一句中涉及“**beam - of - light**”，无法用 B/light 检索到，第二句中虽然出现“**divides**”和“**light**”，但是这两个词之间的距离比较大，两个词之间的语义相关度也不高。因此使用“分光”这个词进一步限定来干扰 Patentics 的智能排序结果，效果并不好。

三、Patentics 和 S 系统联合检索提升日韩文献检出率

既然单独使用 Patentics 或 S 系统进行检索时日韩文献的检索效果都不理想，因此是否可以考虑联合 Patentics 和 S 系统进行检索，发挥出 Patentics 和 S 系统各自的优点。具体的联合方式包括：①利用 DWPI 摘要标引准确全面的优点，先在 DWPI 摘要库中检索，再将结果转库到 Patentics，利用“R/申请号”进行智能语义排序，并在 Patentics 中进行浏览；②利用 SIPOABS 的 FI/F - TERM 字段，将 SIPOABS 的检索结果转到 Patentics，利用“R/申请号”进行智能语义排序，并在 Patentics 中进行浏览。下面通过案例来说明。

（一）利用 DWPI 摘要结合 Patentics 进行检索

使用之前介绍过的案例 1 来说明结合 DWPI 摘要与 Patentics 智能语义排序的检索方式。

先在 DWPI 中使用与之前相同的方式进行检索，得到 585 篇检索结果：

DWPI 585 (divid + 6D light +) AND (compress + OR encod + OR cod +)

将这 585 篇文献转库到 Patentics，使用如下检索式进行检索（S/47 是将 DWPI 的检索结果转库到 Patentics 后形成的检索式）：

R/CN2012103781507 AND S/47

上式的检索结果如图 4 所示，其中第 4 篇对比文件就是之前提到的对比文件 JP2008182692A。而这篇文献如果单独使用 Patentics 中的“R/申请号”进行检索，将被排到检索结果的第 251 位。可见利用 DWPI 精加工的摘要检索，再结合 Patentics 的智能排序功能能够有效地提高检索效率。

公开号	国际分类	相关度
CN101212566	H04N	93%
8,103,111	G06K	92%
2008/0152215	G02B	91%
JP2008182692	H04N	90%
6,571,023	G06T	82%
JP2004282551	H04N	81%
JP2016054354		81%
JP2015138448		81%
6,034,724	H04N	80%
CN103679733	G06T	80%
JP2004072662	H04N	79%
JP2011160221	H04N	78%
CN101808200	H04N	78%
CN102131051	H04N	78%
JP2010192955	H04N	78%
2010/0208124	H04N	77%
JP2002048678	G01M	77%
EP0989740	H04N	76%
8,797,438	H04N	76%
JP2005260480	H04N	76%

图 4　利用 DWPI 摘要结合 Patentics 检索案例 1 时的结果

（二）利用 FI/F－TERM 结合 PATENTICS 进行检索

下面通过另一个例子说明使用 SIPOABS 的 FI/F－TERM 分类和 Patentics 进行检索的效果。

【案例 2】（申请号为 2007100063994）

发明名称：扫描装置、其驱动方法以及具有其的成像装置（参见图 5）

国际分类号：H04N 1/04

申请人：三星电子

权利要求 1：

一种扫描装置，包括：

台玻璃，原稿装载于其上；

扫描头，在所述台玻璃的原位置与同所述原位置相对的最终位置之间往复运动，以扫描所述原稿并生成图像数据；

位置检测部，沿所述扫描头的移动方向设在所述台玻璃内或上；

头位置检测部，当扫描信号被输入时检测所述位置检测部，以检测所述扫描头的位置；以及控制部，控制所述扫描头，使得若所述扫描头离所述原位置的距离比预定距离远，则所述扫描头以比预定基准速度更快的速度移动至所述原位置。（下划线标出了发明点）

案例 2 保护的是打印机中的部件，日本在这个领域中具有产业和技术上的优势，专利申请量很大，因此检索日本文献是我们的一个重点。对于案例 2，我们尝试使用 SIPOABS 中的 F－TERM 分类号进行检索。

通过日本特许厅网站查询获取如下 F－TERM 分类的主题码“5C072”，其下分类中的视点符“LA”反映了该案例的权利要求 1 中的“台玻璃”“扫描头”和“往复运动”等技术特征，视点符“MA”和“MB”反映了该案例发明点相关的从扫描头的运动机制和控制角度进行的分类号细分，视点符“BA”则从效果方面描述了与该案例类似的方案。

图 5 显示了日本特许厅网站给出的主题码“5C072”下的 F－TERM 树形图。根据该图，分类号“5C072/BA03”“5C072/MB02”“5C072/MB03”从各自的角度都较准确地体现了该案例的发明点“根据距离方位对扫描头的运动速度进行控制”。其中，5C072/LA15”体现了使用参考板的平板扫描仪，其中参考板对应于权利要求 1 中的特征“位置检测部”，且参考板必然要配合权利要求 1 中的“头位置检测部”才能起到确定位置的功能，因此“5C072/LA15”能够代表案例 2 的权利要求 1 中的更多特征。

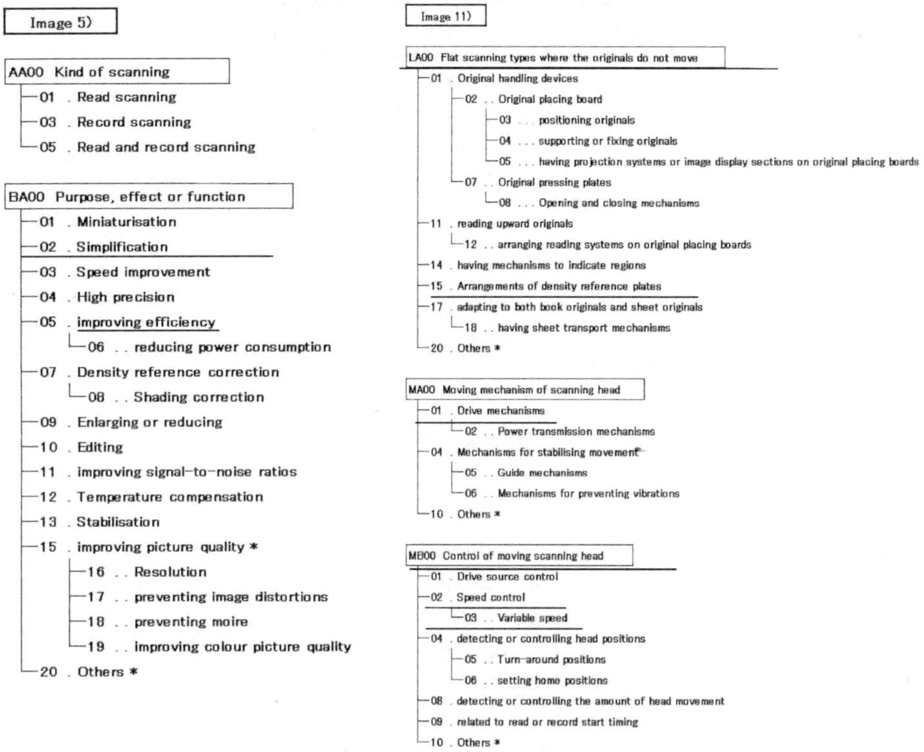

图 5　日本特许厅的主题码“5C072”下的 F－TERM 树形图

在确定了分类号之后，使用如下检索式进行检索：

1　　SIPOABS　　706　　　　5C072/LA15/FT

将这 706 篇文献转库到 Patentics，使用“R/CN2007100063994”进行排序得到图 6 所示的结果。其中，第一篇文献 JP2000151908A 就是一篇 X 类文献。

对比文件 JP2000151908A 公开了图像读入装置在子扫描方向上检测标记来确定读入头位置，并且根据读入头位置偏移来确定读入头位置的移动速度。可见对比文件 JP2000151908A 公开了该案例权利要求 1 的全部特征（参见图 7），能够影响权利要求 1 的新颖性。

公开号	国际分类	相关度
JP2000151908	H04N	89%
JP2003110796	H04N	87%
JP2001136347	H04N	85%
JP2006003845	G03B	85%
JP2001197264	H04N	85%
JP2001024856	H04N	84%
JP2006245935	H04N	84%
JP2001298586	H04N	84%
JP2005065078	H04N	84%
JP2001197275	H04N	84%
JP2001346004	H04N	84%
JP2007020083	H04N	83%
JP2000125082	H04N	83%
JP2001036694	H04N	83%
7,170,659	H04N	83%
JP2002209062	H04N	83%
JP2004194162	H04N	83%
JP2005305841	B41J	82%
JP2001298579	H04N	82%
JP2000162721	G03B	82%

图 6　利用 F－TERM 结合 Patentics 检索案例 2 时的结果

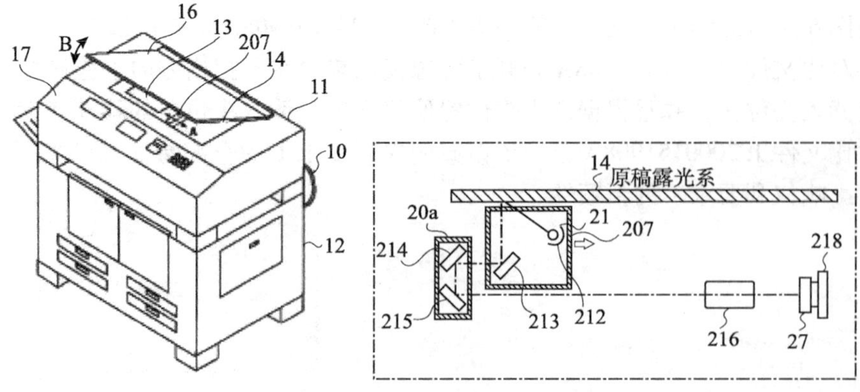

图 7　Patentics 中使用申请号检索案例 2 的结果

四、小 结

在很多领域，日文和韩文的专利文献全球占比高，技术处于领先地位，然而在这些领域里，我们对日韩专利文献引用率却远远低于应有的水平，究其原因，语言问题是造成日韩文献检出率低的主因，为此通过检索工具来改进日韩文献的检索技术是必要的。

Patentics 拥有日文和韩文文献的英文全文翻译，并且 Patentics 还具有对申请文件相近文献进行智能排序的功能，而 S 系统的摘要标引、分类号等也有准确限定文献的能力，因此，本文结合 S 系统和 Patentics 的优点，先利用 S 系统的一些检索入口进行检索，再将结果转库到 Patentics 中，进行智能排序，通过实证研究发现，这种检索方式能够有效地提高日文和韩文文献的检出率，节约检索时间。

参考文献

[1] 田力普．发明专利审查基础教程：检索分册［M］．北京：知识产权出版社，2008.

[2] 李建蓉．专利信息与利用［M］．北京：知识产权出版社，2006.

[3] 计算机检索高级培训工作组．计算机检索高级教程：检索策略和手段分册［M］．北京：知识产权出版社，2008.

有机化学领域 Patentics 智能语义检索的人工干预策略

于冶萍

摘　要：本文根据有机化学领域发明的特点，通过分析具体案例，总结归纳有机领域中有关化合物和化合物合成方法的人工干预策略，包括检索字段选择、关键词选择、不同数据库分析和分类号作用等方面。

关键词：Patentics　人工干预　有机化学　关键词　分类号

一、引　言

自 Patentics 智能语义系统上线以来，各个领域的技术人员都开始尝试在这个全新的数据库中进行检索。从大数据分析来看，化学领域对于 Patentics 智能语义系统的使用效果并不理想。这主要是跟化学领域发明的特点有关。尤其是有机化学领域，关键的技术特征通常是以化合物的结构式、反应路线等形式出现的，不易用关键词准确表达，因此有机化学领域发明的检索，通常是以 STN 或者 S 系统等数据库中的检索作为重点。由于有机化学领域关键词表达的多样化特点，直接在 Patentics 系统中用"R/申请号"的命令进行检索，检出率并不高。这时需要审查员进行适当程度的人工干预，能够达到事半功倍的效果。本文着重分析有机领域中有关化合物合成方法类发明和新化合物类发明的人工干预策略。

二、合成方法类发明

（一）对于合成方法类发明的检索，人工干预时选择"B/"还是"A/"

检索字段 A/包括标题、摘要、权利要求中含有的关键词，类似于 S 系统中的“BI”；而检索字段“B/”是全文关键词检索，即包括专利文献中所有文字。S系统中如果检索全文关键词，需切换到全文数据库中，而在Patentics系统中只需采用“B/”字段即可。

下面通过案例1分析探讨在合成方法的检索过程中，使用字段“B/”或者字段“A/”进行人工干预的不同效果。

【案例1】

申请号：201410614569.7

申请日：2014－11－04

发明名称：一种嘌呤衍生物的制备方法

技术方案：一种制备化合物（Ⅱ）的方法，其中化合物（Ⅱ）的结构如图1所示，包括：化合物（01）和化合物（02）在有机溶剂中，在碱和相转移催化剂存在下，在50℃～70℃反应至反应完全，得到第一反应混合物，然后向第一反应混合物中加入化合物（03），在70℃～90℃反应至反应完全，然后分离得到化合物（Ⅱ），其中化合物（01）、（02）、（03）的结构如图2所示，所述碱为碳酸钾或碳酸钠或其混合物；化合物（01）和化合物（02）的摩尔比为1∶1～1∶1.3。

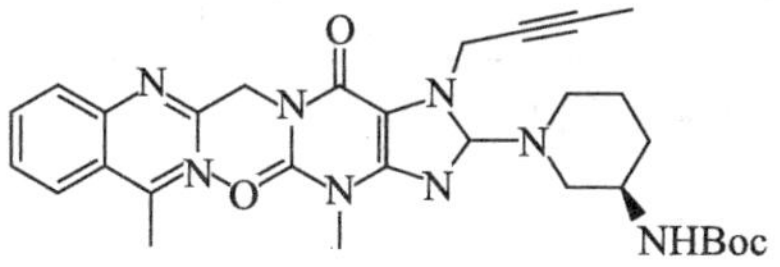

图1　案例1化合物（Ⅱ）结构

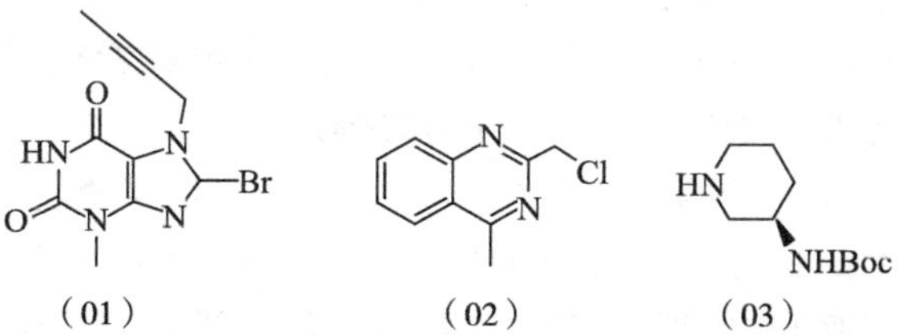

图2　案例1化合物（01）、（02）、（03）的结构式

首先用“R/申请号”以及“R/申请号 and DI/申请号”进行简单检索，均未在前5页获得有效对比文献。通过浏览可以发现，第一页所命中的前20篇文献跟该申请技术内容差别较大（参见图3）。

在“R/201410614569 and DI/201410614569”的基础上，选取不同的关键词分别用“B/”或“A/”进行人工干预的结果如表1所示。

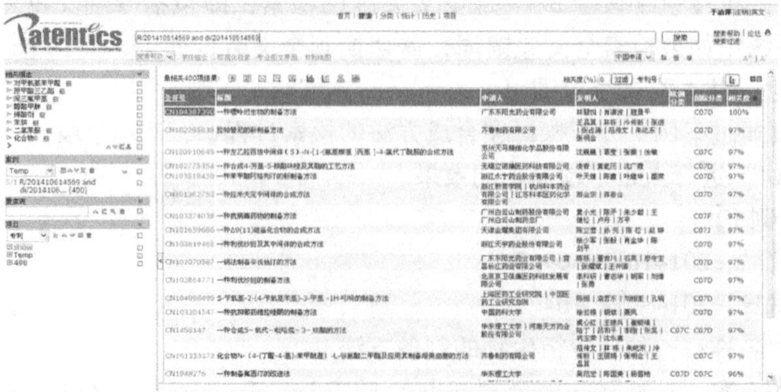

图3　案例1简单检索结果

表1　案例1人工干预效果比较

关键词	B/	A/	说明
利格列汀	无	无	发明目的：制备利格列汀的中间体
嘌呤	315	无	原料01的母环
喹唑啉	189	无	原料02的母环
嘌呤 and 喹唑啉	4	无	原料01和原料02共同限定

注：表中数字为所命中文献的排序，下同。

分析表1中数据可知：

（1）“A/”对于合成方法、制备方法，尤其是医药中间体的合成、制备，使用效果不佳，进而，对于合成、制备方法类的检索推荐用“B/”，因为通常情况下具体的原料或中间体名称不一定在标题、摘要或者权利要求里出现，用“B/”才能够从全文中命中化合物名称的关键词。

（2）对于相互反应的两个原料名称较为单一、其他命名方式不多的情况，仅需用两个原料中的母环名称（例如“嘌呤”“喹唑啉”“苯并噻唑”等）或特征性基团名称（例如“炔”“肟”“酰胺”等）进行人工干预，即可快速有效命中X文献。

图4显示的是用命令“R/201410614569 and DI/201410614569 and B/嘌呤 and B/喹唑啉”，快速获得对比文件CN103319483A。

另外，如果对于反应中的反应物、中间体、产物等化学名称表达的准确度不确定时，也可以考虑用分类号检索字段ICL/进行人工干预。

例如上述案例1，如不能准确给出其反应路线中的化合物名称，也可以通过产物分类号即以检索式“R/201410614569 and DI/201410614569 and ICL/

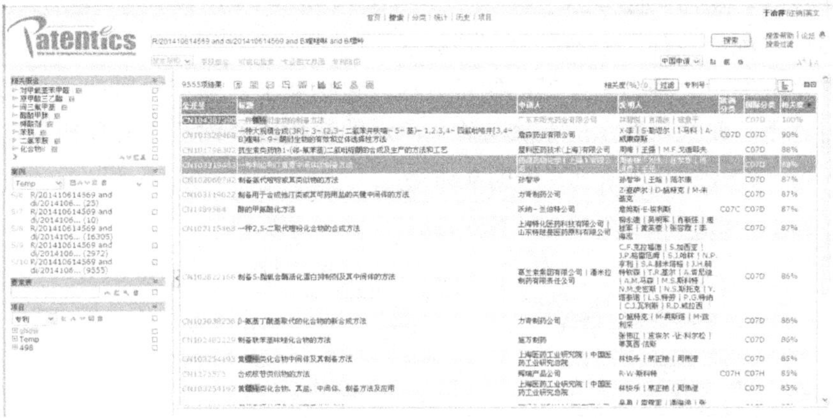

图 4 案例 1 关键词人工干预检索结果

C07D473/04”尝试人工干预，如图 5 所示，也可以快速命中对比文件。

图 5 案例 1 分类号人工干预检索结果

（二）对于简单化学反应发明的检索中关键词的选取

对于较为简单的化学反应，例如原料 A 与原料 B 反应制备产物 C，参见上述案例 1，如果原料 A 和原料 B 都可以使用关键词准确表达，则使用“R/申请号 and DI/申请号 and B/原料 A 关键词 and 原料 B 关键词”，可以快速获得对比文件。如果原料 A 和/或原料 B 难以使用关键词准确表达，或者难以全面地扩展可能的命名，此时，合适的关键词选取就变得尤为重要。下面通过案例 2 对较案例 1 更复杂的情况进行分析。

【案例 2】

申请号：201510977332. X

申请日：2015－12－23

发明名称：一种多索茶碱的制备方法

技术方案：一种多索茶碱的制备方法，包括如下步骤：在碱和相转移催化剂的存在下，使式3所示的茶碱与式2所示的溴代乙醛缩乙二醇反应以制得式1所示的多索茶碱。其反应式如图6所示。

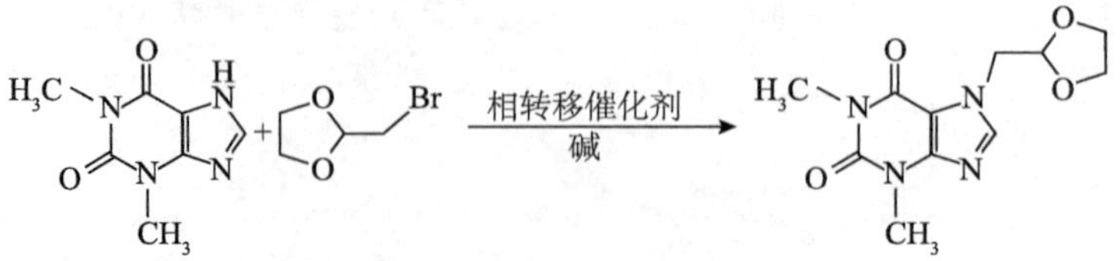

3　　2　　1

图6　案例2反应流程

首先采用“R/申请号”以及“R/申请号 and DI/申请号”即进行简单检索R/201510977332 and DI/201510977332，在第59位获得了对比文件CN1106404A（参见图7）。

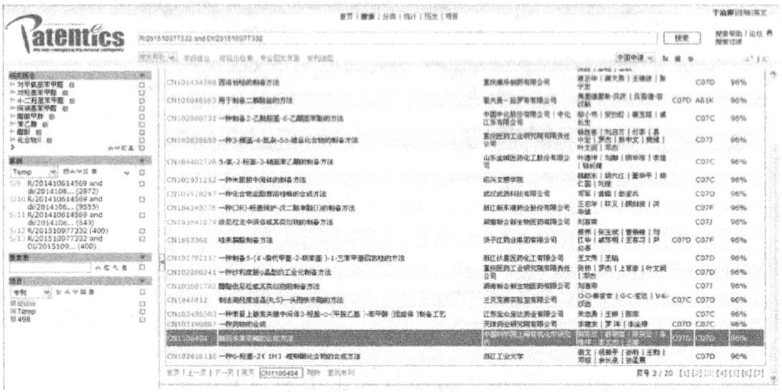

图7　案例2的简单检索结果

上述检索过程中有效对比文献出现在第三页末尾，显然不是有效检索策略，还有调整改进空间。通常阅读完第一页20篇文献仍然没有获得有效对比文件，即可考虑通过关键词或者分类号的介入进行人工干预。

事实上，对于案例2而言，找到合适关键词即可简单快速获取对比文件。例如通过限定关键词“茶碱”（R/201510977332 and DI/201510977332 and B/茶碱），可以快速命中对比文件，出现在该申请之后第一篇（参见图8）。

由此可见，选择合适关键词“茶碱”，只需通过简单人工干预即可快速定位最接近的现有技术。但是有关发明点相转移催化剂的Y文献仍需进一步检索。

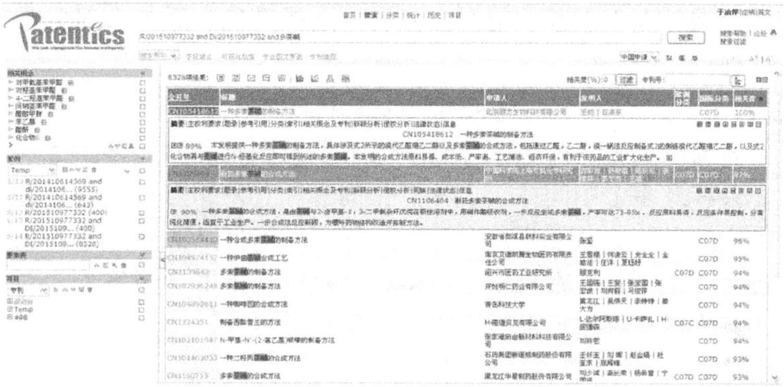

图8　案例2关键词人工干预检索结果及摘要比对

对案例2进一步分析可知：反应原料之一“茶碱”表达方式简单，命名方式单一，人工干预效果好；对于第二种反应物“溴代乙醛缩乙二醇”，命名方式不唯一，不易进行关键词表达，例如前述命中的对比文件中对应于“溴代乙醛缩乙二醇”命名为“2－卤甲基－1，3－二甲氧杂环戊烷”。如果使用“溴代乙醛缩乙二醇”进行人工干预且未对该名称进行全面扩展，则难以获得对比文件。有关关键词扩展的内容参见《专利审查指南2010》第二部分第七章第5.4.2节的内容。❶

另外，除了使用关键词人工干预外，案例2通过准确分类号（R/201510977332 and DI/201510977332 and ICL/C07D473/08）人工干预的效果也很显著，结果如图9所示。

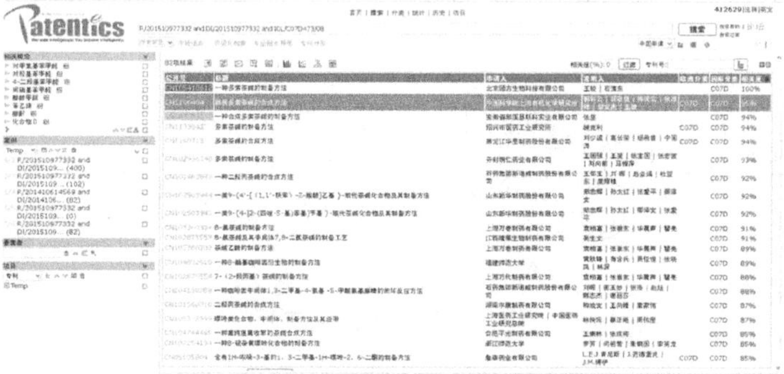

图9　案例2分类号人工干预检索结果

❶　中华人民共和国国家知识产权局. 专利审查指南2010［M］. 北京：知识产权出版社，2010：209－210.

但是，分类号人工干预的前提是分类号选择准确，后文会对分类号人工干预的有效性进行比较分析。

（三）对于多步骤复杂反应发明的检索中关键词的选取

对于较为复杂化合物的合成方法，通常涉及多种原料、多步骤、多类型反应，有时还会涉及多个中间体、多种催化剂等。其发明点可能在于整个路线的选择而非其中的某一或某几步。在这种情形下，如何从大量技术特征中选取合适关键词进行人工干预，在检索中显得尤为重要。下面通过案例3对多步骤反应路线中关键词的选择进行分析。

【案例3】

申请号：201510816497.9

申请日：2015－11－23

发明名称：一种改进的含氮三环类多巴胺D3受体配体的制备方法

技术方案：一种改进的含氮三环类多巴胺D3受体配体的制备方法，所述含氮三环类多巴胺D3受体配体如式I化合物所示，其特征在于，所述含氮三环类多巴胺D3受体配体是以化合物1作为起始原料，经过图10所示系列反应所制成。

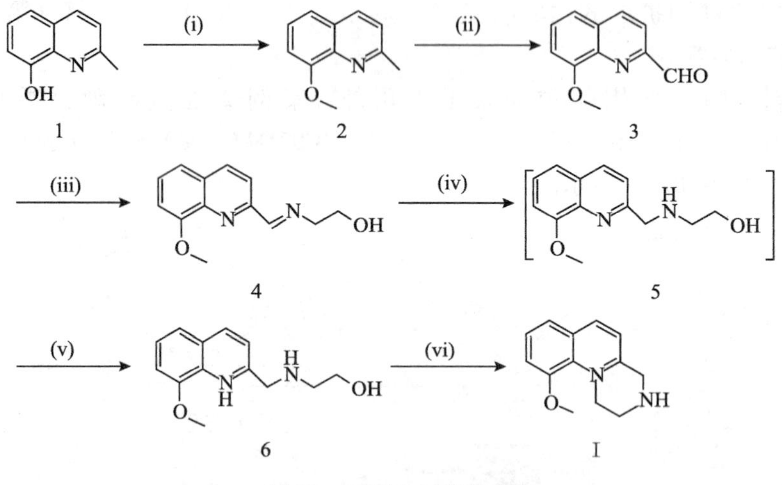

图10　案例3反应流程

首先用“R/申请号”以及“R/申请号 and DI/申请号”进行简单检索，均未在前5页文献中获得有效对比文献。进一步，在“R/201510816497 and DI/201510816497”的基础上，分别选取不同关键词用“B/”进行人工干预，结果如表2和图11所示（获得的对比文件为CN1948298A）。

表2　案例3人工干预策略

关键词	说　明
吡嗪 and 喹啉	终产物Ⅰ母环名称
羟基喹啉	原料1
羟基喹啉 and 碘甲烷	步骤 i 的两个原料
甲氧基喹啉	中间体2
甲氧基喹啉 and 乙醇胺	步骤 iii 的两个原料
甲氧基喹啉 and 羟乙胺	中间体4
四氢喹啉	中间体6

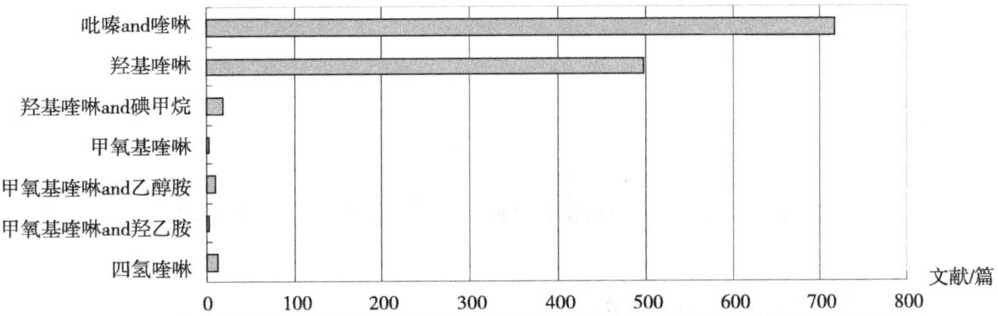

	四氢喹啉	甲氧基喹啉 and 羟乙胺	甲氧基喹啉 and 乙醇胺	甲氧基喹啉	羟基喹啉 and 碘甲烷	羟基喹啉	吡嗪 and 喹啉
■	13	2	10	3	18	497	717

图11　案例3不同人工干预策略结果比较

注：获得的对比文件1为CN1948298A。

从表2和图11可知，使用中间体2“甲氧基喹啉”作为关键词人工干预效果最佳。分析案例3上述结果可以得出：尽量选择有特点的原料或中间体，选取易表达和扩展、命名方式较单一的关键词，否则不易检索到有效对比文件。尤其是杂环化合物，通常最终产物结构复杂、命名多种多样，例如吡嗪［1，2a］喹啉，也可能表达为吡嗪并［1，2a］喹啉、吡嗪［1，2－a］喹啉、吡嗪并［1，2－a］喹啉等，涉及数字和符号不易表达，也可能对比文件未采用科学命名法进行命名。此时可以考虑合成路线中具有终产物部分结构单元的原料或者中间体进行表达，以选取合适关键词，可以达到事半功倍的效果。

另外，对比分析上述案例3检索结果可知，在人工干预时，尽量不要选取太多关键词相与，通常一个或两个关键词即可。关键词人工干预效果不理想时，对选取的关键词进行替换或扩展，而不是将多个关键词相与。关键词相与一方面会造成检索结果太少以及漏检等问题，另一方面也没有充分利用 Patentics 系统对于大量文献排序的功能特点。例如，如图 12 所示，案例 3 采用“R/201510816497 and DI/201510816497 and B/甲氧基喹啉 and B/羟乙胺”虽然也命中了对比文件，但是结果总数过少，非理想的人工干预。

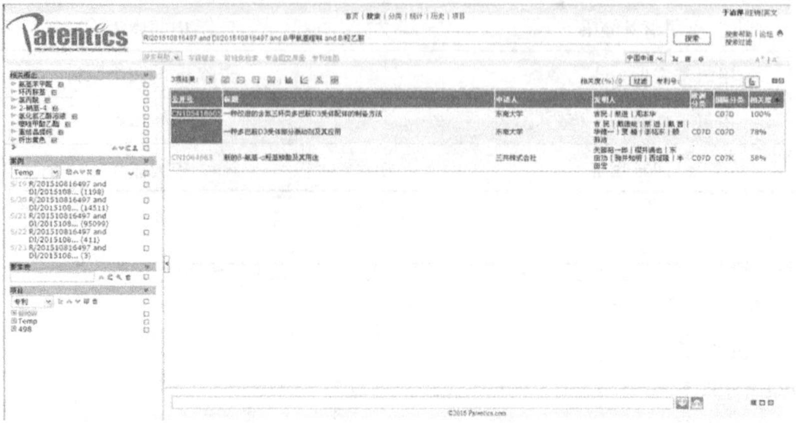

图 12　案例 3 使用“甲氧基喹啉 and 羟乙胺”人工干预的结果

三、结构新颖的化合物类发明

（一）具有某种制药用途新化合物的简单情形

在有机化学领域中，相当数量的申请涉及具有某种制药用途的新化合物，其发明点在于化合物结构，既可能是不同活性片段的拼接组合，也可能是在已有化合物母环结构上的修饰改进。针对此类发明，除考虑使用 STN 数据库进行结构式检索，采用 Patentics 数据库有时也能简单快捷地命中新颖性和/或创造性对比文件（参见下述案例 4）。

【案例 4】

申请号：201510779731.5

申请日：2015－11－12

发明名称：一种名为油茶皂苷 C_4、C_5 和 C_6 的五环三萜类化合物及其制备方法与应用

技术方案：一种名为油茶皂苷 C_4、油茶皂苷 C_5 和油茶皂苷 C_6 的五环三萜类化合物，其特征在于，所述油茶皂苷 C_4、油茶皂苷 C_5 和油茶皂苷 C_6 结构式分别如图 13 中的式（Ⅰ）、式（Ⅱ）和式（Ⅲ）所示。

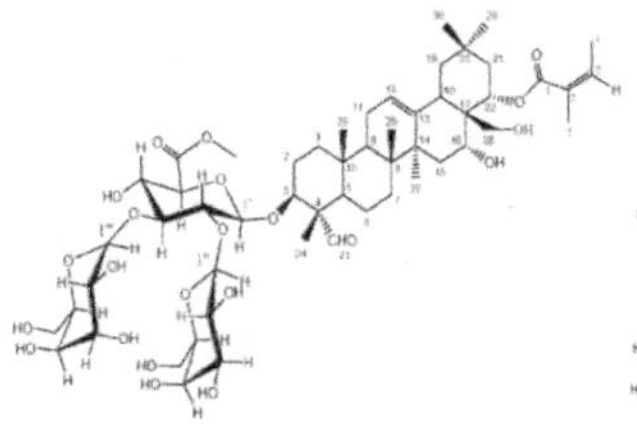

式（Ⅰ）

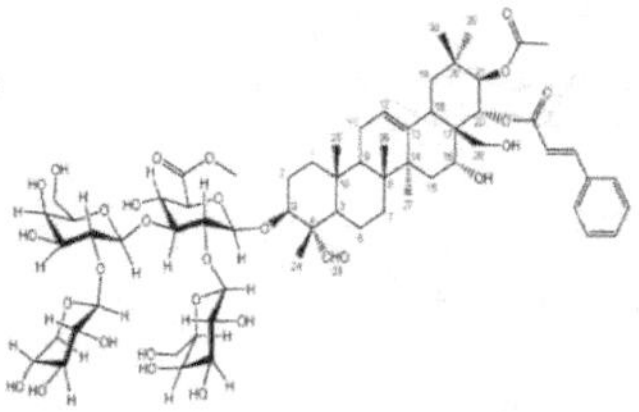

式（Ⅱ）

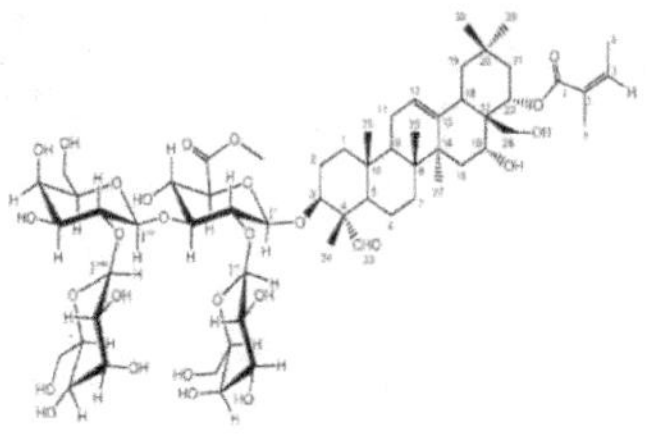

式（Ⅲ）

图 13　案例 4 化学结构式

使用命令“R/2015107797315 and DI/2015107797315”即可直接命中对比文件 CN104311623A，出现在该申请之后第一篇（参见图 14）。

图 14　案例 4 检索结果

（二）具有某种制药用途的新化合物的复杂情形：英文全文库的检索

下面通过案例 5 对化合物用途发明在英文全文库中检索进行分析。

【案例 5】

申请号：201510741882.1

申请日：2015－11－04

发明名称：3β－乙酰氧基人参皂苷 F_1 及其提取方法和药物用途

技术方案：一种 3β－乙酰氧基人参皂苷 F_1，结构式如图 15 所示，化学名称是 20－O－β－D－吡喃葡萄糖基－3β－乙酰氧基－达玛－24－烯－6α，12β，20（S）－三醇。

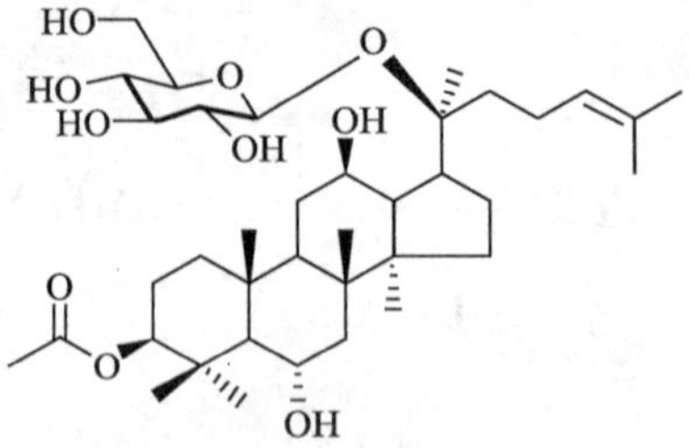

图 15　案例 5 化学结构式

首先在中国申请数据库中进行简单检索和人工干预，均未获得有效对比文件。进一步，在全部英文全文库中使用命令“R/201510741882 and DI/201510741882”，进行检索，也未获得有效对比文件。然后提取不同关键词并表达，分别用字段“B/”和“A/”进行检索，检索结果如表 3 所示。

表 3　案例 5 不同人工干预策略结果比较　　单位：篇

关键词	B/	A/	说　明
Saponin	378	无	皂苷
Ginseng	204	无	人参
saponin and ginseng	136	无	人参皂苷
saponin and ginseng and (tumor or cancer)	125	无	领域限定后区别不明显，因为皂苷类化合物多用于治疗癌症
tumor or cancer	2611	1768	
saponin and ginseng and ester	78	无	用“酯”进一步限定
Ester	1760	879	酯

分析可知，初步使用关键词表达和组合的人工干预结果不十分理想，此时需要考虑是否核心关键词表达不准确。经百度查询可知，人参皂苷有专有英文名称 ginsenoside，而并非 ginseng saponin，因此调整为 ginsenoside 进行人工干预（参见表 4）。

表 4　案例 5 关键词调整后的人工干预结果　　单位：篇

关键词	B/	A/	说　明
Dammar	无	无	表达不准确，则无法获得结果
ginsenoside	64	40	表达正确后，排序靠前了
ginsenoside and ester	31	16	用“酯”进一步限定

最后，采用“R/201510741882 and DI/201510741882 and B/ginsenoside and B/ester”语句进行检索，在第 31 位获得对比文件 WO2006113495A1（参见图 16）。

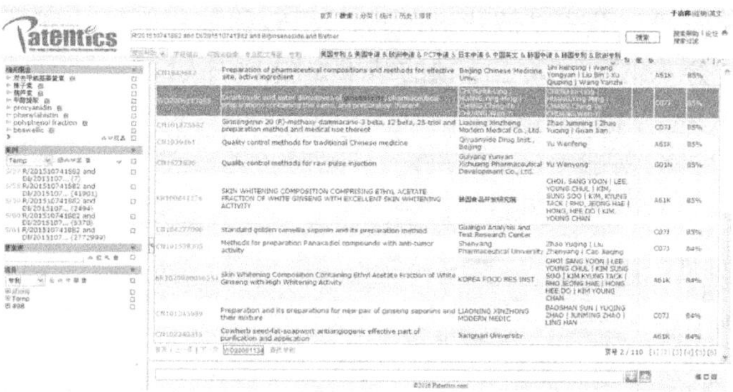

图16　案例5“B/ginsenoside and B/ester”人工干预检索结果

对于对比文件位于第31位的检索结果是否令人满意，笔者认为对于化合物权利要求检索而言，其浏览速度通常比制备方法浏览速度更为快速，因此50位以内都属于可接受范围。

针对字段“B/”与“A/”在全部英文全文库中的应用效果比较分析：将“B/”改为“A/”虽然存在一定概率使对比文件提前，但也不可避免有漏检风险，因此笔者建议，如不是对关键词表达有足够把握，尽量少使用“A/”以避免遗漏有效文献。

（三）用作其他用途的新化合物

上述案例5的化合物用途限定未起到好的人工干预效果，除“肿瘤”“癌”之外，“抗病毒”“抗菌”等用途限定也不是合适的人工干预关键词。但是有些技术领域的用途限定却可以有效提高文献命中率，例如案例6。

【案例6】

申请号：201410088280.6

申请日：2014－03－12

发明名称：一种新型手性相转移催化剂的合成及其应用

技术方案：一种新型相转移催化剂的结构如图17所示，其中，R为H或OCH_3，Ar为4－三氟甲基苯基。

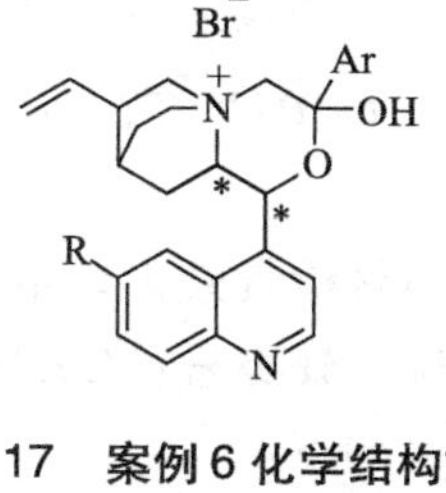

图17　案例6化学结构式

对于简单检索、用途“催化剂”或“相转移催化剂”人工干预、用结构类型关键词“金鸡纳碱”人工干预的结果如图 18 所示。

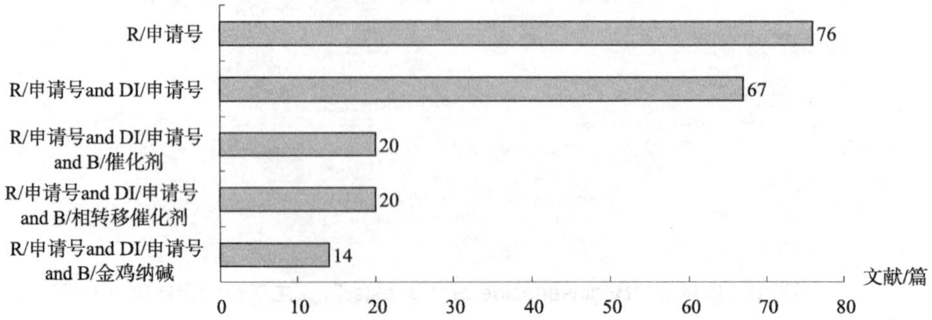

图 18　案例 6 人工干预结果比较

注：获得的对比文件为 CN1765503A。

分析上述结果，用途特征限定“催化剂”或“相转移催化剂”均能提高文献命中率，即将有效对比文件排序显著提前，而使用该化合物的准确常用名“金鸡纳碱”，则能更为快速地命中对比文件。

从以上案例 6 可以看出，如果不能对化合物名称进行精准表达，采用特定用途特征关键词人工干预，也可以获得好的检索效果。

四、关于分类号的讨论

前述案例 1 和案例 2 在“R/申请号 and DI/申请号”的基础上用分类号人工干预，均快速命中对比文件而取得好的效果。但并非所有案例用分类号人工干预都如此。例如，案例 3 和案例 5 用分类号进行人工干预的效果不佳：

案例 3：

“R/201510816497 and DI/201510816497 and ICL/C07D471/04”，并未检索到对比文件 1；

“R/201510816497 and DI/201510816497 and ICL/C07D471”，对比文件出现在第 1180 位。

案例 5：

“R/201510741882 and DI/201510741882 and ICL/C07J17/00”，对比文件出现在第 85 位。

即案例 3 和案例 5 使用分类号检索效果均不理想或不太理想。

而案例 6，该申请给出了两个分类号：C07D 453/00 和/B01J 31/02，分别采用这两个分类号人工干预结果如下：

“R/201410088280 and DI/201410088280 and ICL/C07D453/00”，结果非常少；

“R/201410088280 and DI/201410088280 and ICL/B01J31/02”，对比文件出现在第34位。

从案例6可以看出，分类号选择十分重要。用不适当分类号人工干预不仅不会提高文献命中率，还可能不恰当缩小文献量；而选取合适分类号至少在一定程度上优化了排序结果。

下面再举一个选取分类号人工干预的成功案例。

【案例7】

申请号：201510642127.8

申请日：2015－09－30

发明名称：咪唑［4，5－b］吡啶巯乙酰胺类衍生物及其制备方法与应用

技术方案：吡啶并咪唑巯乙酰胺类衍生物及其药学上可接受的盐、酯或前药，其特征在于，具有如图19所示的结构，其中，与嘧啶环直接相连的Ar_1为结构多样性的取代苯环、萘环或含氮芳杂环；由链连接的Ar_2为取代的苯环或含氮六元芳杂环；巯乙酰胺链上的R_3、R_4各自独立地为H、($C_{1\sim4}$)烷基或卤素。

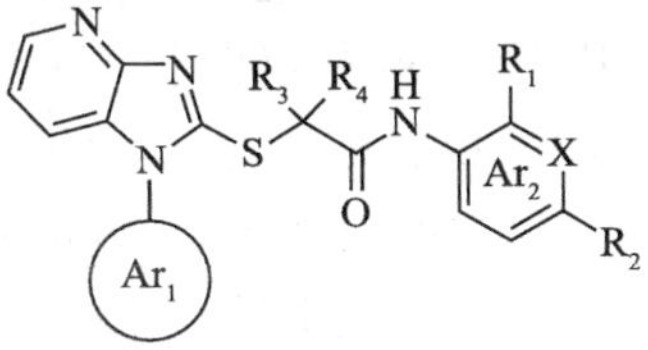

图19　案例7化学结构式

从表5数据可知，确定合适分类号ICL/C07D 471/04进行人工干预，与关键词人工干预的效果相当，都可以有效命中对比文件1。图20显示的是案例7用分类号人工干预直接命中对比文件的结果。

表5　案例7不同人工干预策略结果比较　　单位：篇

命令	对比文件排序
R/201510642127	16
R/201510642127 and DI/201510642127	15
R/201510642127 and DI/201510642127 and (B/癌 or B/肿瘤 or B/HIV)	15
R/201510642127 and DI/201510642127 and ICL/C07D471/04	3
R/201510642127 and DI/201510642127 and B/吡啶	10
R/201510642127 and DI/201510642127 and B/咪唑 and B/吡啶	3
R/201510642127 and DI/201510642127 and B/乙酰胺	6

注：获得的对比文件为CN102516244A。

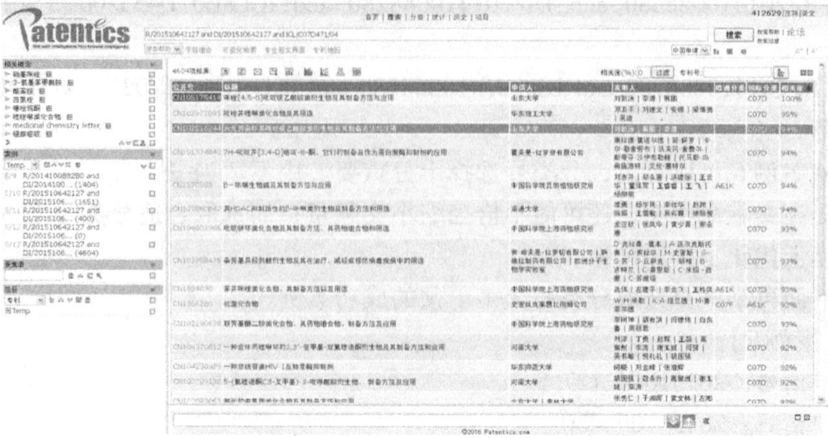

图 20　案例 7 分类号人工干预检索结果

五、结　语

（1）无论是中国申请数据库还是英文全文数据库中，采用字段“B/”比字段“A/”更优，将“B/”改为“A/”虽然有一定概率可使 X 文献提前，但是也不可避免有漏检风险，因此尽量减少使用“A/”以避免遗漏有效文献。

（2）对于有机化学反应中原料名称较为单一的情况，仅需用原料母环名称人工干预即可快速有效命中对比文件。如果化合物命名方式不唯一、不易使用关键词表达，则难以快速获得有效对比文件。

（3）对于制备方法关键词的选取，尽量选取有特点的原料或中间体，选取易表达和易扩展、命名方式较单一的关键词。尤其是对于终产物结构复杂、命名多种多样的杂环化合物，可以使用合成路线中具有终产物部分结构单元的原料或中间体进行表达，以达到事半功倍的效果。

（4）人工干预尽量不要选取太多关键词相与，通常一个或两个关键词最为合适。人工干预效果不理想时进行调整，是对所选取关键词的替换或扩展表达，而不是将多个关键词相与。关键词相与可能造成结果太少、漏检等问题，同时也没有充分利用 Patentics 系统对于大量文献排序的功能特点。

（5）“肿瘤”“癌”“抗病毒”“抗菌”等疾病用途特征不是人工干预的优选关键词；而对于有些特定领域例如相转移催化剂等，使用该特定用途特征也可以获得较好的人工干预效果。

（6）对有机化学反应中反应物、中间体或产物等化学名称表达准确度不确定时，也可以用分类号字段“ICL/”人工干预。选择正确合适的分类号尤为重要：分类号选择不当会不恰当缩小文献量，选取合适分类号则至少在一定程度上可以优化排序结果。

综上，本文根据有机化学领域发明的特点，通过具体案例的分析，总结归纳有机领域中有关化合物和化合物合成方法的人工干预策略，针对不同的案情和不同数据库，对检索字段的选用、关键词的选择、分类号的确定等方面均给出了合理的建议，从而对有机化学领域实际案例中更有效地应用 Patentics 智能语义检索系统给出了启示。

外网信息检索策略的制定

——由案件“牵引索连接环”引发的思考

张旻玥　王灵威

摘　要：随着各界对专利审查质量的关注度的提高，通过检索途径获得有效对比文件成为专利审查员的重要任务。本文通过对申请文件特点的分析，针对附图类似于外观视图，且与说明书中功能不明显对应的一类案件进行了较准确的前景预判，制定了适当的外网检索策略，并给出有效对比文件，防止了不当授权。

关键词：专利审查　授权质量　外网检索　附图

一、引　言

随着我国知识产权战略布局的进一步展开，鼓励发明创造的政策的不断出台，近年来专利申请数量一直呈持续大量增长趋势，各界对专利审查质量的关注度也日益增加。对于一些申请文件撰写水平较低、技术创新水平不高的专利申请，由于其说明书撰写过于简单，给出信息量很少，技术问题和技术效果并不明确，给检索工作带来较大困难。因此，提高对上述专利申请的敏感性，并根据申请文件中的有效信息制定合适的检索策略，无异于对专利审查工作提出了更高的要求，以便实现通过授予专利权来鼓励发明创造的立法宗旨，即通过授予专利权的方式对发明人真正的智慧贡献给予适当的保护。

二、申请文件的分析以及检索策略的制定

以下结合案例“牵引索连接环”（申请号为2015100002919）的审查过程，详细说明对申请文件的理解、判断，线索查找以及证据检索等环节。

（一）对申请文件的挖掘以及有效信息的提取

1. 技术内容中的线索

该申请涉及一种牵引索连接环，如图 1、图 2 所示。

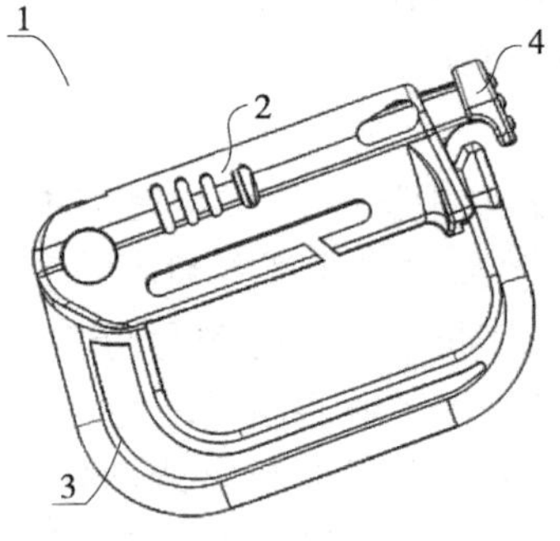

图 1

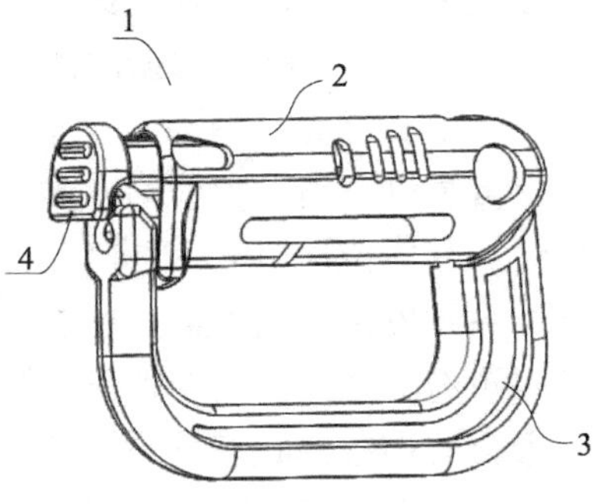

图 2

该申请分类号为 B60D 1/01（车辆的牵引装置），但说明书全文及权利要求中均未提及该牵引环的应用领域。该申请的背景技术部分为“牵引索”一词在百度百科中的释义。

该申请所要解决的技术问题为：现在的使用过程中需要将牵引索与牵引索连接，连接件的结构比较复杂，不易操作；获得的相应技术效果为：通过按钮控制连接环的开闭，从而大大方便了操作，简化了结构。

技术内容部分全部为对附图结构的描述，对牵引索连接环的本体、本体上可活动地“U”形扣体和可打开所述的扣体的按钮进行了限定。

审查员根据对本领域技术的了解，认为该申请中描述的技术方案并不能解决相应的技术问题。车辆领域的牵引环，即汽车牵引绳一端连接的环体，又称拖钩环，需要承受拖车时车辆的整备质量。汽车牵引环通常为一封闭结构，受力处为圆环状，如图 3、图 4 所示。

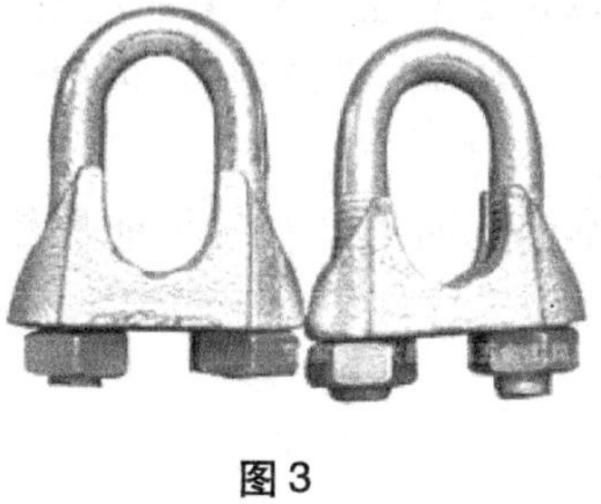

图 3

图 4

而该申请附图中牵引环为矩形，并且容易被打开，这将导致在牵引运动时，牵引绳在四角之间滑动，对牵引效果产生影响。并且该环体仅以弹簧卡扣进行封闭，如果弹簧弹性系数小，牵引过程中产生的力将对弹簧卡扣造成损坏；如果弹性系数大，靠人员将无法方便打开和扣合。

根据上述分析，审查员认为，该申请的技术问题及效果不明确，技术方案仅为对图的描述，存在根据附图编造说明书的可能。

2. 申请人信息的线索

审查员以申请人为检索入口进行检索，共发现该申请人共提交了 67 件专利申请，其中包括 2013 年提交的一批发明专利和实用新型专利申请和 2015 年提交的一批发明专利申请。这些申请分别涉及不同领域，分类号分散，技术内容几乎没有关联性，共同特点为附图均为立体视图，制图质量较好。

通过查询法律状态发现，该申请人 2015 年的发明专利申请还处于实质审查状态，但 2013 年的大部分发明专利申请均在“一通”后视为撤回，大部分实用新型专利申请获得授权后均由于未缴费处于专利权终止状态，推断其大部分专利并不具备保护价值。通过上述线索，初步确定应当在检索时灵活把握检索策略，以便找到最合适的证据。

（二）利用外网资源制定检索策略

在初步检索专利库、期刊库后，并未获得合适的对比文件。由于该申请附图为三维立体视图，审查员判断其可能属于某种成型产品，结合其附图给出可方便开合的卡扣结构，贴近卡扣的带状固定槽以及对该结构功能的预期，将检索目标瞄准登山扣、背包水壶挂扣及类似物。

1. 利用电商平台进行检索

由于电商平台的商家为了获得更高的搜索频率，通常会采用多个较为准确的结构和功能关键词对产品进行描述，因此首选在电商平台上进行检索。

在淘宝网输入“连接环”“挂扣”，在检索结果中得到与该申请附图相同的产品（见图 5）。

根据淘宝商品描述，确定该产品为美国 ITW 公司生产的 Nexus 挂扣系列产品，具体型号为 Grimloc，获得关键词“锁扣”“D 型”“挂钩”。但由于淘宝上架时间可修改，该证据的可信度较低。

由于产品为美国公司生产，推断在美国本土电商上公开的可能性较大，因此选择美国亚马逊进行检索，通过关键词“ITW”以及“Nexus”搜索到该产品（见图 6）。

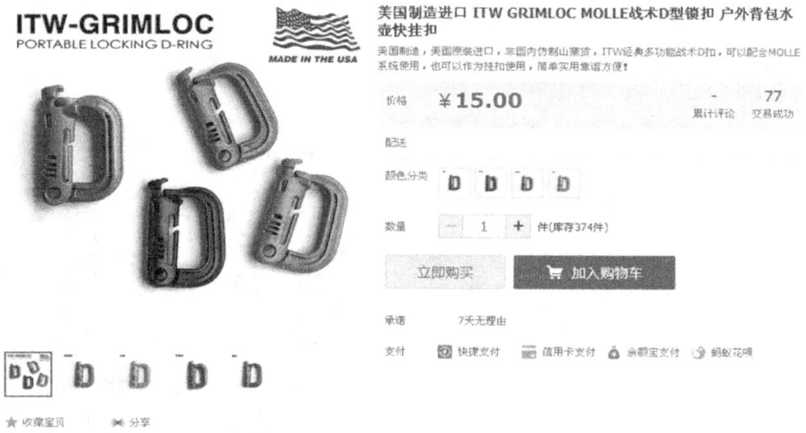

图5

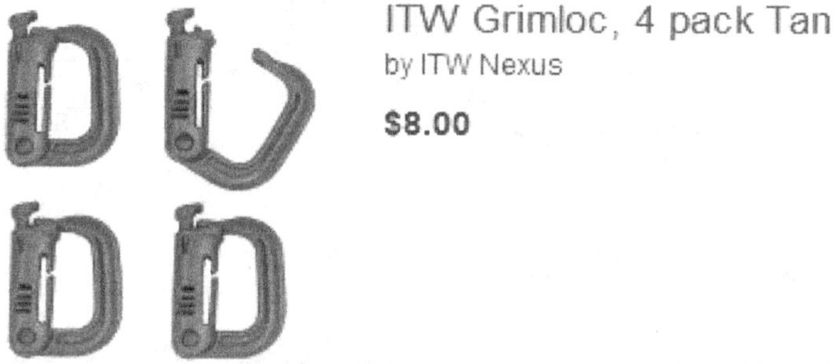

图6

美国亚马逊作为国际知名大型电商网站，其网站上商品信息的发布、消费者购物后留下的交易记录、详细交易进程及交易商品的详情在网站上有较为完备的留存手段，且无法随意进行修改。因此该证据可信度较高。

2. 利用搜索引擎进行检索

为确定该申请的附图来源，审查员进一步扩大检索范围，在搜索引擎上进行检索。

在 Google 图片使用英文关键词“ITW”“ring”“hook”，找到了 ITW 公司官方网站上公开的该产品（见图 7）及其 PDF 图纸（见图 8）。

图7

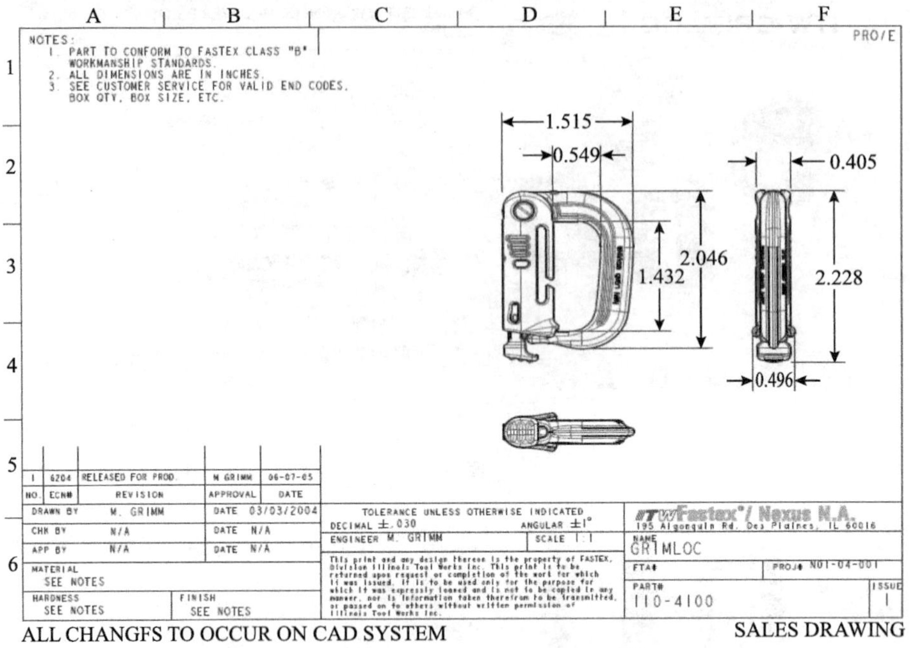

图8

进一步浏览，获得该产品的三维图（见图9）。

图9

3. 利用在线零件库进行检索

根据Google图片检索得到的3D图，审查员追踪到在线零件库“3D content central”（见图10），并在该网站下载到该产品的3D模型，通过AutoCAD软件进行调整，能够获得与该申请附图角度完全相同的视图（见图11、图12）。

图 10

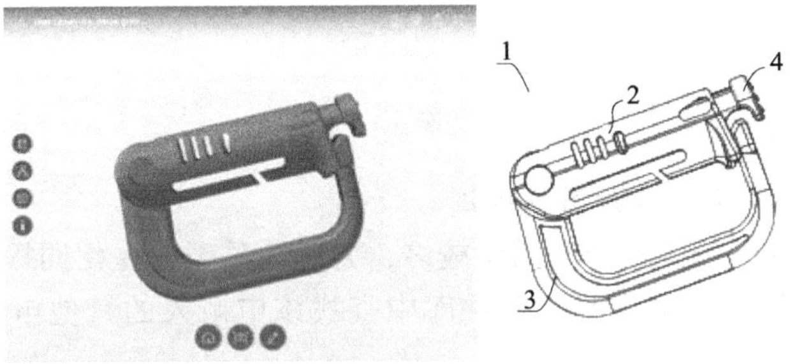

图 11

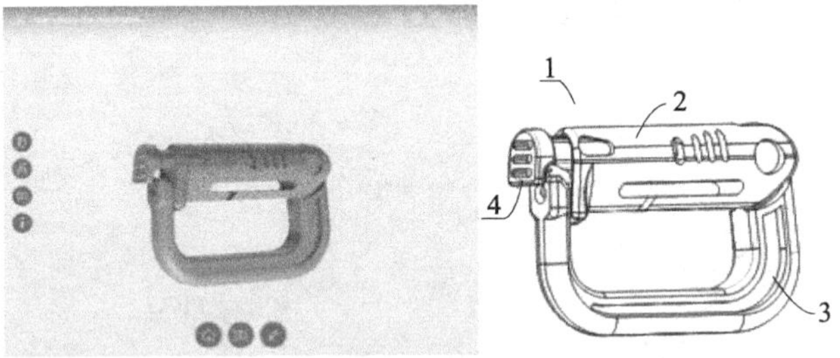

图 12

网站“3D content central”是达索工业集团旗下的3D交流平台，其支持用户上传和下载3D模型，但综合考虑该网站信息的形成、存储、收集和信息完整性等方面，对于普通公众来说，修改该网站信息的技术难度仍然比较大。就修改动机而言，作为第三方网站，可以认为“3D content central”与当事人不存在利害关系，而资质方面，该网站也具有合法发布互联网信息的资质，因此该证据可信度较高。

并且，权利要求的技术方案中对该产品内部结构的限定均可通过隐藏3D模型的部分零部件的视图中获得（见图13），如按钮结构，其插在本体内设置的弹簧中，通过按压按钮可使本体与U形扣体开合。本体容纳弹簧和按钮，其为中空结构。

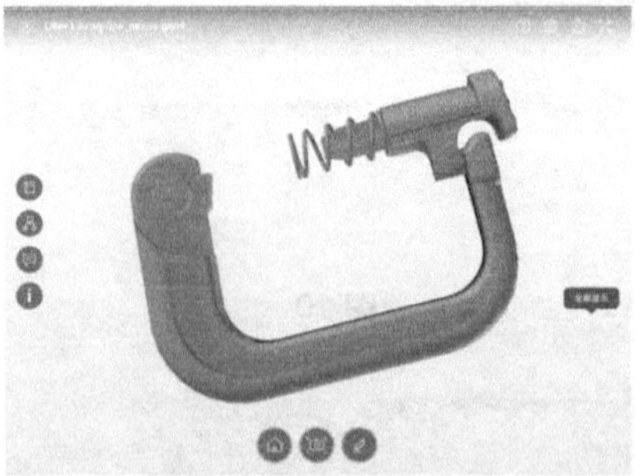

图 13

（三）对检索策略普适性的验证

由于该申请人提交的申请数量较多，为确认是否存在相同抄袭附图和编造申请的情况，审查员进一步在零件库中查找该申请人的其他申请附图（见图 14、图 15）。

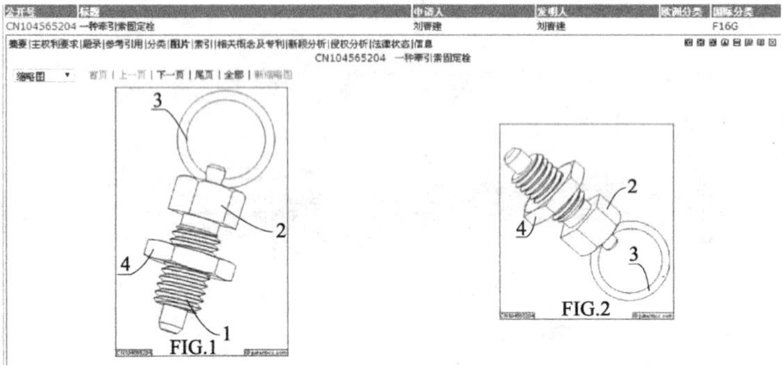

图 14

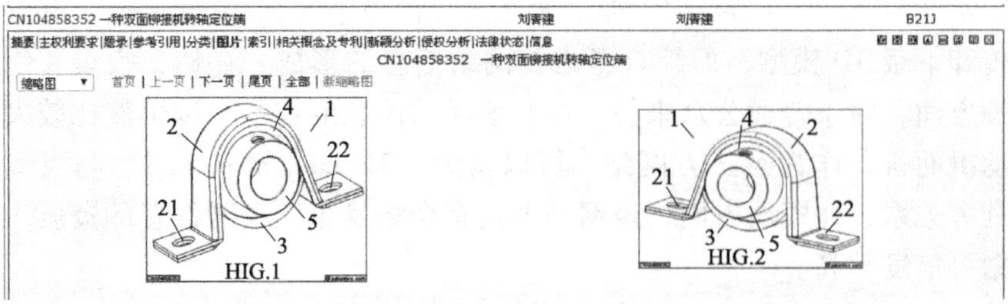

图 15

在另一知名在线零件库 trace parts 检索到其他申请附图的 3D 模型（见图 16 ~ 图 19）。

图 16

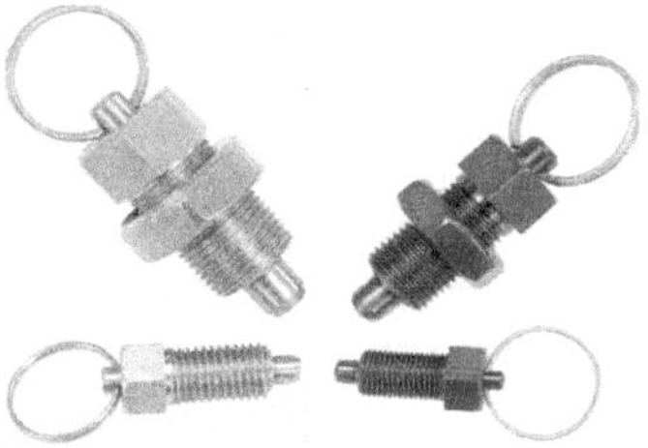

图 17

图 18

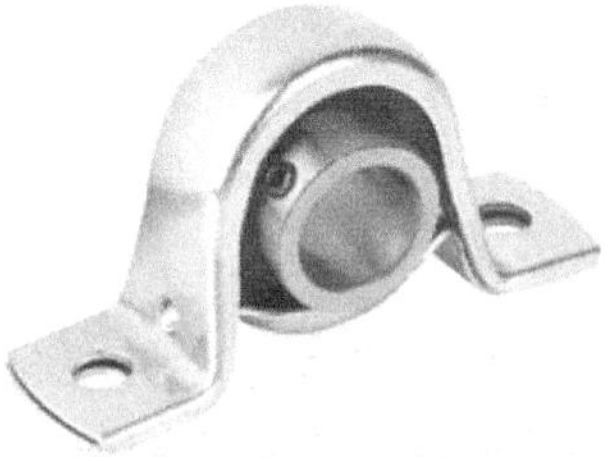

图 19

该申请人于 2015 年申请的其他案件也具有与该案例相同的特点，即申请文件中附图质量较高，为 3D 模型图，而说明书中描述类似对照附图进行编造的技术方案。

通过对该申请人其他案件的检索，认为上述检索策略适用于具有该特点的专利申请，能够帮助审查员找到有效对比文件。

（四）总结与归纳

对于申请文件记载信息较少、技术内容与附图相关度较低且附图基本为产品外观视图的技术主题，在审查时需要提高敏感度。而对于此类申请的检索，可根据附图中公开的内容对产品的结构和功能进行理解，扩展关键词，优先考虑在电商平台、在先零件库或搜索引擎中进行查找，以寻求相同或相似的产品，并进一步追踪生产商等相关信息，对图纸、3D 模型等线索进行查找。

三、结束语

本文通过实际案例展示了实质审查过程中专利申请文件的特点分析，结合对申请文件中给出信息的有效提取，制定出适合的外网检索策略。同时，作为专利审查员，我们应当增强自身的使命感和责任感，准确理解立法宗旨，提高质量意识，在审查过程中主动挖掘有效的检索信息，充分利用专利库、非专利库以及包含海量信息的搜索引擎，把好授权关，为专利申请质量提升工作贡献一份力量。

图形类发明专利检索分析

孙建强　缪顾进

摘　要：通常，发明专利的检索主要针对的是权利要求的文字内容，但是针对图形类发明专利，文字表达往往是有限的，而采用相应的图形检索手段会更加有效。本文通过3个案例分析了外观设计专利以及其他外网图形检索工具在实审检索中的应用，并通过第四个案例介绍了如何使用外观设计专利评述发明的权利要求。

关键词：检索　图形类发明专利　外观设计　专利评述

一、概　述

图形类发明专利是指仅以产品的外部的图案、形状、结构的技术特征构成权利要求的发明专利，该类专利大多集中A部的服装（A41～A45）、刷子（A46）、家具（A46～A47）、部分的医疗器械（A61）。对于一般的通用机械（F16）类发明专利的检索，利用IPC分类号和关键词在实用新型专利、发明专利、期刊等以文字表述为主的文献中进行检索效果往往并不理想，这是因为文字表述的内容是有限的，并不如图形的表达更加直观，细节更加丰富，而检索图形文献有时候会取得预料不到的效果。

二、专利检索与服务系统的检索

在国家知识产权局使用的专利检索与服务系统的检索中，图形类发明专利检索数据库对象主要是外观设计专利数据，而外观设计专利所能利用的检索内容主要涉及产品名称、洛迦诺分类以及简要说明。下面以3个案例进行介绍。

【案例1】

发明名称：一体化工作台

IPC分类：A47B 87/00、A47B 13/08、A47B 13/00、A47B 21/00

申请日：2012-03-22

权利要求：

1. 一体化工作台，包括工作台面，其特征在于：还包括电脑桌面部分，它们中间共用一条腿支撑地面。

2. 根据权利要求1所述的电脑桌部分，其特征在于：电脑桌面与工作台面高度略有差异，电脑桌面厚度较工作台面薄，具体设计有线控（1）、机箱柜（4）、键盘托架（2）、抽屉（3）和固定式支脚（5）。

3. 根据权利要求1所述的工作台部分，其特征在于：工作台面与电脑桌面高度略有差异，工作台面厚度较电脑桌面厚，具体设计有线控（1）、抽屉（3）和固定式支脚（5）。

4. 根据权利要求1所述的电脑桌部分与工作台部分共用一桌腿，两部分台面采用一可拆式支脚（6）连接起来，并实现较高一面一侧依靠可拆式支脚（6）支撑固定在较低面上。

该发明参见图1。

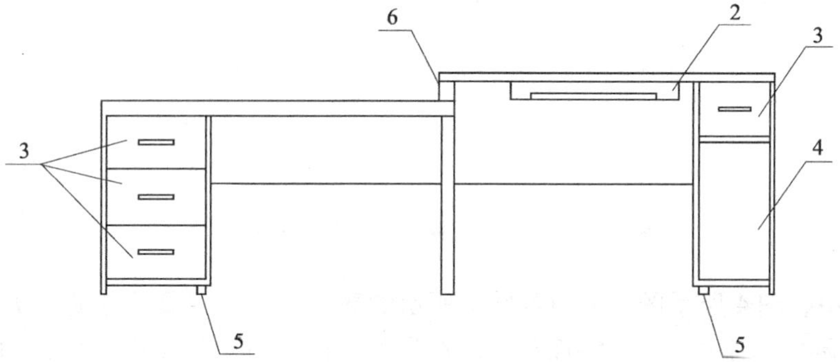

图1　案例1说明书附图

可以看出，该专利的权利要求中的“共用一条腿”“电脑桌面厚度较工作台面薄”“线控（1）、机箱柜（4）、键盘托架（2）、抽屉（3）和固定式支脚（5）”等结构特征都体现在了其说明书附图中，因此可以考虑使用外观设计专利文献。

使用洛迦诺分类06-03（桌子及类似家具）以及发明名称“办公桌”“工作台”“办公台”进行检索，检索式如表1所示。

表1 单位：篇

编号	检索式	目标数据库	命中数
1	（惠州市吉瑞科技）/PAAS	CPRSABS	1625
2	转库检索	CNABS	1625
3	PD < 20120322	CNABS	6419020
4	2 and 3	CNABS	886

通过浏览得到如图2～图4所示的3篇相关文献。

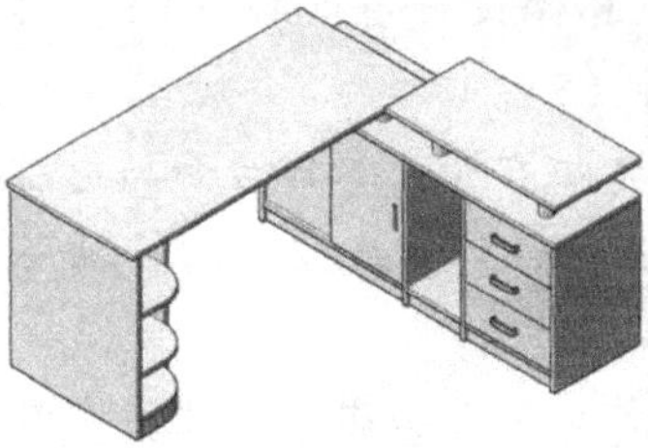

图2 办公桌（CN301820530S）

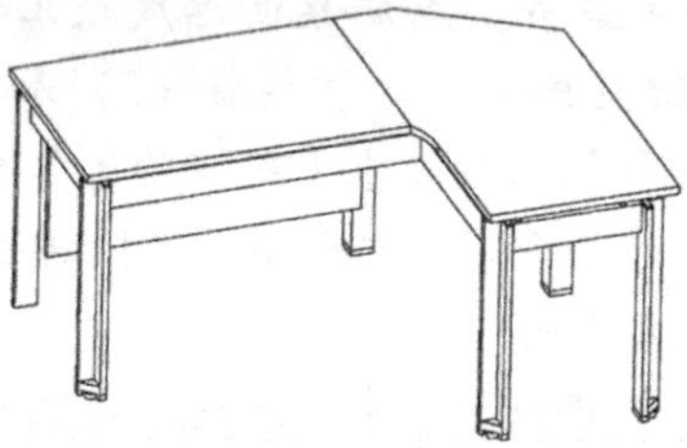

图3 办公台（D36）（CN301800768S）

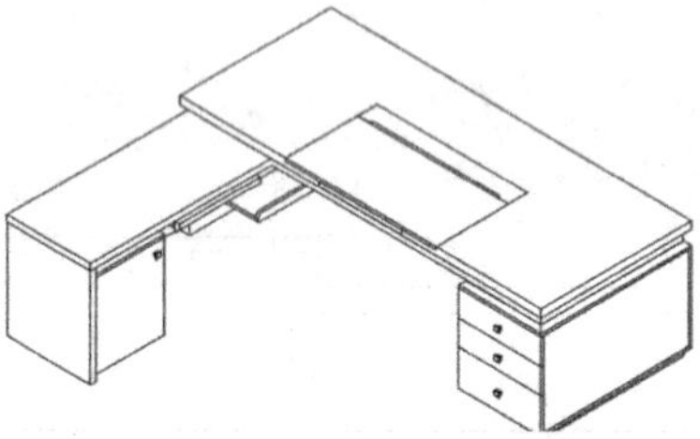

图4 办公桌（明睿）（CN301519778S）

其中，图4所示的办公桌与图1所示的案例1工作台最为接近，并且基本具备权利要求书中的结构特征，可以作为X文献评价案例1中工作台的新颖性或者创造性。

【案例2】

发明名称：一种大圆弧卡式安装木塑扶手

IPC分类：B60N-3/02、A47B-95/02

申请日：2013－09－28

权利要求：

1. 一种大圆弧卡式安装木塑扶手，其特征在于，所述的大圆弧卡式安装木塑扶手包括本体，所述的本体的上部呈圆弧状，所述的本体的下部设有两向下突出的凸台，所述的凸台与本体形成横槽，所述的本体下部中间处开设有向本体内部凹陷的凹槽，所述的凹槽和横槽相通，所述的凹槽和横槽组合呈T形槽，所述的本体上开设有若干中空槽，所述的中空槽靠近于本体上部的一侧设有与本体上部一致的圆弧。

该发明参见图5。

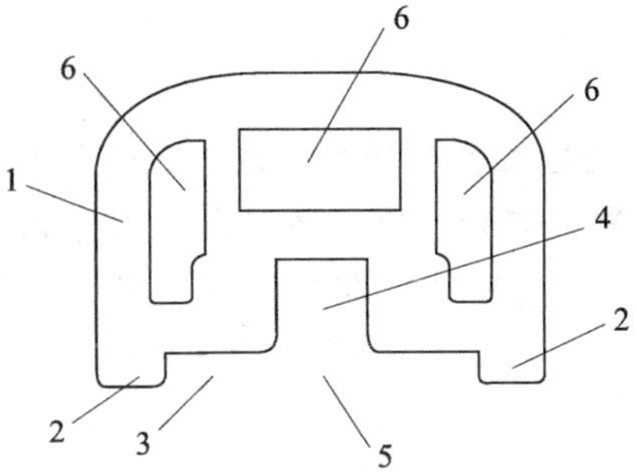

图5　案例2说明书附图

可以看出，该专利的权利要求技术特征完全是对说明书附图的描述，因此可以考虑使用外观设计专利文献。

使用洛迦诺分类25－01（建筑材料）以及发明名称“扶手”进行检索，检索式如表2所示。

表2　　单位：篇

编号	检索式	目标数据库	命中数
1	/IC 2501	CPRSABS	72066
2	扶手	CPRSABS	41203
3	1 and 2	CPRSABS	81
4	TODB	CNABS	81

通过浏览得到如图6、图7所示的2篇相关文献。

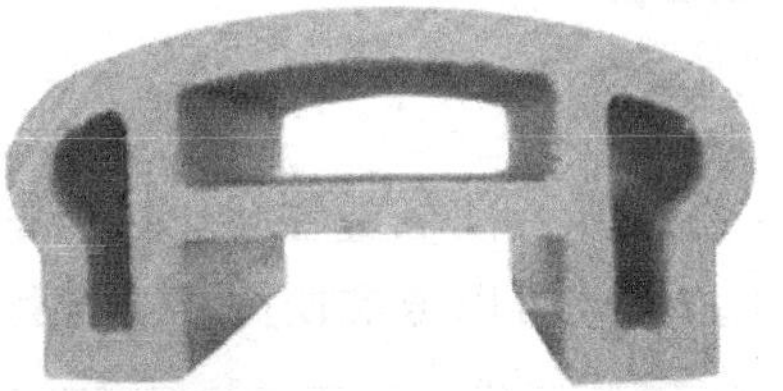

图6　扶手（CN302083005S）

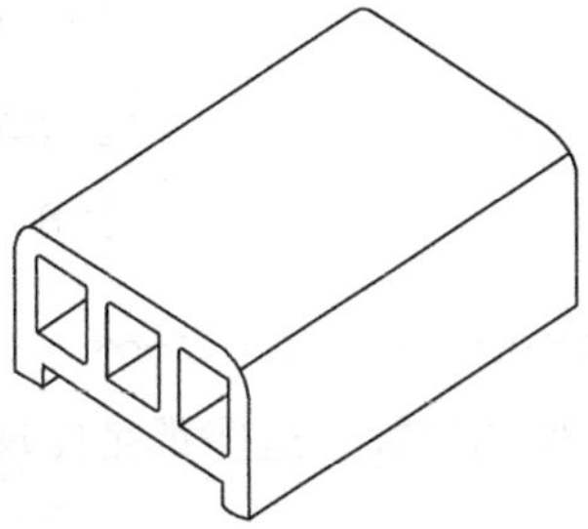

图7　塑木型材（扶手）（CN301833011S）

通过比较可以明显看出图7所示的型材与图5所示的案例2扶手最为接近，可以作为X文献评价案例2中扶手的创造性。

【案例3】

发明名称：一种带有挂衣架的鞋柜

IPC分类：A47B 87/00、A47G 25/02、A47B 61/04

申请日：2012－10－18

权利要求：

1. 一种带有挂衣架的鞋柜，包括柜子本体，其特征在于：所述柜子本体包括高置鞋架部分和低置鞋架部分，所述高置鞋架部分内通过高置鞋架部分隔板分成等分的置鞋仓a，所述高置鞋架部分顶部设有抽屉式储物仓，所述低置鞋架部分内通过低置鞋架部分隔板分成等分的置鞋仓b，所述低置鞋架部分背部固定有衣杆支架，所述衣杆支架之间通过衣杆固定架固定，所述衣杆支架上设有挂钩。

2. 根据权利要求1所述的一种带有挂衣架的鞋柜，其特征在于：所述两侧的衣杆支架外围固定有支撑架。

3. 根据权利要求1所述的一种带有挂衣架的鞋柜，其特征在于：所述低置鞋架部分顶部设有软垫。

4. 根据权利要求1所述的一种带有挂衣架的鞋柜，其特征在于：所述置鞋仓b的高度是置鞋仓a的高度的1/3～2/3。

该发明参见图8。

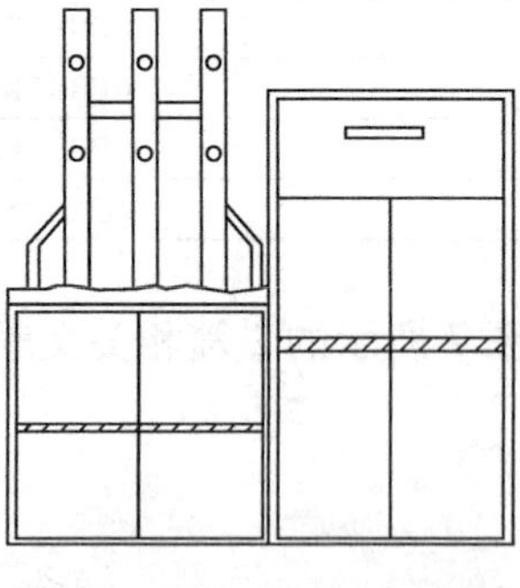

图8　案例3说明书附图

可以看出，该专利申请的权利要求的技术特征涉及高低置鞋架、各个置鞋仓以及衣架的设置，这些都是体现在了附图中，因此可以考虑使用外观设计专利文献。

使用洛迦诺分类06－04（存放物品用家具）以及发明名称“鞋柜”进行检

索，检索式如表 3 所示。

表 3 单位：篇

编号	检索式	目标数据库	命中数
1	/IC 0604	CPRSABS	64356
2	/TI 鞋柜	CPRSABS	5756
3	1 and 2	CPRSABS	3241
4	TODB	CNABS	3241
5	PD < 20120322	CNABS	6419020
6	4 and 5	CNABS	1622

通过浏览得到如图 9、图 10 所示的两篇相关文献。

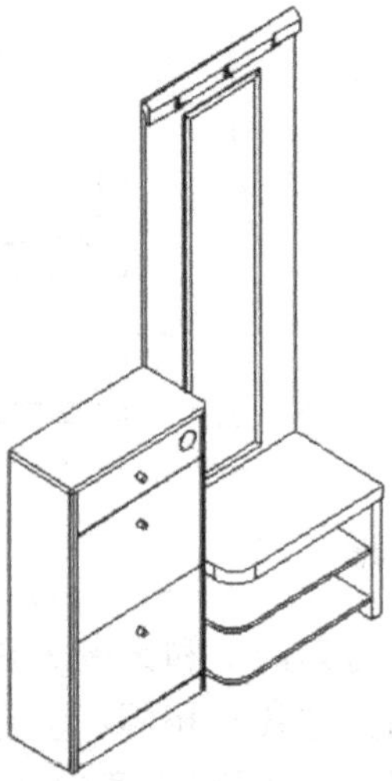

图 9　鞋柜（JZ125）（CN301314750S）

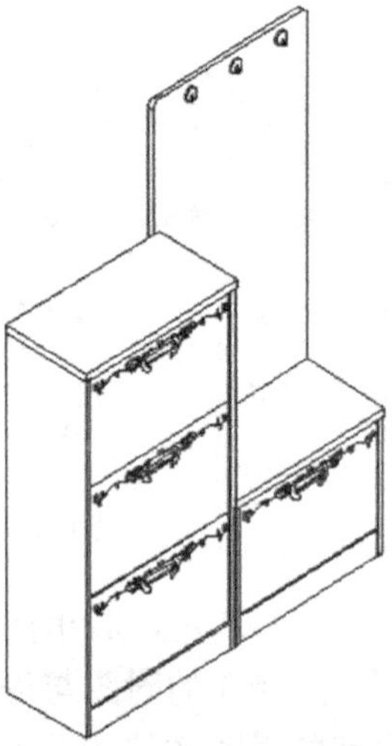

图 10　鞋柜（KD 52）（CN301298069S）

通过比较可以明显看出，图 9 所示的鞋柜与图 8 所示的案例 3 鞋柜最为接近，可以作为 X 文献评价案例 3 中鞋柜的创造性。

通过上述 3 个案例可以看出，外观设计专利可以用于评价发明专利申请，并且检索步骤简单而高效。

三、其他图形类检索工具

除了通过专业的检索数据库外，还可以通过外网图形类检索网站进行检索，例如百度快照、淘宝快照以及中国知网的图片检索等。

淘宝快照可以将图片作为输入从而检索与之相似的图片，通过将案例 1 和案例 3 的附图直接输入淘宝快照，可以得到图 11、图 12 所示结果。

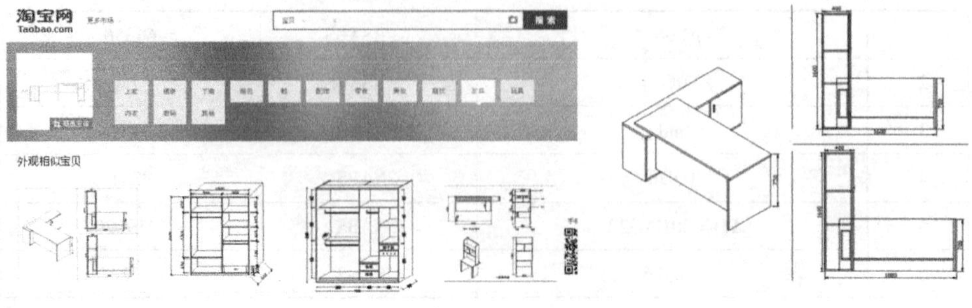

图 11　案例 1 附图的淘宝快照

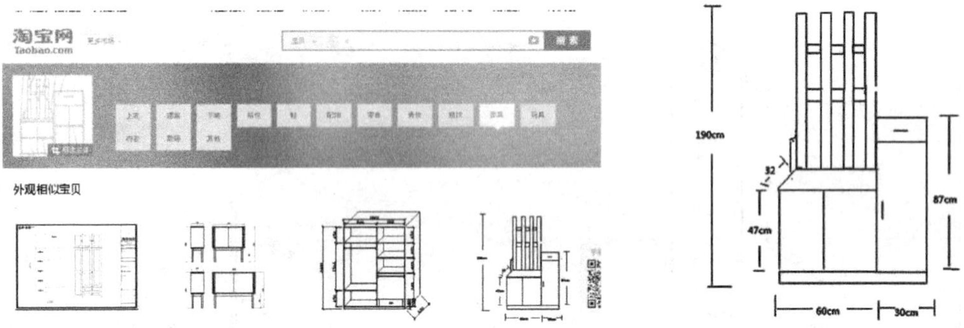

图 12　案例 3 附图的淘宝快照

从图 11 和图 12 可以看出淘宝快照得到的文件与案例 1 和案例 3 是非常接近的，特别是案例 3 的附图与淘宝快照检索得到的文件几乎相同。但是在淘宝快照检索得到的视图文件的公开时间依赖物品的上架时间和买家的评述时间，如果没有相应的时间则无法使用检索得到的对比文件。

相对淘宝快照而言，百度快照得到的结果则不那么令人满意，如图 13 所示。

案例 1 的百度快照结果相似度很差，几乎找不到近似点。

中国知网的图片检索功能是针对 CNKI 学术知识图片库，其具有图片输入接口。将案例 1 的图片输入，得到如图 14 所示结果。

可以看出没有得到类似的图片，中国知网作为学术网站，对实验设备的检索效果会好一些，而对家具等日常用品检索的效果是有限的。

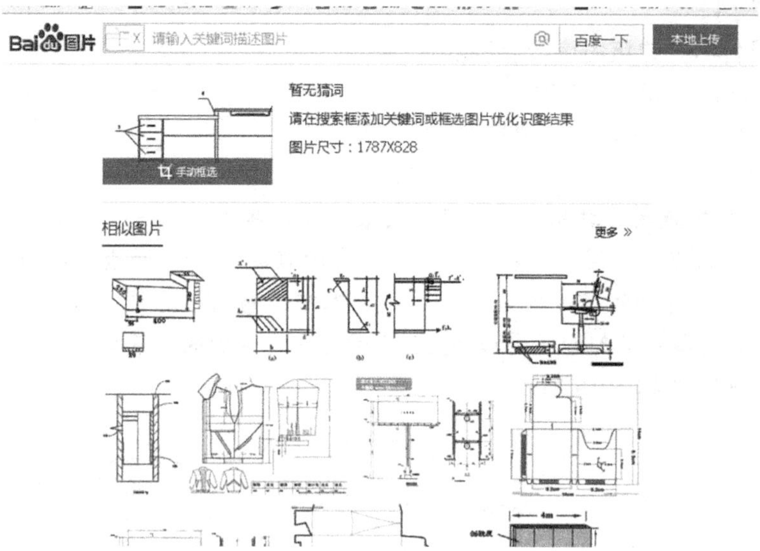

图 13　案例 1 附图的百度快照

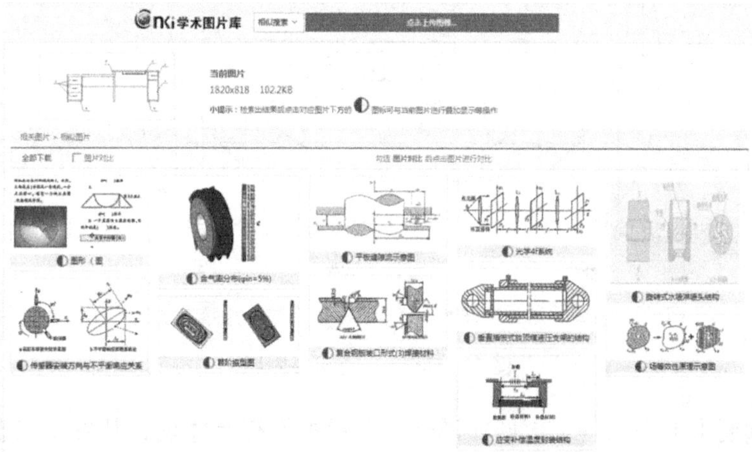

图 14　案例 1 附图的中国知网的图片检索

四、图形类文件的评述

由于外观设计文件中缺少对附图中部件的具体文字介绍，因此如何评述这些部件及其本身所带来的功能是在得到检索结果后进行新颖性和创造性评述所要面对的问题。下面以案例 4 为例进行介绍。

【案例4】

发明名称：钓鱼用旋转卷线器

IPC分类：A01K 89/01

优先权日：2009－06－29

权利要求：

1. 一种钓鱼用旋转卷线器，具有安装有支承构件的转子，在转子主体部的两侧相对地形成一对臂部，在一个所述臂部的顶端部具备钓线导向部，根据所述转子的旋转将钓线通过所述钓线导向部卷回于卷筒，其特征在于，具备从所述一对臂部的各顶端部向所述转子主体部的后部延伸出的增强构件。

该发明附图如图15所示。

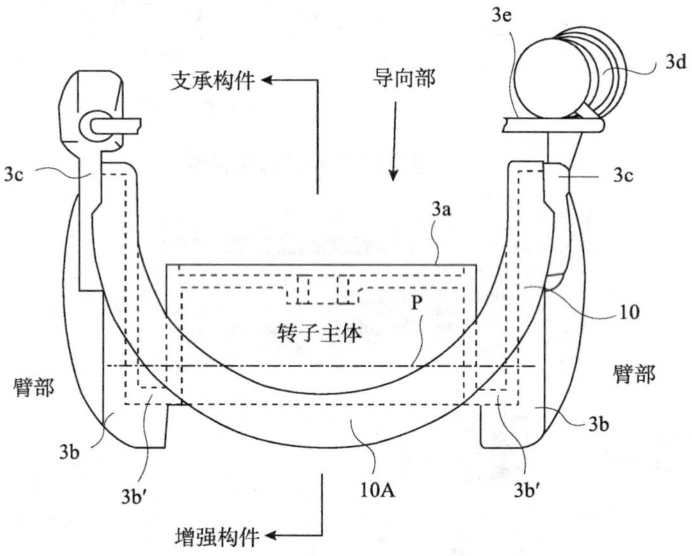

图15　案例4说明书附图

权利要求1中的各个部件在说明书附图中均有所体现，其发明点在于增强构件以及增强构件的形成结构（从臂部的各顶端部向转子主体部的后部延伸）。无效宣告请求人通过外观设计专利分类K2－590进行检索，得到一件日本外观设计专利（JPD1340738S），如图16所示。

通过比较发现，该外观设计专利与案例4的说明书附图是接近的，而且公开了权利要求的发明点，但是外观设计专利缺少各个部件及其功能的具体介绍，例如支承构件、增强构件中的支承以及增强。在无效宣告决定中，本领域技术人员根据图片能够确定各个部件的名称、结构、位置关系，功能作用是相

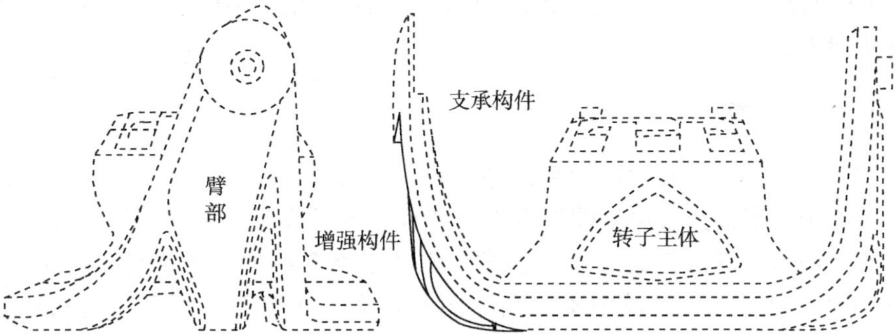

图 16　日本外观设计专利（JPD1340738S）附图

应的结构带来的，该外观设计专利的图片中显示的 U 形构件，通过根据受力分析可以知道该构件与增强构件是等同的，因此面对功能性的描述，需要站在本领域技术人员的角度，考虑功能与部件结构之间是否存在必然的关系，进而考虑其是否能够评述涉案申请的新颖性和创造性。

此外，无效宣告请求人在检索过程中没有通过洛迦诺分类（22－05 狩猎和捕鱼器械）获得对比文件，但是通过洛迦诺分类 22－05 结合公开日（2008 年 8 月 29 日）检索得到了包括 JPD1340738S 在内的 4 篇日本外观设计专利文献，如图 17 所示。

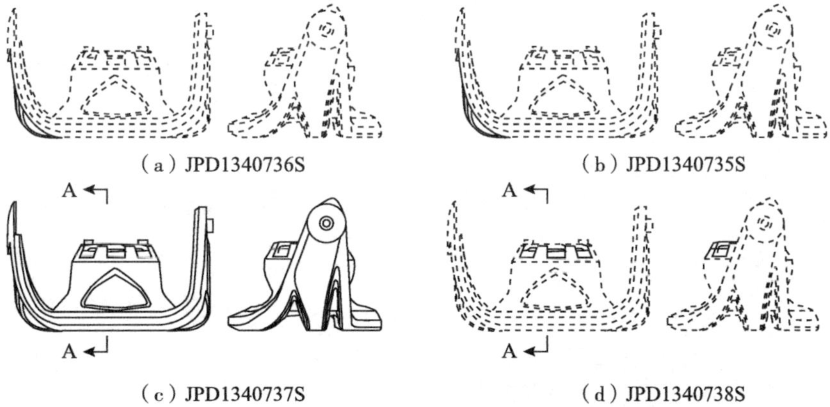

图 17　4 篇类似的日本外观设计专利

日本虽然不是《洛迦诺协定》的成员国，但是其将洛迦诺分类作为参考分类列入其外观设计专利的著录项目中，也就是说洛迦诺分类在案例 4 中应当是可以检索的字段，只是受限于数据库而无法检索。通过比较可以发现，

JPD1340737S 的图片中线条为实线，相对存在虚线的 JPD1340738S 而言，更适合评价案例 4。

五、总　结

综上所述，在检索发明专利的过程中，可以通过领域、权利要求以及说明书附图结合判断其是否属于图形类发明专利，进而决定是否检索图形文献进行评述，而图形文献的检索手段有多种，例如上面介绍的外观设计专利的检索、百度快照、淘宝快照以及中国知网的图片检索。在检索得到合适的对比文件后，站在本领域技术人员的角度，充分理解发明，把握技术方案实质，确定权利要求中功能性限定与图片所显示的结构之间的关系，进而作出合适的评述。

参考文献

[1] 中华人民共和国国家知识产权局．专利审查指南 2010 [M]．北京：知识产权出版社，2010：130－132.

[2] 赵保春，汪妍瑜．一件发明是怎么被外观无效掉的 [EB/OL]．(2016－06－27)．http：www.zhichanli.com/article/34513.

[3] 中华人民共和国知识产权局专利复审委员会第 28924 号无效宣告请求审查决定（2016 年 4 月 27 日）。

PCT 国家阶段申请使用 Patentics 检索的方法

周　莹　白　婧

摘　要：Patentics 为语义检索、语义排序的智能检索系统。本文从简单检索和人工干预两个角度，给出了一些使用 Patentics 对进入中国国家阶段的 PCT 申请检索的建议。

关键词：Patentics　PCT　人工干预　搜索结果统计　要素表

一、引　言

Patentics 是强大的智能语义检索工具，仅输入"R/申请号或公开号"就可以进行检索，能使最相关的对比文件排在前列。[1] 然而，经大数据统计发现，虽然前 3 页的检出率能够达到 20% ~30%，但更多的相关文献出现在前 20 页，即前 400 篇。[2] 这就给对比文件的筛选增加了难度。为使相关的对比文件排序更为靠前，减少文献浏览量，可通过分类号、关键词、时间、申请人、发明人、发明目的等条件进行人工干预。其中，除时间、申请人、发明人的常规限定外，最常用的是分类号和关键词的人工干预。除此之外，也可不用申请号或公开号进行全文检索，而是对申请文件进行改写，用"r/ + 改写后的文字"进行检索。

---

[1] 王扬平．专利信息的网络检索技巧［C］//中华全国专利代理人协会．实施国家知识产权战略 提升专利代理服务能力：2011 年中华全国专利代理人协会年会 第二届知识产权论坛论文选编．北京：知识产权出版社，2011：612 -617.

[2] 马志勇智能检索讲座（3）：Patentics 智能语义 2010［EB/OL］.（2016 -09 -02）. http：//mp. weixin. qq. com/s? _ biz = MzAxMjlSOTg5Mw = = &mid = 2652501117&idx = 1&sn = c53cd8abe0b223c3e5495eb580392c54&scene = 19#wechat_redirect。

按照《专利合作条约》（PCT）提出的国际申请，进入中国国家阶段时被翻译成中文。[1] 与普通国内申请相比，其存在如下特点：第一，根据译者能力、语言翻译中译文词汇选择时“一对多”的特点，中文译文可能出现表达不够贴切、略微偏离原文意思的情况；第二，相关对比文件有很大可能出现在申请人所在国文献中，例如美国申请人的 PCT 申请常存在 US 专利文献的对比文件，而检索日本申请人的 PCT 申请则要重视对日文专利库的检索。

下面以一项进入中国国家阶段的 PCT 申请为例说明如何在 Patentics 中对进入中国国家阶段 PCT 申请进行检索，以更好地利用 Patentics 的特点，提高检索效率。

二、案情介绍

该申请要求美国优先权，其发明构思为在金属的熔化—精炼—铸造的除杂过程中用电子枪来选择熔融金属流径，具体为：使接收精炼金属的接收容器具有两个流径 A 和 B，接收容器上方的电子束枪启动时，被电子束加热的材料并将材料维持在熔融状态，相应流径被打开。未被电子束枪加热的接收容器一侧的熔融材料冷却并凝固，形成障碍，导致熔融材料不能沿该侧流径流动。具体进入中国国家阶段申请的权利要求 1 为：“一种熔化和铸造设备，其包括：熔化炉膛；精炼炉膛，与所述熔化炉膛流体连通；接收容器，与所述精炼炉膛流体连通，所述接收容器包括：位于接收容器中的第一位置处的第一流出区域，以及位于接收容器中的第二位置处的第二流出区域；至少一把电子束枪，可以取向成通过朝向位于第一位置处的第一流出区域或位于第二位置处的第二流出区域选择性地引导能量而调节熔融材料的流动方向；以及其中，所述接收容器还包括：限定在第一位置处的第一熔融材料路径，当所述至少一把电子束枪选择性地构造并操作成朝向所述第一流出区域引导电子时，导致熔融材料在第一流出区域中流动；以及限定在第二位置处的第二熔融材料路径，当所述至少一把电子束枪选择性地构造并操作成朝向所述第二流出区域引导电子时，导致熔融材料在第二流出区域中流动。”国际检索报告给出了 3 篇 X 类文献，经核实 3 篇文献均未公开该申请的发明点，不能用来评述权利要求的新颖性和创造性。经常规检索，检索到 US2004055733A1 可作为对比文件。

---

[1] 中华人民共和国国家知识产权局．专利审查指南 2010［M］．北京：知识产权出版社，2010：345－346.

三、Patentics 中检索

（一）简单检索

现利用上述案例说明如何在 Patentics 中通过“两步法”更好更快地检索具有外文同族的 PCT 国家阶段申请，得到对比文件。该申请要求美国优先权，考虑该申请的特点，对比文件存在于美国专利库中的概率较大，因此选择美国申请和美国专利库。使用简单检索手段，在搜索框中输入“R/CN103562663”，这篇文献位于第 8 页（见图 1），位于很难浏览到的位置。

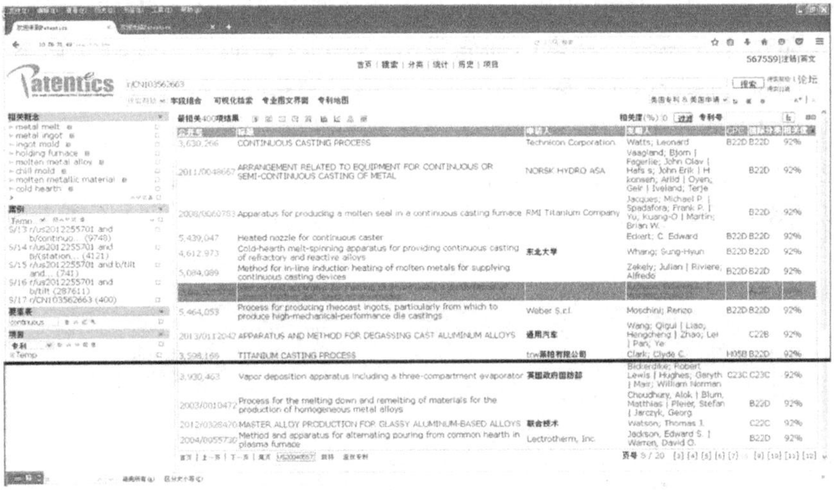

图 1　在搜索框中输入 R/CN103562663 得到的检索结果

尝试使用其他同族公开号进行检索，对比文件 1 的位置如表 1 所示。

表 1　使用不同同族公开号时对比文件 1 的位置

公开号	对比文件 1 位置
CN103562663	第 8 页
US2012255701	第 2 页
EP2694901	第 1 页
JP2014516316	不在前 400 篇
KR20140021653	第 4 页

总的来看，使用“R/英文同族公开号”的排序结果要好于非英文同族。由此猜想，使用中文同族公开号检索结果较差主要是由翻译带来的误差造成

的。在美国申请库/专利库中检索使用的是 Patentics 的英文模型，使用中文同族的公开号检索首先会将中文同族机器翻译成英文，再使用英文模型进行检索，而我们知道，中文同族本身已经是进入中国国家阶段时从英文翻译得来的结果，两次翻译使中文同族的英文译文与美国同族有所偏离，例如，中国同族英文翻译的权利要求 1 中将炉膛表达成“Refining furnace”“refining chamber”，将接收容器表达为“receiving container”，而美国同族中的相应表达为“refining hearth”“receiving receptacle”。经过一次“英译中”、一次“中译英”后得到的英文译文与原始的英文表达存在一定差异，这种差异也造成了 Patentics 对该申请理解上的偏差。索引是 Patentics 从申请文件中自动抽取的最能代表申请文件意思的 32 个关键词，从索引即能看出 Patentics 是如何“理解”该申请的。下面看看Patentics对中文同族的英文译文和美国同族的理解是否相同。

在中国申请库中按住“ctrl” + “复制专利键”得到该申请的英文翻译。从图 2 可以看出，中文同族英文译文的索引与美国同族的索引还是有不小的区别，只有画线的索引词一致，大部分索引词不同（7 个一致，22 个不一致）。

中文同族的英文译文

美国同族

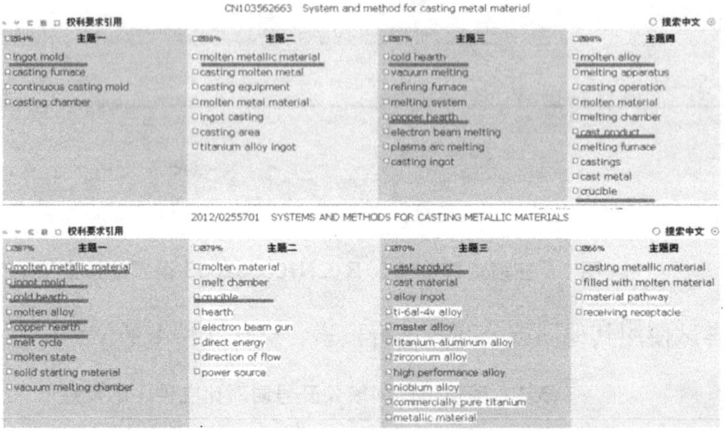

图 2　中文同族英文译文的索引与美国同族的索引比较

那么，中文同族和中文同族英文译文的索引词是否相同呢？由图 3 可以看出，相比于中文同族英文译文和美国同族，中文同族英文译文和中文同族的索引词的一致性要高得多，但是，仍然有一半的索引词是不一致的（14 个一致，15 个不一致）。我们猜想，这种不一致主要由两个原因造成：①英文机器翻译带来的误差；②提取索引词时使用的模型不同。提取中文同族的索引词时，Patentics 以中国申请文本为基向量进行运算提取；提取中文同族英文译文的索引词时，则是以美国文本为基向量。尽管提取索引词时使用的模型不同，中文同族英文译文和中文同族的索引词的一致性仍然高于中文同族英文译文和美国同族的索引词。由此可以认为，在提取索引词时，翻译的影响要大于所用模型的影响。

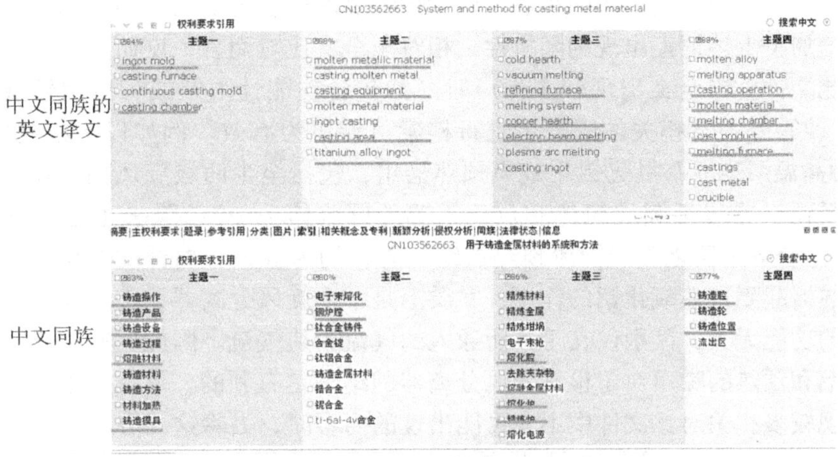

图3 中文同族英文译文的索引与中文同族的索引比较

因此，为使 Patentics 能够更准确地提取索引词、更准确地理解该申请，基于进入国家阶段的 PCT 申请的特点，在 Patentics 中在外文专利库进行检索时，最好使用和所检索数据库相同语言的同族进行检索，以避免多次翻译造成的表达偏差，使该申请的表达更符合对比文件的表达习惯。Patentics 收录了欧洲申请、欧洲专利、日本申请、韩国申请和韩国专利的申请和授权文件，其中的非英文专利文献均被机器翻译成了英文。当使用“r/公开号”在上述数据库中进行检索时，相信使用和所检索数据库相同语言的同族进行检索能达到更好的效果。

（二）简单检索基础上的人工干预

即使使用“r/US2012255701”进行检索，在美国申请库和美国专利库中检索时对比文件仍然排在第 2 页。这就意味着需要浏览 20 ~ 40 篇英文文献才能找到对比文件，这对于非英语母语的检索者进行浏览并选中而言是不小的负担。那么，如何通过人工干预使其排位更加靠前呢？现有的干预方法基本上有两种：一是不用“r/申请号或公开号”，自己重新改写一段话进行检索；二是更为简便地，选择合适的分类号和关键词进行限定。下面仍然以上述案例为例介绍如何根据实际情况选择合适的人工干预方式提高检索效率。

1. 通过重新改写进行人工干预

先尝试把美国同族的权利要求 1 输入检索框。对比文件 1 的排位非但没提前，反而下降到了第 15 页。再从美国同族的说明书中选取最能体现发明构思的两段去掉附图标记后放入搜索框，对比文件 1 不在前 400 个结果中了。反思一下，该发明权利要求中的表述多为熔化、精炼、炉膛、电子枪、流径这类通用的词汇和关于位置关系的表述，仅凭权利要求或者说明书中的个别段落进行检索增加了上述词汇出现的随机性，相对于全文比对而言，反而更不利于检索到对比文件。当全文出现较多噪声时（如包含功能性限定或者应用领域的限定），改写除去不相关的因素后进行检索可能更为有效。例如以下权利要求："一种高温煅烧 α－氧化铝用旋风预热器组，包括至少两级旋风预热器，所述的旋风预热器包括圆柱筒体和位于下部的圆锥体……"，除去主题名称中的"高温煅烧 α－氧化铝用旋风预热器组"外，均为旋风分离器的结构特征。旋风预热器起到预热氧化铝的作用，实质上是一个旋风分离器，其结构与预热氧化铝的功能无关，区别仅在于其所通入的气流为热气流。因此，通过改写去掉氧化铝和预热的噪声对于检索旋风分离器的结构是有利的。可见，当该申请全文出现较多相关对比文件中不太可能出现的内容时，去除这部分不相关内容的改写是有利的，其他情况则应当慎重。

2. 通过进一步限定分类号或关键词进行人工干预

(1) 通过进一步限定分类号进行人工干预

该申请的分类号为 F27B，美国同族的分类号为 B22D，Patentics 检索后，第 1 页文献的分类号也大多是 B22D。在 Patentics 中使用"搜索结果统计"进行统计，发现前 400 篇的分类大多为 B22D（见图 4），使用"r/US2012255701"的简单检索已经基本相当于"r/US2012255701 and icl/B22D"，即使再加分类号 icl/B22D 进行限定也没有太大意义。使用"r/US2012255701 and icl/B22D"进行检索，对比文件的排位也确实没有得到提升，仍然位于第 2 页。进一步分析搜索统计功能中给出的分类号含义，发现专利数排在第 2 位的大组 B22D-011 含义为"金属连续铸造，即长度不限的铸造"，与该申请能够连续铸造的技术效果契合，加入该分类号进行限定（r/US2012255701 and icl/B22D011），对比文件 1 上升至第 1 页。在进行"r/US2012255701 and icl/B22D011"的运算时，"icl/"的优先级高于"r/"，Patentics 会先进行分类号筛选，剔除不使用该分类号的美国文献，再将使用该分类号的美国文献进行排序。如果使用"r/US2012255701 and icl/B22D"，被剔除的美国文献少，相应地排序位于对比文件 1 前面的美国文献被剔除较少，排序提升作用就不明显。相应地，如果使用的分类号不准确，或分类号过细，可能将对比文件 1 剔除，造成漏检。可见，当能够得到更为准确或下位例如具体到组的分类号，进一步加分类号限定预期能提高相关对比文件排位，尤其是前 400 篇文献中只有部分使用了该分类号时会剔除部分文献，排序提升作用会更为明显。同时也需注意，过细或不准确的分类号限定可能滤去目标对比文件。

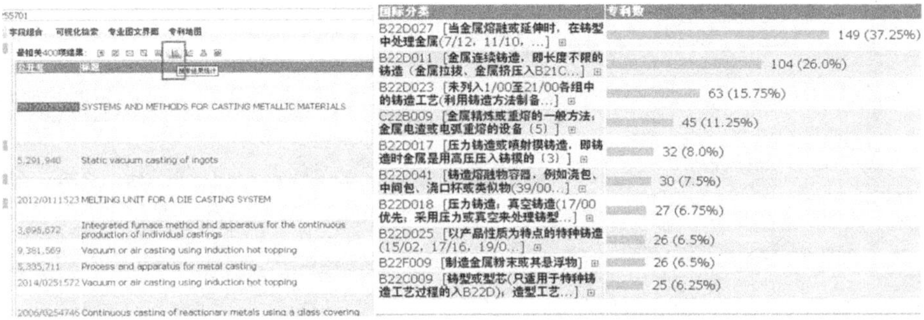

图4　使用“搜索结果统计”按钮进行分类号统计

（2）通过进一步限定关键词进行人工干预

在进行“r/US2012255701 and b/”关键词的运算时，“b/”的优先级高于“r/”，Patentics先进行关键词筛选，剔除在全文中未使用该关键词的美国文献，再将使用该关键词的美国文献进行排序。可以预期，如果前400篇美国文献中只有部分文献使用了该关键词，使用该关键词限定后对比文件1的排位会得到提升。由此可见，关键词的频率信息十分重要。Patentics提供了很好的关键词频率统计工具：要素表。要素表位于界面最左栏，不仅能够对限定的关键词高亮显示，还能统计前400篇文献中包含该关键词的文献篇数。

下面进行关键词的选择。关键词的选取可从多方面考虑。从技术领域考虑，该申请属于金属铸造领域，可提炼出的关键词为金属、铸造、熔炼、钛。但是反观分类号的含义，其已经较为准确地体现了该技术领域，而前400篇检索结果也大多属于这个领域，没有太大必要对技术领域进一步限定。从技术方案考虑，该申请的方案主要涉及熔融材料流径和各部件相对位置关系，关键词可提炼为流径、导向、电子枪、障碍。然而，这些关键词的表达比较多样，流径可表达为通路等，电子枪（electron gun）也可以被其他热源代替，导向（direct、guide）和障碍（obstacle、barrier）有多种可替代的表达方式，例如阻挡（obstruct）等。从技术效果考虑，该申请能够使金属的熔炼连续进行，接收容器可以是静止的，无须倾斜，因此可提取关键词静止（static或stationary）、倾斜（tilt）、连续（continuous）。对该案而言，技术效果的表达相对简洁和准确，发明构思类似的对比文件中预期有较大概率出现这些词。

将表达技术效果的关键词：static、stationary、tilt和continuous输入要素表，400篇文献中包含这些词的文献分别有34、77、31和253篇（见图5）。理论上，用目前的检索结果中包含数量比较少的关键词进行进一步限定，对检索结果的重新排序作用会更为明显。

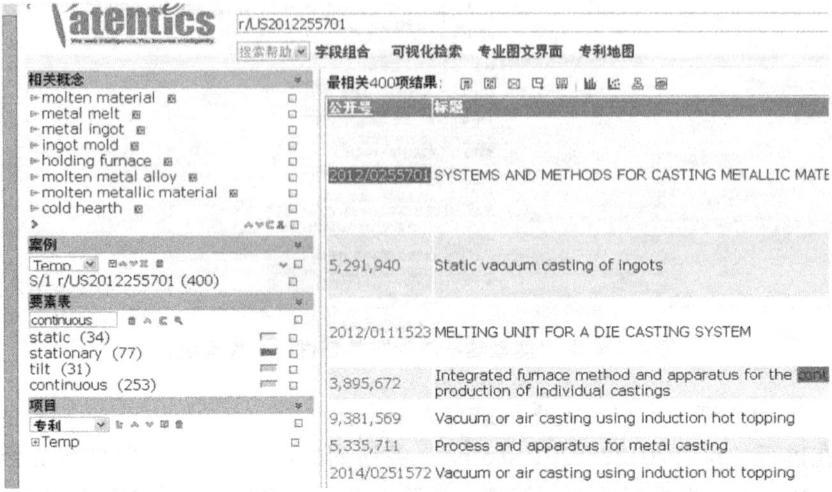

图 5　要素表统计前 400 篇文献中包含指定关键词的文献篇数

用“r/US2012255701 and b/（static OR stationary）”检索，对比文件 1 上升到了第 1 页。用“r/US2012255701 and b/tilt”检索，对比文件 1 同样上升到了第 1 页。加“continuous”限定，仍然位于第 2 页。同时，也尝试了加入“obstacle、barrier”，也有多种可替代的表达方式的关键词进行限定，对比文件 1 的排位提升效果不明显，或被滤去。

可见，人工干预中关键词的选择非常讲究。第一，因为干预时使用的“b/”是布尔运算，是“非有即无”的过滤，应尽量选取关键词在目标对比文件中大概率出现的关键词，不管其是体现发明点，还是出现在背景技术中，均能起到进一步的过滤作用。如果选取的关键词只以较小概率出现在目标对比文件中，“b/”限定可能将目标对比文件过滤掉。同时，应尽量避免有多种表达的关键词，避免出现因表达不全面把目标对比文件过滤掉的情况。如果关键词有多种表达，可通过“OR”将几种表达进行“或”运算，使表达尽量全面，这与 S 系统中关键词扩展的作用是一致的。相反，如果选取的是表达准确的关键词，即使是关于背景技术的描述，不涉及发明点（如该案中的 tilt），因为其大概率出现在目标对比文件中，也能起到很好的限定作用。第二，选择在未进行干预时在前 400 篇文献中出现次数相对较少的关键词为好。如果前 400 篇文献中大多包含该关键词，被该关键词剔除的文献较少，进一步限定意义也不大，不能明显影响排位。如果关键词在前 400 篇文献中出现次数过少，被该关键词剔除的文献较多，但同时目标对比文件也可能被剔除。这时应当考虑该关键词选取得是否过于片面，是否进行了全面的表达。在关键词在目标对比文件中大概率出现的前提下，我们建议优先使用在400篇对比文件中出现次数在30~150次的关键词。同时应该注意，用出现在前400篇中次数较少的关键词进行进一步限定的排序提升作用并不一定好于出现次数较大的关键词，提升作用如何还要看被剔除的文献中有多少是位于目标对比文件之前的。

四、小　结

从以上案例可见，通过Patentics对进入中国国家阶段的PCT申请进行外文专利检索时，可通过“两步法”提升检索效率。首先应在申请人所在国的申请库/专利库中通过“r/+公开号”进行简单检索。进行检索时应尽量使用与数据库相同语言的外文同族专利公开号，以减少翻译不准确、表达差异造成的影响。在简单检索不理想的情况下可进行人工干预，参考搜索结果统计功能和要素表给出的文献篇数选择合适分类号、关键词进行进一步限定。此外，在申请文件全文包含大量噪声时，可自行对申请文件进行改写，通过“r/+改写后的文字”进行检索。

提高检索效率的两个重要原则

葛加伍　白芳芳

摘　要：对于最常用的检索入口——分类号和关键词，按照“分类处理”“效率优先”的原则，划分成几类，检索的时候，首先检索的应该是技术上与本申请最相关、噪声最少、公开特征最多、出现对比文件概率最大的一批文献，然后检索技术上与本申请次相关、噪声次少、公开特征次多、出现对比文件概率次大的一批文献，最后才检索技术上与本申请相关、噪声多、公开特征一般、出现对比文件的概率小的一批文献。检索过程中，根据这两个原则，对相应的检索要素进行调整，以便快速高效地检索对比文件。

关键词：分类号　关键词　分类处理　效率优先　要素调整

一、引　言

检索工作是专利审查工作的基础，检索占据了整个审查工作的大部分时间，检索效率的提高则能在很大程度上促进审查效率的提高。

在所有的检索入口中，分类号和关键词是最常用的检索入口。[1] 笔者在审查过程中发现，运用好两个重要原则，即“分类处理”“效率优先”，合理地使用关键词和分类号，能极大地提高检索效率。

先解释下这两个重要原则。“分类处理”指检索的时候要把案件分门别类，这里不单单指按分类号分门别类，还可以按照其他方法进行分门别类，例如按

---

[1] 中华人民共和国国家知识产权局．专利审查指南 2010［M］．北京：知识产权出版社，2010：209－211.

申请人划分。按权利要求的撰写方式划分、按申请时间划分等，只要是有共性的、有规律性的，都可以分门别类。审查的时候，划分得越细，总结的规律越多，检索的时候效率自然越高。“效率优先”指的是检索的时候，首先检索的应该是技术上与本申请最相关、噪声最少、公开特征最多、出现对比文件概率最大的一批文献，然后检索技术上与本申请次相关、噪声次少、公开特征次多、出现对比文件概率次大的一批文献，最后才检索技术上与本申请相关、噪声多、公开特征一般、出现对比文件概率小的一批文献。

下面结合具体案例讲述两个重要原则如何合理地选择和使用分类号和关键词。

二、分类号的使用

设置分类号的一个重要原因在于方便检索专利文献。世界上主要的发达国家不断地开发更先进、更精细的分类体系，目的之一也在于提高检索的效率。但是每个分类体系包括的条目，少则几万条，多则几十万条。如此众多的分类条目，具体该怎样合理地使用？

（一）优先使用最精确噪声最少的分类号

每个审查员审查的领域可能涉及多个大组或小组，并不是每个分类号都很精确，有些分类号的内容可能很宽泛，涉及很多的技术领域，在平时的工作中，需要把那些分类最准确的分类号挑选出来。而且一个权利要求包括众多的技术特征，分类号的技术主题包括的技术特征只是其中的一部分。按照不同的技术特征，一个权利要求的技术方案可以有多个分类位置，但是，一个权利要求中只有少数的技术特征可以提炼出基本检索要素，多数的技术特征与基本检索要素没有关联，而检索是针对提炼出的基本检索要素进行检索，因此，一个分类号，其技术主题中包括的基本检索要素越多，检索到对比文件的概率越大。因此，对于一份专利申请，如果只有一个合适的分类位置，就使用这个分类位置的分类号进行检索；如果有多个分类位置，则根据其所包括的基本检索要素的多少，从包含基本检索要素最多而且最精确、噪声最少的分类号开始检索。

【案例 1】

申请号：200710001063.9

权利要求 1：一种用于导线之间相互连接用的快速接线桥，其特征在于该快速接线桥能在不使用任何辅助工具的情况下，将剥掉适当长度绝缘外皮的直径在一定范围内的若干根单芯或多芯导线相互之间快速绞合连接到一起，连接后不必将这一段相互绞合在一起的导线裸露部分进行绝缘处理，就完全能够达到导线之间紧密接触外部绝缘良好的要求。

首先查看分类号：

H01R 4/10 · 只由扭转、缠绕、弯曲、压接或其他永久变形起作用的

H01R 4/12 · · 用扭转

对于该申请，分类员给出的分类号为 H01R 4/12，权利要求 1 包括两个基本检索要素“导线之间的接线桥”“绞合”，其中分类号 H01R 4/10 和 H01R 4/12 均包含这两个基本检索要素，但是 H01R 4/12 是下位的小组，而且该小组下不包括缠绕、弯曲、压接或其他永久变形起作用的文献。对于该申请而言，分类号下 H01R 4/10 包括缠绕、弯曲、压接或其他永久变形起作用的文献，均是噪声，因此，H01R 4/12 是该申请最精确、噪声最少、与该申请最相关的分类号，优先使用该分类号进行检索。

在浏览界面中，第一篇文献——CN87216026U 即是可评述该申请权利要求的新颖性的 X 文献，而且该文献还可以评述剩余权利要求的创造性。

然而，并不是每个案子分类号都给得恰当，检索之前，还是应该核实分类号，查看分类员给出的分类号前后左右的相关分类号，自己从中选择出一个最精确、最恰当的分类号。

【案例 2】

申请号：200610026991.6

权利要求 1：一种多芯电源连接电缆线束，其特征在于：包括多芯电缆、两个接插件和端子，其中多芯电缆通过压接端子后根据接插件所示的对应号位装配，并且每一多芯电缆的两端分别装配在接插件内，两端分别对应相同的号位。

首先查看分类号。对于该申请，分类员给出的分类号为 H01R 11/11（由电线或电缆支承并具有便于与其他电线、端子或导电部件连接的装置的电线或电缆端部部件或抽头部件）。审查员在查阅分类表后发现，H01R 11/11 还有一个更下位的小组——H01R 11/32（有两个或两个以上端子的端接片）；从权利要求中可以看出，所述多芯电源连接电缆线束包括端子，虽然权利要求中未记载端子数量为两个或两个以上，但是本领域技术人员知晓，通常每根电缆线对应一个端子，多芯电源连接电缆线必然包括两个或两个以上端子的端接片，因此，H01R 11/32 是最合适的分类号，优先使用该分类号进行检索。

使用分类号命中 6 篇文献，其中的第 3 篇文献——CN2548279Y 可用于评述该申请权利要求的新颖性。

从案例 1 和案例 2 可知，使用精确的分类号进行检索，检索效率极高，因此，检索之前，可以花点时间查看 FI/FT、CPC，查找最精确、最恰当的分类号；检索过程中，遇到特别相关的背景技术文件，也应该留意相关的 FI/FT、

CPC 分类号。

（二）从等级最匹配的分类号开始

在审查领域里包括许多的小组、大组，如何确定哪个等级的分类号最精确？究竟该从哪个等级的分类号开始检索呢？

首先，分类号对应的是具体的技术主题，每个技术主题都包括又一个或多个技术特征，同样，权利要求也包括多个技术特征。如果分类号包括的一个或多个技术特征不多不少正好都对应体现在权利要求中，那样的分类号与权利要求最匹配，就精确；如果分类号有技术特征没对应体现在权利要求中，就不匹配。下面就以 H02J 9/00 为例，再结合两个案例具体讲述从哪个分类号进行检索：

H02J 9/00 用于紧急或备用电源的回路装置

H02J 9/02 · 其中的辅助配电系统和使用中的与其相关联的灯泡

H02J 9/04 · 其中的配电系统从正常电源断开并连到备用电源的

H02J 9/06 · · 带有自动转换的

H02J 9/08 · · · 需要起动原动机的

【案例 3】

申请号：200810137319. 3

权利要求 1：一种低功耗待机电路，其特征是：它包括一次电源和二次电源，一次电源与电器设备的待机电路互联，二次电源除与电器设备的待机电路互联外还连接电器设备的功率部分。

先看权利要求，其记载了“一次电源和二次电源”，与 H02J 9/00 中的技术特征“用于备用电源的回路装置”对应。包含这个特征，说明这个大组的技术内容与该申请很相关。再往下看，H02J 9/02 中有灯泡，权利要求中没有，二者不匹配；H02J 9/04 是用于配电系统的，配电系统属于高压，该申请的低功耗电路属于低压，二者也不匹配。因此，该申请的权利要求 1 与 H02J 9/00 这个大组的技术内容最匹配，检索的时候就从大组开始检索。

使用该大组分类号结合关键词“待机或软关机”很快检索到一篇新颖性 X 文件——CN201113545Y。

【案例 4】

申请号：200810068527. 2

权利要求 1：一种智能式双电源自动切换装置，其特征是：所述的切换装置包括控制单元、电源采样单元、切换单元、常用电源输入单元、备用电源输入单元、电源输出单元，常用电源输入单元和备用电源输入单元的电源线分别通过切换单元与电源输出单元相应的电源线相连接，常用电源输入单元和备用电源输入单元的电源线分别与电源采样单元的信号输入端连接，电源采样单元的信号输出端与控制单元的信号输入端连接，控制单元控制切换单元工作。

权利要求中记载了“双电源”，与 H02J 9/00 中的技术特征“用于备用电源的回路装置”对应，二点组中 H02J 9/06 中的技术特征“带有自动转换的”与权利要求中的“自动切换”相对应，三点组中 H02J 9/08 中的技术特征“需要起动原动机的”在权利要求中找不到与之相对应的技术特征，因此，二点组 H02J 9/06 与权利要求最匹配，从这个分类号开始检索。

使用分类号 H02J 9/06 结合关键词“采样或检测”检索到一篇新颖性 X 文献——CN2894032Y。

如果使用 H02J 9/06 没检索到对比文件，H02J 9/08 虽然与权利要求的技术特征不是最匹配，但是该分类号是 H02J 9/06 的下位组，该分类号的文献中都包括 H02J 9/06 这一小组的技术主题所含的技术特征，因此，再使用 H02J 9/08 进行检索。如果还没有检索到，按照“效率优先”的原则，就应该检索技术上与本申请次相关、噪声次少、公开特征次多的一批文献，这时就该用 H02J 9/06 的上位小组 H02J 9/04 进行检索。如果还没检索到，就该使用大组 H02J 9/00 进行检索。

（三）功能性分类位置结合应用性分类位置

若技术主题涉及某物的本质属性或功能，又涉及该物的特殊用途或应用，或其在某较大系统中的专门应用，则既按功能分类，又按应用分类。[1] 通常情况下，一份专利申请的功能性分类位置和应用性分类位置，分属于不同的部，而一名审查员的主审领域只是涉及某个大组或小组，对于其他部的分类并不熟悉。在平时审查过程中，应该多留意相互关联的功能性分类位置和应用性分类位置，将两个分类位置的分类号相结合，则可以快速地检索到对比文件。

【案例 5】

申请号：200710069430.9

权利要求 1：一种电汽车空气动力汽车停车场地自动蓄能装置，其特征在于把充电器分割为二部分，可移动部分和地面固定部分，可移动部分是磁场能量转化为电能（感生电流），地面固定部分是把电能转换成磁场能。

EPODOC 库检索式：

1	16074	B60L11/18/IC
2	6598	H02J17/00/IC
3	318	1 AND 2

[1] 中华人民共和国国家知识产权局．专利审查指南 2010［M］．北京：知识产权出版社，2010：209－211.

检索过程分析：首先，核对分类号。分类员给了三个分类号 H02J 17/00、H02J 7/00、H01F 38/14。其中，H02J 17/00 最精确。检索过程中，发现了一个电汽车的电池方面的分类号 B60L 11/18。在 EPODOC 库，使用了上面的三个检索式，得到 318 个检索结果。浏览的时候发现，检索到的文献都跟该申请的技术方案非常相关，噪声极少，其中公开日早于该申请的申请日，可以作为 X/Y 类对比文件的文献至少有 50 篇以上。

从上面的这个案例可知：一份专利申请的功能性分类位置和应用性分类位置都跟该申请的技术方案密切相关，而且两个分类位置侧重于不同的技术细节；使用两个分类号相与，是快速检索对比文件的一个重要途径。

如果使用两个分类号相与，没检索到对比文件，就分别使用分类号，再使用一些关键词进行检索，功能性和应用性分类位置的分类号都要检索。

（四）试探性地使用不精确的分类号

有些分类号非常宽泛，包罗万象，各种各样的技术都包含，例如 H02J 13/00（对网络情况提供远距离指示的电路装置，例如网络中每个电路保护器的开合情况的瞬时记录；对配电网络中的开关装置进行远距离控制的电路装置，例如用网络传送的脉冲编码信号接入或断开电流用户），而且该大组下面没细分的小组。对于这样的分类号，可以先使用分类号进行试探性检索。如果没有检索到合适的对比文件，应该将检索的重点放在使用关键词进行检索。

三、关键词的使用

关键词是最常用的检索入口，按照“分类处理”“效率优先”的原则，可以将关键词进行分门别类，具体可以分为以下几种。

（一）同义词少易扩展完全类关键词

在对基本检索要素进行扩展时，需要在意义上完整表达该基本检索要素。意义上完整应充分考虑关键词的各种同义词、近义词、反义词、上位概念、下位概念、等同特征等。有些关键词很容易表达完整，例如电容，其没有同义词、近义词、等同特征，虽然其有上位概念“阻抗元件”，但是阻抗元件包括三种元件：电容、电阻、电感，其中电阻和电感是与电容完全不同特性的阻抗元件。如果一个电路中使用了电容，通常情况下使用电阻或电感是不能解决其技术问题的，因此，申请人极少使用电容的上位概念“阻抗元件”。电容也有下位概念，例如超级电容、电解电容、电容器组，这些下位概念均包括“电容”一词，而且，电容一词的英文表达方式也相对简单，仅 capacitance 和 capacitor 两种。因此，检索的时候多使用这样的词。

（二）按领域或应用范围扩展类关键词

有些关键词，在不同的领域或应用场合需要扩展的其他关键词也会不同。例如电路板，如果是单纯的对电路板的部件或制作方法或接口相关部件的改进，其同义词大致包括 PCB、基板、电路板、线路板、控制板、印刷板。但是，如果电路板是作为一个控制部件出现在一个系统中，例如，一种用于控制电机的系统，其包括电路板……，电路板是控制器的下位概念，与电路板有类似功能的部件还有 IC、芯片、CPU、中央处理器、处理单元、DSP、可编程控制器、CPLD、单片机等。

再如“槽”，在电机领域，如果是特指“定子上的槽”，就不需要扩展到其他的关键词，其英文表达也相对统一——slot；如果不是在这个领域，不是特指“定子槽”，那么其同义词就有“凹”“切口”“缺口”“缝隙”“间隙”“孔”“洞”“开口”“通道”，等等，英文表达方式则更多。

（三）同义词多难扩展完全类关键词

有些关键词，所属领域没有统一的表达方式，同义词多，即使工作过很长时间，积累了相应的同义词，也很难将其所有的同义词或其他表达方式查找完全，例如前面提到的“凹口”。对于基本检索要素中包括的此类关键词，可以使用以下处理方式。

1. 使用相关联的功能性、效果类或技术问题类的关键词进行检索

某一个基本检索要素的关键词有多种表达形式，相应的噪声也非常大，但是相关联的功能性、效果类或技术问题类的表达方式相对统一，噪声少，检索的时候可以先使用此类的关键词进行检索。

【案例 6】

申请号：PCT/2016/095553

权利要求 1：一种音圈电机启动控制方法，包括：控制音圈电机驱动器向音圈电机输出启动电流，所述启动电流为控制所述音圈电机带动镜头组件移动的最小电流；根据获取的电流阶跃变化时间和电流阶跃变化值，控制所述音圈电机驱动器向所述音圈电机输出驱动电流，直到控制所述音圈电机带动所述镜头组件移动到目标位置，其中，所述驱动电流为以所述启动电流为起始值、以所述电流阶跃变化时间为步长、以所述电流阶跃变化值为步进的、阶跃增大的电流。

权利要求 1 描述了音圈电机具体的启动过程，通常情况下从权利要求中提取关键词，但是，该权利要求中与发明点相关的基本检索要素“阶跃增大的电流”有多种表达形式，例如，递增的电流、逐渐增加的电流、步进的电流、变化的电流、变动的电流等，如果使用“阶跃增大的电流”类似的表达进行检

索，则难以检索到对比文件。

该申请发明内容部分记载了“提供一种音圈电机启动控制方法及装置、摄像头模组，以解决相关技术中音圈电机启动时镜头组件在目标位置产生大幅度阻尼振荡的问题，从而提高摄像头模组的寿命，消除摄像头开启时产生的噪音”。可见，该申请的技术方案主要的技术效果为消除噪音，“噪音”一词表达方式相对统一，使用“噪音”结合领域类关键词“音圈电机”在S系统CNABS中得到12个检索结果，从中得到CN102468803A等多篇X类对比文件。

可见，对于具体的机械结构、电路结构、工作过程，难以从权利要求中提取出有效的关键词，或者关键词难以扩展全面，可以从功能性、效果类或技术问题类关键词入手，进行有效的检索。

2. 选择最通用、使用频率最高的关键词进行检索

对于同义词多的关键词，虽然表达方式多，但是这些表达方式中，总有一种或几种是最通用、使用频率最高的，其覆盖的文献量最多，最有可能检索到对比文件。检索的时候可以先使用最通用、使用频率最高的关键词进行检索；如果没有检索到合适的对比文件，再进行其他方面的扩展。

再回头看案例4，权利要求包括两个检索要素：“双电源自动切换装置”和“电源采样单元”，检索要素“双电源自动切换装置”对应分类号H02J 9/06，检索要素“电源采样单元”对应的关键词可表达为采样、检测、感测、测量、监测、监控、测控、传感器、互感器等。对于检索要素“电源采样单元”，“采样”和“检测”这两个词使用的频率最高，使用这两个关键词，最有可能检索到对比文件。审查员使用这两个关键词结合分类号，命中多篇X文献，最后选择了CN2894032Y作为对比文件。

从这个案例，可以得到启示：对于一个检索要素，可以先使用那些最通用、命中文献量最多、使用频率相对较高的关键词；如果没有检索到对比文献，再进行必要的扩展，以避免漏检。

3. 不使用此类关键词进行检索

一份专利申请一般包括多个基本检索要素，如果其中的一个基本检索要素包括的关键词同义词多，不好表达完整，而使用其他的基本检索要素能够将需要浏览的文献限定在一定的范围内，达到可以进行直接浏览的程度，则可以舍弃那些同义词多、不好表达完整的关键词进行检索。

【案例7】

申请号：200710301517.4

权利要求1：一种离心式冷媒压缩机马达，其特征在于，包含：一壳体，其上设有供冷媒出入的入口及出口；一定子，呈中空筒状并固定于该壳体中，

该定子上设有至少一径向孔洞；一转子，位于定子中而枢接于前后马达端板，该前后马达端板固接于该壳体，该转子外径上设有至少一沟槽；以及一导引件，固定于该壳体中；其中，当冷媒依序通过入口、径向孔洞以及沟槽后，该导引件将冷媒导引通过该定子的两端，而后再由出口离开该壳体。

该申请的发明点就在于“转子外径上的沟槽”［见图1（a）］，检索的时候，没有使用“沟槽”进行检索，在EPODOC库检索到一篇对比文件［见图1（b）］。

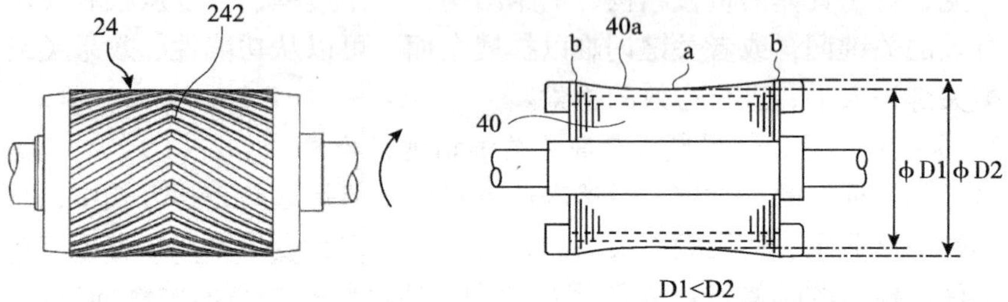

（a）案例7申请附图5（V形沟槽）　　（b）对比文件1（并未说明是沟槽）

图1

浏览完对比文件后得知，对比文件1在说明书中没有文字记载转子外径上有沟槽，在对比文件的说明书中，相应的表述是“D1 < D2”，从附图中看，b点高于a，其实际就是个沟槽，而且是个V形槽。假设使用“沟槽”这个词，即使使用已知的所有的同义词进行检索，也会遗漏该对比文件。

4. 极难扩展类关键词

申请人在某种背景技术基础之上获得一项发明技术，撰写时常会采用自造词或新颖的描述方式。对于审查员来说，自造词或新颖的描述方式很难提取出较准确的关键词。但是背景技术使用的关键词在不同的申请人或作者之间是通用的，利用背景技术的关键词的通用性，可以间接地检索到对比文件。

【案例8】

申请号：200610106560.0

权利要求1：一种变电站的电压无功控制系统，具有远程终端设备RTU、与RTU和本地控制系统连接起来的光纤通道或电力载波线路、与电网和本地控制系统连接的变压器和电容器，以及与远程终端设备RTU和本地控制系统连接起来的电子计算机，其特征为：与远程终端设备RTU和本地控制系统连接起来的电子计算机装置有按十五区图实施控制的电子计算机的软件。

该申请的背景技术中提及：“目前在变电站的电压无功控制中，用的是传统的九区图控制方法。本申请对传统的九区图控制方法进行改进，提供一种十五区图控制方法。”在权利要求中，申请人使用了自造词“十五区”。使用“十五区”在CNABS库中进行检索，仅得到一篇文献，即该申请。对于申请人使用的自造词，审查员无法进行扩展。但是阅读背景技术之后，发现该申请是在九区图的技术上发展起来的，如果存在对比文件的话，对比文件的申请人或作者的背景技术中也应该记载了“九区图”。因此，使用“九区”这一关键词进行检索，在CNKI中检索到X类文献（《电压－无功集中控制系统开发研究》，龚迪琛，电子科技大学硕士学位论文，2004年3月）。通过阅读该文献，得知作者使用的技术术语是“加上模糊控制边界的九区图”。

由案例8可知，当一份专利申请的技术术语表达方式不专业、难以提取出好用的关键词时，可以充分利用背景技术的关键词的专业性、通用性，检索对比文件。实际审查过程中，审查员检索到更相关的背景技术文件，也应当留意这些背景技术文件中使用的关键词，再根据这些关键词进行更为有效的检索。

四、检索要素的调整

使用块检索时，首先使用全要素组合，因为使用全要素组合检索到X类文献可能性最大，但是检索结果最少，而且漏检的比例较大。使用全要素组合检索结果少、漏检的重要原因在于，其中一个检索要素使用的关键词或分类号与对比文件的关键词或分类号不一致，因此，在使用全要素组合检索不到对比文件的情况下，就该考虑对检索要素进行调整。如果不知晓需要调整的检索要素还有其他表述方式的情况下，则直接舍弃部分需要调整的检索要素，使用另一部分检索要素进行检索。究竟该调整或舍弃哪部分检索要素呢？

一份专利申请包括的多个检索要素，涉及一个或多个分类号，以及一个或多个关键词。这些分类号或关键词中，精确的分类号和同义词少易扩展完全的关键词检索到对比文件的可能性最大，宽泛的分类号、难扩展完全类的关键词检索到对比文件的可能性最小。因此，对检索要素进行调整时，最先被调整的是那些检索到对比文件的可能性小的分类号或关键词，而应该保留那些检索到对比文件的可能性最大的分类号或关键词。

【案例9】

申请号：200910163012.5

权利要求1：一种节电型蓄电池快速充电器，其特征在于：简化了充电器开关电源结构，不再采用高频脉冲变压器进行降压的方式，而是采用两级滤波电容中间加一级电子开关的方式取代高频脉冲变压器进行降压；第一级滤波电容将交流电经桥式整流、电容滤波后形成的较高直流电源，通过中间电子开关导通频率和占空比的控制向第二级滤波电容充电，形成脉宽调制即PWM调压方式；第二级滤波电容上电压的高低取决于中间电子开关导通频率和占空比构成的平均电压，检测第二级滤波电容上的电压并经 A/D 转换成数字量送入单片机，与设定电压比较后，通过对电子开关进行调节使第二级滤波电容上的电压达到设定值，用于蓄电池进行充电，去掉了高频脉冲变压器，提高了效率。

（1）基本检索要素（见表1）

表1　基本检索要素

基本检索要素	A. 快速充电	B. 电容	C. PWM
关键词	快速充电	电容	PWM，脉冲调制，脉宽调制
	quick charge，fast charge	capacitor，capacitance	PWM，pulse

（2）完整性分析

根据浏览文献以及以往的审查经验可知，检索要素 A、B 表达相对较完整，至于检索要素 C，其是一种控制方式，申请人可能使用上位的“控制器”进行表述，而且其还有很多种实施该控制方式的部件，申请人也可能使用具体实施控制该控制方式的部件进行表述，该检索要素 C 表达相对不完整。

（3）检索过程

EPODOC 数据库：

1	4019	(FAST +/ALL OR QUICK +/ALL) 2D CHARG +/ALL
2	375334	CAPACITANCE? /ALL OR CAPACITOR? /ALL
3	513930	PWM OR PULSE? /ALL
4	129	1 AND 2 AND 3
5	767	1 AND 2
6	638	5 NOT 4

（4）检索过程分析

首先使用基本检索要素 A 与 B 与 C，得到 129 个检索结果，其中没有对比文件。然后，经过分析可知，基本检索要素 A 和检索要素 B 表达相对完整，基本检索要素 C 需要进行调整。在不知道基本检索要素 C 还有其他表达方式的情况下，直接舍弃基本检索要素 C，优先使用 A 和 B 两个基本检索要素进行组合，得到 767 个检索结果。去除已浏览过的文献，得到 638 个检索结果。虽然结果有些多，但是除去同族以及时间不能用的文献，在检索式 6 得到 X 类对比文件 US20030102845A1。阅读完该对比文件后发现，该对比文件的说明书和说明书附图中记载有“PWM control circuit”，但是其摘要和权利要求中的相应描述为“buck regulator”。很显然，如果不考虑基本检索要素表达完整性，而是先使用基本检索要素 C、B 组合或 C、A 组合，则无法检索到对比文件 US2003/0102845A1，浪费大量的浏览时间。

五、结　论

在使用分类号和关键词这两种最常用的检索入口进行检索时，使用不同的分类号或关键词检索到对比文件的概率有大有小。检索的时候，对这些检索入口进行分理处理，运用效率优先的原则，先使用全要素组合：首先检索的应该是技术上与本申请最相关、噪声最少、公开特征最多、出现对比文件概率最大的一批文献；如果未能检索到对比文件，则对检索式进行调整，首先被调整的是检索到对比文件概率最小的那个分类号或关键词，然后检索技术上与本申请次相关、噪声次少、公开特征次多、出现对比文件的概率次大的一批文献；如果仍未检索到对比文件，最后才检索技术上与本申请相关、噪声多、公开特征一般、出现对比文件概率小的一批文献。

探析全文专利数据库在化合物检索中的巧妙应用

严　华　原学宁　李　冰

摘　要： 化合物申请通常采用马库什化合物或具体化合物的撰写方式来表达，体现出来的检索要素一般是结构式。检索时选择的数据库无疑是 STN，这主要归因于检索要素易于表达、STN 数据库本身的强大等特性。但是 STN 的使用费用昂贵，熟练程度及技巧要求较高。全文专利数据库对于专利文献而言具有覆盖全面、无经济成本等优点，却因检索要素难表达、杂音大等固有缺陷使审查员止步。本文在前期研究的基础上，结合化合物申请的特点，巧妙使用运算符 nd 以及 frec 各自的定义，并结合具体案例的检索，发现了表达式（K1/frec > n^1）10d（K2/frec > n^2）在化合物申请中的妙用，实现了全文数据库在化合物申请上的运用，而且在很大程度上有效地降低了噪声以及经济成本。

关键词： 全文数据库　10d　frec　化合物

一、前　言

化合物申请是化学领域中最为常见的一类申请，从撰写方式上来看可分为马库什化合物申请和具体化合物申请。这类申请在检索要素表达以及具体检索时有别于其他类申请，主要区别在于：核心关键词难以有效、准确地表达出化合物结构本身的特性，尤其是在摘要数据库中申请人通常是以化合物的结构来展现其所要保护的技术方案，而非使用关键词来表达其化学名称，同时通式化合物中变量又涵盖了大量的结构定义（其中也可能涵盖了核心关键词对应的结构），进而导致使用关键词在摘要数据库或全文数据库中难以检索出相关的文献，而且噪声特别大，难以浏览筛选出对比文件。基于这种特性，对于化合物申请进行检索时，审查员往往直接选择 STN 或 CA 数据库进行检索。

因此，目前对于化合物申请检索的研究，主要聚焦在 STN 或 CA 数据库检索的使用技巧以及费用如何降低上，而研究如何使用关键词在专利数据库中对化合物申请进行检索却很鲜见。例如，徐赤提出通过 STN 数据库中子集检索能有效将马库什通式化合物的新颖性和创造性有机地结合在一起；❶ 陈宁等研究了在使用 STN 数据库检索通式化合物时，如何确定有效的检索策略和灵活运用 STN 数据库的工具来提高检索效率；❷ 蒋世超发现利用 CA 的物质等级功能、采用浏览式的检索能快速抓取命中的或相似的物质，检索时相对于 STN 而言较全面和准确，且更为节省时间和费用。❸ 尽管如此，STN 数据库本身仍然存在固有的缺陷，如使用费用较昂贵，对使用者掌握其技巧的程度要求较高等。

虽然有机领域审查员普遍认为在专利数据库中难以使用关键词有效地对化合物进行表达，并准确地检索出相关文献，但是申请人为了充分公开发明的技术方案及其技术效果，在撰写化合物专利申请说明书时，通常在实施例或制备例部分会使用关键词较为详细地描述化合物的化学名称及其制备方法，且这些制备得到的具体化合物均具有共同的结构。这也就是说在说明书的部分能够准确地使用关键词来表达出这些化合物的共同结构。因此，如果关键词使用恰当，在全文数据库中也能检索到这些相关文献。

尽管审查员认为使用 S 系统全文数据库进行检索时结果噪声非常大，浏览效率低甚至无法浏览，但前期研究中发现检索表达式“（K1/frec > n^1）nd（K2/frec > n^2）”有效地将运算符 nd 和 frec 的优点紧密地结合在一起，突出关键词之间的关系，克服了各自自身固有的缺陷，同时又提出了使用检索表达式“（K1/frec > n^1）100d（K2/frec > n^2）”在全文数据库中检索时不仅能保证检索全面，还能有效地降低噪声以提高检索效率（见图 1）。❹

---

❶ 徐赤. 利用 STN 检索系统检索马库什通式化合物的策略探索［J］. 审查业务通讯，2011，17（5）：42－49.

❷ 陈宁，等. 通式化合物在 STN 数据库中的检索策略［J］. 审查业务通讯，2011，17（5）：88－92.

❸ 蒋世超. CA 物质等级检索与 STN 检索之比较［J］. 审查业务通讯，2010，16（2）：64－67.

❹ 严华，宋增锋. 巧妙提高 S 系统全文数据库的检索效率［M］//专利审查研究 2014（第六辑）. 北京：知识产权出版社，2014：153－159.

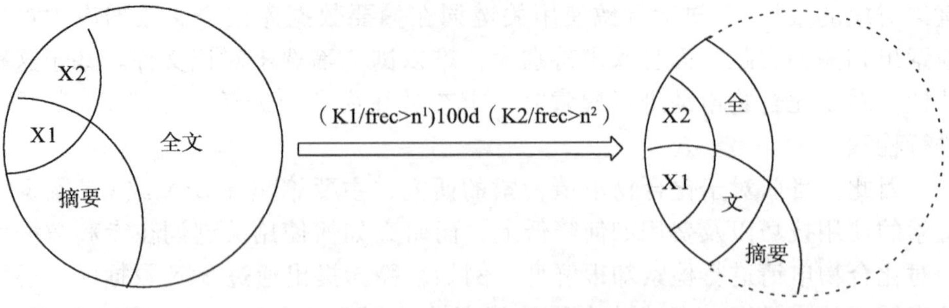

图1　全文库使用（K1/frec > n^1）100d（K2/frec > n^2）前后的比较

那么在前期研究的基础上，本文进一步探索检索表达式“（K1/frec > n^1）nd（K2/frec > n^2）”是否也能在化合物申请中进行使用，并在全文数据库中检索出相关文献。本文在使用具体案例进行探索的过程中，确定出了检索式中 n 的有效取值为 10，并结合摘要数据库以及 STN 数据库检索来验证该检索式的有效性；此外，为了确定检索式能否广泛适用于化合物专利申请，本文从化合物专利申请中选出多个具体案例并通过在摘要数据库、全文数据库以及 STN 数据库中进行检索，通过多方位、多角度的对比分析来确定其普遍的适用性。

二、10d 和 frec 联合使用的确认和验证

为了能准确地表达出上述检索式，以便于在实际审查过程中较好地应用，本文拟在全文数据库中通过使用运算符 nd 对案例 1 进行检索并将其结果进行对比来确定 n 的有效取值。

1. n 值的确认

【案例 1】 200610129467. 1

一种具有除草活性的三氟甲基苯基哒嗪类衍生物，其特征在于该类衍生物的通式（Ⅰ）或（Ⅱ）（变量具体请见申请文件）：

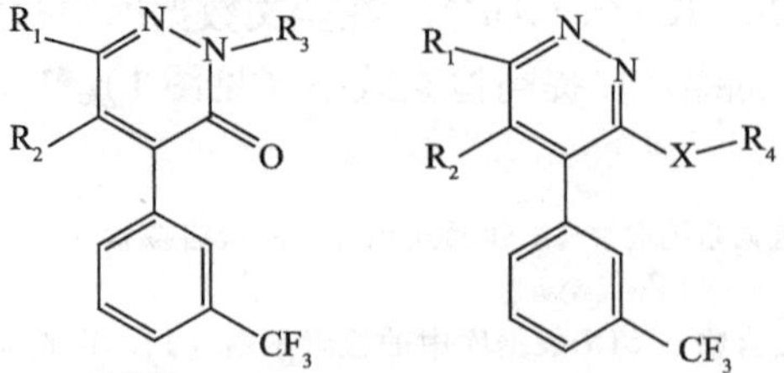

（Ⅰ）　　（Ⅱ）

检索式 1：三氟甲基苯 nd 哒嗪（见表 1）。

表 1　nd 的检索结果

运算符	and	5d	10d	20d	40d	50d	80d	100d
文献数	7913	25	52	128	154	156	168	173
A + X/Y	2	2	2	2	2	2	2	2

从表 1 中可以看出：随着 n 值越来越大，所检出的文献也越多，但相关文献（即 A + X/Y）变化不大，而杂音却在倍增，其中文献检出量的递增幅度在 n 为 10 之前增加，而在 10 之后逐渐降低，且在 10 之后递增的文献与发明完全不相关，表明 n 为 10 时相关文献（包括 A 类文献）的覆盖度相对较全面；同时，在化合物专利申请中，在实施例或化合物制备例中往往会采用关键词对该化合物结构进行命名，而体现主结构以及发明构思的核心关键词之间的间隔一般难以超过 10 个字符。因此出于关键词在文献中的分布、覆盖相关文献的全面性以及 X/Y 文献的检出率等多方面的考虑，本文初步确定 n 为 10 作为检索式的有效值。

2. n = 10 的有效性验证

n 值为 10 的检索式是否能够较好地突出全文数据库在化合物专利申请检索中的优点，同时又能避免其自身缺点（即满足本文的要求）？下面以 X/Y 类文献和总文献的检出量为标准，将 n 为 10 的检索式并结合申请时间点分别与运算符 nd 以及摘要数据库 CNABS、CPRSABS 和 STN 进行比较。

【检索过程】

CNTXT：三氟甲基苯/frec > 1 10D 哒嗪/frec > 1 and（PD = 1900：2006 - 12）<SS：17，X：CN1676518A >

西文全文数据库：（trifluoromethylphenyl）10d（pyridazin +/frec > 2）and（PD = 1900：2006 - 12）<SS：86，X：US5097028A >

CNTXT：三氟甲基苯 10D 哒嗪 <SS：52，X：CN1676518A >

CNABS：三氟甲基苯 AND 哒嗪 <SS：486，X：0，A：0 >

CPRSABS：三氟甲基苯 AND 哒嗪 <SS：36，X：0，A：0 >

STN：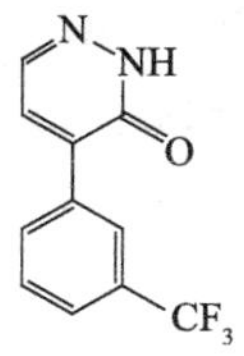

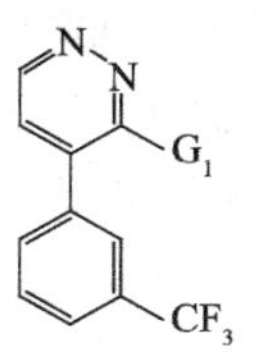

，G_1 = O，S，N　<SS：X：7，其中 4 篇

非专利文献、3 篇专利文献 CN1676518A、DE4423934A1 以及 US5097028A）❶。

三、10d 和 frec 联合使用的普适性验证

为了充分地证明本文检索式的有效性，以及验证其是否能广泛适用于化合物领域申请，便于有机领域审查员的使用，下面从化合物专利申请中选两个各具特色的具体案例进行检索，并结合全文数据库中运算符 10d 结合申请日以及摘要数据库 CNABS 、CPRSABS 和 STN 的检索进行全方位的对比及分析。

【案例 2】 200810028327.4

一种卤代核苷类药物酯衍生物，其通式如下：

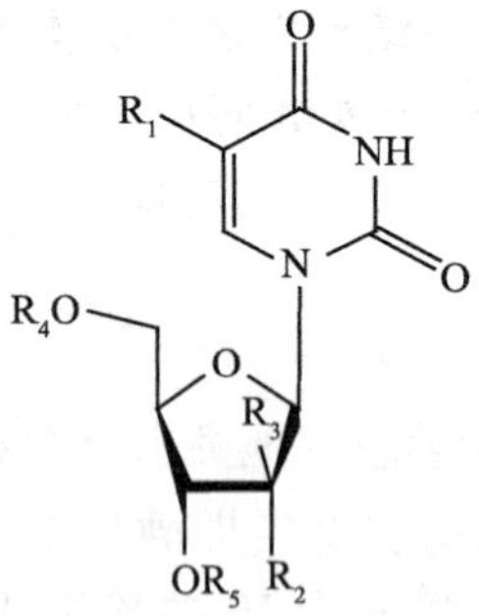

其中：R_1代表卤素原子；R_2代表氢原子、羟基或氟原子；R_3代表氢原子或羟基；R_4和 R_5代表氢原子、月桂酰基、特戊酰基、2－乙基己酰基、巴豆酰基、甲基丙烯酰基或肉桂酰基，并且 R_4和 R_5不同时为氢原子。

【检索过程】

CNTXT：（尿苷/frec >2）10d （酯/frec >2）and（PD = 1900：2008） <SS：95，X：CN100999749 >

西文全文数据库：（FLUOROURIDINE/FREC > 3 OR BROMOURIDINE/FREC >3）10D DEOXY/FREC >1 and（PD = 1900：2008） < SS：109，X：US4788171 >

CNABS：（尿苷 AND 酯）and（PD =1900：2008） <SS：370，X：1 >

CPRSABS：（尿苷 AND 酯）and（PD =1900：2008） <SS：36，X：1 >

STN：<SS：48，X（专利文献）：CN100999749、US4788171、EP0056265

❶ 陈宁，等．通式化合物在 STN 数据库中的检索策略［J］．审查业务通讯，2011，17（5）：88－92.

（非英文文献）、JP2078696、JP60004198 >❶

【**案例3**】200710151273.6

一种嘧啶衍生物，其结构式如下：

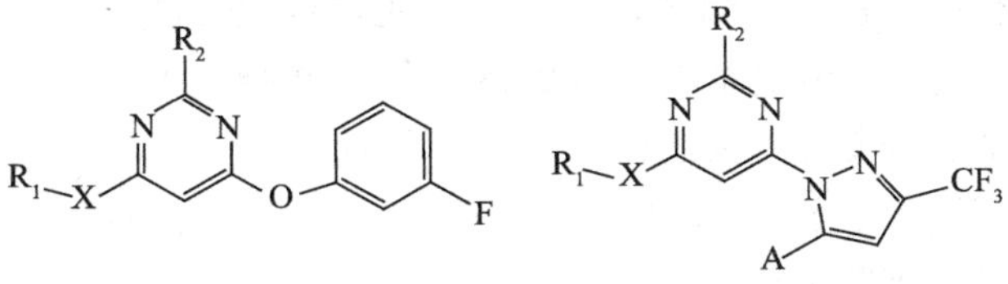

I　　　　Ⅱ

其中：X = O，N，S；$R_1 = F_2C = CHCH_2$，$F_2C = CHCH_2CH_2$，$HC \equiv CCH_2O$，$HC \equiv CCH_2CH_2O$，$Cl_2C = CHCH_2O$，$H_2C = CHCH_2O$；R_2 = H，CH_3，Cl，F，CH_3O；A = H，CH_3，Cl，F，CH_3O，CF_3。

【检索过程】

CNTXT：1（（嘧啶/frec >3）10d（烯/frec >2　OR 炔/frec >2））and（PD = 1900：2008）<SS：1544>

2 杀虫 and（PD = 1900：2008）<SS：25998>

3 1and 2 < SS：226；X：CN1688571A、CN1098718A、CN1478082A、WO2006072426A1（同族CN101137649A）>

CNABS：（嘧啶 AND（烯 OR 炔））and 杀虫 and（PD = 1900：2007）<SS：462，X：CN1688571A、CN1098718A、CN1478082A、X：WO2006072426A1（同族CN101137649A）>

CPRSABS：（嘧啶 AND（烯 OR 炔））and 杀虫 and（PD = 1900：2007）< SS：123，X：CN1688571A、CN1098718A、CN1478082、WO2006072426A1（同族CN101137649A >

STN：< SS：59，X：JP2006036706A、CN1688571A、CN1478082A、WO2006072426A1（同族CN101137649A）>❷

四、小结与分析

通过对上述具体案例的检索及其结果分析可以看出，本文检索表达式不仅能降低漏检的风险，而且还能使全文的检索效率大大提高，当然自身也存在一

❶ 徐赤．利用STN检索系统检索马库什通式化合物的策略探索［J］．审查业务通讯，2011，17（5）：42－49.

❷ 蒋世超．CA物质等级检索与STN检索之比较［J］．审查业务通讯，2010，16（2）：64－67.

定的缺陷。现就其优缺点大致总结如下。

（1）对于化合物申请而言，使用检索表达式“（K1/frec > n^1）10d（K2/frec > n^2）”在全文库中进行检索时，不仅克服了之前在专利文献库中无法对化合物申请进行有效检索的认知缺陷，而且还能在很大程度上去除噪声，甚至文献浏览量还可能会低于专利摘要库检索的结果，并避免了摘要数据库漏检的风险。此外，在浏览全文库检索的结果时，不妨使用 S 系统中快速详细浏览的全文文本格式进行浏览，该文本能够高亮显示出检索关键词，无须详细浏览全文，大大地减轻了浏览工作量。

（2）虽然化合物申请中单独核心关键词难以有效地表达出化合物结构的特性，尤其是马库什化合物，但是本文利用运算符 nd 和 frec 的优点有效地将核心关键词紧密结合在一起，并较为准确地表达出化合物共有结构的构成要素，同时又能大大地去除因非共有结构所带来的噪声，提高检索效率。例如案例 1，虽然该申请为马库什化合物申请，且权利要求 1 中涉及两类马库什化合物，但从这两类化合物的结构以及说明书的制备例中不难看出，这些化合物共有的结构为三氟甲基苯和哒嗪构成的结构。而在本文检索表达式“三氟甲基苯/frec > 1 10d 哒嗪/frec > 1”中，不仅运算符 10d 突出了三氟甲基苯和哒嗪之间的关系，较为准确地表达了共有结构，而且运算符 frec 还有效地排除了因发明点非共有结构带来的噪声。

（3）虽然摘要数据库基于自身的特点以及特有的浏览方式，检索效率相对较高，但是，其因受关键词标引以及化合物申请撰写特点的限制，存在较大的漏检风险。从表 2 中可以看出，案例 1 的 X/Y 类文献在 CNABS 和 CPRSABS 中漏检，而案例 1 ~ 3 在全文库中使用本文检索式检索时均检出了 X/Y 类文献，避免了漏检的风险。此外，在全文库中使用本文检索式检出的文献量在一定程度上还可能少于摘要库检索的结果，如案例 1 ~ 3。这也就使全文库检索的噪声低于摘要库的噪声，这在一定程度上能克服审查员心理的阴影——全文库噪声大。

表 2　全文库使用（K1/frec > n^1）10d（K2/frec > n^2）与 CNABS、CPRSABS 的比较

	案例 1	案例 2	案例 3
本文中文检索式（全文库）	1/17	1/95	4/226
CNABS	0/486	1/370	4/462
CPRSABS	0/36	1/36	4/123

（4）本文检索表达式能够不仅促使全文数据库能运用于化合物申请的检

索，而且相对于STN而言，大大地降低了经济成本，节省了时间成本，提高了检索效率。尤其是检索中文对比文献时（见表3），在中文全文库中使用本文检索表达式时能快速获取到对比文件，而且提炼核心关键词时也非常简便，仅需依据化合物结构的共性来提取就行。例如案例3，虽然涉及两类通式化合物，但这些通式化合物的共性就是含有嘧啶和烯基或炔基构成的结构，则提炼的关键词就是"嘧啶""烯"和"炔"。如果使用本文检索式检索时还存在较多的噪声，还可以结合时间以及技术效果在"限制检索"或"二级检索"中进一步排除噪声，无须在STN数据库中分别绘画出两类通式结构进行检索，大大节省了时间成本，而且无需技术熟练程度。

表3 中文全文库使用（$K1/frec>n^1$）10d（$K2/frec>n^2$）与STN的比较（检索中文文献）

	案例1	案例2	案例3
本文中文检索式（全文库）	1/17	1/95	4/226
STN	1/—	1/48	3/59

（5）虽然在化合物申请中使用本文检索式"（$K1/frec>n^1$）10d（$K2/frec>n^2$）"检索时存在诸多优点，如经济成本低、检索技巧依赖低等，但其也存在一定程度的局限性，如对语言表达、多种语言的掌握等依赖较高等。尤其是检索非中文对比文献时，这种局限性尤为突出（见表4）。从表4中可以看出，使用STN检索案例1～2时，除了检索出英文文献，还检索到了德文、日文等文献，而使用本文的英文表达式，仅检索到了相应的英文文献，且噪声较多。

表4 西文全文库使用（$K1/frec>n^1$）10d（$K2/frec>n^2$）与STN的比较（检索英文文献）

	案例1	案例2
本文英文检索式（全文库）	1/88	1/109
STN	2/—	4/48

五、总　结

本文通过上述具体案例系统、全面地验证在全文数据库中如何使用关键词对化合物申请进行检索，并总结出了检索表达式"（$K1/frec>n^1$）10d（$K2/frec>n^2$）"在S系统全文库中的使用技巧及其特点。该检索表达式是笔者在前期研究的基础上，经过长时间的检索实践所得出的，希望能给予广大审查员一定的帮助。以上是笔者个人的拙见，如有不当，希望各位读者能给予批评指正。

审查管理

提高前后审级审查标准协调性的研究*

陈旭红　卞喜双　于行洲

摘　要： 本文引入了质量控制和全面质量管理的理念，在审查质量控制中，提出了系统偏差和随机偏差这两个概念。随机偏差主要包括审查员个体差异而导致的偏差，例如由审查员个人事实认定错误而导致的前后审级审查标准之间不一致的偏差。系统偏差是整个审查系统所固有的，需要通过管理手段的改进来消除。本文还提出通过控制系统理论来纠正系统偏差，并具体给出了消除偏差的建议。建议覆盖了整个审查流程，包括前馈控制、同步控制和反馈控制三个方面。

关键词： 审查标准　协调性　系统偏差　随机偏差　质量控制

2009年度专利审查质量满意度调查结果显示，受访者重点关注审查标准的一致性，对不同审查员执行标准的一致性和不同时期审查员审查标准的一致性表示不满意。在整个审查流程中，我们注意到实质审查（以下简称“实审”）中部分驳回案件被复审撤销，这表明实审和复审依然存在很多分歧。前后审级审查标准的不一致必然会带来审查资源的浪费，在复审阶段需要反复对前审的审查结论进行纠正。在目前审查资源有限的情况下，我们需要认真考虑节约审查资源、提高审查效率的问题。于是我们认识到：有必要对提高前后审级审查标准的协调性进行研究，以缩小两者的差异，从而在不断提高审查质量的前提下，实现整体上的程序节约，提高审查效率，避免审查资源的无谓浪费。

---

* 文章来源：《审查业务通讯》2012年第18卷第3期。

一、本研究的目的和意义

众所周知，行政复议的目的是纠正行政主体作出的违法或者不当的具体行政行为，以保护行政相对人的合法权益。

国务院专利行政部门对申请人提交的专利申请文件进行审查，而后作出授予专利权或者驳回专利申请的行为是一种行政行为，属于一种行政确认行为。

那么，作为在该行政行为中的行政相对人，如果认为行政行为没有依法进行，是否可以以国务院专利行政部门作为被申请人提起行政复议呢？

《中华人民共和国专利法》（以下简称《专利法》）第 41 条第 1 款规定："国务院专利行政部门设立专利复审委员会。专利申请人对国务院专利行政部门驳回申请的决定不服的，可以自收到通知之日起三个月内，向专利复审委员会请求复审。专利复审委员会复审后，作出决定，并通知专利申请人。"对于驳回专利申请不服而启动的救济被称为复审请求，《专利法》将国家知识产权局（以下简称"专利复审委员会"）作为复审请求的受理机构，且受理该种特殊的行政案件成为专利复审委员会的法定职责之一。《国家知识产权局行政复议规程》第 6 条规定的"不能申请行政复议"的情形的第 1 项为："专利申请人对驳回专利申请的决定不服的"，可见，在国务院专利行政部门的复议规程中也已经将有关对于专利审批这一行政行为不服而提起的专利复审案件排除出国家知识产权局行政复议的受理范围。

虽然复审程序不属于行政复议的范畴，但是其属于国务院专利行政部门行政行为的一种救济程序。因而，其具有行政复议行为的一般属性，即复审程序对于国务院专利行政部门而言具有自我纠错的属性，该程序通过纠正专利审批过程中出现的失误，监控驳回权的行使，以保障申请人的正当权益。复审程序对于当事人而言，则具有行政救济的属性。请求人通过启动该程序，可以进一步陈述意见、补充证据、修改申请文件以获得最终授权的补救机会。同时，复审程序仍然是专利审批程序中的一部分。作为针对尚未被授予专利权的申请设立的审查程序，复审程序与其他审查程序一样要服务于保障和提高授权专利的质量以及权利的稳定性的目的，因而复审程序具有其特殊的属性。专利复审委员会可以依职权对除驳回决定所依据的理由和证据外的其他理由和证据进行审查。[1]

笔者在复审审查实践过程中发现，个别的驳回决定是由于审查员自身对于《专利法》的理解存在偏差或者对于技术的把握不准确造成的，这属于随机偏

---

[1] 参见国家知识产权局学术委员会一般课题报告《关于复审程序性质的研究》（Y050105）。

差，应该在复审程序中及时纠正，这属于复审程序应有的功能。而有的驳回决定，应该说是一类驳回决定，涉及一部分审查员共性的问题，比如对于某一法条的理解普遍偏离《专利法》的适用范围，此类偏差属于系统偏差。对于该类系统偏差，专利复审委员会在工作过程中，势必就同类的问题反复纠正偏差，造成行政资源的浪费。本文旨在就如何消除实审过程与复审审查过程中存在的系统偏差，以提高专利复审委员会的行政效率，给出一些粗浅的见解。

二、专利审查中的质量控制

1. 全面质量管理和质量控制

专利审查过程虽然不同于传统意义上的产品生产过程，但我们对于审查质量的重视程度绝不亚于生产企业对于产品质量的重视。质量是一组固有特性满足要求的程度。质量的对象不限于产品、服务，可以是过程、体系及任何可以单独描述的事务。因此，全面质量管理和质量控制这样的概念同样适用于专利审查过程中。

全面质量管理（Total Quality Management，TQM）指的是一个组织整个的质量努力，它包括上级管理层的责任、产品和过程设计、员工培训、同客户和供应商的关系、质量和管理的衡量以及员工对于质量的态度。质量控制（Quality Control）确定特定的衡量标准以检查既定的标准是否得以实现。质量控制是一个较为狭窄的过程，它包括衡量和分析质量绩效，以及采取纠正质量问题的措施。质量控制通常在工作过程中或完成后进行，其中包括检查、测试、抽样和数据分析。

根据国际标准的定义，全面质量管理是指一个组织以质量为中心，以全员参与为基础，目的在于通过让顾客满意和本组织所有成员及社会受益而达到长期成功的管理途径。质量不仅是作业层面和控制层面的问题，质量是任何一个组织战略层面的问题。质量是企业的竞争力，也是国家的竞争力。

2. 专利审查中的质量控制

具体到专利审查工作中，首先，我们强调审查质量是我们的生命线。其次，我们采取一系列的手段和措施来进行全面质量管理和质量控制，包括设立专门的质量控制部门、制定质量保障计划和质量提升计划、建立并不断完善质量保障体系等。另外，包括流程部门、初审部门、实审部门、复审部门等各个审查部门在内的整个组织都在为审查质量而努力。我们控制审查质量的最终目的是要按照客观、公正、准确、及时的要求依法处理有关专利的申请和请求。

在2010年国家知识产权局发布的文件《持续改进审查质量工作的若干措施》中提到：持续改进审查质量工作，全局要进一步统一审查质量理念，进一步建立健全持续改进审查质量的正向引导和激励机制，进一步提升和完善现有审查质量管理措施。其中将我们的质量方针确定为：提供程序公正、标准一致、结果正确、时间可期的审查服务，授予专利申请与其技术贡献相匹配的专利权。

在专利审查质量方针中，“以社会需求为导向”是质量方针的出发点。专利审查质量必须以社会需求为导向，将社会需求作为制定审查质量管理政策和开展质量管理工作的出发点，将国家宏观经济科技和社会发展政策、社会创新主体的合理需求作为质量管理政策的主要支点。在具体政策措施中，以充分满足创新主体的合理需求和有效保护创新主体的创新成果作为主要方向。

“程序公正”“标准一致”“结果正确”“时间可期”是质量方针的支柱。提高审查质量应当以提高实体审查质量为着力点，主要从审查程序、审查标准、审查结果和审查及时四个方面开展。就上述四个方面的关系而言，程序法优于实体法，故程序公正是优先考虑和保障的支柱要素；标准一致则是从过程角度对于审查质量加以控制，故优先于结果正确和时间可期；结果正确是从审查结论的角度探讨对审查质量的要求。时间可期是从审查及时性的角度探讨对审查质量的要求。上述四个方面从不同角度探讨审查质量尤其是实体审查质量的构成要素，因此，程序公正、标准一致、结果正确、时间可期是质量方针的支柱。

“授予专利申请与其技术贡献相匹配的专利权”是质量方针的核心。其从专利审查成果的角度，描述对于专利审查质量的核心要求。通过程序公正、标准一致、结果正确、时间可期这四项质量方针支柱的提升，全面提高专利授权与技术贡献的匹配度，从而衔接国家经济科技社会发展政策和满足创新主体的合理需求。

三、审查质量控制中的偏差及类型

1. 偏差的概念

所有的产品或服务都是某一过程的产出或结果。可以把过程看作为实现目标而设计的一系列相关活动的集合。过程中往往会产生偏差，比如同一机器或同一制造过程生产的产品往往并不完全相同。同样，服务过程也是有差异的。

存在两种类型的偏差：普遍原因的偏差和特别原因的偏差。普遍原因的偏差是可以预期的，而特别原因的偏差并不是正常的或者能够预料到的。特别原因的偏差并不是连续发生的，是同特别的事件相联系的。

有效的质量控制有两个重点：①减少普遍原因偏差；②减少特别原因偏差。

正如戴明[1]和其他一些质量专家指出的，特别原因可以通过个体员工解决，但是普遍原因通常只能通过采取管理行动、改进过程得以解决。重要的是，组织采取的许多不断提高质量的方法，实际上是在通过改进过程减少普遍原因造成的偏差。

减少特别原因意味着辨别特殊问题，并隔离出来，然后检查原因，最后进行矫正。了解这些差异，并且分辨出不同层次的质量问题在多大程度上归因于普遍原因差异或特别原因差异，对管理者来说很重要。

2. 审查过程中的系统偏差和随机偏差

在以上的偏差概念中我们提到了普遍原因偏差和特别原因偏差，具体到审查质量控制中，我们对应地提出系统偏差和随机偏差这两个概念。我们把由偶然因素引起的偏差称为随机偏差，把由某种确定的原因引起的偏差称为系统偏差。对于前后审级审查标准协调性这个主题而言，随机偏差主要包括审查员个体差异而导致的偏差，例如由审查员个人事实认定错误而导致的前后审级之间不一致的偏差。对于由随机偏差而导致的前后审级之间的不一致性，由于其偏差原因的偶然性而不具有研究价值。系统偏差是我们研究的重点。系统偏差是整个审查系统所固有的，需要通过管理手段的改进来消除。各个部门之间质量控制的标准从广义上来说应当是一致的，都是依据《专利法》《专利法实施细则》《专利审查指南2010》等法律、法规和部门规章来进行审查，但从实际的审查结果来看，前审和后审之间存在一定的不一致性，例如实审与复审对于权利要求保护范围的认定不一致，实审认定一般比复审更宽。如果我们能够找到导致系统偏差的原因，并想办法通过管理环节或措施加以纠正，这对于全面提高审查质量而言意义巨大。

四、从质量控制的角度给出消除系统偏差的建议

控制系统理论中所运用的纠正系统偏差的方法，包括前馈控制、同步控制和反馈控制。其中前馈控制是预防性的控制，试图预测问题并且在其发生之前采取矫正行动。这种类型的控制要使矫正工作在真正的问题发生之前就进行。同步控制指控制发生在行为正在发生的时候。反馈控制评估已经完成的行为，这样在行为完成之后控制矫正行为才会发生。

具体到专利审查工作而言，对于如何消除系统偏差，以提高前后审级审查标准的一致性，进而提高专利审查质量，可以借鉴质量控制理论中的“前馈控

[1] 戴明．戴明论质量管理：以全新视野来解决组织及企业的顽症［M］．钟汉清，戴久永，译．海口：海南出版社，2003．

制”“同步控制”“反馈控制”方法。对于这些质量控制方法，在具体用于实现专利审查质量控制时，可以进行实例化，使之成为一套行之有效的对于专利审查质量控制适用的质量控制方法。

1. 建立适当的前馈控制机制

前馈控制，就是在系统偏差出现之前，采取适当的措施，预防该类偏差的出现。该种情形主要体现在当《专利法》《专利法实施细则》《专利审查指南2010》的部分内容修改后，由于对新修改的内容理解、适用不一致，容易出现前后审级审查标准不一致，即出现所谓的系统偏差。

那么在该种情况下，为了有效预防系统偏差的出现，可以建立前馈控制机制。该机制应由专门的机构、专人负责，首先及时关注、跟踪法律法规的变化情况，当任一法律法规发生变化时，即任一法律法规出现修改、修订时，及时对该法律法规的修改作出详细的解释，其形式可以类似于最高人民法院的司法解释的形式。同时，最好能够从审查实践的操作层面、尽量详尽地给出对于法律法规修改情况的诠释，必要时给出尽可能多情形的示例，使得处于任意审查阶段的审查员阅读完该解释后，都能够明了并且毫无疑义地理解该法律法规修改后的真正含义，进而能够灵活自如地运用该法律法规。这样可有助于确保审查过程中审查标准的统一，能够有效地避免系统偏差的出现。

2. 建立有效的同步控制机制

同步控制，就是处于不同阶段的审查员，正在进行各自的审查工作时，如何避免系统偏差的存在。该种情形多见于，审查员在审查过程中，主观上已经意识到对于部分法律法规的理解、适用存有疑虑、不确定性，但是迫于对于该法律法规的适用没有权威的指导和现成的经验借鉴，因而其在审查过程中，只能摸索、试探地运用法律法规，在该过程中难免出现系统偏差。

那么在该种情形下，欲有效消除系统偏差，可以建立有效的同步控制机制。目前专利复审委员会正在研究、酝酿的审查标准的案例诠释体系是一种很好的同步控制机制。其运作形式可以由有多年审查经验并且具有深厚法律功底的专家，就某一领域、对于某一法律法规的理解、适用以案例库的形式加以诠释。该案例库应尽可能完备、详尽，涉及专利审查过程中所能遇到的方方面面的情形，并且应当适时调整、补充、完善，以适应不同时期的审查工作的需要。该案例库一定程度上体现了某一领域对于某一法律法规理解、适用的统一标准，即可以看作是某一领域对于某一类问题的统一的审查标准。目前已有的较成功的案例库是国家知识产权局专利局专利审查协作北京中心于2008年整理、收录的涉及《专利法》第25条、第2条第2款等客体方面的案例库，它是一个很好的案例库的范例。那么在拥有一个完备的案例库的情况下，审查员在专利审查过程中，当遇到疑惑的问题时，可以通过查找案例库的形式摆脱疑虑，该过程也体现了审查标准的统一。

3. 建立完备的反馈控制机制

在专利审查过程中，实审部门正在进行的审查工作，有可能会与复审的审查标准存在差异，这种前后审级审查标准不一致中所表现出的系统偏差具有不确定性和不可预期性。多数情况下，只有专利复审委员会或者质量管理部门通过大量的数据统计分析或者通过审查工作实践才能够感知该系统偏差的存在。在已知系统偏差存在的情况下，才能够采取相应的措施消除该系统偏差。由此可见，该种发现系统偏差的方式及消除系统偏差的方法，应该是审查工作实践中主要的方式方法。那么，在发现系统偏差存在的情况下，消除该系统偏差可以借鉴质量控制理论中的“反馈控制”方法，即建立完备的反馈控制机制。

建立系统偏差的监督、反馈机制，旨在及时捕捉实审与复审对于审查标准的把握上存在的系统偏差，以便后续及时消除该偏差。对于该系统偏差的监督、反馈机制，应能够同时监督系统内部的系统偏差及外部质量反馈过程中所反馈的系统偏差。

对于系统内部的系统偏差，可以在现有的专利复审委员会对前审的反馈工作的基础上，由专门的机构、专人负责，定期收集、整理专利复审委员会直接撤销驳回决定的案例，并深入分析该等案例，力求找出存在系统偏差的原因。

可替代地，各实审部门也可以对专利复审委员会直接撤销驳回决定的案件进行分析，即审查员需要口头或书面向相关负责人说明案件情况。该过程旨在积累案例素材，其形式可以借鉴专利复审委员会败诉案件的报批制度。由统一的部门对各个实审部门所积累的案例汇总、整理，当该类案件积累到一定数量后，亦能梳理出若干出现系统偏差的主要原因。

对于外部质量反馈中的系统偏差，应建立畅通的外部反馈渠道，对外部反馈的案件进行质量分析，并建立较详细、完备的案例库。国家知识产权局专利局内部要有专门的部门，由专人负责。类似地，在收集、整理的典型案例的基础上，深入研究、分析存在系统偏差的原因。

对于上述已经发现的系统偏差，初步确定了存在系统偏差的原因后，前后审级应及时开展研讨、交流活动，或者以课题研究的形式进行充分、有效的研讨，最终找到存在该系统偏差的根源并明确消除该系统偏差的有效方案。该项工作可以由专利复审委员会启动，也可以由指定的实审部门启动，但是专利局质量管理部门应保障该种研讨、交流活动的及时、顺利举行。在研讨会、交流会上应尽可能就某一问题达成一致，尽可能形成统一的、具有可操作性的做法。对于迟迟不能明确的问题，应提请国家知识产权局学术委员会或者提交业务指导委员会给予指导。同时对于已经达成一致的意见、统一的做法，应以一定的形式固化下来，提请全体审查员在一定时期内遵照执行。该形式可以是会议纪要的形式，也可以是案例库的形式。对于前后审级审查标准不一致较集中的法条，比如《专利法》第33条、《专利法》第22条第3款等，甚至可以推动《专利审查指南2010》的修改。

总之，对于前后审级审查标准的一致性问题，要做到及早发现、及时研究、尽快消除，整个反馈控制机制应及时、高效。

五、小　结

对于前后审级审查标准的协调性，本文通过引入质量控制的基本理论，进行了初步的研究，提出了系统偏差和随机偏差这两个概念，并就如何消除系统偏差，确保前后审级审查标准一致，提高专利审查质量，给出了一些粗浅的看法。消除系统偏差，确保前后审级审查标准的一致性，应形成一个完备的质量控制体系，借助全面的前馈控制、同步控制、反馈控制手段，全方位预防、监视、消除系统偏差。在该过程中，国家知识产权局专利局各部门应相互协调，及时响应，确保前后审级审查标准执行一致，进而提高专利审查质量，提高社会满意度。

创新检索培训模式 坚实专利审查基础*

——浅谈北京中心精细化检索能力提升工作

诸敏刚　郭震宇　孙红要

摘　要：检索是以“三性”评判为主线进行实质审查的基础，因此，高质量的检索是优质高效审查的前提，而高水平的检索能力则是进行高质量检索的有力保障。本文介绍了在北京中心开展的精细化检索能力提升工作。针对审查员的个性化需求，将审查员的检索能力划分为3个等级、7个维度、27个评估子项，通过“能力评估、计划制订、帮扶提升”3个环节的不断循环，实现审查员检索能力的全面提升。通过精细化检索能力提升方案，能够准确地确定影响审查员检索质量的关键因素，从而能够有效地对审查员的检索能力进行培训，提升了检索培训的针对性和系统性。

关键词：精细化培训　能力评估　检索水平提升　培训效果

一、引　言

随着《专利审查工作“十二五”规划》的不断实施，国家知识产权强局建设已经进入关键时期。只有持续增强专利审查实力，不断提高中国专利结案质量，才能打造与强局相适应的“中国专利”品牌。

检索是发明专利申请实质审查程序中的关键步骤，其主要目的在于找出记载与申请的主题“最接近的现有技术”的对比文件。因此，检索是以“三性”评判为主线、以权利审查为主导进行实质审查的基础。可以说，检索质量直接

---

* 文章来源：《审查业务通讯》2013年第19卷5期。

决定了发明专利的授权质量。

时任国家知识产权局副局长杨铁军在2013年的专利审查工作部署会上的讲话中指出："2013年专利审查工作的重点是：以提高三种专利审查水平为目标，推动完善两个体系，坚实一项基础，把握'三性'主线，标准执行一致等各项基础工作的开展。"其中，坚实一项基础是指坚实以提高检索水平为主的审查基础。国家知识产权局将2013年确定为检索水平促进年，旨在促进审查员检索水平提升，改进专利审查质量。

国家知识产权局专利局专利审查协作北京中心（以下简称"北京中心"）以"检索水平促进年"为契机，贯彻落实以"三性"评判为主线、以权利审查为主导的审查理念，注重在检索过程中发挥法律思维主导、专业知识支撑、检索技能实现的共同作用，以有效提升审查员检索实力为导向，对检索能力提升模式进行了积极的探索。以下，本文将详细介绍北京中心开展的精细化检索能力提升工作。

二、现有的检索能力培训模式

国家知识产权局历来十分重视审查员检索能力培训提升工作，经过多年探索，已经形成了一系列独具特色的审查员培训方式。这些培训方式有效地提升了审查员的检索能力，尤其在新审查员入职培训中发挥了积极作用，但在审查员的岗位培训中存在一定的局限性。

（一）集中授课

集中授课是通过教师讲课将相关技能传授给审查员的培训方式，具有效率高的优点，适用于新入职审查员等检索水平较一致的人员。然而在岗审查员的检索能力存在较大差异，提升需求也往往不同，如果采用集中授课方式，将存在众口难调、所授非所需的问题；即使做了课前需求调查，但由于很多被调查对象对自身检索能力的认识不准确，导致其提出的培训需求与自身的真实水平存在偏差，从而使培训失去了针对性和有效性。另外，该培训方式偏重于知识的传授，将培训内容应用于检索实践并融会贯通，需要一个相对较长的时间。

（二）检索练习

检索练习是通过多人集中检索一件案例并进行讨论学习的培训方式，具有实践性强的优点，适用于检索水平差异较大、领域相近的人员。在检索练习中，检索水平较弱的审查员能够通过向检索水平较高的审查员学习的方式快速有效地提升自身的检索能力，但对检索能力较强的审查员来说，其检索能力提升较为有限。同时，检索能力的提升效果取决于案例的选择，其随机性较强。

（三）座谈交流

座谈交流是针对某一疑难案件进行交流学习的培训方式，具有拓宽检索视野、启发检索思路的优点，适用于具有较高检索水平的人员。然而由于案例通常比较特殊，在审查实践中很难遇到类似情况，使得该培训方式的针对性和系统性不强，对审查员的实际检索能力的提升帮助不大。

由上可知，对于在岗审查员来说，现有的检索能力培训方式存在针对性和系统性不强等不足之处，导致审查员参与度不高，培训效果难以保障。

三、精细化检索培训模式

为了准确找出审查员的检索能力短板，明确个性化培训目标，从而开展有针对性的培训，提升培训效能，北京中心基于ISO 9000质量管理理念，进行了精细化检索能力培训方式的有益尝试。

（一）培训理念

在精细化检索能力提升模式中，根据审查员的具体情况，分为多个能力提升阶段，每个阶段包括“检索能力评估”“培训计划制订”“能力帮扶提升”3个环节（参见图1），通过3个环节的不断循环，实现审查员检索能力的持续改进。其中，在检索能力评估环节，通过检索基础知识测试、实际审查案例评估、标准案例检索练习、审查员自我评价以及他人（室主任）评价等方式，来准确确定影响检索质量的关键因素，查找审查员亟待提升的短板；在培训计划制订环节，通过审查员与室主任共同协商，确定阶段提升目标，制订培训计划，明确考核指标；在能力帮扶提升环节，通过专项授课、分组交流、一对一互助等方式，实现审查员检索能力的帮扶提升。

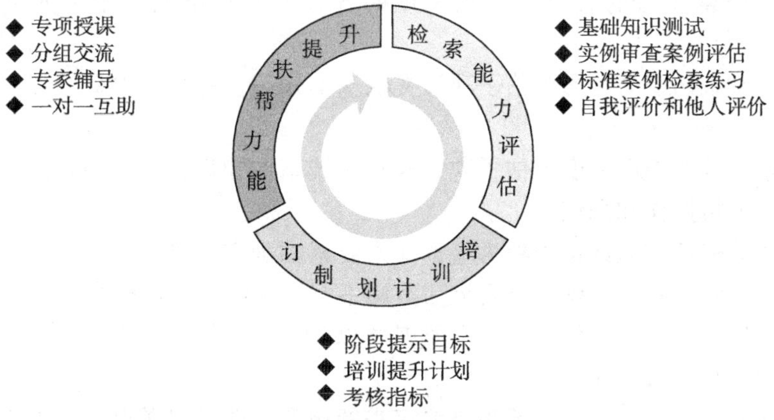

图1 精细化检索能力提升模式

（二）检索能力评估

1. 评估项目

为了准确确定影响审查员检索质量的因素，基于“可评估、可提升”的原则，将审查员的检索水平划分为3个等级、7个维度、27个评估子项。

（1）评估等级

审查员检索水平的3个等级分别为初级、中级和高级。

在初级检索水平，审查员应当掌握检索基本技能，对审查领域的国内外技术发展状况有一定的了解，具有初步的法律思维能力，能够熟练阅读英文技术文献，审查领域的结案量少于200件。

在中级检索水平，审查员不仅具备初级阶段检索水平所对应的检索能力，还应对审查领域的国内外技术发展状况较为熟悉，能灵活运用不同检索策略进行检索，有一定的法律思维能力，除英文外，掌握一门所属领域技术水平发展较高地区的主流语言，审查领域的结案量为200～400件。

在高级检索水平，审查员不仅具备中级阶段检索水平所对应的检索能力，还应具有审查领域的技术综述能力，具有较强的法律思维能力以及审查领域文献阅读能力，掌握两门所属领域技术水平发展较高地区的主流语言，审查领域结案量多于400件。

（2）评估维度及评估子项

影响审查员检索质量的主要因素包括7个方面：检索基础知识的掌握、检索系统的熟悉程度、检索策略的掌握、分类体系的把握、领域知识匹配度、法律思维能力、外语能力。

对以上影响检索质量的各个维度而言，其涵盖的技能是多方面的，其中一些技能对检索能力的有效提升至关重要。对于这些技能设置了如下的评估子项：

检索基础知识的掌握评估子项为文献基本知识、检索基本概念以及数据库基本知识。

检索系统的熟悉程度评估子项为检索系统基本知识、常见数据库特点、检索命令、上机操作和浏览。

检索策略的掌握评估子项为基本检索要素的确定、检索要素的表达、构建检索式、检索思路的调整和能否灵活运用不同检索模式进行检索。

分类体系的把握评估子项为分类基本知识、IPC分类体系、领域特色分类体系（FI/FT、UC、EC、ICO）。

领域知识匹配度评估子项为当前审查领域和专业背景关联度、结案量、对审查领域的国内外技术发展水平的熟悉程度和技术综述的能力。

法律思维能力评估子项为权利要求保护范围的界定和对比文件事实认定，对专利法以及知识产权相关法律的掌握情况等能力。

外语能力评估子项为英语以及所属领域技术水平发展较高的地区的主流语言。

2. 评估方式

各处室设置评估小组对审查员检索能力进行针对性评估。评估小组基于检索基础知识测试、实际审查案例评估、标准案例检索练习、审查员自我评价以及他人（室主任）评价等方式，针对各评估项目制定针对性的评估方案，对每一名审查员的检索能力分别进行评估。

基础知识测试是通过闭卷测试进行检索能力评估的方式。其针对某些评估维度建立题库，题库中的试题覆盖了该维度的各项评估子项。例如，检索基础知识的掌握程度这一评估维度所对应的题库涵盖了文献基本知识、检索基本概念以及数据库基本知识等相关知识的试题，通过从题库中随机抽取的50道试题来评估审查员对检索基础知识的掌握程度。

实际审查案例评估是通过审查员日常审查的实际案例进行检索能力评估的方式。在评估过程中，要求审查员提交若干个“一通”案例所对应的基本检索要素表以及原始检索过程，由评估小组进行专项分析，查找审查员的检索能力优势及不足之处。例如，针对检索策略的掌握程度这一评估维度，主要通过评估小组和审查员沟通交流的方式充分了解其“一通”检索过程，并重点针对审查员在基本检索要素的确定、基本检索要素的表达、构建检索式、及时调整检索思路和能否灵活运用不同检索模式进行检索这五个方面的检索技能进行评估。

自我评价是基于审查员的自我认知针对检索能力的各评估子项进行评估的方式。他人评价包括互检对象和室主任的评价，其是互检对象和室主任基于日常对审查员的了解对其各评估子项进行评估的方式。对于各评估维度，除通过检索基础知识测试、实际审查案例评估、标准案例检索练习等方式进行评估外，还需要通过自我评价和他人评价综合给出审查员在各维度的评估结果。

附表1为北京中心机械部某审查员的评估结果。

3. 确定检索能力短板

通过检索能力评估可以发现，审查员往往存在多项检索能力不足之处。将所有不足之处通过一种简单易行的方式进行快速有效弥补，显然是一种最为理想的培训过程。对于一些评估项目，例如检索基础知识，可以通过利用现有的培训资料自学或者利用SIPOlems课程进行在线学习等方式得到快速有效提升；对于大多数评估项目，例如检索策略的掌握，显然不能通过简单培训的方式得以提升，其培训提高需要一个相对较长的周期。同时，对比审查员存在的多方面检索能力不足之处，一些不足之处需要首先得到提升，才能有效保障审查员的检索质量。

综合以上考虑，在进行个人检索能力培训提升之前，首先需要确定影响审查员检索质量的关键因素。在确定过程中，评估小组基于审查员检索能力评估结果，通过和审查员面对面沟通分析的方式，确定影响审查员检索质量的检索能力短板，从而为培训更有节奏、目的性更强打下了良好的基础。

（三）培训计划制订

为了增强检索培训的目的性和针对性，提高检索培训效率，各处室均设置了培训小组，以“目标管理”为原则制订科学有效的培训计划并负责实施。

培训小组首先通过与审查员面对面沟通的方式，帮助审查员制订个性化的检索能力培训计划。培训计划包括个人评估结果、重点提升的能力、待提升项目、培训措施、阶段提升目标及考核指标。之后，室主任同审查员共同商讨培训计划的可行性，重点关注其阶段提升目标、提升措施、考核指标是否合理可行，并最终同审查员一起共同修改确定其检索能力培训计划。

在制订培训计划过程中，培训小组根据审查员的检索能力评估结果及其检索能力短板，确定每位审查员最急需提升的检索能力和需要提升的检索能力。对于最急需提升的检索能力放在第一能力提升阶段进行培训，对于需要提升的检索能力放在第二能力阶段进行培训；在制订每一阶段的培训计划时，需针对该阶段的培训提升对象选择合适的培训方式，并确定其阶段提升目标以及对应该提升目标的相关考核指标。

（四）能力帮扶提升

在制订个人能力促进计划之后，部门有效统筹各培训项目的优势资源，通过专项授课、分组交流、一对一互助等方式，实现审查员检索能力的帮扶提升。同时，利用裁决、质检、任务管理等环节制定专项制度，以制度促使审查员重视自身能力提升。在工作计划中的各时间节点，基于考核指标对审查员进行分项目再评估，以检验其是否完成阶段提升目标。根据再评估结果修正原有评估内容及方式、培训措施中存在的问题；给出审查员进一步的提升建议，调整个人检索能力促进计划并进行进一步的帮扶提升，以持续提高审查员的检索能力。

四、精细化检索培训模式的特点

精细化检索培训模式具有如下特点：

（1）通过“检索能力评估”“培训计划制订”“能力帮扶提升”三个环节

的不断循环，使审查员的各项检索能力不足之处得到有效的弥补，实现审查员检索能力的持续改进。

（2）增加培训之前的评估环节，让审查员了解自身检索能力的优势以及影响自身检索质量提升的关键因素。

（3）基于评估结果制订审查员个人能力提升计划，在计划制订过程中审查员全程参与，这使得培训更具有针对性和有效性，也大大增加了审查员提升自身检索能力的意识以及参与培训的热情。

（4）改变了以往“吃大锅饭”的培训方式，实现了个性化按需培训，同时，通过参与培训，也锻炼了一批检索骨干人才。

（5）通过定期考核督促审查员主动提升自身检索能力，有效保障了培训提升的效果。

五、结　语

以上仅是北京中心对检索能力提升模式的一些初步探索，在工作实践中还将根据工作实效进行逐步完善。北京中心机械部在该培训模式的实践中已经取得了一定的成效，例如通过专项评估，审查员对自身检索能力的提升方向有了清晰的认识，并在日常工作中主动弥补自身不足，机械部2013年1～4月XY率、视撤率均得到较大幅度的提升。总体来说，该种培训模式在一定程度上解决了以往培训模式的针对性和系统性不强的问题。然而，该培训模式面临着审查员业务工作与培训工作的工作量平衡问题，但我们相信，通过一段时期的深入培训，部门的整体检索实力将得到有效提升，届时，审查员的检索实力将得以大幅增强，上述问题也将迎刃而解。在今后的工作中，北京中心将基于国家知识产权局总体工作要求，积极探索，不断实践，深入推进审查能力建设，不断提高中国专利结案质量，打造与强局相适应的“中国专利”品牌。

附表1　北京中心机械部检索能力分级评估表

评估项目 / 级别	检索基础知识的掌握			检索系统熟悉程度			检索策略的掌握			分类体系的把握			领域知识匹配度			法律思维能力		
	评估内容	掌握情况	评估结果	评估内容	熟悉程度	评估结果	评估内容	掌握情况	评估结果	评估内容	把握情况	评估结果	评估内容	匹配情况	评估结果	评估内容	能力水平	评估结果
高级													技术综述能力	c	不匹配	法律思维		
													结案量≥400	×				
中级							能灵活运用不同的检索策略进行检索	c	不能通过案情实际选择针对性的检索模式				熟悉国内外的技术发展水平	×	不匹配	知识产权相关法律的研究	c	需要进一步了解与审查实践相关的《专利法》条款的立法宗旨
													结案量≥300	×		专利法及细则的研究	c	
初级	数据库基本知识	c	数据库相关基础知识需要加强，需要进一步提升检索及文献的相关基本概念	上机操作和浏览	a	对S系统基本知识、检索基本命令方面需要加强	常规检索模式	c	基本检索要素的提取不能充分体现发明点，对检索要素的表达不够全面但比较准确，对常规检索模式掌握不够，能够构建合理的检索式	EC，FI/FT，ICO	a	对如何进行IC分类的扩展掌握不够，需要进一步熟悉分类相关基础知识	结案量≥200	√	基本匹配	权利要求保护范围的界定	b	对功能性限定的把握不够准确
				检索命令	c		构建检索式	a										
	检索基本概念	b		常见数据库特点	b		表达基本检索要素	b		IPC分类	b		基本了解本领域的技术发展状况	b				
	文献基本知识	b		S系统基本知识	c		确定基本检索要素	c		分类基本知识	b		当前审查领域和专业背景关联度	b		对比文件事实认定	a	

注：a表示掌握/具备，b表示基本掌握/具备，c表示不够掌握/具备。

基于 Patentics 大数据的中美欧三局同族授权专利现状分析

谢文静　谢幸初

摘　要： 本文利用 Patentics 大数据分析功能，提取存在中国、美国和欧洲同族且在中国国家知识产权局（SIPO）、美国专利商标局（USPTO）和欧洲专利局（EPO）均获得授权的案件（以下简称“三局授权案件”），通过对申请人、所属技术领域、授权专利度、授权特征度、审查效率、被引证情况以及运营情况等多个维度进行分析，探究中美欧三局在审查方面的异同以及不同来源国三局授权案件质量方面存在的差异。分析显示，在审查实践中，中美欧三局对于申请案件的审查结论差异在不断扩大，但对于申请案件的授权状态差异在不断缩小。此外，来自中国的三局授权案件质量在不断提升，目前已处于与来自美国、日本和德国的三局授权案件质量基本相当的水平。

关键词： Patentics　三局授权案件　专利度　特征度　专利运营

一、前　言

现阶段，《国务院关于新形势下加快知识产权强国建设的若干意见》明确提出要实施专利质量提升工程，按照“高水平创造、高质量申请、高效率审查、高效益运用”的要求，进一步做好专利各个环节的质量保障和提升工作。因此，从多个维度分析比较我国与其他知识产权强国的差异，有利于发现短板，促进国内专利创造水平、申请质量、审查效率和运用效益不断提升，意义十分重大。

伴随着科技的突飞猛进，现代社会利用互联网“大数据”“云计算”等进行数据挖掘和分析正风起云涌。同时，信息技术的发展也为知识产权的申请、审查、信息服务等提供了新的平台。借助大数据加强对专利信息数据的整合、挖掘、处理和利用，有助于更高效、全面地获得专利申请、专利审查和专利维权等多维度的信息。

本文利用 Patentics 大数据分析模块，提取存在中国、美国和欧洲同族的申请在中国国家知识产权局（SIPO，以下简称“中国局”）、美国专利商标局（USPTO，以下简称“美局”）和欧洲专利局（EPO，以下简称“欧局”）均获得授权的案件（以下简称“三局授权案件”），从申请人、所属技术领域、授权专利度、授权特征度、审查效率、被引证情况以及运营情况等多个维度进行了统计分析，基于同样的技术在不同局获得授权的状态和不同来源国的技术在各局获得授权的状态，探究中美欧三局在审查方面的异同以及不同来源国三局授权案件质量方面存在的差异等，为我国专利申请、审查和运用提供改进的方向。

本文在 Patentics 中国专利数据库中通过检索获得存在中国、美国和欧洲同族的申请的三局授权案件共 247042 件（数据截止到 2016 年 5 月 31 日之前授权公告的案件）。

二、总体情况

1. 申请量和授权量变化趋势

从图 1 的申请量变化趋势可以看出，有三局同族案件的申请趋势主要包括以下 4 个阶段。

起步期（1985 ~ 1992 年）：由于我国自 1985 年才开始实施专利法，因此有中国、美国和欧洲三局同族的专利申请也是从 1985 年才开始提交。1985 ~ 1992 年，有三局同族案件的申请总量较少，基本在 2600 件左右；授权总量也较少，维持在 1600 件左右。

快速增长期（1992 ~ 2000 年）：1992 ~ 2000 年，有三局同族案件的申请量快速上升，从 1992 年的 2715 件增长至 2000 年的 23162 件，增长了近 8 倍，平均年增长率 33%。其中，1993 年的申请量较 1992 年增长了近 80%。随着专利制度在国际科技、经济合作和贸易往来中的地位日益重要，为了履行我国对外承诺的加强专利权保护的义务，并促进我国的专利保护水平进一步向国际标准靠拢，1993 年 1 月 1 日我国开始施行第一次修改《专利法》及其实施细则。而且，我国于 1994 年 1 月 1 日正式成为《专利合作条约》（PCT）的成员国，这也促使了 1994 年的申请量较 1993 年增长了 77%。

稳步增长期（2000 ~ 2006 年）：2000 ~ 2006 年，有三局同族案件的申请量从 23162 件增长至 61331 件，平均年增长率约 18%。其中，2001 年的增长率达到近 30%，这和我国在 2001 年加入世界贸易组织紧密相关，而且同年 7 月 1

日我国正式施行第二次修改的《专利法》。

波动发展期（2007 年至今）：2007 年，有三局同族案件的申请量出现少量下降，但自 2008 年以后，有三局同族案件的申请量又逐步上升。出现这一现象主要是受到美国金融危机的影响，同时，金融危机的出现加速了国际产业特别是制造业的转移；此外，2009 年我国第三次修改的《专利法》正式施行，其中最重要的变化就是明确了通过保护专利权人的合法权益，以提高创新能力来促进经济社会发展。由于各国在申请至公开期间的等待时长存在差异，2014 年以后申请的大部分有三局同族案件尚未公开，图中数据无法准确反映 2014 年至今的实际情况。

由此可见，我国从最初建立知识产权制度至今，每次三局申请量的激增都伴随着我国不断深入的国际化进程以及新修改《专利法》的施行。当然，这也是社会、科技和经济不断发展的需求和必然。

由于近几年申请的有三局同族案件大多还处于在审状态，图中数据无法准确反映近几年的实际情况，但从图 1 早些年的数据可以看出，授权量的变化趋势与申请量大致相同。有三局同族案件在中国局、美局和欧局均被授权的比率不断下降，从初期 50% 以上的授权率下降至近年的约 30%。由此可见，在审查实践中，中美欧三局对于同样案件进行授权或驳回的审查结论差异在不断扩大。当然，也不排除三局审查尺度均存在偏严趋势。

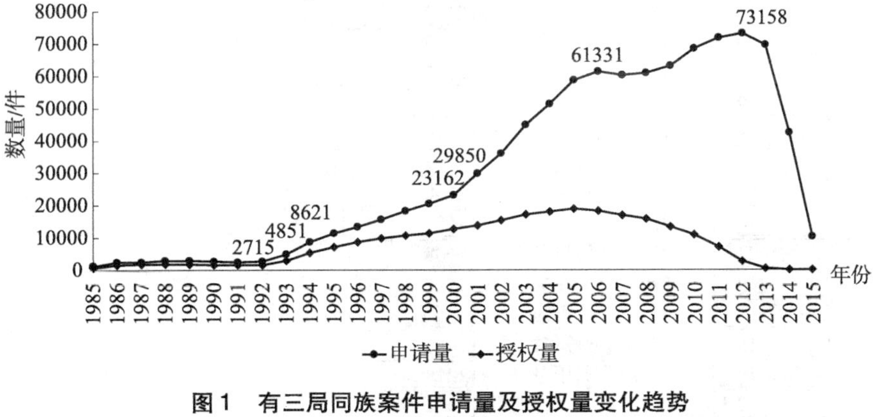

图 1　有三局同族案件申请量及授权量变化趋势

2. 三局授权案件的申请人排名及各申请人在中国局的授权特征度[1]比较

图 2 右侧为三局授权案件的申请人排名。可以看出，排名前 30 位的申请

[1] 授权特征度：授权案件独立权利要求 1 的技术特征数，例如授权案件的独立权利要求书中有 20 个技术特征，则其特征度为 20。该数值越小，即权利要求保护范围越大，则该专利价值相对也就越高。

人均为各行业领域的龙头企业。其中，松下以 5903 件授权位居榜首，遥遥领先于排名第 2 位的飞利浦和排名第 3 位的三星电子，而且前 30 名中有 10 个为日本企业。其中，华为排名第 23 位，为唯一进入前 30 名的中国企业。

另外，图 2 左侧显示了对应申请人的三局授权案件在中国局的授权特征度，排名前 30 位的申请人授权特征度平均为 20.3 个。其中，高通的授权特征度最小，为 16.7 个，与其研发领域的前沿性以及寻求尽可能大的保护范围的专利策略一致；华为的授权特征度为 19.9 个，在平均水平之上，值得国内其他创新主体借鉴。

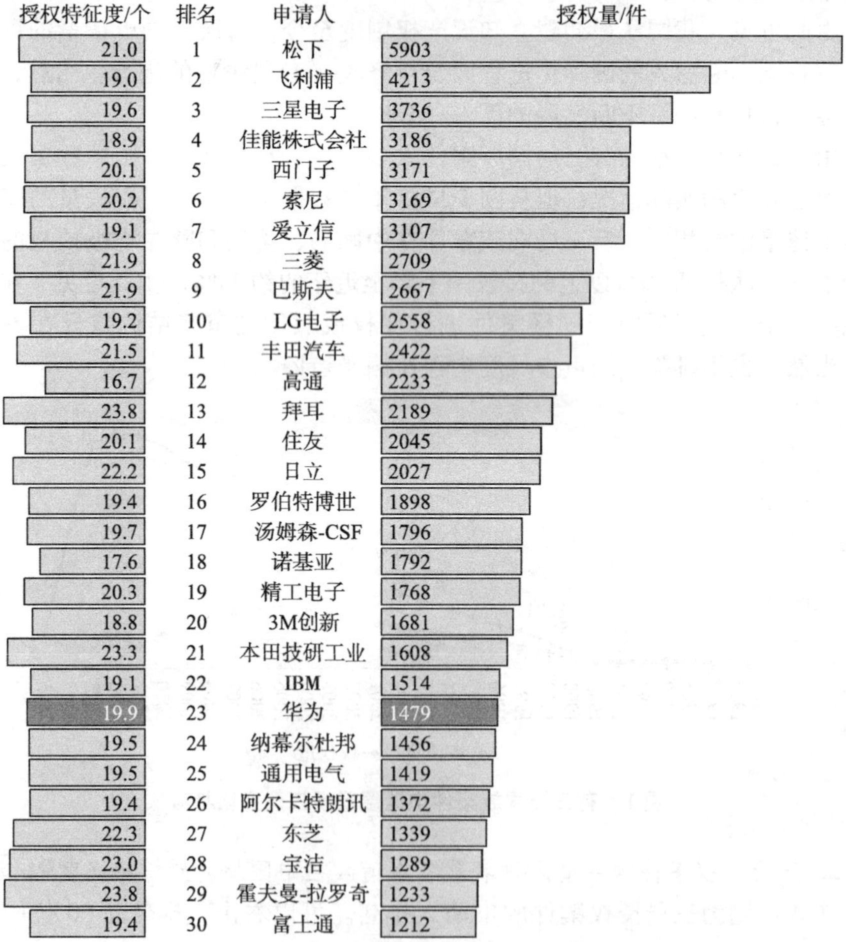

图 2　三局授权案件的申请人排名及相应申请人在中国局授权案件的特征度

3. 三局授权案件的领域分布

图 3 为三局授权案件的领域分布，以 IPC 分类号小类下的授权量排序。可以看出，授权量较大的技术领域主要集中在医药、化学和通信等，分布最集中的前 10 个分类领域的授权量占全部授权量的 37%。其中，A61K 分类号下授权量最大，达到 18264 件，其涉及的技术领域为医用、牙科用或梳妆用的配置品，例如各类药物的结构及其制备方法、药物在各个方面的应用等。众所周知，药物的研发成本高，周期长，在核心药物研发成功后通常会对其外围技术进行大量专利布局，以为后续的市场经济活动保驾护航，另外，基于成功研发的药品的改进和运用相对更容易，而且涉及的面相对广泛，因此专利申请和授权的量较大。

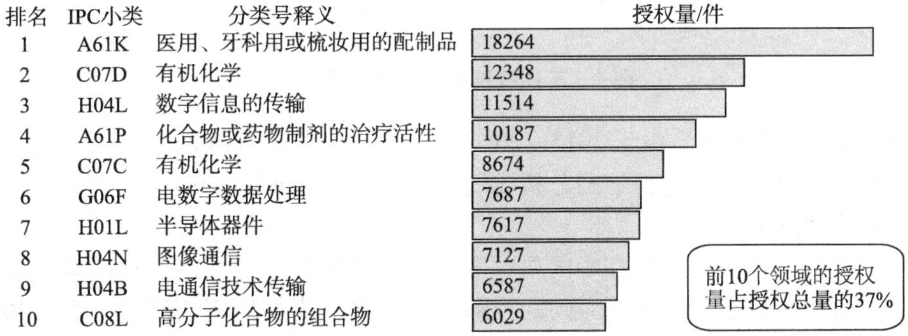

图 3　三局授权案件的领域分布

4. 三局授权案件的来源国排名

图 4 为三局授权案件的来源国排名。可以看出，三局授权案件最大的来源国为日本，这也可以从前述的申请人排名中看出端倪。美国以 58495 件三局授权案件仅次于日本；德国居第 3 位；而中国以 4171 件排名第 11 位，其授权量不足日本的 1/10。此外，排名前 15 位的来源国的授权总量占全球三局授权案件总量的 95%。可见，三局授权案件的技术来源相对比较集中，尤其集中在日本和美国。

三、三局授权案件在不同局的授权状态比较

为了进一步探究三局授权案件在中美欧三局审查中存在的异同，下面从授权案件分别在中国局、美局和欧局的授权专利度❶、授权特征度和审查效

❶ 授权专利度：授权案件的全部权利要求项数，例如授权权利要求书中有 10 项权利要求，则其专利度为 10。该数值越大，即权利要求保护力度越大，则该专利价值相对也就越高。

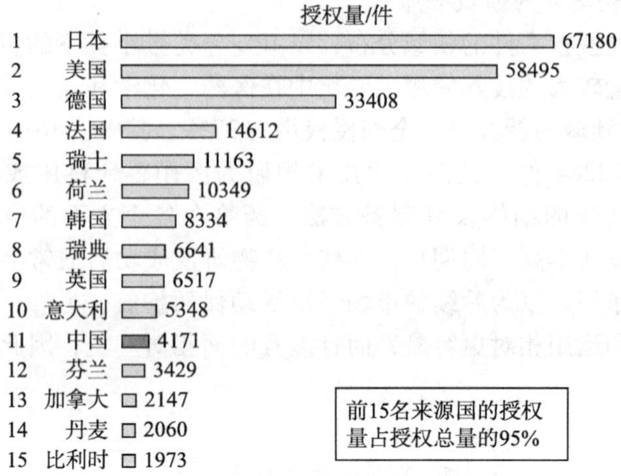

图 4 三局授权案件的来源国排名

率[1]进行了比较分析。由于 2013～2016 年申请的有三局同族的案件大部分处于在审状态，因此，在进行下列分析比较时将申请日限制在 2013 年之前。

1. 授权专利度比较

图 5 为三局授权案件在中国局、美局和欧局的授权专利度变化趋势。总体来看，各局授权专利度随着时间的推移呈现出先升高后缓慢下降的过程。1996 年之前申请的案件中，美局的授权专利度最大，欧局次之，中国局最小，也即三局授权案件在美国的保护力度最大，在中国局的保护力度最小。1996 年之后申请的案件中，中国局的授权专利度超过欧局，与美局的授权专利度接近。欧局的授权专利度整体波动最小，维持在 12 个左右。这从侧面反映出在欧局申请的案件质量历年来比较稳定或者欧局在审查实践过程中的审查尺度历年来比较一致。而中国局的授权专利度在 1996 年之前基本维持在 10 个，1996 年之后迅速攀升，2004 年达到最高峰（约 16 个）后又逐渐下降，直到 2012 年降低至约 13 个，波动较大。相关原因参见后文分析。

2. 授权特征度比较

图 6 为三局授权案件在中国局、美局和欧局的授权特征度变化趋势。总体来看，各局授权特征度随着时间的推移在不断减小，但是幅度不大。其中，中国局的授权特征度最高，欧局次之，美局的授权特征度最小，也即三局授权案件在美国的保护范围最大，在中国的保护范围最小，从侧面反映出美局审查员

[1] 审查效率：针对专利度或特征度，二者在申请与授权之间的差值。差值越大，说明实审中的修改越多，审查效率越高。

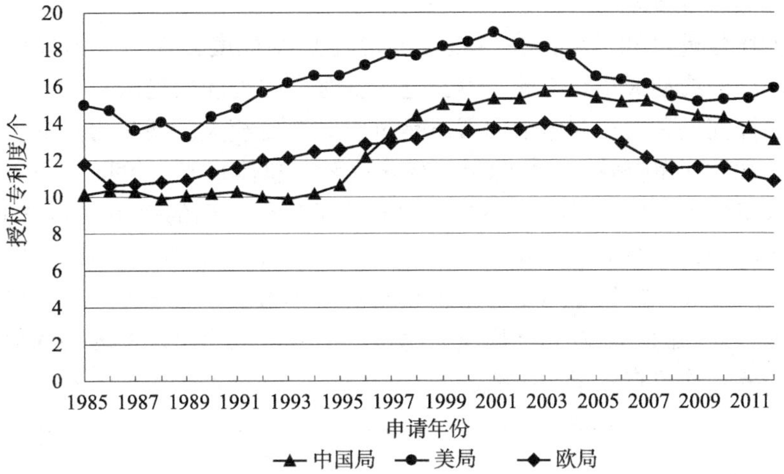

图5 三局授权案件在不同国家/地区的授权专利度变化趋势

对案件审查的尺度或许较中国局和欧局更为宽松。1992～1997年申请的三局授权案件中，中国局的授权特征度大幅高于美局和欧局的授权特征度，而有三局同族的申请在中国局的申请量第一次激增恰好也发生在1992年，或许二者之间存在一定的关联。1997～2006年申请的三局授权案件中，中国局和欧局授权特征度的差距逐渐减小，而在2006年以后，两局授权特征度之间的差异又逐步增加。总的来说，各局在审查实践发展过程中的审查尺度差异在不断缩小。

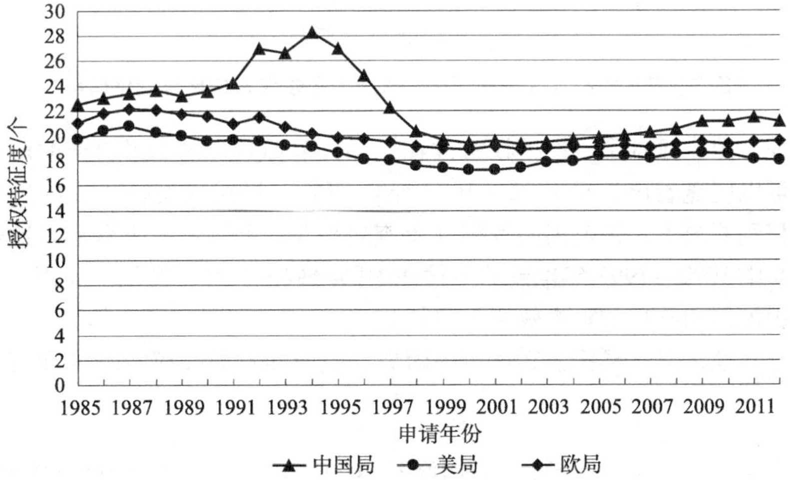

图6 三局授权案件在不同国家/地区的授权特征度变化趋势

3. 审查效率比较

由上述分析可知，无论在授权专利度还是特征度方面，中国局的波动最大，而欧局的波动最小。因此，本文进一步对中国局和欧局的审查效率作比较分析，以探究这种波动与申请因素还是审查因素更相关。图 7 为三局授权案件在中国局和欧局审查效率 A❶ 的历年变化趋势。总体来看，1996 年以前申请的三局授权案件中，中国局在缩小授权权利要求项数方面的效率（审查效率 A）大幅高于欧局，而在 1996 年以后，欧局的效率超过中国局，且在 2007 年以后超过的幅度较大。授权专利度加上审查效率 A 即可获得申请专利度。经分析可知中国局和欧局的申请专利度均较为稳定。由此可以得出，中国局的授权专利度波动主要是受审查效率的影响。

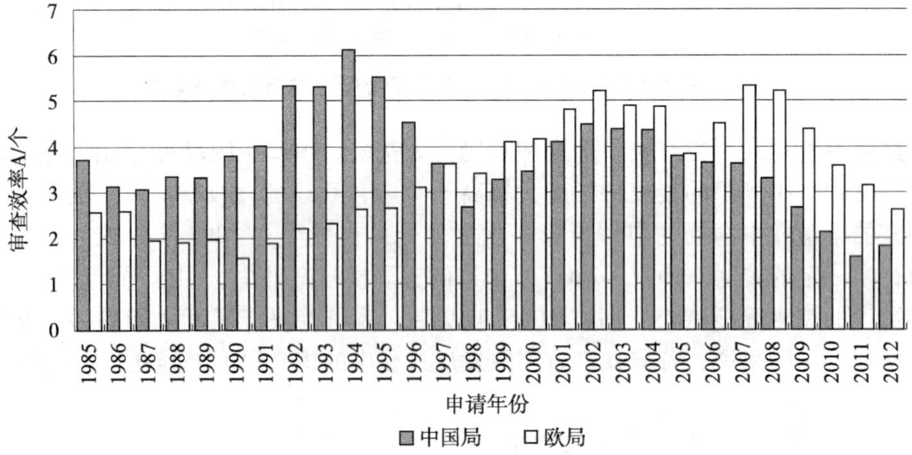

图7　三局授权案件在中国局和欧局审查效率 A 的历年变化趋势

此外，图 8 显示了三局授权案件在中国局和欧局审查效率 T❷ 的历年变化趋势。可以明显看出，在 1992～1997 年申请的三局授权案件中，中国局在缩小独立权利要求 1 保护范围的效率（审查效率 T）上远远高于欧局。这也就解释了图 6 中 1992～1997 年申请的案件在中国授权的特征度激增的原因。在其他阶段，中国局和欧局的审查效率 T 总体相当。

综上，通过对三局授权案件在中国局、美局和欧局授权专利度和授权特征

❶ 审查效率 A：申请时的专利度 - 授权时的专利度，即经过实审后，授权的权利要求项数相对于申请时减少的量。

❷ 审查效率 T：授权时的特征度 - 申请时的特征度，即经过实审后，授权权利要求 1 技术特征数相对于申请时增加的量。

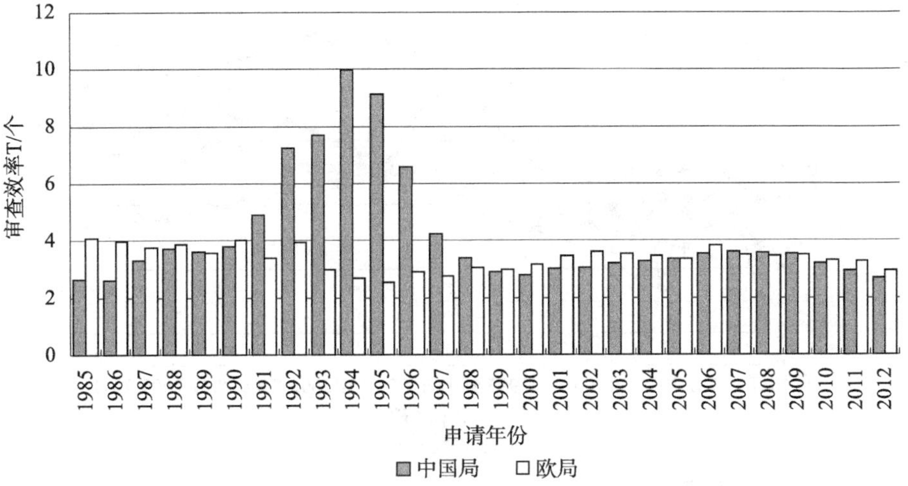

图 8　三局授权案件在中国局和欧局审查效率 T 的历年变化趋势

度的比较发现，各局在审查实践发展过程中的审查尺度差异在不断缩小，中国局审查过程中的波动相对较大，欧局的波动较小。进一步通过比较中国局和欧局的审查效率发现，授权专利度和授权特征度的波动和变化主要是受到审查效率的影响。

四、不同来源国案件在各局的授权状态、被引证以及运营情况比较

进一步地，为了探寻不同来源国的三局授权案件在各局的授权状态是否存在较大的差异，本文对来自日本、美国、德国和中国[1]的三局授权案件在中国局的授权状态（授权专利度、授权特征度）进行了比较分析。对于在其他局授权的不同来源国案件状态比较的方法与此一致，此处由于受篇幅限制不再分析。另外，本文还将中国局授权案件被引用情况与美局授权案件被引用情况进行了比较分析，对不同来源国的授权案件在中国局和美局分别被引证的情况以及专利运营的情况进行了分析。

1. 在中国局授权的专利度和特征度比较

基于本文前述对三局授权案件来源国的分析，选取了排名前 3 位的日本、美国和德国以及中国作为分析的样本，图 9（a）、图 9（b）分别显示了来源于以上 4 个国家的三局授权案件在中国局授权案件的专利度和特征度变化趋势。

[1] 来自中国的专利申请除大陆申请人提交的申请外，还包括香港、澳门和台湾地区申请人提交的申请。

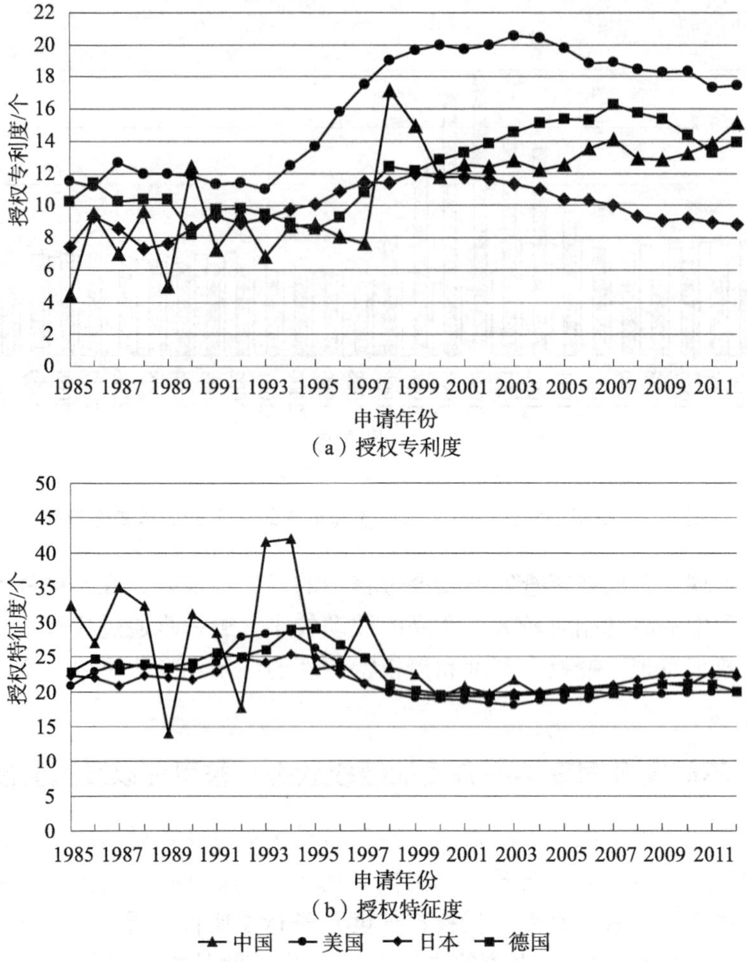

图 9　不同来源国三局授权案件在中国局的授权专利度和授权特征度变化趋势

从授权专利度总体趋势来看，随着时间的推移，各个国家在中国局授权案件的专利度均有所提升。其中，来自美国的案件授权专利度最大，且 1993 年以后持续上升，2004 年之后缓慢降低。来自中国的案件授权专利度波动较大，主要是受来自中国的三局授权案件总量较少和审查效率的影响，但自 2000 年以后授权专利度逐渐上升，在 2011 年以后授权专利度已超过日本和德国。来自德国的案件授权专利度基本位于美国和中国之间，其从 1996 年开始逐渐上升，2007 年之后逐渐下降。来自日本的案件授权专利度波动幅度最小，但是自 1999 年以来连续下降，2012 年来自日本的案件的授权权利要求项数较美国平均少 9 个。

从授权特征度总体趋势来看，随着时间的推移，各个国家在中国局授权案件的授权特征度基本呈现出前期（1985～1991年）保持平稳，中期（1992～1999年）先上升后下降的波动以及后期（2000～2012年）基本稳定的变化历程。来自中国的案件在1992年以前的授权量不足10件，因此其授权特征度前期波动较大，但其后期的特征度基本与来日本、美国和德国的特征度相当。

通过上述分析可以看出，虽然来自中国的三局授权案件总量不大，但其专利授权的质量❶不断提升，已基本与其他三国的授权质量相当。

2. 被引证情况比较

Jaffe等指出专利引证提供了技术的关联性指标，可以通过专利引证的方法来衡量创新的重要性和价值。其中，被引证数据更多地体现本专利被在后专利文献引用的情况，此处的被引证既包括作为对比文件被审查员引用，也包括作为背景技术被其他专利文献引用。如果一件专利被引证上百次，便能从一定程度上反映该专利的重要价值和被关注程度。由于篇幅有限，本文利用Patentics仅对来自日本、美国、德国和中国的三局授权案件在中国局和美局被引证情况进行了统计和比较，具体数据参见表1。由于国内专利和美国专利对背景文献的引用要求不同，因此，二者被引证的占比❷数值差异较大。其中，来自日本的在中国局授权的案件中有4085件被其他专利文献所引证，占其授权总量（67180件）的6.08%，在美局有57053件被其他专利文献所引证，占其授权总量的84.92%。可以看出，来自中国的案件在中国局被引证的比例最高，来自日本的案件在美局被引证的比例最高，而来自中国的案件在美局被引证的比例最低。

表1 不同来源国三局授权案件在中国局和美国局分别被引证的数量和比例

来源国	授权总量/件	在中国局被引证		在美局被引证	
		数量/件	占比	数量/件	占比
日本	67180	4085	6.08%	57053	84.92%
美国	58495	2962	5.06%	43935	75.11%
德国	33408	1698	5.08%	22411	67.08%
中国	4171	299	7.17%	2208	52.94%

3. 专利运营情况比较

专利运营表现为专利的商业化运用，体现了专利在产业发展中的经济价

❶ 本文的授权专利质量主要基于授权特征度和授权专利度进行考量。

❷ 授权案件存在被引证情况的总量/授权总量。

值，其是产业经济发展到一定阶段、专利数量积累到一定程度必然呈现的经济形态。本文利用 Patentics 统计分析了不同来源国的三局授权案件分别在中国和美国的许可、转让和质押情况，具体见表 2 和表 3。

从表 2 中可以看出，来自中国的三局授权案件在中国许可和转让的比例均最高，质押的数量最多。但值得注意的是，来自美国和德国的授权案件在中国进行转让的比例接近 15%，数量较大，可以看出美国和德国的专利权人更多地是通过权利转让的途径在我国市场经济中实现技术向经济价值的转化。

表 2　不同来源国三局授权案件在中国的运营情况

来源国	授权总量/件	许可		转让		质押
		数量/件	占比[1]	数量/件	占比	数量/件
日本	67180	697	1.04%	6417	9.55%	1
美国	58495	1016	1.74%	8642	14.77%	3
德国	33408	226	0.68%	4929	14.75%	0
中国	4171	268	6.43%	682	16.35%	71（占比 1.7%）

由于美国大部分专利在申请时均以个人名义申请，在授权时才将专利权转让变更至公司名下，其转让的数据并不能客观体现出实际转让的情况，因而本文未对美国的转让进行统计。从表 3 中可以看出，来自美国的三局授权案件在美国许可和质押的比例均远远高于来自其他国家的比例，特别是质押的比例达到 30.24%，可见美国在利用专利进行投融资的活动十分频繁。

表 3　不同来源国三局授权案件在美国的运营情况

来源国	授权总量/件	许可		质押	
		数量/件	占比	数量/件	占比
日本	67180	46	0.07%	442	0.66%
美国	58495	1795	3.07%	17691	30.24%
德国	33408	43	0.13%	700	2.10%
中国	4171	10	0.24%	60	1.44%

通过上述分析发现，来自本国的技术在本国被引证的比例一般较高，而且来自本国的技术在本土进行专利运营的比例也一般比来自其他国家的更高。另外，来自美国的技术在美国进行质押的比例遥遥领先，可见美国利用本国技术

[1] 授权案件存在许可的总量/授权总量。

在本土进行专利质押融资是运营中非常重要的手段，其有效解决了科技型中小企业的资金困境。

五、结　论

本文通过对存在中国、美国和欧洲同族案件的申请趋势分析，从侧面反映出我国自知识产权制度建立以来经历的发展和变化，而其中每一次申请量的激增或波动都伴随着我国不断深入的国际化进程以及新修改《专利法》的施行，这也是我国社会、科技和经济不断发展的必经之路；通过对中国局、美局和欧局同族专利授权状态的比较分析发现，在审查实践中，三局对于申请案件的审查结论差异在不断扩大，但对于申请案件的授权状态差异在不断缩小。另外，虽然来自中国的三局授权案件总量不大，但其专利授权的质量不断提升，已基本与美国、日本和德国的授权质量相当。在专利运营方面，美国已处于领先地位。

对于我国绝大多数创新主体来说，可以充分吸收我国在三局授权案件上已经积累的良好优势和经验，不断提升创新创造水平，提高专利申请撰写质量，加强多国同族布局，提升审查意见应对能力。基于对各局在专利审查中的差异分析，能进一步明确我国在专利审查质量提升方面的奋斗目标和方向，朝着世界一流品牌的审查机构不断迈进。最后，通过专利运营能充分发挥专利技术的经济价值，美国在专利运营尤其是质押融资的实践上已走在前列，我国还需更深入分析其中的策略、手段、方式和方法等，因地制宜，摸索科学的专利价值评估体系，探寻高效的商业运作模式，尽快实现知识产权创造由多向优、由大到强的转变，从而加快建设知识产权强国的进程。

参考文献

[1] 刘菊芳，马斌，龚亚麟．浅谈我国专利信息服务的发展形势与任务［J］．中国发明与专利，2014（9）：7－14.

[2] 李鹏飞，卢瑾，辛一．基于专利的大数据技术发展情报分析及战略研究［J］．情报杂志，2014，33（9）：45－50.

[3] JAFF A B，TRAJTENBERG M. Patents，Citations and Innovations：A Window on the Knowledge Economy［M］．Cambridge，MA：MIT Press，2002.

[4] 许琦，顾新建，陈芨熙．基于专利引证网络的技术进化路线分析：以数据挖掘领域为例［J］．科研管理，2013，2（34）：27－35.

[5] 陆介平，林蓉，王宇航．专利运营：知识产权价值实现的商业形态［J］．工业技术创新，2015，2（2）：248－253.

[6] 唐春．基于国际专利制度的同族专利研究［J］．情报杂志，2012，31（6）：19－29.

ISO10015 在专利审批部门培训中的应用研究*

郑少君　刘文霞　周　文　陈春淳
冯姝雯　李　伟　甘　雨　张晓默

摘　要：本文对 ISO10015 标准的规范要求进行了解读，以其对专利审批部门进行对照检查，从而指导完善部门现有培训体系，从确定培训需求、设计和策划培训、提供培训、评价培训结果以及监视五方面，提出了对专利审批部门培训时需规范的内容、现有培训体系存在的问题和改进建议，为专利审批部门进行符合 ISO10015 质量标准的培训提供参考。

关键词：ISO10015　培训　专利审批　质量管理

一、引　言

人力资源管理是现代企业管理的核心，教育培训是人力资源开发的基本功能。ISO9001 质量管理体系为政府部门构建管理科学、廉洁高效的服务型政府提供了科学方法和有效途径。其中对于培训的要求体现在条款 6.2.2（能力、培训和意识），但其仅在宏观方面提出了培训的目标要求，内容比较简略。为使组织更为规范地建立培训体系，国际标准化组织（ISO）于 1999 年底颁布了 ISO10015：1999《质量管理——培训指南》，其并不用于认证，也不对 ISO9001 系列标准的要求作添加、更改或修改，其主要作用是为组织的培训工作提供规范化的操作指南，从而帮助组织提升人力资源管理水平，使其提供的产品和服

* 本文源于北京中心 2015 年课题"ISO9001 在部门培训工作中的应用研究"（BJZX1508）。该课题负责人为刘文霞，参与研究人员有郑少君、周文、陈春淳、冯姝雯、李伟、甘雨、张晓默。

务质量能够及时满足顾客不断变化的要求和期望。

ISO10015 明确将培训分为确定培训需求、设计和策划培训、提供培训、评价培训结果以及贯串于整个过程中的监视等 5 个环节，具体组成如图 1 所示的循环。

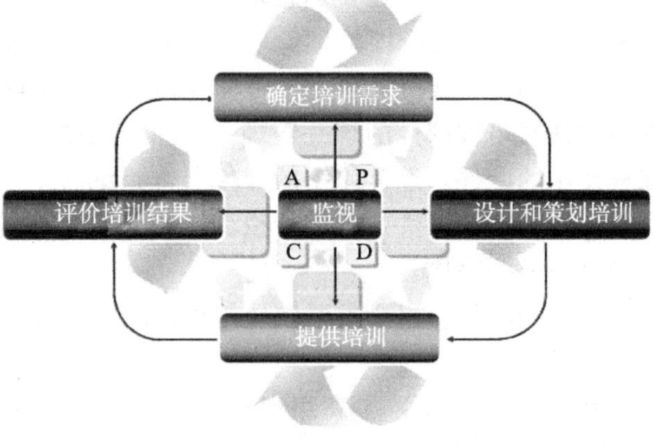

图 1

目前，对于 ISO10015 在电力[1]、高职[2]、教师[3]、干部教育[4]等各类型培训中的应用已经进行了深入的研究，但以其指导专利审查员的培训在国内还没有相关报道。

二、国外专利审查员培训概况

（一）欧洲

欧洲专利局的培训体系设计采用了整体任务方法[5]，其理论基础来自荷兰马斯特里赫特大学 Jeroen J. G. van Merrienboer 教授提出的四要素教学设计

[1] 杨辉．充分发挥教育培训在电力企业 ISO9001 体系中的作用［J］．广西电业，2011（132）：18－21．

[2] 陈燕青，葛琳，余志伟．ISO9000 过程方法对电力高职院校培训质量控制探究［J］．江西电力职业技术学院学报，2012，25（4）：79－82．

[3] 刘潇．基于 ISO9000 质量管理原则的教师培训质量管理体系的建构［J］．继续教育研究，2012（12）：80－82．

[4] 黄万求．干部教育培训工作导入 ISO9000 族标准的探讨［J］．中共南宁市委党校学报，2007（4）：50－52．

[5] 屠忻．赴欧洲专利局参加五局合作审查员互派培训总结报告［R］，2012．

（4C/ID）模型❶。培训方式主要有3种，分别是课堂培训、个别辅导培训以及电子学习（E－learning）。

欧洲专利局十分重视导师的挑选和培训，由主任（Director）直接挑选导师，要求导师是与新审查员相同技术领域的非常有经验的审查员，导师应具有良好的沟通能力和教学方法，同时还要熟悉培训的语言学。对每位授课人和新审查员的导师进行2～3天的适应性培训。培训中主要介绍授课的基础、所采用的培训方案、课程中的一些实际例子、导师辅导的基础知识等。

欧洲专利局还重视对培训课件的统一管理，培训和发展处（DLD）负责开发和维护各种课程使用的课件。经常使用的课件通常是维持不变的，例如新审查员培训课程。授课教师按照课件内容进行授课，一般不允许随意修订，课件的修订需要指定的培训教师完成。

新审查员在集中培训阶段，每个重要模块结束后均有测验，完成8个月的集中培训后，还要通过结业考试。

审查员在晋升到G13级，成为"高级审查员"之前，必须通过"审查岗位认证考试"；升任G13级以后，需定期参加"岗位再认证考试"。

欧洲专利局非常注重对培训效果的评价和反馈，对参加培训的学员、授课人和导师都要进行评价。对学员来说，每个课程完成之后，要进行评价，在新学员培训结束之后，也要进行最后的评价，通过对学员评价的反馈来改进培训课程。授课人的每次授课之后有一次意见反馈，以利于进一步完善授课方式和内容。对新审查员的导师要定期地进行评价，从部门领导和调查所反馈的意见以及新审查员的表现来评价导师。

评价方式是多种多样的，有时以问卷形式，有时以口头评价形式，有时以圆桌会议形式。无论哪种方式，都是帮助培训者和被培训者更好地改进工作。❷

除此之外，欧洲专利局还十分注意培训前的工作，每次培训开始之前，都要下达简要的任务，明确此次培训的目的。

（二）美国

美国专利商标局的培训分新审查员培训和继续培训。主要以培训学院集中培训和审查部分散培训相结合的方式进行。其中新审查员在培训学院的培训为期8个月，主要经过3种考核：随堂测验、毕业考试和工作能力考核。值得一提的是，仅有工作能力考核作为新审查员是否培训合格和是否能留用的依据，

---

❶ VAN MERRIENBOERJJG, CLARK R E, DE CROOCK MBM. Blueprints for Complex Learning: The 4C/ID－Model [J]. ETR&D, 2002, 50 (2): 39－64.

❷ 李政，等. EPO出国考察报告 [R], 2004.

而前两种都不作为人员评级和新审查员是否可以留用的依据。其中随堂测验后会有班主任的讲评和答疑，可以作为查漏补缺的方式；毕业考试作为培训学院的培训体系是否合理的依据和导师培训能力评价的依据。

培训学院十分注意收集各方面对培训模式的反馈意见，包括审查部门的反馈意见，采用问卷调查和 IDP 在线评价的方式征求接受培训的审查员的反馈意见、培训导师的反馈意见。其通过毕业考试结果分析得出的意见，还包括请专业公司对培训结果进行评估。在培训学院专用于培训的系统 IDP 上，也有专栏请学院为每项课程进行评估。

继续培训分成以下几种类型❶：

（1）法律更新培训：在法律、细则等修改的情况下，由专利法律管理办公室为职工提供的培训，或者采用电话、E－mail 等方式答疑；另外还包括部内的质量保障专家的答疑，专利法法院判决培训等。

（2）技术更新培训：一般包括技术讲座、技术研讨会、各审查部的年度技术报告会、外出实习等。

（3）与审查员的晋升及认证相关联的培训：美国专利商标局的审查员有一套多层次的认证制度，但值得推崇的是，美国专利商标局并不单纯对审查员进行认证，还在每种认证之前提供必要的培训。如认证没有通过，还会与审查员一起讨论，确定其还需要何种培训，以帮助其通过下次认证。

（4）培训学院毕业后培训：学员在培训学院毕业之后的 2 年内，会定期安排重返班级的培训，审查员自己也可以提出培训需求。

（5）自动化培训：包括分类、检索、审查工具、在家办公工具等的使用。

（6）资助审查员在业余时间进行：美国专利商标局为审查员业余时间学习法律和技术提供学费资助。

（三）日本

日本特许厅注重对审查员各阶段必修课程的管理，例如，从入厅的第二年起，候补审查员就要接受“成为审查员的前期培训”阶段课程的培训。该阶段共培训 133 小时（约 2 个月），其目的是获得知识产权的专业知识和掌握实际审查工作的技能，学会作为审查员所应该具有的能力；在该阶段必须通过 10 门科目的考试，只有通过，才允许参加下年度的考试，合格后，才有可能获得审查员资格。❷

---

❶ 侯海薏．致力于高质快速审查的美国专利商标局：美国专利局标局工作印象［R］，2009.

❷ 尚琴．参加欧专局“新人培训课程（Course A）”的培训报告［R］，2013.

三、ISO10015 标准引入方法

ISO10015 标准适用于全领域，但基于专利审批部门培训的特点，需要对其进行适应性解读，并根据该标准建立自查对照表，然后可以通过访谈或问卷调查的方式对现有培训体系进行对照检查，从而发现培训各环节所存在的问题。通过借鉴其他行业的培训理论，并参考国外审查员的培训体系，对部门培训体系进行改进和完善。

本文依据国家知识产权局专利局专利审查协作北京中心的培训体系进行研究，利用对照检查表对组织培训工作的工作组进行访谈，并对不同期次、不同角色的审查员针对之前部门培训的感受进行了问卷调查。通过访谈和问卷调查，发现了部门培训各环节所存在的普遍性问题，最后提出对部门培训体系的改进措施和建议。

四、培训各环节的规范建议

（一）确定培训需求

在培训之前，应首先在对组织要求和现有人员能力相比较和分析的基础上确定组织的需求，目前确定培训需求时没有形成规范化的流程，导致培训计划制定过于经验化和行政化，缺少精确可控的确定流程。具体表现在以下几方面。

1. 确定组织需求

虽然总体来看，确定组织需求时除考虑了相关政策文件外，还考虑了很多其他因素。但因为缺乏程序化的确定组织需求的方法，有些培训组织时只考虑了其中一项或几项因素，而没有把相关文件的各项质量管理要求与审查员的需求等其他因素从整体上综合考虑。因此很多培训虽然也围绕组织需求进行，但并不能获得审查员的欢迎和认可。

2. 评审能力方面

虽然部门也对所有人员进行定期或不定期评审，但比较规范的评审只有每季度的任务考核、年终质量等级评价和综合考核，但这些考核还主要是粗线条的考核，并不能准确分析出人员现有能力与组织需要的能力要求的差距，导致部门在确定培训需求时并不会有意识地考虑人员现有能力评价结果与能力要求的差距。

3. 缺少培训需求说明书

部内的审查计划中虽然包括了总的培训目标，但并没有提出各项培训内容的子目标和预期结果，培训计划执行表和各工作组的培训计划中也不包括上述内容。

针对确定培训需求环节不系统不完善的问题，在ISO10015标准基础上，结合其他企业的实践经验，建议确定培训需求时遵循如图2所示的规范流程。

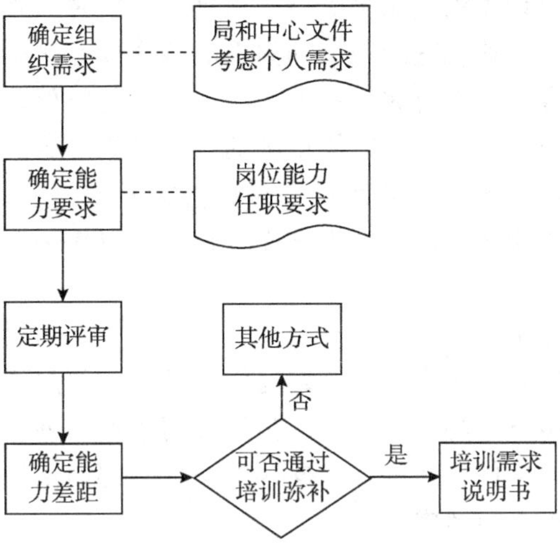

图2 确定培训需求流程

以下对各环节需要完成的任务和考虑重点进行提示：

（1）确定组织需求。需要明确与组织需求有关的各要素，与专利审查部门相关的组织需求包括质量和培训方针、各项管理要求、资源管理和过程设计等。尤为值得培训组织者注意的是，在此环节也应当通过问卷调查等方式适当考虑员工的个人需求。

（2）确定能力要求。部门需要编制完整系统的《岗位能力任职要求》，对各个岗位所需要的能力资格要求进行确定，以利于部门根据任职要求和现有能力的差距有针对性地确定培训需求。并根据不同的受训对象，选择相应的培训方式和内容，以保证整个培训工作高效率和高质量地进行。

（3）定期评审能力。一方面，部门需要制定细化的考核指标，而不只是给出考核结论，便于与能力要求相比较。另一方面，针对某些培训，也可以从员工的各项质量数据出发，对员工能力进行单独评审。比如检索相关培训，可以将质量数据的X/Y率作为评审指标，但因为此数据受影响因素较多，所以当被培训对象作为一个集体被评审时具有较为客观的统计意义。

（4）确定能力差距。部门需要将审查员参加的所有培训以及培训后的考核进行记录，建立一套系统的培训档案。通过培训档案的记录，可以追踪每个审查员个人在培训过程的缺失以及能力的差距，进而完善培训体系。

（5）制定培训需求说明书。希望部门在制订审查计划之前先按照上述流程形成培训需求说明书，在考虑了各项因素之后，通过能力要求和现有能力的差距分析，决定用培训弥补此差距时，将其纳入培训需求说明书，并写明培训的目标和预期结果。培训需求说明书应当成为培训计划的一部分。

需要注意的是，上述流程图中培训需求的各个要素之间不是孤立的，而是相互制约和相互依存的。系统完善的组织需求分析能够保障培训体系符合组织的要求；确定和分析能力要求可以使培训的预期结果更为细化和具体，便于确立目标；定期评审和确定能力差距可以保证查漏补缺，进而明确努力的方向；最终制定的培训需求说明书使培训需求文件化，可以作为设计和策划培训及监视培训过程的基础。

（二）设计和策划培训

培训的设计和策划阶段为培训计划提供了基础。部门可以根据以往培训经验，并结合当年上级下达的重点任务，制订部门培训计划。因在培训计划制订之后还会出台重要的文件，还需要依据这些文件对部门培训计划进行调整。具体可以从以下几方面进行考虑。

1. 确定制约条件

在制订培训计划之前，需要列出各项制约条件，比如培训时间、地点、日程、财务，接受培训的人员以及师资的选择。

2. 培训方式的选择和选择准则

部门目前的培训方式包括现场授课、专题研讨、调研、会议、业务指导、网上课程、导师带教、法院或复审委旁听、培训项目推荐等。针对不同的培训内容、培训目的和培训接受者选择不同的培训方式。

3. 制订培训计划

按照年初的专利审查工作计划，部门结合往年的培训安排、专利审查计划落实方案的各项部署，制订部门培训计划，并制定相应的培训计划执行表。该培训计划执行表具体包括培训课程、培训主要内容、培训方式、培训对象、培训时间、培训学时以及负责的部门工作组。

在培训计划制订过程中，需要建立让培训组织者参与制订培训计划的机制。可以由各工作组确定年度培训计划，部门再对各工作组的培训计划统筹安排，形成初稿后再征求各工作组意见。

考虑到个体差异因素，针对不同审查员群体的差异化的需求提供多层次的培训内容。部门在制订培训计划时还应多与审查员进行互动交流，将审查计划的初稿征求审查员意见，具体方式可采用问卷调查、访谈等形式，并针对性地对培训计划进行调整。

培训计划制定后，应当将培训计划和培训计划执行表尽早发给审查员，以使审查员对部门的全年培训工作有一定的预期，从而能够合理安排审查任务，防止出现虽然期望参加培训，但由于审查任务紧张不得不放弃的情况。

4. 选择培训提供者

虽然部门选取培训提供者时会考虑培训经验、培训口碑、本领域知名度、审查员的欢迎程度等因素，但缺少对培训提供者进行科学的系统性审查的机制，也没有评估培训提供者的规范性文件。有时过分关注培训提供者的学术成就和声誉，而并未对其培训内容进行审核，导致提供的培训内容与预先设想并不契合，影响培训效果。

建议对培训提供者进行评估时从如下几方面考虑：

（1）通过网络等途径充分搜集培训提供者候选人的相关资料，如职称、学术背景、过往提供培训的经历等。

（2）采用电话或邮件的方式与培训提供者候选人取得联系，了解其提供培训的意愿，并向其明确培训目的；而后了解培训提供者是否就该主题或相关主题提供过培训，并询问培训的过程和效果。

（3）是否愿意在培训前征集问题，在课堂上针对性解答，并预料与培训接受者互动交流的时间。

（4）和之前参加过该培训提供者的培训接受者取得联系，通过电话访问或调查问卷的方式，对培训提供者进行较全面的评估。

此外，在选定培训提供者后，应对培训提供者所要开展的培训内容进行审查，例如审核其准备的讲义，切实保障培训内容的供应契合培训接受者的需求，尽量避免培训提供者严重跑题或借题发挥，从而保障培训效果。

（三）提供培训

部门为提供培训而开展的活动应包括在培训前、培训中和培训后提供必要的资源，以支持和促进培训。

1. 培训前支持

培训前，组织者应当通过邮件或口头传达等方式向培训接受者传达培训提供者的基本信息，培训的目的、性质、基本内容等，并通过邮件或口头方式向培训提供者介绍培训接受者的基本情况、培训接受者对培训内容的具体需求等，同时，通过邮件或网络平台的方式提供双方沟通平台或渠道。

例如在一些涉及专业技术知识的培训中，可以在培训前向审查员征集与该专业技术相关的疑难问题，由培训提供者在培训前进行有针对性的备课，进而在培训时进行有侧重的讲解。而在一些涉及案例的培训中，可以在培训前提前将案例下发，并提出需要提前思考的问题和课前作业，让培训接受者提前了解案例的内容，形成自己的初步观点，上课时再有针对性地比较自己的观点与培训提供者观点的异同。

通过这种方式，一方面可以提高审查员在培训前的参与度，另一方面也能够提前了解接受培训的审查员的普遍水平，有利于培训提供者准确把握培训的侧重点。

2. 培训中支持

培训组织者应当为培训双方提供相应的场地、设备、文件、课件等，例如提供所需要的会议室、投影仪、电脑、政策文件、教学课件等。培训时通过登记表或签到册的方式记录培训接受者的出勤情况。

培训过程中还应当提高培训接受者的参与度，使得培训接受者能够全程参与整个培训过程，增强其对培训过程的责任感，从而使他们为确保培训达到预期而承担更多的职责。可在培训中多设置现场提问、问题讨论等互动环节，在培训过程中测试培训接受者的接受程度、对培训内容的掌握和理解情况，并针对上述情况灵活地对预先设定的互动环节进行及时和有效的调整，以确保互动环节达到预期效果。

3. 培训后支持

通过不同的方式从培训双方收集反馈信息能够及时了解培训的实际效果，获悉培训提供者和培训接受者对培训的意见和建议，从而作为评价培训结果的输入，也能够及时发现培训中存在的问题，形成纠正措施以供下次培训参考。

目前部门大部分培训并没有收集反馈信息或者仅向培训接受者或培训提供者一方收集反馈信息，建议部门建立培训后及时向培训提供者和培训接受者双方收集反馈信息的机制。

收集的方式需要考虑培训接受者接受的难易程度，同时还需根据培训内容和性质本身进行选择，必要时可以多种方式并用，以更为全面和系统地收集反馈信息。例如对于法院庭审旁听，一方面可以通过调查问卷的方式收集培训接受者对于培训形式、程序、效果等方面的反馈意见，另一方面还可以让相关领域审查员撰写对于庭审讨论所涉及疑难问题的具体意见，以此方式获得反馈信息。

反馈信息的内容主要包括对培训的意见和建议。另外，对于培训接受者，还需要收集他们对培训提供者的评价；对于培训提供者，还需要收集学员的表现情况等信息。

（四）评价培训结果

评价的目的是确认部门培训目标已经实现，即培训是有效的，评价应在短期和长期的基础上开展：在短期方面，应从审查员中获得有关培训方式、所用资源以及培训中所获得的知识和技能的反馈信息；在长期方面，应对审查员的工作业绩改进作出评价。

部门培训项目中仅有非常少的一部分进行了短期评价或长期评价，大部分仅仅通过培训记录表象征性地写了培训效果评估结果。因此部内培训普遍缺少系统、完善的培训效果评估步骤。

分析原因，可能包括以下三方面：①培训组织者缺乏对培训效果评估的重视程度，很多培训组织者认为培训结束，留下培训记录就已经达到目的了，因为以后不一定进行同类培训，因此不需要对培训效果进行评估；②培训组织者没有效果评估经验，不知道如何着手评估培训效果；③很多培训属于一次性培训，难以进行培训效果评估。

考察了现有培训理论中的培训模型之后，发现柯克帕特里克评估模型和考夫曼的扩展模型最适合于专利审查部门的培训。依据以上两个模型，本文提出从反应层、学习层、行为层、效果层和社会反馈评估共5个层面对培训效果进行评价的模式。

1. 反应层

反应层评估，是指培训接受者对培训项目的印象如何，其内容可以包括如下问题：培训接受者是否对培训环境的舒适度感到满意？对培训项目的实用性是否认同？对培训内容是否能够接受？对培训讲师的教学是否满意？……本层面评估时间通常为培训中或培训后，可通过问卷调查或访谈来进行。

2. 学习层

学习层评估，是指培训接受者对培训所传授内容的把握程度，包括对原理、技能、流程等培训内容的理解和掌握程度。评估时间通常为培训结束后，通常可使用培训后的提问、互动或测试进行考核，对于意识形态培养类型的培训，也可通过评估调查问卷进行。

3. 行为层

行为层评估，指培训前后培训接受者在实际岗位中行为的变化，以判断其是否在工作实践中运用了培训中所学到的新概念和新技能，是否转化成个人技能和工作习惯等。评估时间通常为培训结束后3个月到半年。对于意识形态的培训可以通过专项质评、案例研讨、处室检查、复审报批等方式对培训的效果进行评估；对于技能的培训，可通过笔试、知识竞赛等形式进行评估。

4. 效果层

效果层评估，是考查培训接受者行为的变化是否积极地影响到了组织的业绩结果，如有多少成本的减少是源于培训，又有多少收益的增加是源于培训。评估时间通常为培训结束后1年，可通过年终考核，审查数据，质检、质评情况分析，处室检查问题分析等方式进行。从上述四方面进行评估后，对于不能胜任本职工作的审查员，应及时安排培训、考核或转岗，使得审查员的能力与其要求的能力相适应。

5. 社会反馈评估

在对培训的审查员整体进行培训评估时，除了上述 4 个层次，还可以根据外部反馈情况如外部反馈比例、问题比例以及反馈具体问题进行分析，从而对前期培训进行评估。

值得提出的是，并不是每一个培训项目都需要经过上述所有 5 个层面的评估，部门可以根据培训项目的具体情况、评价对象等因素自行选择。比如对于比较重要、参加人员较多、每年都要重复开展的常规培训，可以对 5 个层次都进行评估；对举行一次后再次举行可能性较小的培训项目，部门可以仅仅进行反应层、学习层评估；当评价的对象针对整个培训体系，而不需要了解单个项目的培训效果时，也可以仅选择行为层、效果层和社会反馈的评估。

另外，建议部门对培训效果评估作出要求，提高培训组织者对效果评估环节的重视程度，并对培训组织者提供效果评估方式的培训。如果部门自己评估培训效果确实困难，可以参照美国专利商标局的做法，将培训效果评估外包，以充分利用外部资源。

最后，上述评价方式应形成完善的评价报告。评价报告书的制定程序可以参考如下方式：

（1）对于反应层和学习层的评估，在培训结束后及时收集问卷调查、分析考试情况或提问情况。

（2）对于行为层和结果层的评估，可定期召开培训工作会议，针对不同培训设计的中、长期培训效果进行评估，对参加培训的审查员进行各方面的评价，从而评价培训的有效性。

（3）根据培训需求说明书、培训计划、培训记录和收集到的上述信息，得出结论和改进建议，形成完整的评价报告。

评价报告中既对之前培训项目的效果与利弊进行估量，也为如何改进和完善下阶段培训工作提供足够的依据。评价报告中的结论和建议，可以为将来策划新一轮培训提供参考。

（五）监视

监视能够有效控制培训过程，监视应由有能力的人员依据组织形成文件的程序进行，最好独立于被监视对象。因此，部门应当将培训各阶段的监视工作标准化、流程化。应从以下三方面进行规范。

1. 完善培训的各阶段

监视应当针对所有的 4 个阶段进行，因此首先应当完善培训的 4 个阶段。完善后才能收集每个阶段的记录，而每个阶段所形成的文件记录都属于监视的内容。监视在整个培训环节中都起到了重要的作用，监视的好坏决定着培训的效果以及有效性。

2. 明确监视者的职责

对于目前的监视者，应该建立部门领导监视和各工作组组长监视 2 个层面。部门内各培训组根据相关文件的要求制订相应的培训计划，而各个培训组的组长对制定的计划文件的可行性进行监视，然后提交给部门领导。各工作组不仅通过统计表格，还可以通过各种邮件、当面汇报的形式向组长及部门领导反映情况。

部门领导进行整体监视，监视的方式有主动观察和交流询问、查看邮件、分析统计表格等方式，确保所进行的培训满足相关文件的要求。

3. 拓展监视的种类和方式

监视存在于确定培训需求环节、设计和策划培训环节、提供培训和评价培训结果的环节，可采用常规检查、统计分析、培训档案等方式进行。

其中培训档案尤其重要。通过培训档案能够对确定培训需求、设计和策划培训、提供培训以及评价培训结果这 4 个阶段进行全程记录，在汇总部门的培训情况基础上完善培训体系。培训档案需要在年度结束时发送给部门领导，方便领导了解每位员工的能力现状以及该年度参加培训的情况。有利于深入了解该审查员的学术经历、知识背景，及时了解员工的能力水平，以及确定该审查员与组织需求的能力差距及需要何种培训来提高其能力水平。

4. 提出纠正和预防措施

对培训各阶段进行监视时，如果培训组织过程中存在不合格，需要提出纠正和预防措施。具体可以在经过如下程序的判定后，确定是否需要提出纠正和预防措施。

若监视过程中没有发现问题，并通过评价结果的分析发现培训起到了相应的作用，应该更新员工的培训档案；若监视过程中发现培训未按照程序进行，却仍满足了培训目标，则更改培训程序来提高效率，并更新员工的培训档案；若遵照培训计划进行，却没有达到预期目标，则通过监视培训各阶段寻找问题所在，比如是否准确确定了培训需求？培训提供者选择是否存在疏漏？是否为培训提供了足够的条件支持？评价体系是否合理？针对找出的问题，采取纠正措施，从而使培训体系能够系统和高效地运行。

“依据 ISO10015 标准要求完善培训管理，系统规范地开展培训”应当贯彻于确定培训需求、设计和策划培训、提供培训、评估培训效果的全过程中，充分采用相关标准中所规定的工具与方式，建设系统、精细、高效、符合标准要求的部门培训体系。

优化知识产权公共服务，助力中小企业技术创新

张清涛

摘　要：根据《国务院关于新形势下加快知识产权强国建设的若干意见》对“优化知识产权公共服务”的要求和落实国家知识产权局于2014年10月颁布的《关于知识产权支持小微企业发展的若干意见》中提出的“加快知识产权公共服务体系建设”的目标，笔者对国家知识产权局公共服务的开展情况进行了调查分析，发现在对中小企业的专利信息服务、人才培训、创业辅导、维权援助等方面还存在不足。参考他局的做法，提出了优化知识产权公共服务的若干建议，期望能够提升我国的知识产权公共服务水平，以更好地帮助中小企业提升知识产权工作的能力和水平，进而为中小企业的技术创新提供助力。

关键词：知识产权　公共服务　中小企业　技术创新

一、前　言

当前，中小企业的发展在我国的经济结构中占据了重要的地位，贡献了六成以上的GDP，为城镇居民提供了75%以上的就业机会，还完成了我国65%以上的专利，75%以上的技术创新，80%的新产品开发。[1] 但是，中小企业的创新发展面临专利申请量相对较少，专利专业人才缺乏，获取和利用信息能力差，对专利申请、审查和运用等方面的专业指导有强烈的需求，专利对创新的

[1] 李子彬，刘迎秋．中国中小企业2015蓝皮书：混合所有制：中小企业发展的机遇与选择［M］．北京：中国发展出版社，2015.

保护力度不够等问题，单靠企业自身难以顺利解决，需要国家各相关方面多措并举大力支持。

为了全面提升中小企业知识产权水平，国家知识产权局（以下简称“国知局”）、工业和信息化部于2009年12月31日发布了《中小企业知识产权战略推进工程实施方案》。2014年10月，国知局又颁布了《关于知识产权支持小微企业发展的若干意见》，提出了“加快知识产权公共服务体系建设”支持小微企业发展的措施。目前，国知局已经建立了比较完备的公共服务体系，包括专利信息服务、公共咨询服务、人才培训服务、创业辅导、维权援助服务等，这些服务在实践中发挥了重要的作用。但是，新形势下中小企业对国知局提供的公共服务提出了更高的要求，即希望国知局能够在专利信息、公共咨询、人才培养、创业辅导、维权援助等方面给予更优化的服务。

二、国知局提供的公共服务及存在的问题

公共服务是指由政府或公共组织或经过公共授权的组织提供的具有共同消费性质的公共物品和服务。本文仅对国知局提供的部分公共服务进行分析。

（一）专利信息服务

国知局在用的专利信息公共服务平台包括专利检索及分析系统、中国专利查询系统等10多个平台，在专利信息检索和查询、网上办事、互动服务等方面初具规模，并在社会上享有了一定的声誉和品牌效应。然而，国知局的专利信息服务在整个体系的整合和深化应用方面仍存在不足，主要表现在：

（1）政策落实的最后一公里问题。近年来，国知局和各地方知识产权局发布了大量的推进中小企业创新发展的政策，但是没有一个平台能将这些政策全面地展示出来，也没有一个平台集中提供全面细致的政策解读和明确的办事流程，导致中小企业在利用政策过程中存在困惑，如有企业不知已公布政策的存在或者不知道如何操作。

（2）多个网上公共服务系统并行、多部门主管导致用户体验欠佳。主要表现在：各系统存在结果不唯一、运维难度大、缺乏统一的登录账户问题，各服务系统在国知局官网分布得比较分散，使用的体验性不好。

（3）专利检索与应用系统的要求与中小企业用户水平不适应。国知局官网通过专利检索与分析系统（以下简称“检索系统”）为公众提供对专利文献信息的检索服务，该系统收集了103个国家、地区和组织的专利数据，数据全分析功能强大，但存在不够智能、浏览界面简单等缺陷，对他局的检索系统仅提供了检索入口而未进行语言的便利化处理。中小企业人员通常不具有较高的检索素质，更加期望“傻瓜式”的检索方式，而且在语言方面受到限制，使用中

文之外的检索系统存在困难。

（二）公共咨询服务

国知局通过官网的“专利在线咨询”栏目为社会公众提供咨询服务，基本上能够满足一般性的问题咨询，但是对于审查业务相关的专业问题解决起来具有一定的难度。而中小企业对于国知局提供的公共咨询等服务需求比较多元和深入，一般性的公共咨询难以满足其需要。

（三）人才培养

为了解决中小企业面临的知识产权人才匮乏，实际工作能力不足等问题，国知局做了大量的工作，例如自2008年以来已在全国19个省区市批复设立了24家国家知识产权培训基地，2013年底在广东南海设立国家中小微企业知识产权培训基地，探索中小微企业知识产权人才培养模式。由于中小企业数量众多，每个企业面临的环境不同，发展阶段不同，对培训的需求也不同，造成了培训需求旺盛且多样的情形。因此，虽然多年来国知局在中小企业知识产权人才培养方面做了大量的工作，取得了很多的成绩，仍然不能完全满足中小企业的需求。

（四）创业辅导

为促进中小企业知识产权能力的提升，国知局先后推进了知识产权托管、审查员实践基地等创业辅导新机制的建设，也尝试了在企业派驻审查专员等方式对中小企业进行咨询和培训服务，并取得了良好的效果。但是上述尝试尚未形成成熟的机制，也未充分利用国知局丰富的人才和信息资源，需要继续进行探索。

（五）维权援助

近年来，国知局针对小微企业专利维权的现实需求，在广东中山、江苏南通等小微企业聚集的地区设立八家知识产权快速维权中心，建立快速审查、确权、维权工作机制，围绕当地主要产业加强专利保护，取得显著成效。但是，目前进入快速维权通道的还仅仅是外观设计专利申请，且受专利费用减缓政策的影响，进入专利申请快速授权通道的案件比例较低。更新换代比较快的技术领域的发明和实用新型专利尚无法进入快速维权通道。此外，异地维权难问题依然存在，无法解决跨市尤其是跨省的异地执法维权问题。快速确权机制也有待明确具体业务操作流程，与“互联网+”相适应的评价报告快速评价机制也迫在眉睫。

三、优化国知局公共服务的建议

在对国知局已有公共服务进行分析的基础上，借鉴国内外相关实践经验，提出以“顶层设计，全局用力”为核心的、优化国知局公共服务的建议。

（一）构建优化的、立体官方网上门户

利用“互联网+”时代的信息化技术和多媒体手段，构建以更优化的官网、APP和公众号相结合的立体官方网上门户，切实提高中小企业的政策知晓度和利用率，解决政策落实最后一公里的问题。对国知局官网的优化建议如下：

（1）开设中小企业公共服务专栏。集中展示和解读国知局面向中小企业的各项政策及办事流程，使其通过该专栏即可获取和利用相关政策。简化已有功能重复的栏目，对各栏目简化整合，以提高用户体验性。整合方式包括：在国知局官网上设立醒目的链接，将国知局提供的所有的网上事务服务集中在另一个网站上。

（2）开发国知局官方手机APP运行系统，与官网、微信公众号共同构成“三合一”的立体官方网上门户。与网站相比，APP的及时性、互动性更好，在功能上更侧重于及时公布政策消息、解读政策、提供在线咨询等实时性较强的公共服务。微信公众号的信息推送及时，目标用户准确，主要功能是公布政策消息、解读政策、推动与目标用户直接相关的通知信息等。充分发挥三者的优势，形成互补，使中小企业获取信息的渠道更畅通，办理业务更便捷。

（二）建设统一的网上事务服务平台

通过顶层设计，建设后台数据支撑系统协调统一、用户界面体验性好、登录方便的网上事务服务平台，为中小企业提供便捷的网上办事环境。

建设该平台的基础是审查流程业务概念统一、系统开发标准统一、系统管理制度统一的后台数据支撑系统。审查流程业务概念统一包括3个方面：一是要明确审查业务概念的含义，比如审查阶段代表的含义、审查状态代表的含义；二是要规范审查阶段和审查状态的概念；三是要明确规定信息系统建设过程中对于审查流程的概念的使用要求，比如，法律状态应该是对应“审查阶段”还是“审查流程”等。系统开发标准统一是指不同的系统要遵循统一的数据格式和形式、统一的数据来源和数据存储以及统一的系统后台支持标准。系统管理制度统一是指要合理规划官方网站的布局，避免相同功能的重复开发与维护，提高系统之间的融合度，加强各部门之间的协作，通过协调与协作机制，统筹网上服务体系的建设与发展，提高网上服务的水平和效率。改变当前系统管理需要多部门协调带来的问题。

登录该平台的账号是实现“两级多类”原则的统一的中国专利账号，通过该账号可以在线办理国知局提供的所有的网上服务项目。中国专利账户是一个统一账户的概念，是公众通过网络平台在线办理专利申请及事务服务的唯一身份，是国知局目前及未来所有对外提供的全部网上服务项目的通行证。通过该账户，可以登录并使用国知局对外提供的全部网上服务项目，达到以统一的身份认证账户实现网上服务功能的一体化访问的效果。

该平台的用户入口为一站式网上办事大厅。其应当为集成了国知局所有能够提供的公共服务系统的网上虚拟办事大厅，以协调统一的后台数据支撑系统为内核，通过统一的中国专利账号登录后，就可找到并体验到国知局目前提供的各项常用对外服务功能。

（三）提供更为易用的专利检索及分析系统

智能与服务是互联网发展的趋势，也是公众对国知局检索与分析系统的基本要求。当前，两大搜索引擎 Google、百度等在智能化搜索方面取得了很多的进展，是智能与服务结合较好的范例。国知局的检索与分析系统作为政府提供的公共服务，自然也应当与时俱进地优化系统，以满足公众的检索需求。优化目标和措施如下：

（1）提高智能化、便捷化水平。运用语义分析、关联度排序等技术，提高检索系统的智能化程度，降低对检索技能的要求，以与中小企业用户的使用水平相适应，达到用户输入有限的关键词就能检索到按照关联度排序的检索文献的目标。

（2）提高服务化水平。增加浏览界面的个性化定制，如只在浏览界面显示摘要，或者只显示附图，提高检索界面的人性化程度。提供更加丰富的数据导出选项，提高检索结果的利用效率和可用性。

（3）提高数据的完整性及关联性。国知局现有检索与分析系统提供的信息包括文本信息、法律状态和申请人（专利权人）基本信息，未提供权利转让、诉讼、复审、无效等关联信息，降低了检索的价值。增加检索信息显示可能提高开发和维护成本，但是在大数据和云计算成为发展趋势的时代，已经具备适当增加数据完整性的条件。

（4）提供外局网站中文检索和翻译服务。中小企业用户的人员对其他语种的掌握水平不一，在检索和浏览外文文献时存在较多的困难。建议国知局检索系统提供外局网站中文检索或中文翻译服务，以提高中小企业用户的检索效率和对有效文献的利用水平。可选措施包括：整合各国检索系统到统一的中文检索入口，以中文输入检索词，系统后台自动将中文输入翻译成相关语言，并在目标检索系统中进行检索。开发基于机器翻译的中文翻译系统，将他局的检索界面汉化，并将检索到的其他语种的专利文献的发明名称和摘要内容即时翻译成中文。在自行开发检索系统成本高、水平受限，而一些商用检索软件（如 Patentics）已经具有较高水平的情况下，国知局可采用政府购买服务的方式以购买或者合作的方式引入高质量的检索工具，以提高公共服务供给的质量和财政资金的使用效率，满足中小企业的多元化、个性化需求。

（四）广泛开展知识产权人才培训

对中小企业开展知识产权培训，需要在研究成果共享、在线培训平台优化、发挥外地审协作用等方面综合用力。具体措施如下：

（1）建立研究成果开放共享机制。企业是市场经济的主体，也是知识产权制度的服务对象。与企业共享研究成果是企业作为市场经济主体地位的体现，也是提升企业知识产权水平的有效途径。国知局及各下属单位每年都有各级各类研究课题几十项，也会进行大量行业分析报告的研究，投入大量的人力物力，取得了丰硕的研究成果，但是这些成果大部分都留在了数据库中，而未在企业的技术创新中发挥作用。因此，建立国知局研究成果开放共享机制是为企业共享知识产权发展成果、促进企业技术创新的制度保障和前提条件。而研究成果开放共享机制的建立需要考虑以下几个问题：①成果共享政策体系。规划参与成果共享的部门范围和成果范围、成果录入和淘汰机制。成果共享应当是双向的，既包括国知局学术委员会等部门组织的局级课题，各审查部门、各审查协作中心等下属单位自主开展的部级课题和行业分析报告，也可以包括愿意参与共享的企业开展的研究成果。②共享成果平台建设。成果共享离不开共享数据库的平台建设，该平台将会是一个开放的、涵盖国知局各类研究成果的网上检索和获取平台，为中小企业的科研和技术创新提供支持。平台可以与网上办事大厅进行关联，并在网上办事大厅留出数据库的入口。数据库本身的建设目前比较成熟，不多作赘述。③用户管理。因研究成果的共享涉及知识产权，不能做到完全开放，因此需要对用户设定一定的条件，符合不同条件的用户能够享受不同的权限。具体的条件限定可由专人研究。

（2）探索企业专利人才订单式培训模式。对于众多的中小企业来说，每个企业的发展阶段不同。对培训的需求也不同，这也造成了需求旺盛且多样的情形。互联网技术的发展和 14000 多名业务专家的资源优势，使我们具备了提供丰富的多样化的培训资源的条件，可以在以下几方面开展工作：①优化在线培训平台。国知局于 2002 年推出了中国知识产权远程教育平台，提供知识产权知识的远程教学。目前，平台选课学员累计 100 多万人次，在知识产权知识培训方面发挥了重要的作用。但是，该平台需要填写详细的资料注册，个别课程较旧，选课不直接，课程资源有限。建议省去注册环节，简化登录条件，以更好地服务中小企业用户。将课程在首页列表化两级显示，一级显示类别，二级显示具体的课题，便于用户选课。更新课程资源，与最新的《专利法》《专利法实施细则》及其他规定相适应。开发符合中小企业需求的培训项目。中小企业有不同于大企业的需求，且所处行业不同、发展阶段不同也会带来不同的需求，设置培训项目时应该加强对中小企业的调研以了解其需求，以提供符合其实际需求的专业化、个性化的培训。

（3）发挥外地审协服务地方的职能。充分发挥一局七中心的审查格局和1万多名业务专家的人才资源优势，各地方审协定期开设针对中小企业知识产权的培训班，也可以开设满足中小企业个性需求的培训班。培训班也可以在企业或需求集中的城市开设。

（五）健全创新创业辅导机制

为了给中小企业提供更专业的咨询服务，解决其遇到的专业的专利问题，建议深化和创新咨询服务，并加强审企合作，以切实解决中小企业遇到的实际问题。

（1）深化和创新咨询服务。发挥国知局各专业配置齐全，人才储备雄厚的优势，在各审查领域、条法司、保护协调司、规划发展司等相关司部，选取业务能力强的专家，组建咨询专家库。咨询专家负责为中小企业解答知识产权法律制度、保护模式、实施问题，在中小企业遭遇知识产权纠纷时为其制定科学的应对决策提供建议，并发挥沟通和协调作用，为企业与相关部门搭建交流平台。为充分发挥咨询专家的作用和提高咨询效率，中小企业通过国知局咨询电话与咨询专家对接，由服务热线工作人员对一般问题进行过滤，无法解决的问题视情况转相关咨询专家处理。为调动咨询专家的积极性，根据其接待咨询情况给予其物质和精神奖励。

（2）推进审企合作向广度和深度发展。审企合作已经有了很多的实践，但是并未形成效果明显的大规模固定合作模式。要想在更大的程度上助力中小企业技术创新，审企合作还需要在广度和深度上推进，如远程辅导和审查员驻企实践。远程辅导具有不受时空限制、交流方式灵活等多种优势，能够在对企业的辅导和服务方面发挥重大作用。国知局可以根据中小企业的需求，为其配备一对一的联系人，通过电话或网络为其提供远程辅导，以降低服务成本，提升服务效率。根据中小企业的申请，下派人员驻企实践，固定任期，吃住在企，办公经费以不增加企业的负担为原则。驻企人员应当结合所在企业的实际情况确定工作重点，实事求是地帮助企业确立提升专利发展水平的思路，发挥自己的优势结合企业的需求为企业提供专利申请策略和专利分析指导等服务，积极引导市场主体重视专利价值挖掘。

（六）健全知识产权维权援助网络

电子商务领域以及技术和外观设计更新换代快的领域对于快速授权、确权和维权有强烈的需求，为此，国知局需要完善快速授权、确权和维权机制并在全国全面推广。具体方案包括：

（1）有序推进快速维权中心建设。梳理全国重点优势产业、技术和外观设计更新换代快的行业和电子商务领域中有快速授权、确权和维权需求的产业集聚区，推广建立快速维权中心。

（2）建立全领域快速授权、确权、维权绿色通道。将快速维权的对象扩展为发明、实用新型和外观设计专利全覆盖。为适应电子商务的快速发展，开通外观设计、实用新型评价报告快速通道，借助中心巡回法庭，加大快速维权中心无效案件的当地巡回口审比例。由各地方审协相关领域审查员介入快速维权工作，弥补专业人才的缺口，打通快速授权、确权（包括评价报告）和维权的通道，使得各通道有序连接，形成真正实用的绿色通道。

（3）统一执法标准建立跨地区执法保护机制。跨区域保护难的问题主要是由专利侵权管辖法院多、侵权标准不统一、地方保护主义严重造成的。为了解决这一问题，应当进一步增加知识产权法院数量，尤其是在中西部地区建立知识产权法院，此外，还应建立统一的高级知识产权法院。在此基础上，才有可能实现高级知识产权法院、相应检察院和国知局等部门的联动，进行顶层设计，借鉴南通家纺知识产权快速维权中心 2013 年区法院、区检察院、区知识产权局等七部门联合出台的《关于建立区域知识产权保护工作联动机制的实施意见》的经验，建立证据保全协作机制、案件无缝衔接机制、调解协议审查确认机制、信息共享机制、案件研讨机制、案件相互旁听机制等，统一全国快速维权执法标准。

（4）搭建知识产权运营交易平台。《国务院关于新形势下加快知识产权强国建设的若干意见》中指出要加快建设全国知识产权运营公共服务平台。快速维权中心集中了重点优势产业，理应首先在快速授权、确权和维权的基础上搭建本行业知识产权信息平台、专利交易平台，以及专利代理机构、专利资产评估、专利产业化平台等。除提供知识产权信息查询服务以外，根据产业特点，提供相关行业非专利文献数据库检索咨询服务，有针对性地动态跟踪国内外相关优势行业的发展，利用专利信息分析、预警分析等技术手段，提升企业创新能力，规避知识产权风险能力。建立完善的专利技术市场评估体系，提高专利实施率和转化率，使得研发创新成为有水之源，有利于发挥知识产权对产业发展的重要支撑作用。

四、小　结

本文在对国知局已经开展的公共服务进行分析的基础上，提出了优化国知局公共服务助力中小企业技术创新的以“顶层设计，全局用力”为核心的若干建议，期望以上建议能够更好地帮助中小企业提升技术创新水平和知识产权保护能力。需要注意的是，在助力中小企业的各项措施的落实过程中，还应当维护社会公平，不能成为无效率、无创新的中小企业的保护伞，破坏市场的正常竞争秩序。

着眼未来长远发展 稳步提升审查质量
——关于国家知识产权局提升检索实力的思考

王大鹏　曲　燕

摘　要：专利审查需要立足于本领域技术人员，审查质量首先决定于检索质量。本文以检索为主要切入点，引入检索准确性、检索全面性、检索稳定性等几项指标，例示性分析了国家知识产权局与世界强局之间存在的检索差距。结合专利审查国际发展态势以及检索技术发展趋势，提出提升检索实力需要利用与发展信息检索技术、重视国际检索实体质量提升、善用检索业务规则智慧、强化外语与技术两大支撑、通过检索质量外部反馈持续改进等专利审查质量提升的重点工作方向，并详细阐释了其中各项具体措施及内涵。

关键词：审查质量　检索　准确性　全面性　稳定性

一、引　言

当前国家知识产权局（SIPO）面临建设世界知识产权强局以及建设世界一流审查机构的历史任务。一般而言，强局或世界一流审查机构的基本衡量指标至少应该包括以下 4 个方面：

（1）人员素质：能够掌握所属领域技术发展状况，熟悉本国及他局审查业务规则及审查实践，同时兼具良好的法律素养。

（2）审查质量：能够提供及时高效、高质量的专利审查服务。

（3）国内作用：能够通过审查促进本国技术创新及经济增长，促进国内各行业发展。

（4）国际影响：在专利审查领域拥有国际话语权，能够改善国际专利审查政策，在全球专利审查合作以及全球专利审查制度改革中发挥作用。

这些基本衡量指标中，人员素质是最为基础、本质的因素，其决定了审查员的审查能力与工作水平，并最终反映于审查质量。

近10年来，世界各大专利局都高度重视专利审查质量，相继推出了一系列与质量提升有关的重要举措。欧洲专利局（EPO）前局长蓬皮杜（Pompidon）更是强调，质量是欧洲专利局面向未来之钥。[1] SIPO历来重视质量工作，采取了一系列积极有效的措施，扎实推进专利审查质量提升，审查质量稳步提高。为顺应新形势，《国务院关于新形势下加快知识产权强国建设的若干意见》明确提出要实施专利质量提升工程，充分体现了中央对专利质量的高度重视。专利审查履行的是对专利申请的授权审批职能，其对于推动知识产权创造由多向优、由大到强转变，实现专利数量质量协调发展，同样具有重要的把关和导向作用。因此，专利授权质量必然影响专利质量，专利质量提升同样也离不开专利审查所作出的贡献。

当然，专利审查质量提升作为一项系统工程，相关因素甚多。考虑到检索是重中之重，笔者仅从检索实力提升和检索质量保障的角度，着眼于强局以及世界一流审查机构建设，谈一谈检索能力提升助推审查质量提升的一点思考。

二、查找不足，科学分析检索差距

保障专利审查质量需要以保障检索质量为基础。简言之，高质量的审查需要高质量的检索。因此，提高检索质量是提高专利审查质量的必需条件。当前实施的检索水平促进或检索实力提升相关措施，直接目的无非是提高检索质量。

而提高检索质量首先需要解决的问题是，目前在检索上SIPO与其他专利局相比是否存在差距？存在哪些差距？检索努力的方向和目标是什么？其次才是针对这些差距如何促进检索水平以及检索实力提升的问题。即方向与目标问题需要首先解决。

衡量相互差距需要可以横向对比的指标。但是，从各大局公开的最具权威性的年报中，往往很难获得可供直接比较的数据。举例而言，在各种常见统计指标中，年报中的很多指标通常认为均与检索相关，例如结案指标——授权率、驳回率、视撤率等。但也存在一个普遍性的问题，即不好准确定量这些数据与检索的确切数量关系。即便是对其进行校正，例如分析由X/Y文献所致的视撤率或者由新颖性/创造性评判所致的视撤率，也会由于其分析数据的代表性、分析校正方法以及人为主观因素等，而仍存有疑问。

---

[1] 参见European Patent Office. Annual Report 2005［R］. Munich：EPO，2005：24-27. 英文原文为“Quality is a key to the future of the European patent system”。

再如 X/Y 率，其也存在不足。公知的原因在于，审查中 X/Y 文献无效的情况普遍存在，导致其说服力不足。此外，涉及优先权问题的 PX 率和 PE 率以及较高的纯 Y 文献率（只有 Y 文献而无 X 文献的检索数据）对于 X/Y 率有效性也提出了诸多挑战，此问题已经在国际上引发重视。当然，由于审查政策因素也可能影响 X/Y 率数据变化，或出现国际 X/Y 文献标准的过度不一致。这些存疑数据如果均计入 X/Y 率，则实际上有效 X/Y 率数据会打相当折扣。❶

一般而言，无论是专利局自身对检索质量进行评估，还是两相或多方进行检索质量比较，单项质量指标通常并不能作为检测检索质量的唯一决定因素，需要综合考虑。而衡量检索质量，通常一仍然是查准，二是查全，此外还有第三个方面，即持续保持查准查全，三者分别对应于检索准确性、全面性及稳定性。下面，笔者即尝试从对应于检索准确性、全面性及稳定性的 3 个指标探讨审查机构的实力，分析不同审查机构之间的差距。

（一）基于检索指标的分析

1. 检索准确性直接效度指标

一般而言，针对检索准确性可能有各种分析方法。相较于结案后统计的整体视撤率数据，检索后视撤率由于为检索效应的直接体现，其用于说明检索实力相对而言更具说服力，是一种检索直接效度数据。例如，横向比较 EPO、日本特许厅（JPO）近年相关视撤率数据，结果如表 1 所示。

表 1　EPO、JPO 近年视撤率相关统计数据　　单位：件

机构	2006 年	2007 年	2008 年	2009 年	2010 年	2011 年	2012 年
EPO 检索后视撤率❷	18	21	23	24	22	22	—
EPO 审查后视撤率与驳回率之和❸	26	29	28	34	35	30	—
JPO 结案整体视撤率❹	28.8	28.0	28.3	31.1	28.2	24.6	20.0

❶ FÖRSTEER W. A Metrics Framework for the PCT [EB/OL]. http: www. aipla. org/globalip/news/Documents/2013/EPOQuality/PCTMetrics. pdf.

❷ European Patent Office. Facts and Figures 2012 [EB/OL]. http: //www. epo. org/service - support/publications/general - information/strategy. html. 在 *Facts and figures 2013* 以后，EPO 已经不再给出该数据。

❸ EPO 历年驳回比率并不高，在表 1 的 EPO 审查后的视撤与驳回数据中，视撤率数据应占据相当高的比重。如果将检索后视撤率与审查后视撤率两者数据相加，推测 EPO 平均视撤率数据应在 40% 以上。可通过 EPO 检索后视撤率与总体视撤率的大致数量关系，初步窥见检索后视撤率与总体视撤率的大致比例关系。

❹ JPO 历年的特许行政年次报告书（即 JPO 历年年报）中公开了授权件数、驳回件数、无应答件数、FA 后主动撤回或放弃件数以及授权率、驳回率数据，其中并无视撤率的直接数据。为便于与我国视撤率计算数据进行对比，本文中笔者给出的其视撤率计算公式为：JPO 视撤率 =（无应答件数 + FA 后主动撤回或放弃件数）/（授权件数 + 驳回件数 + FA 后主动撤回或放弃件数）。因此该 JPO 视撤率数据并非 JPO 官方给出数据。请读者注意。

可见，由于审查制度和审查程序不同，EPO 能够直接提供其检索后、审查前由检索直接导致的视撤率数据。借此也可以看出，EPO 这一数据非常高。并且除了其较高的检索后视撤率数据以外，推测 EPO 的审查后视撤率也会很高，能够充分反映出 EPO 的检索水平。

2. 检索广度指标——非专利文献统计数据

检索广度攸关检索全面性，其既与各局具有的检索资源的硬实力关联，也与高效的全面检索能力这一软实力关联。相应地，其评判因素及指标也可以有多种。其中，比较检索全面性的较直接数据即为直接对比两局检索报告的相对未检出率或者新增 X/Y 文献比率。❶ 比如在 2000～2006 年，SIPO 的 PCT 国际检索报告与 EPO 的补充检索报告在差距较大领域的相对未检出案件率甚至达到约 46%，另一份中欧同族比较数据则指出“欧有中无”数据占总分析样本的 19%。但是这类数据一般都受限于特定领域、抽样样本量（一般样本数量为几百至几千级别）以及特定研究目的，其全面性、代表性以及研究结论可能存在或引发疑问。

对于专利局而言，由于具有丰富完善的专利数据以及内部功能强大的专利检索系统，专利检索是其固有及传统优势，而非专利检索在各专利局间差异则较大。因此从统计的可操作性以及可信度而言，非专利文献系列统计数据是可供客观分析和比较检索全面性的一个重要尺度。例如图 1 所示的是基于约 72 万份国际检索报告作出的含非专利文献的检索报告比例的统计数据，❷ 可以看出，2004～2010 年 EPO 作出的国际检索报告中具有至少一篇非专利文献的报告比例一枝独秀，明显高于其他四局，其他四局的检出比例则较 EPO 低了几乎整整一半。此外，EPO 全部对比文件中，非专利文献比例占到 15% 以上，SIPO 同期则为 5% 左右；EPO 非专利 X/Y 文献为 10% 左右，SIPO 为 3% 左右；就每件检索报告引用非专利文献的平均数量而言，EPO 为 0.8，SIPO 为 0.2 左右（所有数据均可参见 C. PCT 1360）。可见 EPO 在非专利文献检索方面优势巨大。

实际上，国内不同领域也有多项类似实证研究指出，EPO 在非专利文献检

---

❶ 参见：（1）SIPO 国际检索报告和 EPO 补充检索报告比较研究［J］. 审查质量分析简报，2011；（2）孟俊娥，等. 中国 PCT 申请国际阶段检索质量分析研究［R］，2013：1－2，41－43；（3）国家知识产权局通信发明审查部. 中欧同族结案结果比较研究报告［R］.

❷（1）POOLEY J. Report on Characteristics of International Search Reports：C. PCT 1360［R/OL］. WIPO，2012. www. wipo. int/export/sites/www/pct/en/circulars/2012/1360. pdf. 其中特别强调，并不赞成使用任何一个单独的指标进行质量评价；并且所提供数据并非意图比较局间差异。或者（2）FÖRTER W. The Benefits of Using the EPO as International Search Authority［EB/OL］. EPO－AIPLA Meeting. http//www. aipla. org/globalip/news/Documents/2013/EPOQuality/EPO－as－ISA. pdf.

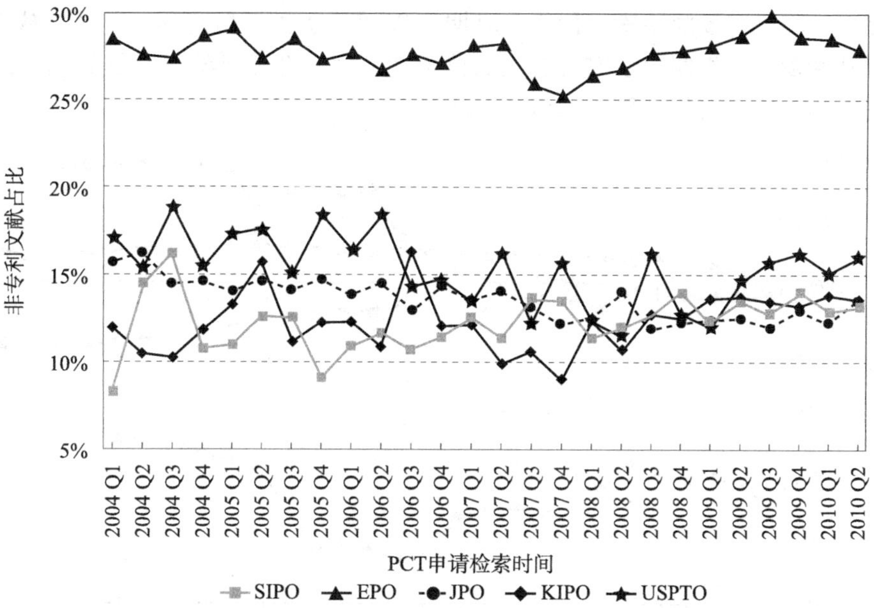

图1　2004～2010年五局国际检索报告具备非专利文献的检索报告比例

索方面具有较强优势。❶ 这也从侧面印证了上述结论。需要注意的是，从平均每个国内检索报告引用非专利文献的数量而言，2006～2010年，SIPO从0.4件逐渐上升到0.7件，其数量是逐渐增长的。❷ 但在PCT国际检索方面，仍与EPO存在较大差距。

3. 检索稳定性指标——X/Y率一致性

从长期看，一个成熟的检索机构应该具有相对稳定的检索实力。反映在宏观统计数字上，其相应的数据指标应具有某种程度的一致性，一般不随某一年度、某一时期的变化而出现大的波动。

实践中，X/Y率、广义X/Y率、狭义X/Y率、X/Y有效率、X/Y文献使用率、X/Y文献无效比率等多个术语并用已经足以说明，使用X/Y率作为检索能力进步与否的评价指标有其局限性。相反，当评价检索机构的检索实力或

❶ 例如参见：（1）汤志明，等. PCT国际阶段检索与审查质量专用标准探索研究［R］，2012（课题编号Y110903）；（2）卜方，张江波. 通信部中欧同族结案比较研究［J］. 审查业务通讯，2013（6）；（3）何杰，欧阳雪宇，陈红霞，等. SIPO国际检索报告与EPO补充检索报告比较研究［J］. 中国发明与专利，2012.

❷ 那英，马利霞，等. 关于提升专利审查检索质量的文献服务研究［R］（课题编号A110603）.

对比分析相互差距时，X/Y 率一致性是一个可供选择的指标。即在历史的纵向维度上，其可以反映检索机构各个时期 X/Y 率数据的近似度和稳定性。从而可以以其衡量一个组织检索实力表现的持续性、稳定性和成熟度。例如图 2 示出了五大国际检索机构的历年 X/Y 率数据变化❶。

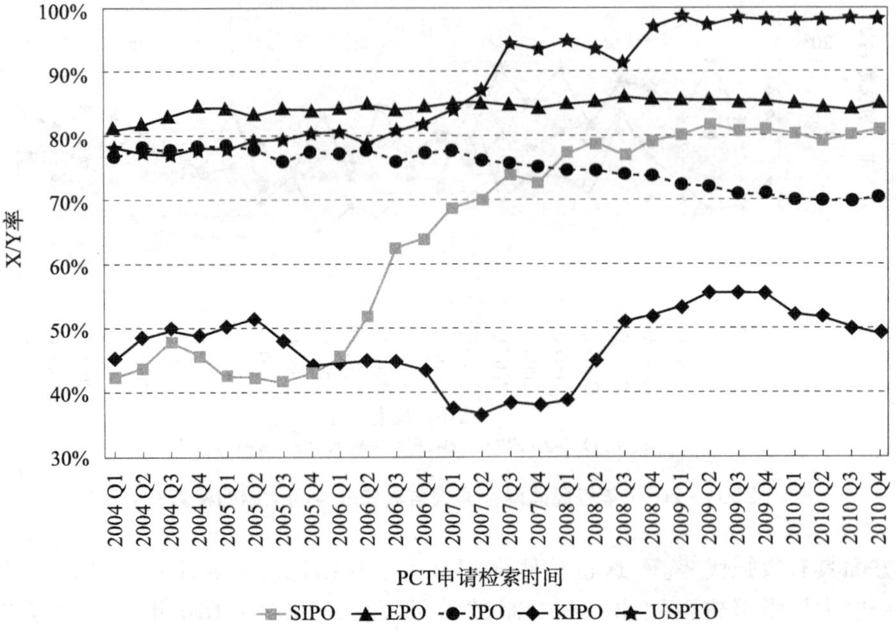

图 2　2004～2010 年五局国际检索报告 X/Y 率数据的变化

从图 2 中可以看出，2004～2010 年，EPO 一直保持一种高而稳定的 X/Y 率数据（平均数据近似于 85%），并且在五局中的稳定性方面尤其引人注意。其也从侧面说明了 EPO 检索所具有的长期稳定优势。

美国专利商标局（USPTO）近年 X/Y 率数据更高，已经接近 100%，但由于其具有较大的变化幅度，稳定性不足。且其中的“水分”可以通过同期纯 Y 文献比率以及国际检索与国内检索的比较来部分印证。相关数据显示，同期 USPTO 国际检索的纯 Y 文献比率（检索报告中无 X 文献仅有 Y 文献）最高（其最高值超过 40%），而 EPO 一直最低（历年均低于 10%）；且 USPTO 作出

❶ （1）POOLEY J. Report on Characteristics of International Search Reports［R/OL］.（2012－10－08）. http：//www.wipo.int/export/sites/www/pct/en/circulars/2012/1360.pdf；或者（2）FÖRSTER W. The Benefits of Using the EPO as International Search Authority［EB/OL］. http：//www.aipla.org/globalip/news/Documents/2013/EPOQuality/EPO－as－ISA.pdf.

国际检索报告的国际申请在进入美国国家阶段以后，仍有39%左右的申请要在首次审查意见中引入新的对比文件❶。可以看出，USPTO国际阶段的相当多的X/Y文献甚至并未被国内阶段的USPTO审查员所采用。因此，USPTO的X/Y数据具有一定“水分”。

2006～2010年，SIPO的X/Y率持续快速增长，说明其加强检索工作后取得了一些检索进步。但考虑到2006～2007年国家知识产权局的XY率快速增长(增长约30%)，某种程度上提示，其局在检索上还处于成长期，并未成熟。特别需要指出的是，根据检索本身的特点以及检索人才培训的基本规律，短时间起伏波动较大的X/Y数据都需要警惕其中的“水分”。

以上从3种指标的维度，主要针对国家知识产权局与EPO相比的检索差距进行了分析。需要指出的是，由于每项数据都存在有特定的数据来源以及受到特定专利体系复杂的微环境的影响，相关数据及指标尽管属于客观数据，在这里也仅供参考。其他类似指标❷不再一一赘述。

(二) 基于外部反馈的分析

关于检索差距，除客观比较检索数据以外，还可以从主观方面进行观察。具体可从以下两个方面加以佐证：用户的调查意见以及各局在国际检索单位上的选择趣向。

根据调查，EPO的检索质量在世界范围内得到广泛认可。具体可从如下几方面得以证实。

1. 日本用户调查

2012年6月22日，JPO在其网站公开了有关质量管理的国际调查报告。❸其中包括日本国内用户对国内外各专利局审查质量的总体评价。在检索方面，EPO的检索能力获得最高的评价。

另外一份报告❹中，关于用户国外获权所需要的援助事项，用户回答最多的是希望五局共同检索，并且最希望获得EPO的检索报告。而在一项针对用户为什么选择EPO作为国际检索机构的调查中，有40%的受调查者认为，EPO

---

❶ 直接出处为JPO的一份PPT《知的財産立国に向けた新たな課題と対応》的第36页“国際的な際審査結果の相違解消”(2012年6月25日)。其原始出处则来自2009年11月举行的美日欧三方会议报告。

❷ 例如后述涉及的、由EPO提出的强化PCT方案PCT/MIA/20/11所指出的相关指标。

❸ 知识产权研究所．方式等の審査周辺業務を含む品質管理（監理）に関する調査研究[R]，2012.

❹ 财团法人知的財産研究所．平成22年度特許庁産業財産権制度問題調査研究報告書：ユーザーの利便性を向上させる特許審査の運用に関する調査研究報告書［R］，2011.

的英文文献检索具有高度可信性，有13%的人则认为是因为其国际检索的高质量。[1]

2. 欧洲用户调查

根据2009～2011年连续3年的汤姆森－路透与IAM完成的基准调查[2]，以及2011年欧盟委托的PaTqual机构调查结果[3]，有大概80%的受调查者认为，EPO审查员的检索报告是清楚和令人满意的；78%的受调查者对EPO最终授权的专利保护范围表示满意；平均而言，受调查公司对EPO审查员检索到的现有技术的质量和完整性具有积极的评价。

3. 国际检索趋势

USPTO、JPO两大局不约而同均选择了EPO作为其PCT国际受理局的主管国际检索单位[4]，由此EPO也完成了大量来自美国、日本的国际检索报告。这从侧面也反映了在世界三大局的竞争与合作中，美日两大竞争对手对EPO检索水平的认可。目前EPO作为PCT国际检索机构所管辖国家达153个，远远超出USPTO（21个）、韩国知识产权局（KIPO）（13个）、SIPO（9个）、JPO（6个）（数据截至2013年3月）。其强劲地位可见一斑。EPO确确实实是最大的国际检索机构，在国际检索中占据优势。

此外，WIPO与EPO于2012年签署加强合作的协议，目标之一即在于强化专利授权质量与提高审查效率，其中包括了在分类与检索方面的合作。可以看出，WIPO对EPO检索质量的信赖与认可。[5]

（三）小结

综上所述，SIPO与EPO在检索很多方面尚存在差距。EPO的检索质量得到了包括其竞争对手在内的广泛认可，审查质量连续多年在世界独占鳌头。作为SIPO 30多年伟大建设与实践的亲历者，SIPO前局长田力普对于SIPO与外

---

[1] 参见：（1）杉山卓也，JPO国際出願課国際出願企画室．PCTの戦略的活用：PCTをめぐる動向と特許庁の取り組み［C］．WIPO Seminar on Strategic Use of the PCT，2013；以及（2）PCT国際出願制度における手続の課題に関する調査研究［R］，2012.

[2] WILD J. The State of the IP Nation［J/OL］．Intellectual Asset Managenment，2012（7/8）．http：//www. iam－magazine. com.

[3] SCELLATO G，CALDERINI M，CAVIGGIOLI F，et al. Study on the Quality of the Patent System in Europehttps：//ris. utwente. nl/ws/portalfiles/portal/5146011. PATQUAL［R/OL］．March 2011.

[4] The PCT Applicant's Guide［EB/OL］．（2013－07－11）．http：//www. wipo. int/pct/en/appguide/index. jsp.

[5] EPO and WIPO Sign Agreement to Enhance Co－operation［EB/OL］．（2012－05－03）．http：www. wipo. int/pressroom/en/articles/2012/article－0008. html.

局检索的差距有着清醒的认识，❶ 他指出："在世界前十位的专利局中，我们的能力大概还属于中等偏下，和那些做得好的局相比还有差距。比如说检索，我们的查全率就不如国外，大概比国外低20%，这是经验水平的原因，不是三年、五年就能够提高上去的。"

三、找准方向，稳步提升检索实力

只有通过踏踏实实的检索实力建设，切实夯实检索基础，才可能拥有高品质保证的检索核心实力。需要看到，以EPO为首的国外大局已经在检索方面构筑了短时间内很难超越的检索优势，我们在借鉴、追赶的同时，应积极探索适合自身发展的创新之路，注意充分发挥自身检索优势，由此在强局竞争合作局面之下实现快速发展的目标。

提升检索质量涉及方方面面，比如检索培训体系完善、优秀的审查文化氛围、科学的检索资质准入制度、检索人才培养及激励制度等，不一而足。本文仅从实务角度，着眼长远提出几点思考。

1. 紧跟信息技术发展，从检索中学习检索

当今信息检索技术日益发达，进展迅速。可以说，信息检索技术对所有检索者都是开放的。问题是，专利局和审查员是否做好了准备，或是否有时间准备，真心融入这片天地，敞开胸怀对其予以拥抱和接纳。追根溯源，专利审查和检索的真正的生态环境、真正的大舞台是飞速发展的整个信息检索的大领域和大环境，专利审查员作为一个检索人，只有立足于这片大环境，才能具有检索的大视野和大智慧。相反，囿于专利审查一隅，故步自封，检索之路只能越走越窄，坐失发展或进步的良机。

检索中更加能动的、最具创造力的因素是其中的检索者——人。更确切地说，是检索者的软实力。检索者不仅仅是检索系统的使用者，更是系统的挖掘者、改善者，甚至是革命者。检索需要的是能动的智慧与创造力。在信息检索的世界里，检索是一门综合技术或综合学问，涉及数据库技术、文献学、信息学、知识发现、图书和情报科学、数据加工与文献标引、文献分类与聚类、检索系统/搜索引擎知识、计算机技术、检索算法、统计学、人工智能、机器学习、自然语言处理等众多知识和学科领域。同时检索更是一门复杂性科学：检索过程不可避免地会触及数据/信息的复杂性、信息距离的复杂性、检索描述的复杂性、检索非线性因果性、检索个体分析力与分辨力

---

❶ 田力普．知识产权事业需要一代代青年接班传承：对话田力普局长[C]//国家知识产权局机关团委问道高端：《知识产权青年》"对话"栏目文集．北京：知识产权出版社，2013：14.

复杂性、逻辑深度复杂性、检索规则复杂性、检索边界复杂性、检索体系的混沌与模糊性等。简言之，在信息技术时代，检索的世界博大精深，需要终生学习和进步。

只有追根溯源，正本清源，回到信息检索技术的源头，不断汲取活水，善用专利世界之外的更加普适性、源头性的检索知识体系，才能认识到检索的广博与复杂，才能认识到专利审查与检索在其中的位置，也才能针对这种博大精深尝试给予足够的应对。宏观而言，SIPO 的检索审查业务的管理者、业务指导体系应该加强在这一方面的研究与资源配置，使得信息技术发展推动之下的专利检索水平同步进步，并保持在 SIPO 整体组织掌控的层面、系统推进的层面以及与国际对话的层面，而非审查员依靠个人智慧、孤军奋战的层面；并且其也是 SIPO 未来基于集成智慧实现前局长田力普所展望的智能检索、智能审查模式的基础、保障与必由之路。微观而言，审查员则需要沉下心来，直面检索的这种博大与复杂；检索不能只是"只在此山中，云深不知处"，而是需要不断与时俱进；检索的力量不是来自封闭性、机械性、规范性和统一性，而是来自开放性、发现性、灵活性、多元化和编织各种微妙的联系。

2. 优先强化国际检索，稳步提升实体质量

在分析 EPO 获得广泛认可的原因时，不可忽视的，可能也是非常重要的一点是，EPO 每年承担了大量的国际检索任务。2005 年 EPO 几乎独占国际检索半壁江山，近 10 年来尽管逐渐减少，但在 2011 年仍占全部国际检索总量的约 40%，是用户选择最多的国际检索单位。与 EPO 相比，SIPO 1994～2012年 18 年累计作出的国际检索报告总计为 7.2 万件，不及 EPO 当时一年的总量。❶

并且，根据国际检索报告来源国数据❷可以看出，EPO 在欧洲以外获得了巨大的信任，吸引了大量欧洲之外的 PCT 申请人。美、日、中各国则明显以本国来源的 PCT 申请占据绝对多数，国外来源的 PCT 所占比例极小，表明其对国外 PCT 申请人的吸引力极其有限。

需要同时指出的是，从国际检索费用而言，EPO 是五局中最高的；❸ 而从完成检索报告的及时性而言，EPO 也有相当比例的国际检索报告并不能如期完成，例如 2010 年其如期完成国际检索报告（ISR）比例仅占 57.5%。但即便如

❶ 《中华人民共和国国家知识产权局 2012 年度报告》第 36 页。

❷ 基于 WIPO 统计数据。并可参见中文版：2012 PCT 年度报告［R］. 学术观察，2012（79）.

❸ 国际检索费用（以日元计，2013 年 3 月）：EPO：206700 日元；USPTO：173000 日元；KIPO：英文 96000 日元，韩文 33000 日元；JPO：70000 日元；SIPO：26000 日元。

此，还是会有相当多的申请人选择EPO。❶ 这种“钱多+延期”反而引得申请人趋之若鹜的现象值得我们深思。

笔者认为，在检索上，SIPO应重视并优先发展国际检索，其是提升检索而强基固本的根本措施。具体原因如下：

其一，只有抓住PCT，才能抓住未来；而只有抓住PCT国际检索，才能真正抓住PCT。随着全球化趋势的发展，世界专利申请已经呈现出由《巴黎公约》途径向PCT途径的逐渐转变，未来PCT可能越做越大，只有抓住PCT才能抓住未来。不远的将来，PCT国际检索可能是未来检索的主流，甚至可以说，是未来最具分量的一块检索蛋糕，其重要性不言而喻。

各国在争夺这块蛋糕的同时，同时也瞄准了国际检索所具有的传播与渗透审查标准的作用。国际检索报告表面上看仅是传播检索结果，但实际上，在各国参考该检索结果进行审查的过程中其同时具有渗透审查标准的功能，从而潜移默化中起到事实上的标准的作用。❷

其二，国际检索是门面，更是生存之本。对于各局检索质量的评价，最容易获取的数据即是同族专利在国际阶段与国家阶段的检索结果差异。这是衡量各局检索质量最为方便的一种工具，其就像一面镜子，直接映射了各国际检索单位的检索能力与水平。正如SIPO前局长姜颖于2008年即指出的，PCT检索做不好，最终损失的是公众、国家。❸ 因此提升检索质量的首要一点即是，大力提升PCT检索实体质量。其中重中之重，在于高度重视国际检索中非本国来源的PCT申请，保障其中每一件的实体质量。唯有如此，才能提升SIPO检索核心实力，树立SIPO国际检索品牌，扩大SIPO检索影响力。而且，今后还需要及早练就能够应对国际上提出更高检索要求的看家功力。这是因为，为加强PCT检索结果的可靠性，❹ PCT体系近来正在频繁酝酿和推进一系列质量改革

---

❶ 参见2012年3月日本特许厅《知的財産権を巡る国際情勢と今後の課題》。需要指出的是，我国2010年有98.6%PCT国际检索能如期完成，国际检索报告传送延迟的情况比例极低。

❷ 参见2012年3月日本特许厅《知的財産権を巡る 国際情勢と今後の課題》。

❸ 姜颖．生命应当追求饱满［M］//国家知识产权局机关团委．问道高端：《知识产权青年》“对话”栏目文集．北京：知识产权出版社，2013：77－78.

❹ 参见*The PCT Roadmap*（*PCT/WG/2/3*）。目前在EPO主导之下国际上呈现出倡导国际责任，履行国际义务，加强国际阶段受理、检索、初审质量的“公地”建设的趋势。在国际检索上提倡“一次成功原则”（“get it right first time” principle）。避免各国荒芜国际检索“公地”。

措施，WIPO已经就PCT国际检索实体质量提出更多、更高的要求，❶ 从而避免检索上的重复劳动。例如，PCT检索质量评价，PCT检索报告更多检索信息披露（例如检索策略强制记录）的要求，PCT检索结果提前公开、提前利用及提高检索透明度，PCT审查指南的修改等；同样国际初步审查单位也会面临更加严格的强制扩展检索要求。❷ 只有及早未雨绸缪，才能适应未来可能的国际规则变化。❸

应该说，SIPO开展国际检索业务的历史并不是很长，还在逐渐发展成熟。只有顶住压力，迎接挑战，保质保量地履行国际义务，不断提升国际检索实体质量，才能以国际检索业务为发展龙头，带动全局检索质量全面提升。

3. 吸取国际有益经验，完善检索业务规则

五局之间既有竞争，也有合作。应充分利用后发优势，借五局合作之际，深入研究比较和借鉴各国的检索业务规则。❹

比如，EPO在检索中解释和分析权利要求时，特别提及了“检索应考虑到由于检索到的现有技术而可能使发明要解决的技术问题发生改变”。实际上其是在暗示，检索策略的制定不是在检索之初一蹴而就的，而是应根据检索过程中的检索结果适时调整。这种调整是根据检索到的现有技术，对新的技术问题在检索表述上的调整，由此才能使得检索命中结果更符合创造性评判的“问题－解决”法的判断逻辑。❺ 这种检索也才属于真正意义上的创造性检索。

再如，以检索范围而言，美、日、中、韩等局仅在所需检索的“现有技术”、所需检索的“技术领域”或者所需检索的“数据库”层面进行了规定，

---

❶ 例如参见2012年12月20日由EPO提出的强化PCT的方案PCT/MIA/20/11：Proposals to Strengthen the PCT。其中所提出的质量指标框架（a metrics framework for the PCT）针对检索报告对比文件试图引入以下分析指标：平均对比文件数（Average number of citations per ISR）；平均专利对比文件数（Average number of patent citations per ISR）；平均非专利对比文件数（Average number of non patent literature per ISR）；对比文件的公布单位（Publication authority of patent literature citations）；对比文件的语言（Language of patent literature citations）；针对检索报告本身试图引入以下指标：X/Y率（X/Y rates）；P/E率（P/E rates）；部分检索或不完全检索的比率（Partial and incomplete ISR rates）等。正在进一步研究并可能引入评价的检索指标还包括：及时性（Timeliness）；检索广度（Thoroughness of search）、国际初审引入新对比文件的百分率（Percentage of Ch2 examinations where new citations are introduced）；国际初审与国际检索结果的差异程度（Degree to which Ch2 outcome differed from WOISA outcome）；进入指定国以后的ISR对比文件的再利用率（Re－use of documents cited in ISR）等。

❷ 参见《专利合作条约》（PCT）联盟大会第四十四届会议第19次例会《PCT实施细则》修改内容。

❸ 例如参见：（1）EPO/U. S. Bar Partnership for Quality Meeting，Seventh Session，5 March 2013，AIPLA；（2）PCT/MIA/18/9；（3）PCT/MIA/20/14。

❹ 杨兴，李博，刘伟林，等．五局检索业务规则的比较研究［J］．学术研究，2011（1）.

❺ EPO．Search matters 2013：Abstracts for workshops.

而只有EPO规定了“漏检可能性最低”这一原则性规范，同时也特别考虑了个案中进行领域扩展检索的情形。由此，EPO在检索范围的确定上既具有明确的原则性，又具有个案考虑的灵活性，值得借鉴。必须看到，一些具化的检索规范，如检索策略模式化、检索模式标准化，还只能对检索者作出最低限度的要求，需要注意其所具有的两面性。

五局检索业务规则特别是EPO的检索业务规则中还包括很多高标准的要求，目前在SIPO专利审查指南以及审查操作规程中还没有特别明确的规定。这些检索业务规则实际上是已经固化下来的检索智慧。对其研究既应包括规则本身的比较研究，更应深刻领会规则背后的检索智慧，然后才是在此基础上的灵活运用。

也就是说，对于各局的检索业务规则，在基础层次上首先是参考借鉴。但这种借鉴只能够使得部分审查员个人在个案的检索中实现充分的创造性检索，其解决的仅仅是如何才能充分检索的问题，但仍不能保障SIPO即能整体实现。因此需要更高层面的检索智慧，不但需要检视、思考何种检索策略能够保障充分地实现创造性检索，同时需要保证检索报告纯Y数据的纯净性（EPO纯Y数据一直较低），避免数据水分，以及EPO在数据资源、系统建设以及审查任务、审查程序、审查管理等顶层设计中何以能够做到漏检最低。这种智慧才是在客观认识检索工作性质及规律、真正理解熟悉检索实践的基础上的顶层设计智慧，是使各项检索业务规则能够得到切实执行、充分进行新颖性/创造性检索的保障。

4. 提升外语运用能力，紧跟技术发展态势

由于世界范围内专利申请激增以及申请态势的变化，当前检索环境正在发生结构性的变化，外文文献数量急速膨胀，同时本国语言文献在全部文献中的相对累计比重在逐渐降低，此即国外所谓检索环境的结构性改变（paradism shift）。对于我国而言，未来的挑战在于，在检索中如何面对不断增长的英文、日文、韩文、德文、法文、俄文等外文文献的压力。

由于人工翻译几乎是不可能完成的任务，各国都在不断强化机器翻译系统，因此未来的检索环境主要是一种机器翻译的检索环境，表现为多语言检索或跨语言检索。其既可将检索关键词转换为所检索数据库的语言，也可以事先将数据库翻译转换为本国语言，从而实现外文文献以及本国文献的同步跨语言检索。

但是，必须指出的是，无论是机器翻译还是跨语言检索，都无法完全代替审查员本人的外语应用能力。只有通过对外文文献的阅读及筛选，方可实际确认出可以利用的对比文件，排除噪声文献。因此，在一个主要需要面对外文文

献的检索环境之下，检索水平的提高必然受限于外语水平的提升。

同时，领域技术飞速发展也是检索所需面对的重要挑战。例如根据一项2011年检索质量提升报告[1]，部分技术演进较快的领域会因审查员理解文献以及新颖性/创造性判断上出现困难，而影响到检索效率和检索效果。

而随着开放式发明时代的来临，未来跨领域、综合性的发明会越来越多，审查员面临的对发明内容理解上的难度会越来越大，知识更新的压力会越来越重。而好的检索的必然前提是，准确地理解发明和现有技术，准确理解权利要求保护范围以及发明与现有技术之间的关系。

如果排除责任心与检索时间不足的因素，成功的检索可能各有各的原因，但一切不成功的检索首先都会与对发明技术内容的了解程度与语言因素有关。因此，在检索能力的培养上，工作重点在于审查员外语能力的强化及对技术发展态势的密切跟进。必须把该两项支撑措施纳入长远战略考量。

5. 开展检索质量调查，重视用户评价反馈

仅仅依托内部质量保障体系，虽然也可自主地改进检索质量，但是，如果没有外部反馈，并不能完全客观地反映出真实的检索水平及需要改进的关键着力点。根据ISO 9001质量管理理念，用户反馈是质量提升的不竭源泉。

在这方面，可参考EPO和JPO的做法。根据JPO于2013年发布的《专利审查质量用户调查报告》[2]，JPO已经引入了检索质量的外部反馈制度。该报告包括整体检索质量、各分项检索质量、各专利局之间的横向比较等，从中可以寻找到提升检索的具体着力点。在欧盟委托的Patqual机构作出的《欧洲专利体系质量研究》报告[3]中，也根据对用户的客观调查结果，提出很多改进检索及审查质量的具体措施。

在此过程中，应重视用户、相信用户对检索质量的反馈，相信申请人中更多的还是理性的申请人，他们期望齐全地获得相关现有技术，客观地评判他们的专利发明，进而获得稳定有效的专利权。理性的申请人不会迎合专利局故意在申请文件中卖个破绽给审查员，“善解人意”地赠予专利局和审查员以X/Y率空间，同时申请人也得以通过消耗审查员的有限平均审查时间而得以实现其真实的目的；理性的申请人也不会因为审查员检索不到更接近的文件而沾沾自喜，或者利用各局检索质量的差异而策略性地制定进入国家阶段的顺序。

---

[1] 周胜生，卫军，李楠，等. 2011年检索质量提升报告（专利审查协作中心）[J]. 学术研究，2011 (5).

[2] 特許庁. 平成24年度特許審査等の質についてのユーザーアンケート報告書 [R], 2013.

[3] SCELLATO G, CALDERINI M, CAVIGGIOLI F, et al. Study on the Quality of the Patent System in Europe [R/OL]. https: //ris. utwente. nl/portalfiles/portal/5146011.

总之，利用社会资源提高检索质量需要创新主体一端以及审查一端双方共同的努力。诚信申请、诚信审查都是需要的。应科学设计各种外部质量反馈评价指标，客观分析用户调查结果，并制定具有针对性的改进措施，不断促进检索及审查质量的持续改进。检索外部质量反馈不是简单的检索满意度评估，而是需要充分调动申请人的积极性，获得他们对于同族检索差异、实用新型专利权评价报告结果的真实评价及建议。同时，需要看到，公众对专利局检索的最大反馈以及最真实的反馈已经体现在无效请求书以及审查中的公众意见中了，我们应该善用这个巨大的反馈资源，从中查找分析检索不足。尤其是，对于无效宣告程序中的现有技术数据而言，在某种意义上可以认为，其即是后审指导前审的广义延伸。也即，后审指导前审不仅仅是在法律适用的层面上，在检索上同样如此——每一篇无效阶段的新增现有技术文件都是指导检索能力提升的鲜活教材。

四、结　语

强局建设和世界一流审查机构建设绝非一日之功，前途任重而道远。未来需要围绕这一宏伟目标不断努力，从每个个案做起，着力提升检索与审查质量，维护“中国检索”信誉，树立“中国专利”品牌，为专利审查能力达到国际先进水平打下坚实基础，为 SIPO 完成历史任务提供强有力的支撑。

提升检索质量　建设一流机构

姚宏颖

摘　要：本文从实证出发，引用3项近期研究成果分析了国家知识产权局目前在检索质量方面的现状、影响检索质量的要素，并提出了改进国家知识产权局检索质量的五项措施。

关键词：实证分析　影响要素　管理政策　检索系统　人员能力

一、引　言

建设世界一流专利审查机构是我国在新形势下加快推进知识产权强国建设、加大知识产权保护力度、完善知识产权审查机制的重要战略部署。[1] 与知识产权强国的建设理念相一致，“中国特色、世界水平”[2] 也应当成为国家知识产权局（SIPO）建设世界一流专利审查机构的核心理念与方向指引。如果说“中国特色”侧重于利用专利审查资源为我国的创新主体提供适合中国国情的社会服务，“世界水平”则更多地是对SIPO的审查质量和审查效率提出的要求。在笔者看来，如何使SIPO的发明专利审查质量达到世界先进水平是整个一流机构建设工作中的核心命题，而如何实现优质高效的检索则是重中之重。尤其是在SIPO开展以“三性”评判为主线的全面审查工作的背景之下，检索的重要性也愈加凸显。

---

[1] 参见2015年12月公布的《国务院关于新形势下加快知识产权强国建设的若干意见》（国发〔2015〕71号）第三部分。

[2] 申长雨. 凝心聚力 狠抓落实 扎实推进知识产权强国建设：在中共国家知识产权局党组扩大会议上的报告［R］，2016.

二、从实证分析看 SIPO 检索质量与世界强局的差距

1. 相关实证研究

以下将引用 3 项实证研究的成果将 SIPO 的检索和审查质量与欧、美、日等世界强局的相关质量进行对比。

（1）研究 1：SIPO 质量评价中对五局同族案件的专项分析

2014 年，国家知识产权局专利局审查业务管理部对 SIPO 质评抽检案件中的五局同族案件的授权准确率❶和首次检索漏检率进行了分析。❷ 结果表明，在五局各自授权的案卷中，欧洲专利局（EPO）、美国专利商标局（USPTO）、日本特许厅（JPO）比 SIPO 的授权准确率分别高 3.2%、3.5% 和 2.5%，我国授权准确率与外局之间的主要差距在于授权权利要求因全部不具备创造性而导致可被宣告全部无效。研究同时表明，虽然 SIPO X/Y 文献的引用率已超过五局平均水平，首次检索的漏检率也在 2012～2014 年逐渐下降，但在 2014 年的分析中，SIPO 首次检索的漏检率仍分别比 EPO、USPTO、JPO 高 6.6%、10.2% 和 4.0%，漏检原因为技术事实把握、法律思维践行、检索策略运用等多因素的共同作用影响。

（2）研究 2：SIPO 与 EPO 的引证文件相关性对比分析

近期，语义检索系统 Pantentics 的主要发明人裘刚博士选取了 SIPO 和 EPO 各自审查的部分申请，并利用 Pantentics 的文献相关度排序功能，对两局审查中引用的 US 对比文件❸与申请本身的相关度进行了分析，❹ 结果如表 1 所示。

表 1　SIPO 和 EPO 引用的 US 文献的相关度对比分析

相关度	TOP1	TOP20	TOP100	TOP400	文献量
SIPO	3.4%	11.08%	19.49%	29.81%	26585 件 CN 申请共引 33932 篇 US 参考文件
EPO	6.3%	17.24%	31.69%	47.78%	278249 件 EP 申请共引 501886 篇 US 参考文件

表 1 中的 TOP × 表示 SIPO 或 EPO 所审查的案件中，引用的 US 参考文献在 Patentics 基于语义的相关度排序中排在前 × 位的比例。该比例越高说明引证文

---

❶ 授权准确率是指质评授权案卷中保护范围清晰、适当的案卷比例，即授权案卷中不存在可被全部/部分宣告无效或授权范围偏窄的权利要求的案卷比例。

❷ 国家知识产权局专利局审查业务管理部．中国发明专利审查质量评价报告［R］，2015.

❸ 该研究选择引用 US 文献作为研究对象主要是为了克服语言差异给语义相关度排序带来的系统误差。

❹ 裘刚．微信 Patentics 讨论群中披露的中欧对比研究成果［R］，2016.

献的整体相关度越高，反映出检索质量越好。

从表1中可知，EPO引证文献的最相关（TOP20）和较相关（TOP100）水平相对SIPO都有较大优势。

（3）研究3：IAM杂志的问卷调查

2015年，世界知名知识产权杂志 *Intellectual Asset Management*（《知识资产管理》）就中、欧、美、日、韩五局的专利质量、服务质量等方面，对650名国际知识产权从业人员进行问卷调查。[1] 在“被授予发明专利的质量”方面，尽管被调查人员认为SIPO的授权质量较之前有明显提升，但仍然有40%的私人执业律师、35%的企业知识产权经理和24%的专利非实施实体对SIPO的专利质量的评价分别为特别好、很好及良好，上述比例在五局中排名均为最末。排名第一的EPO，其受到的好评比例分别为87%、81%和74%，好评率排名第二至第四的分别是JPO、USPTO和韩国知识产权局（KIPO）。同时在授权质量方面，SIPO收到的差评比例是五局中最高的。

2. SIPO与世界强局间检索质量差距的分析

上述研究1表明，抽样案件显示SIPO的检索质量在逐步提升，但较EPO、USPTO、JPO等世界公认的强局还有一定差距，主要体现为SIPO审查员对能影响全部权利要求创造性的最优对比文件的获取和识别能力还有所欠缺。同时，由于审查员在审查五局同族申请时可以参考外局的检索和审查结论，这也造成了该研究结论大大缩小了SIPO与外局在检索能力和检索质量上的实际差距。研究2表明基于大数据分析，SIPO与EPO在最优和较优对比文件的获取能力上还有较大差距。研究3表明从国际知识产权从业人员的主观感受看，SIPO的审查质量同世界强局依然有较大差距，同时考虑到SIPO“三性”评判为主线的审查模式，这一审查质量上的差距主要反映的也是SIPO和外局在检索质量和创造性评判质量上的差距。

可见，不同研究主体基于不同研究方法而独立开展的几项研究都指向了一个统一的结论：SIPO的检索质量虽然在逐年提升，但客观来说与世界强局还存在一定差距，这主要体现在审查员获取最优对比文件和将其认定为有效对比文件的能力相对较弱。

三、影响检索质量的因素及SIPO存在的问题

笔者认为，影响检索质量的因素可归类为管理政策、检索系统、个人素质三方面。

---

[1] 佚名. Quality and Procurement [J]. Intellectual Asset Management, 2015 (7/8): 62-64.

1. 管理政策

管理政策是影响检索质量的环境因素，主要包括宏观层面上国家和SIPO的专利工作战略以及微观层面的SIPO内各项业务管理政策。前者方面，近年来建设知识产权强国和世界一流专利审查机构的战略愿景无疑对提高SIPO的检索和审查质量起到了积极的推动作用。但后者对SIPO检索质量的影响则更为直接，例如某领域审查标准把握宽严尺度的调整往往对某些个案是否能检索到合适对比文件有着重要影响；再如审查计划中申请量与审查人力的匹配程度，或者年度业务管理计划中的某些重点工作都直接决定了基层每位审查员在每个具体个案的检索中的时间投入，进而深刻地影响着检索质量；再如各审查部门业务管理方法和管理水平也对能否充分激发审查员的主观能动性有着重要影响。

目前SIPO在业务管理政策方面影响检索质量提升的问题包括：审查员任务量偏重（SIPO独任审查平均每全岗人年任务量110件以上，对比EPO主要为三人合议审查，根据2014年的数据，平均每位全职员工的产出量仅50.3件[1]），以及业务管理系统中的个别环节的运行效能或个别单位管理效率不高，导致检索时间投入不足。此外，个别领域创造性标准把握偏松，导致部分案件的检索没能提供有效对比文件，但目前这一现象随着这些领域审查政策的调整已有所好转。

2. 检索系统

检索系统是审查中的基础生产工具，是影响检索质量的物质基础。“工欲善其事，必先利其器”，检索系统的数据完备性、标引准确性、入口丰富性、算法逻辑先进性、人机接口友好性和运行稳定性都与检索的质量和效率息息相关。目前SIPO以S系统为代表的主力检索系统相对于上一代的CPRS + EPOQUE系统，其综合性能大为提升，特别是在文献量、标引量和检索入口覆盖等方面取得了长足的进步，有效地促进了SIPO检索质量的提升。

然而笔者认为，S系统也还存在一定的改进空间。例如，算法逻辑主要还是基于传统的布尔检索，对近年兴起的语义检索功能虽有设置但检索效果还不甚理想；非专利数据资源尚不够丰富，另行检索多个外部非专利数据库势必影响检索效率；此外，当前系统中外文文献的翻译功能还有所缺失，也不能实现对互联网上的各种专利资源如Google专利进行并行检索和综合显示，以及还不具备检出文献按相关度排序浏览等功能等。如果检索系统能不断进行升级完善，必将帮助审查员更加准确高效地获得最优对比文件。

---

[1] 冯姝雯，等.2014年欧洲专利局局长工作报告［R］. 学术观察，2015（10）：43.

3. 人员素质

审查员个人素质是影响检索质量的核心要素，其内容主要就是SIPO业务建设中“三大支撑”的对象。如果进一步细化分解，笔者认为人员素质按其在检索工作中的重要性可具体化为以下几个方面。一是敬业精神。每件申请的检索是否都能尽心尽力，对质量工作的态度是“肉食者谋之”的漠然，还是“天下兴亡，匹夫有责”，乃至“天下兴亡，我的责任”的全情投入，这对检索效果的影响不言而喻。二是技术基础。这是决定审查员能否站位于本领域技术人员，准确理解发明，并准确、高效地获得和理解现有技术，以至最终准确判断“三性”的最关键也是最难掌握的一环。三是法律素养。检索和审查的事实情景变化多端，但万变不离其宗的是“三性”的法律概念和法律原则；在检索中，即使基础技术事实再相关，如果衡量事实的尺子——审查标准掌握不好，也不可能正确评判对比文件的可用性。四是语言能力。能否准确理解中文文献，能否快速阅读外文文献都是对审查员语言能力的考验，也对检索质量和效率有重要影响。

在上述排序中，笔者之所以认为技术基础比法律素养更为重要，主要是考虑到法律概念和法律原则相对稳定，可随审查员经验积累和接受培训而逐渐领会掌握。随着SIPO人员结构渐趋稳定，审查员整体法律思维能力也将逐渐提升到较高水平，从而使得检索和“三性”评判的质量更依赖于审查员个体对技术事实的准确把握。

笔者认为，在影响检索的各类个人素质中，SIPO新审查员最需提升的是法律素养和法律思维水平，而对逐渐成为审查主力的老审查员来说则是技术基础。一方面，SIPO与外局相比普遍缺乏技术实践经验；另一方面，技术发展日新月异，技术细节千变万化，审查员的技术知识从离开生产研发一线开始可能就在逐步过时，薄弱的技术能力可能会日渐成为审查员的“阿喀琉斯之踵”。此外，极个别人员也还存在工作态度不够端正的问题，需要加强管理和教育。而对于部分审查员语言能力，特别是外语能力不足的问题，笔者认为这是可以通过完善在线机器翻译的技术措施加以解决的。

四、检索质量提升建议

以上所述的管理政策、检索系统、人员素质三方面因素，分别体现了环境、条件和人员对检索质量的影响，其核心要素还是“人”。应通过各种措施努力调动审查员的积极性，最大限度提升审查员的工作效能，加强审查员技术、法律、检索技巧等重要能力，并辅以其他技术性手段以促进SIPO整体检索质量的提升。

对于具体措施，有些实践中已采用的，如通过纪检监察教育、审查员上岗宣誓等对审查员开展职业道德教育，通过技术说明会、技术专家咨询提高审查员技术能力，通过法条学习会、理解发明研讨会等提高审查员法律思维水平等，凡此种种不再赘述。此外笔者还有一些不成熟的想法，或许不成体系，抑或天马行空，故仅罗列如下。

1. 在人员管理方面，刚柔相济，加强审查员的职业尊严感和敬畏感

一方面，在业务工作上推崇不唯上、不唯书、只唯实、只唯法的学术民主精神，既尊重业务专家，又鼓励学术争鸣，赋予审查员职业尊严感和荣誉感；另一方面，通过严格管理，优者奖，劣者汰，对工作态度存在问题的员工进行严格问责，促使审查员形成职业敬畏感，自觉自愿，尽心尽责完成本职工作。

2. 在业务管理方面，积极调整，努力提高检索专业化水平和检索工作效能

SIPO 的业务管理政策可以在以下几方面进行调整探索：①努力提高各层级业务管理效率，保障检索和审查的必要时间，甚至可考虑划定基本检索和审查时间“红线”，如不能保证基本时间，则不宜开展其他业务活动。②继续细化审查员审查领域，并按 CPC 分类分配案件，以提升检索专业化水平，同时配合修订平衡系数体系，减少人员分配和调整阻力。③试行分类与检索合并，提升分类准确性和审查员应用分类号进行本领域检索的能力，特别对已预缴实审费的申请，可以分类、检索同步完成。④勇于作为，采取法律与行政手段并行，在申请生成环节严厉打击低质量申请，提高审查和检索的“原材料”质量，避免宝贵审查资源的浪费。在技术能力方面，以用促学，鼓励审查员持续开展技术学习和交流。

贯彻在审查员职业生涯终身进行技术学习的理念，可在培训中设置技术必修课，外请专业教师在局内开设系统的技术课程，审查员在一定时间内需累计修完若干必修课程；鼓励审查员在日常工作中通过撰写技术综述、开展技术研讨进行自我技术更新；搭建在线技术交流和帮助平台，除技术专家答疑外，还可借助“知乎”等网站的众答模式，或可将 SIPO 现有的云专利审查系统发展成国内外审查员技术交流论坛。

3. 在检索技能方面，双语并行，大力倡导中英文全文检索模式

“全文搜索 + 同在算符”的检索模式可以更加准确地检索技术细节。审查实践表明，近年来中文全文检索模式越来越多地被使用，且成效显著，而英文全文检索也是欧美审查员常用的检索模式。[1] 并且，根据笔者在部门从事质检

---

[1] 段文婷，武文琛．浅谈国外主要专利局在检索上对国家知识产权局的借鉴意义［M］//白光清．专利审查研究：第七辑．北京：知识产权出版社，2015：241 -247.

工作的相关经验，确实有不少漏检案件可以通过英文全文检索快速获得有效对比文件。随着 SIPO 审查员英文水平的不断提升，英文全文检索模式的推广越来越具有可行性。应考虑通过推行中英文双语全文检索模式进一步提升 SIPO 审查员的检索质量和效率。

4. 在检索系统方面，扩展功能，努力为检索工作提供更多实用帮助

可考虑基于 S 系统在以下几个方面开发辅助功能：①将 SIPO 内过往的检索研究成果，如检索系统使用技巧、分领域检索指导手册中的领域检索策略、分类号关键词扩展等内容进行可查询化标引，并可在相关领域案件检索时作为系统帮助信息对审查员进行实时提示，同时委托相关审查部门成立专门小组对相关信息进行维护更新；②加强现有系统中语义检索功能；③加强检索系统的在线翻译功能；④简化非专利检索、外网专利检索入口，加强并库检索能力。

以上对 SIPO 检索质量的现状、影响因素、存在问题和改进建议进行了粗略的思考。若其中只言片语有些微价值，实为笔者之幸。事实上罗马并非一夕建成，SIPO 的业务建设可谓任重道远，审查员能力提升也难寻终南捷径。唯有全局同志团结一心，艰苦奋斗，踏踏实实做好本职工作，努力提高检索和审查质量，方能早日建成世界一流专利审查机构。

专利运用

苹果与三星专利战为什么在中国没有发生*

孙方涛　曲桂芳

摘　要：苹果与三星之间的专利世纪大战在全球十几个国家展开，五大知识产权局的范围内唯有中国未爆发专利战，这是一个非常有趣的现象。本文根据笔者所能获取到的资料从在中国打专利战对于双方都不利的因素、在中国打专利战对苹果不利的因素和在中国打专利战对三星不利的因素3个方面尝试分析苹果与三星为什么在中国没有爆发专利战。

关键词：苹果　三星　专利诉讼　专利战　侵权

一、引　言

苹果与三星在世界多个国家爆发专利战，在世界五大知识产权局（分别为欧洲专利局、日本特许厅、韩国知识产权局、中国国家知识产权局和美国专利商标局，英文简称“Five IP offices”或“IP5”）的范围内唯有中国未爆发专利战，这是一个非常有趣的现象。本文根据笔者所能获取到的资料尝试分析苹果与三星为什么在中国直到今日还没有爆发专利战。

二、在中国打专利战对于双方都不利的因素

通常，首先提起专利诉讼的一方需要对诉讼结果有好的预期，这不同于被动的反诉。然而，在中国进行大规模的专利诉讼，对于苹果和三星双方来说，至少有5个不利的因素。

---

* 本文成稿于2013年10月，全文以英文发表于 *European Intellectual Property Review* 2014年第6期。

1. 作业方法权利要求保护的局限性

苹果的许多重要专利是包括使用者参与的作业方法，采用方法权利要求的保护。作业方法专利不存在依照该专利方法直接获得的产品，且使用作业方法的人往往是普通消费者。

例如，2012 年 8 月 24 日美国北加州地区法院（California Northern District Court）陪审团裁决三星侵犯苹果 3 件发明专利中的 US7864163 对应的一个中国同族专利为 CN101535938，该中国专利授权的权利要求 1 是包括使用者参与的作业方法，权利要求中的"第一手指轻敲姿态"和"第二手指轻敲姿态"是最终用户（即使用者）的操作。

由于作为最终用户的普通消费者往往不是"为生产经营目的"使用专利方法，不满足《专利法》第 11 条第 1 款[1]侵犯专利权行为的构成要件，不构成直接侵权。《侵权责任法》第 9 条第 1 款规定：教唆、帮助他人实施侵权行为的，应当与行为人承担连带责任。由于最终用户不构成直接侵权，没有侵权行为人，因此不存在民法意义上的教唆、帮助行为，不构成间接侵权。[2]

广东省高级人民院在珠海格力电器股份有限公司与广东美的制冷设备有限公司（以下简称"美的公司"）、珠海市泰锋电业有限公司侵害发明专利权纠纷上诉案[3]中认为：制造具有"舒睡模式 3"功能的空调器的行为，包含了使用被诉侵权方法的行为。"舒睡模式 3"是一种控制空调器按照自定义曲线运行的方法，美的公司制造的空调器要实现这一功能，就要通过相应的设置、调配步骤，使空调器具备实现按照自定义曲线运行的条件，从而无可避免地使用到控制空调器按照自定义曲线运行的方法，因此美的公司是使用者。但本文认为："控制空调器按照自定义曲线运行的方法"是一种作业方法，作业方法专利权的保护客体是由一系列操作步骤组成的操作方式，是一种行为过程，其执行的结果是达到某种预期的效果而不是获得某种专利法意义上的产品，仅有"使用（专利方法的）行为"才可能构成侵权行为。就"使用"一词的理解而言，借鉴了"控制空调器按照自定义曲线运行的方法"设计理念的"使用"

---

[1] 内容为：发明和实用新型专利权被授予后，除本法另有规定的以外，任何单位或者个人未经专利权人许可，都不得实施其专利，即不得为生产经营目的制造、使用、许诺销售、销售、进口其专利产品，或者使用其专利方法以及使用、许诺销售、销售、进口依照该专利方法直接获得的产品。

[2] 说明：2016 年 4 月 1 日起施行的《最高人民法院关于审理侵犯专利权纠纷案件应用法律若干问题的解释（二）》第 21 条第 2 款规定：明知有关产品、方法被授予专利权，未经专利权人许可，为生产经营目的积极诱导他人实施了侵犯专利权的行为，权利人主张该诱导者的行为属于侵权责任法第九条规定的教唆他人实施侵权行为的，人民法院应予支持。也就是说，2016 年 4 月 1 日之后权利人可以主张教唆侵权。

[3] 广东省高级人民法院（2011）粤高法民三终字第 326 号。

不同于专利法意义上的“使用”，专利法意义上的“使用”就是执行这一系列操作步骤。“空调器具备实现按照自定义曲线运行的条件”并不意味着必然使用到“控制空调器按照自定义曲线运行的方法”这一专利方法，方法专利权保护的是操作方式，而不是保护方法专利涉及的物品（例如空调器），广东省高级人民法院的上述判决混淆了“使产品具有某种功能”和“使产品已具有的功能发挥作用”这两种不同的行为。此外，在越来越多的领域，例如手机，产品在最终用户使用前并未使用产品已具有的功能甚至并未启动过。

就三星而言，其在通信领域的大量专利涉及终端与基站的交互，终端需要基站的配合，终端与基站互相配合实现作业方法权利要求中的技术方案，解决现有技术中存在的问题。终端的使用者往往是普通消费者，基站的使用者在中国是三大运营商。假如基站和终端的交互行为使用了作业方法，侵犯了三星专利权，则运营商构成了直接侵权；如果终端的生产者为使用方法权利要求中的技术方案在终端中作了专门的设置，则可认定终端的生产者教唆、帮助了运营商实施侵权行为，需承担连带责任。也就是说，如果想追究终端的生产者的侵权责任，则需要首先证明运营商构成了直接侵权。证明运营商构成了直接侵权在中国从商业的角度看显然是不明智的，三大运营商当时是三星手机最为重要的销售商之一，三星手机也是在三大运营商运营的网络中使用，三大运营商不愿意作为专利侵权者的形象出现。

（二）涉及计算机程序的功能模块架构的装置权利要求保护范围在侵权阶段存在不确定性

为了给予涉及计算机程序的发明以产品权利要求的保护，《专利审查指南2010》规定：如果全部以计算机程序流程为依据，按照与该计算机程序流程的各步骤完全对应一致的方式，或者按照与反映该计算机程序流程的方法权利要求完全对应一致的方式，撰写装置权利要求，即这种装置权利要求中的各组成部分与该计算机程序流程的各个步骤或者该方法权利要求中的各个步骤完全对应一致……[1]因此，涉及计算机程序的作业方法可以写成功能模块架构的装置权利要求以获得产品的保护。《专利审查指南2010》同时规定：这种装置权利要求中的各组成部分应当理解为实现该程序流程各步骤或该方法各步骤所必须建立的功能模块，由这样一组功能模块限定的装置权利要求应当理解为主要通过说明书记载的计算机程序实现该解决方案的功能模块构架，而不应当理解为

[1] 中华人民共和国国家知识产权局．专利审查指南2010［M］．北京：知识产权出版社，2010：272.

主要通过硬件方式实现该解决方案的实体装置。[1]

尽管在授权、确权阶段如何解释这种装置权利要求在《专利审查指南2010》已有明确的依据，但在侵权时如何解释目前尚没有典型的案例。由于这种装置权利要求的技术特征在撰写形式上与“以功能或者效果表述的技术特征”相似，而“以功能或者效果表述的技术特征”的解释规则在授权、确权阶段和侵权时存在直接冲突，[2] 因此专利权人在行使这样的专利权时对诉讼结果的可预测性差。

3. 侵权的损害赔偿预期偏低

根据《专利法》第65条的规定，专利侵权损害赔偿首先按照权利人受到的实际损失确定；如果实际损失无法确定再按照侵权人因侵权获利确定；如果前两者均难以确定，则可以参照专利许可使用费的倍数合理确定；如果三种方式均难以确定，则可以采用法定赔偿。专利侵权损害赔偿的确定顺序体现了民事侵权的一般原则。

但在实务中法定赔偿占据绝对优势。中南财经政法大学知识产权研究中心2013年完成的《知识产权侵权损害赔偿案例实证研究报告》显示，专利侵权判决采用“法定赔偿”比例高达97.25%，而法定赔偿的上限为100万元人民币。对于三星和苹果来说，如果损害赔偿的计算方式采用法定赔偿，则赔偿本身几乎没有什么意义。

4. 案件的受理费过高

中国侵权诉讼的案件受理费根据诉讼请求的金额按比例分段累计收费，超过2000万元人民币的部分比例最低，按照0.5%交纳。苹果在美国北加州地区法院向三星索赔25.25亿美元，如果以这一索赔额在中国法院起诉，受理费将高达1000万美元以上。而美国侵权诉讼的受理费（Filing fee for opening civil action）采用按件收费的方式，每件400美元。

---

[1] 中华人民共和国国家知识产权局．专利审查指南2010［M］．北京：知识产权出版社，2010：272.（说明：2017年4月1日起施行《国家知识产权局关于修改<专利审查指南>的决定》中将《专利审查指南2010》第二部分第九章第5.2节第1段第1句中的“即实现该方法的装置”修改为“例如实现该方法的装置”；将《专利审查指南2010》第二部分第九章第5.2节第1段第3句中的“并详细描述该计算机程序的各项功能是由哪些组成部分完成以及如何完成这些功能”修改为“所述组成部分不仅可以包括硬件，还可以包括程序”；将《专利审查指南2010》第二部分第九章第5.2节第2段中所有的“功能模块”修改为“程序模块”。）

[2] 孙方涛，左萌，李晓利，等．功能性特征解释规则探讨［C］//中华全国专利代理人协会．专利法第26条第4款理论与实践：2012年专利审查与专利代理高端学术研讨会论文选编．北京：知识产权出版社，2013：652－661.

5. 中国法院的判决结果对其他国家影响有限

中国不是判例法国家，相同的被控侵权产品可能在一个法院被判定侵权而在另一个法院被判定为不侵权。类似的案件在同一法院不同的合议庭也可能有不同的判决结果，因此在中国一个案件的判决结果很难说对世界其他国家有很大的影响。

像苹果和三星这样大的竞争对手选择在哪个国家提起诉讼的考虑因素不仅仅是这个国家的生产和销售，还包括通过选择一个最佳的诉讼平台，以期通过专利诉讼最后达成全球范围内的相互妥协或者打压。最佳的诉讼平台的一个重要的考量因素是判决结果对其他国家的影响。对于苹果和三星来说，中国显然不是一个最佳的诉讼平台。

三、在中国打专利战对苹果不利的因素

对于苹果而言，在中国打专利战还有 4 个不利的因素。

1. 苹果一些重要的外观设计在中国不是外观设计专利保护的客体

《专利审查指南 2010》明确规定"产品通电后显示的图案。例如，电子表表盘显示的图案、手机显示屏上显示的图案、软件界面等"[1] 属于不授予外观设计专利权的情形。[2] 美国北加州地区法院陪审团裁决三星侵犯苹果的外观设计专利 USD604305 在中国属于不授予外观设计专利权的情形。

2. 苹果一些重要的发明专利申请在中国处于实质审查阶段，尚未授权

美国北加州地区法院陪审团裁决三星侵犯苹果 3 件发明专利中的另外 2 件 US7469381 和 US7844915 对应的中国同族专利分别为 CN101542424A 和 CN101578578A，这 2 件中国专利申请 2013 年 8 月尚处于审查状态。处于审查状态的原因是多方面的，例如申请人二次请求延长答复审查意见通知书的期限。尚未授权的专利申请显然不能提起侵权之诉。

3. 中国是苹果最为重要的代工工厂所在地，如被判令停止侵权将影响全球范围内的供货

苹果自己不生产手机等产品，苹果的手机等产品由代工工厂生产，苹果最为重要的代工工厂是富士康，富士康在中国大陆组装苹果手机等产品，富士康

---

[1] 中华人民共和国国家知识产权局．专利审查指南 2010 [M]．北京：知识产权出版社，2010：83－84.

[2] 说明：2014 年 5 月 1 日起施行的《国家知识产权局关于修改〈专利审查指南〉的决定》（第 68 号）中删除了《专利审查指南 2010》第一部分第三章第 7.2 节第 3 段最后一句"产品的图案应当是固定的、可见的，而不应是时有时无的或者需要在特定的条件下才能看见的。"苹果一些重要的外观设计按照修改后的规定部分可以作为外观设计专利保护的客体。

代工的苹果手机等产品从中国大陆运往世界各地进行销售。假如苹果的产品被生效判决认定侵权成立并被判令停止侵权，则富士康也不能在中国大陆组装苹果手机等产品，这将影响全球范围内的供货。

4. “iPad” 商标案消耗了苹果中国区法务大量的精力

2010 年，苹果诉唯冠科技（深圳）有限公司“iPad”商标权权属纠纷。该案在 2010 年 4 月 19 日受理，并于 2011 年 2 月 23 日、8 月 21 日、10 月 18 日 3 次开庭审理。深圳市中级人民法院作出一审判决：驳回苹果的全部诉讼请求。2012 年 2 月 29 日，“iPad”商标权权属纠纷案在广东省高级人民法院二审开庭。2012 年 6 月，广东省高级人民法院通报，苹果支付 6000 万美元一揽子解决“iPad”商标纠纷。

从 2011 年 4 月 15 日苹果发起侵权诉讼，到 2012 年 4 月 18 日三星反诉苹果，❶ 苹果诉三星的有 11 件，三星诉苹果的有 18 件，共 29 件诉讼。之后，三星和苹果之间无新的诉讼。❷ 而 2011 年 4 月 15 日到 2012 年 4 月 18 日期间，正是“iPad”商标权权属纠纷争夺最激烈的时候。

四、在中国打专利战对三星不利的因素

对于三星而言，在中国打专利战还有 2 个不利的因素。

1. 标准专利的处置在法律上存在不确定性

三星在通信领域的大量专利涉及通信标准。中国目前跟标准相关的专利（即被纳入到标准中的专利，本文简称“标准专利”）的处置当时在法律上还存在不确定性，最高人民法院关于朝阳兴诺公司按照建设部颁发的行业标准《复合载体夯扩桩设计规程》设计、施工而实施标准中专利的行为是否构成侵犯专利权问题的函（〔2008〕民三他字第 4 号）中作了一些说明：鉴于目前我国标准制定机关尚未建立有关标准中专利信息的公开披露及使用制度的实际情况，专利权人参与了标准的制定或者经其同意，将专利纳入国家、行业或者地方标准的，视为专利权人许可他人在实施标准的同时实施该专利，他人的有关实施行为不属于专利法第 11 条所规定的侵犯专利权的行为。专利权人可以要求实施人支付一定的使用费，但支付的数额应明显低于正常的许可使用费；专利权人承诺放弃专利使用费的，依其承诺处理。该批复中的使用费的“数额明显低于正常的许可使用费”遭到质疑。

---

❶ 原诉为苹果于 2012 年 2 月 8 日向三星提起的诉讼。

❷ [EB/OL]. [2013 - 08 - 31]. http: //cdnet. stpi. narl. org. tw/techroom/pclass/2011/pclass_11_A116. htm.

《最高人民法院关于审理侵犯专利权纠纷案件应用法律若干问题的解释（征求意见稿）》第20条中规定："经专利权人同意，专利被纳入国家、行业或者地方标准制定组织公布的标准中，且标准未披露该专利的，人民法院可以认定专利权人许可他人在实施该标准的同时实施其专利，但专利依法必须以标准的形式才能实施的除外。专利权人要求标准实施人支付使用费的，人民法院应当综合考虑专利的创新程度及其在标准中的作用、标准所属的技术领域、标准的性质、标准实施的范围等因素合理确定使用费的数额，但专利权人承诺放弃使用费的除外。标准披露了该专利及其许可实施条件，他人未按照披露的条件实施该专利，当事人主张按照披露的许可实施条件实施的，人民法院应当支持。披露的许可实施条件明显不合理的，经当事人请求，人民法院可以适当调整。未披露许可实施条件或者披露的许可实施条件不明确的，当事人可以协商解决，协商不成的，可以请求人民法院确定。"该条款最后没有通过。

从上述最高人民法院的个案批复和司法解释征求意见稿来看，标准专利停止侵权的诉讼主张很难获得法院的支持。[1]

2. 苹果的代工工厂或许会与苹果一起反诉三星

苹果在中国的代工工厂富士康在中国积累了大量的专利，如果三星起诉苹果获胜，势必影响到富士康对苹果手机等产品的组装，因此不排除富士康与苹果一起反诉三星。即使对于三星来说，富士康的专利组合也不容小视。

五、结　语

不仅仅是苹果与三星，其他国外的智能手机厂商之间也没有在中国发起专利战，这值得深思。

此外，本文是根据笔者所能获取到的资料进行的推测，内容难免存在错误和不当之处，敬请批评指正！

六、后　记

从2011年4月15日苹果对三星发起侵权诉讼，一直到2013年10月本文完稿，苹果与三星在中国没有爆发专利战。本文尝试分析2013年10月之前苹

[1] 说明：2016年4月1日起施行的《最高人民法院关于审理侵犯专利权纠纷案件应用法律若干问题的解释（二）》第24条第2款规定：推荐性国家、行业或者地方标准明示所涉必要专利的信息，专利权人、被诉侵权人协商该专利的实施许可条件时，专利权人故意违反其在标准制定中承诺的公平、合理、无歧视的许可义务，导致无法达成专利实施许可合同，且被诉侵权人在协商中无明显过错的，对于权利人请求停止标准实施行为的主张，人民法院一般不予支持。

果与三星为什么在中国没有爆发专利战，分析采用的是当时的法律、法规以及主流的观点。从本文完稿到本次出版已经过去3年多了，一些规则和观点已经发生了变化，笔者在脚注的位置以“说明”两字开头标注了最新的规则，供读者参考。

埃博拉病毒治疗性试验药物 ZMapp 信息分析*

廖文勇　王　璟　马秋娟

摘　要： 埃博拉病毒自 2014 年年初肆虐以来，日益严重。一直以来缺乏有效的治疗和预防药物。尽管各国加大了研发力度，但多种埃博拉病毒试验性药物都未进入或完成临床阶段。在这些试验性药物中，一种名为 ZMapp 的试验性抗体药物对两名患者的治疗效果带给了人们极大的期望。本文首先分析了该抗体药物的成分及所述抗体成分在专利中所公开的关键序列信息以及专利布局，继而分析了制备该抗体的烟草生产技术，最后给出了目前开展相关抗体研发的建议方向，并基于目前发达国家生物药物领域的开发体系给出了国内相关体系构建的相关建议。

关键词： 埃博拉病毒　MB－003 ZMAb　本氏烟　Magnifection

一、引　言

自埃博拉病毒（Ebola virus）引起的出血热于 1976 年首次报道以来，其便以极强的传染性及极高的病死率（50% ~88%）闻名。[1] 由于其多发于西非等经济极不发达地区，制药业无利可图，因此一直以来其治疗药物研发进展缓慢。而 2014 年的此次埃博拉病毒疫情暴发尤为猛烈，据世界卫生组织统计，截至 2014 年 8 月 6 日，累计出现埃博拉出血热确诊和疑似病例 1779 例，其中 961 例死亡。在疫情日趋严重的情况下，世界卫生组织在 2014 年 8 月 8 日拉响了埃博拉疫情的“全球警报”。在此次埃博拉病毒大暴发中，导致上千人死亡，

* 文章来源：《中国发明与专利》2014 年第 10 期（总第 130 期）。

西非各国对此束手无策。疫情严重的西非各国对于埃博拉病毒感染的治疗和预防性药物的需求日益迫切。但目前尚不存在有效药物应对埃博拉病毒，10 多种治疗药物仍处于试验中。

1. ZMapp 的横空出世

根据世界卫生组织于 2014 年 8 月 25 日发布的疫情评估报告，自此次埃博拉疫情暴发以来，已有 240 名医护人员被传染，其中一半死亡。但幸运的是，其中 2 名美国医疗援助人员在感染后，在使用一种尚未开展过临床试验、名为 ZMapp 的试验性生物药物后病情好转，通过治疗，两名患者于 2014 年 8 月 21 日康复出院。ZMapp 应用于 2 名美国医疗援助人员以及美国初期一度基于医疗道德伦理问题拒绝对该试验性药物的扩大使用引起了巨大的争议，也引发了人们对 ZMapp 极大的好奇心。

2. Mapp 公司的厚积薄发

ZMapp 引起的极大关注与其研发公司 Mapp 公司（Mapp Biopharmaceutical, Inc.）之前的低调也形成了强烈对比。根据 Mapp 公司网站上的关于“ZMapp”的声明[2]（ZMapp™ Information Sheet），业界对于该制剂有了些许的了解。根据该声明中的表述，ZMapp 是 Mapp 公司和 LeafBio 以及 Defyrus 有限公司（Defyrus Inc.）、美国政府以及加拿大公共卫生局（the Public Health Agency of Canada，PHAC）共同合作的结果。其由植物，尤其是烟草属植物制造，由 3 种人源化的单克隆抗体组成，其含有 MB－003 和源自 Defyrus/PHAC 的 ZMAb 的最佳组分，是一种优化的鸡尾酒混合物。在 2014 年 1 月被确定为药物候选物，还未在人体中评估安全性。

此外，根据 Mapp 公司进一步通告[3]，可知组成“ZMapp”的单克隆抗体成分来自 Defyrus 和 USAMRIID 授权，采用的是烟草属的模式植物本氏烟草（*Nicotiana benthamiana*）生产。在该单克隆抗体的生产中，位于德国 Halle 的 Icon Genetics AG 和位于美国肯塔基州的 Kentucky Bioprocessing 公司起到了非常重要的作用，前者提供了先进的可用于表达生物药物的烟草工程载体，而后者则专注于提供药物蛋白在烟草中生产的 GMP 体系。

二、MB－003 与 ZMAb 核心成分分析

在 Mapp 公司的声明中，可以清楚发现“ZMapp”来源于 MB－003 与 ZMAb。那么这二者又是什么药物呢？

1. MB－003 成分分析

通过对药物 MB－003 的现有技术检索，获得 2012 年 Olinger 等人在 PNAS 上发表的关于 MB－003 的相关文献[4]，其中记载 MB－003 是由 3 株鼠/人嵌合

单克隆抗体（c13C6、h-13F6 和 c6D8）组成的混合物，是基于 3 株鼠源单克隆抗体 13C6、13F6、6D8 发展而来。这 3 种单克隆抗体直接作用于埃博拉病毒的 3 个独立的、无重叠区域的埃博拉病毒糖蛋白表位。3 种抗体中，仅 13C6 结合分泌型糖蛋白，推测其为保护性抗体发挥诱饵作用。此外，13C6 和 6D8 在补体存在的情况下中和病毒。13F6 则没有中和病毒活性。这 3 种抗体在小鼠模型攻毒试验中均单独显示了保护作用，但其治疗窗口均为暴露于病毒后 48 小时内。

为了进一步对组成 MB-003 的抗体结构有更清楚的分析，在中国专利检索与服务系统中，采用 DWPI 摘要数据库及 VEN 全文数据库，以“ebola”及“13C6、13F6、6D8”作为关键词进行检索，并结合人工筛选，得到涉及 MB-003 的抗体相关专利申请 2 项，表 1 中列出了相关信息。其中申请人 USASA❶代表美国政府陆军部，而 USAMRIID❷为美国陆军的下属研究机构。从申请人可知，MB-003 的研发工作由 USAMRIID 进行。

表 1　MB-003 相关专利申请

编号	同族专利申请号	申请日期	申请人	发明人	专利申请公开号	法律状态	授权专利号
1	PCT/US0023790	2000-08-29	USAMRIID	HART Mary Kate, Wilson Julie A., Schmaljohn Alan L.	WO01016183A1		
	US09650086	2000-08-29	USASA	HART Mary Kate, Wilson Julie A., Schmaljohn Alan L.		授权	US6630144B1
	AU200070896	2000-08-29	USAMRIID	HART Mary Kate, Wilson Julie A., Schmaljohn Alan L.	AU200070896A1		
2	PCT/US2003027450	2003-08-21	USAMRIID	HART Mary Kate, Wilson Julie A.	WO2004018649A2		
	US10226795	2002-08-23	USASA	HART Mary Kate, Wilson Julie A.	US2004053865A1	授权	US6875433B2
	EP3793441.1	2003-08-21	USAMRIID	HART Mary Kate, Wilson Julie A.		授权	EP1539238B1
	US11013996	2004-12-16	USASA	HART Mary Kate, Wilson Julie A.	US2007298042A1	授权	US7335356B2
	AU2003265883	2003-08-21	USAMRIID	HART Mary Kate, Wilson Julie A.	AU2003265883A1		

❶ 即 U. S. ARMY MEDICAL RESEARCH INSTITUTE OF INFECTIOUS DISEASES。

❷ 即 THE UNITED STATES OF AMERICA AS REPRESENTED BY THE SECRETARY OF THE ARMY。

专利族 1 涉及识别埃博拉病毒糖蛋白的特异性保护抗体以及由细胞系 EGP 13F6－1－2（ATCC 登录号 PTA 373）、EGP 6D3－1－1（ATCC 登录号 PTA 374）、EGP 13C6－1－1（ATCC 登录号 PTA 375）、EGP 6D8－1－2（ATCC 登录号 PTA 376）和细胞系 EGP 12B5－1－1（ATCC 登录号 PTA 436）分泌的 5 种单克隆抗体 13F6、6D3、13C6、6D8 和 12B5。此外，该专利族请求保护的权利要求中还涉及由这 5 种单克隆抗体中的一种或多种形成的混合物。其体现的药物组成所反映的治疗方案与 ZMapp 相一致，均是采用多种单克隆抗体组合同时针对病毒的多个位点发挥组合治疗效果。尽管专利族 1 中并未公开单克隆抗体 13C6、13F6、6D8 的相关序列信息，但在该专利族中公开了单克隆抗体 13C6、13F6、6D8 的识别和结合区域。其中单克隆抗体 13C6、13F6、6D8 识别及结合区域如表 2 所示。最后，专利族 1 中还给出了相关的参考用量及治疗时间数据。

表 2　单克隆抗体 13C6、13F6、6D8 识别及结合区域

单克隆抗体	识别和结合区域	识别表位
13C6（IgG2a）	包含于 SEQ ID NO：10 中非连续性氨基酸区域（GP_1 和 sGP）	构象表位：位于 SEQ ID NO：10 中的 Zaire 和 Ivory Coast 埃博拉亚型病毒之间保守区域
13F6（IgG2a）	糖蛋白 GP_1 401～417 位 SEQ ID NO：4	线性表位 EQHHRRTDN
6D8（IgG2a）	糖蛋白 $GP_1$389～405 位 SEQ ID NO：6	线性表位 VYKLDISEA

注：序列编号为专利 US6630144B1 中序列编码。

专利族 2 同样记载了识别埃博拉病毒糖蛋白的特异性保护抗体以及 5 种单克隆抗体 13F6、6D3、13C6、6D8 和 12B5。该专利族不仅公开了单克隆抗体 13C6、13F6、6D8 的识别和结合区域，还进一步公开了单克隆抗体 13C6、13F6、6D8 的相关序列信息，其中氨基酸序列如表 3 所示。在该专利族中，进一步验证了单克隆抗体 13C6、13F6、6D8 三者混合单克隆抗体制剂的治疗效果。

表 3　单克隆抗体 13C6、13F6、6D8 氨基酸序列信息

单克隆抗体	重链可变区	轻链可变区	重链 CDRs	轻链 CDRs
13C6（IgG2a）	SEQ ID NO：12	SEQ ID NO：17	SEQ ID NO：13 SEQ ID NO：14 SEQ ID NO：15	SEQ ID NO：18 SEQ ID NO：19 SEQ ID NO：20

续表

单克隆抗体	重链可变区	轻链可变区	重链 CDRs	轻链 CDRs
13F6 (IgG2a)	SEQ ID NO: 32	SEQ ID NO: 37	SEQ ID NO: 33 SEQ ID NO: 34 SEQ ID NO: 35	SEQ ID NO: 38 SEQ ID NO: 39 SEQ ID NO: 40
6D8 (IgG2a)	SEQ ID NO: 22	SEQ ID NO: 27	SEQ ID NO: 23 SEQ ID NO: 24 SEQ ID NO: 25	SEQ ID NO: 28 SEQ ID NO: 29 SEQ ID NO: 30

注：序列编号均为专利申请 WO2004018649A2 中序列编码。

2. ZMAb 成分分析

ZMAb 是 Defyrus 有限公司和加拿大公共卫生局共同合作的结果，同样也是含有 3 种单克隆抗体（鼠源单克隆抗体 1H3、2G4、4G7）的混合物，这 3 种单克隆抗体在体外试验中可中和埃博拉病毒，结合于埃博拉病毒的 3 个糖蛋白位置（氨基酸位置 274、508 和 501/508）。[5] 食蟹猴在攻毒试验 24h 或 48h 后静脉给予 25mg/kg ZMAb，并在 3 天后再次给予相同剂量治疗后，分别取得了 100% 和 50% 的保护率，存活动物也仅在最初的 24 小时内引起了极少的病毒血症，没有明显的副作用。

在中国专利检索与服务系统中，采用 DWPI 摘要数据库及 VEN 全文数据库，以“ebola”及“1H3、2G4、4G7”作为关键词进行检索，得到涉及 ZMAb 的抗体相关专利申请 1 项，表 4 中列出了相关信息。尽管专利族 3 的申请人为加拿大卫生部，但 ZMAb 实际的研发工作是由其下属机构——加拿大公共卫生局完成。

表 4　ZMAb 相关专利申请

编号	同族专利申请号	申请日期	申请人	发明人	专利申请公开号	法律状态	授权专利号
3	PCT/CA2009000070	2009-01-27	CNDG*	JONES Steven, QIU Xiangguo, FELDMANN Heinz	WO2009094755A1		
	EP2009705944	2009-01-27	CNDG*	JONES Steven, QIU Xiangguo, FELDMANN Heinz	EP2262830A0		
	US12864584	2009-01-27	CNDG*	JONES Steven, QIU Xiangguo, FELDMANN Heinz, STROEHER Ute	US20120283414A1	授权	US8513391B2
	CA2712605	2009-01-27	CNDG*	JONES Steven, QIU Xiangguo, FELDMANN Heinz	CA2712605A1		

*CNDG: HERMAJESTY THE QUEEN IN RIGHT OF CANADA AS REPRESENTED BY THE MINISTER OF HEALTH。

专利族3涉及识别埃博拉病毒糖蛋白的特异性单克隆抗体1H3、2G4、4G7、5D2、5E6、7C9、7G4和10C8以及制备相应嵌合抗体和重组抗体的方法。该专利族不仅公开了上述单克隆抗体的结合表位序列，还进一步公开了上述单克隆抗体的相关序列信息，其中涵盖于ZMAb中的3种单克隆抗体1H3、2G4、4G7的结合表位信息如表5所示，单克隆抗体1H3、2G4、4G7的氨基酸序列如表6所示。在该专利族中，尽管权利要求中没有要求保护一种或多种单克隆抗体的混合物，但其在说明书中仍然进一步验证了单克隆抗体1H3、2G4、4G7三者混合单克隆抗体制剂在不同用量及不同治疗时间时的治疗效果。

表5　单克隆抗体13C6、13F6、6D8识别及结合区域

单克隆抗体	结合糖蛋白	识别表位	表位位置
1H3（IgG2a）	sGP	线性表位SNTTGKLIWKVNPEI	第267～280位氨基酸
2G4（IgG2b）	GP_2	线性表位REAIVNAQPKCNPNL	第502～516位氨基酸
4G7（IgG2a）	GP_2	线性表位REAIVNAQPKCNPNL	第502～516位氨基酸

表6　单克隆抗体1H3、2G4、4G7氨基酸序列信息

单克隆抗体	重链	轻链
1H3（IgG2a）	SEQ ID NO：1	SEQ ID NO：2
2G4（IgG2b）	SEQ ID NO：3	SEQ ID NO：4
4G7（IgG2a）	SEQ ID NO：5	SEQ ID NO：6

注：序列编号均为专利申请WO2009094755A1中序列编码。

三、抗体的烟草生产技术分析

ZMapp的单克隆抗体成分并非采用目前业界大规模生产单克隆抗体药物所通常采用的动物细胞发酵培养方式，其采用的是烟草属本氏烟草（*Nicotiana benthamiana*）生产获得。本氏烟草是烟草属中的模式植物，具有低的尼古丁含量。其可以在室内栽培的情况下，通过严格控制条件，表达外源蛋白。烟草种子种植于平板上，采用与大型温室相同的机械滚筒托盘承载。通过严格控制的光、温度和湿度在种植几周后采用抗体载体系统处理后，再生长几周，待植物表达人源化的抗体蛋白后，收集烟草并匀浆、经特定的纯化方法分离抗体蛋白，最后经纯度和效力检测后形成制剂。[3,6]

1. 烟草生产体系

ZMapp抗体的生产环节是由位于美国肯塔基州的Kentucky Bioprocessing公司来完成的。在中国专利检索与服务系统中，采用DWPI摘要数据库，以

"Kentucky Bioprocessing"检索到5项专利申请，均未涵盖烟草表达外源蛋白的条件控制方法。但通过以"Mapp""Icon Genetics"及"Nicotiana or tobacco"检索，经人工筛选，获得1项专利申请，涉及抗体采用本氏烟草生产。表7中列出了相关信息。

表7 Mapp公司涉及抗体烟草生产相关专利申请

编号	同族专利申请号	申请日期	申请人	发明人	专利申请公开号
4	PCT/US2012 057523	2012-09-27	Mapp Biopharmaceutical, Inc., Icon Genetics Gmbh	HIATT Andrew, ZEITLIN Larry	WO2013 095738A2
	US13 628439				US2013 0149300A1

专利族4尽管不是涉及采用本氏烟草生产ZMapp中的抗体，而是用于生产其他抗体，但其作为一种抗体生产平台，技术流程应具有相通性。根据专利族4中说明书实施例中的记载，采用本氏烟草生产单克隆抗体是基于瞬时转染技术，通过对一种名为"Magnifection"的技术[6]进行细微调整开展的。植物在一个封闭的培养室内在20~23℃温度下培养4周后用于真空浸润。浸润过程如下：等量体积的过夜培养的农杆菌培养物与浸润缓冲液（10mM MES pH 5.5和10mM $MgSO_4$）混合，1∶1000稀释后使用。浸润液转移到一个20L的定制的真空腔中。植物的地上部分被整体浸入细菌/缓冲液中。0.5bars真空度2分钟，浸润后，植物转移回生长室在标准生长条件下生长。8天后，使用冷冻提取液（100mM Tris，40mM抗坏血酸，1mM EDTA）提取叶片，使用量为25ml/100g叶片。之后对提取液作进一步的纯化以获得抗体产物。

根据Mapp公司和Icon Genetics公司发表文献[6-8]及相关报道，推测其所采用的烟草生产体系正是以"Magnifection"为基础发展而来。在抗体的生产时间和产量上，采用"Magnifection"技术具有极大的优势。[8]具体数据参见表8。

表8 瞬时转染植物技术：Magnifection的优势[7]

表达体系	获得mg级单克隆抗体的时间	获得g级单克隆抗体的时间
哺乳动物细胞培养	2~6个月	6~12个月
瞬时转染动物	>12个月	>12个月
稳定的转基因植物	12个月	>24个月
Magnifection	14天	14~20天

注：数据直接来源于合同制造商。

2. Magnifection 技术

在中国专利检索与服务系统中，采用 DWPI 摘要数据库及 VEN 全文数据库，以“Magnifection”作为关键词进行检索，获得应用“Magnifection”技术的专利申请 WO2011149429A1，并且通过该专利申请内容的分析，确定“Magnifection”技术源自 WO2007137788A1 及 WO2006079546A1。这两项专利申请均进入了10多个国家或地区，并均进入中国，且已获得专利权（CN101454456B、CN101115842B）。

此外，通过对表7中专利族4以及发表文献[7]的分析，在“Magnifection”技术中，可采用 TMV（Tobacco Mosaic Virus，烟草花叶病毒）和 PVX（Potato Virus X，马铃薯病毒 X）载体。首先对抗体的重链和轻链基因进行适应于本氏烟草的密码子优化，并且通过突变重链恒定区 N－糖基化位点（N297A）以获得一个无糖基化的单克隆抗体基因，然后将基因插入植物 TMV 和 PVX 表达载体，继而转化入根癌农杆菌 ICF320。

另外，根据 Mapp 公司在2011年的研究，在生产 h－13F6 单克隆抗体时，其使用了 magnICON 表达系统[6,9,10]，生产单克隆抗体的产量可达到4.8mg/g 鲜叶。推测该系统也是基于“Magnifection”技术发展而来。

3. Icon Genetics 相关烟草生产专利

将抗体表达基因转染入烟草的烟草表达载体由 Icon Genetics AG 提供。在中国专利检索与服务系统中，采用 DWPI 摘要数据库，以“Icon Genetics”及“Nicotiana or tobacco”作为关键词进行检索，并结合人工筛选，得到涉及烟草表达相关专利申请多达22项200多件，申请时间跨度从2001年到2006年，以年均4项专利的数量增长。并且每项专利申请同族数量通常超过10件，涉及在植物中表达生产外源蛋白的各个环节，如质粒构建、转染过程、后期产物纯化等。此外，其后期申请的多件专利申请还进入了中国，如 WO2007137788A1、WO2007031339A1、WO2006079546A2。表9中列出了相关专利族的代表性专利申请。

表9　Icon Genetics AG 涉及植物外源蛋白生产相关代表专利申请

公开号	公开日	公开号	公开日	公开号	公开日
WO2007137788A1	2007－12－06	WO2007031339A1	2007－03－22	WO2006079546A2	2006－08－03
EP1686176A1	2006－08－02	WO2006012906A1	2006－02－09	WO2006003018A2	2006－01－12
WO2005054481A2	2005－06－16	WO2005049839A2	2005－06－02	WO2004101797A1	2004－11－25
WO2004067749A1	2004－08－12	WO2004015115A1	2004－02－19	WO03102197A1	2003－12－11
WO03020938A2	2003－03－13	WO03004658A2	2003－01－16	WO02101060A1	2002－12－19

续表

公开号	公开日	公开号	公开日	公开号	公开日
WO02088369A1	2002-11-07	WO02077246A2	2002-10-03	WO02068664A1	2002-09-06
WO02057466A2	2002-07-25	WO02055651A2	2002-07-18	WO0246440A2	2002-06-13
WO0229068A2	2002-04-11				

四、总结及展望

1. ZMapp 组成及专利布局

根据上文中可公开信息分析，目前可确认 ZMapp 所包含的 3 种单克隆抗体以单克隆抗体 13C6、h-13F6 和 6D8 以及 1H3、2G4、4G7 中的 3 种为基础经人源化改造后获得。抗体类型主要为 IgG2a，分别针对 GP_1、GP_2和 sGP 上的表位，为实现从多个途径抑制病毒，推测 ZMapp 组成中 3 种人源化单克隆抗体分别针对上述三者中的一个，可能的组合方式为人源化的（13C6 或 1H3）、（13F6 或 6D8）和（2G4 或 4G7），此外也不排除其他组合方式的可能。

目前的检索结果显示，上述 6 种单克隆抗体涉及 3 项核心专利，均未进入中国，也未进入埃博拉病毒高发的非洲各国。可以专利族 1~3 中公开的抗体序列信息为基础，开展后续开发试验。另外，可以对涉及上述 6 种单克隆抗体的专利分布进行更加全面而深入的检索，以进一步明确其专利布局。

2. 埃博拉病毒抗体开发策略

除了针对 MB-003 与 ZMAb 含有的 6 种单克隆抗体开展后续开发外，基于上述 6 种单克隆抗体的特性也可总结出部分有益于指导其他埃博拉病毒抗体开发的建议。

博拉病毒基因组反转录产生的正链 RNA 编码 7 种蛋白质，包括包膜糖蛋白（Glycoprotein，GP）、核衣壳蛋白（Nucleoprotein，NP）、基质蛋白（Matrix protein）VP24 和 VP40，2 种非结构蛋白 VP30 和 VP35，以及病毒多聚酶 L（Polymerase）。GP 是埃博拉病毒包膜唯一的表面蛋白，具有 2 个阅读框，分别编码 1 个分泌型的小蛋白 sGP（Secreted GP）和 1 个全长的跨膜 GP。sGP 作为 GP 的早期产物被大量表达，以同型二聚体形式存在；全长 GP 位于病毒颗粒表面，为 I 型跨膜蛋白，由 GP_1和 GP_2 2 个亚单位形成三角裂杯状的同源三聚体，并且高度糖基化，GP_1在病毒和受体识别中发挥重要作用，而 GP_2主要介导病毒和包膜的融合。[11]

MB-003 与 ZMAb 所包含的 6 种单克隆抗体，其结合位点均针对 GP 上的表位，其中 5 种结合线性表位，1 种结合构象表位；且表位广泛分布于 GP 中的

sGP、GP_1 和 GP_2。因此开发单克隆抗体的针对表位区域应以 GP 为主，且应尽量采用混合抗体，覆盖多种 GP。

目前，MB－003 中的单克隆抗体显示 GP_1 序列中的第 389～417 氨基酸区域是开发结合抗体的较佳区域。此外，Usammi 等[12]报道显示融合亚基 GP_2 序列的 502～507 残基决定不同类型埃博拉病毒的传染性，而 ZMAb 中的 2 种单克隆抗体 2G4 和 4G7 结合位点也位于 GP_2 序列的 502～516 位，因此该区域是 GP_2 上一个较好的开发阻断埃博拉病毒传染的单克隆抗体结合的较佳选择区域。最后，ZMAb 中的单克隆抗体 1H3 则表明 sGP 序列上的第 267～280 位氨基酸区域也是一个较适宜的开发结合单克隆抗体的区域。

3. 抗体的烟草生产技术

抗体的烟草生产技术涉及两方面，一方面是烟草病毒瞬时表达技术，另一方面是烟草生产体系。

对于烟草病毒的瞬时表达技术，其在载体构建到植物表达的快速性以及病毒在植物中高水平复制和系统侵染的能力，使得其相对于传统的外源蛋白表达方式具有极大的优势。而“Magnifection”通过对病毒表达载体的改进，大幅度提高了重组蛋白的表达效率，使得该技术的优势更加显著。该技术通过“解构病毒”载体策略，去除了病毒的限制因子和不需要的基因功能，从而增加了外源基因的数量，达到外源基因高效表达的目的。[13,14]

对于烟草生产体系，通过结合“Magnifection”技术，可以使获得 mg 级单克隆抗体的时间大大缩短到 14 天，而获得 g 级单克隆抗体的时间只需要 14～20 天。这对于需求量较大的抗体生物制剂来说优势显然。此外，对于防治传染性疾病的抗体解毒剂来说，对于时间上的需求更为迫切。而结合“Magnifection”技术的烟草生产体系，其快速的研发和生产过程，决定了其用于具有时效限定的特异抗体类型的优势。最后，该项抗体生产技术还与植物的设施培养技术结合紧密，可以极大地提高农业的附加值并进而进一步促进设施农业的发展。如果随着技术的发展，可以克服大田种植的劣势，那么也将极大地降低抗体药物的生产成本。由于本氏烟草是烟草（*Nicotiana tabacum*）的近亲，可作为烟草种植地区的可替代经济作物选择，从而有效配合国家的控烟战略。因此研究开发以“Magnifection”技术为基础的抗体烟草生产体系，可作为未来单克隆抗体生产的一个重要发展方向。但基于 Icon Genetics AG 涉及“Magnifection”技术的专利申请已进入中国并获得专利权，因此在后续的开发中，除了借鉴其技术思路外，应充分考虑对专利权保护范围进行规避的可能性。

4. 分工合作、各有所为的市场主体

根据上述的专利检索结果及相关资料显示，MB－003 由美国陆军相关科研机构（USAMRIID）研发，授权于 LeafBio 公司。同时 ZMAb 由加拿大公共卫生局（PHAC）开发，授权于 Defyrus 有限公司使用。此后，2014 年 7 月，为加快抗体的商业应用进度，Defyrus 有限公司又进一步将其相关的埃博拉抗体专利授权给 LeafBio 公司。如图 1 所示，在整个 ZMapp 的研发及生产体系中，政府所属的研究机构（USAMRIID、PHAC）着重于研发历程长、成功系数低的基础研究，在完成基础研究后，相关的研究成果转移到更富有活力的私营企业（LeafBio 公司、Defyrus 有限公司、Mapp 公司）进行后继的临床及市场开发，而最后的生产则交由生产设施完备、人力资源丰富的大型公司（Kentucky Bioprocessing，系雷诺烟草子公司）进行生产。在整个流程中，政府机构强大的科研实力、高安全保障的研发条件以及对研发失败的风险承受力，保证了研发的前瞻性及安全性。并且通过技术的授权，也分享了技术研发的收益，有利于基础研发的可持续开展。而技术转让后的临床及市场开发则充分利用中小型私营机构的灵活性及高效性，有力地保障了后继技术推进的效率。并且通过各机构的技术联合，也非常有利于技术的整合。再到技术的后期生产，大型的制造公司依靠其完备的设施及严格的操作流程又可以保证药品生产的质量及数量。各有所长的市场主体凭借着各有所为、分工合作的精神所构建的药物开发体系正在成为生物药物领域的发展方向。

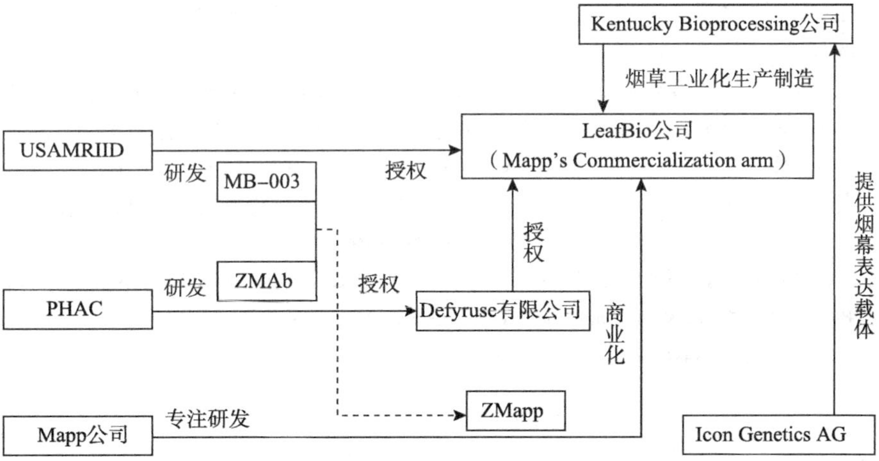

图 1　ZMapp 从研发到生产历程

参考文献

[1] POURRUT X, KUMULUNGUI B, WITTMANN T, et al. The Natural History of Ebola Virus in Africa [J]. Microbes & Infection, 2005, 7 (7/8): 1005 - 1014.

[2] [EB/OL]. http: //www. mappbio. com/zmapinfo. pdf.

[3] [EB/OL]. http://www.mappbio.com/zmapfaq.pdf.

[4] OLINGER G G, Jr, PETTITT J, KIM D, et al. Delayed Treatment of Ebola Virus Infection with Plant - derived Monoclonal Antibodies Provides Protection in Rhesus Macaques [J]. PNAS, 2012 (Early Edition): 18030 - 18035.

[5] WONG G, QIU X, OLINGER G G, et al. Post - exposure Therapy of Filovirus Infections [J]. Trends in Microbiology, 2014, 22 (8): 456 - 463.

[6] POGUE G P, VOJDANI F, PALMER KE, et al. Production of Pharmaceutical - grade Recombinant Aprotinin and a Monoclonal Antibody Product Using Plant - based Transient Expression Systems [J]. Plant Biotechnology Journal, 2010, 8 (5): 638 - 654.

[7] GIRITCH A, MARILLONNETS, ENGLER C, et al. Rapid High - yield Expression of Full - size IgG Antibodies in Plants Coinfected with Noncompeting Viral Vectors [J]. PNAS, 2006, 103 (40): 14701 - 14706.

[8] HIATT A, K PAULY M. Monoclonal Antibodies from Plants: A New Speed Record [J]. PNAS, 2006, 103 (40): 14645 - 14646.

[9] CASTILHO A, BOHOROVAN, GRASS J, et al. Rapid High Yield Production of Different Glycoforms of Ebola Virus Monoclonal Antibody [J]. PLOS one, 2011, 6 (10): e26040.

[10] MARILLONNET S, THOERINGER C, KANDZIA R, et al. Systemic Agrobacterium Tumefaciens - mediated Transfection of Viral Replicons for Efficient Transient Expression in Plants [J]. Nature Biotechnology, 2005, 23 (6): 718 - 723.

[11] 丁国永，王志玉，高璐，等．埃博拉病毒包膜糖蛋白研究进展 [J]．病毒学报，2013，29 (2): 233 - 237.

[12] USAMI K, MATSUNOK, LGARASHI M, et al. Involvement of Viral Envelope GP2 in Ebola Virus Entry into Cells Expressing the Macrophage Galactose - type C - type Lectin [J]. Biochemical & Biophysical Research Communications, 2011, 407 (1): 74 - 78.

[13] 杨正安，丁玉梅，张应化，等．一种利用植物病毒载体表达外源蛋白的新平台：Magnifection [J]．生命科学，2007，19 (4): 456 - 460.

[14] GLEBA Y, MARILLONNET S, KLIMYUK V. Engineering Viral Expression Vectors for Plants: The "Full Virus" and the "Deconstructed virus" Strategies [J]. Current Opinion in Plant Biology, 2004, 7 (2): 182 - 188.

苹果公司 GUI 外观设计专利策略初探*

——基于 iOS 专利分析

关　健　范崇飞

摘　要：信息化时代，图形用户界面（GUI）设计在产品外观设计中占据越来越重要的地位，出色的 GUI 设计能够为企业带来卓越的商业价值。发展人机交互技术，不能只关注发明专利的部署，还要实施全面有效的外观设计专利保护战略。作为智能终端设备的领军者，苹果公司在 GUI 外观设计专利保护上有着丰富的经验。本文以苹果公司知名操作系统 iOS 为主体，通过对其在美国 GUI 外观设计专利的梳理，从制度层面和实务层面分析苹果公司如何开展专利布局，构建 GUI 外观设计专利保护系统，从而为我国企业参与国际竞争提供参考。

关键词：GUI 外观设计专利　苹果公司　iOS

iOS 是苹果公司（以下简称“苹果”）开发的移动操作系统，最初是设计给 iPhone 使用，后来陆续扩大到 iTouch、iPad 以及 Apple TV 等智能终端产品，是世界上功能最丰富、用户体验最好的移动操作系统之一。事实上在 iOS 发展历程中，苹果的硬件就像是铁砧，而 iOS 就像是锤子，两者共同协力铸造了苹果当前持久而又庞大的市场份额。从 2007 年的 iOS 1 到 2016 年的 iOS 10，iOS 系统从功能到界面都发生了巨大的变化，这当中体现了苹果追求极致的设计理念（参见图 1）。

持有专利是苹果保持其独特风格和市场独占性的重要手段，图 2 显示的是 2007～2013 年 iOS 系统涉及的在美国公开的 226 件外观设计专利（以下简称

---

* 文章来源：《中国发明与专利》2016 年第 7 期。

图 1　iOS 演进一览表

“iOS 专利”）按照申请日排布情况，可以看出苹果在 iOS 发展进程中持续地申请外观设计专利，对系统核心 GUI 设计给予全面保护。本文对图 2 中 226 件专利进行分析，从制度层面探求苹果在界面布局上的战略战术，从实务角度总结 GUI 专利化的可行性手段，以期窥得苹果在本国 GUI 外观设计专利策略的概貌。

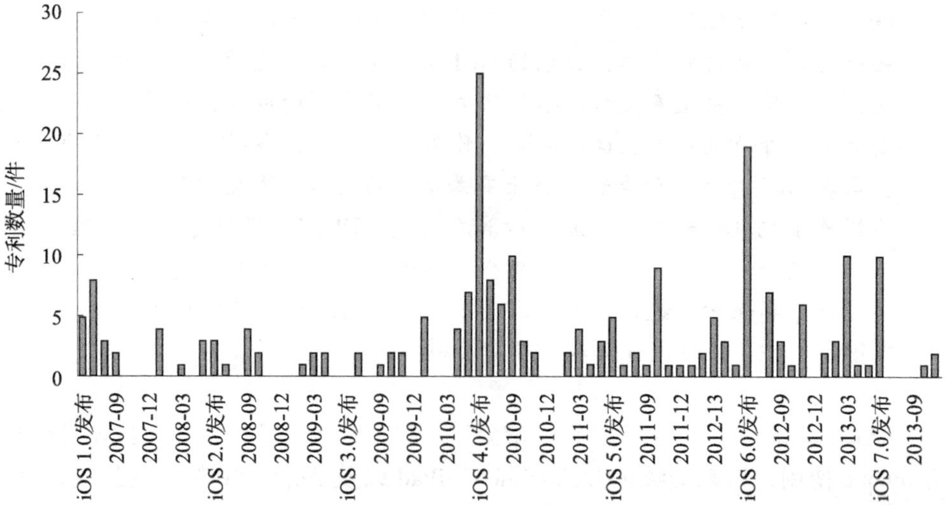

图 2　iOS 专利按申请日排布

一、制度视角下的专利策略

1. 借助部分设计制度增强保护力度

在美国专利制度中存在部分外观设计制度，允许提交部分外观设计的申请，并规定请求保护的部分用实线表示，其他部分用虚线表示。苹果很好地运用了该项制度，如图 3 所示，在多元素界面专利中，有超过一半的专利是部分设计，图标类界面也有将近 20% 的专利为部分设计。部分设计较完整设计而言，保护范围更大，一旦模仿者使用了专利中实线绘制的设计特征，即便虚线部分迥然不同，也有可能涉及侵权。

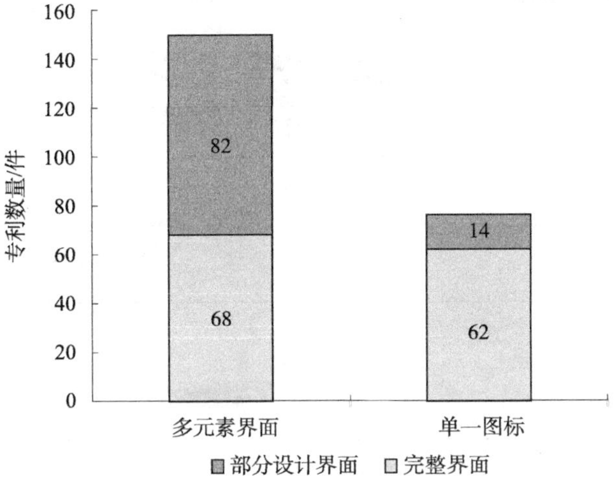

图3　部分设计界面数量分析

借助部分外观设计制度，可以将同一设计通过拆解、精简或者局部变化等方式提交多件申请，从而实现不同侧重点的保护。这些源于相同设计的专利我们称之为关联专利。苹果持有的专利中存在数量可观的关联专利，如图4所示，接近半数的专利间存在关联，其中以两件相互关联居多。这些利用关联专利围筑起来的GUI设计正是苹果核心所在。如图5所示的典型关联案件示例，其中iOS的主界面，苹果共申请了18件专利，从简单布局到完整界面一一布局保护；对于Siri界面设计，共申请了5件专利，还加入了动态过程的保护；再如解锁界面，苹果也通过4项专利对其实现由整体到局部的覆盖。

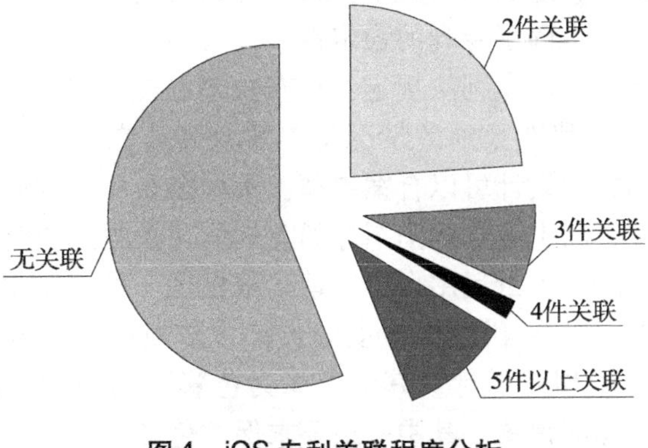

图4　iOS专利关联程度分析

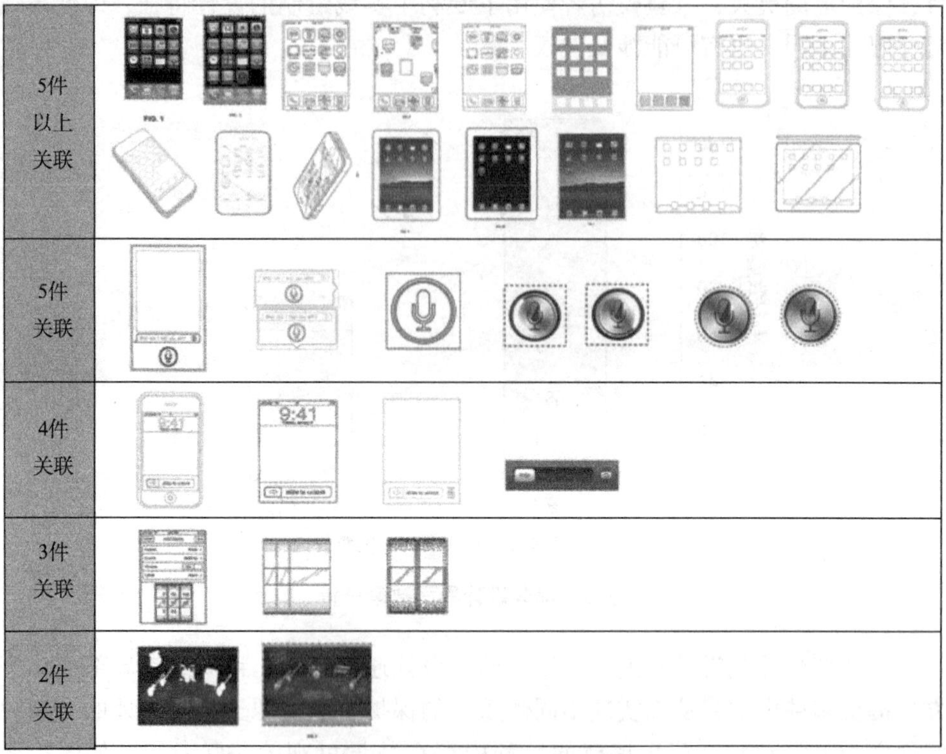

图5　iOS 典型关联专利示例

2. 运用合案规则实现专利整合

根据美国专利法，通常一件外观设计专利中仅包含一项外观设计，但是有两种情形允许包含多项设计——相似设计和动态 GUI。多项设计合案申请一方面可以削减申请数量，降低保护成本；另一方面规避了专利间因实质相同造成权利丧失的可能性，巩固了专利的稳定性。

对于相似设计，美国专利法规定：只有在单一设计概念下发展出的多个实施例之间不具有可专利性区别的情况下，才允许放在一件专利申请中。换言之，区别不显著的相似设计可以合案申请。例如图 6 所示的两组 GUI 专利，均包含 4 项相似设计，其中右侧地图图标的差别体现在图案和色彩的不同。

苹果在专利实践中大量运用合案申请，根据图 7 所示的 iOS 专利多项设计情况，超过一半的 GUI 专利包含多项设计，含多项设计的专利中约 2/3 为形状、图案不同导致的相似设计，其余 1/3 为色彩不同导致，以图标类申请居多，一般提交两组相同视图，其中一组要求保护色彩。

（a）

（b）

图6　相似设计合案申请示例

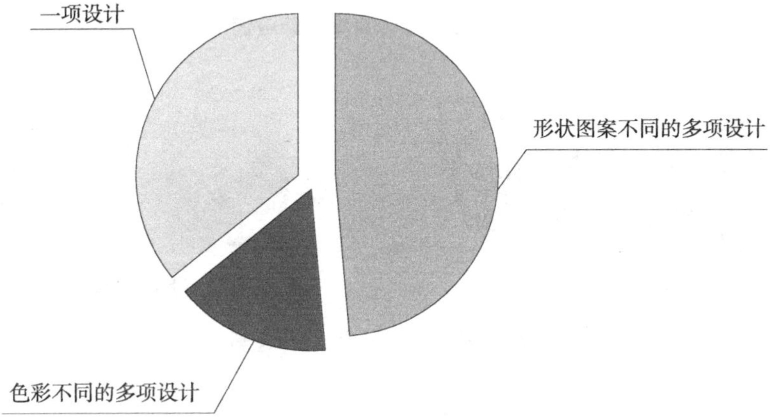

图7　iOS专利多项设计情况

动态GUI进入美国专利法的时间比较晚。2006年以前，动态GUI只能以相似设计的方式提交申请，往往被认定多个实施例之间具有可专利性区别而遭遇驳回。2006年7月开始，动态GUI被纳入专利保护的范畴，只要将视图按照现实的顺序排列，并在说明书中写明“设计可以变动的性质”，即可合案申请。苹果自2007年开始申请动态GUI，如图8所示，226件专利有31件包含动态过程，不仅是单项设计，还包括多项设计。

值得注意的是，有些动态GUI（参见图9所示的语音助手的话筒设计），其各帧图片差别细微，符合相似设计的要件，也可以相似设计的方式提交申请。但苹果一贯的做法是，内容相似的多项设计，若涉及动态过程的以动态GUI的形式提出，不涉及动态过程的才以相似设计的方式提交。这种策略或许是因为苹果更注重对独特动画效果的保护。

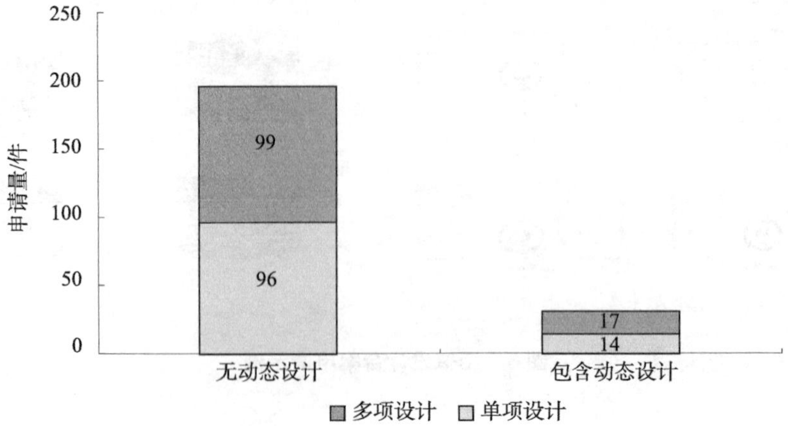

图 8　相似设计合案申请数据

（a）D0705808　　（b）D0703696

图 9　语音助手动态 GUI 专利

3. 运用分案规则布局潜伏专利

美国专利法中有分案、接续案（Continuation Application）和部分接续案（Continuation – in – part）的制度。一项申请中包含多个发明点不符合单一性的时候，申请人必须选择一个发明点用于继续审查，其余发明点则可以通过分案申请来获得保护。而接续案和部分接续案的动机则不同，在任一申请“悬而未决”的阶段，申请人可以其作为母案提出接续案或部分接续案。接续案是对母案中已揭示但未能获得保护的设计提出的保护请求。部分接续案是指部分内容除源于母案外还增加了新的设计内容，新加的设计不享有母案的优先权。分案、接续案和部分接续案的专利有效期均从母案的申请日算起。苹果很好地运用了上述规则，通过不断地提出分案、接续案和部分接续案，编制出一张隐形的专利防御网，在未知的节点处设置了大量的潜伏专利。

图 10 可以帮助我们了解苹果如何借助分案规则来谋篇布局。2007 年 6 月 23 日，苹果提交了一项外观设计专利申请，包含 193 个用户界面或图标的设计（参见图 11），显然不符合授权条件。苹果选择主界面作为该案件的第一项外

观设计专利，并在母案授权前将大部分设计打包，结合新增内容提出了部分接续案 A。部分接续案 A 中保留一项通讯录名片的设计作为授权文本，将其余设计再次提出部分接续案 B。部分接续案 B 中同样包含多项设计，最终苹果放弃了该申请，但对部分接续案 B 的内容作了大量的分案和接续案，其中之一即为包含多项设计的接续案 C。接续案 C 中最终保留了一项相机镜头的设计作为授权文本，其余的设计继续分裂，D701868 就是从中以分案形式提出并获得授权的专利。在案件分裂的过程中，所有分离出的案件均享有母案的申请日，并以此作为专利期限的起点。对于初始的 193 个用户界面，目前仅有部分获得授权，还有大量的 GUI 潜伏在未知的节点上。只要早期的案件还在审查中，苹果就可以持续分裂出新的申请。

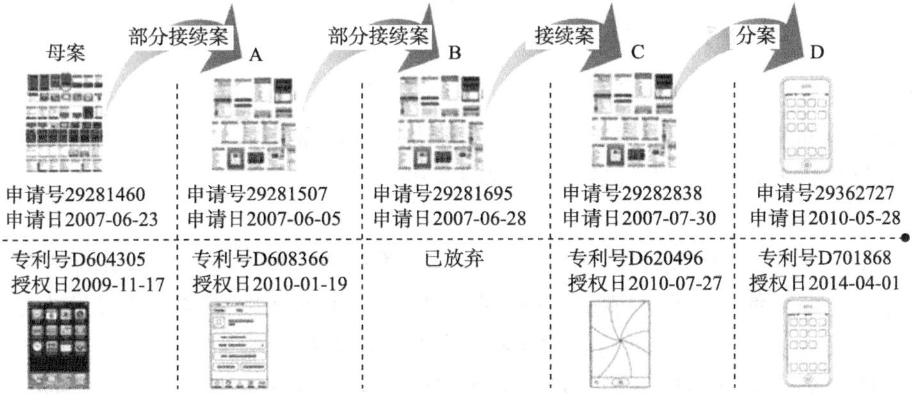

图 10　母案 29/281460 的分裂路径

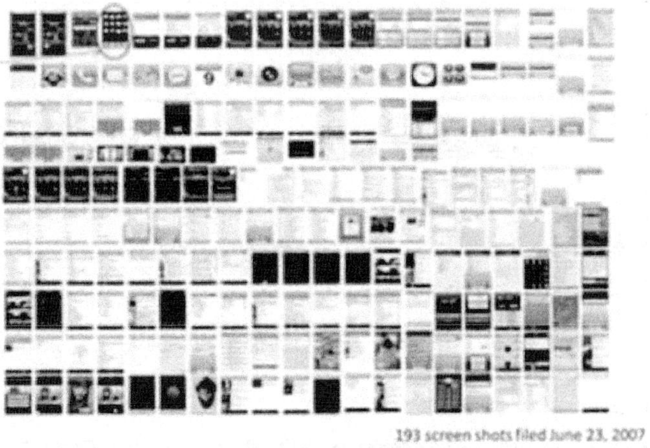

图 11　包含 193 项设计的 GUI 申请

潜伏专利策略的优势在于：①实现对自身智力成果精细而有效的保护。人机交互领域的发展速度很快，方向具有不确定性，无法完全把握未来技术发展的脉搏。设置潜伏专利就是先为所有的可能想到设计方案预留好空间，在日后需要之时扶植起来。②是抑制竞争对手的有效武器。针对重要 GUI 设置强大的母案，未来针对竞争者的回避设计，可以通过不断培植接续案的方式部署专利，力求涵盖对手的设计，从而赢得谈判的筹码或者更大的市场份额。

需要强调的是，权利人使用分案和接续案的规则赢得了更好的专利布局，却损失了有效的保护期限，因为所有分离出来的案件有效期均从母案申请的申请日起算，越在链条后端的案件保护期限越短。美国法律通过这种方式平衡了申请人和公众之间的利益。

二、GUI 专利化的几种途径

上文提到，借助部分外观设计制度，可以将核心设计以拆解、精简或者局部变化等方式提交多个专利申请，从而实现不同侧重点的保护。下面我们在微观层面总结下苹果在 GUI 专利化过程中常见的途径。

1. 拆解要部

将一项 GUI 设计进行整体申请的同时，还将其中重点部位拆解出来单独申请专利，即其他人不仅不能擅自使用整个界面，也不可以在自己的设计中使用该局部设计，实现了由面到点的保护。如图 12 所示，苹果对滑动解锁的界面和解锁的部位分别提交申请，对音乐商店界面和其下部的操作条也分别提交申请，既保护了界面整体，也对局部要素有了覆盖。

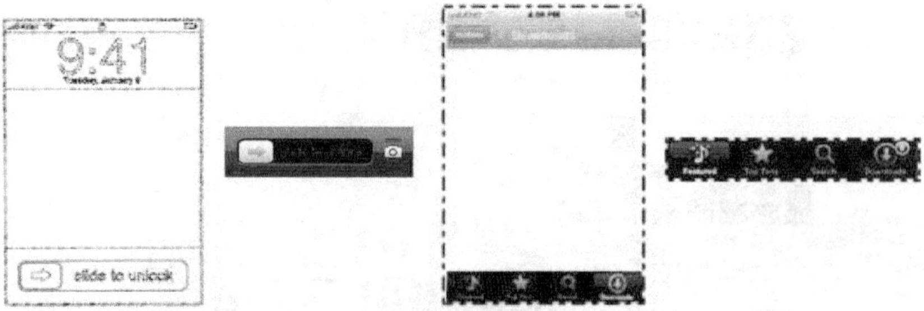

图 12　整体与要部示例

2. 精简要素

利用部分设计的便利，将完整的设计做减法，通过层层剥离设计要素的方式衍生出新的申请，能够获得较大的保护范围。如图 13 所示的 iOS 主界面设计，苹果按照时间先后依次申请了 A ~ E 的外观设计专利，首先申请的是包含所有完整设计要素的设计 A，第二步是去除色彩要素的绘制视图 B，第三步是将图标轮廓变为虚线仅保留图案的设计 C，第四步是删除图标内容仅保留图标轮廓和布局的设计 D，最后是仅保留导航栏里的 4 个图标的设计 E。这一系列外观设计专利都源于同一项 GUI 设计，但是通过简化过程获得了由小到大的保护范围。

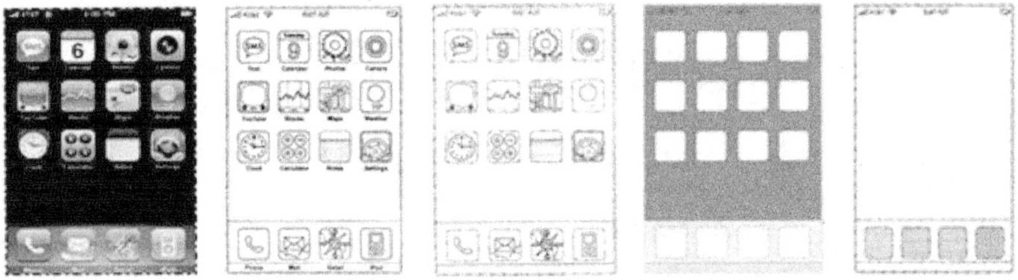

A B C D E

图 13 精简要素的 iPhone 主界面设计

这种方式在图标的保护上也有体现。苹果对其核心图标提交多个专利申请，如图 14 所示的“设置”“相机”图标均进行了 3 项申请，一层层剥离设计要素，实现了保护范围逐步扩大。

（a）“设置”图标

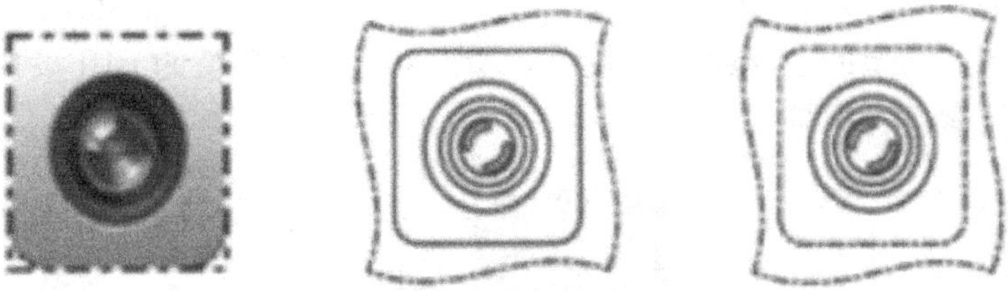

（b）“相机”图标

图 14 精简要素的图标设计

3. 局部变化

对于请求保护的 GUI 设计，通过改变部分设计内容，以相似设计的方式一并申请，可以获得更大的保护范围。如图 15（a）所示的名片设计，苹果将联系人头像位置作了调整以相似设计提出申请；图 15（b）所示的 Face Time 通话界面，苹果改变视窗的形状提交了相似设计申请。通过这种方式可以在核心设计周边拓展出一圈防御保护区，把与之相似的设计都囊括进来。不过做到这点意味着要对公司整体产品战略有很好的把握，对行业的发展方向有预见，对未来的模仿形式作出预想。

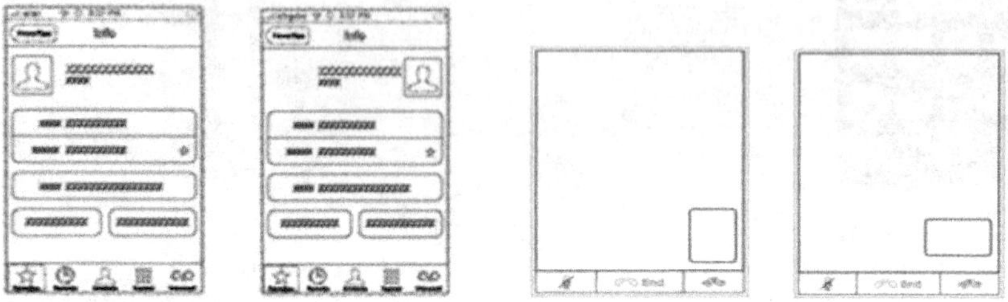

（a）　　　　（b）

图 15　局部变化的相似设计

4. 变换制图方式

苹果在绘制手法上也是双管齐下，对于重要的图标或界面，通常在提交绘制视图申请的同时补充渲染视图的申请。例如，图 16 中显示的几个图标设计专利，不同的绘图方式带来迥异的视觉感受。绘制视图和渲染视图各有优势，绘制视图仅保留线条要素，似乎有更宽泛的保护范围，但渲染视图通过色彩要素的表达能够强化界面质感和光泽度等视觉效果，在侵权判定中有时会起到至关重要的作用。苹果三星专利大战中涉及一项主界面 GUI 的诉讼，如图 17 所示，尽管设计细节有许多不同之处，但陪审团认为由于色彩主题足够相近似，细节内容的差别不足以引导使用者区分两款界面，因此存在混淆二者的可能性，最终判定三星的主界面 GUI 侵权。所以对于色彩独特的 GUI 设计，也要重视对色彩要素进行保护。

（a）　　　　（b）　　　　（c）

图 16　不同制图方式下的视觉效果

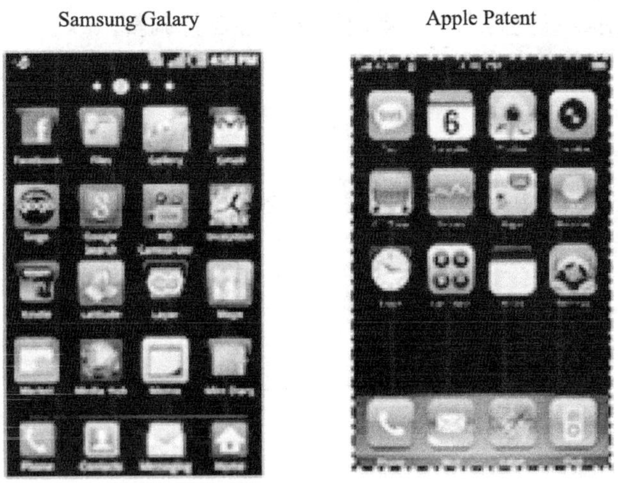

图 17　苹果和三星主界面对比

5. 有选择地结合物理载体

与载体结合进行申请意味着保护范围变相缩小，因此苹果提交 GUI 类申请通常不带有物理载体，仅对界面部分提交申请，这样就对物理载体形成了开放式的保护，没有唯一限定。但是有两种情形例外。

一种是主界面菜单的申请，苹果单独保护的同时还结合载体申请专利，在虚拟与实体间建立了联结。苹果手机的外形和主界面是最具苹果特色的经典设计，其出现引领了后来的手机潮流，因此二者绑定申请，可以让这种设计特征变得更加具体和强烈，在竞争激烈、抄袭严重的移动终端市场对自家产品形成直接保护。如图 18 所示的两种界面与载体结合的情形，依然可以形成不同的保护范围。

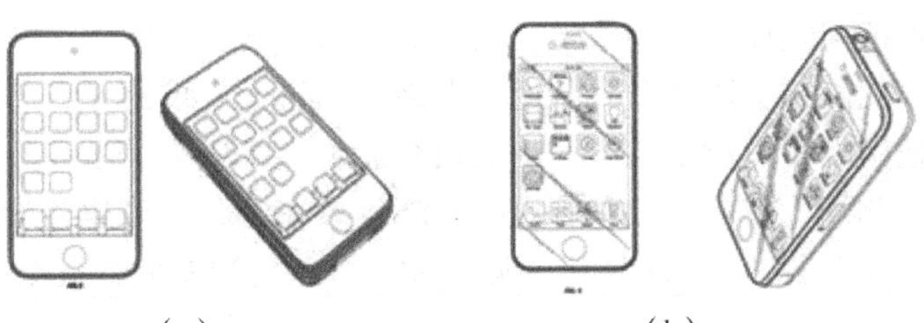

(a)　　　　(b)

图 18　界面结合载体申请的案例

另一种界面与载体结合的情形是界面状态受手机位置影响的 GUI 设计。为了清楚表达设备的动作过程，绘制出了载体外形。如图 19 所示的封面浏览界面，随着手机由竖直变为水平，界面形状也会自行调整。

图 19　界面随设备变动而改变

三、结　语

互联网时代，工业设计是企业的核心竞争力。苹果深谙这一点，严格来讲，苹果是一家纯粹的设计创新驱动型企业，大部分与设计相关的专利都是自己创造的，而与技术相关的专利，则大多通过并购或购买获得。作为其核心的通用操作系统，iOS 完整地表达了包含苹果 DNA 的设计理念，为苹果帝国打下半壁江山，反过来，苹果也给予 iOS 精细化的管理和保护，值得我们借鉴。

宏观层面，借助制度优势谋求最大化的保护是苹果的基本战略。利用部分设计制度实现了更大的保护范围以及多元化保护模式；利用合案制度实现专利数量收敛，同时增强了权利稳定性；利用分案规则完成专利网络铺设，并设置潜伏专利，灵活管控专利进程，使专利成为服务企业战略目标的工具。

微观层面，苹果尝试并积累了 GUI 专利化的典型方法。通过对一项 GUI 进行拆解要部、精简要素、变化局部、变换制图手法等方式分裂出大量的关联专利，从不同层面对 GUI 设计形成包围型保护。同时有选择地将 GUI 与设备结合申请，搭建虚拟与实体联结的纽带，强化对目标产品的保护。

现阶段，我国与美国在专利制度上有诸多不同，苹果的 GUI 专利策略在我国无法完全适用，但是对于我国移动通信企业走出国门去美国申请专利有一定的借鉴意义。此外，中国的专利法也在不断发展完善，未来也许会有部分设计的制度加入。届时面对新的专利规则，苹果的经验也许能带给我们一定的启示。

参考文献

[1] 中华人民共和国国家知识产权局. 专利审查指南 2010 [M]. 北京：知识产权出版社，2010.

国产汽车应对欧洲法规的正面偏置碰撞专利研究

王亚晴　丁　雷　王晓峰

摘　要： 本文系统地介绍了我国与欧洲在机动车辆产品强制性认证中的汽车碰撞法规的差异。由于我国与欧洲在强制性认证中关于碰撞法规的差异主要体现在正面碰撞，本文在分析了欧洲采用的40%偏置变形壁障碰撞与我国采用的100%全刚性碰撞试验型式差异的基础上，从专利的角度分析了国内在正面偏置碰撞领域的专利技术信息和全球在正面偏置碰撞领域的专利技术信息，并重点分析了丰田在正面偏置碰撞领域的专利发展脉络，从而为国产汽车提高40%偏置变形壁障碰撞成绩提供参考和帮助，并进一步为国产汽车适应欧洲强制性认证法规，进而进入欧洲市场提供支持。

关键词： 强制性认证　欧洲　法规　偏置碰撞　专利

一、引　言

对欧洲强制性认证中汽车技术法规的研究，是我国汽车进入欧洲市场的先决条件。我国的标准体系源于欧洲的技术法规，但是具体的碰撞标准与欧洲技术法规相比还有较大的差距。本文拟找出强制性认证中我国汽车技术标准与欧洲技术法规的差异，从专利的角度寻找应对策略，从而为我国汽车出口企业掌握欧洲汽车技术法规体系，进而进入欧洲市场提供支持。

二、强制性认证碰撞法规的差异及技术分析

（一）强制性认证碰撞法规的差异

强制性法规为各国整车市场设置了准入门槛。各国整车企业的产品无论是进入本国市场还是进入外国市场，首先就要面临一个法规符合性的问题。表1列出了我国与欧洲在政府强制性认证中关于碰撞法规的差异。

表1　我国与欧洲在政府强制性认证中关于碰撞法规的差异

		欧洲	中国
正面碰撞	法规	ECE R94	GB11551—2014
	形式	40%重叠率	100%重叠率
	障碍	可变形壁障	刚性
	速度	56±1km/h	50_{-2}^{0}km/h
侧面碰撞	法规	ECE R95	GB20071—2006
	形式	垂直侧碰壁障	垂直侧碰壁障
	障碍	移动式可变形	移动式可变形
	障壁质量	950kg	950kg
	速度	50±1km/h	50±1km/h
后面碰撞	法规	ECE R34	GB20072—2006
	形式	100%重叠刚性移动壁障	100%重叠刚性移动壁障
	障壁质量	1100kg	1100kg
	速度	35~38km/h	48~52km/h

从表1可以看出，我国侧面碰撞标准GB20071—2006《汽车侧面碰撞的乘员保护》等同采用欧洲的ECE R95，试验型式和评价方法完全一致。对于侧面碰撞，由于车身结构限制，无法得到像车身前部那样大的缓冲吸能空间，因此在对B柱、车门及地板进行优化使其吸收尽可能多的能量的同时，还要考虑通过底横梁、车顶将碰撞的能量传递到非碰撞侧以吸收多余的碰撞能量。

我国后面碰撞法规GB20072—2006《乘用车后碰撞燃油系统安全要求》是参照ECE R34制定的，试验型式和试验台车与欧洲一致，但是速度为50±2km/h，远比ECE R34的35~38km/h速度要高。所以国产车应付ECE R34应该没有问题。提高后面碰撞性能，在安全车身方面的措施，可以通过对后防撞梁结构的设计和改进，以更好地吸收撞击力，并把撞击力传递到车身非碰撞侧来实现。

我国与欧洲在政府强制性认证中关于碰撞法规的差异主要体现在正面碰撞（参见图1）。我国的GB11551—2014《乘用车正面碰撞的乘员保护》碰撞标准是整车与覆盖有2厘米厚胶合板的刚性墙发生全宽度碰撞，速度为50_{-2}^{0}km/h，与ECE R94中驾驶员侧车辆整个宽度的40%与固定的可变形蜂窝铝进行碰撞，其速度为56±1km/h相比，对试验型式的复杂性、碰撞速度、对假人的检测项目的要求都低于欧洲法规要求，同时也低于更为严格的欧洲新车评价程序的要求。

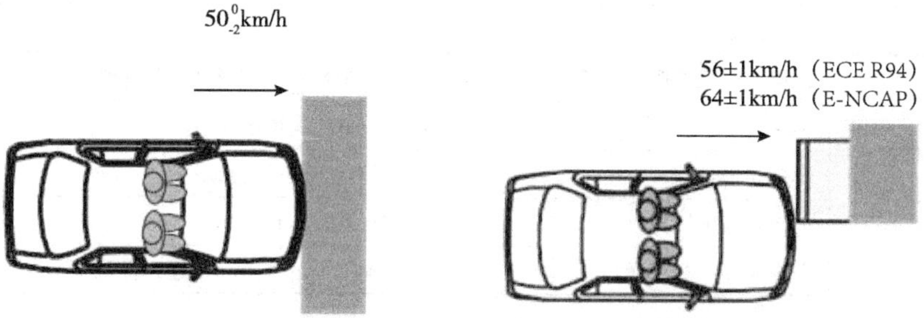

（a）中国（GB11551—2014）　（b）欧洲

图1　我国与欧洲正面碰撞试验型式对比

我国的全宽碰撞是车身前端全部参与碰撞，车体刚度最大，碰撞过程中车体冲击加速度峰值较大，而车体变形较小，这种较大冲击惯性力主要考核乘员约束系统。40%偏置变形壁障碰撞时，车辆前端只有一侧参与碰撞中能量吸收，由于碰撞车体刚度较全宽碰撞小，车身变形大，所以碰撞中车体冲击加速度峰值较全宽碰撞小一些，由冲击惯性造成的乘员伤害相对小一些。但是由于加速度时间历程长，车体变形大，乘员室的侵入会给车内乘员带来严重伤害。由于偏置碰撞所引起的车体变形较大，对于国产车的车体结构和驾驶室将是一个非常苛刻的考核（参见图2）。

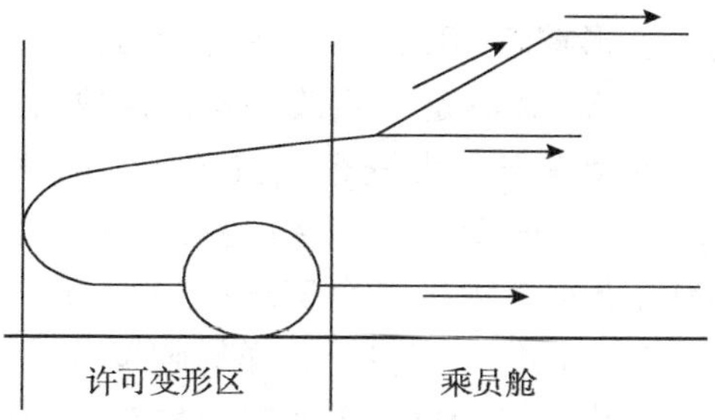

图2　许可变形区与乘员舱载荷传递路径

（二）正面偏置碰撞技术分析

对于正面偏置碰撞技术的进一步分类（见表2），按照结构件位于车身的位置不同，分为：纵梁、横梁等吸能部件结构改进，增加车身前部许可变形区的吸能性；A柱的结构设计，保证乘员舱结构刚度；车门防撞梁的设计，减少碰撞中车门的变形；前地板和前围挡板设计，避免发动机舱部件进入乘员舱；车身整体结构优化布局设计，实现碰撞能量的吸收和传递，保证乘员舱安全。

表2　正面偏置碰撞技术分支

分支		技术效果
正面偏置碰撞技术	纵梁、横梁等吸能部件	增加车身前部许可变形区的吸能性
	A柱	提高乘员舱结构刚度
	车门防撞性能	减少碰撞中车门的变形
	前地板和前围挡板	避免乘员舱被入侵
	车身整体结构优化设计	实现碰撞能量的吸收和传递，保证乘员舱安全

三、正面偏置碰撞的相关专利分析

（一）中国专利信息分析

1. 申请量分析

图3给出了正面偏置碰撞领域中国专利申请量变化趋势。我国国内申请人关于正面偏置碰撞的相关技术研究开展得比较晚，从2004年才开始逐渐有一些相关专利申请。国外申请人则早从2001年就已经展开对华的正面偏置碰撞专利申请。欧、美、日等一些发达国家和地区早在20世纪90年代末就已经制定了关于正面偏置碰撞的强制性标准，作为汽车企业生产、销售的准入门槛，而我国至今对于机动车辆产品的强制性认证（CCC认证）仍然没有将正面偏置碰撞作为M1类车型的强制性型式试验项目。直到2006年中国的新车评价规程正式出台实施，才将可变形壁障40%重叠率的正面偏置碰撞作为C－NCAP的评分标准之一，而C－NCAP并不是一项政府强制性执行的法规，它的宗旨是给予消费者系统客观的车辆信息，促进企业按照更高的安全标准开发和生产。在我国，直至今日，M1类车型正面碰撞的强制性型式试验仍只需满足GB11551—2014的100%重叠率刚性墙全宽度碰撞即可通过国家强制性认证，进而获得在中国市场生产、销售的资格。这样的政策背景也在一定程度上导致了国内汽车企业在满足国内市场的情况下，对于提高车辆正面偏置碰撞性能研发的滞后。

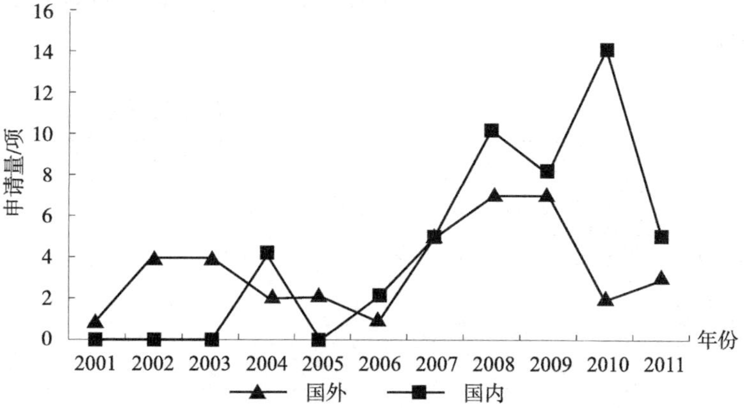

图3　正面偏置碰撞领域中国专利申请量变化趋势

2. 申请人分析

在国内申请人的正面偏置碰撞的专利中，奇瑞、吉利和长安3家汽车企业无疑是汽车正面偏置碰撞领域的领军人物，其申请量总和占到了国内申请人申请总量的近3/4（参见图4）。

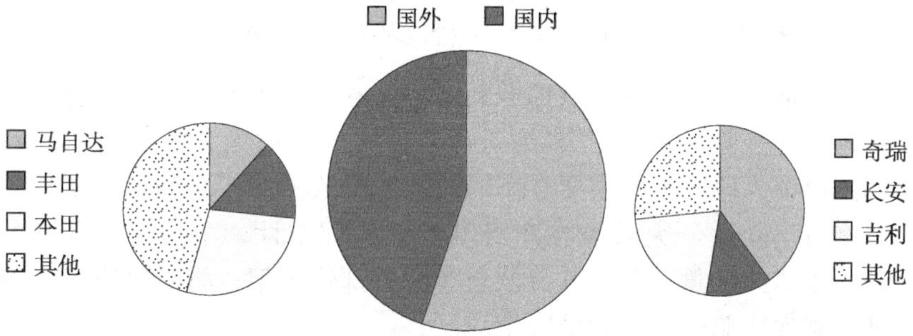

图4　正面偏置碰撞领域中国专利申请构成比例

图5示出了奇瑞和吉利在正面偏置碰撞领域的相关专利。可以看出奇瑞的研究重点主要有4个方面：①乘员舱前部许可变形区的结构设计，目的在于控制碰撞最大变形量，尽量避免车体结构件侵入乘员舱，保证碰撞结束后驾驶员和乘员的生存空间和逃逸空间；②前纵梁、横梁等吸能件结构设计，提高吸能能力；③A柱的结构设计，使之具有足够的强度保护乘员舱空间；④车门防撞性能的设计，减少碰撞中车门的变形。

吉利的研究重点有：①前横梁结构的设计，提高横梁本体的刚度和抗折弯性能，提高横梁本体的吸能能力；②左前纵梁结构设计，使左前纵梁变形稳定以及增强左前纵梁防撞的性能；③增加地板强度，避免乘员舱被入侵；④A柱的结构设计。

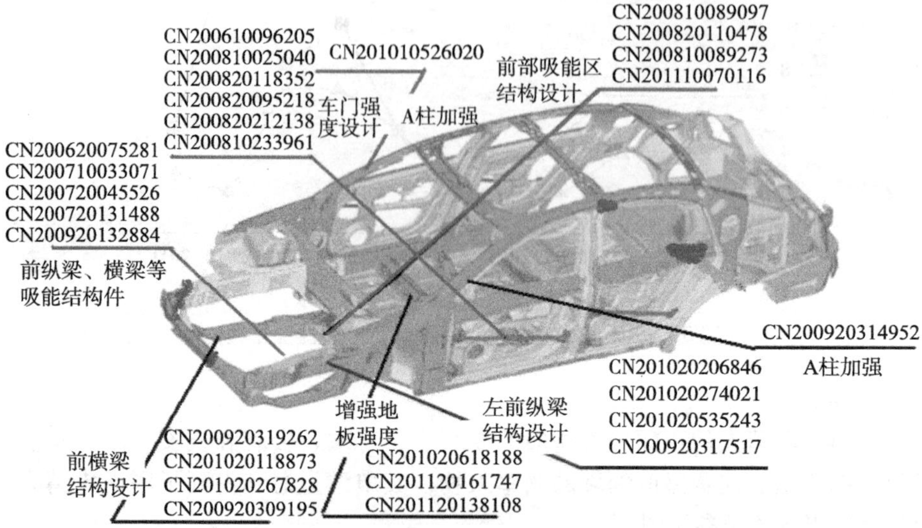

图5　奇瑞、吉利正面偏置碰撞领域的专利布局

注：标注于车身上为奇瑞相关专利，标注于车身下方为吉利相关专利。

在国外申请人的正面偏置碰撞专利中，日本汽车企业的申请占据国外来华申请量一半以上，申请数量占有绝对优势。主要申请人为丰田、本田和马自达。与国内申请人研究重点主要在车辆前部纵梁或横梁等某些部件的改进不同的是，日本汽车企业研究重点在车身结构的匹配设计，车身以自我牺牲的方式，充分吸收碰撞能量，并将其分散至车身各部位骨架，将驾驶室变形减少到最小程度，确保座舱中驾乘者的安全。

（二）全球专利信息分析

1. 申请量分析

如图6所示，在20世纪90年代以前，正面偏置碰撞领域的专利申请量很少，相关专利主要集中在德国、日本和美国，此时，正面偏置碰撞技术还处于摸索阶段。20世纪90年代以后，该领域开始有了一定数量的申请。1993～2001年，申请量有了迅速增长，日本、欧洲和美国的汽车企业在这一时期对于正面偏置碰撞领域加大了投入，其专利申请量开始迅速增长。2001年以后，全球申请人在这一时期每年的申请量基本趋于稳定，处于平稳发展阶段。

如图7所示，日本、韩国、德国、美国、中国是正面偏置碰撞技术专利申请的主要来源国。以丰田、日产、本田等为代表的日本企业在正面偏置碰撞领域拥有很强的实力，其专利申请无论在数量上还是质量上都占有绝对的优势。而德国拥有多家知名汽车企业，其在正面偏置碰撞领域也具有很强的竞争力。在20世纪90年代中期，韩国成为世界汽车生产大国，安全车身专利申请量急剧增加，从2000年以后其正面偏置碰撞领域的专利申请数量开始迅速增加，证明了韩国汽车在碰撞安全性领域方面的投入在逐渐加大。

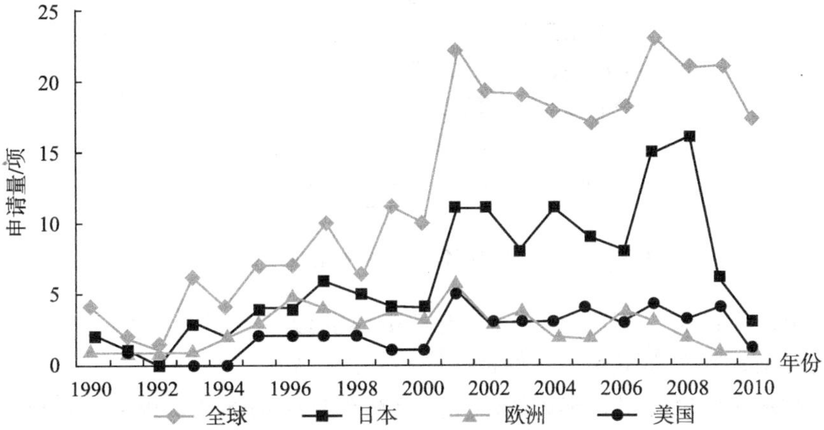

图6　正面偏置碰撞领域全球专利申请量变化趋势

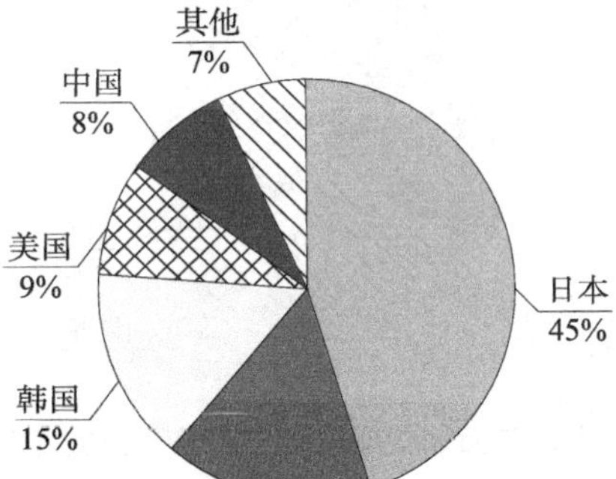

图7　正面偏置碰撞领域全球专利申请构成比例

2. 申请人分析

由图8可知，丰田、日产和现代起亚的申请量占据了排名前3席。丰田和日产作为日系汽车的代表，在安全车身领域的专利申请量一直保持优势。由于日本的汽车产业主要以出口为主，因此丰田和日产除了在本国大量申请专利外，还在美国、德国、中国、欧洲申请了一定量的专利。

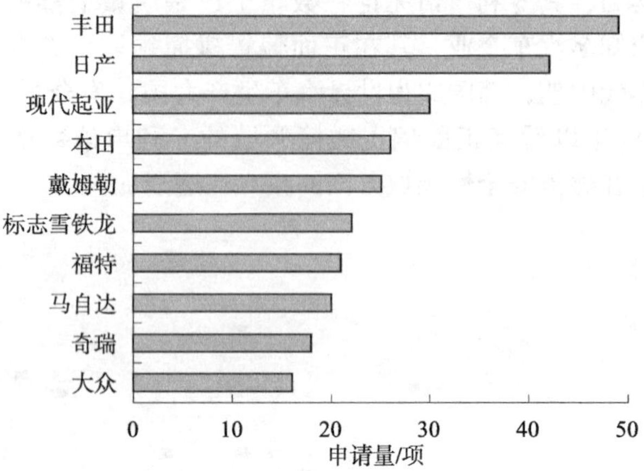

图 8　正面偏置碰撞领域主要申请人专利申请量

丰田作为日系汽车的代表，无论其申请的数量还是质量均占有绝对的优势。以下主要针对丰田的正面偏置碰撞专利进行分析。

通过图 9 可以看出，丰田的研究重点在车身结构优化，纵梁、横梁等吸能部件以及地板和前围挡板的设计。

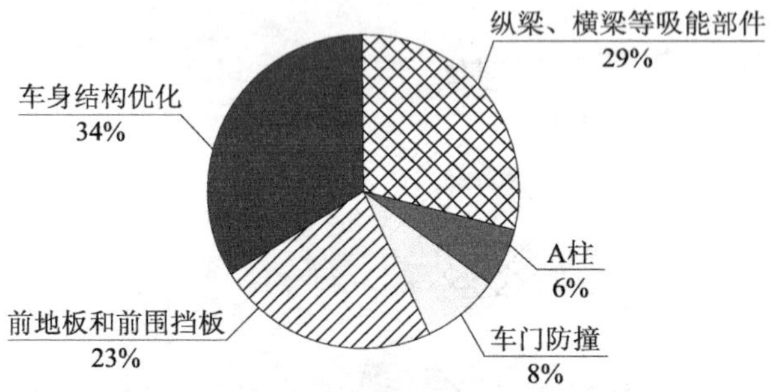

图 9　丰田正面偏置碰撞领域各技术分支专利占比

如图 10 所示，丰田最早的正面偏置碰撞专利可以追溯到 1981 年申请的 JP58089475A，具体涉及一种 Y 型侧边梁结构，当车辆发生偏置碰撞时通过侧边梁弯曲变形有效地吸收碰撞能量，保护乘员舱安全。早期丰田的申请主要集中在对纵梁、横梁等吸能部件的结构、工艺的改进，以提高车身前部的吸能性；20 世纪 90 年代以来丰田在车门防撞性以及 A 柱结构加强方面也有了一些申请，其主要涉及车门和 A 柱结构的加强，避免在碰撞中变形；2000 年以后，丰田在车身结构优化方面的申请逐渐增多，通过优化设计车身结构使车身前部吸能区有效地吸收撞击能量，同时保证乘员舱的高强度。此外，丰田在保证乘员舱高强度的前围板、地板结构设计方面的专利申请也占据了一定的比例。

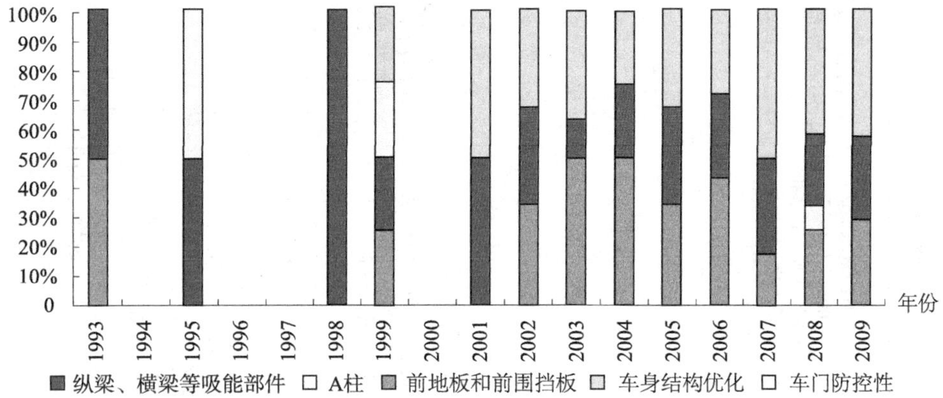

图 10　正面偏置碰撞各技术分支丰田历年发明专利申请百分比分布

图 11 按时间演进给出了丰田在正面偏置碰撞领域的各个技术分支重点专利的技术发展脉络。

在纵梁、横梁等吸能部件技术分支的发展脉络，丰田从最初的前部吸能部件结构设计的改进，发展到后来对于吸能部件之间连接方式、布局设计的改进，近年来，则主要关注吸能件材料的改进，在提高吸能效果的同时减少成本，实现车身的轻量化。

在 A 柱结构加强技术分支，丰田没有过多的投入，研究重点在于 A 柱结构及 A 柱与车身侧部连接结构的加强。

在提高车门防撞性技术分支，丰田的相关专利主要集中在车门加防撞梁、门铰链处结构加强方面，以保证在发生偏置碰撞时车门不变形。

在前围板、地板结构技术分支，丰田从早期的对地板设置加强梁、加强肋，提高地板强度，渐渐地将研究重点转移到在对地板结构强度加强的同时，通过合理的设计，分散和转移碰撞载荷，保护乘员安全。

在车身整体结构优化技术分支，近年来丰田申请的专利主要集中在前部吸能区与乘员舱地板、前围挡板总成的匹配设计，在保证前部吸能区充分吸能的同时，将驾驶室变形减少到最小程度，同时实现车身轻量化。这也与近年来丰田倡导的 GOA 车身技术相吻合。GOA 车身摒弃了传统“装甲”理论，不是一味地加强车身每个部分的刚性，而是做到“刚柔并济”，从结构和材料角度塑造双重安全保障，通过“软件”和“硬件”双向发力，确保车身能够最大限度地保护座舱成员的安全。

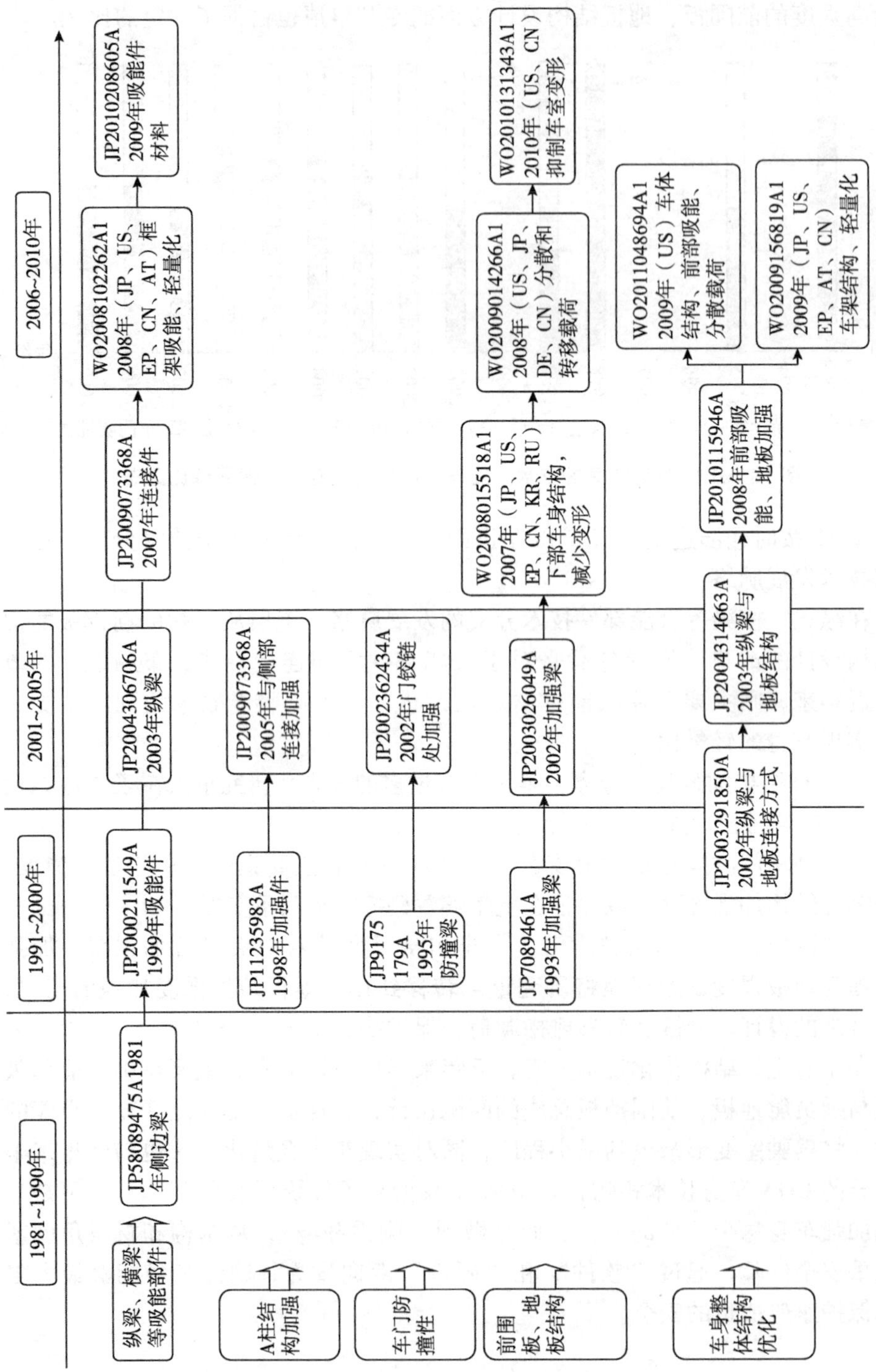

图 11　丰田正面偏置碰撞技术发展演进

四、结　论

本文就国产汽车如何应对欧洲强制性认证汽车碰撞法规作了较为深入的研究，其中主要对正面偏置碰撞作了技术分析，并从专利的角度对国内和全球正面偏置碰撞领域相关专利作了具体的分析，旨在为我国汽车企业了解、掌握欧洲汽车技术法规体系，进而进入欧洲市场提供支持。

参考文献

[1] 朱志军，RAHMAN K，张勇，等．车身前围板偏置碰撞的优化改进［C］．The 9th International Forum of Automotive Traffic Safety（INFATS），2011：50－54.

[2] 吴鹏．国内外汽车碰撞标准对比研究分析［J］．中国西部科技，2010（36）：15－16.

[3] 彭倩，杨济匡．汽车正面偏置碰撞中车身结构改进与驾驶员下肢损伤防护的研究［C］．The 5th International. Forum of Automotive Traffic Safety（INFATS），2007：221－228.

[4] 王志涛，门永新，汤志鸿，等．汽车偏置碰撞中的前横梁改进［J］．汽车技术，2010（7）：51－54.

基于专利信息的专利密集型企业和专利密集型产业评价体系研究

杨　林　袁任远　刘　佳　孙付东　成春旺

摘　要：随着国家“一带一路”战略的提出，区域核心竞争力的建设将更加依赖于技术创新，依赖于知识资源的合理配置。而专利资源是知识资源、知识产权的一个重要方面，摸清专利资源的分布状况将有助于各个地区合理配置和规划区域技术发展，促进区域技术创新，以抓住发展机遇，繁荣地方经济。本文立足当前企业发展和产业发展的现状，首次定义了“专利密集型企业”并构建了相应的评价指标和模型，同时在上述模型的基础上，首次考虑了企业对产业的专利贡献度这一因素，从而引申并上升构建了新型的“专利密集型产业”模型。通过实际数据验证了模型的科学性和适用性。

关键词：专利　知识产权　专利密集型企业　专利密集型产业　层次分析法

一、引　言

随着我国“一带一路”战略的深入实施，我国专利事业迎来了新的发展机遇和挑战，各地区、创新主体越来越重视专利布局，以专利制度来保护自主知识产权、促进技术发展。2015 年 1 月 4 日，国务院办公厅发布了《深入实施国家知识产权战略行动计划（2014—2020 年）》，其中明确提出促进知识产权创造应用，支撑产业转型升级，加强知识产权保护，营造良好的市场环境。为此，各地区都相应出台了促进地区知识产权发展的政策措施，努力使本地区经济体能够全面得到知识产权制度保护，利用知识产权制度促进发展。然而，构建知识产权密集区需要具有一批专利密集型企业和产业来支撑，专利密集型企业和产业的构建就需要创新主体在提升自我创新能力的同时全面做好企业和产业的专利布局，以专利制度促进企业发展。

目前，国内外都对知识产权密集型产业作了相关研究，所涉及的主要是知识产权产业和知识密集型产业。赵喜仓、刘丹发表的《美国知识产权密集型产业测度方法研究》一文中披露了对产业的知识产权密集程度的评价，提出了“专利密集度”概念，并构建了专利密集度的评价指标；该文中采用公式“某产业专利密集度 = 专利总数/从业人员数”来评价各个产业的专利密集程度，并定义专利密集度高于所有产业平均水平的产业为专利密集型产业。顾海兵等发表的《美国知识产权密集型产业的特点及对我国的启示》一文中阐述：专利密集型产业是以专利强度来确定的，专利强度是某一行业专利量和就业量的比值，专利密集型产业并不仅仅以专利数量的多少来判定，而是比较平均每个雇佣者所拥有的专利数，用“专利数/就业量”来计算专利强度。美国经济统计局（ESA）和美国专利商标局（USPTO）将专利密集度定义为：该产业专利总数/该产业从业人员数，将专利密集度高于全行业平均水平的产业定义为专利密集型产业。继美国之后，欧洲专利局（EPO）与欧盟内部市场协调局（OHIM，2016 年 3 月更名为欧盟知识产权局）联合提出了“相对专利强度”的概念，指划分到某产业的专利数量/该产业的就业人数（件/千名就业人员），并将相对专利强度高于所有产业平均水平的产业定义为专利密集型产业。

综上所述，现有文献都是关于产业的专利密集程度研究，并没有直接关于企业的专利密集程度的分析。此外，现有的文献也没有考虑企业与产业之间的联系，二者之间的分析是孤立的，没有能够反映企业对整个产业的专利贡献度。

二、专利密集型企业/产业评价指标及模型构建

理论上，专利密集型企业和产业应当具备一定的创新能力，并且能够产生一定的经济效益，总体实现知识经济运行状态；同时，专利密集型企业和产业是一个相对概念，是一个区域概念，是对一定区域范围内的企业和产业进行相对比较和衡量。

（一）专利密集型企业评价指标及模型构建

现有文献对产业的专利密集程度研究选取了专利总数/从业人员数、专利数/就业量或每千人从业人员专利拥有量等指标来衡量各个产业的专利密集程度，都没有对企业的专利密集度作出直接的相关研究，且现有文献对产业的专利密集程度的衡量指标没有考虑产业专利资源与产业规模的适应情况。本节对

企业的专利密集度进行研究，不能仅以专利量的多寡来评价，需要考虑企业的规模状况，综合专利资源和企业规模两方面因素来作出综合评价。

专利申请量直接反映了企业的专利资源拥有状况。对于大规模企业来说，其专利申请量相对小微企业一般较多，然而其并不能客观反映专利资源与企业规模是否相适应、相匹配。大规模企业往往是综合性企业，其具有多方面的业务，其研发实力也往往较充足，理论上来说，只有具有适应企业自身规模的专利资源拥有量才能够实际反映企业的专利密集状况。因而，本节从企业的从业人员、营业利润来反映企业的规模，但仅仅是单一地将企业的从业人员、营业利润来和专利申请量作权重分配评价专利密集度时，并没有很好地将专利资源与企业规模相关联。因此，本节从专利申请量/从业人员、营业利润/专利申请量这 2 个指标来将个体企业的专利资源与规模相关联，从人均专利资源量以及专利带来的企业价值两方面结合企业的专利申请量来综合评价企业的专利密集度，这 3 个指标从绝对的专利资源量和相对的专利资源拥有量、相对的专利效益能力这 3 个方面来反映企业的专利资源密集状况。其中，专利申请量直接反映数量的多寡，量越多技术创新表现越活跃，专利资源相对越密集；“专利申请量/从业人员”指标反映人均专利拥有量；“营业利润/专利申请量”表征企业专利对营业利润的贡献情况，反映专利效益能力。

为了综合考虑上述 3 个指标对专利密集程度的影响，基本思路是：用科学的数学理论方法给 3 个指标分配影响权重值，权重值直接体现对专利密集程度的贡献度，最后 3 个指标加和得出专利密集型企业的密集指数值。密集指数值越高的企业，专利密集程度也越高。

确定了评价企业的专利密集程度模型后，需进一步确定各个因素的重要程度，即各个因素在模型中的权重。而权重的确定难以完全用定量方法来进行，为了尽量将权重确定的过程进行量化，本文引入层次分析法（Analytial Hierarchy Process，AHP）来解决该问题。层次分析法是美国匹兹堡大学教授 A. L. Saaty 于 20 世纪 70 年代提出的一种系统分析方法，是一种能将定性分析与定量分析相结合的系统分析方法。其核心思想是：将问题分成不同的组成因素，按照因素之间的相互影响和隶属关系将其分层聚类组合，形成一个层次结构，然后对每一层因素两两之间的相对重要性，依据客观现实的判断给予定量表示，再用数学的方法确定每一层次全部因素的权重。具体的计算方法如下。

（1）构造判断矩阵 $\boldsymbol{A}$

通过征询专家意见，对层次中各个指标两两之间的相对重要性进行判断。重要性的差别分为九个层级，如表 1 所示。

表 1　相对重要性分级表

i 指标与 j 指标相比	极重要	很重要	重要	略重要	同等	略次要	次要	很次要	极次要
a_{ij}取值	9	7	5	3	1	1/3	1/5	1/7	1/9

注：取 8、6、4、2、1/2、1/4、1/6、1/8 为上述取值的中间值。

显然，判断矩阵 **A** 中的元素 $a_{ij}=1/a_{ji}$（i，$j=1$，2，…，n），矩阵 **A** 为正交矩阵。

（2）通过计算特征向量确定权重

计算正交矩阵 **A** 的最大特征值 $\lambda_{\max}$ 及其对应的特征向量 $\overline{W}=\{w_1, w_2, \cdots, w_n\}$，则 w_1，w_2，…，w_n 即为对应指标的权重。

（3）判断矩阵的一致性检验

由于层次分析法在构成判断矩阵时，仍然需要依赖于决策者的主观性，因此，对判断矩阵作一致性检验成为不可或缺的环节。一致性指标 $CI=\dfrac{\lambda_{\max}-n}{n-1}$。为了度量不同阶数矩阵是否满足一致性，层次分析法需引入判断矩阵的平均随机一致性指标 RI 值。如表 2 所示，当阶数大于 2 时，判断矩阵的一致性比率 $CR=\dfrac{CI}{RI}<0.10$时，则认为判断矩阵具有满意的一致性；否则，需要重新构造判断矩阵，直到其一致性验证通过为止。

表 2　平均随机一致性指标 *RI* 查询表

n	1	2	3	4	5	6	7	8	9	10	11	12	13	14	15
RI	0	0	0. 52	0. 89	1. 12	1. 26	1. 36	1. 41	1. 46	1. 49	1. 52	1. 54	1. 56	1. 58	1. 59

将专利申请量、专利申请量/从业人员、营业利润/专利申请量 3 个指标分别用 $A1\sim A3$ 来表示，按照表 1 对 $A1\sim A3$ 指标来构造矩阵，矩阵中的元素 a_{ij}（i，$j=1$，2，3）表示 ai 对 aj 的比较结果，通过多个专家打分讨论后确定的判断矩阵如下：

$$\boldsymbol{A}=\begin{pmatrix}1 & 3 & 4\\ 1/3 & 1 & 3\\ 1/4 & 1/3 & 1\end{pmatrix}\tag{1}$$

求得其最大特征值 $\lambda_{\max}=3.074$，对应的特征向量值 $\{0.61, 0.27, 0.12\}$ 即为 $A1\sim A3$ 的权重值。通过专利密集型企业评价模型可计算出各个企业的密集指数值：

$$EX=0.61\times A1+0.27\times A2+0.12\times A3 \qquad \text{公式 1}$$

根据上述矩阵 $\boldsymbol{A}$ 的计算结果，确定一致性指标 $CI=0.037$，又根据表 2 可知3 阶矩阵的平均一致随机性指标 $RI=0.52$，由此可得一致性比率 $CR=0.071<0.10$，判断矩阵符合一致性要求。

（二）专利密集型产业评价指标及模型构建

现有文献没有考虑企业与产业之间的联系或者说企业对整个产业的贡献程度。本节在上述专利密集型企业模型考虑因素的基础上，综合考虑了产业的规模状况，综合专利资源、产业规模以及企业与产业之间的联系这几方面因素来作出综合评价，用于更好地反映整个产业的专利密集度以及企业对整个产业的专利贡献程度。

本节以专利申请量/从业人员、产业 GDP/专利申请量以及专利申请量/产业所属企业量这 3 个指标来将各个产业的专利资源与规模以及企业对产业的专利贡献度相关联，从人均专利资源量以及专利带来的产业价值以及企业专利贡献度 3 方面结合产业的专利申请量来综合评价产业的专利密集度。这 3 个指标与专利申请量结合构成的 4 个指标从绝对的专利资源量和相对的专利资源拥有量、相对的专利效益能力、企业对产业相对专利贡献度这 4 个方面来反映产业的专利资源密集状况，将更加客观地反映各个产业的专利密集程度以及产业与企业之间的联系。

为了综合考虑上述 4 个指标对专利密集程度的影响，沿用上述专利密集型企业的基本思路，采用层次分析法各个步骤进行分析，最后进行一致性检验。

将专利申请量、专利申请量/产业从业人员、产业 GDP/专利申请量以及专利申请量/产业所属企业数 4 个指标分别用 $A1\sim A4$ 来表示，按照表 1 对 $A1\sim A4$ 指标来构造矩阵，通过多个专家打分讨论后确定的判断矩阵如下：

$$\boldsymbol{A}=\begin{pmatrix}1 & 3 & 4 & 5\\ 1/3 & 1 & 3 & 4\\ 1/4 & 1/3 & 1 & 3\\ 1/5 & 1/4 & 1/3 & 1\end{pmatrix} \tag{2}$$

求得其最大特征值 $\lambda_{\max}=4.18$，对应的特征向量值 $\{0.53, 0.27, 0.13, 0.07\}$ 即为 $A1\sim A4$ 的权重值，通过专利密集型产业评价模型可计算出各个产业的密集指数值：

$$EX=0.53\times A1+0.27\times A2+0.13\times A3+0.07\times A4 \qquad \text{公式 2}$$

根据上述矩阵 $\boldsymbol{A}$ 的计算结果，确定一致性指标 $CI=0.06$，又根据表 2 可知4 阶矩阵的平均一致随机性指标 $RI=0.89$，由此可得一致性比率 $CR=0.067<0.10$，判断矩阵符合一致性要求。

三、专利密集型企业和密集型产业实证研究

在上述构建的专利密集型企业/产业模型的基础上，本节采用某地区统计数据对上述专利密集型企业/产业模型进行相应的实证研究，筛选出相应的专利密集性企业和产业。

（一）专利密集型企业

根据公式1我们对上述专利密集型企业评价模型进行了实际数据验证，得到最后的企业专利密集指数值，将指数值高于企业专利密集指数平均值的企业确定为该地区的专利密集型企业（参见表3）。通过上述验证可筛选出符合地区发展的专利密集型企业，并且通过对上述企业从历年申请趋势、专利申请结构、地域分布、技术领域分布、专利法律状态等方面的整体状况分析以及对各个企业的技术创新分析，可以对各个企业的特点、发展方向以及专利资源布局是否合理、是否与地区产业发展相适应作出具体评判，可为地方摸清企业的创新能力、中小企业发展以及整合资源提供依据。

表3　各企业专利密集指数表

企业名称	专利申请量/件	归一化			企业专利密集指数值
		专利申请量	专利量/从业人员	营业利润/专利申请量	
企业1	1447	1.00	0.20	-0.0098	0.66
企业2	707	0.49	0.04	-0.0213	0.31
企业3	32	0.02	1.00	0.0007	0.28
企业4	52	0.04	0.77	0.0021	0.18
企业5	26	0.02	0.61	0.0006	0.15
企业6	51	0.04	0.49	0.0035	0.15
……	……	……	……	……	……
企业n	75	0.05	0.31	0.0111	0.12

（二）专利密集型产业

根据公式2我们对上述专利密集型产业评价模型进行了实际数据验证，并筛选出符合地区发展的专利密集型产业。将指数值高于产业专利密集指数平均值的产业确定为该地区的专利密集型产业（参见表4）。验证时，首先使用国家知识产权局学术委员会课题组研究制定的《国民经济行业分类与国际专利分类的对照表（A-E门类）》，将IPC各技术领域专利信息映射到国民经济行业

分类中的各行业领域，将该地区所有的专利申请划入相应的行业分类中，通过初步筛选和模型筛选，将该地区专利申请量、产业从业人员、产业GDP以及产业所属企业数代入到上述建立的专利密集型产业模型中，从而计算和筛选得出符合地区特色的专利密集型产业。通过对上述产业从历年专利申请量、专利申请结构、地域分布、技术领域分布以及专利法律状态的整体分析以及对各个产业的地域分地区分布、历年专利申请量变化情况、产业技术主题分布、主题类型分布、申请人排名、申请类型以及申请人专利状态等方面的分析，可对上述专利密集型产业是否与专利资源状况相适应、是否体现产业密集度、是否反映转型产业以及新型产业等作出具体评判，并为地方摸清产业创新能力、整合资源提供依据。

表4　各产业专利密集指数表

产业名称	产业所属企业数	产业GDP	产业从业人员	专利申请量	产业专利密集指数值
专用设备制造业	246	163539	7299	3199	0.7852
化学原料和化学制品制造业	639	2137243	44697	1720	0.3214
计算机通信和其他电子设备制造业	12	121894	3046	331	0.1836
石油和天然气开采业	66	13508052	122912	674	0.1798
电气机械和器材制造业	222	1197833	7586	677	0.1725
……	……	……	……	……	……
水的生产和供应业	124	66641	7092	64	0.0188

四、结　论

本文立足当前企业发展和产业发展的现状，首次定义了“专利密集型企业”并构建了相应的测度指标和模型，综合考虑企业专利资源和企业规模两方面因素，同时在上述模型的基础上，首次考虑了企业对产业的专利贡献度这一因素，从而引申并上升构建了新型的“专利密集型产业”模型，建立了新型“专利密集型产业”评价指标和模型。本文在上述“专利密集型企业”以及“专利密集型产业”模型的基础上，通过采用某地区数据验证了模型的科学性和适用性，对该地区的专利资源企业或产业分布情况进行了相应的实证研究和分析，筛选出密集型产业和企业，为政府摸清产业和企业的创新能力、整合资源提供了依据。

参考文献

[1] 赵喜仓，刘丹．美国知识产权密集型产业测度方法研究［J］．江苏大学学报（社会科学版），2013，15（4）：85－89．

[2] 顾海兵，陈芳芳，孙挺．美国知识产权密集型产业的特点及对我国的启示：基于美国商务部的官方报告［J］．南京社会科学，2012（11）：9－13．

[3] Economics and Statistics Administration, United States Patent and Trademark Office. Intellectual Property and the U. S. Economy: Industries in Focus [R], 2012.

[4] 李凤新，刘磊，倪苹，等．中国产业专利密集度分析报告［J］．科学观察，2015（3）：21－49．

基于二维象限图的动态多维指标专利分析方法研究

刘　昶　康　凯　贺秀莲　凌宇飞

摘　要： 考虑到二维空间的信息表达具有直观性和可读性，由此依据专利属性值将一件专利文献表示为二维象限图中的点，多件专利形成二维象限图中的点集合，这样就构成了专利二维象限图。利用专利二维象限图，能够筛选重要专利，分析技术发展趋势，厘清专利布局和专利控制力。

关键词： 专利分析　二维象限图　专利控制力

一、前　言

世界第一部专利法问世迄今已有500多年，全球专利申请总量高达4700万项，每年还以百万件的数量增长，使专利成为世界上最大的技术信息源。并且近几十年科技发展和技术创新成为左右企业乃至整个国家发展的重要环节，更加凸显出专利情报工作的重要性。

真正高价值的专利情报并不是随手可拾的，要从千万级的专利公开文献中找出它们并能以恰当的形式对其进行表达并非易事。近些年来，专利信息的分析技术愈来愈得到重视，研究也让这项技术内涵更加丰富，操作越加成熟，形成了以图表统计和重点专利分析为主要展现形式，技术、市场主体、区域为主要分析维度的一整套方法。目前这套专利分析方法应用广泛，在有效利用专利信息、提升竞争优势方面发挥出重要作用。

但上述专利分析方法体系仍存在一些可以提升的地方。比如，目前的专利图表分析主要采用统计专利文献出现频次的分析方式，只包含频次信息的专利图表丢失了原始专利数据中的丰富内容，削弱了我们获取专利情报的能力。这体现在：首先，在对一个企业或者一个地域的专利集合进行分析时，没有很好的办法全面展现专利控制力；其次，现有专利分析方法主要采用图表方式对多个专利指标加权计算，不能充分体现出每件专利在不同属性上的优劣；最后，仅靠申请量统计的方式很难准确全面地掌握技术发展趋势等方面的情报。

当下知识挖掘技术发展迅速，很多技术可以在专利分析工作中借鉴，例如知识挖掘中“找到数据的特征表示，用维变换或转换方法减少有效变量的数目”的思路。为此，本文讨论将具有多种属性信息的专利文献抽象到属性空间中进行分析的方法。考虑到二维空间的信息表达具有直观性和可读性，因此依据专利属性值将一件专利文献表示为二维象限图中的点，多件专利形成二维象限图中的点集，这样就构成了专利二维象限图。在该图中，既能看到个别专利的特性，也能看到同类专利集合（比如，某公司的专利集合），还能看到所有专利的分布。

下面对专利二维象限图分析方法展开讨论：第二部分将详细介绍专利二维象限图以及象限图中的坐标选取，第三部分将通过一个实例说明专利二维象限图在专利分析中的效果，最后在第四部分给出本文的小结和展望。

二、专利的二维空间表示和专利指标的选取

一件专利具有多种属性，比如权利要求数、被引用数、技术方案的新颖性等，如果选择专利的两种属性，分别将它们作为二维象限图两个坐标轴上的取值，这件专利就可以表示为二维象限图中的一个点。

当多件专利被表示到二维象限图中，就可以形成表示这些专利整体情况的二维象限图，图中专利点形成的分布可以帮助我们解读出一般专利统计图表难以得到的信息。

举个例子，分别选择独立权利要求特征数和权利要求数作为二维象限图的纵坐标和横坐标，将 A 企业和 B 企业在某个领域下的所有授权专利表示到二维象限图就形成了图 1。从横坐标来看，A 企业的专利集中在第Ⅱ象限和第Ⅲ象限，这表明该企业专利申请的权利要求数少，存在技术保护层次不足的问题，而 B 企业的专利集中在第Ⅳ象限，该企业的专利保护力度大。从纵坐标来看，A 企业的独立权利要求特征数集中在横轴附近，平均技术特征数为 20，而 B 企业的大部分专利集中在第Ⅳ象限，独立权利要求特征数少，平均为 15，这意味着 B 企业的专利具有更大的保护范围。综上所述，B 企业的专利由于集中在第Ⅳ象限，相对于专利集中于第Ⅱ象限和第Ⅲ象限的 A 企业来看，具有更高的专利质量，也体现出更强的专利控制力。

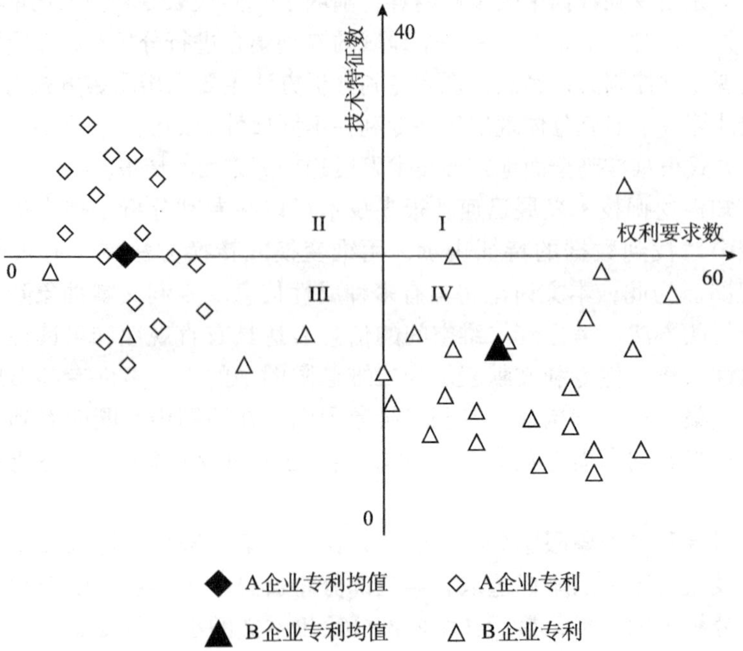

图 1　基于二维象限图表现企业的专利控制力

专利二维象限图分析法中的首要问题是如何为二维象限图的坐标轴选取专利指标。在上面的例子中，选择独立权利要求特征数和权利要求数两个专利属性作为二维象限图中的指标，能够在一定程度上体现授权专利的保护范围和保护层次，但是指标的选取还有很多值得考虑的地方。

首先，作为坐标轴的专利指标可以由专利的基本属性抽取，也可以由多个基本属性构造出综合指标。

其次，考虑到一件专利在申请或者授权之后，专利所属技术领域在发展，产业在变化，导致专利的技术价值和经济意义也会随之变化。例如，很多企业都面临决策：有哪些专利已变得不重要，可以考虑不续缴年费；又有哪些专利的价值在不断提高，成为以后保护自己打击对手的重要武器。因此，专利分析时有必要将一件专利当作一个“活”的对象，从而选择一些动态指标来表征专利。比如，某类技术文献逐年的引用频次能够反映出一项技术当前的热度，对动态评价专利价值很有意义。

下面给出一个专利二维象限图坐标轴选取的实例。

（1）纵轴表示专利的技术价值，由技术特征数、被引证数以及技术生命周期指标加权得到。

纵轴指标值 $Y = W1 \times$ 技术特征数指数 $+ W2 \times$ 被引证指数 $+$
$W3 \times$ 技术生命周期指数　　公式 1

技术特征数是指独立权利要求的特征数，特征数越少，专利越重要。被引证数代表一项专利在某个时间期间被引用次数，是随年代变化的动态指标，能反映出专利重要性的变化。最后，依据技术生命周期分析法中划分技术发展阶段的思想，建立了代表技术发展阶段和前景性的技术生命周期指标。该指标能够更客观地量化一项技术在某一时期的发展程度，是逐年变化的动态指标。该指标可以通过将历年申请量与历年申请人数量相除来计算，具体参见公式 2。

$$i\text{年度技术生命周期指标} = \frac{\text{年度}\ i\ \text{该分支申请量}}{\text{年度}\ i\ \text{该分支申请人数量}} \qquad \text{公式 2}$$

（2）横轴指标表示专利布局力度，由同族数、权利要求数以及申请人重视程度指标加权得到。

横轴指标值 $X = W4 \times$ 权利要求数指数 $+ W5 \times$ 同族数指数 $+$
$W6 \times$ 申请人重视程度指数　　公式 3

申请人重视程度指标代表某个技术分支在某一年度受申请人重视的程度，它是一个动态指标，由公式 4 计算得到。

$$i\text{年度申请人重视程度} = \frac{\text{年度}\ i\ \text{该申请人在该分支申请量} / \text{年度}\ i\ \text{该申请人总申请量}}{\text{该申请人在该分支所有年度总数量} / \text{该申请人所有年度总申请量}} \qquad \text{公式 4}$$

以上公式中的权重值 $W1$、$W2$、$W3$、$W4$、$W5$ 和 $W6$ 需要根据不同的专利分析目标进行选取，以便在二维象限图中强调出不同的专利特性。例如，为了体现专利的动态性，可以将动态性指标权重加大；如果需要高风险专利预警，应加大技术特征数权重。

三、专利二维象限图分析法的应用

专利二维象限图分析法能够实现 5 个方面的功能：①显示专利技术价值的动态变化；②筛选重要专利；③分析技术发展趋势；④分析申请人的专利布局；⑤分析申请人的专利实力。限于篇幅，本文选取了射频芯片 FBAR 技术领域作为示例，着重介绍利用专利二维象限图分析技术发展趋势。

（一）FBAR 技术简介

FBAR 全称是薄膜体声波谐振器，其利用材料的压电性将电能转化为声能，声波在介质与空气的界面上发生反射，在两个界面间形成谐振并由逆压电效应转化为电能。谐振频率上的声波损耗最小，因此谐振器只能使特定频率的波通过，并通过级联实现带通滤波器的效果。依据制造工艺的不同，FBAR 技术可分为3种。

（1）牺牲层技术

在形成微机械结构的空腔或可活动的微结构过程中，先在下层薄膜上用结构材料淀积所需的各种特殊结构件，再用化学刻蚀剂将此层薄膜腐蚀掉，但不损伤微结构件，然后得到上层薄膜结构（空腔或微结构件）。由于被去掉的下层薄膜只起分离层作用，故称其为牺牲层（参见图2）。

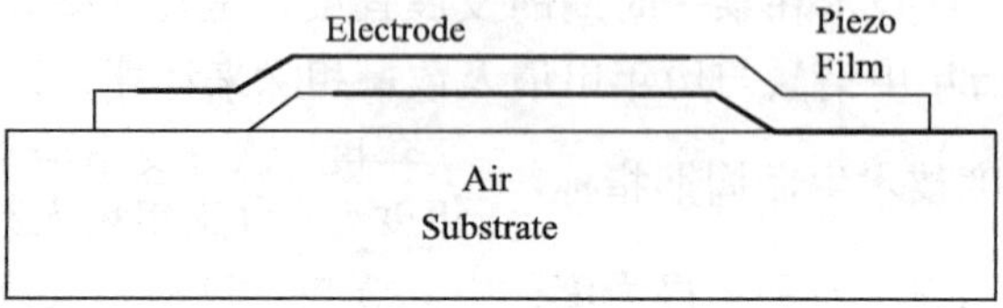

图2 牺牲层技术的构造方式

（2）背刻蚀技术

在衬底表面上形成微机械结构（由上下电极和压电材料层组成）后，从背面刻蚀去除部分衬底，直至暴露上述微机械结构，由背面刻蚀留下的空腔与微机械结构的下电极之前的介面形成空气介面（参见图3）。

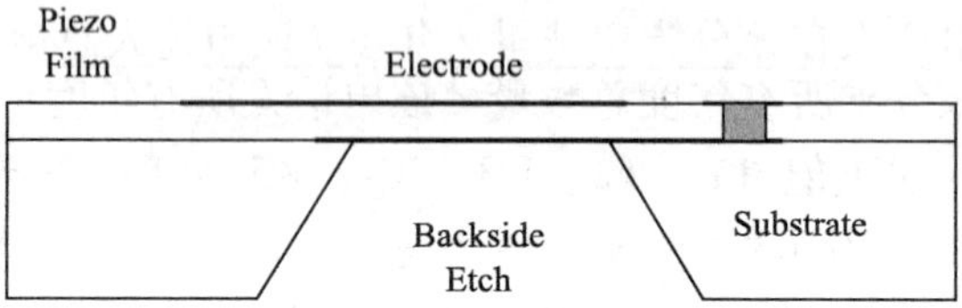

图3 背刻蚀技术的构造方式

（3）SMR技术

SMR（Solidly Mounted Resonator）是以Bragg Reflector作为声波的反射镜，使得声波得以局限在共振腔内能量不至于损失。其制作方法是将不同声阻抗薄膜且薄膜精确控制在1/4波长厚度进行堆叠（参见图4）。

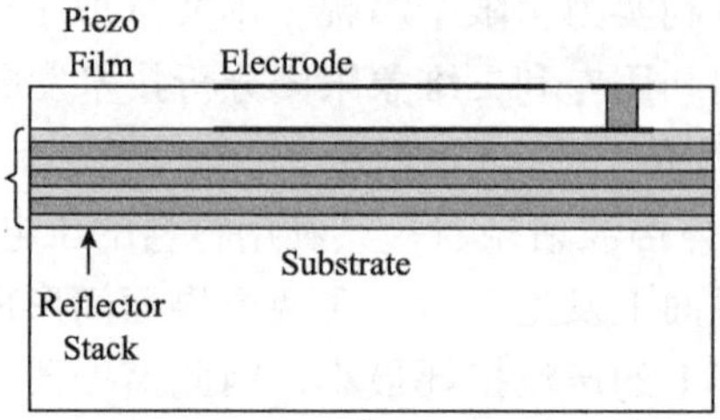

图4 SMR技术的构造方式

（二）专利申请趋势和技术分布图分析

通过检索和统计，得到图5所示的FBAR各技术分支的技术分布和申请趋势图，采用这些传统的专利分析图表可以得到的结论如下：

从技术分布来看，FBAR专利申请总量为1124件。牺牲层和SMR技术是热点技术，它们的专利申请量分别占总申请量的四成左右。而背刻蚀专利相对冷门，专利申请量不到总量的二成。

从申请趋势来看，FBAR专利申请起步于1996年，并于2000年后进入高速增长期。2004年FBAR的申请量达到高峰，随后申请量开始下滑，专利年申请量维持在每年80件上下，表明FBAR技术已经进入成熟期。从各个技术分支来看，牺牲层和SMR这两项热门技术在2004～2008年研发较为集中，之后研发热度呈现明显下降的趋势，而相对冷门的背刻蚀技术在2002～2013年申请量一直不冷不热，保持平稳增长。

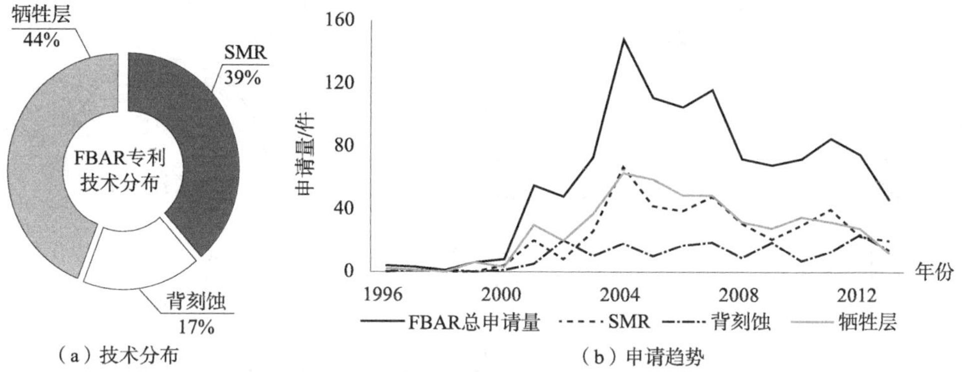

图5 FBAR各技术分支的技术分布和申请趋势

由于在申请趋势和技术分布这类专利分析图表中，只是对具有某种属性的专利进行了出现频次的统计，信息量有限，因此，仅从图表本身，我们无法得到更多的信息量，限制了我们在专利分析时的深度和广度。

（三）基于二维象限图的FBAR专利分析

下面使用上文中提供的专利二维象限图模型，依据FBAR技术在1996～2013年478件授权专利的技术特征数、权利要求数、同族数、被引证数、申请人及申请量数据，通过逐年计算获得FBAR技术在1996～2013年所有授权专利的技术价值指标和专利布局力度指标，将这些专利呈现到二维空间中，利用二维象限图进行分析。

图6显示经过1996～1999这4年时间，FBAR牺牲层技术的专利集中到了

象限图的右上角，即技术价值高、专利布局力度大的区域。专利布局力度高表明整个业内在牺牲层技术方面更加重视专利布局，专利技术价值高则表明该项技术创新度高，是FBAR中的领先技术。以上专利数据告诉我们，1996～1999年，牺牲层技术的前景为业内认可，专利质量也明显优于SMR和背刻蚀。后来的产业发展也印证了这一点，目前采用牺牲层技术的产品占据了市场八成。

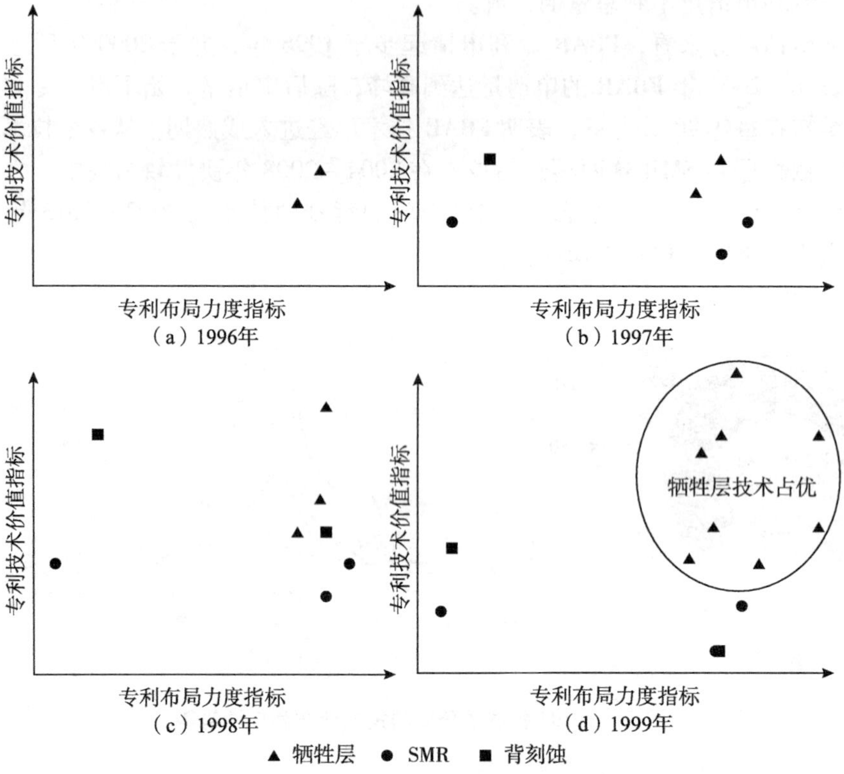

图6 1996～1999年FBAR技术的专利二维象限图

图7显示，到了2003年，牺牲层技术分支虽然专利申请量不减，但其专利布局强度有所下降，与之伴随的是专利申请的技术价值的降低。究其原因，可能包括两个方面：①牺牲层技术经过近几年的发展，已经相对成熟，技术改进的空间减少，因此代表创新水平的专利技术价值也随之减少；②从商业信息来看，该时期Avago公司凭借其前期（1999年前）的多项高质量专利在牺牲层技术领域中形成了技术壁垒，垄断了这项技术，进而占领了产品市场，导致竞争对手减少或者转而进行SMR和背刻蚀技术的研发，这也能够从图7中看出：牺牲层和背刻蚀专利在这个时期申请量增加，并且很多专利的布局力度较强，体

现出申请人发展这两项技术的强烈愿望。

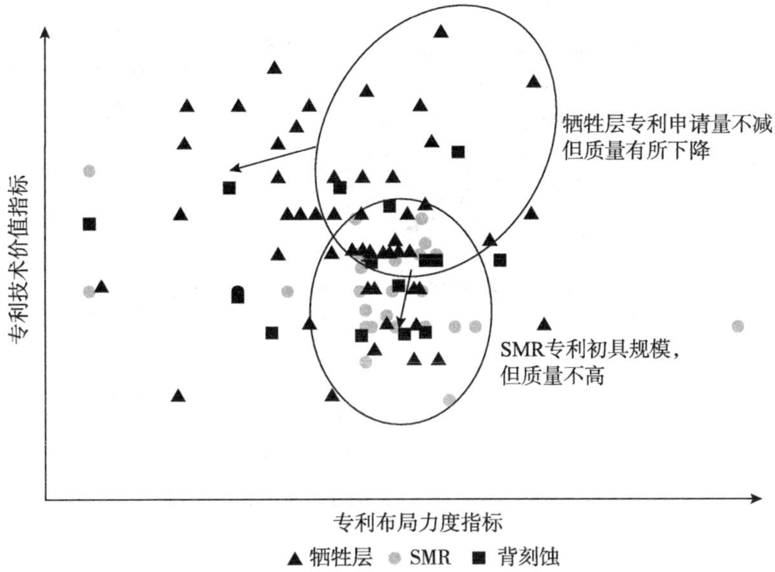

图7　2003 年 FBAR 技术的专利二维象限图

图 8 显示，到了 2007 年，SMR 和背刻蚀的专利申请量不断提高，牺牲层的技术优势有所减弱，在专利的技术价值上已经与牺牲层技术非常接近。

此外，图 8 的右侧显示，2007 年有多件专利布局力度很强的 SMR 专利，表明此时某个或某些企业对 SMR 技术的发展前景产生了较强的预期。经研究发现，这些专利涉及 Avago 公司融合 SMR 和牺牲层技术后形成的新技术，当时 Avago 公司对这项技术抱有很高的期望。

下面通过图 9 展示 1996～2013 年 FBAR 技术的专利技术价值和专利布局力度的发展变化。图中的每个圆点代表某一年中某项技术所有专利的平均专利技术价值和平均专利布局力度，并对应于牺牲层、SMR 和背刻蚀三项技术，逐年连接这些点得到 FBAR 各项技术的专利技术价值和专利布局的逐年变化情况。

可以看出：牺牲层技术始于 1996 年，并于 1999 年到达高峰，当时申请人对该项技术很重视，技术得到了突破性发展，也早早地奠定了牺牲层技术的优势地位。之后该项技术走向成熟并且被 Avago 公司所垄断，2000 年后这项技术的发展缓慢。而 SMR 和背刻蚀技术则在牺牲层核心技术被 Avago 公司掌握之后，受众多公司重视，大家热衷于在这两个领域进行技术研发和专利布局，使得这两项技术得到较快的发展。但是从图 9 显示出的专利技术价值和专利布局力度发展趋势来看，它们没有像 1996～1999 年的牺牲层技术那样，有一个快

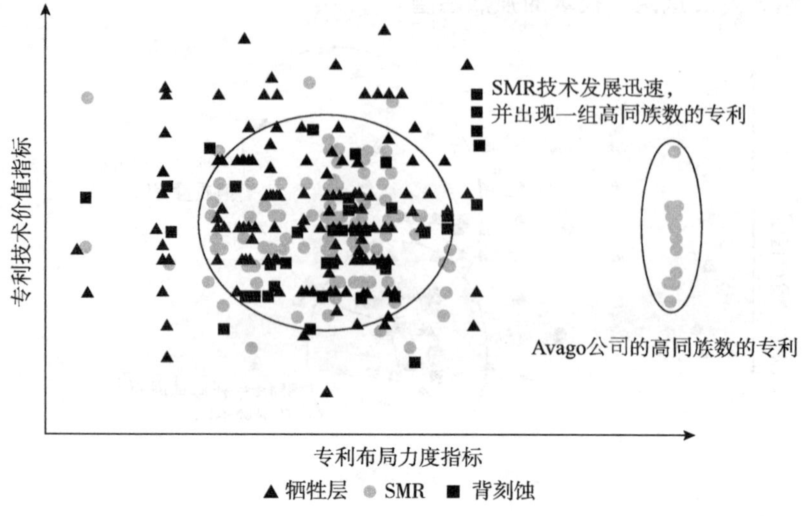

图8　2007 年 FBAR 技术的专利二维象限图

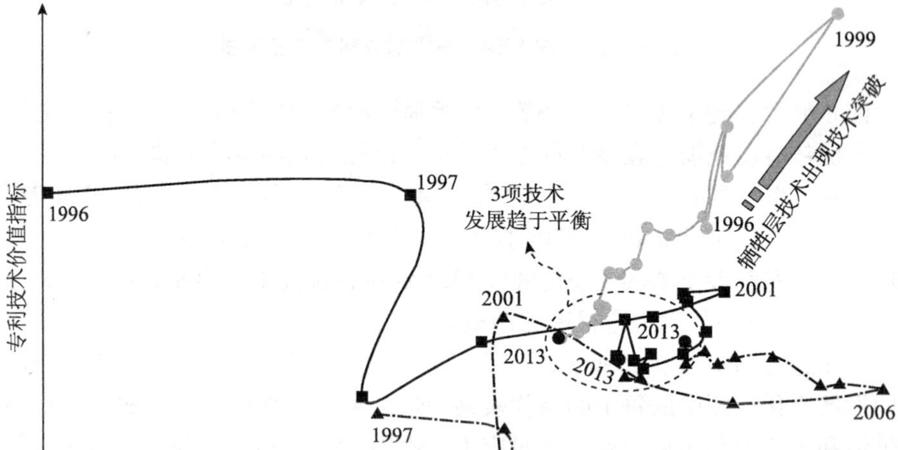

图9　FBAR 技术的专利技术价值和专利布局力度发展趋势

速提升的上升曲线，说明这两项技术以前和现在都没有出现重大技术突破。最终，如图 9 中的椭圆形虚线框所标示，FBAR 3 项技术出现汇聚现象，表明它们之间的发展处于平稳状态，技术格局在短期内不会发生改变。

综上所述，采用二维象限图进行专利分析，可以在把握总体的同时看到每件专利的情况，细节一览无余。并且能够灵活选择专利指标进行分析，分析时能获得不同于以往的独特视角，并且分析得到的技术情报是可靠的。

四、小结与展望

专利二维象限图通过将专利表示成指标空间中的点，呈现出不同于常规专利图表的内容，是对目前的专利分析方法的有益补充。但限于时间和能力的不足，本文的专利分析方法还留有很多可以进一步探讨的地方。

首先，在数据分析方法上，在建立专利特征空间之后，我们还可以借助目前知识挖掘技术的最新成果，从专利文献数据库中抽取出特征，在专利特征空间中运用统计分析、空间分析（例如，分布分析、密度分析、距离分析等）、聚类分析、概率论分析等方法，使用决策树、回归分析、神经网络及因子树等具体算法提升分析效率。

其次，专利二维象限图分析中指标的选取非常重要。本文第二部分提出的专利分析指标还存在一些可改进的空间：①某一申请的被引证数虽然很多，但如果都出自申请人自己引证自己，意义并不大，因此对于被引证这一指标，除了数量这一度量还可以引入广度这一度量。所谓的广度可以包括引用是否来自不同的申请人、引用是否来自不同的国家以及引用该申请的申请人在本领域的影响力。②当一项技术变得重要时，申请人可能会对一些专利进行分案、再审，因此可以通过逐年累加的方式来计算同族数指标，以反映出申请人对某件专利重视程度的动态变化。③借助语义分析，可以提高检索的效率，减少人工进行专利分类的工作量。④专利付费年限可以表征申请人对专利的重视程度，付费年限长的专利，一方面说明申请人的重视程度高，另一方面说明专利本身有继续存在的价值，因此可以考虑引入该指标。